普通高等教育农业部“十二五”规划教材

普通高等教育“十四五”规划教材
生物科学类专业系列教材

动 物 学

第2版

温安祥 徐纯柱 主编

中国农业大学出版社
·北京·

内 容 简 介

本教材第 1 版自 2014 年 11 月出版发行以来，得到了广大同行和读者的普遍认可，入选中国农业大学出版社“精品与经典教材建设工程”，并获得四川农业大学本科教材专项建设项目资助。

本教材第 2 版保留经典动物学内容的框架，以动物进化为主线，选适合农林院校动物生产类和生物科学类专业特点的代表动物为例，着重介绍无脊椎动物各门和脊椎动物各纲的主要特征、代表动物的躯体结构、分类、常见种类及与人类的关系；并强调重要种类在教学、科研与生产实践上的应用现状与前景。本书配备数字资源，构建线上线下混合式学习模式，引导学生自主学习。

本教材可供农林和水产院校相关专业的动物学教学使用，也可供动物学爱好者参考。

图书在版编目(CIP)数据

动物学 / 温安祥，徐纯柱主编. -- 2 版. -- 北京：中国农业大学出版社，2022.1(2023.8 重印)
ISBN 978-7-5655-2671-8

Ⅰ.①动… Ⅱ.①温… ②徐 Ⅲ.①动物学 Ⅳ.①Q95

中国版本图书馆 CIP 数据核字(2021)第 259488 号

书　名　动物学　第 2 版
Dongwuxue

作　者　温安祥　徐纯柱　主编

策划编辑	张　程	**责任编辑**	张　程
封面设计	郑　川		
出版发行	中国农业大学出版社		
社　址	北京市海淀区圆明园西路 2 号	**邮政编码**	100193
电　话	发行部 010-62733489，1190		读者服务部 010-62732336
	编辑部 010-62732617，2618		出　版　部 010-62733440
网　址	http://www.caupress.cn	**E-mail**	cbsszs@cau.edu.cn
经　销	新华书店		
印　刷	涿州市星河印刷有限公司		
版　次	2022 年 1 月第 2 版　　2023 年 8 月第 3 次印刷		
规　格	185 mm×260 mm　　16 开本　　24 印张　　600 千字		
定　价	69.00 元		

图书如有质量问题本社发行部负责调换

第2版编写人员

主　编　温安祥　徐纯柱

副主编　解　萌　尹福泉　孙　平

编　者　(按姓氏笔画排序)

王　勤(四川农业大学)
尹福泉(广东海洋大学)
朱广香(四川农业大学)
朱文文(洛阳职业技术学院)
孙　平(河南科技大学)
李彦明(山西农业大学)
张　权(广东海洋大学)
陈　晶(黑龙江八一农垦大学)
武佳韵(四川农业大学)
胡永婷(山西农业大学)
郭自荣(东北农业大学)
徐纯柱(东北农业大学)
温安祥(四川农业大学)
谢桂林(东北农业大学)
解　萌(四川农业大学)
熊建利(绵阳师范学院)

第 1 版编写人员

主　编　温安祥　郭自荣

副主编　解　萌　徐纯柱　尹福泉

编　者　（按姓氏笔画排序）

王　勤（四川农业大学）
尹福泉（广东海洋大学）
朱广香（四川农业大学）
刘学英（山西农业大学）
孙　平（河南科技大学）
张纪亮（河南科技大学）
陈　晶（黑龙江八一农垦大学）
胡永婷（山西农业大学）
贾汝敏（广东海洋大学）
郭自荣（东北农业大学）
徐纯柱（东北农业大学）
温安祥（四川农业大学）
谢桂林（东北农业大学）
解　萌（四川农业大学）
熊建利（河南科技大学）

第2版前言

本教材第1版自2014年11月出版发行以来，受到广大读者的欢迎。为进一步完善内容，也为顺应互联网时代的教学需求，在中国农业大学出版社的指导和四川农业大学本科教材专项建设项目资助下，我们对本教材进行了修订改版。

此次修订保留了原教材的框架体系，在内容上没有进行大的改动，主要做了以下几方面工作。一是力求语言更严谨，条理更清晰，在文字表述上做了较多修改；二是完善了部分插图；三是根据近年来动物学研究的新进展，对相关内容进行了修订；四是配套数字资源，可实现线上线下混合式教学（扫描底封二维码可获得资源）。

此次修订的具体分工如下：温安祥修订绪论，陈晶修订第1章，朱广香修订第2章、第19章，朱文文、熊建利修订第3章、第4章、第14章，李彦明修订第5章，胡永婷修订第6章，解萌修订第7章、第12章，尹福泉修订第8章、第10章，谢桂林修订第9章，郭自荣修订第11章，王勤修订第13章、第16章，徐纯柱修订第15章，张权修订第17章，孙平修订第18章。全书由温安祥和徐纯柱统稿。此外，本书所配数字资源内容由武佳韵修改教学课件，温安祥编制了与本书配套使用的数字资源相关内容。本教材的修订，得到了各位编者所在学校领导和师生们的关心、帮助与支持，在此一并致以衷心感谢！

限于编者水平，书中仍难免有不足之处，恳请同行和其他读者不吝赐教。

编　者

2021年3月

第1版前言

教育部于1995年开始组织实施“面向21世纪教学内容和课程体系改革计划”，2007年初，又启动了“高等学校本科教学质量与教学改革工程”。随着高等学校教学改革的不断深入，作为高等院校农林水产类专业必修的基础课，“动物学”课程的教学内容、教学方式和授课时数均进行了调整。

20余年“动物学”课程的教学实践，让编者常常思考这样一个问题，即对农林水产类专业而言，该课程应给予学生什么，学生又能获得什么。受应用生物科学专业分理学和农学两种模式进行招生和培养的启示，编者认为动物学的教学内容也应该有理学和农学之别。综合院校、师范院校或农林院校的生命科学类专业（理学），动物学的教学目标和内容是很清晰的。而农林水产类专业（农学）动物学课程的教学时数普遍较少，讲授时数为25～50学时。在有限的时间内，动物学课程应该浓缩哪些精华，教师才能清晰地讲述，学生才能很好地吸收，达到动物学课程的教学目标。与此对应，教学上需要一本既能反映动物学最新研究成果，又能适应教学要求的农林院校动物学理论教材。在中国农业大学出版社的组织下，四川农业大学、东北农业大学、黑龙江八一农垦大学、广东海洋大学、山西农业大学和河南科技大学等6所院校教授动物学课程的一线教师，根据动物学学科发展和教学改革的要求，结合农林、水产院校的特点，合力编写了本教材。本教材保留了经典动物学的内容框架，结合动物分类系统，以进化为主线简介各主要门类突出特征，而后重点介绍适合于农林水产类专业特点的代表动物，并强调重要种类在教学、科研与生产实践上的应用现状与前景。力争在有限的教学时间内，使学生全面了解动物界的多样性，树立进化、发展和联系的观点；了解各主要类群动物的资源价值、开发利用现状与前景，树立资源可持续利用的观点；同时为学生今后学习专业基础课和相关专业课奠定必要的基础。

本教材编写分工如下：绪论由温安祥编写；第1章由陈晶编写；第2章和第19章由朱广香编写；第3章和第4章由熊建利编写；第5章由刘学英编写；第6章由胡永婷编写；第7章和第12章由解萌编写；第8章和第10章由尹福泉编写；第9章由谢桂林编写；第11章由郭自荣编写；第13章和第16章由王勤编写；第14章由张纪亮编写；第15章由徐纯柱编写；第17章由贾汝敏编写；第18章由孙平编写。

无脊椎动物部分由温安祥统稿，脊椎动物部分由郭自荣、徐纯柱统稿，温安祥、解萌对各章图片进行了统一修正。最后由郭自荣和温安祥定稿。

在本书的编写和出版过程中，得到了中国农业大学出版社、四川农业大学教务处及各作者所在单位的大力支持，在此致以衷心感谢！

限于编者水平，不当之处在所难免，敬请读者批评指正。

编　者

2014年6月

目 录

绪 论

(Preface)

◈ 内容提要

主要介绍生物的分界、动物学的分科、动物学的发展简史、动物分类学基础、生物多样性及学习动物学的意义和动物学研究的基本方法。

◈ 教学目的

了解生物的分界和动物学的分科、动物学的发展简史以及学习动物学的意义和动物学研究的基本方法；理解生物多样性的概念，了解生物多样性面临的威胁、保护生物多样性的措施和意义；掌握物种、亚种和品种的概念以及物种的命名方法。

0.1 生物的分界

生物种类繁多，千姿百态，形形色色。目前已鉴定的约有 200 万种。随着时间的推移，新的物种仍在被陆续发现。据估计，有 2 000 万～5 000 万种生物有待发现和命名。为了研究与利用如此丰富多彩的生物世界，人们将其分门别类和系统整理，分为若干不同的界。生物的分界还将随着科学的发展而不断地深化。

0.1.1 两界系统

在林奈时代，主要以肉眼能观察到的特征来区分生物。根据生物能否运动，林奈(1735)明确提出两界系统，即动物界(Kingdom Animalia)和植物界(Kingdom Plantae)。他认为能成长而生活的是植物，能成长、生活且能运动的是动物。后来，又有人认为植物能自行制造养料，而动物则靠摄取现成有机物为生。这一系统直至 20 世纪 50 年代仍被多数教材采用。

0.1.2 三界系统

发明光学显微镜之后，人们发现许多单细胞生物兼具动物和植物的特性。如眼虫，它既有叶绿体，可通过光合作用制造有机物自养，又可用鞭毛在水中运动，还具有能感光的红色眼点。这类中间类型的生物是进化的证据，却是分类的难题。霍格(1860)和赫克尔(1866)将原生生物(包括细菌、藻类、真菌和原生动物)另立为界，提出了三界系统，即原生生物界(Kingdom Protista)、植物界和动物界。这一观点直至 20 世纪 60 年代才开始流行，并被一些教科书所采用。

0.1.3 四界系统

应用电子显微镜技术,人们发现细菌、蓝藻细胞的细微结构与其他生物明显不同,于是提出了原核生物和真核生物的概念。考柏兰(1938)将原核生物另立为界,提出了四界系统,即原核生物界(Kingdom Monera)、原始有核界(Kingdom Protoctista)(包括单胞藻、简单的多细胞藻类、黏菌、真菌和原生动物)、后生植物界(Kingdom Metaphyta)和后生动物界(Kingdom Metazoa)。随着电镜技术的完善和人们生化知识的积累,将原核生物独立成界的见解,得到了普遍接受,并成为现代生物系统分类的基础。

0.1.4 五界系统

根据现代生物学进展,惠特克(1969)按细胞结构的复杂程度及营养方式提出了五界系统,即原核生物界、原生生物界、真菌界(Kingdom Fungi)、植物界和动物界。这一系统逐渐被广泛采用,直到 20 世纪 90 年代有些教材仍在沿用。

0.1.5 六界系统

五界系统未反映出非细胞生物阶段。我国著名昆虫学家陈世骧(1979)提出了三总界六界系统:非细胞总界,包括病毒界(Kingdom Archetista);原核总界,包括细菌界(Kingdom Mycomonera)和蓝藻界(Kingdom Phycomonera);真核总界,包括植物界、真菌界和动物界。

从两界系统到六界系统,人们对生物分类的认知逐步深入。不同界之间相互联系、相互依存,我们必须用发展变化的观点观察它们,才能把握它们的发展规律,那就是从简单到复杂、从低等到高等。

0.2 动物学的分科

动物学(Zoology)是生命科学的一大分支,用生物学的观点和方法,系统研究动物的形态、结构、生理、分类、进化、生态及其与人类的关系。随着科学的进步,动物学的研究领域也更加的广泛和深入。根据研究内容和方法建立了若干相对独立的横向分支学科。

动物形态学研究动物体内外的形态结构以及它们在个体发育和系统发展过程中的变化规律。其中研究动物器官的结构及其相互关系的叫解剖学。以比较动物器官系统的异同来研究动物进化关系的叫比较解剖学。研究动物器官的显微结构及细胞的叫组织学和细胞学。现代的解剖学、组织学和细胞学既研究形态结构也研究机能,细胞学已发展成为细胞生物学。研究动物胚胎形成、发育过程及其规律的叫胚胎学。近年来利用分子生物学和细胞生物学等学科的理论和方法,来研究个体发育的机理,称之为发育生物学。以动物化石为研究对象,阐述古动物群的起源、进化及与现代动物类群之间关系的叫古动物学。

动物分类学研究动物类群(含各分类等级)间的异同及其差异程度,阐明动物间的亲缘关系、进化过程和发展规律。

动物生理学研究动物体的机能(如消化、呼吸、循环、排泄、生殖等),各种机能的发展变化,以及对环境条件变化的反应等。与之有关的还有内分泌学和免疫学等。

动物遗传学研究动物的遗传变异规律，包括研究动物遗传物质的本质、遗传信息传递和表达调控等方面。

动物生态学研究动物与环境间的相互关系，包括个体生态、种群生态、群落生态和生态系统的研究。

动物地理学是从地理学角度研究每个地区动物的种类和分布规律的学科，也被称为地理动物学。

此外，依研究对象动物学又分为许多纵向分科，如无脊椎动物学、脊椎动物学、寄生虫学、原生动物学、线虫学、软体动物学(贝类学)、甲壳动物学、昆虫学、鱼类学、鸟类学和兽类学等。

自然学科的迅猛发展，现代理化仪器的广泛应用，使动物学研究向微观和宏观两极展开，形成了分子、细胞、组织、器官、个体、群体、生态系统等多个研究层次。学科间广泛的交叉渗透，形成了许多与生物学相交叉的边缘学科，如生物统计学、生物化学、生物物理学、生物信息学和仿生学等。

0.3 动物学发展简史

动物学与其他自然科学一样，也是人类在认识和改造自然的实践中逐步建立和发展起来的。动物学的发展与人类社会生产力的发展密不可分。动物学的历史既反映了人类与自然作斗争的历史，也反映了社会变迁的历史。在每个历史时期，一些杰出的学者为动物学的创立和发展做出了巨大的贡献。他们的成就即是对动物学发展历程的反映。

我国动物学的发展起步较早。公元前 3 000 多年前的石器时代，我们的祖先就学会了养蚕和饲养家畜。公元前 2 000 年关于物候方面的著作《夏小正》也涉及动物。西周的《尔雅》(公元前 1027)有释虫、释鱼、释鸟、释兽和释畜等 5 篇关于动物的记述，是我国动物学研究的最早记录。《周礼》一书中将动物分为毛物、羽物、鳞物、介物和蠃物(相当于兽类、鸟类、鱼类、甲壳类、软体动物及无壳动物)五大类。《诗经》里记载的动物也达 100 多种。秦汉南北朝时期，农业种子和马匹等许多优良农畜品种的培育和广泛传播，进一步推动了农牧业的发展。

西方动物学的发展起源于 2 000 多年前古希腊，学者亚里士多德(公元前 384—公元前 322)对奇妙的生物世界进行了大量调查，为后人留下了《动物志》《论动物的结构》《论动物的发生》《论动物的活动》和《论动物的迁移》等 5 部著作，被誉为“动物学之父”。亚氏之后，欧洲进入封建社会。宗教的统治束缚着人们的思想，严重阻碍了自然科学的发展。

我国晋朝稽含(262—306)所著的《南方草木状》中，描述了利用蚂蚁扑灭柑橘害虫的事例。它是世界上最早有关利用天敌消灭害虫的记载。北魏贾思勰(486—534)著的《齐民要术》，系统地总结了农民的生产经验，提出了蚕桑、家畜和养鱼等生产技术。唐朝陈藏器(约 687—757)著的《本草拾遗》记载了鱼类分类的知识，其中以侧线鳞数目作为重要分类依据的方法，目前仍在使用。明朝李时珍(1518—1593)在总结前人有关本草方面著作的基础上，补充他本人的研究，著成了《本草纲目》。记述了 400 多种动物，并将动物分为虫、鳞、介、禽、兽几类，比较详尽地记载了各种动物的名称、产地、习性、性状及功用。

综上可见，在明朝以前，中国动物学科的发展并不滞后于西方。但文艺复兴以后，西欧进人资本主义社会，自然科学在新兴的资本主义制度下迅猛发展。而我国仍然处于封建社会，鸦片战争以后又沦为半殖民地半封建社会，阻碍了自然科学的发展，致使动物学科发展极为缓慢而远落后于西方。

欧洲文艺复兴以后，随着思想的解放，动物学开始了新的发展。意大利的外科医生维萨里(1514—1564)率先开展人体解剖研究，1543 年出版了《人体构造》一书，为血液循环的发现开辟了道路，被誉为“现代解剖学之父”。英国学者哈维(1578—1657)是近代生理科学的奠基人，1628 年出版《动物心血运动的研究》，阐明血液循环理论，建立了血液循环学说，并指出了血液的营养作用。他对胚胎学也有杰出贡献，于 1651 年出版《论动物的生殖》，提出了一切动物的发生起源于卵的观点。

1665 年，英国伟大的物理学家和生物学家胡克(1635—1703)，出版了生动优美的《显微图集》，首次把植物、动物和矿物的显微结构展示在人们面前，并引入了细胞这一名词。荷兰的列文虎克(1632—1723)用自制的显微镜在干草浸泡液里观察到了很多不同的“非常微小的动物”，之后又观察记录了多种原生动物和细菌，被誉为“原生动物之父”。

现代分类学的奠基人，瑞典生物学家林奈(1707—1778)在分类学方面做出了巨大贡献。林奈将全部动植物知识系统化，摒弃了人为地按时间顺序的分类法，构想出定义生物属种的原则，并创造性地提出“双名法”，给每种生物命名。这一伟大成就使林奈成为 18 世纪最杰出的科学家之一。在他所著的《自然系统》一书中，将动物分为蠕虫纲、昆虫纲、鱼纲、两栖纲、鸟纲和哺乳纲 6 个纲，并将动植物分成纲、目、属、种和变种 5 个分类等级。但与当时的许多自然科学家一样，他坚持物种不变的观点，认为一切物种都是神造的。同林奈物种不变的观点相反，法国生物学家拉马克(1744—1829)明确并坚定地提出了物种进化的思想，并证明动植物在生活条件的影响之下是能够变化、发展和完善的。“用进废退”与“获得性遗传”是他的著名论点。与拉马克同时代的法国学者居维叶(1769—1832)，在比较解剖学和古生物学方面做出了巨大贡献。然而，他也是物种不变观点的拥护者，坚持物种是上帝创造的观点。

俄国学者贝尔(1792—1876)观察了鱼类、两栖类和哺乳类的胚胎，深入研究了各类动物的早期发育过程，证实了潘德尔 1817 年提出的胚层学说，并根据观察到的事实提出了贝尔法则，即各种脊椎动物的早期胚胎都很相似，随着胚胎发育的进展才逐渐出现不同类所独有的特征。他创立的胚层学说使胚胎学成为一门独立的学科。

德国学者施莱登(1804—1881)于 1838 年发表《植物发生论》，阐明了细胞是构成植物体的单位，为细胞学说的建立做出了贡献。1839 年，施旺(1810—1882)发表《动植物构造及生长相似性之显微研究》，论述了细胞结构是一切动物所具有的共同特性。他将施莱登与自己的发现概括起来，论证了动植物均由细胞组成，共同创立了细胞学说。

1859 年，英国科学家达尔文(1809—1882)划时代的著作《物种起源》出版了。他阐述了物种不断进化的观点，认为物种不仅有变化，而且不断地发展，由简单到复杂，从低等到高等，同时以“物竞天择”和“自然淘汰”学说来解释进化的原因。对达尔文的著作，马克思和恩格斯都做出了高度评价。马克思认为达尔文的著作给自然科学的目的论以致命打击。恩格斯将《物种起源》和上述的细胞学说，分别列为 19 世纪自然科学的三大发现之一。

遗传学的奠基人，奥地利神父孟德尔(1822—1884)通过豌豆实验，发现了分离规律及自由组合规律。这一发现与细胞分裂时染色体的行为相吻合，奠定了摩尔根(1866—1945)派基因遗传学的理论基础。20 世纪 50 年代，沃森(1928—)和克里克(1916—2004)建立了 DNA 双螺旋结构模型，使遗传学的研究深入到了分子层次。克勒和米尔斯坦(1975)建立的淋巴细胞杂交瘤技术，在生物医学领域树起了一座新的里程碑。

分子生物学的诞生，极大地推进了动物学的发展，使动物学的研究进入了全新的时代。自此之后的几十年里，细胞生物学、分子遗传学和分子免疫学等新兴学科如雨后春笋般涌现，从分子水平清晰地阐明了一个又一个生命的奥秘。DNA 重组技术的创立和发展，推动了动物学科的进步，为加快培育与改良农畜新品种，发展基因诊断与基因治疗，研发基因工程药物以及研究分子进化等开辟了道路，给人类探索生命奥秘展示了光明的前景。1997 年英国《自然》杂志报道了世界上第一只用已经分化的成熟体细胞(乳腺细胞)克隆出的羊。多莉的诞生，标志着生物技术新时代的来临。1990 年正式启动的人类基因组计划，历时 16 年书写完了最后一章。该“生命天书”的破译及其随后的各种“组学”研究，使人类首次从分子水平上全面认识自我，这对生命科学的发展产生了极其重要的作用。1993 年开始的人类脑计划，包括神经科学和信息科学这当今自然科学两大热点的相互结合研究，其目标是建立神经信息学数据库和有关神经系统所有数据的全球知识管理系统，以便从分子水平到整体系统水平研究、认识、保护和开发大脑。

21 世纪，动物学科迅猛发展，正从深度与广度两个方面迈进起点高、难度大、科学意义重大和应用前景广阔的高层次研究领域。

0.4 动物分类的基础知识

目前地球上已描述过的动物约 200 万种。如果没有一个能全面反映动物进化关系的系统，人类就不能正确地区分、研究与有效利用它们，更不能深入地掌握其发生发展规律。这种将各种各样动物进行分门别类的学科，就是动物分类学(animal taxonomy)。

0.4.1 分类依据

动物分类学是一门比较古老的学科，最初只是根据表面形态特征，或习性上的某些特点来对动物进行分类，这种分类法称为人为分类法。而现代的分类系统，以动物形态或解剖的相似性和差异性的总和为基础，强调器官之间遗传上的关系和分子结构等，所以能比较客观地反映出动物类群间的相互关系和进化发展情况，称为自然分类系统。

在分类特征的依据方面，形态学特征尤其是外部形态依然是最直观而常用的依据。应用扫描电镜可观察到细微结构的差异，使动物的分类工作更加精细。生活习性、生态要求和生殖隔离等生物学特征均为动物分类提供了依据。染色体数目变化、结构变化、核型与带型分析等细胞学特征，也都广泛应用于动物分类工作中。随着生化技术的发展，生化组成也逐渐成为分类的重要特征，DNA、RNA 的结构变化决定遗传特征的差异，蛋白质的结构组成直接反映基因组成的差异，这些都可作为动物分类的依据。近年来，DNA 核苷酸和蛋白质氨基酸的新型快速测序手段及 DNA 杂交等方法，深受分类工作者的重视而逐渐被广泛采用。

0.4.2 分类等级

根据生物间相同、相异的程度与亲缘关系的远近，分类学使用不同等级的特征将生物逐级分类。动物分类系统由小至大有种(Species)、属(Genus)、科(Family)、目(Order)、纲(Class)、门(Phylum)、界(Kingdom)7个重要的分类等级(分类阶元)。分类的基本单位是种,将相近的不同种归并为属,相近的属归并为科,依此类推,最高为界。有时为了更准确地表明动物间的相似关系,在阶元之间再加上总(Super-)或亚(Sub-)进行分级,于是有了亚科(Subfamily)、总科(Superfamily)、亚纲(Subclass)和总纲(Superclass)等分类阶元。如家犬隶属的分类等级:

界 动物界(Animalia)
门 脊索动物门(Chordata)
亚门 脊椎动物亚门(Vertebrata)
纲 哺乳纲(Mammalia)
亚纲 真兽亚纲(Eutheria)
目 食肉目(Carnivora)
科 犬科(Canidae)
属 犬属(*Canis*)
种 家犬(*Canis familiaris*)

在上述所有分类等级中,除种以外,其他较高的等级,都同时具有客观性和主观性。它们之所以具有客观性,是因为它们都是客观存在的,是可以划分的实体;之所以又具有主观性,则是由于各等级的水平以及等级与等级之间的范围划分完全是由人们主观确定的,并没有统一的客观准则。例如,林奈所确定为属的准则,后来的分类学家却把它作为划分科的特征。同样,如昆虫,有些学者把它们列为节肢动物门的一个纲,而另一些学者却把它们分作一个亚门。

0.4.3 物种的概念

物种简称种,是动物分类系统中最基本的等级,与其他分类等级不同,纯粹是客观的。物种是动物分类学的核心,也是动物学研究的基础。物种的概念随着科学的发展而发展,随着人们对自然界认识的不断深入而深化。

约翰·雷(1686)最早给物种下的定义是:"物种是相同亲本的后代。"

林奈(1753)将物种定义为:"同一种生物,其形态相同,在自然情况下能够交配,生出正常的后代来,而异种间则杂交不育。"这个定义把形态相同和杂交不育作为划分物种的标准,充分肯定了物种的客观性和稳定性,但否认了个体间的差异和种间的变异。

达尔文(1858)提出,物种是显著的变种,是性状差异明显的个体类群。他肯定了物种的可变性,提出了物种之间的亲缘关系,但他对物种的稳定性强调不够,甚至怀疑种的客观存在。

迈尔(1969)提出:"种是一个可以相互配育的自然居群的群体,与其他群体生殖隔离。"这一概念强调了物种的生物学特性,突出了种群的观点,为物种分类指明了途径。1982年,他将物种定义修改为:"物种是由种群组成的生殖单元,与其他单元生殖隔离,在自然界占有一定地位。"为物种增加了空间的观点。

陈世骧(1987)提出:"物种是进化的单元,是生物系统线上的基本环节,是分类的基本单元。"这个概念强调了物种既是变的,又是不变的,既阐述了什么是物种,又阐明了物种与其他分类等级之间的关系。

关于物种,目前还没有一个能为人们一致接受的完善的定义。一般认为,物种是代表一群在形态和生理方面彼此非常相似或性状间差别非常微小的个体,同时又是生物界发展的连续性与间断性统一的基本间断形式。在有性生物中,物种呈现为统一的繁殖群体,由占有一定空间,具有实际或潜在繁殖能力的种群所组成,而且与其他群体在生殖上是隔离的。反之,不同种的个体,不但在性状上存在着明显的差别,而且在生殖上也是隔离的。确定新种是不是都要做杂交实验呢?能做实验是最理想的,少数种类的确做过,但对多数种类来说实在难以操作。若那样的话,分类工作的发展就太缓慢了。

在分类学上,同种的个体因地理分布等原因,形成了某些不同于其他个体群的特征,这些地方性的种群则称为亚种(Subspecies)或变种(Variety)。亚种划分的一般原则是:种内两个异域分布的种群,在分类上彼此间互有差异,而且其差异个体至少达到种群总体的75%,即种群A中有75%的个体不同于种群B中的全部个体,则可认为这两个种群是不同的亚种。亚种是国际动物命名法承认的种下唯一的分类等级,亚种具有种的特征,亚种间不存在生殖隔离,但由于地理阻隔或生活环境的差异,产生了一些不同于模式种的特征,可以遗传给下一代。

亚种的含义与农畜牧业上所说的品种不同。品种(Cultivar 或 Breed)一般是指人工栽培的植物或饲养的动物,在人为的条件下产生了某些变异,经过人工选择和培育,成为具有某些经济性状的类型。例如,家鸡是由野生的原鸡(*Gallus gallus*)驯化来的,原鸡是分类学上的一个种,但家鸡则可以分为肉用型、蛋用型及蛋肉兼用型等不同的品种。

0.4.4 动物的命名

由于各国语言文字的不同,每种生物的名称叫法不一。即使在同一国家,各地的名称也不尽相同,往往造成同名异物或同物异名等混乱现象,很不利于鉴别、交流和应用。因此,国际上采用瑞典植物学家林奈所提出的双名法对生物进行统一命名,这一名称被称作该生物的学名(Scientific name)。双名法的命名规则为:①命名文字为拉丁文;②每种生物的学名由属名和种名构成;③属名为名词主格单数、首字母大写,种名为名词或形容词、首字母小写;④在学名之后,通常还要写出定名人的姓氏;⑤学名用斜体排版,命名人姓氏用正体排版,若是手写体,则在学名下加下划线。例如,家犬的学名是 *Canis familiaris* Linnaeus。*Canis* 是属名,表示"犬属",*familiaris* 是种名,意思是"熟悉的",两者合起来就是家犬的学名。两词后面的 Linnaeus(可缩写为 L.),表示该定名人的姓氏是林奈。

有时当一个物种只知其属名,而种名不能确定时,或者只涉及某一个属,而不需具体指出是哪一个种时,可在属名之后附加 sp. 来表示。例如,"*Canis* sp."说明这种动物是犬属的一种,但究竟是犬属中的哪一个具体种则未明确。

对于亚种或变种,采用三名法对其命名,即由属名、种名和亚种或变种名构成。例如,野猪是一个种,它的学名是 *Sus scrofa* Linnaeus。我国的野猪有几个亚种,华北亚种的学名是 *S. scrofa moupienensis* Milne-Edwards;东北亚种的学名是 *S. scrofa chirodonta* Heude。有时当同属的几个种的学名写在一起时,在第一个种的属名写出后,其后几个种的属名可以缩写,亚种也可这样处理,如上述的"*S.*"为"*Sus*"的缩写。

0.4.5 动物的分门

根据细胞的数量与分化、体制(对称形式)、胚层、体腔、体节、附肢以及内部器官的布局和特点等,将整个动物界分为若干门。究竟应该将动物界划分为多少门,动物学界尚无统一意见。正如前面已指出的种以上各等级既具有客观性又具有主观性一样,学者们对于动物门的数目及各门动物在动物进化系统上的位置持有不同的见解,并依据新的准则、新的证据,不断提出新的观点。本教材主要介绍以下 11 个门类的动物:

单细胞动物

1. 原生动物门,如眼虫、草履虫

多细胞动物

侧生动物

2. 多孔动物门,如白枝海绵

真后生动物

辐射对称类

3. 腔肠动物门,如水螅、水母、海蜇

两侧对称类

原口动物

无体腔动物

4. 扁形动物门,如涡虫、血吸虫、绦虫

假体腔动物

5. 原腔动物,如蛔虫、轮虫、棘头虫

真体腔动物

6. 环节动物门,如蚯蚓、蚂蟥

7. 软体动物门,如河蚌、圆田螺、鱿鱼

8. 节肢动物门,如虾、蜘蛛、蜈蚣、苍蝇

后口动物

9. 棘皮动物门,如海星、海胆

10. 半索动物门,如柱头虫

11. 脊索动物门,如海鞘、文昌鱼、七鳃鳗、鱼、蛙、蛇、鸟、兽

0.5 生物的多样性

20 世纪以来,世界人口持续增长,人类活动的范围不断扩大与强度不断增加,人类社会遭遇了一系列前所未有的问题,面临人口、粮食、资源、环境和能源等五大危机。如何合理利用自然资源,保护好生态环境,是人类解决时下面临问题的关键。由联合国环境规划署签署的《生物多样性公约》,已于 1993 年 12 月 29 日正式生效,这标志着国际性的生物多样性保护工作迈上了一个新的台阶。目前,该公约的缔约方已达 196 个。

0.5.1 生物多样性的含义

生物多样性(biodiversity)是描述自然界生物丰富程度的一个概念。蒋志刚等(1997)将生物多样性定义为“生物及其环境形成的生态复合体以及与此相关的各种生态过程的综合,包括动物、植物、微生物和它们所拥有的基因以及它们与其生存环境所形成的复杂生态系统”。通常将生物多样性分为基因多样性(也称遗传多样性)、物种多样性和生态系统多样性等 3 个层次。

狭义的基因多样性是指物种内基因的变化,包括种内不同种群之间以及同一种群内的遗传变异。自然界中绝大多数有性生殖的物种,种群内的个体之间几乎没有完全一致的基因型,而种群就是由这些具有不同遗传信息的若干个体所组成。广义的基因多样性是指地球上生物所携带的各种遗传信息的总和。这些遗传信息储存于每个生物体的基因之中。任何一种生物或一个生物个体都保存了大量的遗传基因,因此,任何一个物种均可被视作一个基因库(gene pool)。一个物种包含的基因越丰富,对环境的适应能力就越强。基因的多样性是生命进化和物种分化的基础。

物种多样性是指地球上动物、植物和微生物等生物种类的丰富程度,它是衡量一定地区生物资源丰富程度的客观指标,是生物多样性的核心。在阐述一个国家或地区生物多样性时,最常用的指标是区域物种多样性。反映区域物种多样性常用如下 3 个指标:①物种总数,即特定区域内所拥有特定类群的物种数目;②物种密度,指单位面积内特定类群的物种数目;③特有种比例,指在一定区域内某个特定类群特有种占该地区物种总数的比例。

生态系统多样性是指地球上生态系统组成的多样性、功能的多样性以及各种生态过程的多样性,包括生境的多样性、生物群落和生态过程的多样化等方面。

近年来,有学者提出了景观多样性(landscape diversity),作为生物多样性的第 4 个层次。景观是一种大尺度的空间,由一些相互作用的景观要素组成的具有高度空间异质性的区域。景观要素是组成景观的基本单元,相当于一个生态系统。景观多样性是指由不同类型的景观要素或生态系统构成的景观在空间结构、时间动态和功能机制方面的多样化程度。

0.5.2 生物多样性面临的主要威胁

据统计,目前地球上平均每天有一个物种消失。生物多样性丧失的原因是多方面的。人为干扰使生态系统偏离平衡,生境破坏,是生物多样性减少最重要的原因。戴利(1995)对造成生态系统退化和生物多样性减少的人类活动进行了排序,过度开发(含直接破坏和环境污染等)占 35%,毁林占 30%,农业活动占 28%,过度收获薪柴占 6%,生物工业占 1%。这些破坏最直接的后果是导致物种生境破碎化及栖息地岛屿化。

1. 全球气候变化

气候变化主要是通过气候平均变化和极端气候事件两方面对生物多样性产生影响。陆地和海洋的表面温度升高,降水的时间空间分布格局变化,海平面上升,厄尔尼诺现象的频率和强度增加,尤其是区域变暖,已经影响到动植物的繁殖、动物的迁移、生长季节的长度、物种分布、种群大小和病虫害暴发的频率。

2. 环境污染

城乡工农业生产和生活污水排入水域,废气进入大气层,重金属以及难以降解的化合物富集于土壤，严重污染水体、大气和土壤。污染物沿着食物链传递，对生物造成很大的毒副作用，致使不少敏感物种的种群数量急剧下降甚至灭绝，扰乱了生态系统的平衡，导致生态系统退化。目前，针对环境污染对生物多样性的影响，形成了两个基本观点：一是由于生物对突如其来的污染在适应上可能存在很大的局限性，导致生物多样性的丧失；二是污染可能改变生物原有的适应与进化模式，使生物多样性可能向着由污染主导的条件发展，从而偏离其自然轨道。

3. 农业活动导致生境破坏

19 世纪工业革命后，人口增长成了全球的主流，发展中国家尤为明显。1830 年全球人口只有 10 亿，1930 年为 20 亿，2000 年为 60 亿，截至 2020 年 3 月 29 日，全球 230 个国家人口总数达到了 75.85 亿人。为满足人类对粮食的需求，耕地面积不断扩大，这对自然生态系统及生存其中的生物物种产生了最直接的威胁。目前，我国境内水土流失面积约为 180 万 km^2，占国土面积的 19%，其中黄土高原地区约有 80%的地方水土流失。北方戈壁、沙漠化土地面积为 149 万 km^2，占国土面积的 16%。393.5 万 hm^2(5 900 万亩)农田和 493.6 万 hm^2(7 400 万亩)草场正受到沙漠化威胁。草原退缩面积 8 671 万 hm^2(13 亿亩)，并每年以 133.4 万 hm^2(2 000 万亩)增加。每年使用农药防治面积 15 341 万 hm^2(23 亿亩)，劣质化肥污染农田 166.8 万 hm^2(2 500 万亩)。

在农业上为了达到更高的收获量，往往种植单一的高产品种。随着作物种类的减少，与之相应的固氮细菌、根瘤菌、捕食生物、传粉和种子传播的生物以及一些在传统农业系统中与之经过几个世纪共同进化的物种逐渐消失了。例如，印度尼西亚在过去的十几年内已有 1 500 个水稻地方品种消失，有 3/4 的水稻来自单一母本后代；在美国，71%的玉米田中只有 6 个玉米品种，50%的小麦田中只种植了 9 个小麦品种。林业上为了高产，往往毁去物种丰富的林地，种植单一树种。如热带森林常被转变为咖啡、油棕、橡胶等种植园，使许多生物失去了原有的栖息地。

4. 掠夺式地利用生物资源

受利益的驱使，许多人对生物资源展开了掠夺式的开发利用，乱砍滥伐、乱捕滥杀，导致很多物种面临严峻的威胁。青藏高原虫草资源量大幅减少，部分严重破坏地区的资源量不足 30 年前的 1%～3%。虽然资源蕴藏量日渐匮乏，但受利益驱动，虫草的采集量仍在持续上升。30 年前，中国虫草采集量每年仅有几吨，而现在的采集量已经达到了每年 100～200 t。虫草价格从 20 年前的每千克只有 200～300 元，飙升到每千克达 13 万元，导致尚处于初级阶段的虫草保护与可持续开发的事业面临灭顶之灾，虫草产业难以持续发展。

5. 外来物种入侵

外来物种的盲目引入也会导致原有物种的绝灭。如在 1790—1840 年间，由于引入猪、山羊和兔，使菲律宾岛 13 种土著植物和 2 个特有种灭绝；自 1840 年以来，由于外来物种的引入，已致使新西兰本地 23 个种和亚种的鸟类濒临灭绝。不仅如此，外来物种的引入还会破坏原有生境，导致生态系统发生变化。因此，引入外来物种时必须慎重考虑其可能引发的严重后果。

0.5.3 保护生物多样性的措施

保护生物多样性是当前生物科学最紧迫的任务之一。很多生物在没有被人类了解和认识之前就消亡了，这对人类无疑是一种悲哀和损失。因此，保护生物多样性的行动势在必行、迫在眉睫。

1. 加强立法与宣传

制定保护生物多样性的相关政策、法规和制度，开展生物多样性保护方面的宣传、教育和科学研究，营造生物多样性保护的氛围和风气等，都是保护生物多样性的重要渠道。比如，研究促进自然保护区周边社区环境良好发展的产业政策；探索促进生物资源保护与可持续利用的激励政策；完善生物多样性保护和生物资源管理的协作机制；加强对外来物种引入的评估和审批，实现统一监督管理；建立基金制度，保证国家专门拨款，争取个人、社会和国际组织的捐款和援助，为实践工作的开展提供强有力的经济支持等。

2. 就地保护

就地保护是生物多样性保护中最为有效的一项措施．即为保护生物多样性，把包含保护对象在内的一定面积的陆地或水域划分出来，进行保护和管理。大多是建立自然保护区，例如我国已经将大熊猫的主要栖息地划成 67 个自然保护区来进行管理。至 2021 年，我国自然保护地(区)总数已达 1.18 万个，约占我国陆域国土面积的 18%。近年来，我国在多省份设定了重点生态功能区、生态保护红线或自然保护地，加快实施重要生态系统保护和修复重大工程。此外，还积极推行草原森林河流湖泊湿地休养生息，实施长江十年禁渔，健全耕地休耕轮作制度。这些措施为生物多样性的就地保护提供了良好的条件。

3. 迁地保护

为保护生物多样性，把因生存条件不复存在、物种数量极少或难以找到配偶、生存和繁衍受到严重威胁的物种迁出原地，移入动物园、植物园、水族馆和濒危动物繁育中心等，进行特殊的保护和管理。迁地保护是就地保护的补充，其目的是给即将灭绝的物种寻找一个暂时的生存空间，待其适应条件、具备自然生存能力之后，还是要让其重新回到自然生态系统中。目前，为了保存物种，人们已开始建立种子库、基因库、DNA 库等。如为了保护作物的栽培种及其濒临灭绝的野生亲缘种，已建立了全球性的基因库网。加强立法与宣传、就地保护、迁地保护是保护生物多样性的有效措施。此外，在思想上真正认识到大自然是人类赖以生存发展的基本条件，才能站在人与自然和谐共生的高度谋划发展；尊重自然、顺应自然、保护自然，是生物多样性能够得到有效保护的根本要求，这也是全面建设社会主义现代化国家的内在要求。

0.5.4 保护生物多样性的意义

生物多样性是人类赖以生存的条件，是经济社会可持续发展的基础，是生态健康和粮食安全的保障。深入贯彻落实党的二十大精神，进一步宣传国家相关政策法规及野生动物保护知识，提高学生对保护野生动物的科学认知。在保护生物多样性的同时，因地制宜发展特色经济动物等特色生态产业。

1. 为人类提供生活必需品和工业原料

生物多样性保障了人类生存与发展所需的食物、药物、燃料等生活必需品以及大量的工业原料。我们的食物全部源自自然界，保护好生物多样性，人们的食物品种就会不断丰富，生活质量也会不断提高。在个别经济不发达地区，利用生物资源成为人们维持生计的重要方式。如在扎伊尔，人的蛋白质食物中野生动物肉制品占据的比例高达 75%。而且，生物资源一经开发，往往就会产生比其自身更高的价值。常见的生物资源产品有水果、鱼类、蜂蜜、麝香、鹿茸、兽类皮毛、木材、橡胶、树脂和染料等。

2. 保障人类良好的生存环境

生物多样性在调节气候、净化水质以及保持土壤肥力等方面均具有重要作用,维护了自然界的生态平衡,为人类生存与发展提供了良好的环境条件。黄河流域是中华民族的摇篮。几千年前,那里曾是生物丰富的地带,一片富饶的土地,树木林立,百花芬芳,多种野生动物出没。后来因长期的战争及人类过度开发利用,已变成生物多样性十分贫乏的地区。风沙危害和水土流失现象十分严重,致使木料、饲料、肥料和燃料皆缺,农业生产水平低而不稳。1978 年,"三北防护林"大型生态建设工程启动。经过 30 余年的持续建设,初步建成带片网、乔灌草相结合的防护林体系。"三北"地区 20%以上的沙漠化土地得到基本治理,40%以上的水土流失面积得到有效控制。生物多样性得到一定程度的恢复,森林覆盖率逐年上升,环境质量不断改善。

生物多样性对大气层成分、地球表面温度等方面的调控也具有重要影响。在地球早期,大气中的氧气(O_2)含量是很低的,现在地球大气层中的 O_2 含量达 21%,这主要归因于植物的光合作用。据推测,如果没有植物的光合作用释放 O_2,那么大气层中的 O_2 将会因氧化反应在数千年内消耗殆尽。

3. 保护濒危物种

自然界的生物是互相依存、互相制约的。一个物种的消失,预示着更多物种面临灭绝的危险。那些处于灭绝边缘的物种一旦消失,人类将永远丧失这些珍贵的生物资源。自然界的许多野生动植物,虽然人类短时间内无法进行开发利用,但其价值是潜在的。也许将来我们的子孙后代就能发现其价值,并积极地开发利用它们。

野生动物资源携带多样的遗传信息,可为农作物和畜禽育种提供丰富的基因材料。有些动植物物种(如大熊猫等一些孑遗物种)在生物演化过程中处于十分重要的地位,对其进行研究,将有助于探索生物演化的历程。因此,保护生物多样性,保护濒危物种,对人类后代具有重大的战略意义。

0.6 学习动物学的意义和动物学的研究方法

0.6.1 学习动物学的意义

动物学是一门内容十分广博的多分支学科。不仅其本身研究内容丰富,而且与畜禽水产养殖业、农林业的病虫害防治、医学卫生等密切相关。因此,学习掌握动物学基础知识,对于农林水产院校的学生具有十分重要的意义。

1. 在动物资源的保护、开发和持续利用方面

我国有着十分丰富的动物资源,动物种类及数量居世界前列,其中有不少种类是我国的特有种和珍稀濒危动物。保护受胁动物、拯救濒危物种都需要了解这些动物的栖息环境、食性、繁殖习性以及与其他生物的关系等知识。我国动物学科技工作者进行了多年深入研究与实践,在大熊猫、中华鲟等濒危动物的保护工作中做出了重要贡献,尤其在人工繁殖方面取得了突出的成就。开发利用野生动物资源,需要进行资源调查,摸清动物资源的基本情况,从而制定可持续的开发利用政策。

2. 在畜牧业和农林业的发展方面

在畜禽、水产和特种动物养殖以及农林业病虫害防治等方面,动物学都是必要的基础。

驯化野生动物对人类的发展具有非常重要的作用。例如,野猪和原鸡的驯化,提供了大量的肉、蛋等蛋白质食物,在很大程度上解决了人类对动物蛋白质的需求。近几十年来,全国各地陆续建立了许多野生动物驯养繁殖场,驯养了大量的梅花鹿、水貂、海狸鼠等。在国外,大象、牦牛也越来越多地被驯化。野生动物的驯化是一把双刃剑,能造福也能带来灾祸,需要谨慎从事。人类历史上最厉害的几次传染病的流行,基本上都是由动物传给人的,而且相当多的是由人工驯养的动物传播而来的。

培育、改良畜禽与水产新品种,需要动物学和其他学科交叉的先进技术。在动物育种实践中,杂交、选种和选配等传统的方法都曾发挥了重要作用,取得了很大的成功。随着现代生物技术的进步,传统杂交选育方法的各种缺陷日益明显,而现代分子育种技术却显示出越来越强大的生命力,逐渐成为动物育种的主流。与动物育种有关的现代生物技术包括转基因技术、胚胎工程技术、动物克隆技术及受 DNA 重组技术影响的各种分子生物学技术等。采用这些现代生物技术育种,一定会使选种的准确性提高,育种的速度加快。目前有关转基因兔、羊、猪、鱼等的研究不断有所报道,人类改造动物的工作提高到更高的水平。

了解各种农林害虫的形态结构、生活习性及生活史等,是预测和防治农林虫害的基础,也是把握最适时机消灭害虫不可缺少的知识。通过对害虫与其天敌间关系的研究,了解天敌动物的结构特点及其生活规律,可以培养天敌来控制、消灭害虫。生物工程技术为生物防治增添了新的内容,给农林业病虫害防治提供了新的途径和技术手段。如利用遗传工程技术将苏云金芽孢杆菌的杀虫基因移植到棉花、烟草的原生质体中,从而获得了具有抗虫基因的新植株;利用基因工程技术构造工程菌,以提高生物农药的杀虫与灭菌活性等。

3. 在医药卫生方面

动物学及其许多分支学科如组织解剖学、生理学和寄生虫学等,都是医药卫生研究必要的基础。许多动物或其产物都具有一定的药用价值,如蚯蚓、水蛭(蚂蟥)、蝎子、蜈蚣、蚂蚁、地鳖虫、蜂王浆、蛇毒、熊胆、牛黄、麝香和鹿茸等。模型动物在疾病机理和新药的研制等方面都具有十分重要的作用,实验动物学已成为专门的学科。有些寄生虫直接危害人体健康,甚至造成严重的疾病,如利什曼原虫、疟原虫、血吸虫、钩虫和丝虫所致的我国五大寄生虫病。只有掌握这些寄生虫的形态特征和生活史各环节的生物学特点,才能采取有效的综合防治措施。结合“增进民生福祉,提高人民生活品质”和《“健康中国 2030”规划纲要》要求,积极预防寄生虫病,推进健康中国建设。

4. 在工业工程技术方面

许多工业原料来自动物。如兽类的毛皮是制裘和鞣革的原料;羊毛、驼毛、兔毛等为毛纺织业提供原料;产丝昆虫如家蚕、柞蚕、天蚕和琥珀蚕所产的蚕丝,为丝纺业提供原料;紫胶虫产的紫胶、白蜡虫分泌的白蜡均广泛用于化工、军工、食品、医药、机电及轻工等行业;从胭脂蚧中提取的胭脂红色素,已广泛应用于食品、化妆品和医药等行业,如饮料、酒、糕点、糖果、烹饪、药品着色等,在生物高新技术及生物标本制作上也有重要用途;珊瑚的骨骼及一些软体动物的贝壳,可加工成多种工艺品和日用品;珍珠贝类所产珍珠在工业上的经济价值更为突出。

仿生学的研究也离不开动物学。生命进化已历经约 35 亿年,动物在进化过程中形成了各种奇特结构、功能或行为,它的高度自动化和高效率是精密仪器所无法比拟的。大自然的奥秘不胜枚举，仿生思维就是在大自然中寻找解决问题的方程式。如模仿蛙眼研制的电子蛙眼可准确、灵敏地识别飞行的飞机和导弹。根据蜜蜂准确的导航本领制成的偏光天文罗盘，已用于航海和航空。以水母的感觉器为模板制成的“水母耳”风暴预测仪能准确预报风暴。仿生学的前景十分诱人，潜力十分巨大。

总之，动物学课程的主要任务是介绍动物各类群的主要特征以及各类群间相互关系。一是使学生对动物界的多样性(如物种多样性、各器官系统的多样性等)有较深入的了解，树立进化、发展和联系的观点；二是使学生了解各主要动物类群的资源价值、开发利用现状与前景，树立资源可持续利用的观点；三是为学生今后学习专业基础课和相关专业课奠定必要的基础。

0.6.2 动物学的研究方法

从事动物学研究所涉及的方法学问题，可大致概括为以下 3 个方面。

1. 描述法

观察与描述是动物学研究的基本方法。传统的描述方法主要将所观察的动物的外部特征、内部结构、生活习性及经济意义等用图表或文字如实地加以记述。随着科技的发展，观察和描述的方法获得了巨大进步。光学显微镜使观察深入到组织、细胞水平；电子显微镜使观察深入到细胞及其细胞器的亚微或超微结构水平；分子生物学实验技术已将动物学研究的诸多领域推进至分子水平。将电子计算机与各种仪器设备联用，可以快速、准确地将观察到的各种现象记录下来。

2. 比较法

比较不同动物的器官系统，可以探究它们之间的类群关系，从而揭示动物生存和演化的规律。动物学中各分类阶元特征的概括，就是通过比较而获得的。从动物体宏观结构深入到细胞、亚细胞和分子水平的比较，是当今研究的热点之一。例如，对不同种属动物的细胞、染色体组型与带型、核酸序列以及细胞色素 C 化学结构的分析和比较，已为阐明动物的亲缘关系及进化做出了重要贡献。

3. 实验法

实验法是在人为控制条件下对动物的结构、机能或生命活动进行研究。实验法常与比较法同时使用，并与实验手段的进步密切相关。例如，用超薄切片透射电镜与扫描电镜技术研究动物的组织、细胞和细胞器的亚微或超微结构等；用同位素示踪法研究动物的代谢和生态习性等；电泳、层析、超速离心技术，显微分光光度技术，色谱、质谱分析技术，核磁共振光谱分析技术，基因工程技术及电子计算机技术等，均已应用于相关实验工作的不同方面，有力推动着动物学科的快速发展。

本章小结

为研究与利用丰富多彩的生物世界，人们将其分为若干不同的界，如两界系统、三界系统和六界系统等。根据研究内容和对象的不同，可将动物学分为形态学、分类学、胚胎学、生理学、遗传学、生态学等横向分支学科和昆虫学、鱼类学、鸟类学等纵向分支学科。

动物的分类等级有界、门、纲、目、科、属和种，物种是动物分类系统中最基本的等级，其概念随着科学的发展而深化。林奈提出双名法对生物进行统一命名。

生物多样性是一个地区内基因、物种和生态系统多样性的总和。全球气候变化、环境污染、外来物种入侵、农业活动导致的生境破坏以及掠夺式的利用生物资源等都给生物多样性带来了严峻威胁。加强立法与宣传,就地保护和迁地保护都是目前保护生物多样性的重要举措。

掌握动物学基础知识,在动物资源的保护与开发利用、畜牧业和农林业的发展、医药卫生以及工程技术方面都具有十分重要的意义。动物学研究的基本方法有描述法、比较法和实验法等。

复习思考题

1. 为什么要学习动物学?主要任务有哪些?
2. 谈谈物种、亚种和品种间的区别与联系。
3. “双名法”的命名规则有哪些?怎样给物种和亚种命名?
4. 如何理解生物多样性的含义与价值?
5. 针对生物多样性面临的威胁,你认为应该采取哪些措施来保护生物多样性?

第1章　原生动物门

(Protozoa)

◆ 内容提要

原生动物意为“原始类型动物”，是动物界中最原始、最低等的类群。身体大多由单个细胞组成，故称为单细胞动物。目前已知约有3万种，广泛分布于淡水、海水和土壤中，还有不少种类在动物体内营寄生生活。本章主要介绍原生动物门的主要特征，并以绿眼虫、大变形虫、间日疟原虫和草履虫为代表动物重点介绍鞭毛纲、肉足纲、孢子纲和纤毛纲的主要特征。

◆ 教学目的

掌握原生动物门的主要特征；以绿眼虫、变形虫、疟原虫和草履虫为代表，了解鞭毛纲、肉足纲、孢子纲和纤毛纲动物的基本结构；了解原生动物与人类的关系。

1.1　原生动物门的主要特征

1.1.1　单细胞动物

原生动物是最原始、最简单、最低等的单细胞动物。从形态上看，原生动物多是单一的真核细胞，具有一般细胞的基本结构。然而从生理机能来看，原生动物又是复杂的，它具有一般动物所表现出来的维持生命和繁衍后代所必需的一切功能，如运动、摄食、消化、呼吸、排泄、感觉以及生殖等。原生动物没有高等动物所具备的器官和系统，这些功能是由细胞内特化的细胞器(简称胞器)(Organelle)来完成的。例如，鞭毛、纤毛和伪足等为运动胞器，胞口、胞咽、食物泡和胞肛等为消化胞器，伸缩泡为排泄胞器，眼点为感觉胞器。各种胞器功能上互相协调，使单细胞生物成为一个统一的有机体。

除单细胞个体外，原生动物也有由多个相对独立的个体聚集而成的群体，如盘藻(*Gonium* sp.)和团藻(*Volvox* sp.)等，虽然很像多细胞动物，但细胞分化程度很低，与多细胞动物有着本质的区别。

1.1.2　个体微小、形态多样

原生动物个体较微小，一般在3～300 μm，大多数种类只有借助显微镜才可观察到。最小的种类仅2～3 μm，如杜氏利什曼原虫。细胞的形态多样化，浮游种类多呈球形，而爬行游泳的种类身体延长呈扁平状，卵形、锥形、梨形与钟形等也大量存在。一些固着种类具有附着性的柄,一些种类具有保护性的外壳,而变形虫的体形还可随时发生改变。

1.1.3 营养方式多样化

原生动物的营养方式多种多样,几乎包括了生物界所有的营养方式。

植物性营养(自养):有些原生动物体内具有色素体,能够利用太阳的辐射能将水(H_2O)和二氧化碳(CO_2)合成碳水化合物,又称光合营养,如绿眼虫(*Euglena viridis*)。另有一些纤毛虫体内有藻类共生,如绿草履虫(*Paramecium bursaria*)可通过细胞质内共生的绿藻获取养料。

动物性营养(异养):一般包括摄食、消化吸收和排遗3个主要环节。即原生动物摄取细菌、藻类以及其他小型生物等,在细胞质内完成消化吸收过程,未被吸收的食物残渣通过排遗作用排出体外,又称吞噬营养,为大多数原生动物的营养方式。如梨形四膜虫(*Tetrahymena pyriformis*)在自然界中以细菌为食。目前,人们已用人工合成的无菌培养基将其培养成功。

渗透营养:不具有特殊的摄食胞器,通过体表的渗透作用摄取溶于水中的蛋白质和碳水化合物等有机物质来维持生存,又称腐生性营养。营寄生生活的原生动物采用这种营养方式。

很多原生动物为多种营养方式兼用,故称混合型营养,如绿眼虫在有光条件下以植物性营养为主,在无光条件下以渗透营养为主。

当食物供应十分充足时,许多原生动物除了生长和繁殖外,还能在细胞质中合成一些储藏物,以便在食物短缺时供生命活动所用。但也有些种类不能合成储藏物,如寄生在血液中的非洲锥虫,其生活基质中的糖原供应十分丰富,不具合成储藏物的功能,将其放入不含糖原的基质中,几分钟后即会死亡。

1.1.4 生殖方式多样化

原生动物具有不同形式的生殖过程,可分为无性生殖和有性生殖。

1.1.4.1 无性生殖

无性生殖主要有以下几种形式。

1. 二分裂

通过细胞质和细胞核的纵、横分裂产生两个基本相似的子细胞,是原生动物最常见的生殖方式。如绿眼虫、大草履虫以及大变形虫(*Amoeba proteus*)等。

2. 出芽生殖

出芽生殖是指母体的一部分生出芽体,芽体逐渐长大,与母体分离,形成一个新个体的生殖方式。通常形成一大一小两个个体,大的是母体,小的是芽体。有的可同时形成多个芽体,如夜光虫(*Noctiluca* sp.)。

3. 裂体生殖(复分裂)

分裂时细胞核经多次分裂先形成多个细胞核,然后细胞质再分裂,每个核被一些细胞质包围成一个新的单核子个体,如疟原虫(*Plasmodium* sp.)。

4. 质裂

质裂是一些多核的原生动物所进行的无性生殖方式。分裂时细胞核先不分裂,而是由细胞质在分裂时直接包围部分细胞核形成几个多核的子个体,子个体再成为多核的新虫体,如蛙片虫(*Opalina* sp.)。

1.1.4.2 有性生殖

大多数自由生活的原生动物主要进行无性生殖，只有在特定条件下（如温度或季节的变化，食物短缺，或原生动物自身的衰老等）才发生有性生殖。在许多寄生性原生动物的生活史中，具有性生殖与无性生殖交替进行的世代交替现象。有性生殖主要形式有配子生殖和接合生殖两类。

1. 配子生殖

配子生殖是经过两个配子的融合或受精形成一个新个体的过程，又可分为同配生殖和异配生殖两种。前者是两个配子大小、形状相似，生理机能不同，如有孔虫；后者是两个配子大小、形状与机能均不相同。大多数原生动物的有性生殖都是异配的。

2. 接合生殖

纤毛虫的有性生殖方式为接合生殖（Conjugation）。两个虫体口沟处暂时黏合在一起，细胞质相互通连，大核瓦解，小核分裂数次，互换小核及部分细胞质（相当于受精作用），随后两虫体分开，核物质重组、分裂，最后 2 个纤毛虫产生 8 个子虫体，如大草履虫。

1.1.5 协调与应激性

原生动物对来自外界环境的刺激会产生多种多样的反应，如运动、体型、结构、代谢以及分泌物变化等，通常的反应方式，一是运动性，即刺激可加快或抑制随意运动；二是趋性，表现为对光线和食物的正趋性、对毒物的负趋性等。有些原生动物具有一些感觉细胞器，如感受光照的眼点、感受触觉的纤毛和鞭毛等，用于协调运动及内外环境的平衡。无感觉细胞器的种类，对各种刺激的反应可能是一般的细胞质反应，各种刺激信号可能通过与膜受体或质受体结合而诱发一系列生理反应。在原生动物中已测出存在多种神经肽，神经肽的存在与动物的协调和应激性相关。

1.1.6 包囊化普遍

不良的环境条件是原生动物形成包囊的最主要原因，如食物缺乏、水池干涸、严寒或出现有毒物质时，很多原生动物能缩回伪足或者脱掉鞭毛或纤毛等结构，身体缩小呈球形，虫体向外分泌保护性胶质，将自己包裹起来，形成包囊（Cyst）。在包囊内，虫体代谢率降低，几乎处于休眠状态，相当于高等动物的休眠和滞育。另外，原生动物的快速生长繁殖导致生存空间拥挤也会形成包囊。当环境条件改善时，原生动物即会破囊而出，恢复活动。因此，包囊的形成是原生动物抵御不良环境的一种适应性机制，为原生动物的广泛分布提供了条件。

1.1.7 分布广泛

原生动物适应性较强，多数原生动物属于世界性分布。因个体较小，且易形成包囊，可借助风力和水流广泛散布。有自由生活的，也有寄生甚至共生的原生动物。鞭毛虫、肉足虫以及纤毛虫大多营自由生活，可栖息于淡水、海水以及土壤中。营寄生生活的种类栖息范围也十分广泛，植物、动物甚至人类都可成为其寄主。共生者主要有白蚁消化道中的动鞭毛虫和反刍动物瘤胃中的纤毛虫等。

1.2　原生动物门的分类

原生动物的数量一般认为约有 30 000 种，也有认为是 44 000 多种(其中化石种类 20 000 种，营自由生活的 17 000 多种，寄生种类约为 6 800 种)。对于原生动物的分类问题，存在不同的观点。本书采用为多数动物学家所沿用的传统分类系统，将原生动物作为动物界的一个门，重点介绍 4 个主要纲，即鞭毛纲、肉足纲、孢子纲和纤毛纲。

1.2.1　鞭毛纲

1.2.1.1　代表动物——绿眼虫(*Euglena viridis*)

绿眼虫生活在有机质丰富的池沼、水沟或缓流中。在温暖季节可大量繁殖，因胞质中分布有叶绿体，使生活水域呈现绿色。体呈梭形，长约 60 μm，宽 11～22 μm，前端钝圆，后端尖。虫体中后部有一个大而圆的透明细胞核(图 1-1)。体表具有带斜纹的弹性表膜，每一条纹的一侧有向内凹陷的沟，另一侧有向外突起的嵴，一个条纹的沟与其相邻条纹的嵴相关联，沟与嵴之间具有黏液起到润滑作用，嵴可在沟中滑动(图 1-2)。表膜覆盖整个体表、胞咽、储蓄泡以及鞭毛等，使绿眼虫既能保持一定形状，又能做收缩变形运动。表膜斜纹是眼虫科的特有结构，其数目多少是种的分类特征之一。

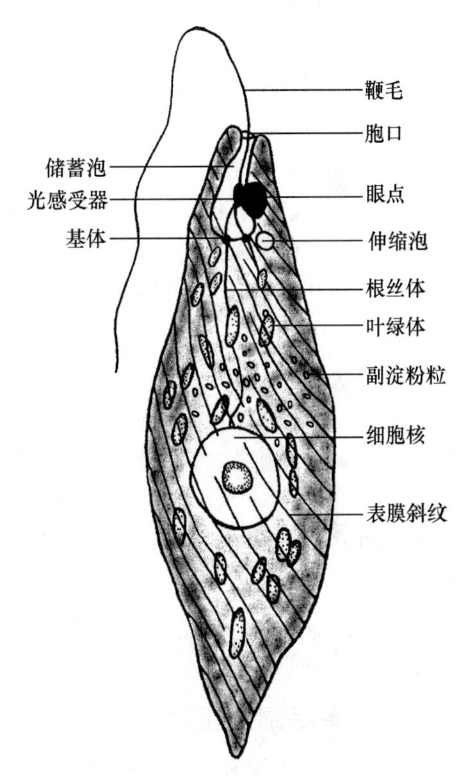

图 1-1　绿眼虫的结构(仿自刘凌云)

体前端具有胞口，向后连有一个膨大的储蓄泡。绿眼虫的胞口是否能够取食固体食物颗粒尚无定论，但已肯定通过胞口可将体内多余的水分排出。储蓄泡旁边具有一个伸缩泡，主要功能是调节水分平衡，可收集细胞质中过多的水分(其中也有溶解的代谢废物)，排入储蓄泡，再经胞口排出体外。

鞭毛(Flagellum)是绿眼虫的运动胞器。自胞口内伸出体外，鞭毛下连 2 根细的轴丝，每根轴丝在储蓄泡底部与一个类似于中心粒的基体相连，鞭毛由基体产生。基体在虫体分裂时起中心粒作用，基体由根丝体连至细胞核，表明鞭毛受细胞核的控制。

绿眼虫具有明显的趋光性。鞭毛基部紧临储蓄泡的位置具有一眼点(Eyespot)，眼点呈红色，由含有类胡萝卜素的脂状球集合而成。靠近眼点近鞭毛基部有一膨大部分，能接受光线，称光感受器(Photoreceptor)。眼点呈浅杯状，光线只能从杯的开口面射到光感受器上。有学者认为，眼点是吸收光的“遮光物”，当眼点处于光源和光感受器之间时，眼点遮住了光感受器，切断了能量的供应,虫体将挥动鞭毛调整运动,让光线能连续地照射到光感受器上,这样连续调节使绿眼虫趋向适宜的光线(图 1-3)。

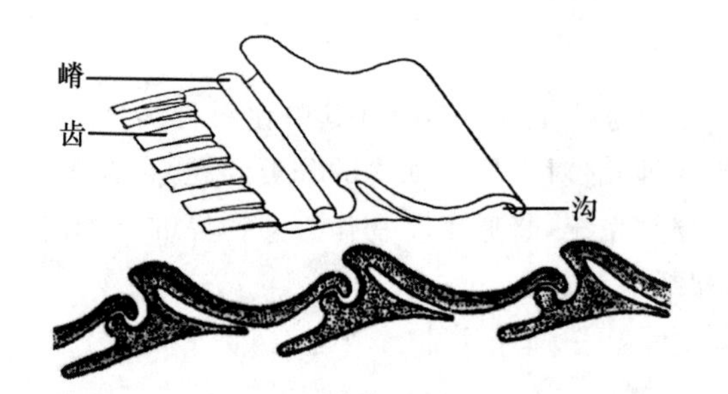

图 1-2 绿眼虫表膜的微细结构(仿自刘凌云)

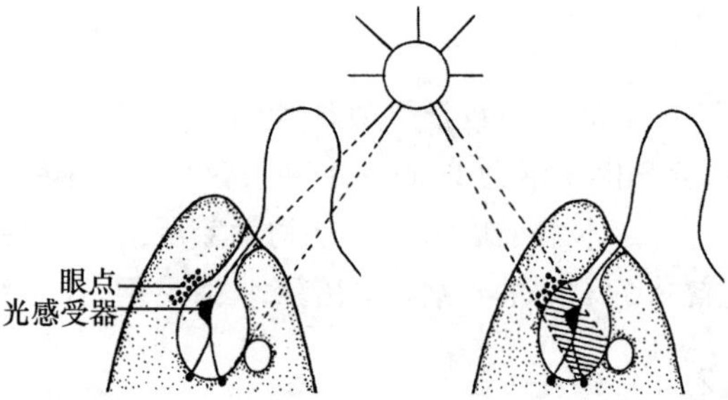

图 1-3 绿眼虫的功能示意图(仿自沈蕴芬)

绿眼虫的细胞质内有叶绿体。叶绿体的形状、大小、数量及其结构为眼虫属、种的分类特征。在叶绿体内含有叶绿素,有光条件下可进行光合营养。制造的过多食物可形成半透明的副淀粉粒储存在细胞质中。副淀粉粒与淀粉相似,是糖类的一种,但与碘作用不呈蓝紫色。副淀粉粒的形状大小也可作为分类依据。无光的条件下,绿眼虫可进行渗透营养。

绿眼虫和其他动物一样,必须借呼吸作用产生能量来维持各种生命活动,因此需要不断供给 O_2 及不断排出 CO_2。在有光的条件下,利用光合作用释放的 O_2 进行呼吸作用,所产生的 CO_2 又被利用进行光合作用。在无光的条件下,通过体表的渗透作用获得水中的 O_2,排出 CO_2。

绿眼虫进行无性生殖,生殖方式一般为纵二分裂(图 1-4)。细胞核先分裂,虫体随即从前端开始沿着中线向后端裂开,一侧保留原有的鞭毛,另一侧形成新的鞭毛,两侧逐渐分离,形成 2 个完整的新个体。

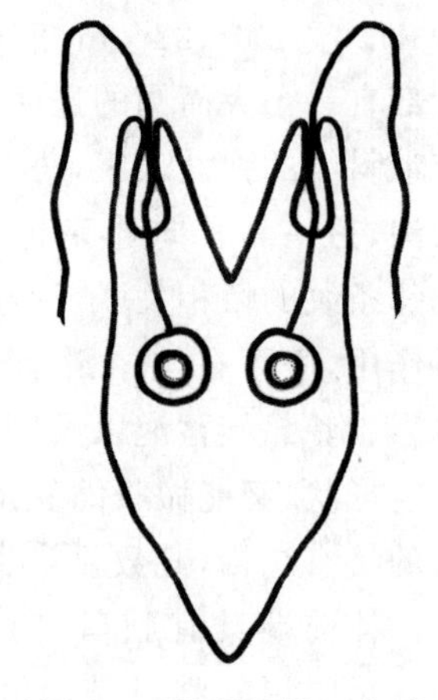

图 1-4 绿眼虫纵二分裂

在不良环境条件下,虫体变圆,分泌胶质形成包囊。刚形成的包囊呈绿色,可见眼点,之后逐渐变黄,眼点消失,代谢降低。包囊可生存很久,并随风四处飘散。在包囊时期,生殖方式也为纵二分裂。当环境适宜时,虫体破囊而出,从 1 个包囊中可逸出多达 32 只小眼虫。

1.2.1.2 鞭毛纲的重要类群

鞭毛纲的种类约有 7 000 种,根据营养方式的不同,可分为 2 个亚纲。

1. 植鞭亚纲

植鞭亚纲动物自由生活于淡水或海水中,通常具有色素体,进行光合营养。有些种类营个体独立生活,如绿眼虫、衣滴虫等。有些种类则进行群体生活,如盘藻,一般由 4 个或 16 个个体组成,群体以个体分泌的胶状物质相互粘连在一个平面上形如盘状,每个个体的形态相似,都能进行营养和繁殖(图 1-5)。又如团藻,呈空心的球形,一般由多达几万个个体排列在球表面形成一层,彼此由原生质桥相连。个体之间有所分化,大多数为营养个体,可进行光合作用,无繁殖能力,少数个体有繁殖能力,体积为营养个体的十几倍甚至几十倍。由精卵结合发育成一个新群体,少数繁殖个体可行孤雌生殖形成子群体。团藻具有吸收和富集放射性物质 ^{32}P

的能力,对净化水质有一定作用;同时,对了解多细胞动物的起源问题也具有重要意义。

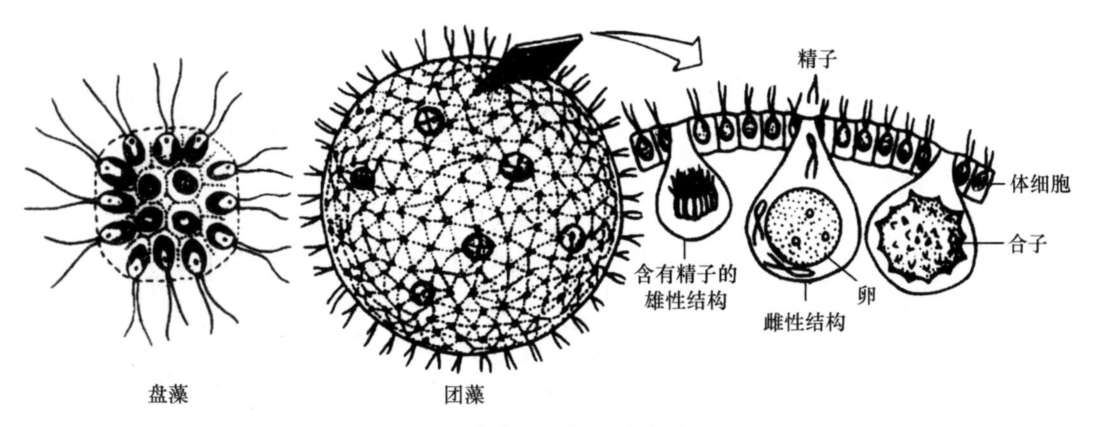

图 1-5 盘藻与团藻(引自刘凌云)

大部分的植鞭毛虫是浮游生物的组成部分,是甲壳类和鱼类的自然饵料。另有一些淡水生活的植鞭毛虫能引起水污染,如钟罩虫与合尾滴虫等大量繁殖,死亡后会使淡水产生恶臭或鱼腥味,造成水源污染。一些生活在海水中的植鞭毛虫可引起赤潮,如夜光虫,虫体呈圆球形,直径可达 2 mm,颜色发红。由于海水波动的刺激,在夜晚可见其发光,因而得名,其繁殖过剩密集在一起时,可使海水变色,称为赤潮(海洋中某些微小生物的暴发性繁殖或高密度聚集而引起的海水变色变质现象的总称)。其他腰鞭毛虫如裸甲腰鞭虫、沟腰鞭虫等大量繁殖时也可引起赤潮(图 1-6)。

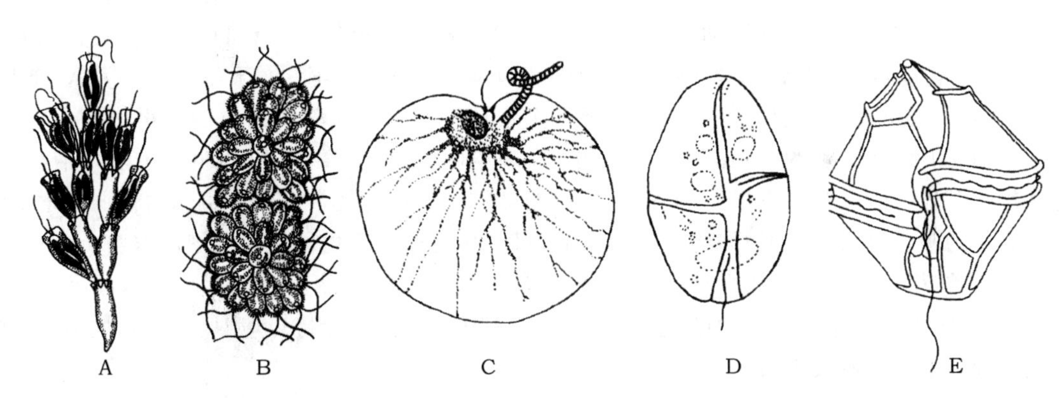

图 1-6 植鞭亚纲常见种类(引自侯林)

A. 钟罩虫 B. 合尾滴虫 C. 夜光虫 D. 裸甲腰鞭虫 E. 沟腰鞭虫

形成赤潮的生物种类不同,呈现出的颜色也不同,最常见的为赤红色。大面积的赤潮达近万平方千米,赤潮生物会堵塞海洋动物的呼吸器官,使其窒息而亡。许多赤潮生物含有毒素,可导致海洋鱼类和贝类中毒死亡。过量繁殖的赤潮生物最终也必将大量死亡,尸体分解过程会大量消耗氧气,使海水中的溶解氧急剧下降,从而导致海洋生物严重缺氧,以致海洋生物大批死亡。我国渤海、黄海、东海、南海海域近几年都有赤潮发生。世界各国都有赤潮及其危害的报道,严重者可造成上亿元的经济损失。

小丽腰鞭虫可产生一种神经毒素,能储存在甲壳类动物体内,对甲壳类动物无害,但人和其他动物则会因食用甲壳动物中毒。

2. 动鞭亚纲

动鞭亚纲动物无叶绿体,营养方式为异养,多数与多细胞动物共生或寄生,少数自由生活。

(1)利什曼原虫　小型寄生型鞭毛虫,世界性分布(图 1-7A)。有 3 种寄生于人体,分布于我国的是杜氏利什曼原虫(*Leishmania donovani*),曾在我国长江以北地区流行,引起黑热病,故又称黑热病原虫,为我国五大寄生虫之一。

杜氏利什曼原虫有两个寄主(host),人(或犬)和白蛉子。白蛉子是一种吸食人血的小型昆虫,为杜氏利什曼原虫的传染媒介。杜氏利什曼原虫在白蛉子消化道内发育繁殖,形成前鞭毛体,虫体细长梭形,长 15～25 μm,中央具有一个细胞核,核前具有一个基体,由基体发出一根鞭毛伸出体外;当白蛉子叮人时,将前鞭毛体注入人体,主要在人体肝、脾等内脏的巨噬细胞内发育,此时虫体鞭毛消失,形成一种圆形或椭圆形的小体,长 2～3 μm,又称无鞭毛体。无鞭毛体具有细胞膜,内有细胞质、细胞核和基体(未来的鞭毛将由此发出)。这种不活动的无鞭毛体在巨噬细胞里以巨噬细胞为营养,不断长大且进行二分裂繁殖,达一定数量时,巨噬细胞破裂,无鞭毛体释放出来,继续侵入其他的巨噬细胞,如此反复,引起巨噬细胞的大量破坏和增生,导致肝、脾肿大,高烧贫血,死亡率可达 90%以上。

黑热病的防治主要从治病、消灭病犬和白蛉子三方面进行,现已在全国范围内基本上控制了黑热病的流行。

(2)锥虫　多寄生于脊椎动物血液中,外形与利什曼原虫相似(图 1-7B)。细长梭形,鞭毛由位于细胞后端的基体发出后,沿着虫体向前延伸与细胞质形成波动膜,鞭毛前端伸出体外。其运动主要依靠波动膜和鞭毛,这样的结构很适合在黏稠度较大的环境中运动。

锥虫广泛寄生于各种脊椎动物体内。寄生于人体的锥虫能侵入脑脊髓系统,引起昏睡病,故又名睡病虫。这种病只发现在非洲,我国尚未发现。存在于我国的伊氏锥虫(*Trypanosoma evansi*)也称骡马锥虫,主要寄生于马属动物、牛、骆驼的血液和淋巴液中。虫体细长,长约 25 μm,宽约 2 μm,细胞核居中,波动膜明显,前方游离鞭毛较短,可随血液侵入各种组织脏器,如肝、脾及淋巴结和骨髓等,后期可侵入脑脊髓液中。在宿主体内营分裂增殖。中间寄主为吸血昆虫牛虻或马蝇,当其吸血时,可将病畜体内的虫体传播给健康家畜。此病对马危害较重,引起马苏拉病或恶性贫血病,使马消瘦,食欲减退,贫血,体浮肿发热,呼吸急促,有时突然死亡,死亡率很高。预防此病主要在于加强饲养管理,保持环境卫生,防止虻类、马蝇以及其他吸血昆虫叮咬家畜。

(3)鳃隐鞭虫(*Cryptobia branchialis*)　寄生在鱼的鳃上。体呈湖绿色,柳叶状,一端尖细,1 个卵形细胞核,位于虫体中部偏后(图 1-7C)。有 2 根鞭毛,一根向前称为前鞭毛,一根自前向后称为后鞭毛,后鞭毛与体表形成波动膜。借助鞭毛和波动膜的摆动,身体缓慢地向前扭动,不运动时即将后鞭毛插入鳃小片的表膜内,破坏鳃细胞,且虫体可分泌毒素,使鳃微血管发炎、变白、血色变淡。大量寄生时,能破坏鳃丝上皮和产生凝血酶,使鳃小片血管堵塞,影响血液循环,鳃和体表分泌大量黏液,使鱼呼吸困难,窒息死亡。病鱼常离群独游于水面或靠近岸边,眼下陷,体色暗黑,鳃丝红肿,不久即会死亡。每年 4～10 月甚为流行。预防此病主要是注意清塘和选择优良的鱼种下塘,在鱼病发生的季节,可用硫酸铜、硫酸亚铁等进行预防和治疗。

(4)阴道毛滴虫(*Trichomonas vaginalis*)　呈椭圆形或梨形,长 10～30 μm,宽 10～20 μm,具有 5 根鞭毛,4 根向前,另 1 根弯向体后,并贴在表膜上形成明显的波动膜,达虫体中部,不伸出体外(图 1-7D)。另有一轴贯穿虫体并突出体外,胞口不明显,核卵圆形,位于身体中前方。主要寄生在女性阴道和尿道中,导致患者外阴瘙痒以及白带增多,引起阴道、尿道和膀胱炎症。

(5)披发虫(*Trichonympha* sp.)　鞭毛数目众多(图 1-7E),生活在白蚁消化道内,与白蚁共生。白蚁为披发虫提供食物和居住所,披发虫可将白蚁消化道内的木质素分解为可溶性的糖。实验证明,如用高温(40 ℃)处理白蚁,其肠内的鞭毛虫死亡,白蚁虽还活着,也同样可以取食木材,但无法消化,以致饿死。

(6)领鞭毛虫(*Choanoflagellate* sp.)　前端鞭毛基部有一细胞质突起形成的领状结构围绕着鞭毛,后端有一柄,常附于其他物体上营固着生活(图 1-7F)。目前,动物中只有领鞭毛虫及海绵动物具有领细胞,通常认为海绵动物是由领鞭毛虫的群体进化而来的。因此,研究领鞭毛虫对于了解海绵动物与原生动物的亲缘关系具有一定的意义。

(7)变形鞭毛虫(*Mastigamoeba* sp.)　具有 1～3 根鞭毛,同时可向体外伸出多个伪足做变形运动,是自由生活的淡水动鞭毛虫(图 1-7G)。这类动物对于探讨鞭毛类与肉足类的亲缘关系具有一定的意义。

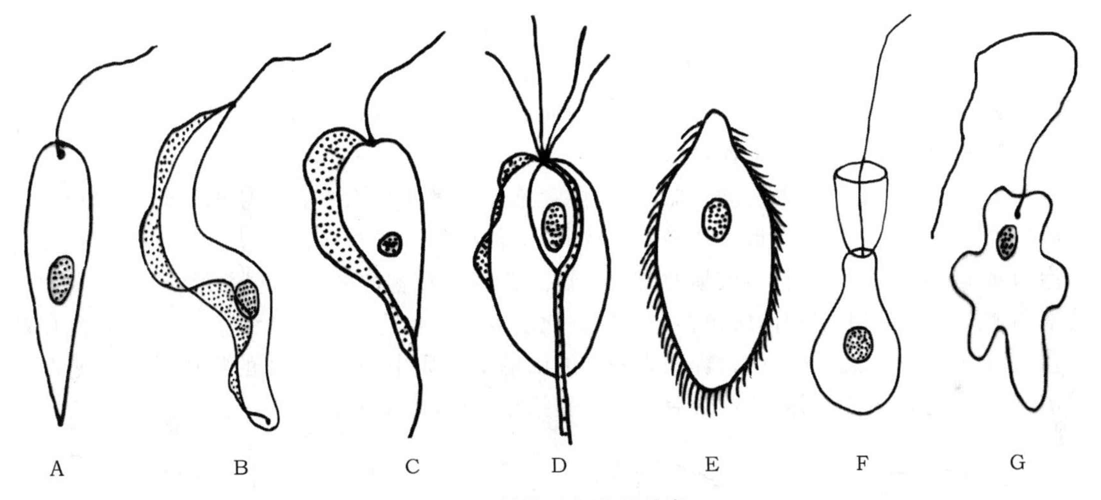

图 1-7　动鞭亚纲常见种类

A. 利什曼原虫　B. 锥虫　C. 鳃隐鞭虫　D. 阴道毛滴虫　E. 披发虫　F. 领鞭毛虫　G. 变形鞭毛虫

1.2.2　肉足纲

1.2.2.1　代表动物——大变形虫(*Amoeba proteus*)

大变形虫生活在清水池塘、沟渠、水坑等水流较缓、藻类较多的浅水中。虫体长 200～600 μm,生活时体型可不断地发生改变,结构简单,体表没有坚韧的表膜,仅有一层极薄的质膜。质膜内的细胞质分为内、外两层。外质位于外周,无颗粒,均质透明。外质之内为内质,内质具有颗粒,不透明,有流动性。内质又可分为两部分,处在外部相对固态的称为凝胶质,在其内部呈液态的称为溶胶质,两者可以相互转换(图 1-8)。

大变形虫运动时,体表任何部位都可向外突起,形成临时性的运动胞器,称为伪足(pseudopodium)。伪足形成时,外质向外突起呈指状,内质流入其中,即溶胶质向运动的方向流动,

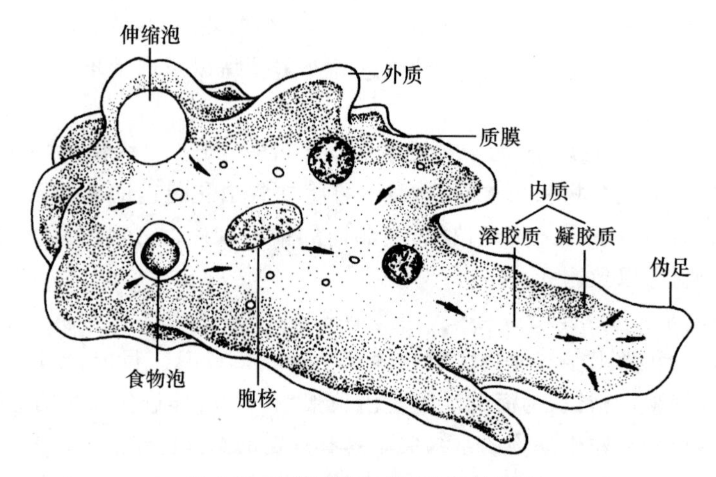

图 1-8 大变形虫结构(引自刘凌云)

流动到临时的突起前端后,又向外分开,接着变为凝胶质,同时后边的凝胶质又转变为溶胶质,继续向前流动,这样虫体不断向伪足伸出的方向移动。这种凝胶质与溶胶质相互转换,使大变形虫不断向伪足伸出的方向移动的现象称为变形运动。目前尚未全部弄清变形运动的机理。通过电子显微镜观察变形虫切片,发现其中含有类似脊椎动物横纹肌的肌球蛋白丝和肌动蛋白丝。利用细胞松弛素处理,可中断细胞质向前流动和伪足的形成,由此说明变形虫的运动有可能是依靠伪足内肌丝的滑动而进行的。

伪足不仅是大变形虫的运动胞器,也是摄食胞器。大变形虫主要以单细胞藻类、细菌、小型原生动物等为食。当大变形虫接触到食物时,即伸出伪足进行包围(吞噬),形成食物泡,食物泡与质膜脱离,进入内质中,破损的质膜可迅速修复。食物泡随着内质进行流动,与内质中的溶酶体发生融合,由溶酶体所包含的各种消化水解酶对食物进行消化分解,整个消化过程都在食物泡内进行。已消化后的营养物质进入周围的细胞质中,不能消化的物质随着大变形虫的前进,相对地滞留于身体后端,最后经由质膜排出体外(图 1-9)。

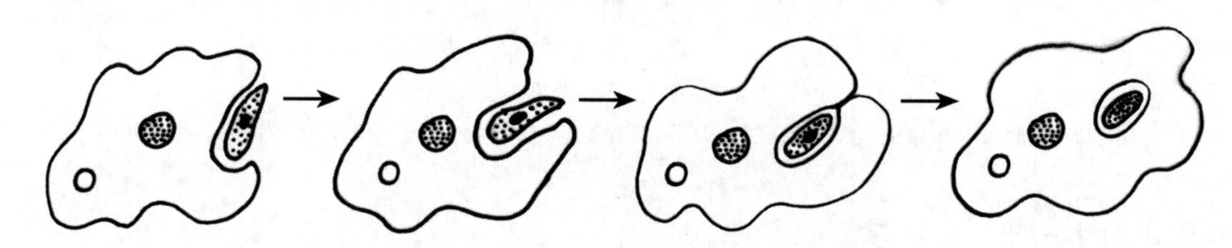

图 1-9 大变形虫吞噬食物(仿自刘凌云)

大变形虫除吞噬固体食物外,还可摄取部分液体物质,类似饮水过程,故称胞饮作用。当液体环境中的某些分子或离子吸附到质膜表面时,质膜即向下凹陷形成一细长的管道,然后在管道内端断落下来形成一些液泡,液泡移到细胞质内,与溶酶体结合形成多泡小体,经消化后,营养物质进入细胞质内。

内质中的伸缩泡有节律地膨大和收缩,可将体内多余的水分(内含代谢废物)排出体外,以调节水分平衡。大变形虫的细胞质是高渗性的,淡水通过质膜的渗透作用不断地进入体内,同时摄食时也带进一些水分,因此,需将多余的水分及时排出。海水中的变形虫一般无伸缩泡,因为其生存的海水与细胞质等渗，如将其放入淡水中，则能诱导形成伸缩泡。采用实验的方法抑制伸缩泡的活性，则变形虫膨胀，最后破裂死亡。由此可见，伸缩泡对调节体内水分的平衡具有十分重要的作用。

大变形虫和其他动物一样，借助呼吸作用来维持各种生命活动，需要不断地获得 O_2 和排出 CO_2，这个过程主要通过体表的渗透作用来完成。

大变形虫的细胞核呈圆盘形，位于身体中央的内质中。无性生殖为二分裂方式，是典型的有丝分裂。分裂前虫体变圆，细胞核先进行有丝分裂，形成两个大小约相等的核，向虫体两侧移动，然后细胞质在虫体中部两核之间收缩，最终分成两个子个体。整个过程耗时约 30 min，一般条件下，约需 3 d 可达到再分裂的大小。

在不良环境下，某些变形虫能形成包囊，但大变形虫不能形成包囊。

1.2.2.2 肉足纲的重要类群

肉足纲所包含的种类约 12 500 种，根据伪足形态的不同，可分为 2 个亚纲。

1. 根足亚纲

伪足指状、叶状、丝状、根状或网状，但没有轴丝。

多数种类自由生活于水中，如大变形虫。变形虫种类较多，伪足形态均与大变形虫类似，也有部分生活于潮湿的土壤中。有些种类营寄生生活，与人类关系密切，如痢疾内变形虫(*Entamoeba histolytica*)。

(1)痢疾内变形虫　又称溶组织阿米巴，寄生于人的肠道，能溶解肠壁组织引起痢疾。痢疾内变形虫的形态，按其生活过程可分为三型：大滋养体、小滋养体和包囊。

滋养体一般指原生动物摄取营养的阶段，能活动、摄取养料、生长和繁殖，是寄生原虫的寄生阶段。四核包囊是原虫的感染阶段，包囊新形成时是一个核，核仁位于核的正中，经 2 次分裂，形成 4 个核。

当人误食四核包囊后，在小肠后段，包囊的囊壁被消化而变薄破裂，4 个核各占据一部分细胞质形成 4 个小滋养体。小滋养体较小，7～15 μm，伪足短，运动较迟缓。小滋养体在回肠、盲肠以及结肠上段的肠壁寄生，以细菌及肠道内容物为食，不侵蚀肠壁，不断进行二分裂繁殖。部分小滋养体会随着肠道内容物进入结肠的下段，结肠内的水分较少，环境的改变造成小滋养体形成包囊。包囊不再进行二分裂生殖，但其中的虫体仍具有活性，细胞核可由 1 个分裂为 2 个，2 个分裂为 4 个，含 1 个、2 个和 4 个核的包囊均可随粪便排出体外，但只有含 4 个核的包囊可继续感染新寄主。

当寄主免疫力下降时，肠道内的小滋养体可转变为大滋养体。大滋养体的结构与小滋养体相似，但个体较大，12～40 μm，运动较活泼，可分泌溶组织酶(蛋白质水解酶)，溶解肠黏膜上皮，侵入肠壁组织，继续进行二分裂生殖。大滋养体在肠组织内吞食红细胞，繁殖加快，不形成包囊。由于肠黏膜上皮被溶解，因而会形成溃疡。大滋养体可从溃疡处排至肠腔，可形成小滋养体，也可随脓血便排出体外，但在外界很快死亡，不具有传播作用。部分肠组织内的大滋养体可随血液进入肝脏等器官，导致各种肠外阿米巴病的形成。

感染痢疾内变形虫后，一般发病较和缓，不发高烧。但有时大滋养体可使肠壁溃烂造成腹膜炎。甚至有的可移至肝、肺、脑、心各处，形成脓肿；如至肝脏形成肝脓肿，则长期发烧，肝痛并肿大。

消灭包囊来源以及防止食入包囊进入人体是预防该病的根本环节。要注意饮食卫生，及时治疗病人,对粪便合理处理,避免食入包囊。

变形虫虽没有坚韧的表膜,但部分种类的质膜外可形成保护性外壳。壳的类型不同,有的分泌几丁质形成外壳,如表壳虫(图 1-10A);有的分泌胶质黏合外界的砂粒形成外壳,如砂壳虫;有的能分泌鳞状的硅质,附在胶质之外,如鳞壳虫;有的则分泌石灰质形成外壳,如有孔虫。

(2)有孔虫　大多营海洋底栖生活,多在浅海底部或海藻上爬行或固着生活,少数在海面浮游,淡水中很少。一般具有石灰质或其他物质形成的外壳,壳多室或单室,壳上有很多小孔,因此得名。形状多种多样,生活史具有世代交替现象,伪足根状,可从壳口以及壳上的小孔伸出,融合成网状,如抱球虫(图 1-10B)。

有孔虫是古老的原生动物,从寒武纪到现代都有它的遗迹,且数目巨大,1/3 的海底均覆盖着有孔虫的淤泥。据统计,地中海某些海岸所取的每克泥沙中约有 5 万个有孔虫的壳。有孔虫死后,外壳堆积在海底,当海洋变为陆地时,便形成石灰岩,埃及著名的金字塔就是用这种岩石建成的。有孔虫不但化石多,而且在地层中演变快,不同时期有不同的有孔虫。根据有孔虫类的化石不仅能确定地层的地质年代和沉积相,而且还能揭示出地下结构情况,从而对找寻沉积矿产、发现石油、确定油层和拟定油井位置,有重要的指导作用。

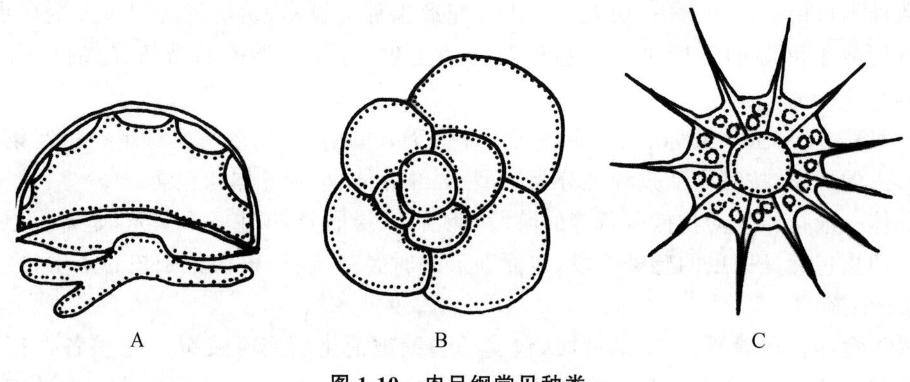

图 1-10　肉足纲常见种类

A. 表壳虫　B. 抱球虫　C. 太阳虫

2. 辐足亚纲

伪足针状、具轴,体呈球形,多营漂浮生活,生活在淡水或海水中。

常见的如太阳虫(*Actinophrys* sp.)(图 1-10C),多生活在淡水中。细胞质呈泡沫状。伪足较长,内有轴丝,由球形身体周围呈辐射状伸出。这些结构都有利于增加虫体浮力,适于漂浮生活。

海产放射虫类的等棘骨虫(*Acanthometron* sp.),一般具有硅质骨骼,身体呈放射状,在内、外质之间有一几丁质囊,称为中央囊。在囊内有一个或多个细胞核。在外质中有很多泡,增加虫体浮力,适于漂浮生活。放射虫也是古老的动物类群,当虫体死亡后其骨骼沉于海底,也能形成海底沉积,其作用与意义同有孔虫类相似。

1.2.3　孢子纲

1.2.3.1　代表动物——间日疟原虫(*Plasmodium vivax*)

疟原虫能引起疟疾,是我国五大寄生虫病之一。已记录的疟原虫有 120 余种,寄生于人、灵长类、鸟类和爬行类的红细胞和肝细胞内。其中有 4 种寄生于人类的红细胞和肝脏的实质细胞中,即间日疟原虫、三日疟原虫(*P. malariae*)、恶性疟原虫(*P. falciparum*)和卵形疟原虫(*P. ovale*)。疟原虫分布很广,遍及全世界,由疟原虫寄生所引起的疾病被称为疟疾,为全球性的严重疾病。其中前 3 种流行于我国,且以间日疟原虫和恶性疟原虫最为常见,危害也最为严重。在我国主要发生在云南、贵州、四川和海南一带。

寄生于人体的 4 种疟原虫生活史基本相同。现以间日疟原虫为例进行介绍(图 1-11)。

间日疟原虫有人和雌按蚊 2 个寄主。生活史包括在人体内的裂体生殖和在按蚊体内的配子生殖与孢子生殖。

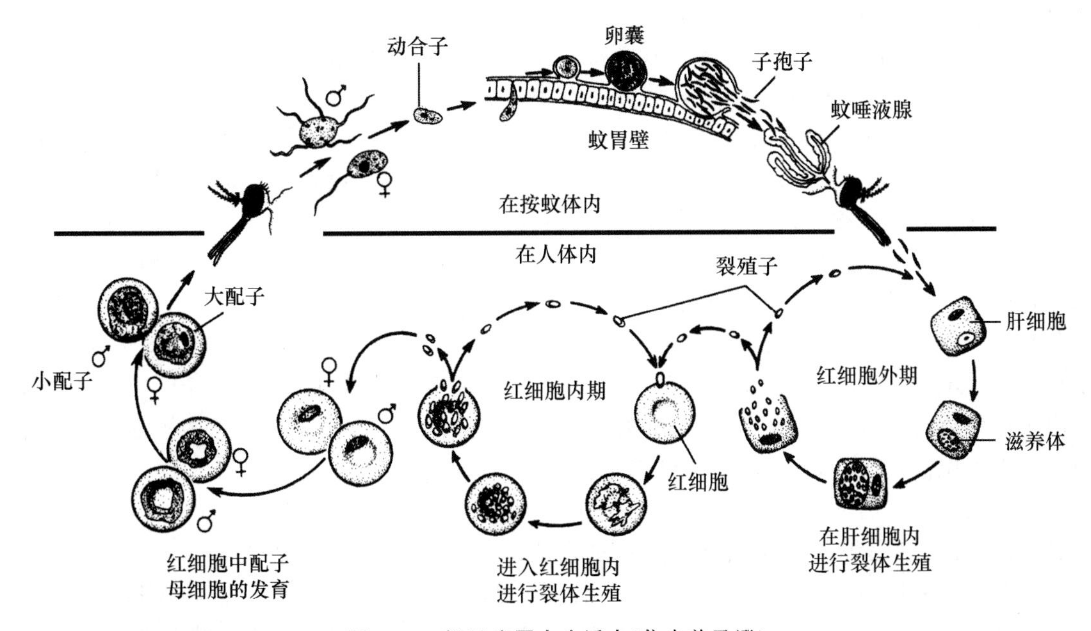

图 1-11 间日疟原虫生活史(仿自姜乃澄)

当被感染的雌按蚊叮人时,聚集在口器内的长约 8 μm 的长梭形子孢子随按蚊的唾液进入人体,随血流到肝脏。首先侵入肝细胞,以肝细胞质为营养,细胞核开始分裂,即进行无性的裂体生殖,形成裂殖体。然后细胞质开始分裂,包围细胞核形成裂殖子。裂殖子成熟后引起肝细胞破裂并释放出来,散布在体液和血液中。一部分被吞噬细胞吞噬,一部分侵入红细胞,开始红细胞内期的发育,还有一部分又继续侵入其他肝细胞,进行红细胞外期发育。裂殖子从肝细胞释放出来以前的时期被称为红细胞外期。

进入肝脏的子孢子分为速发型和迟发型两种。速发型子孢子侵入肝细胞后即可开始裂体生殖。迟发型子孢子进入肝脏后不马上发育,而是进入休眠状态,称为休眠子,几个月、一年或一年以上才开始进行裂体生殖成为裂殖子。休眠子的发现为揭示疟疾复发的机制提供了依据。

肝细胞破裂后释放出来侵入红细胞内的裂殖子,首先发育为中央具有 1 个空泡,核偏向一侧的环状体,称为小滋养体。虫体占红细胞的 1/3,随后环状体继续增大,伸出伪足,成为大滋养体(或称阿米巴样体)。疟原虫摄取血红蛋白,不能利用的分解产物(正铁血红素)就成为色素颗粒,积于细胞质内,称为疟色素。成熟的大滋养体几乎占据了整个红细胞,由此再进一步发育,形成裂殖体,裂殖体成熟后,进而形成多个裂殖子,红细胞破裂,裂殖子从红细胞释放出来,散入血液中,又再次侵入其他红细胞内,重复进行裂体生殖。这个周期在不同的疟原虫所需时间不同。间日疟原虫需 48 h,即患者间隔一日发病一次,因此得名间日疟。三日疟原虫需 72 h。恶性疟原虫需 36～48 h。这也是疟疾发作所需的时间间隔,即裂殖子进入红细胞在其内发育的过程中疟疾不发作。当大量红细胞破裂时,裂殖子以及大量的疟色素等代谢产物释放到血液中,会引起患者生理上的一系列反应。通常出现剧烈头疼、全身酸痛、寒战、发热和大汗淋漓等连续症状,俗称“打摆子”。

红细胞内期的裂殖子经过几次裂体生殖周期后,或机体内环境对疟原虫不利时,一些裂殖子进入红细胞后不再进行裂体生殖,而是形成圆形或椭圆形的大、小配子母细胞。大(雌)配子母细胞较大,使红细胞胀大 1 倍,核较致密偏在虫体的一侧,疟色素颗粒较大;小(雄)配子母细胞较小,核较疏松位于虫体中央,疟色素颗粒较小。

当雌按蚊叮吸患者血液时,红细胞内的大、小配子母细胞进入雌按蚊体内,在蚊的胃腔中,分别发育成熟。大配子母细胞发育为大配子或称雌配子,小配子母细胞分裂 3 次后,形成 8 个具有鞭毛的小配子或称雄配子。小配子在蚊胃腔内游动与大配子结合形成合子。合子逐渐伸长,形成香蕉状、能活动的动合子。动合子进入蚊胃壁,停留在胃壁基膜与上皮细胞之间,体形增大,分泌囊壁,发育成圆球形的卵囊。一个蚊胃可有几百个卵囊。卵囊里的核及胞质进行多次分裂,形成成千上万个长梭形的子孢子,一簇簇地集中在卵囊里。子孢子成熟后,卵囊破裂,子孢子释放出来,可穿透各种组织,其中进入唾液腺中的数量最多,可达 20 万个。子孢子在蚊体内生存可超过 70 d,但生存 30～40 d 后传染力大为降低。当蚊再叮人时这些子孢子就随唾液进入人体血液,又开始在人体内无性繁殖。

疟原虫对人体的危害很大,除临床症状外,它大量地破坏红细胞,造成贫血、肝脾肿大。脑型恶性疟,可使脑毛细血管充满含有疟原虫裂殖体的红细胞,不及时治疗,1～3 d 可致人死亡。我国传播疟疾的按蚊为中华按蚊、微小按蚊和巴巴拉按蚊。要采取治疗、防蚊和灭蚊等综合治理措施防治疟疾。以往主要采用奎宁和氯奎进行治疗,但已引起广泛的抗药性。20 世纪 70 年代,我国首次从青蒿草中成功提取青蒿素。世界卫生组织认为青蒿素及其衍生物是“目前世界范围内治疗恶性疟疾的唯一真正有效药物,是替代现有奎宁类抗疟药的最佳药物”,并将青蒿素类作为一线抗疟药在全球推广。青蒿素成为我国目前仅有的两个被列入世界药典的中药之一。2015 年诺贝尔生理学或医学奖授予屠呦呦,以表彰她发现青蒿素,显著降低了疟疾患者的死亡率,这是中国科学家首次获得诺贝尔科学类奖项。

1.2.3.2 孢子纲的重要类群

孢子纲所包含的种类约 5 700 种,全部营寄生生活。

1. 球虫

球虫寄生于脊椎动物消化器官的细胞内,如兔肝艾美球虫(*Eimeria stiedae*),对家兔尤其对断奶前后的幼兔危害很大。其生活史与疟原虫基本相同。不同的是,兔肝艾美球虫只寄生在一个寄主体内,卵囊必须在寄主体外进行发育,孢子有厚壁。兔误食了感染阶段的卵囊后,在小肠内子孢子从囊内释放出来,侵入肝胆管或肠的上皮细胞内发育为滋养体,进行裂体生殖。过一段时期后产生大小配子母细胞,进行配子生殖,形成合子,在其外分泌厚壳,称为卵囊。卵囊随粪便排出体外,在合适的外界条件下发育,核分裂形成 4 个孢子母细胞,每个孢子母细胞向外分泌外壳,成为 4 个孢子,每个孢子内又分裂成为 2 个子孢子,即每个卵囊内有 8

个子孢子。在此阶段的卵囊,如被另一只兔吞食,即可被感染,或者重复感染。

2. 血孢子虫

血孢子虫寄生在脊椎动物或人的红细胞和内皮细胞内。其生活史需要经过两个寄主,裂体生殖时期寄生在脊椎动物或人体内(血液或血细胞中),配子生殖和孢子生殖在吸血的节肢动物(蚊或蜱)体内进行。由于其整个生活史在寄主体内进行,不形成卵囊,所以孢子无壳,如疟原虫。此外,在我国巴贝斯焦虫(*Babesia* sp.)和泰勒焦虫(*Theileria* sp.)对家畜危害较大,死亡率可高达90%。

3. 黏孢子虫

黏孢子虫数量较多,目前已描述的种类超过700种,如碘泡虫(*Myxobolus* sp.)。除极少数寄生于两栖及爬行类以外,多数寄生于淡水鱼类的肌肉、结缔组织或体内的各个器官中。发育初期一般为变形虫状,行裂体生殖,在寄主的肌肉、皮下、鳃等部位生长发育,刺激寄主组织逐渐形成一小肿瘤,似如一些大、小白点,在其内发育的黏孢子虫形成很多孢子。小肿瘤破裂时,孢子逸出,寄生于其他寄主上,继续发育,如此传染给另一个体。一般寄生在鱼体表或鳃等处的危害不大,但寄生于内脏时有较大的危害。

1.2.4 纤毛纲

1.2.4.1 代表动物——大草履虫(*Paramecium caudatum*)

大草履虫生活在有机质较丰富的池沼、沟渠或水稻田中。体长180~300 μm,前端钝圆,后端略尖,因外形类似倒置的草鞋而得名(图1-12)。全身布满纵行排列的纤毛,纤毛结构与鞭毛相同,每一根纤毛是由位于表膜下的一个基体发出来的。在电镜下整个表膜下的基体由纵横连接的小纤维相连成网,称表膜下纤维系统,起传导冲动和协调纤毛运动的作用。

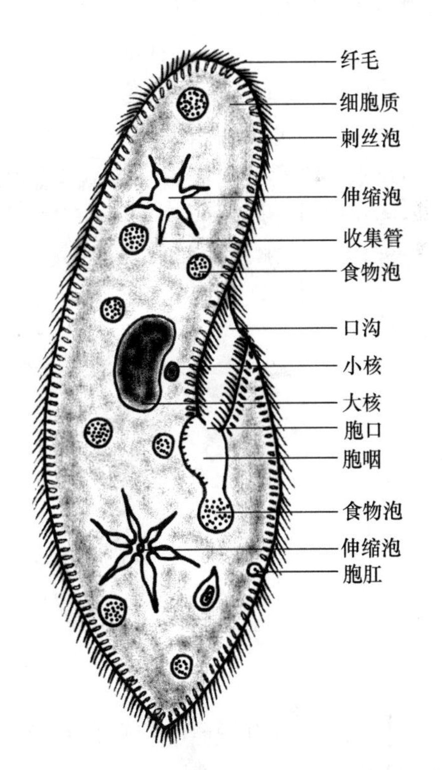

图1-12 大草履虫(仿自刘凌云)

虫体的表面为表膜(图1-13),借以维持身体固有的形态,其内的细胞质分化为内质与外质。在电子显微镜下,表膜由3层膜组成,最外面一层膜在体表和纤毛上面是连续的,最里面一层和中间一层膜在每根纤毛的基部形成表膜泡。有人将这样的表膜结构称为表膜泡的镶嵌系统,这种结构既能增加表膜硬度,又不妨碍虫体的局部弯曲,还可能是保护细胞质的缓冲带,并可避免内部物质穿过外层细胞膜。

膜下的外质中有一些与表膜垂直排列的小杆状囊泡,称刺丝泡(Trichocyst)。刺丝泡开口在表膜上,遇刺激时,射出其内容物,遇水形成黏长的细丝。如用5%的亚甲基蓝、稀醋酸或墨水等物质刺激时,可见刺丝射出。一般认为刺丝泡具有防御功能,形成的具有黏性的细丝可将攻击者缠住,并且在水中膨胀,进而将攻击者推开,但这种防御功能很微弱,无法真正地保护自己不被攻击者吞食。其另一个主要的功能

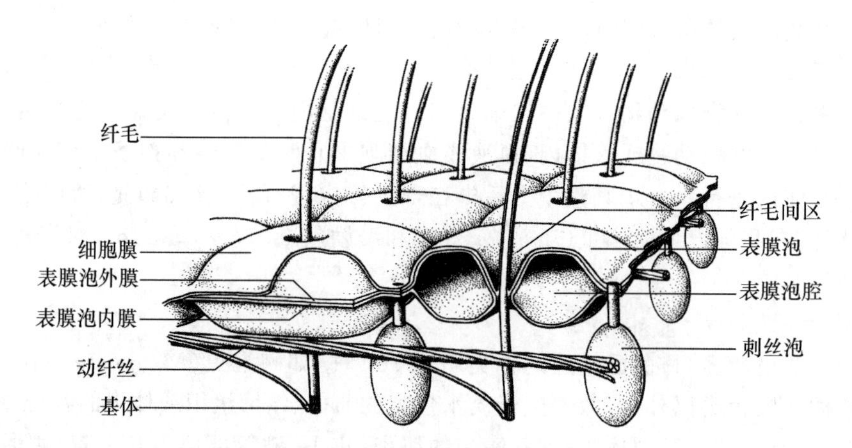

图 1-13 大草履虫的表膜(仿自仁淑仙)

是协助大草履虫在某一物体上做暂时性的附着。

内质多颗粒，能流动，其内有核、食物泡和伸缩泡等结构。

大草履虫有 1 个大核和 1 个小核。大核透明，略呈肾形，与营养代谢有密切关系；小核球形，位于大核的凹处，主要与遗传相关。

大草履虫有较复杂的摄食胞器。从体前端开始，有一道伸向身体中部的斜沟，沟后端有胞口，故称为口沟。胞口下连一漏斗形胞咽。口沟处纤毛摆动将水流中的食物(如细菌及其他有机颗粒)送入胞口，在胞咽下端形成小泡，小泡逐渐胀大落入细胞质内即为食物泡。食物泡在细胞质内依固定路径流动，在溶酶体的参与下进行消化。不能消化的残渣由体后部的胞肛排出。胞肛不经常张开，只有排除食物残渣时才可见到。

在内、外质间有 2 个伸缩泡(图 1-14)，位置固定，一前一后。每个伸缩泡向外周围细胞质伸出 6～12 个放射状排列的收集管。在电镜下，这些收集管的端部与内质网的小管相连通。在伸缩泡及收集管上有由一束微管组成的收缩丝。由于收缩丝的收缩使内质网收集的水分以及一些代谢废物排入收集管，注入伸缩泡内，再经由表膜上的小孔排出体外。前后 2 个伸缩泡交替进行收缩，源源不断地排出体内多余的水分，以调节水分平衡。

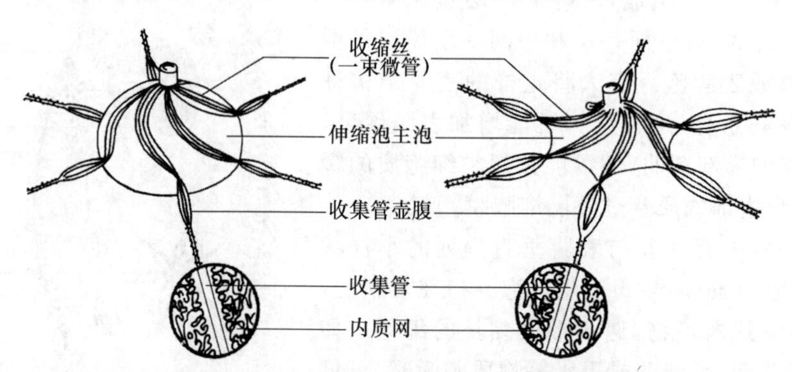

图 1-14 草履虫伸缩泡的细微结构(仿自刘凌云)

大草履虫没有专职的呼吸胞器，其呼吸作用主要通过体表进行，从水中获得 O_2，并将 CO_2 排至水中。

无性生殖为横二分裂,小核先行有丝分裂,大核再行无丝分裂,虫体中部横溢,细胞质也分成两部分,最后成为两个新个体。

有性生殖为接合生殖(图 1-15)。行接合生殖时,2 只草履虫口沟部分互相黏合,该处表膜逐渐溶解,细胞质互相连通。小核脱离大核,拉长成新月形,大核逐渐解体。小核分裂 2 次形成 4 个核,其中 3 个解体,剩下的 1 个小核又分裂成大小不等的 2 个核。两虫体互换其较小核,并与对方较大核融合,这一过程相当于受精作用。此后两虫体分开,融合核分裂 3 次成为 8 个核,其中 4 个小核变为大核,余下 4 个小核有 3 个解体,剩下 1 个小核连续分裂 2 次后,形成 4 个小核。每个虫体也分裂 2 次,结果原接合的 2 个亲本虫体各形成 4 个草履虫,形成了 8 个和原来亲体一样的新草履虫,都有 1 个大核,1 个小核。2 只草履虫经过接合生殖共形成 8 只子个体。

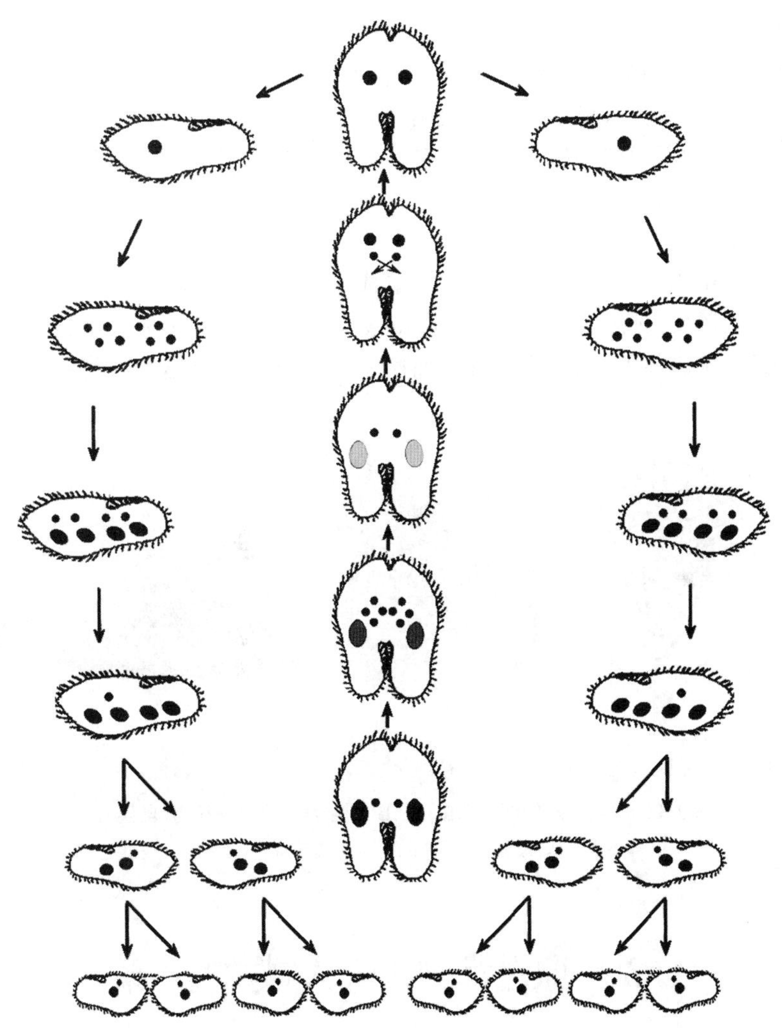

图 1-15　大草履虫接合生殖过程示意

1.2.4.2　纤毛纲的重要类群

纤毛虫种类很多,已描述的种类约 8 500 种,分布广泛。自由生活的草履虫全身布满纤毛(属全毛类),以纤毛作为运动和摄食胞器;有些种类的纤毛愈合为一簇簇毛笔尖状的棘毛,仅限于虫体的腹面(属下毛类),用腹面粗大的棘毛爬行,如棘尾虫(*Stylonychia* sp.)(图1-16A)等;有些种类纤毛在围口部形成口缘小膜带(属缘毛类),虫体下端具有一个能收缩的柄,营固着生活,如钟虫(*Vorticella* sp.)(图1-16B)等。

有些纤毛虫营寄生生活,如小瓜虫(*Ichthyophthirius* sp.)、车轮虫(*Trichodina* sp.)、结肠肠袋虫(*Balantidium coli*)等。

1. 小瓜虫

小瓜虫寄生在鱼的皮肤下层、鳃、鳍等处,形成白色小斑点,肉眼可见,称为鱼斑病(图1-16C),可引起鱼类体表组织充血。感染小瓜虫的鱼类不能觅食,加之细菌和病毒的继发感染,可导致鱼类大批死亡,死亡率可达60%~70%,甚至100%。虫体遇不良环境能形成包囊,并在包囊里繁殖,传播速度快,对渔业危害巨大。

2. 车轮虫

车轮虫寄生于淡水鱼的鳃或体表,侧面观呈钟形,反面观呈圆盘形,有两圈纤毛和一圈齿环,因纤毛和齿环的摆动方式颇似车轮而得名(图1-16D)。在两圈纤毛之间有一胞口,可破坏鱼鳃组织,吞食红细胞及组织细胞。大量繁殖时,鱼体皮肤变黑,体表黏液白浊。若同时感染细菌,可使皮肤溃疡,对鱼种、鱼苗危害极大。

3. 结肠肠袋虫

结肠肠袋虫寄生于猪的肠腔中,对猪并不造成太大危害,也感染各种灵长类动物。在人体中寄生于结肠和盲肠内,能侵蚀肠黏膜,引起肠袋虫病性痢疾。病情严重者,可导致肠溃疡。圆形的包囊随粪便排出体外,被新宿主吞食而感染。结肠肠袋虫是唯一可寄生于人体的纤毛虫(图1-16E)。

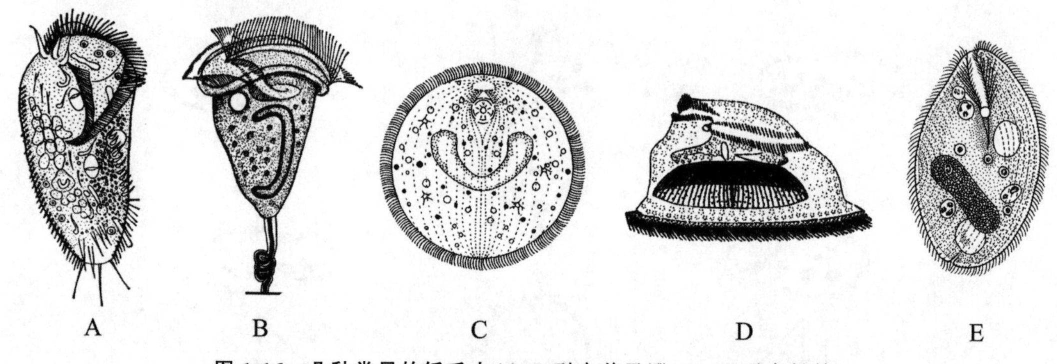

图1-16 几种常见的纤毛虫(A、B引自姜乃澄;C~E引自侯林)

A. 棘尾虫 B. 钟虫 C. 小瓜虫 D. 车轮虫 E. 结肠肠袋虫

1.3 原生动物与人类的关系

原生动物种类繁多,分布广泛,直接或间接地与人类关系密切。

1.3.1 寄生性原生动物(原虫)的危害

据报道,有28种原生动物是人体寄生虫(Parasite),给人类健康带来不同程度的危害。全世界至少有1/4的人口患寄生原虫病。在我国被列入重点防治的五大寄生虫病(血吸虫病、疟疾、黑热病、丝虫病和钩虫病)中,有两种是寄生原虫病。世界卫生组织发布的《2019年世界疟疾报告》显示,2018年全世界估计有2.28亿疟疾病例,40.5万人死亡,其中5岁以下儿童占死亡人数的67%。对人类有危害的寄生原虫病还有睡眠病、毛滴虫病和阿米巴痢疾等。此外,原虫对某些重要的经济动物也有严重的危害,如锥虫、隐鞭虫、鱼波豆虫、斜管虫、小瓜虫、车轮虫、黏孢子虫和微孢子虫等都是水产动物感染较为普遍的原虫,其中小瓜虫、车轮虫和黏孢子虫的危害较大。

1.3.2　动物的天然饵料

大多数植鞭毛虫、水中自由生活的纤毛虫以及少数肉足虫是浮游生物的重要组成部分,如衣滴虫、盘藻等,蛋白质含量丰富(占干物质的36%～40%),是甲壳类和鱼类的天然饵料,在食物链占有重要的位置。

1.3.3　在环境保护中的应用

水体环境比陆地生态系统更易受到污染,污水处理问题一直是全世界关注的焦点。目前,许多国家采用微生物处理污水,其中很重要的一个方面就是利用纤毛虫来消除有机废物、有害细菌以及对有害物质进行絮化沉淀。研究发现,草履虫等纤毛虫能分泌多糖,多糖可改变污水小颗粒物的电荷,使颗粒聚合而沉淀,从而起到净化污水的作用。固着生活的盖钟虫、独缩虫、钟虫和钩斜管虫等可取食污水中的细菌。而且,纤毛虫的取食活动有助于悬浮的小颗粒碎屑产生絮状沉淀,使流出物变为清洁状态,从而达到净化污水的目的。实验表明,螅状独缩虫大量存在时,60 min内即可使印度墨汁(体积分数为0.3%)的悬液澄清。一只四膜虫在12 h内即可取食7 200个细菌,当6 000只/mL四膜虫存在于生活污水中时,就可能有效降低细菌的数量。另外,眼虫也可对水中的放射性物质进行净化。

1.3.4　在水污染生物学监测中的应用

水污染的生物学监测一直是一个活跃的领域。研究表明,一种生物的结构越简单、个体越小、相对的表面积越大,对环境变化就越敏感。与相对高等的生物相比,单细胞的原生动物与生存环境能更直接地密切接触,对环境变化具有更短的反应时间。尤其是不同水质的水体中必定生活着某些相对稳定的种类。因此,可将原生动物作为"指示生物",依据存在的种类及数量判断水体的污染程度。例如,对环境要求较高的钟形钟虫则可作为寡污带水体的指示生物。施氏肾形虫能耐受低溶解氧与高NH_4^+,可在其他纤毛虫都不适宜的条件下生存,可作为多污性水质的指示生物。扭头虫与齿口虫等只能在含有硫化氢的多污性水体中存在,可作为硫化氢的指示生物。

原生动物培养方便、生命周期短(1 d可繁殖一至数代),短时间内即可测出毒物对其几个世代水平上繁殖、生长及其他生理生化特性的影响。此外,多数原生动物为世界性分布,对其研究不受地区差异和季节限制。因此,原生动物可作为理想的监测生物,其作用是不可替代的。

自20世纪90年代,我国学者利用PFU(polyurethane foam unit,聚氨酯泡沫塑料块)对原生动物群落开展了淡水生态系统的水质监测,建立了淡水水质监测规范。并发现重金属及农药与纤毛虫之间有明显的剂量效应关系,建立了指示种库。近年来,利用原生动物群落对海洋水质监测的研究也取得了明显进展。PFU法已被我国国家环保局制定为水质监测的国家标准。目前,利用水体中原生动物的种类组成以及种群数量的变动对水质的变化进行监测和评价,已成为国内外水质研究工作的一项重要内容。

1.3.5 在生命科学研究中的应用

由于单细胞的原生动物具有细胞体积大,便于观察处理,取材方便,生命周期短,可人工大量培养(克隆培养、无异物培养和无菌培养),获得结果快等诸多优点,使原生动物备受生物学工作者的重视,将其作为细胞生物学、遗传学、分子生物学、生物化学和医学等多领域的研究材料。如以四膜虫为研究对象,发现了微管动力蛋白、端粒和端粒酶、核酶、组蛋白乙酰化翻译后修饰功能、大核DNA重整中RNAi机制等。我国学者先后建立了四膜虫功能基因组学数据库、四膜虫比较基因组数据库,成为国际上研究该模式动物的重要支撑。通过对衣滴虫的研究,发现了合子中限制性内切酶的作用和特性。运用变形虫研究了细胞核与细胞质的关系以及有关物质代谢的问题。此外,在眼虫和草履虫等许多原生动物的研究中,也取得了许多重要成果。

反刍动物最主要的特征之一就是能广泛利用高纤维饲料。动物没有纤维素酶,反刍动物饲料中的纤维素,主要依靠瘤胃内的细菌、纤毛虫和真菌来分解。1 g瘤胃内容物中,约含60万~100万只纤毛虫。在瘤胃微生物协同作用下,纤维素被逐段分解,最终产生挥发性脂肪酸,被反刍动物吸收利用。

白蚁是一类古老的社会性昆虫,它们主要以木质素为主食。现有研究表明,白蚁主要依靠自身分泌和消化道内与其共生的鞭毛虫、纤毛虫、变形虫等原生动物分泌的木质素酶,来分解食物中的木质素,使其转变为可吸收利用的营养物质。

近年来,人们对反刍动物和白蚁降解消化纤维素、木质素的机理做了大量的研究,取得了许多令人振奋的成果。

1.3.6 在石油勘测中的作用

有孔虫是海洋原生动物的一个重要类群,研究表明,每平方米海底就有1 000万至250万个个体,因此很容易通过钻孔取样获得。地质学工作中常应用有孔虫来识别地层沉积相,推断地质年代,进行地层对比,进而为解决有关地质理论问题和寻找各种沉积矿产服务。石油勘探研究中发现,世界上大多数油田形成于中生代白垩纪和新生代第三纪的沉积地层中。大多数现代底栖和浮游有孔虫的地质年代延伸至第三纪中新世,因此只要用现代区系同中新世以来的化石群区系进行直接对比,便能鉴别沉积相,确定出地层的年代,进而探查石油资源。

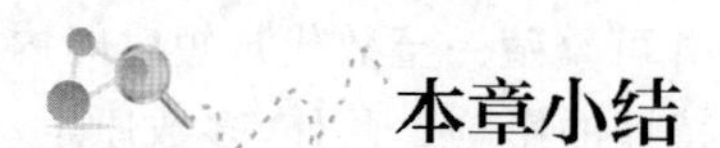

本章小结

原生动物身体由单个细胞构成,个体微小,形态多样,营养方式以及生殖方式多样化,具有协调及应激性,环境不良时可形成包囊,分布十分广泛。对原生动物的分类存在着不同的观点,其中的4个纲最为重要:鞭毛纲以鞭毛作为运动胞器,营养方式主要为光合营养和渗透营养，无性生殖多为纵二分裂；肉足纲以伪足作为运动和摄食胞器，生殖方式多为二分裂；孢子纲全部为寄生种类，缺少运动胞器，生活史复杂，存在世代交替现象，无性生殖为裂体生殖和孢子生殖，有性生殖为配子生殖；纤毛纲以纤毛作为运动胞器，细胞核分化为大核与小核，具有专门的摄食胞器，无性生殖为横二分裂，有性生殖为接合生殖。疟原虫等直接危害人类，不少原虫对家畜，特别是对水产动物具有较大的危害。原生动物可作为鱼类天然饵料，在水质监测、污水处理和石油勘测方面也具有重要的作用。四膜虫、草履虫等已被广泛应用于教学科研中。

复习思考题

1. 名词术语：

胞器　包囊　伪足　接合生殖

2. 为什么说原生动物是最原始、最低等的动物？如何理解原生动物的既简单又复杂？

3. 列表比较眼虫、变形虫和草履虫的形态结构、营养方式与生殖方式，熟悉鞭毛纲、肉足纲及纤毛纲的主要特征。

4. 叙述间日疟原虫的生活史，熟悉孢子纲的主要特征。

5. 从有益和有害两方面分析原生动物与人类的关系。

第2章　多细胞动物导论

(Introduction to Multicellular Animals)

◆ 内容提要

在动物界中,除单细胞的原生动物外,其余都是多细胞动物。单细胞到多细胞是动物从简单向复杂演化的重要过程,是进化史上极为重要的阶段。本章主要讲述多细胞动物起源于单细胞动物的证据,多细胞动物早期胚胎发育的几个重要阶段,以及个体发育与系统发育的关系;简要介绍多细胞动物起源的学说。

◆ 教学目的

掌握多细胞动物早期胚胎发育几个重要阶段的特点;掌握原口动物、后口动物、个体发育、系统发育、生物重演律等概念;理解多细胞动物起源的证据和通过个体发育的研究推测系统发育的原理;了解多细胞动物起源的有关学说。

2.1　多细胞动物起源于单细胞动物的证据

一般认为多细胞动物起源于单细胞动物。主要有下述3个方面的证据。

2.1.1　古生物学证据

经千百万年的地壳变迁或造山运动等自然作用,在地层中被保存下来的古代动、植物遗体或遗骸,以及生物体分解后的有机物残余等形成了化石。通过对化石的研究发现,越古老地层中的动物化石种类越简单。如在太古代的地层中发现大量有孔虫化石,而晚近地层中的化石种类则较复杂。从不同地层中的化石种类来看,最早出现单细胞动物,后来才发展出了多细胞动物,并且能看出生物由简单向复杂发展的顺序。说明动物是由简单到复杂逐渐进化的。

2.1.2　形态学证据

从现存的动物种类来看,有最简单的单细胞动物,也有处于不同发展水平的多细胞动物,形成了一个由简单到复杂、由低等到高等的序列。如团藻等群体鞭毛虫,与单细胞的原生动物和真正意义上的多细胞动物都有所不同,结合形态和生理功能来看,似乎介于二者之间。由此可推测,群体鞭毛虫是从单细胞动物发展到多细胞动物的中间过渡类型,即单细胞动物经中间过渡类型演变为群体,再进一步发展成多细胞动物。

2.1.3 胚胎学证据

多细胞动物的早期胚胎发育，都始自于一个受精卵细胞。然后经卵裂、囊胚、原肠胚、中胚层和体腔形成，以及胚层分化等一系列过程发育成一个个体。无论是哪一种多细胞动物，它们的早期胚胎发育过程都极为相似。简言之，多细胞动物个体均"起源"于一个受精卵细胞。

2.2 多细胞动物早期胚胎发育的几个重要阶段

在多细胞动物的胚胎发育过程中，细胞的数量、形态结构、分布及生理功能等均发生了改变，来自受精卵的亿万细胞经过细胞分化及形态建成过程，进而形成组织、器官及其三维结构。多细胞动物的发展水平是不平衡的，不同动物的胚胎发育情况也是不同的，但其早期胚胎发育的重要阶段却基本相似。

2.2.1 受精与受精卵

由雌、雄亲体产生两性生殖细胞，雌性生殖细胞称为卵，雄性生殖细胞称为精子。

成熟的动物卵大多呈圆形，体积远比精子大，富含营养物质，无活动能力。根据其内部卵黄的多少和分布，可将动物的卵分为少黄卵、中黄卵和端黄卵 3 类。少黄卵(均黄卵)所含卵黄较少，分布相对均匀，如文昌鱼、海胆和高等哺乳类的卵；中黄卵富含卵黄，其分布主要集中在卵的中央，细胞质位于周围，如大多数昆虫和部分软体动物的卵；端黄卵(偏黄卵)也富含卵黄，但分布不均匀，卵黄相对多的一端称为植物极，另一端称为动物极，如鱼类、两栖类、鸟类和爬行类的卵。

不同动物精子的形状、大小和内部结构均有不同，但大体是相似的。成熟的精子大多呈蝌蚪状，分头、体、尾 3 部分。体积较小，无营养物质，但能活动，对同种卵具有趋性。

精子与卵融合，形成受精卵，这个过程就是受精(图 2-1)。新个体由此发生。

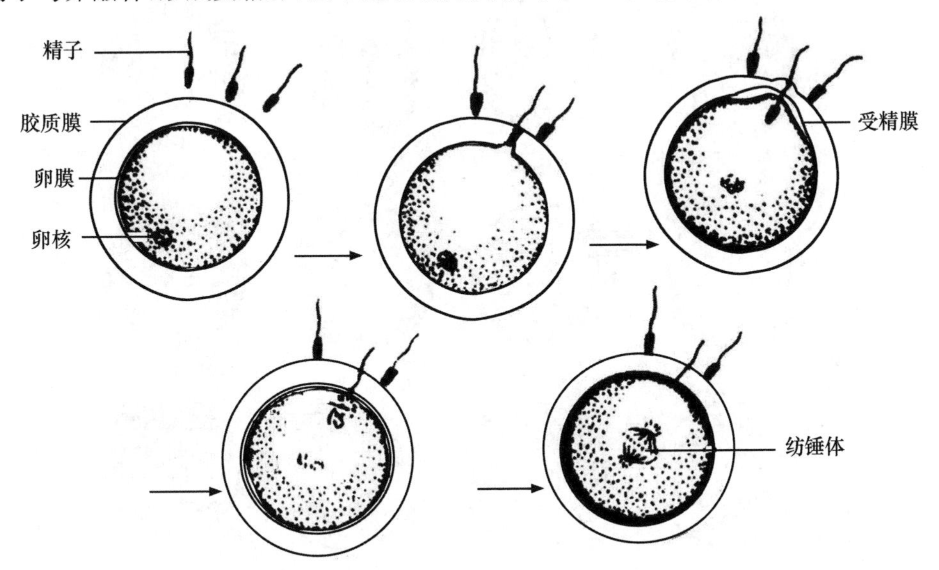

图 2-1　受精过程示意图(仿自 Hickman)

2.2.2 卵裂

受精卵经过分裂形成一定数量分裂球的过程，称为卵裂。受精卵首先分裂为2个细胞，之后继续分裂成4、8、16、32……个细胞，这些细胞叫分裂球。卵裂时除分裂球的数目快速增加外，分裂球的体积越分越小，而整个胚体却无明显变化，因此不同于一般细胞分裂。由于不同动物卵细胞内卵黄的多少及分布情况不同，因此卵裂方式也不同，可概括为完全卵裂和不完全卵裂两大类。

1. 完全卵裂

完全卵裂(图2-2)是指整个受精卵都进行卵裂，并有规则地形成一团细胞，呈两侧对称(海鞘)、辐射对称(棘皮动物)或螺旋状(软体动物)。完全卵裂又分为均等卵裂和不均等卵裂。如海胆、文昌鱼等的均黄卵，形成的分裂球大小相等，称为均等卵裂；而海绵动物、蛙等的卵为偏黄卵，分裂时也为完全卵裂，但分裂球大小不等，动物极的分裂球较小，植物极的分裂球较大，称为不均等卵裂。

2. 不完全卵裂

由于端黄卵内卵黄多，且分布不均匀，细胞分裂受阻，受精卵分裂仅局限于不含卵黄的部位进行(图2-2)。分裂区只在动物极胚盘上进行的称为盘裂，如头足类、鱼类、爬行类及鸟类等。昆虫卵的分裂发生在卵的表面，称为表面卵裂。

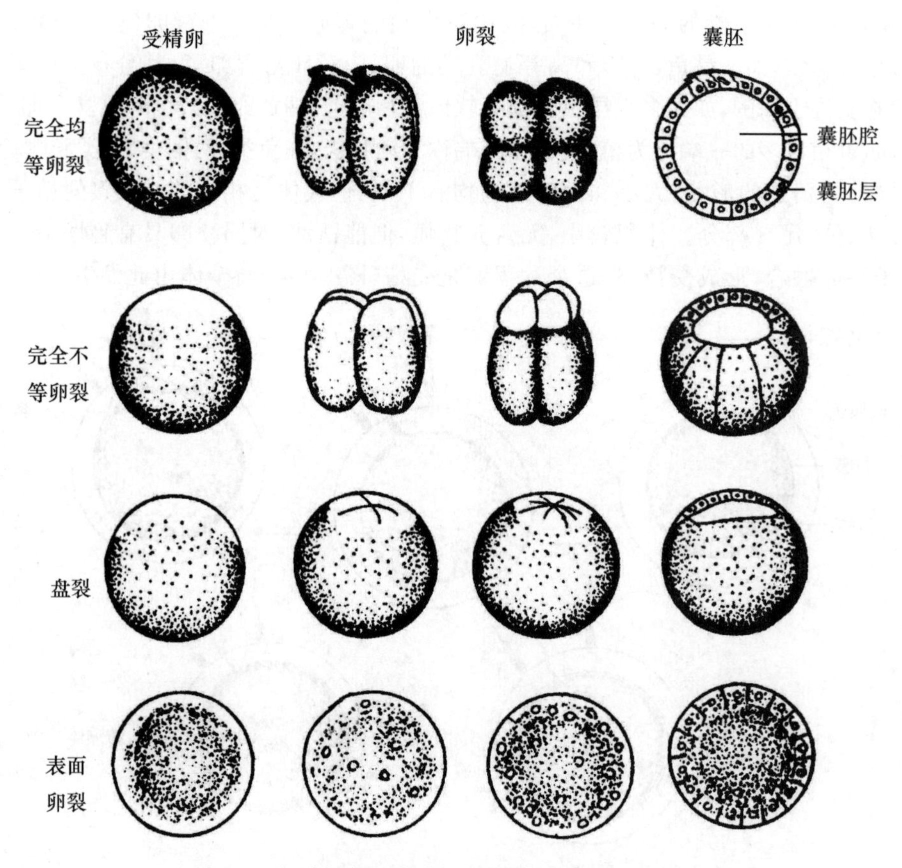

图 2-2 卵裂和囊胚形成示意图(仿自 Meglitsch)

2.2.3　囊胚的形成

随着卵裂的连续进行，逐渐地形成一团分裂球，如实心的桑葚，此时的胚体称为桑葚胚(8～16个细胞)。然后，分裂球聚集成团，随着细胞的增加，卵裂球形成中空的球状胚，称为囊胚(图 2-2)。中央的空腔即为囊胚腔，外围的细胞层称为囊胚层。

2.2.4　原肠胚的形成

形成囊胚后，胚胎进一步发育，形成双层的原肠胚。外层的细胞为外胚层，内层的细胞为内胚层。原肠胚后期，囊胚腔萎缩，产生一个由内外胚层共同包围的新空腔，即为原肠腔。原肠腔与外界相通的开孔称为胚孔或原口。如果原口发育形成了动物成体的口，这类动物属于原口动物，包括扁形动物、原腔动物、环节动物、软体动物和节肢动物等。如原口封闭或发育为动物的肛门，而在原口相对的一端，相互贴紧，最后内陷穿孔，重新形成口的动物，则为后口动物，包括棘皮动物、脊索动物等。

动物种类繁多，原肠胚的形成方式多种多样，一般有下列几种(图 2-3)。

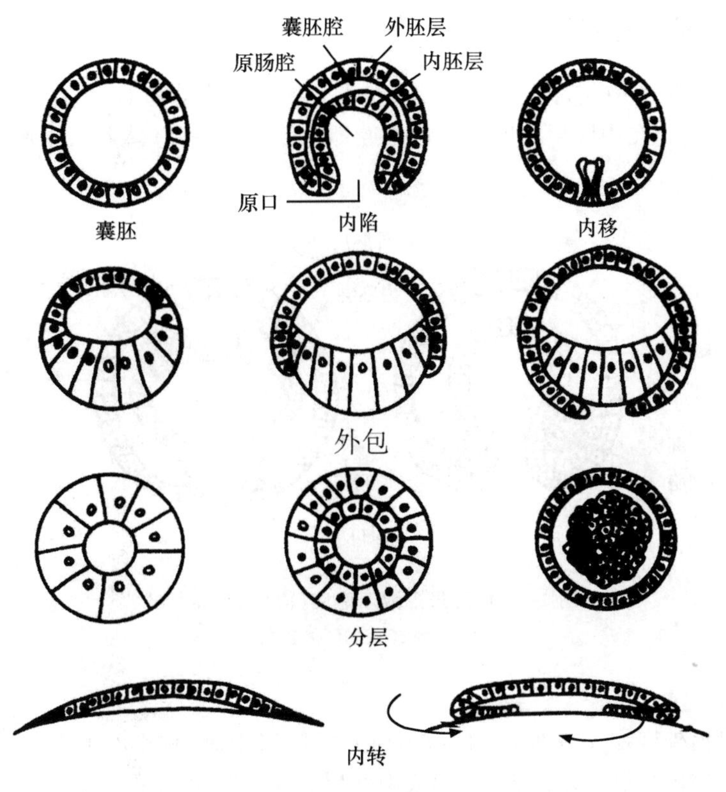

图 2-3　原肠胚形成示意图(仿自 Meglitsch)

1. 内陷

植物极向囊胚腔内凹陷，最后形成两层细胞，在外面的细胞层为外胚层，内陷那层细胞为内胚层。内胚层所包围的腔，继续发育会形成未来的肠腔，即原肠腔。原肠腔与外界相通的开口，即为胚孔或原口，如海胆和文昌鱼。

2. 内移

囊胚层的一部分细胞增殖后移入囊胚腔中,开始移入的细胞排列不规则,接着逐渐排成一层,形成内胚层。这样形成的原肠胚无胚孔,后来在胚的一端开一胚孔。若从植物极移入,称为单极移入,如水螅和水母类。若从多处移入,称为多极移入,如某些低等节肢动物。

3. 内转

通过盘裂形成的盘状囊胚,分裂的表面细胞由下面边缘向内转,伸展成为内胚层,如昆虫。

4. 分层

囊胚层的细胞分裂时,细胞沿切线方向分裂,向着囊胚腔分裂出的细胞为内胚层,留在表面的一层为外胚层,如水母。

5. 外包

动物极细胞分裂快,而植物极细胞分裂慢,动物极细胞逐渐向下移动而包围植物极细胞形成外胚层,如蛙。

在各类动物原肠胚的形成过程中,往往是以上几种方式综合出现,比如内陷时有外包运动,分层的同时又有内移等。

2.2.5 中胚层和体腔的形成

除少部分多细胞动物外,在原肠胚末期,绝大多数多细胞动物的内、外胚层之间,又产生第3个胚层,即中胚层。在中胚层之间形成的空腔即为体腔,又称真体腔。中胚层形成的方式主要有两种(图 2-4)。

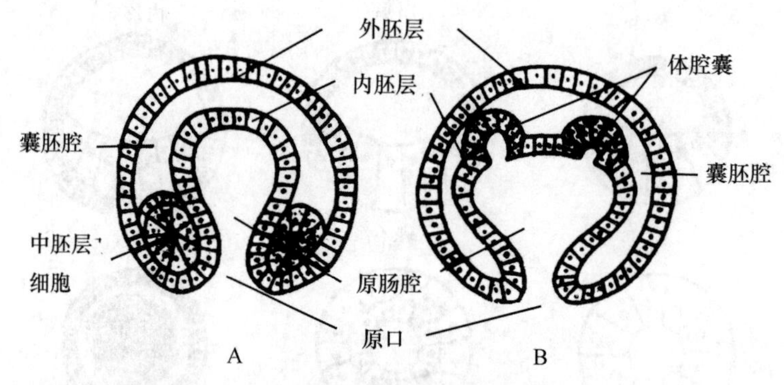

图 2-4 中胚层形成示意图(仿自 Hickman)

A. 端细胞法 B. 体腔囊法

1. 端细胞法

在胚孔两侧内外胚层交界处,各有一个原始囊胚层细胞,称端细胞。此细胞分裂成细胞团,形成索状,并向内外胚层之间伸展,形成中胚层。在中胚层之间形成的空腔即为体腔(真体腔)。这种由中胚层细胞之间裂开形成的体腔也称裂体腔,形成体腔的方式称裂体腔法(或端细胞法)。原口动物均以端细胞法形成中胚层和体腔。高等脊索动物也由这一方式形成中胚层和体腔,但具体的形成过程更复杂,各类群之间的发育细节也有所差异。

2. 体腔囊法

在原肠背面两侧,内胚层向外突出成对的囊状体,称体腔囊。体腔囊逐渐发育增大,并与内胚层脱离，在内、外胚层之间逐渐扩展成为中胚层，由中胚层包围的空腔即是体腔（真体腔）。因为体腔囊来源于原肠背面两侧，故又称肠体腔，此法又名肠体腔法。后口动物的棘皮动物、毛颚动物、半索和原索动物等均以这种方式形成中胚层和体腔。

2.2.6 胚层的分化和器官的形成

在胚胎期，简单、均质和具可塑性的细胞进一步发育成为复杂、异质性和稳定的细胞，这种变化现象称为细胞分化。3个胚层的胚体继续分化，首先出现胚胎的各种器官原基，待器官原基形成后，3个胚层的细胞按各自的方向进一步分化，并对周围的组织起诱导作用，使有关组织能协调地发育，并进一步相互结合，最后形成完整的器官系统，这一发育过程称为器官建成。胚胎的器官形成涉及两方面问题：一是胚层的变化，二是细胞的分化，这两方面常常是同时进行的。不同动物的器官在形态、大小和构造上存在差异，但同一类组织和器官的胚层来源，在整个动物界是一致的（表2-1）。

表 2-1 胚层的分化

外胚层	中胚层	内胚层
皮肤的表皮层、毛发、指甲和汗腺等	肌肉、骨骼	消化管内腔上皮
神经系统：脑、脊髓和脑神经等	皮肤的真皮层	肝脏、胰腺、胃腺、肠腺
各感觉器官的感受细胞	肾、输尿管、膀胱	尿道和膀胱上皮
肾上腺髓质	睾丸、卵巢、输卵管、子宫	气管、支气管和肺泡的上皮
口腔、鼻孔、肛门等上皮细胞	肠系膜	胆囊内皮层
眼角膜与晶状体	心脏、血管、血液、骨髓；淋巴管、淋巴器官	甲状腺、胸腺等内分泌腺上皮

2.3 个体发育与系统发育的关系

2.3.1 个体发育

个体发育是指各种动物个体的发生过程，也就是生殖细胞的产生、结合、分裂和分化，以致形成新个体的变化过程。

在个体发育中所出现的各种废用的遗迹器官，如脊索、鳃裂和前肾等器官，显示了该动物在演化过程中的某阶段祖先的特征。动物在整个发育期各个阶段的变化，主要取决于它们自身的遗传特性，同时也受外界条件的影响。

2.3.2 系统发育

就生物演化的观点而言，地球上现存的高等动物全部起源于最低等的单细胞动物。因环境的变迁以及时间的推移，单细胞动物演变为多细胞动物，再由构造简单的多细胞动物演变为构造复杂的高等动物。这种演化现象多见于地质动物学和分类学领域。

系统发育亦称“种系发生”，是指动物各类群发生、发展的演化过程，也就是生物种族的发展史。这既可以指整个生物界的演变和发展的历史,即生命在地球上起源以后演变至今的整个进化过程;也可指一个类群(如各个科、属、种)的产生和发展的历史。

2.3.3 个体发育与系统发育的关系

德国学者海克尔(1866)在《有机体普通形态学》一书中,把胚胎史和种系史的关系概括为生物发生律(或称重演论)。其含义为"个体发育是系统发育的简短而迅速的重演,这种重演为遗传(生殖)和适应(营养)的生理机能所制约。有机体在简短而迅速的个体发育过程中重复着某些最重要的变异,这些变异是它的祖先在其古生物发育的缓慢而漫长的过程中按照遗传和适应的规律所经历的"。

也就是说,动物在个体发育过程中,按顺序重现其种族系统发生所经历的各个阶段,即重演了其祖先的进化过程。例如,两栖类的蛙,其个体发育由受精卵开始,经囊胚、原肠胚、三胚层、无腿蝌蚪、有腿蝌蚪,最后变态成为蛙。这个过程反映了系统发育所经历的单细胞、单细胞群体、腔肠动物、原始三胚层动物、低等脊椎动物、鱼类至两栖类的基本过程。

这种重演现象在生物界普遍存在,不仅反映在形态变化上,也反映在生理生化等方面。例如,在鸡的胚胎发育中,早期的排泄物是氨,稍后是尿素,再后是尿酸,依次分别相当于鱼类、两栖类和爬行类的排泄物。生物发生律为了解各类群动物之间的亲缘关系提供了理论依据。因而,许多动物在形成结构上难以确定其分类地位时,常常可以从胚胎发育中找到答案。当然,这里的"重演"绝不能理解为机械地重复,个体发育往往有新的变异出现,不断地补充和丰富着系统发展。

现将个体发育(单细胞的配子结合、卵裂、分化和各种器官的出现及变迁)与系统发育演化过程对照于表 2-2,可以说明个体发育反映了系统发育的某些主要阶段。

表 2-2 个体发育与系统发育的比较

个体发育的主要阶段	系统发育演化主要阶段	个体发育的主要阶段	系统发育演化主要阶段
配子(精子、卵、受精卵)	单细胞原生动物	脊索出现	原索动物
囊胚	多细胞原生动物	鳃弓出现	鱼类
原肠胚	腔肠动物	肺、四肢出现	两栖类
三胚层形成	扁形动物	羊膜出现	爬行类
体节、体腔出现	环节动物	胎盘出现	哺乳类

2.4 多细胞动物起源的学说

动物学家已确认,多细胞动物起源于单细胞动物。但是哪一类单细胞动物发展成多细胞动物,以及其发展的具体过程,还存在意见的分歧,有不同的学说。

2.4.1 群体学说

群体学说认为后生动物起源于群体鞭毛虫,这是后生动物起源的经典学说。因有越来越多证据的支持,而成为当代动物学中最广泛接受的学说。这一学说是由赫克尔(1874)首次提出，后来经梅契尼柯夫(1887)修正，海曼(1940)又予以复兴。

2.4.1.1 赫克尔的原肠虫学说

赫克尔认为多细胞动物最早的祖先是类似团藻的球形群体。它是由数千个鞭毛虫状细胞形成的中空群体，由一侧的细胞内陷形成多细胞动物的祖先。这种祖先与原肠胚很相似，有两胚层和原口，所以赫克尔称之为原肠虫(图 2-5A)，由它发展为多细胞动物。

2.4.1.2 梅契尼柯夫的吞噬虫学说(实球虫或无腔胚虫学说)

俄国的动物学家梅契尼柯夫在观察原始多细胞动物的胚胎发育过程时，发现其原肠胚主要是由内移而不是内陷方式形成的。同时他也发现某些低等多细胞动物很少为细胞外消化，主要是靠吞噬作用进行细胞内消化。由此推想最初出现的多细胞动物进行细胞内消化，而细胞外消化是后来才发展的。因此，梅契尼柯夫认为多细胞动物的祖先是由一层细胞构成的单细胞动物群体，他把这种假想的多细胞动物的祖先称为吞噬虫(图 2-5B)，后来个别细胞摄取食物后进入群体之间形成内胚层，成为双胚层动物。

上述两种学说虽然都有其胚胎学上的根据，但在最低等的多细胞动物中，多数是像梅契尼柯夫所说的由内移方法形成原肠胚，而赫克尔的内陷方法很可能是以后才出现的，所以梅氏的学说更容易被学者所接受，看起来更符合机能与结构统一的原则，可能在发展过程中先有了消化机能，才逐渐发展出消化腔。

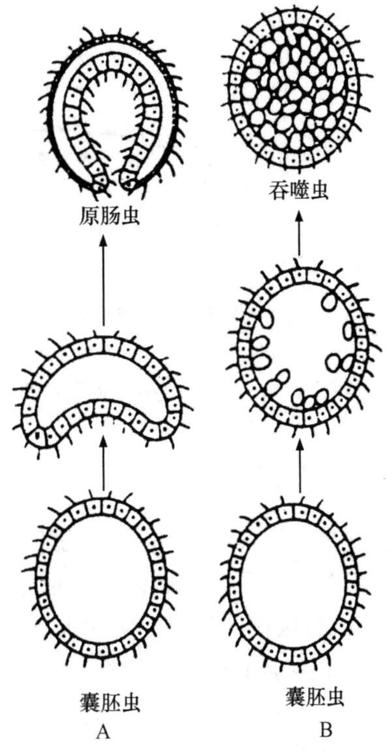

图 2-5　多细胞动物起源的群体学说示意图(仿自刘凌云)

A. 赫克尔的原肠虫学说

B. 梅契尼柯夫的吞噬虫学说

2.4.2 合胞体学说

这一学说认为多细胞动物来源于多核纤毛虫的原始类群(图 2-6A、B)，主要由 Hadzi (1953)和 Harsan(1977)提出。后生动物的祖先开始是多核的细胞，即合胞体结构，后来每个核获得部分细胞质和细胞膜形成多细胞结构。因为有些纤毛虫倾向于两侧对称，所以合胞体学说主张后生动物的祖先为两侧对称的，并由其发展成无肠类扁虫，而且认为无肠类扁虫是现存的最原始的后生动物。目前，对该学说持反对意见者较多，因为任何动物类群的胚胎发育均未出现过多核体分化成多细胞的现象，实际上无肠类合胞体是继典型的胚胎细胞分裂后出现的次生现象。最主要的反对意见是不认同将无肠类扁虫视为最原始的后生动物。动物体型的进化是从辐射对称到两侧对称，若认同无肠类扁虫两侧对称是原始的，那么腔肠动物的辐射对称反而成为次生的，这明显是与目前已揭示的进化规律相违背的。

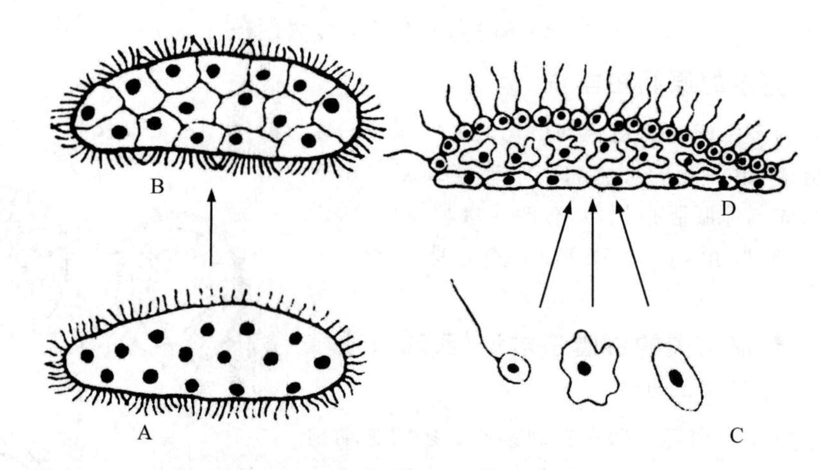

图 2-6 合胞体学说(A、B)和共生学说(C、D)示意图(引自 R. S. K. Bames)

A. 原始的多核纤毛虫 B. 合胞体细胞化,形成细胞结构,然后进一步发展成为无肠类涡虫样的两侧对称动物 C、D. 不同种类的单细胞生物共生在一起,然后发展为多细胞动物

2.4.3 共生学说

共生学说(图 2-6C、D)认为不同种的原生生物共生在一起,进而发展成为多细胞动物。这一学说存在一系列的遗传学问题,不同遗传基础的单细胞生物如何聚在一起,形成能繁殖的多细胞动物,这在遗传学上实在难以解释。

对于多细胞动物的起源,多数进化理论者倾向于单元说,但也有些动物学家认为后生动物的起源是多元的,或者说是起源于一个以上的单细胞动物类群。这些观点主要集中于祖先类群是鞭毛虫,还是纤毛虫,并且仍然在寻找从原生动物过渡到多细胞动物的中间类型。

本章小结

多细胞动物起源于单细胞动物,主要的证据有古生物学证据、形态学证据和胚胎学证据等。多细胞动物早期胚胎发育的主要阶段基本相似,主要包括:受精、卵裂、桑葚胚和囊胚的形成,原肠胚的形成,中胚层和体腔的形成,胚层的分化和器官的形成等。个体发育是系统发育简短而迅速的重演。多细胞动物起源于单细胞动物的学说主要有群体学说、合胞体学说和共生学说。

复习思考题

1. 多细胞动物起源于单细胞动物的主要依据有哪些?
2. 简述多细胞动物早期胚胎发育的几个主要阶段。
3. 生物发生律的内容是什么?有何意义?
4. 概述多细胞动物起源的学说。

附门：中生动物门(Mesozoa)

相对于原生动物而言，绝大多数多细胞动物被称之为后生动物，长期以来，有学者们认为在原生动物和后生动物之间存在着一个小类群，即中生动物。

中生动物是一类寄生于扁虫、纽虫、多毛类、双壳类、蛇尾类及其他无脊椎动物体内的小型内寄生多细胞动物。目前，全世界已知的中生动物不足100种，分为菱形虫纲和直泳虫纲。菱形虫纲的动物均寄生在软体动物头足类的肾脏内，个体极小，丝状，长0.5～10 mm，由20～40个细胞组成。这些细胞基本上排成两层，外层是单层的、具纤毛的体细胞，包围着中央的一个或几个延长的轴细胞，如二胚虫(图2-7)。体细胞具有营养功能，轴细胞具繁殖能力。直泳虫纲的动物寄生在许多海生无脊椎动物体内，成虫多数雌雄异体，呈蠕虫形，如直泳虫(图2-8)。雌性个体较雄性大，无轴细胞。外层为单层具纤毛的体细胞，中央围绕着许多生殖细胞。

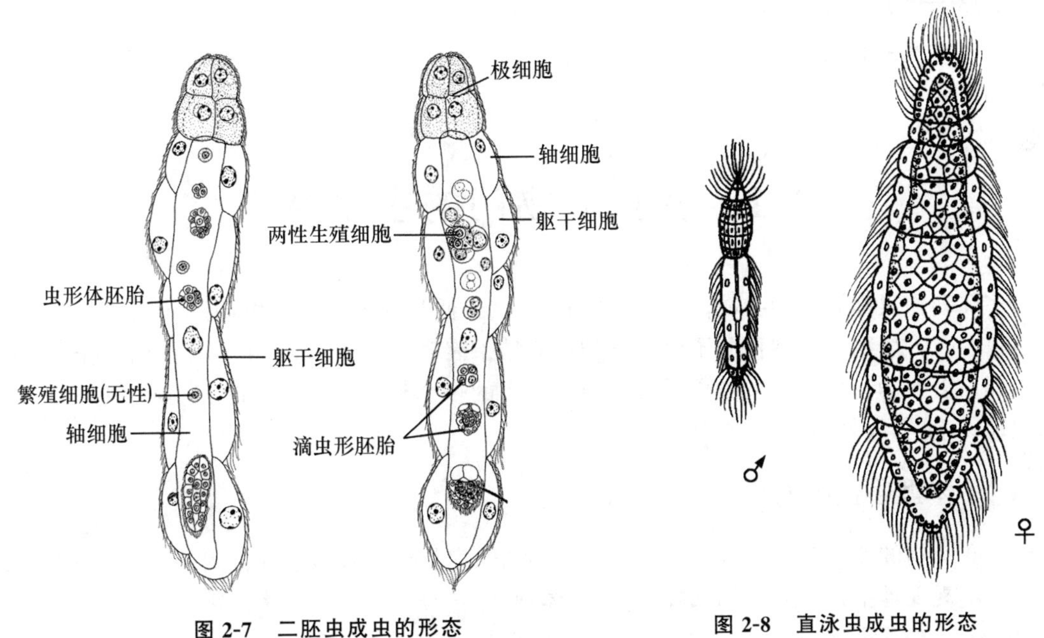

图2-7　二胚虫成虫的形态
(仿自Aruga)

图2-8　直泳虫成虫的形态
(引自Livingstone)

10余年来，人们对中生动物的系统发育、亚显微结构、生理、生化、生殖、生态等进行了多方面的研究。其中，生化分析表明：中生动物细胞核DNA中胞嘧啶和鸟嘌呤的含量为23%，与原生动物纤毛类的含量相近，而低于其他多细胞动物，从而认为中生动物和原生动物纤毛类亲缘关系较近，更可能是真正的原始多细胞动物。至于中生动物和后生动物是否各自独立地来源于原生动物的祖先，或中生动物是否是原始的或退化的扁虫，还不明确。由于中生动物有着长期的寄生历史，为动物界中极特殊的类群，因而其分类地位尚难以确定。

第3章　多孔动物门

(Porifera)

◆ 内容提要

多孔动物主要在海洋中营固着生活，是最原始、最低等的多细胞动物。本章主要介绍多孔动物的基本特征和经济意义。

◆ 教学目的

掌握多孔动物门的基本特征；理解胚胎发育的胚层“逆转”现象；了解各纲代表动物及多孔动物的经济意义。

3.1　多孔动物门的主要特征

多孔动物又称海绵动物(Spongia)，是最原始、最低等的多细胞动物，因其体表具有无数小孔而得名。古生物学和现代分子生物学的研究结果表明，多孔动物早在10亿年前就出现在地球上了。多孔动物是很早从进化干线上分化出来的一个特殊的分支，在动物演化上与其他多细胞动物不同，故名“侧生动物”(parazoa)。

3.1.1　体型多数不对称

多孔动物的体型各种各样，有指状、瓶状、管状、扇状等。成体全部营固着生活。多数像植物一样不规则地生长，形成不对称的树枝状体型。

3.1.2　体壁由内、外两层细胞构成

多孔动物的体壁由外层的皮层、内层的胃层及两层细胞之间的中胶层构成(图3-1)。皮层由一层很薄的、多角形的扁平细胞所组成，具有保护作用。胃层由领细胞(choanocyte)组成。中胶层是一种含有蛋白质的胶状透明基质，厚度随种类而异，内含几种细胞、骨针和海绵质纤维。

3.1.3　细胞分化较多

多孔动物的细胞除外层的扁平细胞和胃层的领细胞外，中胶层中还有变形细胞及由它转变成的其他几种细胞，包括芒状细胞、成骨针细胞、成海绵质细胞和原细胞。因无组织器官形成，海绵机体的生理机能均由各种独立活动的细胞完成，故一般认为多孔动物是处于细胞水平

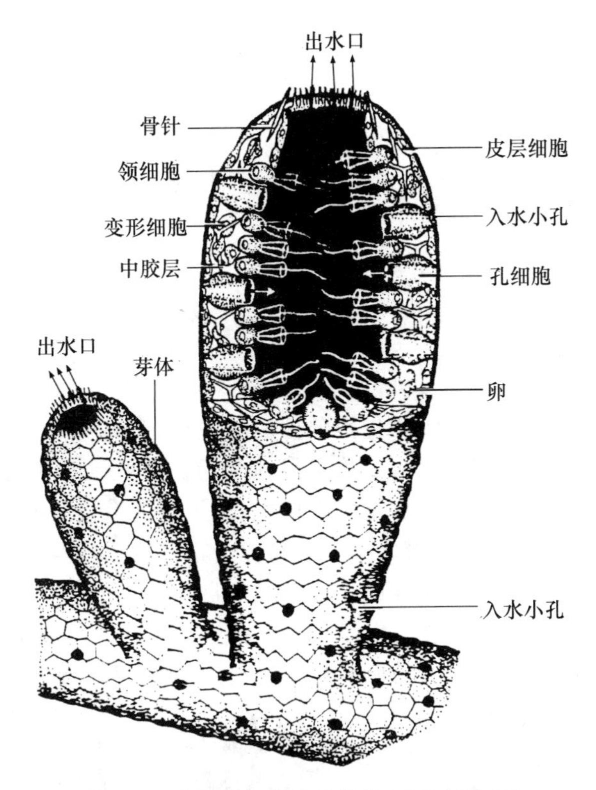

图 3-1　多孔动物体壁的结构(引自刘凌云)

的多细胞动物。

3.1.4　具特殊的水沟系

水沟系(canal system)为多孔动物所特有，是水流进出身体的通道，对营固着生活的多孔动物完成摄食、呼吸、排泄和生殖等生理机能具有极其重要的作用。水沟系有 3 种基本类型(图 3-2)。

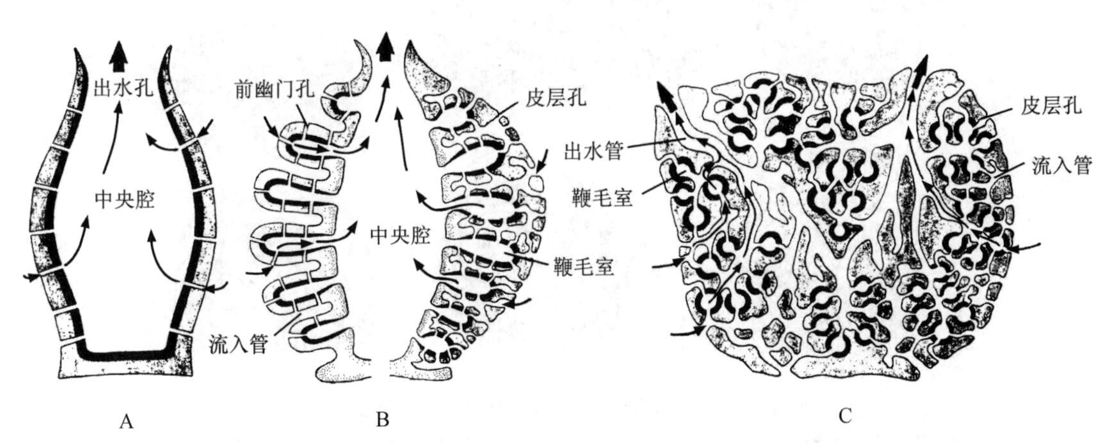

图 3-2　多孔动物的水沟系(引自刘凌云)

A. 单沟型　B. 双沟型　C. 复沟型

1. 单沟型

单沟型是最原始,最简单的类型。由皮层到胃层的体壁很薄,直接包围着一个宽阔的中央腔,顶端为出水孔。

2. 双沟型

双沟型是比较复杂的类型,相当于单沟型的体壁凹凸折叠而成。

3. 复沟型

复沟型是在双沟型的基础上体壁进一步凹凸折叠形成的。动物体壁折叠成更复杂的管道,滤水速度更快。

3.1.5 生殖与胚胎发育

多孔动物具有多种生殖方式。无性生殖包括出芽生殖、形成芽球和再生 3 种方式。虽然多孔动物大多雌雄同体,少数雌雄异体,但均为异体受精。多孔动物没有专门的生殖腺,精子和卵由原细胞或领细胞发育而来。卵位于中胶层里,精子不能直接入卵。领细胞吞食精子后,失去鞭毛和领成为变形虫状,将精子带入中胶层与卵受精,这是一种特殊的受精方式。

受精卵进行卵裂,形成囊胚,动物极的小细胞向囊胚腔内生出鞭毛,植物极的大细胞中间形成一开口,然后小细胞由开口倒翻出来,里面小细胞具鞭毛的一侧翻到囊胚的表面(图 3-3)。这样,动物极的一端为具鞭毛的小细胞,植物极的一端为不具鞭毛的大细胞,这种空心的

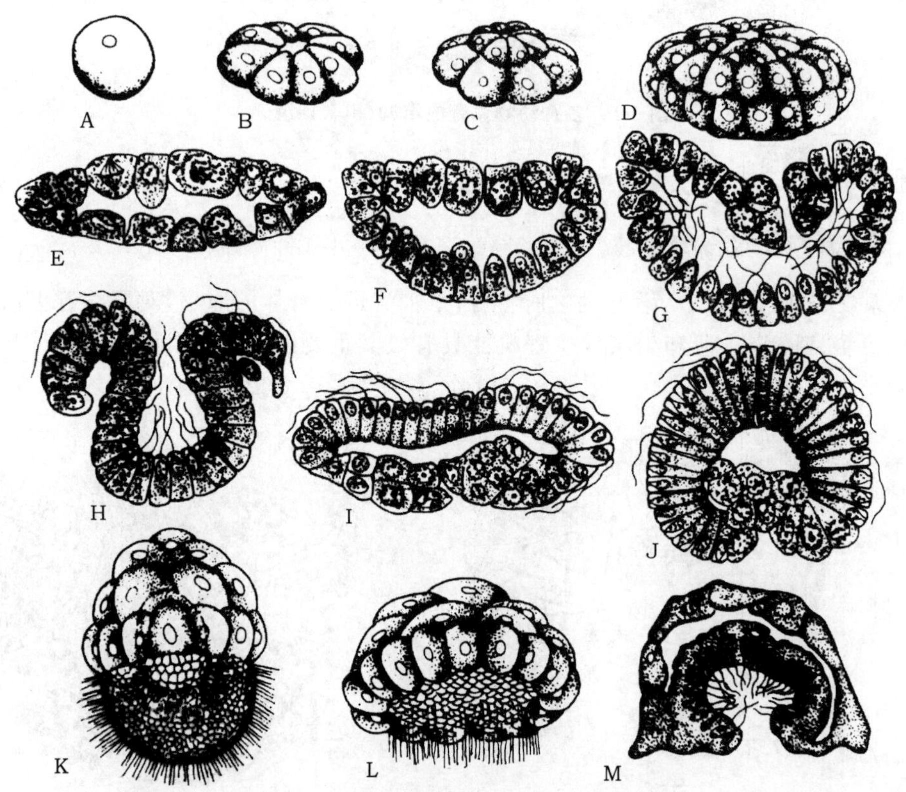

图 3-3 海绵动物的胚胎发育(引自刘凌云)

A. 受精卵 B. 8 细胞期 C. 16 细胞期 D. 48 细胞期 E、F. 囊胚期(切面) G. 囊胚的小细胞向腔囊内生出鞭毛(切面) H、I. 大细胞一端形成一个开孔,并向外包,里面的变成外面(鞭毛在小细胞的表面)(切面) J. 两囊幼虫(切面) K. 两囊幼虫 L. 小细胞内陷 M. 固着(纵切面)

幼虫称为“两囊幼虫”(amphiblastula)。幼虫从母体出水孔随水流逸出，然后，具鞭毛的小细胞内陷，形成内层，而另一端大细胞留在外面形成外层细胞。这和其他所有多细胞动物都不相同(其他多细胞动物的植物极大细胞内陷形成内胚层，动物极小细胞形成外胚层)，因此把多孔动物胚胎发育中的特殊现象称为胚层“逆转”(inversion)。将多孔动物的内、外层细胞分别称作胃层和皮层，以此与其他多细胞动物的内胚层和外胚层相区别。

3.2　多孔动物门的分类

已知的多孔动物约有1万种，根据其骨骼特点分为3个纲。

3.2.1　钙质海绵纲

钙质海绵纲动物多数生活在浅海，体小且体色多灰暗，高度一般不超过10 cm。骨针全为碳酸钙组成(故称“石灰海绵”)。如白枝海绵(*Leucoselenia* sp.)。

3.2.2　六放海绵纲

六放海绵纲动物多数种类是辐射对称的单体，大多生活于200～7 000 m的深海。体型较大且多灰白，高度10～90 cm。骨针为硅质(故称“玻璃海绵”)，中央腔较发达。如拂子介(*Hyalonema apertum*)和偕老同穴(*Euplectella* sp.)。

3.2.3　寻常海绵纲

寻常海绵纲动物分布广泛，95%的多孔动物种类属于本纲。体型较大，且多不规则，体色鲜艳。骨针为硅质或海绵质纤维，或两者同时存在。如九江针海绵(*Spongilla jiujiangensis*)和浴海绵(*Euspongia* sp.)。

3.3　多孔动物与人类的关系

浴海绵的海绵质纤维较软，吸收液体的能力强，可供沐浴及医学上吸收药液、血液或脓液等用。其他有些种类的纤维中或多或少含有矽质骨骼，较硬，可用于擦拭机器等。拂子介和偕老同穴的骨针编织成的结构异常美丽，是极具观赏价值的工艺品和装饰品。海绵作为环境DNA采样者可用于全球海洋生物多样性监测。古生物学的研究表明，海绵的特殊沉积物对分析过去环境的变迁有意义。由于有些多孔动物往往附着于牡蛎等养殖贝类的贝壳上，或掠夺食料，或钻穿贝壳，因此给贝类养殖业带来一定的危害。淡水海绵大量繁殖亦可堵塞水道等。

通过对多种多孔动物的深入研究，人们发现许多多孔动物含有对细胞生长和发育有明显抑制作用的物质。如在多孔动物中新发现的多种核苷及其衍生物均具有抗癌、抗疟疾、抗艾滋病作用，而多孔动物的提取物具有较好的镇痛作用，且对戊四唑引起的癫痫具有一定的保护作用。现在治疗癌症的药物阿糖胞苷，就是药学家以多孔动物的核苷为基核合成的。阿糖胞苷是一种抗代谢药，通过抑制DNA合成，干扰DNA复制，使癌症细胞死亡。阿糖胞苷是治疗急性白血病，特别是急性粒细胞性白血病的有效药物。过去，儿童及青年患者一旦染上此种疾病，大多出现发热、贫血和急性出血症状，症状一旦明显，病情便急转直下。出血、反复感染及全身衰竭，是引起死亡的主要原因。有了阿糖胞苷类的抗癌药物，使许多血癌患者获得了新生。

《自然》科学杂志登载了澳大利亚等国科学家们的一个新发现，多孔动物近70%的基因与人类相同。这个国际科研团队经过5年多的研究发现，世界自然遗产大堡礁地区的多孔动物的基因与人类的许多基因是一样的，其中包括大量与癌症等疾病有关系的基因。昆士兰大学研究团队负责人贝尔纳称该科研成果可以为癌症和干细胞研究的突破打下一个很好的基础。

本章小结

多孔动物是最原始的处于细胞水平的多细胞动物。在水中营固着生活，体型不对称。体壁由皮层、胃层和中胶层组成，具特殊的水沟系。无性生殖有出芽、形成芽球和再生等方式；有性生殖为精卵结合，胚胎发育具有特殊的胚层“逆转”现象。

复习思考题

1. 名词术语：

   侧生动物　皮层　胃层　领细胞　水沟系　胚层逆转

2. 为什么说多孔动物是最原始、最低等的多细胞动物？
3. 简介多孔动物的经济意义。

第4章　腔肠动物门

(Coelenterata)

内容提要

腔肠动物是具两胚层，辐射对称，有初步的组织分化，有原始的消化循环腔及原始神经的低等后生动物。这类动物在进化过程中占有重要地位，所有高等的多细胞动物都是经这个阶段发展而来的。本章介绍腔肠动物的主要特征，各纲代表动物以及腔肠动物与人类的关系。

教学目的

掌握腔肠动物的主要特征；熟悉辐射对称、两辐射对称、中胶层、消化循环腔、刺细胞、腺细胞、间细胞和神经网等的概念；了解腔肠动物门的分类、各纲的代表动物及腔肠动物与人类的关系。

4.1　腔肠动物门的主要特征

多孔动物是动物演化上的一个侧支，腔肠动物才是真正后生动物的开始，所有其他后生动物都是经过这一阶段发展而来的。因此，腔肠动物在演化上占有重要的地位。

4.1.1　辐射对称的体制

从腔肠动物开始，动物的体型有了固定的对称形式，多为辐射对称(radial symmetry)，即大多数腔肠动物通过其体内的中央轴(从口面到反口面)有许多切面可以把身体分为2个相等的部分，如淡水中常见的水螅(*Hydra* sp.)(图4-1)。辐射对称是一种原始低级的对称形式，这种对称只有上下之分，没有前后左右之别，是腔肠动物对水中固着生活或漂浮生活的一种适应。

此外，某些腔肠动物已由辐射对称发展为两辐射对称，即通过身体中轴，只有2个切面能把身体分成相等的两部分。这是介于辐射对称和两侧对称之间的一种中间类型，仅见于珊瑚纲的海葵等腔肠动物。

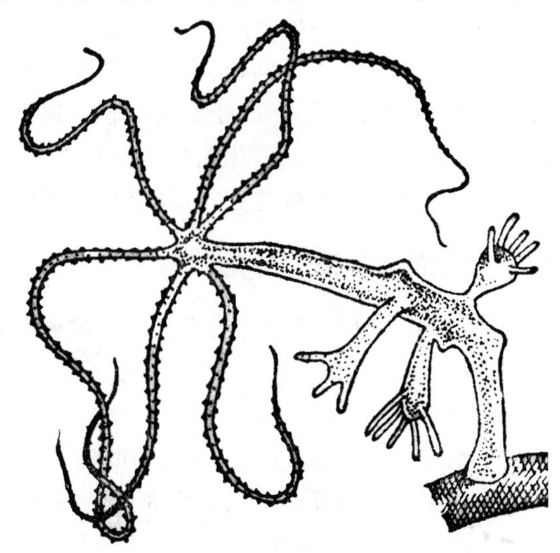

图4-1　水螅的外形和芽体(引自南京农学院)

4.1.2 体型为水螅型或水母型

腔肠动物身体有两种基本形态，即适应固着生活的水螅型和适应漂浮生活的水母型(图4-2)。这两种体型均为辐射对称或两辐射对称。水螅型呈圆筒状，下端为基盘，用以固着在其他物体上，另一端有口，口周围有触手。水母型呈圆盘状，其突起的一面叫外伞面，凹入的一面称下伞面，下伞面的中央悬挂着一条垂管，垂管的末端是口，口内为消化循环腔。消化循环腔有许多分支的辐管，一直延伸到伞的边缘，与环绕伞边缘的环管连接。伞的边缘有触手和感觉器官，如平衡囊或触手囊等。水螅型和水母型的基本结构本质上是相同的，都为两胚层、辐射对称，有触手、刺细胞、口面及反口面等，但由于它们的生活方式不同，形成了不同的形态特征。若将水母型上下翻转过来，其形态就与水螅型相似。水螅型和水母型两种体型在腔肠动物的不同类群中有不同的存在方式。

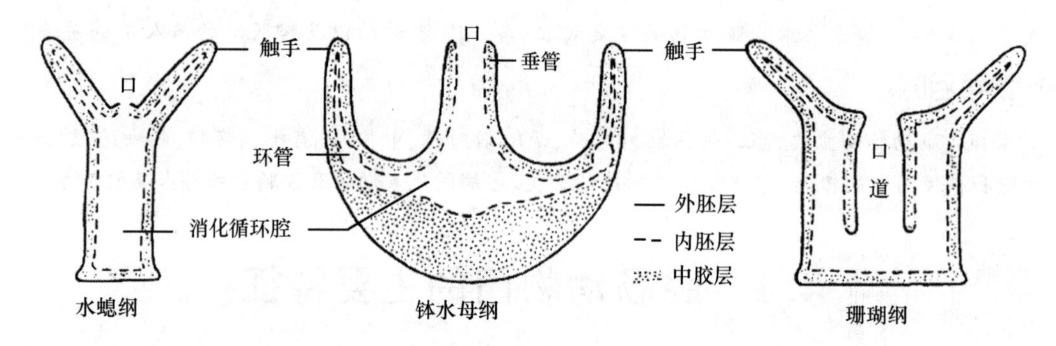

图 4-2 水螅型和水母型的比较(引自姜云垒)

4.1.3 两胚层及原始的消化循环腔

腔肠动物是真正的具有两胚层的多细胞动物，体壁由外胚层、内胚层和两层细胞之间的中胶层(mesoglea)构成(图 4-3)。其外胚层具有保护、运动和感觉等功能；内胚层具有消化、吸收等功能；中胶层具有支持身体的作用。由内、外胚层细胞围成的腔，即为胚胎发育中的原肠腔。它与多孔动物的中央腔不同，具有细胞外和细胞内的消化功能，可以说从腔肠动物开始有了消化腔。此腔还能将消化后的营养物质输送到身体各部分，兼有循环的作用，故称消化循环腔(gastrovascular cavity)。消化循环腔只有 1 个开口，是胚胎发育时的原口，既是摄食的口，又是消化后剩余残渣排出的地方，故兼有口和肛门两种功能。

4.1.4 细胞和组织的分化

腔肠动物内、外胚层中的细胞已发生明显的分化，分化出的细胞主要有以下几种类型(图4-4)。

1. 皮肌细胞

皮肌细胞(epitheliomuscular cell)既属于上皮，也属于肌肉的范畴，显示其分化的原始性。皮肌细胞依据所在的胚层不同分为内皮肌细胞和外皮肌细胞，前者具有营养和收缩的机能，故又称营养肌肉细胞；后者在外胚层数量最多，具有保护和运动的功能。

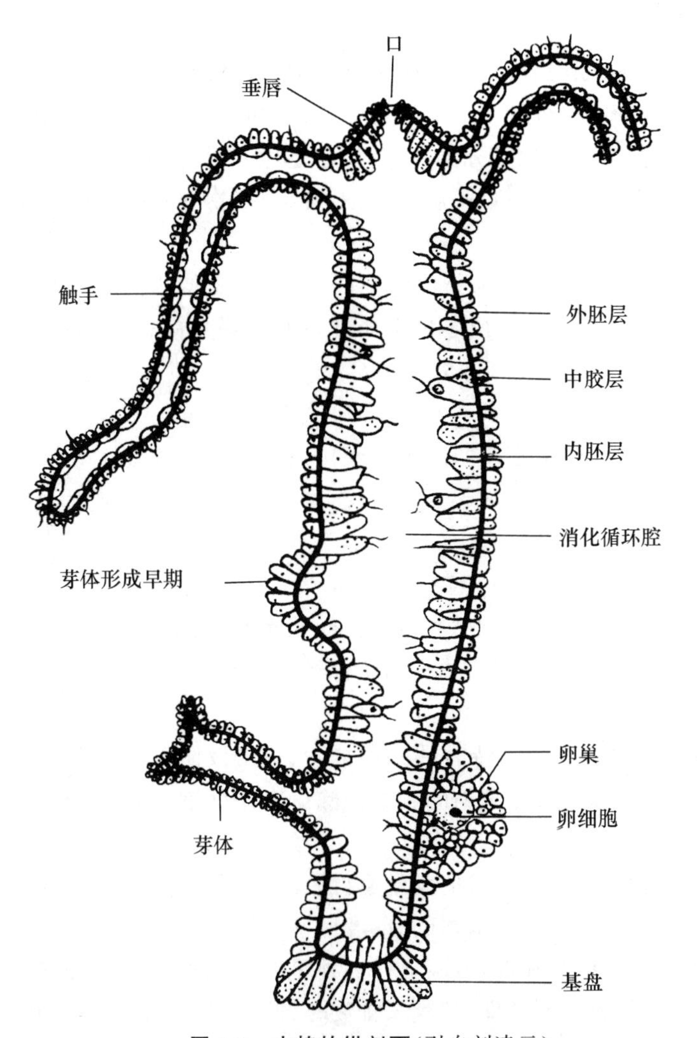

图 4-3　水螅的纵剖面(引自刘凌云)

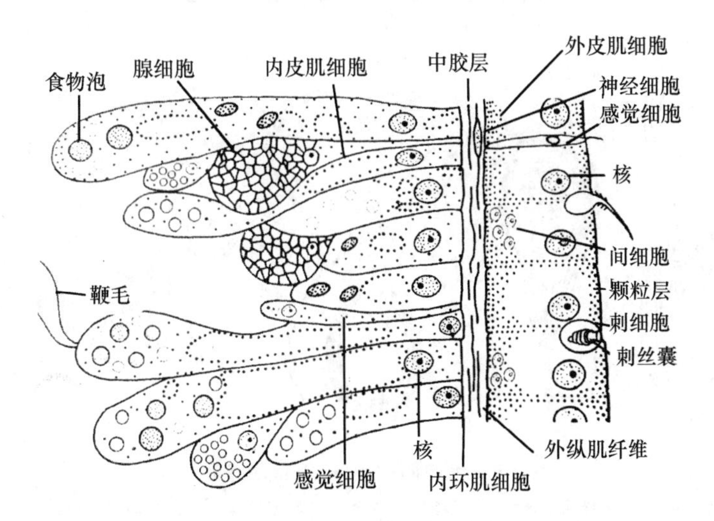

图 4-4　水螅体壁的显微结构(引自刘凌云)

2. 腺细胞

腺细胞(glandular cell)是一种具有分泌功能的细胞,在内、外胚层都有分布,以基盘和口周围最多。不同部位腺细胞的分泌物成分和功能不同,如基盘和触手中的腺细胞能分泌黏液,有助于腔肠动物的附着和捕食,也可分泌气体,使水螅做上升运动;内胚层腺细胞的分泌物内含消化酶,进行食物的细胞外消化;口垂唇处腺细胞的分泌物有润滑和辅助吞食的作用。

3. 间细胞

间细胞(interstitial cell)是一种未分化的小圆形细胞,类似于高等动物的干细胞,由它可以分化成其他各种细胞。通常成堆或零散分布在皮肌细胞之间,在外胚层中较多,内胚层中较少。

4. 感觉细胞

感觉细胞(sensory cell)分散在皮肌细胞之间,在口、触手和基盘处特别丰富。感觉细胞呈长形,垂直于体表,基部具很多神经突起,端部具感觉毛,能接受各种刺激,经神经突起作用于效应细胞。

5. 神经细胞

神经细胞(nerve cell)为多极或双极细胞,散布于近中胶层处皮肌细胞的基部,平行于体表排列。它们的突起相互联系成网状,故称网状神经。

6. 刺细胞

刺细胞(cnidoblast)是腔肠动物特有的一种捕食、攻击及防卫性细胞。刺细胞遍布体表,触手和口部特别多。钵水母类及珊瑚类的刺细胞除分布于体表外,还分布于消化腔的胃丝和隔膜丝上。

刺细胞的核位于基部,内有一囊状的刺丝囊(图 4-5),囊内储有毒液和盘卷的刺丝。已知腔肠动物的刺丝囊有很多种,其中最基本的有 4 种。一种是穿刺刺丝囊,具刺及毒性,这是所有腔肠动物都具有的,用以穿刺和毒杀捕获物;一种是钩刺刺丝囊,射出的刺丝上有大量的倒钩,可钩住捕获物;一种是缠绕刺丝囊,刺丝未排放时,像弹簧一样盘旋在囊内,无刺、倒刺和感觉毛,排放以后刺丝像瓶刷一样向四周伸出细丝,用以缠绕捕获物,这种刺丝囊仅存在于珊瑚

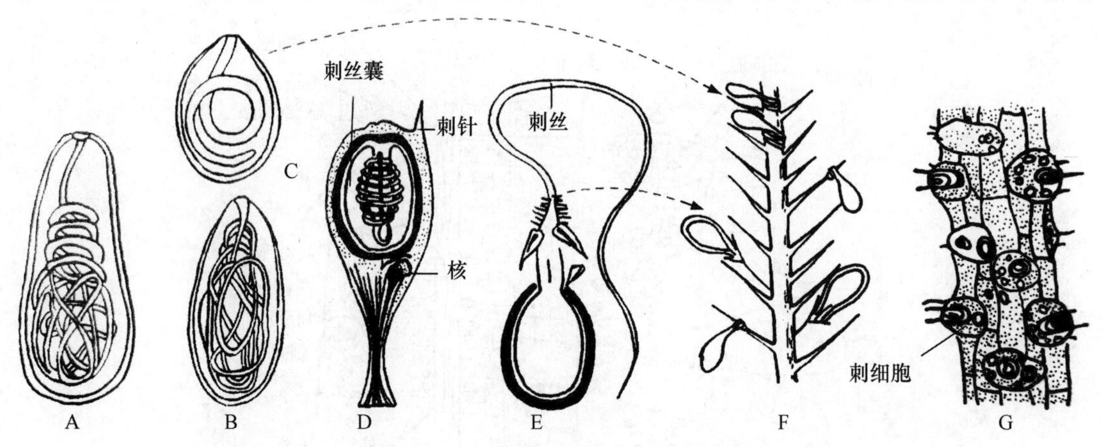

图 4-5 水螅的刺细胞(引自江静波)

A、B. 黏性刺丝囊 C. 缠绕刺丝囊 D. 刺细胞(内含有穿刺刺丝囊) E. 穿刺刺丝囊的刺丝向外翻出 F. 翻出的缠绕刺丝囊在甲壳动物的刺毛上 G. 触手的一段,示其上的刺细胞

虫中；还有一种是黏性刺丝囊，未排放时刺丝在囊内紧密地折叠在一起，排放后形成强韧的丝用以黏着，也多存在于珊瑚虫中。

腔肠动物不仅有细胞分化，而且还有了初步的组织分化。高等动物的组织可根据结构和功能特点分为上皮组织、结缔组织、肌肉组织和神经组织四大类。在腔肠动物中首先出现了上皮组织和神经组织的分化，其中上皮组织在腔肠动物中占有绝对的优势，由它构成机体的内、外表面。

4.1.5　原始的神经系统——神经网

腔肠动物是动物界中最早出现神经系统的多细胞动物。腔肠动物的神经细胞主要为具有相似形态突起的多极神经细胞，一般有多个树突，彼此相互联络形成一疏松的网状结构，故称神经网(nerve net)(图 4-6)。由于神经网无神经中枢、传导方向不定、传导速度极慢(约为人类的神经传导速度的 1/1 000 以下)，因此称为漫散神经系统(diffuse nervous system)。它是动物界里最简单、最原始的神经系统。虽然腔肠动物的神经传导没有一定方向，但是有时也可以看出类似“反射”的情形，如水母被翻转后会立刻恢复原样，触手捕到食物后口咽会随着张开等。

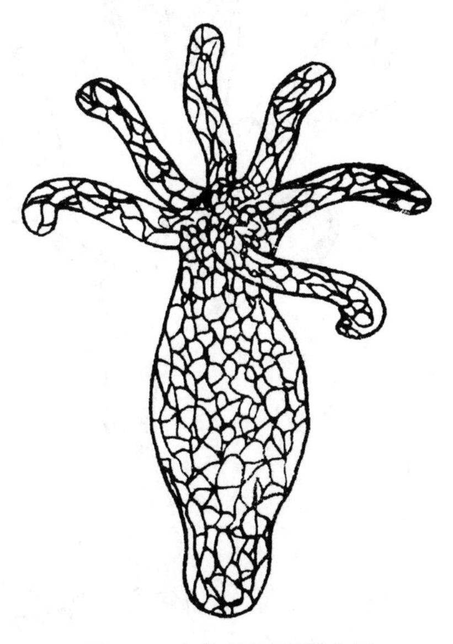

图 4-6　水螅神经网模式图
(引自江静波)

4.1.6　生殖发育及世代交替

腔肠动物的生殖有无性生殖和有性生殖两种方式。

无性生殖主要有纵分裂、横分裂和出芽等。水螅型和水母型均可进行无性生殖，如水螅类主要进行出芽生殖，钵水母类进行出芽及横分裂，珊瑚虫类主要进行纵分裂和出芽。另外，腔肠动物与多孔动物一样，具有很强的再生能力。

有性生殖见于水母型和多数水螅型。绝大多数腔肠动物为雌雄异体，生殖细胞来源于间细胞。腔肠动物虽有生殖腺，但不具生殖导管，精子和卵子由体壁直接排出或由口排至体外，有的种类在海水中受精，有的在垂管表面或胃腔中受精。

受精卵经完全卵裂后形成表面具纤毛、能自由游动的囊胚，不久形成原肠胚。大多数腔肠动物的原肠胚为实心的，表面被有纤毛，能自由游动，称为浮浪幼虫。该幼虫早期大多数无口及消化腔，在水中游动一段时间后，其一端固着在水下岩石或其他物体上，最后发育成为水螅型个体，经出芽生殖形成群体，或以无性生殖的方式产生水母型个体。但漂浮生活的钵水母类，没有固着生活的幼虫期，它们或是直接发育，或是幼虫留在亲体的胃腔内发育成熟后，再到海水中。

腔肠动物存在着世代交替现象。即有一些水螅型和水母型同时存在的种类，如薮枝螅(*Obelia*)的水螅型群体以无性出芽的方式产生水母型个体，水母型个体又以有性生殖的方式产生水螅型群体。这种无性生殖和有性生殖交替进行的现象称为世代交替(图 4-7)。

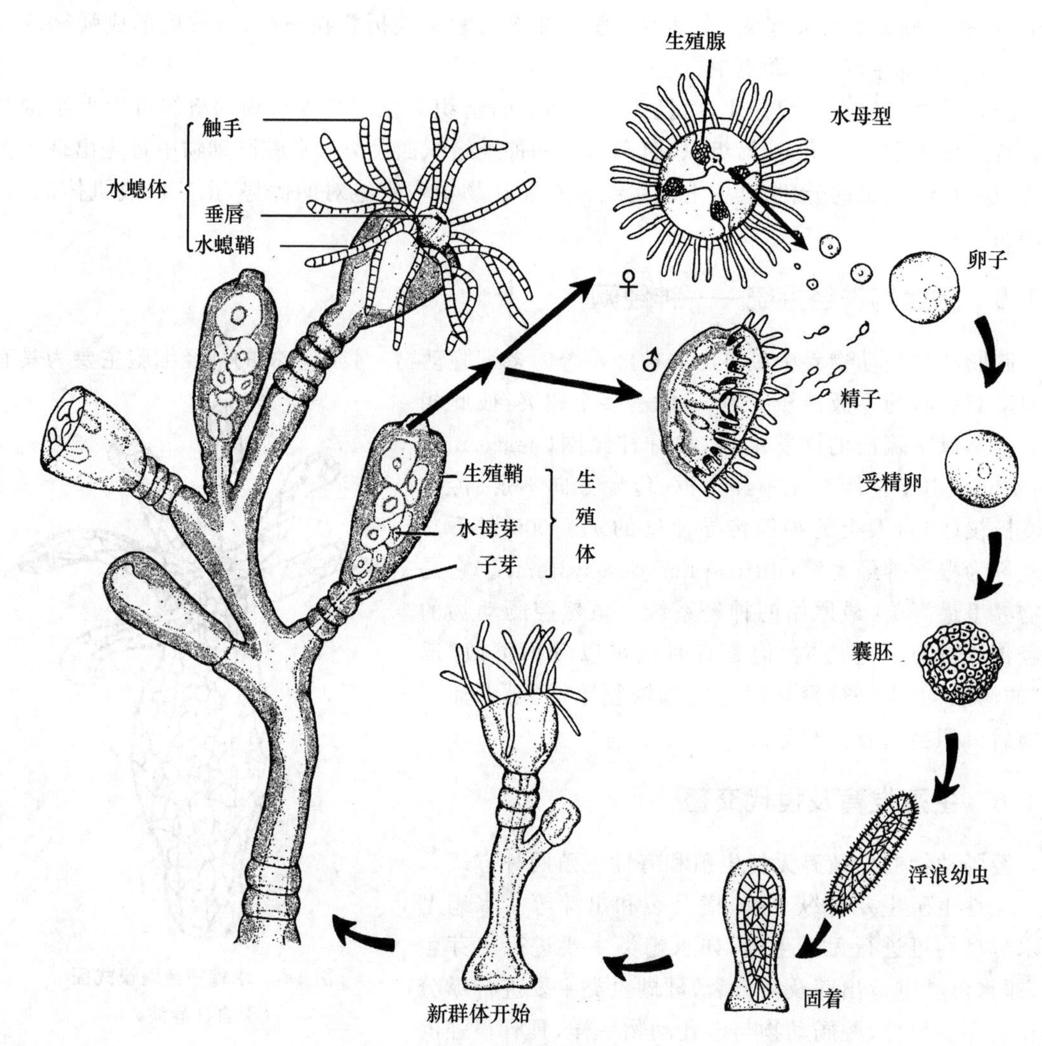

图 4-7 薮枝螅的生活史(引自 Boolootian)

4.2 腔肠动物门的分类

腔肠动物现存 11 000 余种,除少数种类为淡水生活外,绝大多数种类生活于海洋中,其中多数在浅海区,少数在深海区。按形态特点和世代交替现象可将腔肠动物分为 3 个纲。

4.2.1 水螅纲

4.2.1.1 代表动物——水螅(*Hydra* sp.)

水螅生活在清澈缓流的淡水中,以水蚤等小动物为食。

水螅身体为圆柱状,能伸缩,伸展时体长 0.3～1.0 cm(见图 4-1)。遇刺激时可将身体缩成一团。体大多呈乳白色、褐色,少数呈绿色。一端是有口的游离端,口在圆锥形突起的垂唇上。垂唇周围环生 5～11 条中空的触手,呈辐射状排列,主要为捕食器官。另一端为基盘,基盘处有能分泌黏液的腺细胞。水螅靠其所分泌的黏液附着在水中的植物或其他物体上。

水螅的体壁由外、内胚层细胞和两层之间非细胞结构的中胶层所构成。外胚层细胞排列整齐,较薄,分化成多种细胞。中胶层薄而透明,不发达,一般为很薄的一层,其中很少有细胞分布,对身体起支撑作用。内胚层细胞较厚,内皮肌细胞和腺细胞紧密排列在消化循环腔内,其中也有少数感觉细胞与间细胞。

水螅具有弥散型网状神经系统,对外界刺激的反应,主要表现为全身性的收缩和移动。水螅的运动方式多为借助于触手和身体弯曲而进行的翻跟斗式和尺蠖状运动,还能靠基盘部细胞分泌气体形成气泡而进行漂浮运动,随波漂移。

当水蚤等猎物碰撞到水螅触手时,刺丝囊弹出,发射出大量的刺丝,将猎物紧紧抓住、麻痹或杀死,并用触手将其送到口部。口周围的腺细胞能分泌润滑液协助吞咽。胃腔中腺细胞分泌的含胰蛋白酶的消化酶,进行细胞外消化,将食物中的蛋白质和脂肪分解成小分子物质。内皮肌细胞端部的鞭毛(部分腺细胞也具有鞭毛)击动消化循环腔中的液体,端部的伪足吞噬被消化的小分子物质,在细胞内形成大量的食物泡,进行细胞内消化。水螅没有肛门,不能消化的食物残渣仍经口排出。

水螅无特殊的呼吸和排泄器官。靠内、外胚层细胞膜的渗透扩散作用与水环境进行气体交换,代谢产生的废物通过细胞膜排出体外。

水螅的生殖分无性生殖和有性生殖。水螅在适宜的温度(18～22 ℃)和营养条件良好的环境下,出芽生殖十分旺盛。水螅的有性生殖是精卵结合。大多数种类为雌雄异体,少数为雌雄同体,多为异体受精。生殖腺是由外胚层的间细胞分化形成的临时性结构,精巢为锥形,卵巢为圆形。卵巢内往往只有一个卵子发育成熟。当环境不良时,水螅发生有性生殖,主要影响因子是水温的改变。大多数水螅在秋天或初冬水温降低时发生有性生殖,少数种类在温度较高的夏季也发生有性生殖。此外,水螅也有很强的再生能力。

4.2.1.2 水螅纲的主要类群

本纲有 3 700 余种,绝大多数海产。单体或群体生活,体型一般较小。多数种类的生活史有水螅型和水母型,即有世代交替现象,少数种类只有水螅型或只有水母型。性细胞由外胚层产生。可分为硬水母目、管水母目和水母目等,如三身翼水母(*Geryonia* sp.)、桃花水母(*Craspedacusta* sp.)、水螅(*Hydra* sp.)、钩手水母(*Gonionemus* sp.)和僧帽水母(*Physalia physalis*)等。

4.2.2 钵水母纲

4.2.2.1 代表动物——海月水母(*Aurelia aurita*)

海月水母营漂浮生活,海产,世界性分布。其伞扁平如圆盘,直径 10～30 cm,无色透明(图 4-8)。在伞的边缘布满细丝状的触手。伞缘有 8 个缺刻,每个缺刻中有触手囊。伞体上面隆起部分称外伞,下面凹进部分称内伞。内伞中央有呈四角形的口,口角延长成为 4 条口腕,其上有大量的刺细胞。

消化循环腔比较复杂,由口经极短的食管进入体中央的胃腔,胃腔向四方发出 4 个胃囊。

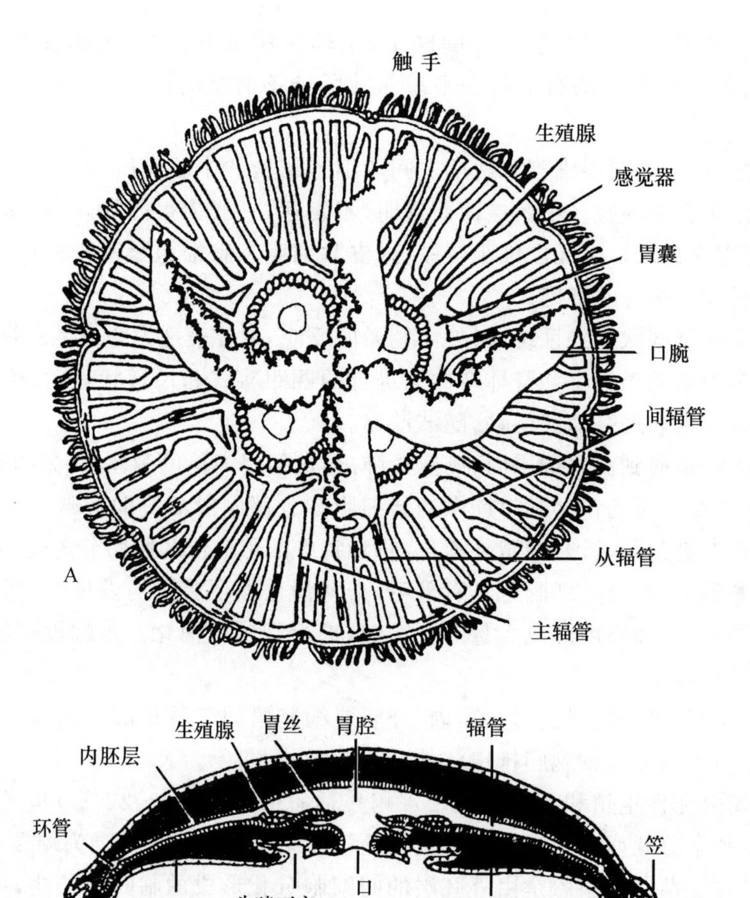

图 4-8　海月水母(引自姜云垒)

A. 口面观　B. 剖面观

由胃囊和胃囊之间伸出分支或不分支的辐管,与边缘的环管相连。辐管与环管内具纤毛,不停地颤动以输送养料和排除废物。

海月水母主要以浮游生物为食。胃囊内产生很多胃丝,其上分布有大量的刺细胞和腺细胞。食物由口进入胃囊后,即被刺丝杀死,由腺细胞的分泌物进行消化。消化后的小分子物质由辐管输送到全身各部至环管,不能消化的残渣,再经辐管返回胃囊,仍由口排出。

海月水母的生殖腺呈马蹄形,肉红色,共 4 个,位于胃囊的底面,受胃丝的保护。雌雄异体,多数体内受精。成熟时,精子由口排出体外,游到雌体内与卵受精。受精卵在雌体口腕中发育成浮浪幼虫后,脱离母体至海中浮游一段时间,附于其他物体上发育成螅状幼体。螅状幼体以横分裂形成钵口幼体,再进行连续横分裂形成盘状横裂体。盘状横裂体成熟后,依次脱离母体游离到水中,称蝶状幼体,由它发育成水母成体。

4.2.2.2　钵水母纲的主要类群

钵水母纲约有 200 种,全部海产。水母不具缘膜,感觉器官为触手囊。消化循环腔中具胃囊和胃丝等,构造远比水螅水母复杂。水螅型退化或没有,常以幼虫形式显现。有世代交替现象。性细胞由内胚层产生。可分为十字水母目、立方水母目、冠水母目、旗口水母目和根口水母目，如喇叭水母(*Haliclystus sinensis*)、曳手水母(*Chiropsalmus* sp.)、缘叶水母(*Periphylla* sp.)、海月水母(*Aurelia aurita*)和海蜇(*Rhopilema esculentum*)等。

4.2.3　珊瑚纲

4.2.3.1　代表动物——海葵(*Actinia* sp.)

海葵肉食性，以小鱼、小虾、小软体动物等为食。单体，无骨骼。触手充分伸展时，形状似葵花。身体圆筒形(图 4-9)，一端以基盘固着在其他物体上；另一端称口盘，中央有一裂缝般的口，周围有几圈中空的触手，触手一般为 6 的倍数。口后是外胚层内陷形成的口道。在口道两侧各有一纤毛沟，称口道沟。当海葵收缩时，水流可由口道沟流入消化循环腔。消化循环腔由内胚层突起的隔膜分成许多小室。依隔膜长短不同分别称一、二、三级隔膜，这些隔膜都是成对排列的。隔膜具有支持身体，增加消化面积的作用。隔膜的游离缘形成隔膜丝，从横切面看呈三叶状。隔膜丝主要由刺细胞和腺细胞构成，能杀死摄入体内的捕获物，并由腺细胞分泌消化液，行细胞外和细胞内消化。隔膜丝达消化循环腔底部时形成游离的毒丝，其中含有大量的刺细胞，可由口或壁孔射出，具进攻和防御功能。肌肉较发达，在较大的隔膜上都有一纵肌肉带，称肌旗。隔膜和肌旗的排列是分类的依据之一。

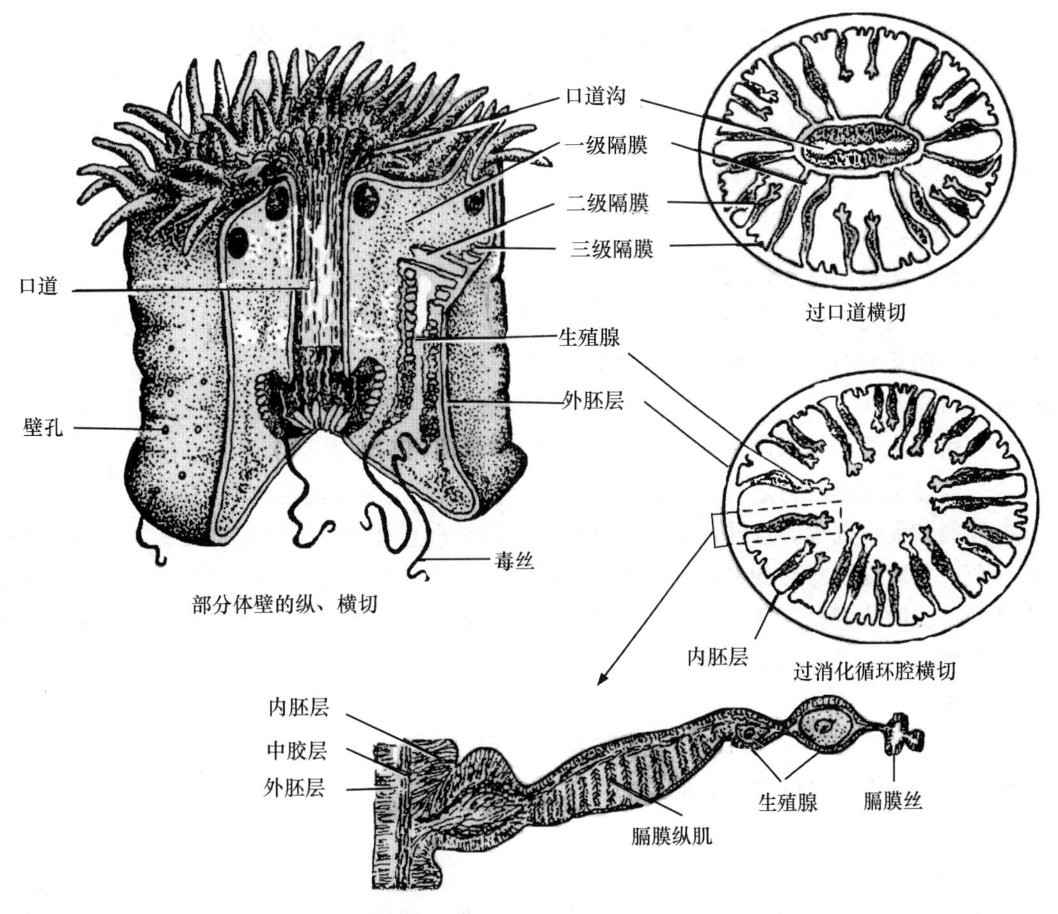

图 4-9　海葵的结构(仿自姜云垒)

海葵为雌雄异体,生殖腺来源于内胚层。成熟时精子流出体外,进入雌体内受精。受精卵在母体内发育成浮浪幼虫。幼虫出母体游动一段时期后,以反口的一端固着,发育成新个体。有的种类在海水中受精,体外发育。也有海葵不经浮浪幼虫,直接发育到具有触手的幼体时才出母体。无性生殖为出芽或纵分裂。

4.2.3.2 珊瑚纲的主要类群

珊瑚纲约有 6 100 种,全部海产,绝大多数种类群体生活。身体两辐射对称。口道发达,具 1～2 个口道沟。大多数具有发达的骨骼。只有水螅型世代,无水母型。性细胞由内胚层产生。

八放珊瑚亚纲均群体生活,群体中的个体彼此独立,通过共肉相连。身体为八放两辐射对称,只有 1 个口道沟。骨骼角质或钙质,骨骼来源于中胶层内的造骨细胞,多为分散的骨针。如海鸡冠(*Alcyonium* sp.)、红珊瑚(*Corallium* sp.)等。

六放珊瑚亚纲多为群体,有的单体生活。群体生活的个体很小,无口道沟,通过共肉相连。单体生活的身体为六放两辐对称,一般有 2 个口道沟,骨骼均为碳酸钙,由外胚层发生。如石芝(*Fungia fungites*)。

4.3 腔肠动物与人类的关系

4.3.1 有益方面

1. 食用

供食用的主要是钵水母纲的动物,如常见的海蜇。海蜇的伞部可加工成海蜇皮,口腕部加工成海蜇头。海蜇含丰富蛋白质、维生素及各种无机盐,营养价值较高,是人们喜食的海味品。可食用种类的还有黄斑海蜇和叶腕水母等,有些海葵也可以食用。

2. 药用

供药用的主要是钵水母纲的海蜇。海蜇具有抑菌、舒张血管及抗衰老等作用。珊瑚纲的海葵也是较有前途的药物之一,有强心、降血压、降脂以及抗癌等功能。此外,有的种类可提取生长抑制剂和促进剂等。目前许多腔肠动物的药用价值正处于探索研究阶段。我国科研人员已从海葵中分离提取海葵毒素,采用文库构建技术,结合生物信息学分析方法,重组了海葵神经毒素,研究其在大肠杆菌中的高表达、纯化、活性、构效关系及作用机理。海葵神经毒素是近年来研究较多的一类海洋生物肽类毒素。

3. 建筑

珊瑚是天然的建材,可以用来造房子,坚固耐用,便宜美观,还可用于铺路和制水泥、石灰等。珊瑚形成的暗礁可以构成岛屿和海岸长堤,是海堤的天然防护屏障。环礁可作天然的避风港。

4. 装饰品和工艺品

珊瑚形态各异,颜色绚丽,可放入水族箱中构筑美妙的海底世界,还可制作各种工艺品和装饰品供人们观赏,也可做成纽扣、项链和手镯等精美的旅游纪念品。

5. 石油资源及地质学意义

珊瑚礁可形成储油层。大量珊瑚骨骼的堆积为研究地壳的形成及演化提供了素材。

6. 与渔业的关系

一些腔肠动物是鱼类的饵料。我国对海蜇生活史的研究已有相当基础,对海蜇资源的预测预报、捕捞和人工增养殖等进行了大量的研究。有些水母可作为海洋的指示生物,有利于探索渔场的位置。丛生的珊瑚群,为鱼类提供了栖息场所,是海洋渔业理想的生态繁殖保护区。

7. 仿生学研究

水母感觉器官中的平衡石能感觉出人耳听不到的、风暴来临之前的次声波(频率低于20 Hz的机械波),因而水母在风暴来临之前游离海岸,避免被巨浪袭击。人们通过仿生学的研究,制成了一种水中测声仪(水母耳),可提前15 h预报风暴的来临。海蜇的运动是由脉冲式的喷射而推进的,喷气式飞机是靠不断的气流喷射而推进的,因此可将海蜇的推进方式用于喷气式飞机的设计,以节约能量。

4.3.2 有害方面

1. 危害渔业

大多数钵水母纲动物对渔业生产有害,不仅危害幼鱼、贝类,而且还能破坏网具。如霞水母、根口水母等大型水母,其伞径达2 m,触手长达30 m,在汛期会大量出现在海面上,不仅能毒杀、驱散鱼类和虾蟹类等动物,而且遇雨时下沉覆盖在牡蛎上,会造成牡蛎大量死亡。一些水螅和水母类附着在海带上,会妨碍海带的生长,也会阻塞或破坏渔网。

2. 危害人类

腔肠动物的刺丝囊可危害人类,刺丝囊毒素会致人头疼、呼吸困难甚至死亡。有些海葵的毒素中含有大量的酸性和碱性氨基酸,具有相当强的溶血作用。如多孔螅(即火珊瑚),其毒素可致人剧痛、皮肤坏死以及溶血,严重时病人在几分钟内因心脏停止跳动而死亡。

3. 影响航行

海洋中的珊瑚暗礁是航海中的潜在威胁,会影响航行。此外,附着在船体水下部分的腔肠动物也会影响船速,腐蚀船体。

本章小结

腔肠动物是辐射对称或两辐射对称的两胚层动物。基本体型有适应固着生活的水螅型和适应漂浮生活的水母型。具有消化循环腔,能进行细胞外和细胞内消化。内、外胚层细胞分化明显,有皮肌细胞、刺细胞、腺细胞、神经细胞、感觉细胞和间细胞。间细胞能分化形成其他各种细胞。神经细胞连接成网状神经系统。生殖方式有有性生殖和无性生殖2种。有些种类生活史中有世代交替现象。海洋种类一般有浮浪幼虫期。

复习思考题

1. 名词术语：

   消化循环腔　神经网　中胶层　刺细胞　腺细胞　间细胞

2. 概述腔肠动物的主要特征，理解其在动物演化上的重要位置。
3. 简介腔肠动物与人类的关系。

第5章　扁形动物门

（Platyhelminthes）

◆ 内容提要

扁形动物是最简单、最原始的两侧对称、三胚层和无体腔的动物。这类动物不仅在动物进化上占有重要地位，而且许多动物是人和畜禽某些严重寄生虫病的病原体，因此在理论和实践上都具有重要意义。本章主要介绍扁形动物门的主要特征，各纲代表动物的形态、生活史、危害及防治，并简介各纲一些重要的寄生种类、寄生虫与寄主的关系及扁形动物与人类关系等。

◆ 教学目的

掌握扁形动物门的主要特征和不完全消化系统、皮肌囊、原肾管、梯形神经系统、寄主、中间寄主、保虫寄主和终末寄主等概念；理解两侧对称体制和三胚层出现在动物进化上的意义；熟悉吸虫纲和绦虫纲的重要种类的形态、生活史、危害与防治；了解寄生虫与寄主的关系及扁形动物与人类关系等。

5.1　扁形动物门的主要特征

5.1.1　两侧对称的体制

动物界中，从扁形动物开始，获得了两侧对称（bilateral symmetry）的体制，即通过身体的中轴，只有一个切面可以把动物体分成左右相等的两部分，又称左右对称。两侧对称体制的出现在动物进化上具有重要意义。它使动物体有了前后、左右和背腹之分。形态的分化引起了相应的功能分化，腹面具有运动与摄食的功能，背面具有保护功能，前端司感觉，后端司排遗。动物的运动也由不定向变为定向运动。在定向运动中，总是以身体的前端最先接触新环境，促使神经系统和感觉器官向前集中，能对环境刺激及时做出反应，为脑的分化和发展创造了条件。动物的反应更加灵敏迅速、准确和有效，适应的生活范围更广泛。两侧对称体制既适应于游泳，又适应于爬行，动物可由水中游泳过渡到水底爬行，进而再过渡到陆地爬行。故从扁形动物开始出现了一些陆生种类。因此，两侧对称是动物由水生进化到陆生的必要条件之一。

5.1.2　中胚层的形成

动物界中，从扁形动物开始，在外胚层和内胚层之间出现了发达的中胚层（mesoderm），从而进化为三胚层动物。中胚层的形成促进了动物体结构的发展和机能的完善，为动物体结构的复杂化提供了必要的物质条件。由中胚层分化的复杂肌肉强化了运动功能,能使动物在更大的范围内快速而有效地摄取更多的食物,从而加强了新陈代谢机能,促进了消化、呼吸、循环、排泄等器官系统的分化、形成和发展,使扁形动物进化为器官和系统的水平。此外,在扁形动物体壁与肠管之间被中胚层形成的实质组织(Parenchyma)所填充,体内各器官都嵌在实质中,无体腔,故扁形动物是无体腔的动物。实质组织是一种特殊的柔软结缔组织,由合胞体、少数细胞及大量透明且富含蛋白质的细胞间质所组成,能贮存营养物质和水分,提高动物体耐饥、耐旱的能力,在营养极度缺乏时,动物能把实质组织作为自身营养。实质组织还有保护内脏、输送营养物和排泄物的作用,并有再生新器官的能力。因此,中胚层的形成也是动物由水生进化到陆生的基本条件之一。

5.1.3 体壁为皮肤肌肉囊

扁形动物的体壁是由外胚层形成的表皮层和中胚层形成的复杂肌肉层(由外向内分别形成环肌、斜肌和纵肌)紧贴一起而形成的囊状结构,故称"皮肤肌肉囊"(Dermo-muscular sac),简称皮肌囊,具有包裹全身、保护和运动功能。皮肌囊是扁形动物、原腔动物和环节动物共同具有的特征,这些动物统称为蠕虫。体壁的结构因生活方式而异,如自由生活种类的表皮细胞具纤毛和黏液腺,能协助运动;寄生种类则纤毛退化,表皮细胞的分泌物形成角质层,以抵抗寄主分泌物的腐蚀。

扁形动物无专门的呼吸器官,自由生活的种类靠体表的渗透作用进行气体交换,从水中获得 O_2,并把 CO_2 排至水中。内寄生的种类行厌氧呼吸。

5.1.4 不完全消化系统

扁形动物的消化系统比较简单,有口无肛门,故称不完全消化系统(incomplete digestive system)。食物由口进入,消化后的残渣仍经口排出。消化道包括口、咽和肠 3 部分。肠壁由一层柱状上皮细胞构成,能进行细胞内消化和细胞外消化。自由生活的种类(涡虫纲)肠道多分支;寄生种类消化系统趋于退化(吸虫纲)或完全消失(绦虫纲)。

5.1.5 原肾管型排泄系统

动物界中,从扁形动物开始出现了由焰细胞(flame cell)、毛细管、排泄管和排泄孔组成的原肾管型(protonephridium)排泄系统。这是动物界最早出现的排泄系统,焰细胞是其基本单位。在光学显微镜下焰细胞是一个中空的盲管状细胞,管的顶端有一束纤毛,能不断地摆动,状如火焰,故得名。由于纤毛束的不断摆动,驱使体内多余的水分和代谢产物通过细胞膜的渗透而进入焰细胞,经毛细管汇集到排泄管,再由排泄孔排出体外。

在电镜下焰细胞是由帽细胞和管细胞组成的,帽细胞位于小分支的顶端,盖在管细胞上,帽细胞生有两条或多条纤毛,悬垂在管细胞的中央,纤毛摆动犹如火焰。管细胞连在排泄管的小分支上,在 2 个细胞间或管细胞上有无数小孔,使实质中的代谢产物和水一起进入小排泄管,再经排泄管由体表的排泄孔排出体外。从胚胎发生来看,原肾管是由身体两侧的外胚层内陷形成的。原肾管的功能主要是调节体内水分平衡和排泄一些代谢废物,有些代谢废物(如氨等)则通过体表排出。

5.1.6 梯形神经系统

扁形动物的神经系统比腔肠动物有显著的进步。表现在神经细胞主要集中在身体前端，形成1对脑神经节，由此向后分出背、腹、侧3对纵行的神经索，其中腹面的两条神经索最为发达，相邻的神经索之间有横神经相连，形如梯子，故称梯形神经系统(ladder-type nervous system)。相对腔肠动物的神经网而言，可以说扁形动物出现了较集中的原始中枢神经系统。

自由生活的种类常具眼点、耳突和平衡囊等感觉器官。其眼点能感光，耳突有嗅、味觉功能，平衡囊位于脑神经节附近。体表各处分布有感觉细胞，能感受触觉、化学刺激和水流等。

5.1.7 生殖系统

由于中胚层的出现，产生了固定的生殖腺(精巢、卵巢)、生殖导管(输精管、输卵管)和多种附属腺(前列腺、卵黄腺、梅氏腺)。绝大多数扁形动物为雌雄同体，多为异体受精，并出现了交配和体内受精现象，这也是动物由水生进化到陆生的一个重要条件。

5.1.8 生活方式

扁形动物营自由生活或寄生生活。自由生活的种类为肉食性，生活环境包括海水、淡水和潮湿的土壤。寄生种类寄生于其他动物的体表或体内，摄取该动物的营养并给对方造成危害，称之为寄生虫，被寄生的动物称为寄主或宿主。寄生虫的幼虫期或无性繁殖期所寄生的寄主叫作中间寄主(intermediate host)。某些寄生虫需要两个中间寄主，按其顺序将寄生的前一个中间寄主称为第一中间寄主，后一个中间寄主称为第二中间寄主或补充寄主。寄生虫的成虫期或有性繁殖期所寄生的寄主称为终末寄主(final host)。某些寄生虫以多种动物作为终末寄主时，通常把那些不常被寄生的寄主称为保虫寄主(reservoir host)。对于人畜共患的寄生虫病，如果一种多寄主的寄生虫可以寄生于家畜或野生动物，从流行病学的角度看，野生动物就是这种家畜寄生虫的保虫寄主。

5.2 扁形动物门的分类

扁形动物约有25 000种，体长从不足1 mm至数米不等。依据形态特征和生活方式的不同，可分为涡虫纲、吸虫纲和绦虫纲。

5.2.1 涡虫纲

涡虫纲是扁形动物门中最原始的一个纲。个体小者不足1 mm，大者可达50 cm，它们起源于海水，故海产种类最多，淡水种类次之，还有少数陆生种类。绝大多数营自由生活，极少数营寄生生活。涡虫具有典型的皮肤肌肉囊，其上有特殊的纤毛、杆状体和保护色，强化了运动机能，有利于捕食和御敌。神经系统和感觉器官一般比较发达，能对外界因素，特别是光线、水流和食物迅速做出反应。感觉器官包括眼点、耳突、触角和平衡囊等。肠道较发达(无肠目例外)，口一般位于腹面。下面以三角真涡虫(*Dugesia gonocephala*)为代表介绍涡虫纲动物的基本形态结构。

5.2.1.1 外形特征

三角真涡虫(图 5-1)生活于淡水溪流的石块下，夜间和阴雨天出来活动。肉食性，捕食小型甲壳类、线虫、轮虫和昆虫幼虫等动物。体长 1.5～2 cm，宽 0.5 cm 左右。体呈黑色或褐色，柔软扁平柳叶形。背面稍凸，腹面扁平。体前端三角形，背面有 2 个黑色眼点，两侧各有 1 个耳状突。体后端逐渐变细，末端钝尖。身体腹面密生纤毛，有利于虫体运动。口位于腹面近体后 1/3 处，无肛门。生殖孔开口于口后方。

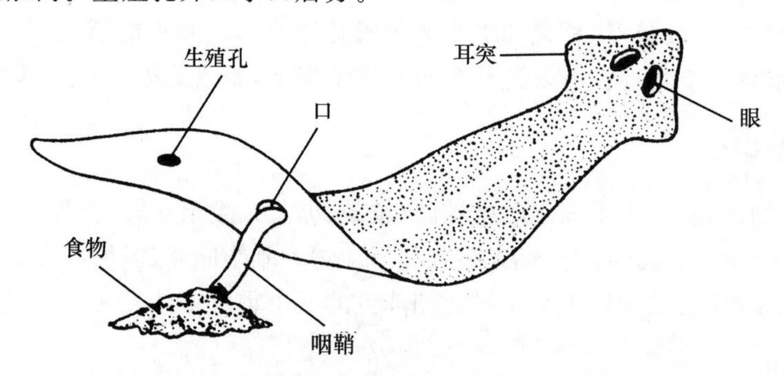

图 5-1 三角真涡虫外形与摄食(引自周正西)

5.2.1.2 内部构造

1. 横切面结构

三角真涡虫是三胚层、无体腔的动物。皮肌囊包括表皮层和肌肉层，其表皮层由外胚层形成的单层柱状细胞组成，之间夹杂着腺细胞和杆状体。杆状体由位于实质组织内的一种成杆状腺细胞分泌而成，当涡虫遇到刺激时杆状体排出体表，并弥散有毒性的黏液，用以捕食和御敌。腺细胞也能分泌大量黏液，加之腹面表皮密生纤毛，有助于附着或滑行(图 5-2)。表皮层

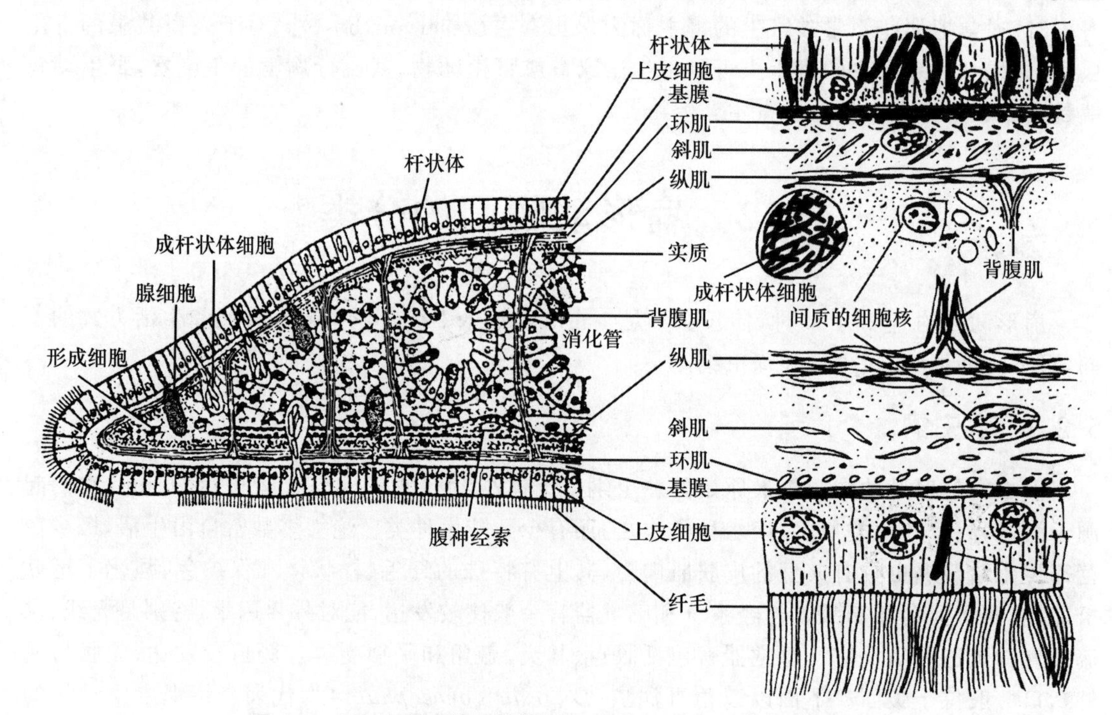

图 5-2 三角真涡虫体壁横切及部分放大(纵切)(仿自姜云垒)

下是非细胞构造的弹性基膜。基膜下是中胚层形成的3层肌肉,外层为环肌,中层为斜肌,内层为纵肌,它们与表皮层合成体壁,即皮肌囊,有保护和运动机能。体壁与内部器官之间充满了中胚层形成的实质组织,故没有体腔。

2. 消化系统

涡虫的消化系统是由口、咽、肠组成的不完全消化系统。口位于身体腹面,口后为咽囊,内有肌肉发达的咽,咽可以从口中伸出,以捕捉食物。咽后是分为3支主干的肠,一支向前,两支向后,向后的两支分别位于咽囊的两侧,每支主干又分出许多盲状的小分支,分布到身体各部分。3支主干末端均为盲管状,无肛门,不能消化的食物残渣仍经口排出体外(图5-3)。

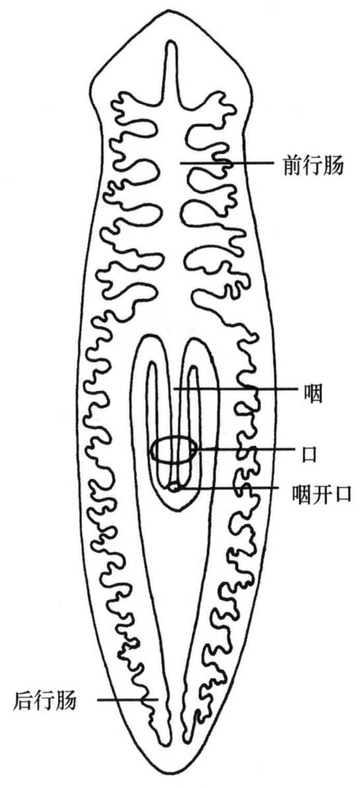

图5-3 涡虫的消化系统
(引自Boolootian)

3. 排泄、呼吸与循环

涡虫的原肾管型排泄系统是由焰细胞、毛细管、排泄管、排泄小管和排泄孔组成的网状多分支管道系统。焰细胞为基本功能单位,它收集体内多余的水分和代谢废物,由毛细管汇入排泄管,经排泄小管由体背侧的许多排泄孔排出体外(图5-4、图5-5)。

涡虫借体表进行气体交换,体内营养物质的运输也主要靠实质中的体液传递。没有专门的呼吸和循环系统。

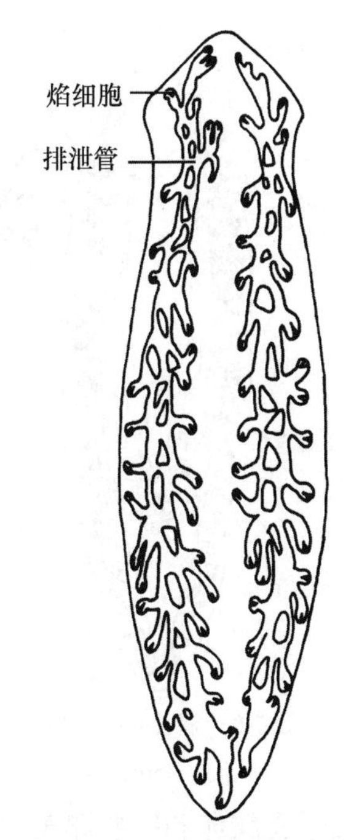

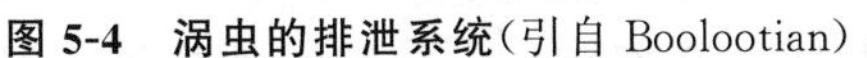
图5-4 涡虫的排泄系统(引自Boolootian)

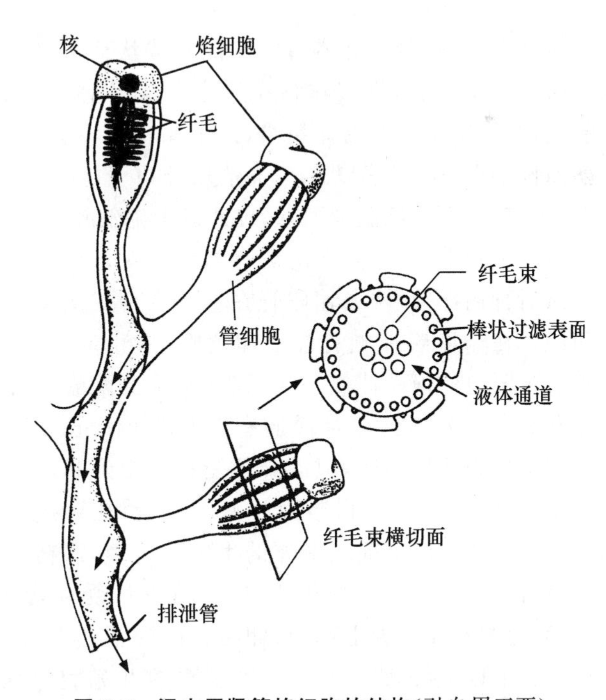

图5-5 涡虫原肾管焰细胞的结构(引自周正西)

4. 神经系统和感觉器官

涡虫具有梯形神经系统(图 5-6)。体前端有一对脑神经节,向体后伸出两条粗大的腹神经索,其间有横神经相互连接,形如梯状。感觉器官通常包括位于头部背侧的一对眼点和两侧的一对耳突。眼点构造简单,由呈杯状的色素细胞层和感光细胞构成,只能感光,不能视物(图 5-7)。涡虫对光线刺激的反应是避强光,趋弱光,故夜间活动强于白昼。耳突具有丰富的感觉细胞,有味觉和嗅觉功能。

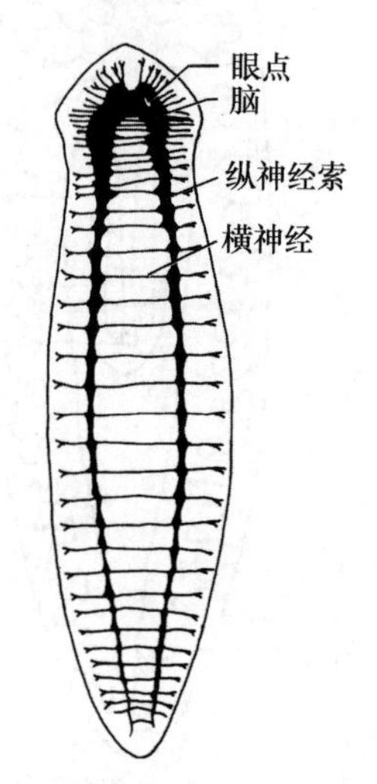

图 5-6 涡虫的神经系统(引自 Boolootian)

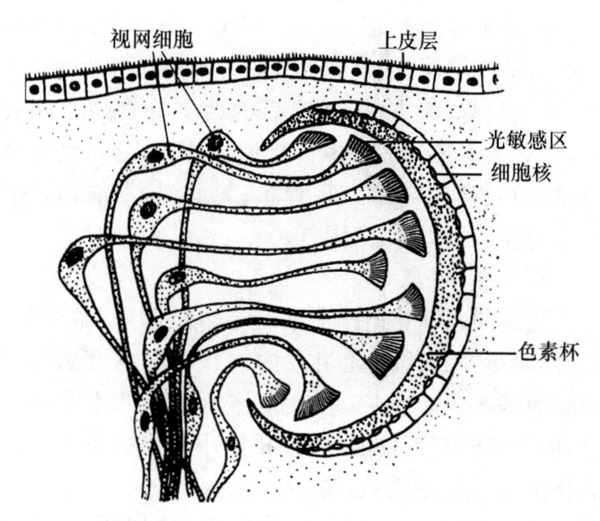

图 5-7 涡虫眼的结构(引自 Brusca)

5. 生殖与发育

涡虫雌雄同体,生殖器官相当复杂(图 5-8)。

雄性生殖器官:在身体两侧有许多球状精巢,每一精巢连接一输精小管,许多输精小管会合成一对纵行的输精管,行至体中部膨大为储精囊,两个储精囊再会合而成为多肌肉的阴茎,阴茎以雄性生殖孔开口于生殖腔。在阴茎基部有许多单细胞前列腺,也开口于生殖腔。

雌性生殖器官:体前方两侧有卵巢一对,每一卵巢连有一条后行输卵管,两条输卵管在后端会合成阴道,通入生殖腔。在输卵管外侧有许多卵黄腺,由卵黄管通到输卵管。由阴道的前端伸出一受精囊(又称交配囊,交配时接受和储存异体精子)。生殖腔有生殖孔通体外。

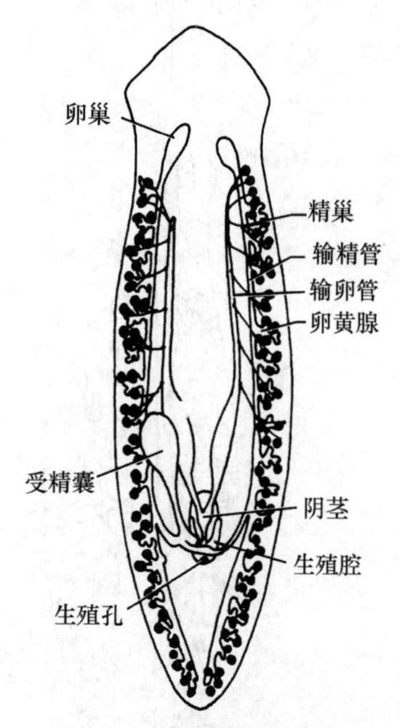

图 5-8 涡虫的生殖系统(引自 Boolootian)

涡虫虽为雌雄同体,但需异体受精。交配时,两条涡虫尾部翘起,以尾端一段腹面相贴,两生殖孔对接,各自从生殖孔内伸出阴茎插入对方的生殖腔内,互送精子,数分钟后,两虫分开。当卵巢排卵时,精子从受精囊内游出,沿阴道游到输卵管上部,与卵结合而受精。受精卵再沿输卵管下行,接纳卵黄腺分泌的卵黄,在生殖腔中由黏液将几个受精卵和一些卵黄包裹成球形卵囊(egg capsule)或卵袋(cocoon),由生殖孔排出后,附着在水中的石块或其他物体上,经

2～3 周直接发育为幼体后破囊而出(图 5-9)。

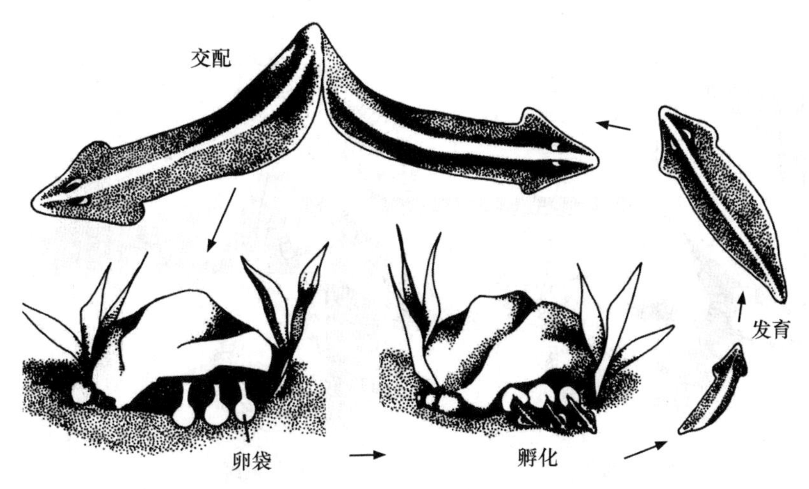

图 5-9 涡虫的有性生殖(仿自 Boolootian)

涡虫除有性生殖外,也可进行无性生殖。淡水和陆地的涡虫进行无性分裂生殖,大多缢断为 2 个个体。分裂时虫后端黏附于底物上,虫前端继续向前移动,直到虫体断裂为两半(图 5-10),其分裂面常发生在咽后,然后各自再生出失去的一半,形成 2 个新个体。有的小型涡虫[如微口涡虫(*Microstomum* sp.)]经数次分裂后的个体彼此相连成一个虫体链,当幼体生长到一定程度后,才彼此分离营独立生活。

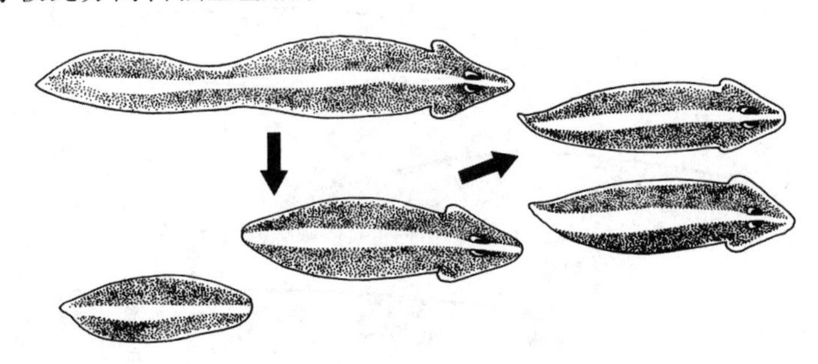

图 5-10 涡虫的无性生殖(引自 Boolootian)

真涡虫的发育为直接发育,但有些海洋中生活的多肠类则为间接发育。间接发育的种类要经过一个牟勒氏幼虫(Müller's larva)期,牟勒氏幼虫(图 5-11)全体被纤毛,边缘有 8 个游泳用的纤毛瓣,有脑和眼点,口位于腹面,营漂浮生活,数天后沉入水底,变态发育为幼体。

涡虫的再生能力极强,若将它横切为两段或许多段,每一段都能再生成一只完整的涡虫。涡虫的再生具有明显极性,即前端生长发育速度比后端快。还可进行切割或移植,产生双头和双尾的涡虫(图 5-12)。涡虫饥饿时内部器官逐渐消耗,唯独神经系统不受影响,获得食物后又可重新恢复,这也是一种再生方式。

5.2.1.3 涡虫纲分目及代表动物

根据消化管的有无及其复杂程度,可将涡虫纲分为无肠目、单肠目、三肠目和多肠目,如漩涡虫(*Convoluta* sp.)、直口涡虫(*Stenostomum* sp.)、笄蛭涡虫(*Bipalium* sp.)、平角涡虫(*Planocera* sp.)等(图 5-13)。

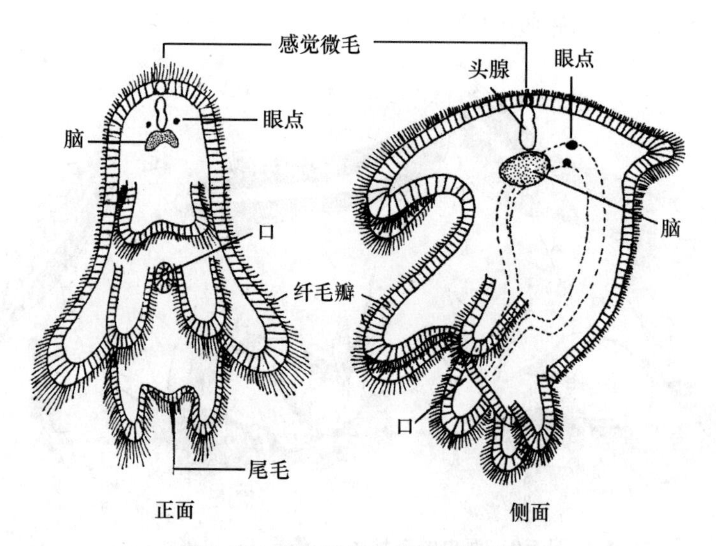

图 5-11 牟勒氏幼虫(引自姜乃澄)

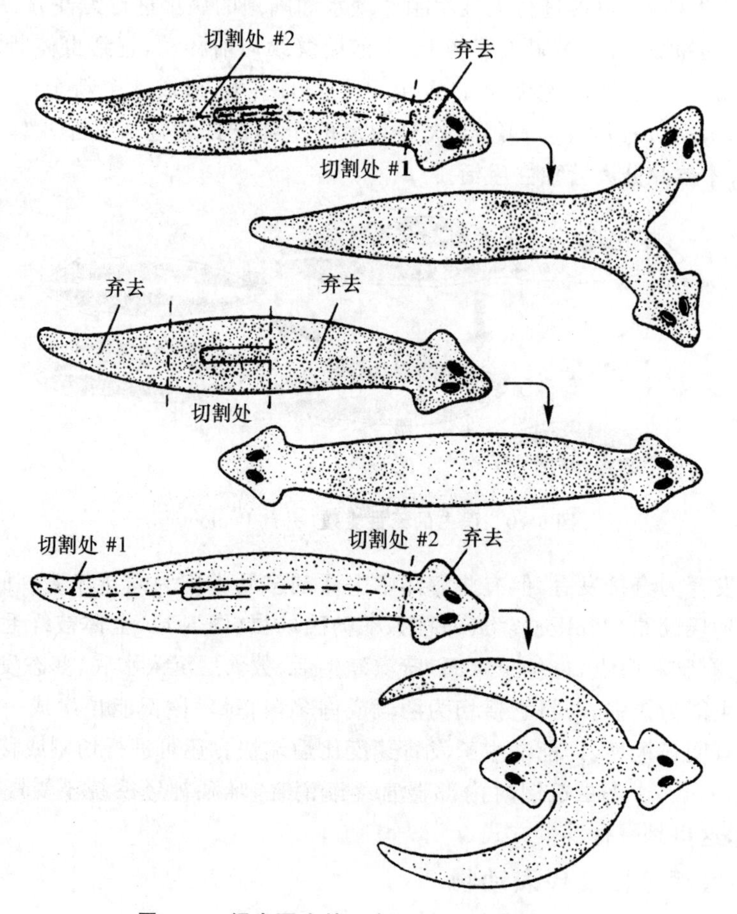

图 5-12 涡虫再生的 3 个实验(引自刘凌云)

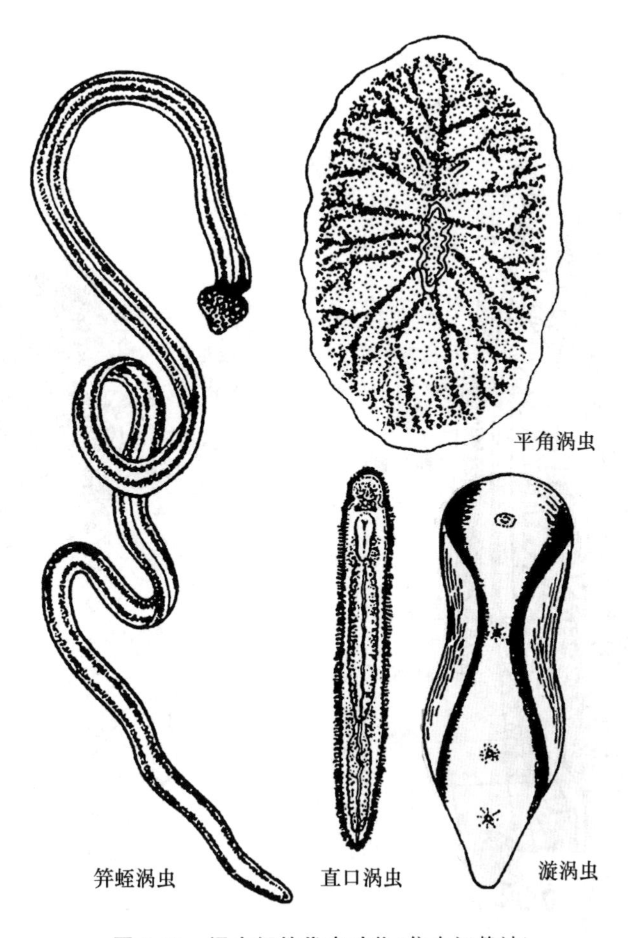

图 5-13　涡虫纲的代表动物(仿自江静波)

5.2.2　吸虫纲

吸虫纲的动物全部寄生生活,多数营内寄生,少数营外寄生。受寄生生活的影响,其形态和生理上发生了一系列的变化和适应,出现了一些与寄生生活相适应的器官或器官退化现象。内寄生的种类生活史复杂,多有 2 个或 3 个寄主;中间寄主通常是螺类,有第二中间寄主时,多为淡水鱼或虾蟹类;终末寄主通常为脊椎动物;具有多个幼虫期,即毛蚴、胞蚴、雷蚴、尾蚴和囊蚴等。

5.2.2.1　代表动物——华支睾吸虫(*Clonorchis sinensis*)

华支睾吸虫的成虫寄生于人、猫、犬等食鱼虾动物的肝胆管中,可引起肝吸虫病,是重要的人畜共患寄生虫病。该虫于 1875 年在印度一个华侨尸体的胆管中首次发现,因此,又名华肝蛭(Chinese liver fluke)。

1. 形态结构特征

华支睾吸虫背腹扁平如叶片状,体长 10～25 mm,宽 3～5 mm,虫体的大小与寄主的大小和寄生的数量有关。有 2 个吸盘用以吸附,前端为口吸盘,虫体腹面前 1/5 处为腹吸盘(图 5-14)。

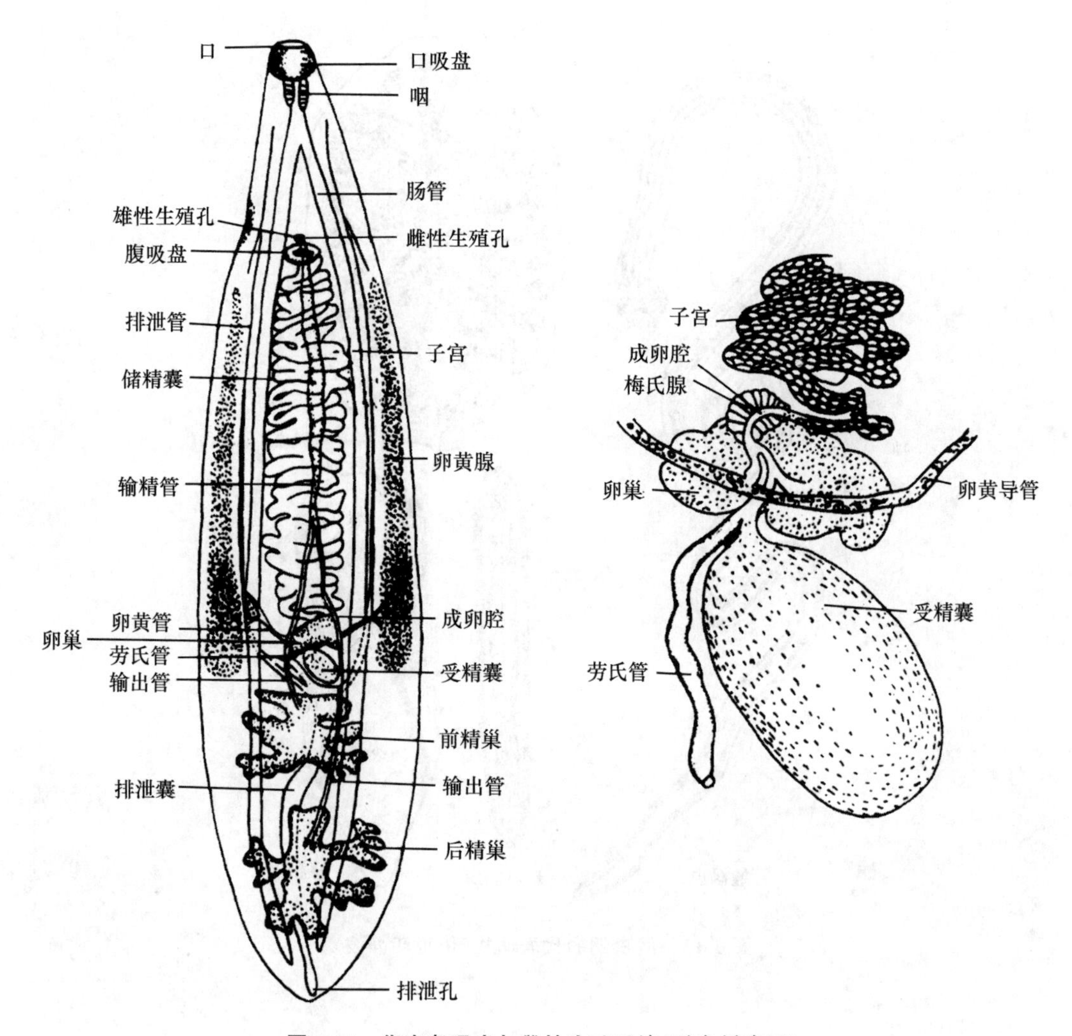

图 5-14 华支睾吸虫与雌性生殖系统(引自刘凌云)

皮肌囊由合胞体结构的皮层和肌肉层组成,无纤毛和杆状体,但有许多结晶蛋白突出体表形成的皮棘保护虫体。

消化系统包括口、咽、食道和肠。口位于口吸盘中央,其后是肌肉质的咽,下接短的食道和两条分支状的肠,无肛门。

排泄系统仍是位于身体两侧的原肾管系统,由大量焰细胞、排泄管、排泄囊和排泄孔组成。焰细胞收集代谢废物,汇集到两侧分支的排泄管,经左、右两排泄管送到身体后部的 S 形排泄囊,由末端的排泄孔排出体外。

神经系统不发达,仍为梯形,由咽旁的一对脑神经节和其向后发出的 6 条纵神经索及相邻神经索间的横神经构成。感觉器官退化。

成虫雌雄同体,生殖系统极其发达,生殖器官构造复杂。

雄性生殖系统:两个树枝状精巢,前后排列于虫体后 1/3 处,故称枝睾吸虫。两精巢各发出一输精管,在虫体中部会合成一膨大管状的贮精囊,前行至腹吸盘前的雄性生殖孔通体外。无阴茎和前列腺。

雌性生殖系统:一个分叶形的卵巢,位于精巢之前。由卵巢发出一条短的输卵管,向前先后与受精囊管、卵黄管、劳氏管及梅氏腺(卵壳腺)会合为成卵腔。虫体两侧的卵黄腺各汇入一条卵黄管,左、右卵黄管在体中部会合通到成卵腔。卵黄腺分泌的卵黄可作为受精卵发育的营养。受精囊呈长椭圆形,能贮藏异体精子,由受精囊管通至成卵腔。劳氏管细长,一端通成卵腔,另一端开口于体外,有人认为它能排出多余的卵黄和精子,也有人认为是退化的阴道,还有人认为是交配器。成卵腔周围有一层单细胞腺体,叫梅氏腺。其分泌物能形成卵壳并有一定的润滑作用。成卵腔向前是子宫,子宫内充满虫卵,迂曲前行于腹吸盘前的雌性生殖孔。无生殖腔。

2. 生活史

华支睾吸虫进行自体受精或异体受精,精子由虫体雌性生殖孔进入后,沿子宫逆行,经成卵腔到受精囊贮存。精卵在成卵腔内受精,并与卵黄结合,外被卵壳后,经子宫由雌孔排到人(或猫、犬)的肝脏胆管内(图 5-15)。

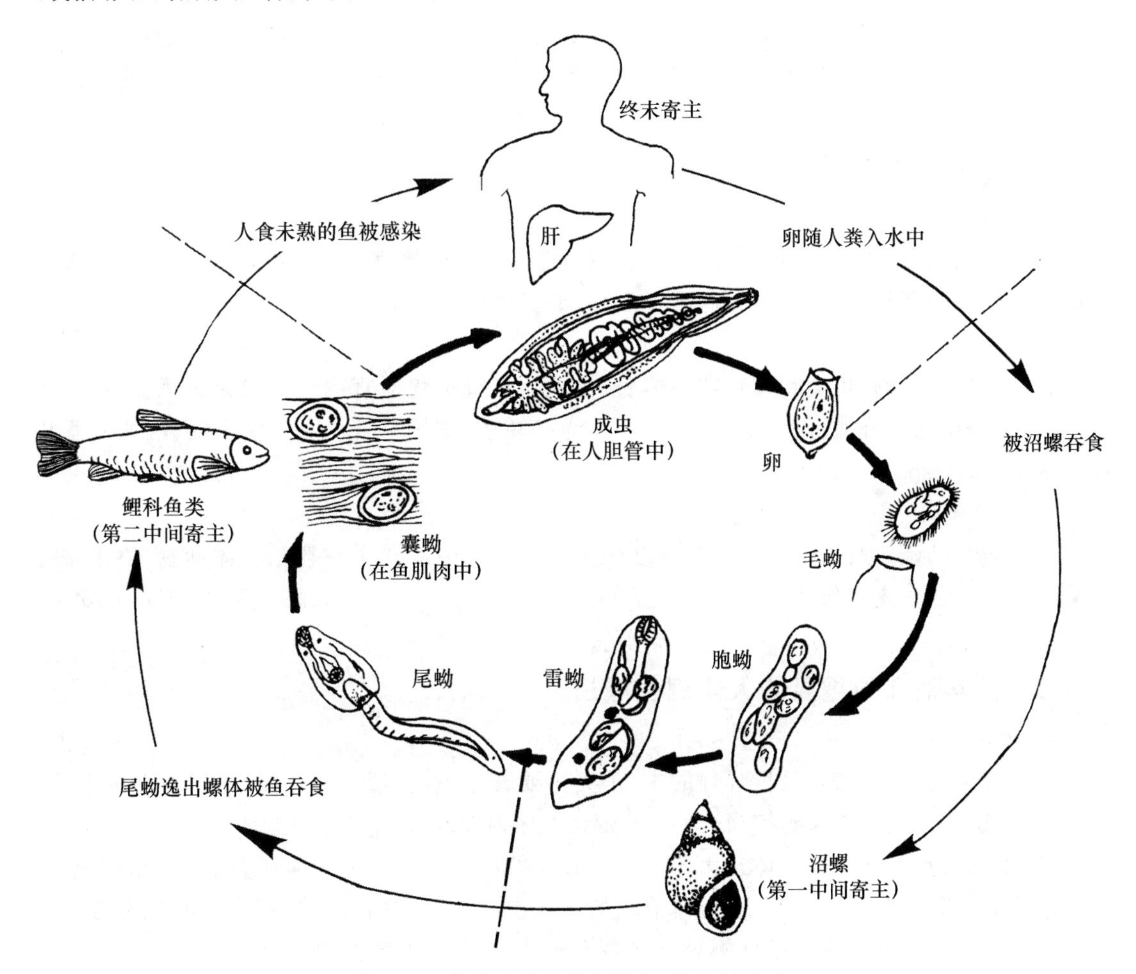

图 5-15　华支睾吸虫的生活史(仿自刘凌云)

受精卵随寄主的胆汁进入肠道,随粪便排出体外。产出的虫卵内已有周身具纤毛的毛蚴,但虫卵落入水中并不孵化,只有被第一中间寄主纹沼螺、赤豆螺、长角涵螺等多种淡水螺吞食后，才在螺体的消化道内孵出毛蚴。在螺体内经过胞蚴、雷蚴，最后发育为尾蚴。胞蚴和雷蚴阶段要大量增殖，一只毛蚴侵入螺体内，最后可产生上百只甚至数百只尾蚴。在最适宜的环境下，自卵被螺吞食至尾蚴从螺体逸出，需 30～40 d。尾蚴形似蝌蚪，分体部和尾部，体部有溶解组织的穿刺腺。尾蚴离开螺体在水中自由游动 1～2 d，遇到第二中间寄主如某些淡水鱼、虾时，即钻入其肌肉、鳍、鳞、皮肤等处，脱去尾部，形成有感染能力的囊蚴。人、猫、犬等吃了未煮熟的含有囊蚴的鱼虾而被感染。囊蚴在终末寄主胃肠消化液的作用下逸出至胆管，约经 1 个月发育为成虫，并开始产卵。成虫日产卵达千粒之多，在人体内可存活 15～20 年之久，在猫、犬体内也能存活数年。

3. 危害及防治

华支睾吸虫主要使人患肝吸虫病。病症有消化不良、慢性腹泻、消瘦、贫血、乏力、水肿，甚至腹水等。早期肝肿大，后期可发生肝硬化。本病主要分布于东亚各国，在我国广东、广西、福建最为流行，其他各省区都有点、片分布，这与嗜食生鱼和半生鱼肉的饮食习惯有密切关系。

预防措施：①隔离病人和病猫、犬，流行区要进行定期检查和驱虫，以切断传播途径；②不吃生的或不熟的鱼虾，喂给猫、犬的鱼虾，也应煮熟；③加强人、犬、猫粪便的管理，防止未经处理的粪便污染水塘；④采用化学药物控制第一中间寄主淡水螺类。

5.2.2.2 吸虫纲的亚纲

1. 单殖亚纲

寄生于鱼类、两栖类、爬行类等的体表、排泄器官或呼吸器官内。常缺口吸盘，体后有发达的附着器官。排泄孔开口在体前端，直接发育，如三代虫(*Gyrodactylus* sp.)。

2. 盾殖亚纲

寄生于软体动物、鱼类和爬行类的体表、排泄器官或消化器官内。一般无口吸盘，后吸器强大，并呈分格状。排泄孔开口在体后方，肠为一单管，只有一个寄主，直接发育，如盾腹虫(*Aspidogaster* sp.)。

3. 复殖亚纲

生活史复杂，有世代交替现象，并需 2 个以上寄主。中间寄主一般是软体动物，终末寄主为脊椎动物。如华支睾吸虫、日本血吸虫(*Schistosoma japonicum*)、肝片吸虫(*Fasciola hepatica*)和布氏姜片虫(*Fasciolopsis buski*)等。

5.2.2.3 其他几种重要的人体寄生吸虫

1. 肝片吸虫

肝片吸虫又名羊肝蛭，是世界性的牛、羊类主要寄生虫，一般寄生于牛、羊肝脏和胆管内，破坏肝脏，引起肝脏腐烂和萎缩，1960 年开始在人体内发现。

(1)形态特点　肝片吸虫体长为 20～40 mm，宽为 5～13 mm，呈扁平片状，前端较小，形成锥状突起，叫头锥。口吸盘位于虫体前端的头锥上。腹吸盘略大于口吸盘。雌性和雄性生殖孔均在腹吸盘前方。在二肠外侧分出许多侧支，肠的末端为盲管(图 5-16)。

肝片吸虫为雌雄同体，雄性生殖腺精巢 2 个，呈树枝状，前后排列于虫体的中后部。雌性生殖腺卵巢 1 个，呈鹿角状分枝，位于前精巢的右上方。劳氏管细小，无受精囊。

(2)生活史　成虫寄生于牛、羊及其他草食动物和人的肝脏胆管内(图 5-17)。虫卵随寄主粪便排到体外的水中。在适宜的温度下，虫卵经过 2～3 周发育成毛蚴，毛蚴孵出后在水中

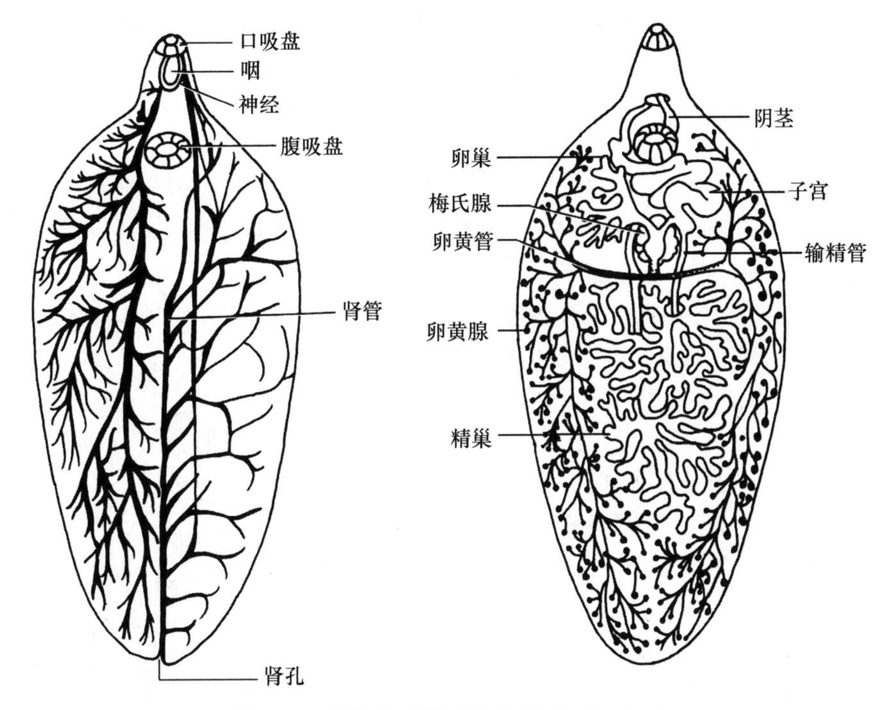

图 5-16　肝片吸虫的结构(引自 Boolootian)

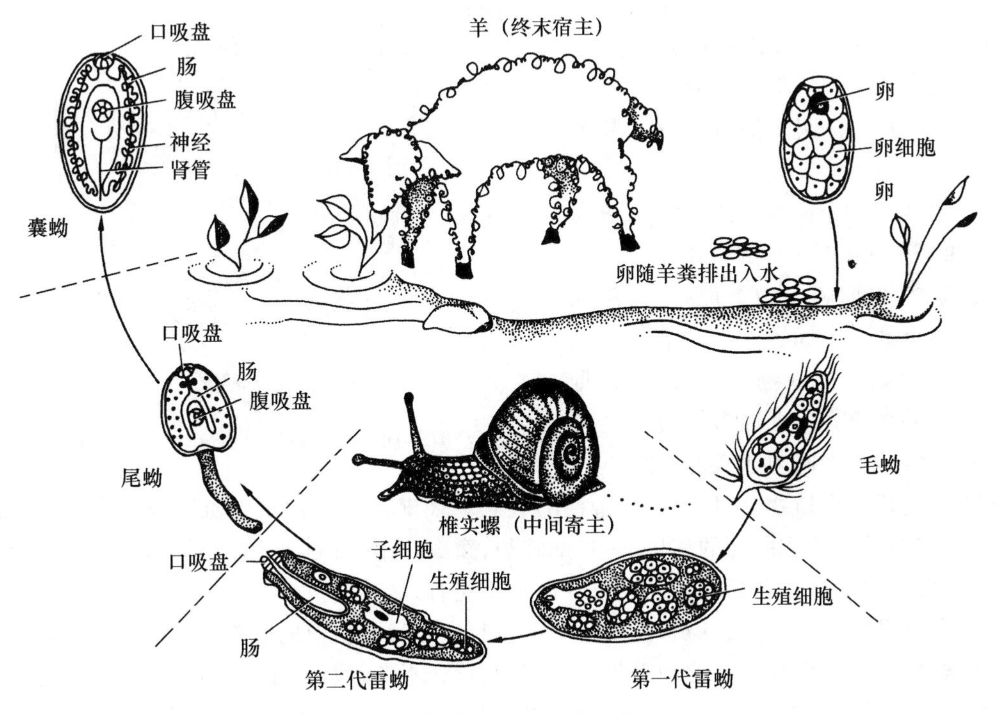

图 5-17　肝片吸虫的生活史(引自 Boolootian)

游泳，当遇到中间寄主椎实螺(*Limnaea truncatula*)后，即钻入螺体内，在螺肝脏中变为胞蚴。胞蚴常产生两代雷蚴(母雷蚴、子雷蚴)后，发育为尾蚴。尾蚴成熟后便离开螺体，在水中脱尾形成囊蚴。囊蚴固着于水草或其他物体上,或游离于水中。牛、羊常因吃草或饮水而感染。人可能是食生水或未经煮熟的水生蔬菜而感染。囊蚴在肠中破壳而出,童虫穿过肠壁经体腔到肝脏。在肝脏胆管发育为成虫后继续产卵。自囊蚴进入动物体到发育为成虫需要 2~3 个月。成虫在动物体内可生存 3~5 年。

(3)危害及防治　成虫寄生于肝脏胆管,肝组织被破坏,引起肝炎及胆管变硬,影响消化和食欲;严重的可发生胆管堵塞而引起黄疸。同时由于虫体分泌的毒素渗入血液中,使寄主发生营养不良,并出现消瘦,贫血及浮肿等中毒现象。

防治措施:病畜、病人和带虫动物是主要传染源,每年定期驱虫,控制传染源。处理粪便,杀灭虫卵,可以防止牧地污染。在牧场中应改良排水渠道,消灭中间寄主。禁止饮生水,食生菜,可使人、畜免受感染。

2. 布氏姜片虫

(1)形态特征　布氏姜片虫体型似姜片(图 5-18)。此虫广布于我国中南、华东、台湾等地区和亚洲的许多国家,是人、猪常见的寄生虫。虫体扁平,卵圆形,体大且肥厚多肉,虫长 20~70 mm,宽 10~20 mm,厚 2 mm,是人体寄生吸虫中最大的一种。腹吸盘靠近口吸盘,比口吸盘大。咽和食道短。肠管分 2 支,每支常有 4~6 个波浪形弯曲。分枝状精巢 2 个,前后排列于虫体的后半部。卵巢呈鹿角状分枝,在精巢前右侧。缺受精囊,有劳氏管。

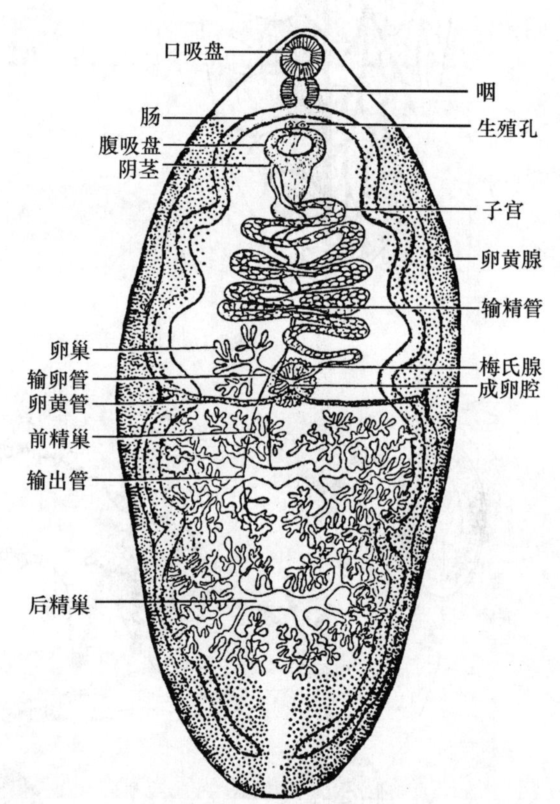

图 5-18　布氏姜片吸虫(引自刘凌云)

(2)生活史　布氏姜片虫的生活史与肝片吸虫相似(图 5-19),成虫寄生于人或猪的小肠中,虫卵随寄主粪便排出,落入水中,孵出毛蚴。中间寄主为扁卷螺。毛蚴钻入螺体内,经过胞蚴和 2 代雷蚴(母雷蚴和子雷蚴),发育成许多尾蚴。尾蚴从螺体内逸出后,多附着于菱角、荸荠、莲藕、茭白等食用水生植物上,形成有感染性的囊蚴。终末寄主生食水生植物或喝生水,可吞入囊蚴。在寄主消化液和胆汁的作用下,囊壁破裂,童虫逸出,吸附于十二指肠或空肠黏膜上,约经 3 个月发育为成虫并开始产卵。成虫寿命 2 年左右。

(3)危害及防治　寄主感染布氏姜片虫可引起虫体吸附部位的肠黏膜发生炎症、出血甚至溃疡或脓肿,影响对食物的消化和吸收,导致寄主营养不良、腹胀、腹痛、腹泻、消瘦、贫血、面部和下肢浮肿。儿童感染严重时可致发育障碍,智力减退。寄生的虫体数量多时往往发生肠堵塞。

防治措施:及时普查普治病人、病畜;避免人、猪吃生的水生蔬菜;不用新鲜的人、猪粪给水塘施肥;杀灭中间寄主扁卷螺。

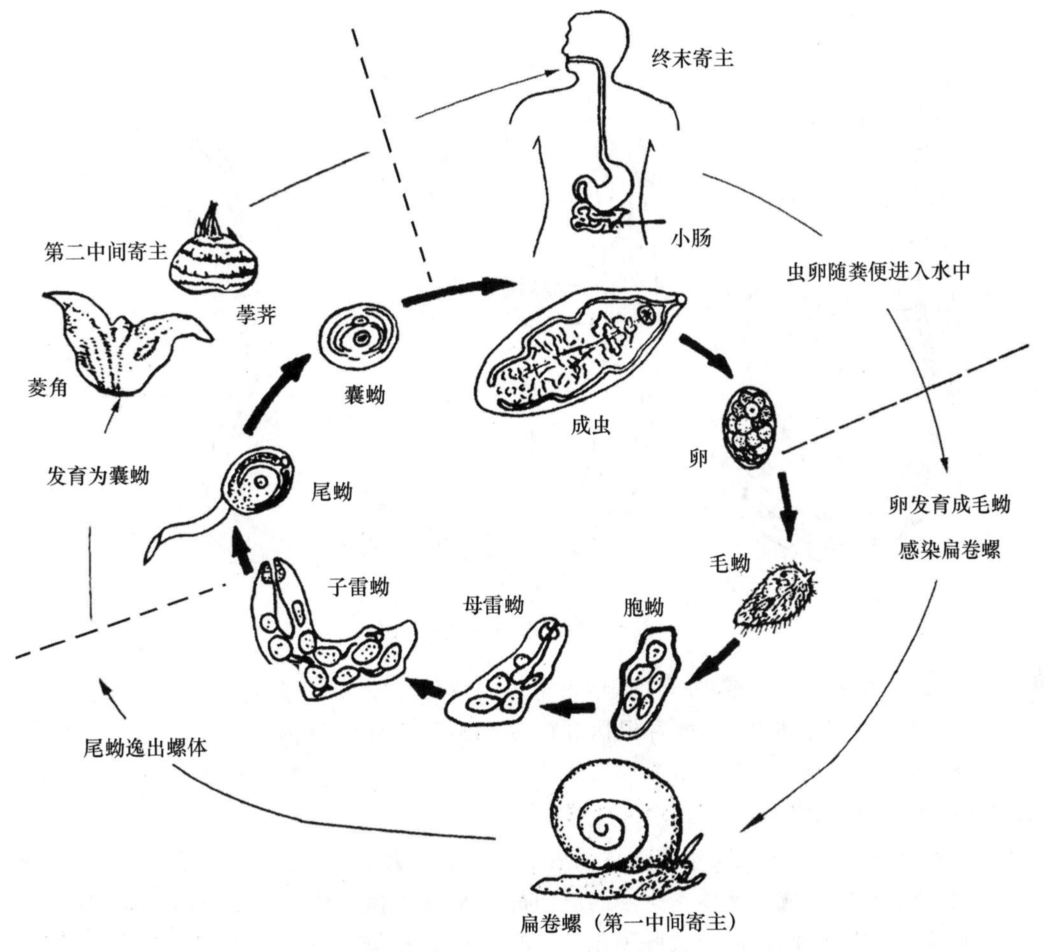

图 5-19 布氏姜片吸虫生活史(仿自刘凌云)

3. 日本血吸虫

日本血吸虫又称日本裂体吸虫,它所引起的疾病简称血吸虫病,是人畜共患的一种严重的寄生虫病,是我国人体的五大寄生虫病之一。该病主要流行于热带和亚热带地区,故是我国南方流行最广的一种寄生虫病,遍及长江流域及长江以南的 13 个省、市、自治区。除人和家畜外,已经发现有二十多种哺乳动物也能被感染,成为该虫在自然界中的保虫寄主。

(1)形态特征 日本血吸虫雌雄异体。雄虫粗而短,长 10～22 mm,宽 0.50～0.55 mm,乳白色。口吸盘和腹吸盘各一个,腹吸盘略大于口吸盘,突出如杯状。自腹吸盘后虫体两侧向腹面卷曲,形成抱雌沟。雌虫细而长,长 12～26 mm,宽 0.3 mm,暗黑色,前端细小,后端粗圆,口吸盘与腹吸盘等大。雌虫常位于雄虫的抱雌沟内,称雌雄合抱(图 5-20)。

(2)生活史 成虫寄生在人和牛、羊等家畜的肝门静脉和肠系膜静脉中,在肠系膜的小静脉末梢交配,产卵。虫卵随血流进入肝脏,或逆血流进入肠壁。成熟卵内已含有毛蚴。通过挤压和卵内毛蚴分泌的溶组织酶的作用,虫卵穿过微血管壁和肠壁进入肠腔,随寄主粪便排出体外。若虫卵到了水中,温度在 25～30 ℃时,卵内毛蚴经几个小时即可孵出。若遇到中间寄主钉螺,毛蚴即主动钻入钉螺体内,经两代胞蚴(母胞蚴和子胞蚴)发育成尾蚴后,离开螺体到水

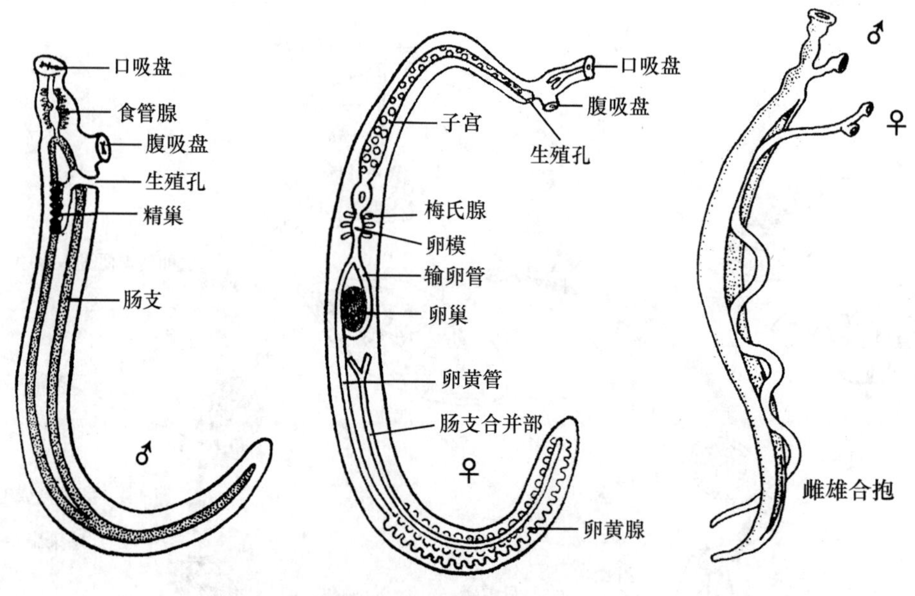

图 5-20　血吸虫(引自江静波)

中泳动。若遇到终末寄主人或牛、羊时,钻入寄主的皮肤。脱去尾部,童虫进入血管或淋巴管在体内移行,经心、肺入体循环,最后到达肝门静脉和肠系膜静脉内定居,发育为成虫(图 5-21)。此外,饮水时尾蚴也可经口腔黏膜侵入寄主体内。自尾蚴感染至成虫产卵需 30～40 d,成虫在动物体内的寿命为 10～20 年。

(3)危害及防治　血吸虫尾蚴穿透皮肤可引起皮炎。大量童虫在人体内移行时,可引起咳嗽、咯血、发热等症状。成虫寄生于寄主的肝门静脉和肠系膜静脉中,虫卵沉积于肝脏和肠壁等组织,形成虫卵肉芽肿,最后导致肝硬化,引起贫血、消瘦、浮肿和腹水。儿童和幼畜因不能正常发育可成为侏儒,成人丧失劳动力,妇女不孕不育,甚至致死。

防治措施:应贯彻以预防为主的方针,采取综合措施,包括查病治病,灭螺,加强粪水管理和预防感染(避免与可能有尾蚴的水接触)等措施,切断血吸虫生活史的各个环节。

此外,还有一些吸虫如指环虫(*Dactylogyrus* sp.)、三代虫(*Gyrodactylus* sp.)等寄生于鱼类的体表或鳃上,严重危害渔业生产。

5.2.3　绦虫纲

绦虫成虫全部寄生于人、畜及其他脊椎动物的消化道内。身体呈背腹扁平的带状,体长由不足 1 mm 到数米不等,一般由许多节片构成。身体前端有一特化的头节,其上有吸盘、吸沟(槽)和角质小钩等附着器官,用来附着于寄主的肠壁上,以适应肠的强烈蠕动。体表纤毛、消化系统全部消失,感觉器官完全退化。但成虫的生殖器官高度发达,繁殖力极强。表现出对寄生生活的高度适应。

5.2.3.1　代表动物——猪带绦虫(*Taenia solium*)

猪带绦虫又叫猪绦虫或有钩绦虫,成虫主要寄生于人的小肠中,中间寄主是猪或人,具感染性的幼虫期称作囊尾蚴(cysticercus),寄生于猪或人的皮下组织、肌肉间结缔组织和脑等部

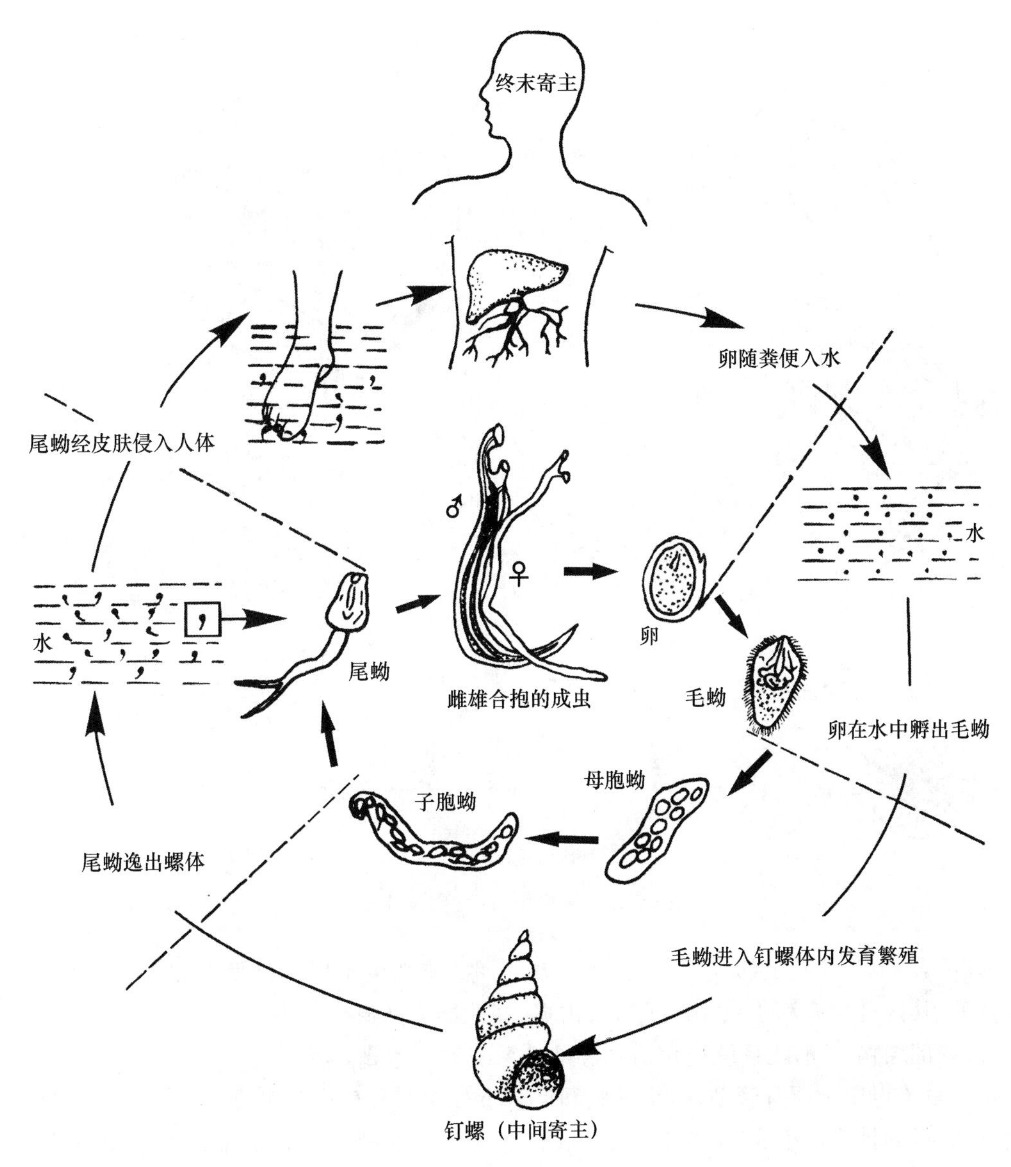

图 5-21　血吸虫的生活史(引自刘凌云)

位。含囊尾蚴的猪肉即为“米猪肉”或“豆猪肉”。人成为中间寄主时，常患囊虫病。

1. 形态特征

(1)外形特征　成虫乳白色，呈狭长扁平的带状，体长 2～4 m，最长者达 12 m，可分为头节、颈节和节片 3 部分(图 5-22)。

头节呈圆球形，直径约为 1 mm。头节前端中央有可伸缩的顶突，其上有两排小钩(25～50 个)，顶突下有 4 个圆形的吸盘，用以固着于寄主的肠壁上。

颈部较窄，不分节，与头节无明显的界限，有很强的增生能力，以横分裂的方法产生新的节片，是绦虫的生长区。

节片部由 700～1 000 个节片组成，由颈部产生。根据节片内生殖器官的成熟程度，由前向后分成幼节(未成熟节)、成节(成熟节)和孕节(妊娠节)。幼节片长度小于宽度，内部生殖器

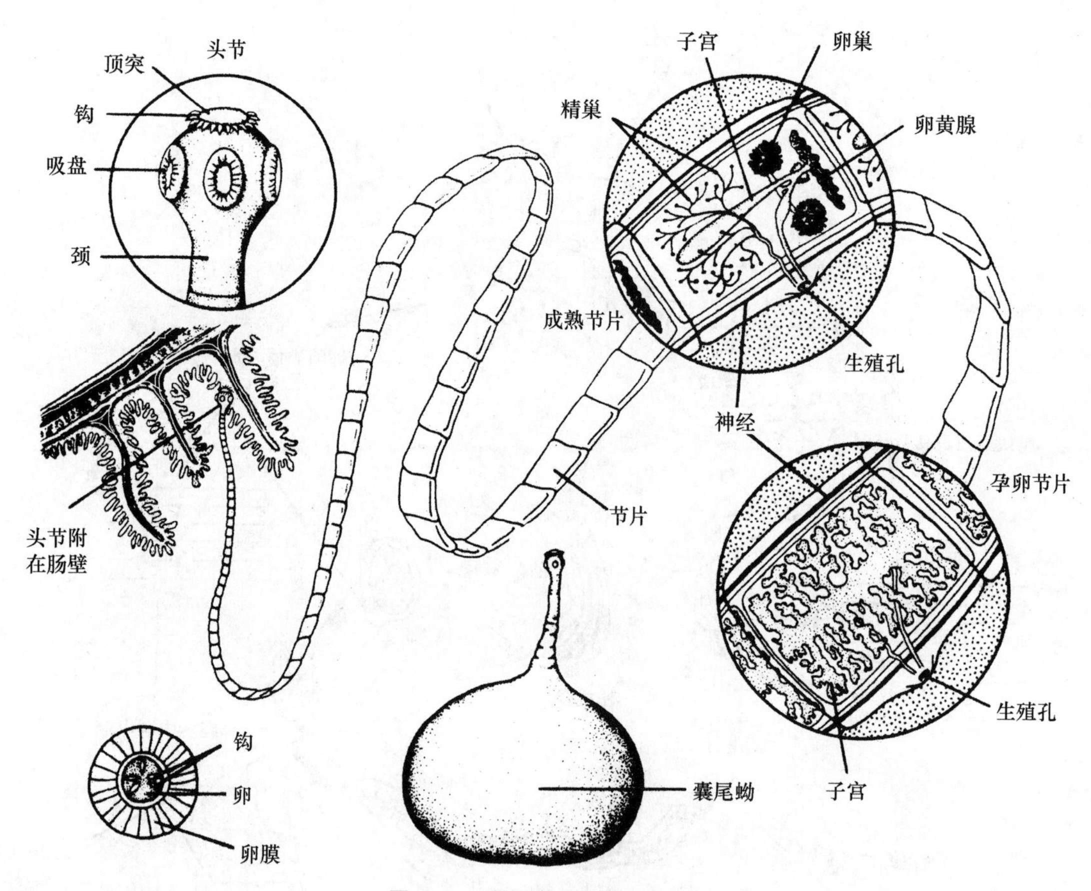

图 5-22 猪带绦虫(引自 Villee)

官尚未成熟。成节片长度约等于宽度,近于方形,雌、雄性生殖器官已发育完善。孕节片长度大于宽度,其内全被充满了虫卵的子宫所占据,其他器官则退化消失。

(2)内部结构　消化系统退化消失。神经系统不发达,仍为梯状。

排泄系统也属于原肾管型,由焰细胞和许多小分支汇入身体两侧的 2 对(1 对背侧管,1 对腹侧管)纵行的排泄管组成,主要营渗透压调节作用。2 对排泄管从头节贯穿至体末端,在头节中呈网状,背侧管内的液体向前流动,腹侧管内的液体向后流动。成熟节片中背排泄管消失,每一节片后端各有一横排泄管连接两条腹排泄管,在末节后方,左、右两腹排泄管会合,由一总排泄孔通体外。若末节脱落,则两腹排泄管各自通向体外。

猪带绦虫为雌雄同体,每个成熟节片内都有一套雌、雄性生殖器官(图 5-22)。精巢呈泡状,分布于节片实质中,有 150～200 个,精巢由输精小管通出,会合成为稍微膨大曲折的输精管。输精管向体侧横行连接阴茎,阴茎位于阴茎囊中,开口于生殖腔,由生殖腔孔通体外。卵巢在节片后中部,分左、右两大叶及一个中央小叶,连接输卵管。卵黄腺为网状腺体,位于卵巢后方。卵黄管与输卵管会合为成卵腔,梅氏腺包裹于成卵腔周围。成卵腔向一侧扩大为受精囊,由受精囊连接一细长的阴道,可接受精子。阴道与输精管并行,由雌、雄性生殖孔共同开口于生殖腔。成卵腔向上伸出盲囊状的子宫,随着卵的成熟并不断堆积在子宫内而形成孕节片。孕节片的子宫因含大量的卵而向两侧形成多分支(7～13 个),致使其他器官逐渐萎缩而消失。

2. 生活史

猪带绦虫成虫寄生于人的小肠内，人是该虫唯一的终末寄主（图 5-23）。成虫以头节上的吸盘、小钩吸附于寄主肠壁上，可行同节片或同体异节片自体受精或异体受精。孕节片常数节连在一起同时脱落，随寄主的粪便排出体外。此时孕节片子宫内是已发育为六钩蚴的卵，卵外包有较厚的胚膜。此虫卵如被猪吞食，在猪的胃液作用下，六钩蚴孵出，钻入肠壁，随血液或淋巴带至身体各部，经过 2～3 个月，发育为具有感染力的囊尾蚴（囊虫）。以肌肉组织中存留最多，尤其是咬肌、舌肌、膈肌、肋间肌、心肌以及颈、肩、腹部的肌肉，严重时扩散至全身。囊尾蚴乳白色，半透明，囊泡状，米粒大至黄豆大小，囊内充满半透明的液体，囊壁上有一个头节，构造似成虫的头节。含囊尾蚴的猪肉叫“米猪肉”或“豆猪肉”。猪囊尾蚴在猪体内可存活数年，后

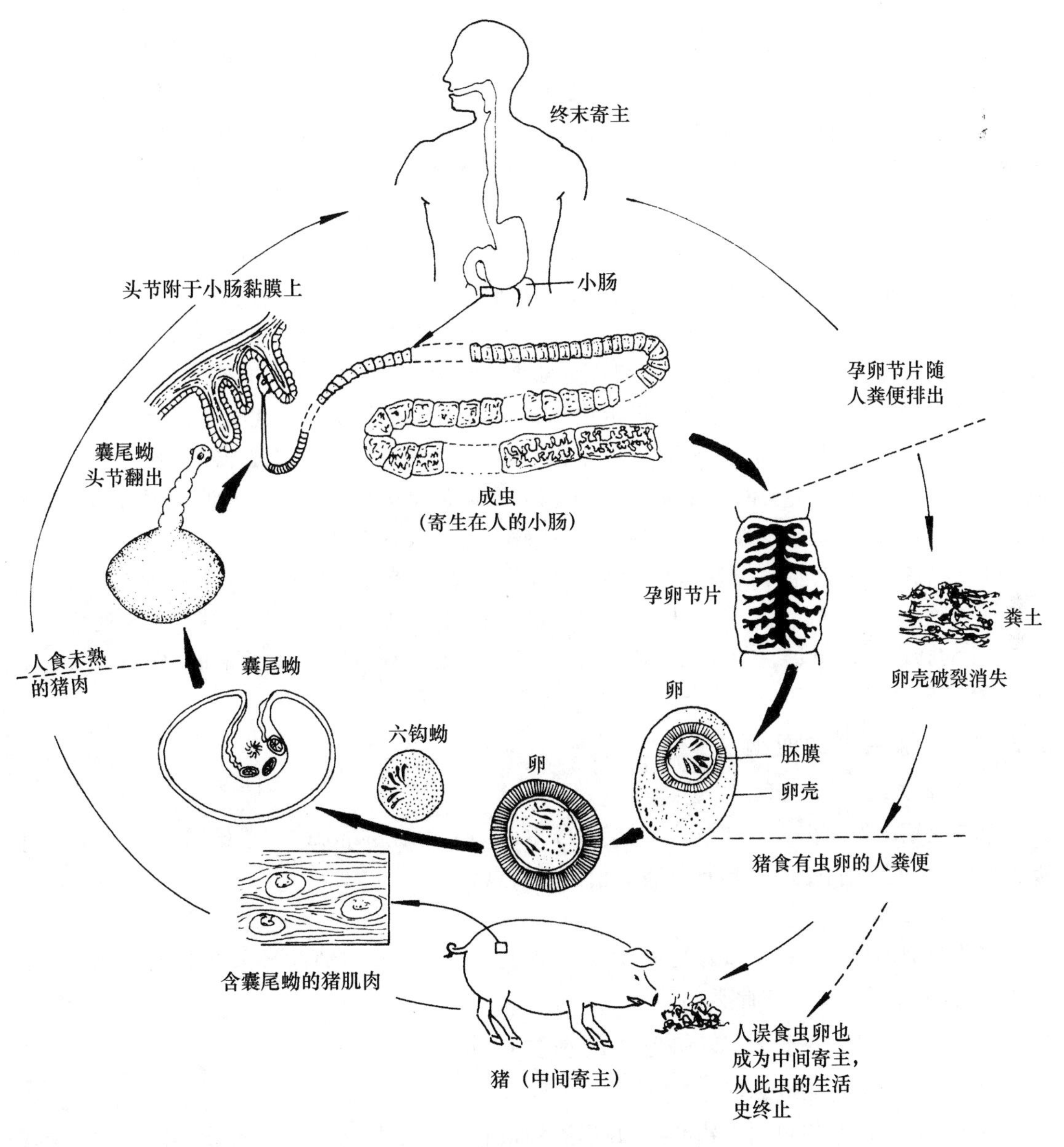

图 5-23　猪带绦虫的生活史（引自刘凌云）

逐渐钙化死亡。人误食了含囊尾蚴的猪肉后，其囊壁被胃液消化，头节翻出，吸附于小肠黏膜上，吸取营养发育为成虫。成虫在人体内可存活达25年之久。

有时因肠的逆蠕动，使脱落的孕节片返入胃中，孵出的六钩蚴随血液流至皮下、肌肉和脑等处发育成囊尾蚴，人则患囊虫病，此时人为中间寄主。此外，猫、犬、羊和骆驼等也可成为该虫的保种寄主。

3. 危害及防治

猪带绦虫呈世界性分布，但感染率不高，我国流行地区较广泛。本病的流行与饮食习惯及猪的饲养方法有密切关系，如猪放养时常因食粪便而感染，人感染囊尾蚴主要是因为吞食了含有虫卵的食物或自体感染，如有些地区食生肉，或切生肉和熟肉用一个砧板，致使熟肉污染上从生肉上脱落的囊尾蚴。

猪带绦虫在人小肠内寄生虫数一般为1条，偶亦可有2条或以上，国内报告最多为19条。因其头节固着在人的小肠壁上，可引起肠炎、肠痉挛和营养不良，表现为腹痛、腹泻、恶心、消化不良和体重减轻。虫数多时偶可发生肠梗阻。虫体的分泌物和代谢产物等毒性物质被吸收后，可引起胃肠道机能紊乱和神经症状。猪带绦虫患者有2.3%～25%概率同时并发囊尾蚴病。

猪囊尾蚴对猪的危害一般不明显。严重感染时，可导致营养不良、贫血、水肿及衰竭。大量寄生于脑部时可引起神经系统机能的障碍，特别是鼻部触痛、强制运动、癫痫、视觉扰乱和急性脑炎，有时可发生突然死亡。大量寄生于肌肉组织的初期时，可出现肌肉疼痛、前肢僵硬、跛行和食欲不振等。寄生于眼结膜下组织或舌部表层时，可见在寄生处呈现豆状肿胀。

猪囊尾蚴寄生于人体时，危害程度取决于寄生部位与寄生数量。囊尾蚴寄生于人皮下和肌肉，可形成皮下结节，局部肌肉酸痛、麻木；当囊尾蚴寄生在人的重要脏器时，则可造成严重损害甚至危及生命。如寄生于眼部，可引起视力障碍甚至失明；寄生于脑部，可引起头晕、恶心、呕吐、眩晕、癫痫及阵发性昏迷，严重的可导致记忆丧失甚至死亡。

防治措施：①及时治疗患者，处理病猪，杜绝传染源。②加强粪便管理，提倡圈内养猪，避免人的粪便污染猪饲料等。③严格执行肉食品检验、检疫制度，按照食品卫生法规处理病猪肉，防止病猪肉进入市场。④加强宣传教育，尤其是对有特殊饮食习惯的地区，应搞好饮食卫生，切生菜和熟菜的刀和砧板要分开，肉类必须烧熟再食用。

5.2.3.2 绦虫纲的亚纲

1. 单节亚纲

单节亚纲动物缺少头节和节片，如旋缘绦虫(*Gyrocotyle rugosa*)。雌雄同体，有时存在像吸虫的吸盘，但无消化系统，具有与绦虫相似的幼虫。

2. 多节亚纲

多节亚纲动物体由多个节片构成，幼虫为六钩蚴。成虫全部寄生于人或其他脊椎动物的消化道内，常见的绦虫多属此类。

5.2.3.3 其他寄生于人、畜和鱼类的重要绦虫

1. 牛带绦虫(*Taenia saginatus*)

牛带绦虫又称牛绦虫或无钩绦虫，其形态构造和生活史与猪带绦虫相似(图5-24)。但成虫头节呈方形，头节上只有4个吸盘而无顶突和小钩，孕卵节片的子宫分支数每侧有15～30

个。体长 5～10 m,节片数 1 000～2 000 节。成虫寄生于人的小肠。孕节片分节脱落,随寄主粪便排出体外,也可自动爬出寄主的肛门。牛带绦虫的寿命可达 20～30 年。

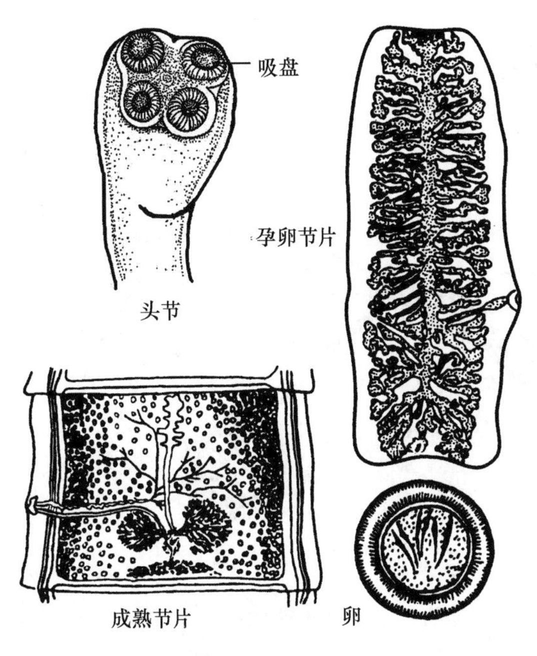

图 5-24 牛带绦虫的构造(引自姜云垒)

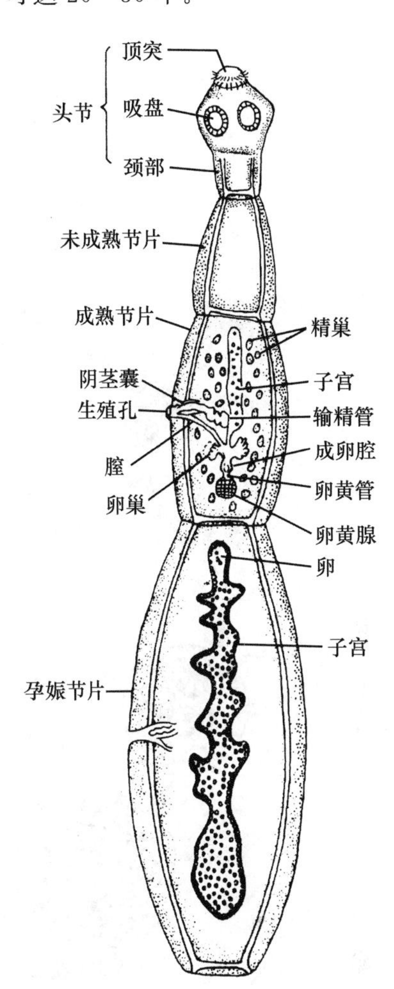

图 5-25 细粒棘球绦虫(引自刘凌云)

牛等因采食了被牛带绦虫病人粪便污染的牧草、饲料或饮水等,吞食了牛带绦虫卵或孕卵节片成为中间寄主,人因吃含囊尾蚴的肉而被感染。牛带绦虫病分布于世界各地,特别是在有食生牛肉习惯的地区和民族中流行。牛带绦虫病的防治同猪带绦虫病。

2. 细粒棘球绦虫(*Echinococcus granulosus*)

细粒棘球绦虫(图 5-25)成虫寄生于犬、狼、狐等动物小肠中。幼虫称棘球蚴,寄生于牛、羊和人等的肝、肺、肾、脑等器官,引起棘球蚴病或包虫病。包虫病是危害人、畜最严重的一种绦蚴病。

(1)形态特征 体长 3～6 mm。除头节和颈部外,只有 3 个节片,即有幼节、成节和孕节各一个。头节上有顶突和 4 个吸盘,顶突上有 2 排小钩。成节内含 1 套雌性和雄性生殖器官。孕节的长度约占虫体长的 1/2,子宫分支数每侧是 12～15 个。棘球蚴大小不等,一般鸡蛋大,大的可至小孩头般大小。囊内充有棘球蚴液。分单房性和多房性棘球蚴 2 种。单房性棘球蚴囊壁分内、外两层。外层为无细胞结构较厚的角质层,具保护和支持功能;内层为较薄的生发层,向囊内长出许多具头节的原头蚴。多房性棘球蚴只有生发层,囊内有许多子囊,子囊像恶性肿瘤一样快速增殖,可产生大量的原头蚴。每一个原头蚴均可发育为一条成虫。

(2)生活史 犬、狼等终末寄主将棘球绦虫的孕节和虫卵随粪便排出体外,虫卵污染饲料、饮水、牧草或牧地。人、牛、羊、骆驼、马等中间寄主吞食了含有虫卵的不洁食物而感染,进入体内的六钩蚴钻入肠壁,经血流或淋巴液散布到体内各处,以肝、肺两处最多。六钩蚴经 6～12 个月发育为具有感染性的棘球蚴。肉食动物犬、狼等吃了含有棘球蚴的病畜的内脏而感染，棘球原头蚴的头节在犬、狼的小肠内伸出，吸附于肠壁上寄生，经 3～10 周发育为成虫(图 5-26)。

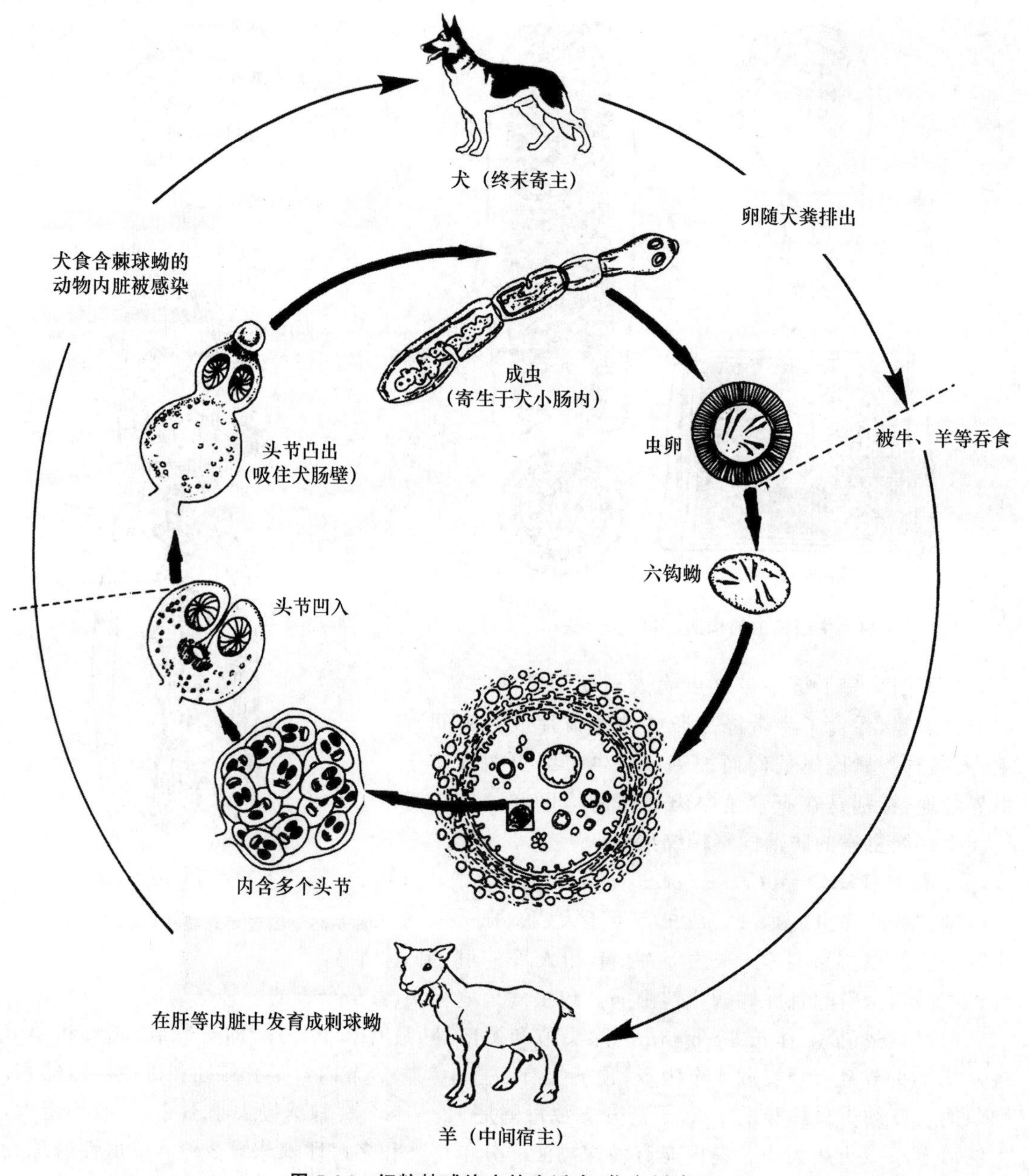

图 5-26　细粒棘球绦虫的生活史(仿自刘凌云)

(3)危害及防治　棘球蚴病分布广泛，国内外均有，尤以牧区为多，牧区羊的感染率达20%～40%。牧民也常感染发病，被称为牧民的“癌症”。其严重程度主要取决于棘球蚴的大小、数量和寄生部位。该虫在寄主体内生长和致病过程缓慢，一般可数年无症状。主要的危害是机械性压迫引起的周围组织萎缩和功能障碍；也可因毒素作用引起周围组织炎症和过敏反应。如寄生在肝脏，患者表现消瘦、乏力，小儿或幼龄动物发育受阻。若寄生于重要脏器可导致严重后果。如寄生在肺脏,则引起咳嗽,甚至窒息致死;若进入脑部,能引起癫痫或失明。若囊体破裂,棘球蚴囊液散出,释放大量抗原,可引起严重的、甚至致死性的过敏反应。同时头节散出,可在腹腔或胸腔及其附近器官很快发育成为新的棘球蚴。

防治措施:①讲究卫生,加强防护。人体感染主要是接触病畜或吃了附在食物和水中的虫卵,所以必须做到不接触或抚弄病犬;放牧、挤奶、剪羊毛等劳动后,或兽医人员接触病畜后要洗手;不吃生菜、不喝生水;饭前洗手;保护水源不受污染。②捕杀野犬和狼等,对牧羊犬和警犬等进行定期检查和驱虫,避免人、畜饮用水和饲料、食物被虫卵污染。③加强肉品卫生检验。④严格处理患病牛、羊,不要用病牛、羊的内脏喂狗,以免犬受到感染。

3. 阔节裂头绦虫(*Diphyllobothrium latum*)

阔节裂头绦虫又叫鱼绦虫。成虫寄生于人和猫、犬等多种食肉动物的小肠中。第一中间寄主是桡足类剑水蚤等,第二中间寄主是淡水鱼类。终末寄主感染是由于误食了生的或未熟的含裂头蚴的鱼肉所致(图5-27)。流行地区人畜粪便污染河、湖等水源也是一个重要原因。本病主要流行于欧洲、美洲和亚洲。

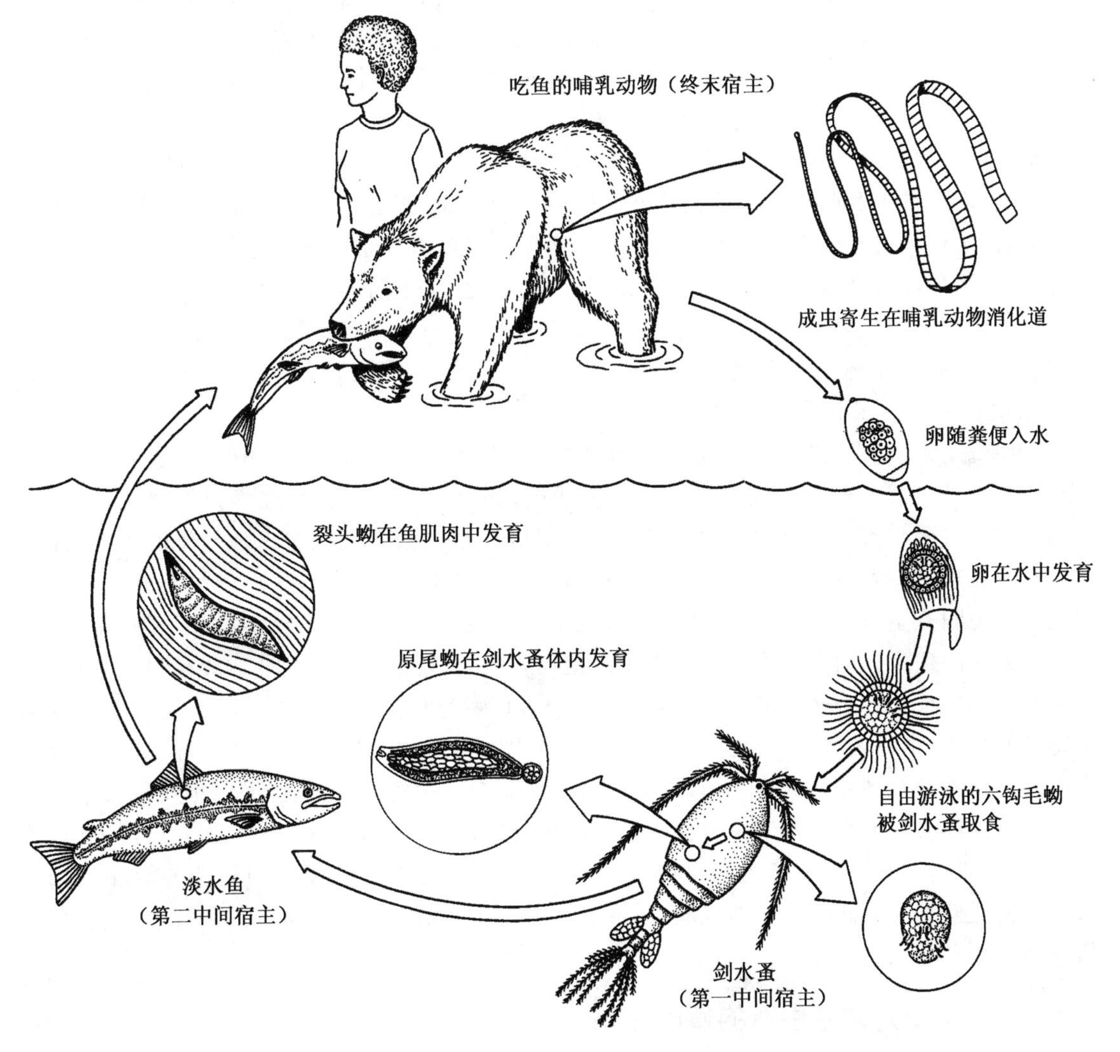

图5-27　阔节裂头绦虫的生活史(引自 Willian Ober 和 Claire Garrison)

此外，还有九江头槽绦虫，其成虫寄生于淡水鱼的肠中，对幼草鱼的感染率可达100%，死亡率可达90%。本病是两广地区的地方性鱼病，现在已经传播至福建、贵州、湖北、东北等地。

5.3 寄生虫与寄主的关系

5.3.1 寄生现象的起源和更换寄主的意义

1. 寄生现象的起源

从现有的扁形动物来看，有自由生活的、共栖生活的和寄生生活的。涡虫纲动物绝大部分是自由生活的种类。它们的体型较小，体表有纤毛和杆状体，适于自由游泳或爬行。这种生活方式促使涡虫的神经系统和感觉器官比较发达，能迅速地对外界的刺激，特别是对光线和食物做出反应，捕食与御敌能力加强。涡虫纲还有一些种类生活在其他动物体上，由于生活方式的改变，在形态上也就发生了相应的变化，产生了附着器官。有的种类色素体消失，表皮无纤毛和杆状体，眼点退化，肠囊状，但生殖器官却特别发达。如三肠目的海产种鲎涡虫，附着在鲎的鳃上。多肠目的一些种类附着在海螺的口内。它们并不吸取被附着动物的营养，而只是与其营共栖生活。吸虫纲动物开始适应寄生生活，但其幼虫营自由生活，还保持着一些自由生活的特征，如它们有纤毛和眼点。其成虫营寄生生活，有明显的消化道，但生殖器官发达，有吸盘等附着器官，生活方式有外寄生的和内寄生的。绦虫纲则较明显地全面地适应于寄生生活，有特化的头节，附着器官吸盘、小钩等集中于头节上，无消化道，生殖器官高度发达，全部营体内寄生，幼体也全部营寄生生活。由此我们可推知，寄生现象的起源为：首先由自由生活过渡到共栖，其次再发展到外寄生，最后才发展到内寄生。

2. 更换寄主的生物学意义

有些寄生蠕虫，发育过程中不需要更换寄主，其开始发育阶段在外界环境中进行，如单殖吸虫。有些蠕虫需要更换寄主才能完成其生活史，如复殖吸虫普遍存在着更换寄主的现象。更换寄主一方面与寄主的进化有关。最早的寄主应该是在系统发展中出现较早的类群，如软体动物。后来这些寄生虫的生活史扩展到较后出现的脊椎动物体内，这样较早的寄主便成为寄生虫的中间寄主，后来的寄主便成为终末寄主。更换寄主的另一生物学意义是寄生虫对寄生生活方式的适应。因为寄生虫对其寄主总是有害的，若寄生虫在寄主体内繁殖过多，就有可能使寄主迅速地死亡。寄主的死亡对寄生虫也不利，因为它会随着寄主一起死亡。如果以更换寄主的方式，由终末寄主过渡到中间寄主，再由中间寄主过渡到另一个终末寄主，使繁殖出来的后代能够分布到更多的寄主体内，可以减轻对每个寄主的危害程度，同时也使得寄生虫有更多的生存机会。但是在寄生虫更换寄主的时候，会有很大的死亡率。在长期发展过程中，繁殖率高的，能进行有性生殖产生大量的虫卵，或具有强大无性繁殖能力的种类才能够生存下来。这种更换寄主及高繁殖率的现象，对寄生虫的寄生生活是一种很重要的适应，也是长期自然选择的结果。

5.3.2 寄生虫对寄生生活的适应性

寄生生活环境的特殊性引起寄生虫生理和机能上的适应性变化，表现为体型上的改变，消化器官的退化或消失，某些器官如附着器官的加强等。

1. 对环境适应性的改变

在演化过程中，寄生虫长期适应于寄生环境，在不同程度上丧失了独立生活的能力。对于营养和空间依赖性越大的寄生虫，其自由生活的能力就越弱。寄生生活的历史越长，适应能力越强，对寄主的依赖性就越大。因此与共栖或互利共生相比，寄生虫更不能适应外界环境的变化，因而只能选择性地寄生于某种或某类寄主。寄生虫对寄主的这种选择性称为寄主特异性，实际是寄生虫对所寄生的内环境适应力增强的表现。

2. 形态结构的改变

寄生虫可因寄生环境的影响而发生形态结构的变化。如寄生于肠道和血管的蠕虫多为长形，以适应窄长的腔道；消化道内的寄生虫体表被角质层，能保护虫体免受寄主消化酶的作用。各器官系统的变化体现了用进废退的原则，出现了某些器官发达和某些器官退化或消失的现象。如体内寄生虫多厌氧呼吸，无呼吸器官；多依靠其体壁吸收营养，故消化器官退化，尤其是寄生历史漫长的绦虫，消化器官则退化无遗；由于定居和附着的需要，吸虫和绦虫演化产生了吸盘、吸槽、小钩等附着器官，而神经系统、感觉器官和体表纤毛等均退化。体内寄生虫的生殖器官极发达，产卵力极强，以弥补更换寄主时伴有的大量死亡，是保持虫种生存，适应于自然选择的表现。

5.3.3　寄生虫对寄主的危害

由于各种寄生虫的生物学特性及其寄生部位不同，对寄主的致病作用和危害程度也不一样。概括起来，寄生虫对寄主的危害和影响主要有以下几方面。

1. 机械性损害

寄生虫侵入寄主机体后，在移行过程中和达到特定寄生部位后的机械性刺激，可使寄主的组织、器官受到不同程度的损害，如创伤、发炎、出血、堵塞、挤压、萎缩、穿孔和破裂等。如大量布氏姜片虫或蛔虫聚集于小肠造成肠阻塞；棘球蚴寄生，压迫肝脏、肺脏、肾脏或脑等，引起周围组织机能异常、器官萎缩或坏死等。

2. 掠夺营养物质

寄生虫在寄主体内寄生时，将寄主体内的各种营养物质变为虫体自身的营养，从而造成寄主营养不良、消瘦、贫血和抵抗力降低等。如肠道寄生虫吸取寄主消化道内容物中的营养；组织细胞内的寄生虫吸收寄主组织细胞内的营养；有的则直接吸取寄主的血液（如血吸虫）、淋巴液（班氏丝虫）作为营养。如果寄生的虫数多时，会影响幼龄动物的生长发育，如布氏姜片虫病和日本血吸虫病等。

3. 毒素作用

寄生虫在发育过程中产生有毒的代谢物、分泌物，被寄主吸收后产生毒害作用，特别是对寄主的神经和血液循环系统的毒害作用较为严重。如吸血的寄生虫分泌溶血物质和抗乙酰胆碱类物质，使寄主血凝缓慢，失血量增多，引起贫血。寄生虫的代谢产物和死亡的虫体又都具有抗原性，可使寄主致敏，引起局部或全身变态反应，表现为发热、荨麻疹、哮喘，甚至过敏性休克等。

4. 引入病原微生物

许多寄生虫在寄主的皮肤或黏膜等处造成损伤，给其他病原的侵入打开了门户。寄生虫侵害寄主的同时,可将某些病原性细菌、病毒和原生动物等带入寄主体内,使寄主遭受感染而发病。如华支睾吸虫寄生于胆管内,因继发细菌感染,可引起胆囊炎和胆管炎,甚至肝硬化,并发胆结石。

5.4 扁形动物与人类的关系

5.4.1 寄生性扁形动物的危害

扁形动物中的全部吸虫、绦虫及少数涡虫都营寄生生活。有些种类是人、畜某些严重寄生虫病的病原体,对人类有较大的危害。

5.4.2 科研价值

涡虫是研究再生和发育问题的模式动物。因其神经系统结构和神经递质种类与哺乳动物很接近,目前已成为研究人类药物成瘾机制的在体实验模型。

1. 涡虫再生的研究

关于涡虫再生的细胞来源。实验证明,分布在实质组织中的干细胞是涡虫体内唯一具有增殖分裂活性的细胞,能够产生各种类型的分化细胞,包括生殖细胞和神经细胞。

近年来,发现了一些在涡虫干细胞中特异表达的基因,其中最重要的是 VAS(生殖细胞发生相关基因)的同源基因 *D jvlgA*。VAS 蛋白在生殖细胞中特异性表达,被认为是生殖质的主要成分,在生殖细胞的分化调控中起关键作用。

涡虫上皮细胞可能是再生启动的刺激信号来源。上皮细胞的背腹相互作用可能在启动涡虫再生反应中起重要作用。此外,位置信息不同的涡虫片段相互接触也能诱发再生反应。

涡虫头部被切去后,1 周就能再生出新的头部。因此,涡虫是研究中枢神经系统再生的良好模型。目前,参与涡虫神经再生相关基因的时空表达图谱已被相对清晰地勾勒出来。

涡虫的许多基因与高等动物中相关基因的同源性很高,如涡虫细胞中 3/4 的基因与人类基因相似。涡虫是研究体内干细胞分化调控的良好模型。对涡虫再生机理的研究,有助于阐明高等动物细胞分化调控及神经再生的分子机制,有助于人类深入了解组织缺损修复的机理,可为人类相关疾病的治疗和干细胞应用提供有价值的线索。

2. 涡虫作为模式动物在神经药理学研究上的应用

涡虫神经系统的结构、功能和神经递质与哺乳类的相似。涡虫的神经系统能够表达与脊椎动物相似的神经蛋白,并且具有与哺乳类相同的多种重要的神经递质受体系统,如多巴胺、5-羟色胺、氨基酸类、去甲肾上腺素和阿片肽等。

在大麻素、阿片类物质、苯丙胺和可卡因等药物成瘾及神经药物机理研究中,哺乳类实验模型往往难以研究和定量,因此需要简单和易定量的实验动物模型。研究证明,涡虫具有简单的中枢神经系统,对药物的药代动力学过程更为简单,更容易在各个水平上研究药物作用下的神经系统功能及机制。涡虫对依赖性药物的反应,尤其是戒断反应与哺乳类具有相似之处,反应强弱与药物的剂量、种类和暴露时间相关,并具有易观察和可量化的优点。

另一方面,使用涡虫还可以避免因使用猴子等实验动物所面临的一些伦理问题,并且降低了实验动物成本，具有易繁殖、易饲养和实验操作简单等优点。因此，涡虫在神经药理学、行为药理学和神经毒理学方面成为新的在体动物实验模型。

涡虫的神经药理学研究还开创出一条寻找和验证新的抗依赖性药物的在体动物实验途径。涡虫在寻找和研究戒断药物及缓解戒断综合征药物方面具有十分重要的应用价值。

本章小结

扁形动物是两侧对称、三胚层、无体腔的动物，体型背腹扁平。少数自由生活，多数寄生生活。两侧对称体制和中胚层的出现是动物由水生进化到陆生的重要条件，从扁形动物开始就出现了陆生的种类。自由生活的种类生活在海水、淡水和潮湿的土壤中；寄生种类营外寄生和内寄生生活，有的只寄生于一个寄主，有的有更换寄主的现象。本门某些种类对人或经济动物危害甚大。自由生活的种类体表具有皮肌囊、纤毛和杆状体，适于自由游泳或爬行；寄生种类无纤毛和杆状体，有吸盘或小钩等附着器官，体表具有皮层和皮棘，以保护虫体和抵抗寄主消化酶的作用。肌肉层之内充满了实质，无体腔，无循环、呼吸等系统。消化系统是有口无肛门的不完全消化系统。自由生活的种类消化道多分支(无肠目除外)，寄生生活的种类消化道不发达(吸虫)或完全退化(绦虫)。排泄系统为焰细胞组成的原肾管型。神经系统呈梯状。自由生活的种类感觉器官发达，寄生种类则退化。多数雌雄同体，除生殖腺外，有生殖管和附属腺。体内受精，发育分为直接发育或间接发育。

复习思考题

1. 名词术语：
   两侧对称　皮肤肌肉囊　不完全消化系统　原肾管　梯形神经系统　寄主　中间寄主　终末寄主
2. 概述扁形动物的主要特征，理解其在动物演化上的重要位置。
3. 扁形动物分哪几个纲？各纲的主要特征是什么？列举一些代表动物。
4. 阐述两侧对称体制和三胚层的出现在动物演化上的重要意义。
5. 简述华支睾吸虫、日本血吸虫和猪带绦虫的生活史、危害及防治措施。
6. 总结寄生虫对寄生生活的适应性。

第 6 章 原腔动物

(Protocoelomata)

◆ 内容提要

原腔动物是动物界中比较复杂的类群。本章以线虫动物门的人蛔虫为代表,讲述原腔动物的共同特征;简介原腔动物其他几个门(轮虫动物门、线形动物门、棘头动物门)的基本特征及原腔动物与人类的关系。

◆ 教学目的

掌握原腔动物的基本特征;了解人蛔虫、蛲虫、十二指肠钩虫和丝虫等寄生虫的生活史与综合防治措施;了解线虫、轮虫在科学研究与生产实践上的重要价值。

原腔动物又称假体腔动物(Pseudocoelomata)。主要包括线虫动物门(Nematoda)、轮虫动物门(Rotifera)、线形动物门(Nematomorpha)、棘头动物门(Acanthopcephala)、动吻动物门(Kinorhyncha)、内肛动物门(Entoprocta)和腹毛动物门(Gastrotricha)等 7 个类群。这些类群之间的亲缘关系并不很密切,形态结构上也存在着明显的差异,但都具有三胚层、假体腔和完全消化系统,在进化上是处于同一阶段的动物演化上的分支。

6.1 线虫动物门(Nematoda)

线虫动物门是原腔动物中种类和数目最多的一个类群。已记录的有 16 000 种。线虫分布很广,自由生活种类在淡水、海水和潮湿的土壤中都有,数量极大。农田土壤中每平方米有线虫 1 000 万条,重量可达 10 g 以上。植食性线虫以细菌、单细胞藻类、真菌、植物根及腐败有机物等为食物;肉食性种类取食原生动物、轮虫及其他线虫等。有些种类在动物或植物体内营寄生生活,严重危害人、畜健康,或造成农作物减产,与人类关系密切。土壤线虫和植物线虫大多微小,最小的种类体长只有 200 μm 左右。寄生线虫中,大的体长可超过 300 mm,最长的可达 1 m 以上。

6.1.1 代表动物——人蛔虫(*Ascaris lumbricoides*)

人蛔虫是人体最常见的肠道寄生线虫之一,感染率高,尤其是儿童。各国均有分布,据估计全世界约有 1/4 的人被感染。

6.1.1.1 形态结构

1. 外部形态

人蛔虫全体乳白色,呈长圆柱形,向两端渐细。前端钝圆,顶部的口被1个背唇、2个侧腹唇所围绕,唇瓣内缘有细齿,外缘有乳突(图6-1)。口稍后的腹中线上有一极小且不易见的排泄孔。人蛔虫雌雄异体(图6-2)。雌虫较粗长,200~250 mm,生殖孔开口于体前端腹面的1/3处。雄虫较细短,体后端向腹面弯曲,呈钩状,生殖孔与肛门合并为泄殖孔,有时可见自孔中伸出的交合刺。人蛔虫的表面通常光滑闪光,其中贯穿着四条纵走的体线,背、腹线较细,左右两条侧线较粗。

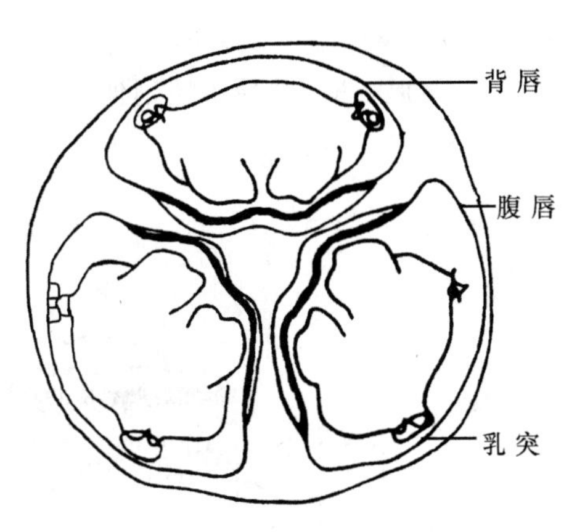

图6-1 蛔虫的前端(引自姜云垒)

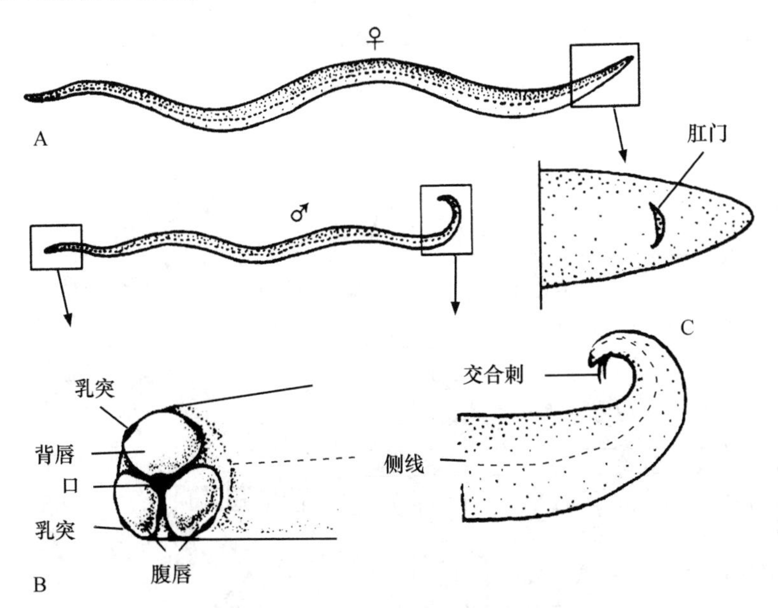

图6-2 蛔虫的外形(引自刘凌云)

A. 雌雄成虫 B. 人蛔虫的前端 C. 雌雄虫后端

2. 体壁及体腔

人蛔虫的体壁由角质膜、表皮和肌肉层构成皮肌囊。角质膜发达(图6-3),位于体壁最外层,为透明的非细胞结构的胶状物质,坚韧富弹性,有保护作用。角质膜内侧为外胚层形成的合胞体(syncytial)结构的表皮层,表皮层在虫体背面、腹面和两侧面的中央,向内加厚突出形成4条体线(图6-4)。背、腹线内有纵行的神经索,两纵行的排泄管贯穿于侧线中。表皮之内仅有一层纵肌细胞,无环肌和斜肌。肌细胞的基部为可收缩的肌纤维,端部为不能收缩的细胞体,发达并突入原体腔(primary coelom)中。原体腔是体壁内侧中胚层和肠壁内胚层之间的空腔,是胚胎期囊胚腔残余部分的保留。原体腔只有体壁中胚层,不具体腔膜和脏壁中胚层,也无肠系膜,是一个密闭的无孔道与外界相通的腔。相对真体腔而言,这种体腔为假体腔(pseudocoelom)。由于它是动物演化过程中最早出现的体腔类型,故称初生体腔(primary coelom)。原体腔内充满体腔液，致使虫体鼓胀饱满，身体难以任意伸缩，只能靠纵肌收缩产生摆动。细胞体部的原生质延伸形成线状，分别连接到背神经索与腹神经索发出的神经上，直接接受神经的支配。

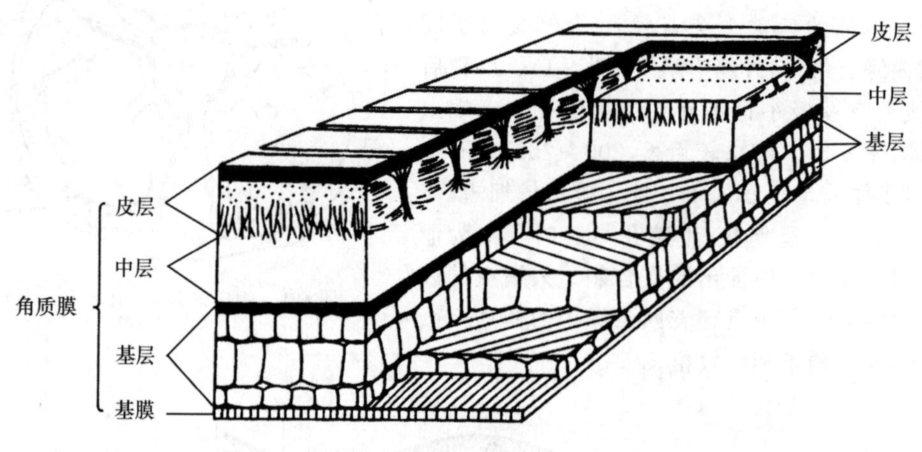

图 6-3 蛔虫成虫的角质膜图解(仿自 A. F. Bird)

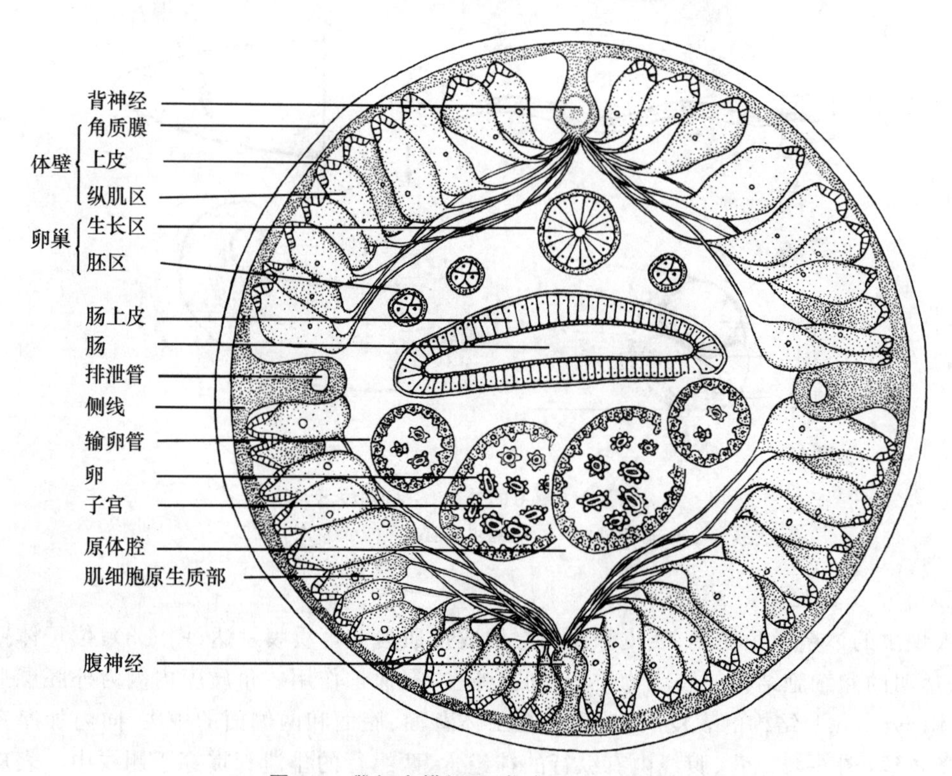

图 6-4 雌蛔虫横切面(仿自 Boolootian)

3. 消化系统

消化管比较简单，为纵贯全身的一条直管，是有口有肛门的完全消化系统，分为前肠、中肠和后肠 3 部分。前肠包括口和咽，口在前部顶端，口后为肌肉质的管状咽，可吸吮寄主肠内的液体。咽后为中肠，由内胚层发育形成的单层柱状上皮细胞构成，基底有基膜，内缘有微绒毛，可增大消化和吸收的表面积。后肠包括直肠和肛门,肛门开口于体后端。蛔虫无消化腺,它摄取的食物是寄主肠内已经消化或半消化的食物,一般可以直接吸收。

4. 呼吸与排泄

人蛔虫生活在含氧量极低的肠腔内,行厌氧呼吸,即借酶的作用,分解体内储存的糖原,以获得能量。厌氧呼吸为寄生线虫的特点之一。

人蛔虫的排泄器官属原肾管型,由一个原肾细胞特化形成,呈"H"形。一对纵行的排泄管分别嵌在两侧线内,在咽头处,由一横管相连,并以一共同的排泄孔开口于体外(图 6-5)。

5. 神经系统

在咽部有一围咽神经环,其向前向后各发出 6 条神经索,其中背、腹部神经索发达,并分别埋嵌在背线和腹线中,相邻的神经索之间有横神经联系,形成圆筒状的梯形(图 6-6)。

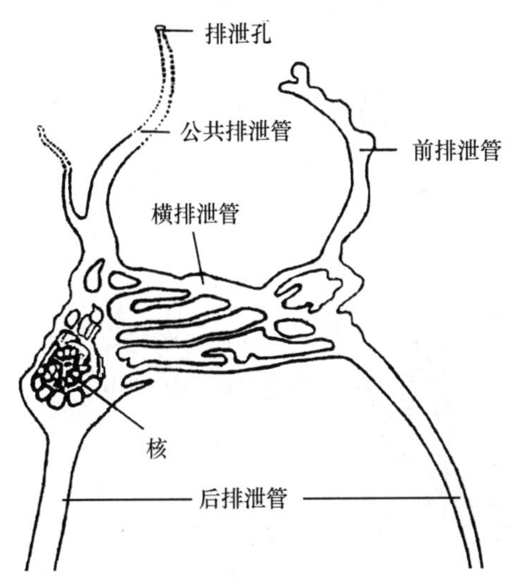

图 6-5 蛔虫的排泄器官(引自姜云垒)

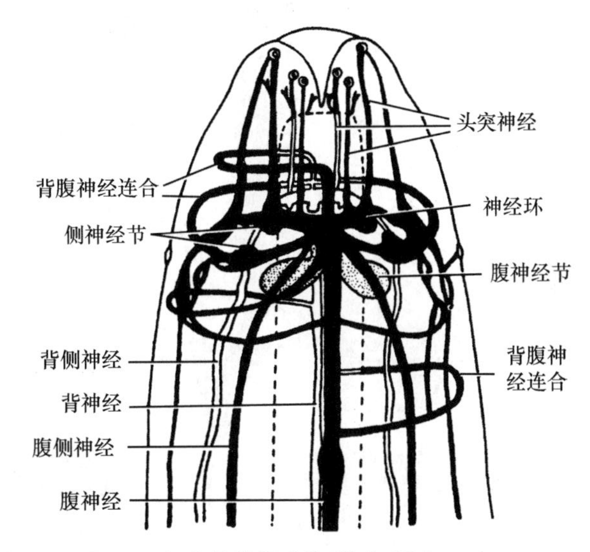

图 6-6 蛔虫的神经系统(仿自 Hickman)

6. 生殖系统

人蛔虫的生殖系统发达,生殖力强,雌雄异体。雌性有一个倒"Y"形的生殖系统,其分支是一对管状卵巢、输卵管和子宫,故称双管型。卵巢和输卵管细,极长,前后盘曲于原体腔内。子宫较粗大,两子宫末端会合成一短的阴道,通过雌性生殖孔开口于体前部 1/3 处(图 6-7)。雄性生殖系统为单管型,即有一条细丝状的精巢,下连输精管,再连贮精囊进入射精管,最后与直肠会合于泄殖腔。在泄殖腔的背面有交合刺囊,交配时能向体外伸出二交合刺,可撑开雌性生殖孔,将精子经阴道排入子宫中。精子与卵子在输卵管末端受精。受精卵充满子宫,估计约有 2 000 万粒。一条雌性蛔虫每日产卵约 20 万粒,繁殖力惊人。受精卵呈椭圆形,外被一较厚的卵壳,壳面有一层凹凸不平的蛋白质膜,可保持水分,防止卵干燥,这种卵在外界可以存活 4～5 年。

6.1.1.2 生活史

人蛔虫为直接发育,其发育过程包括虫卵在外界土壤中的发育和虫体在人体内的发育两个阶段(图 6-8)。蛔虫的生活史中没有中间寄主。受精卵随寄主粪便排出体外,在温暖、潮湿的土壤中经 2～3 周发育为感染性虫卵,内含有经过一次蜕皮的蜷曲幼虫。此卵被人误食后,

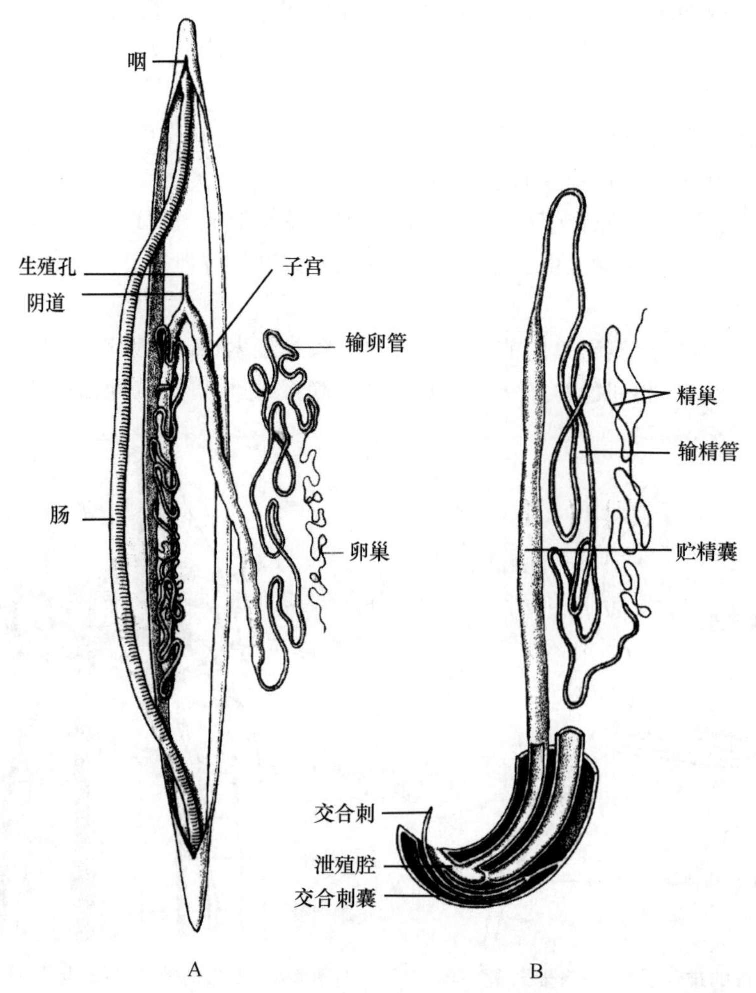

图 6-7 蛔虫的生殖系统(引自刘凌云)

A. 雌虫 B. 雄虫

在十二指肠中孵化,数小时后幼虫即破壳而出,长仅 200～300 μm,直径 10～15 μm。幼虫钻穿肠壁进入血液或淋巴,经血液循环至心脏,再到肺中。在肺泡内生长发育,蜕皮 2 次,此时幼虫长可达 1～2 mm。幼虫再经支气管、气管逆行至咽喉,随吞咽动作再次入胃并到达小肠,经最后一次蜕皮后发育为成虫。从感染到发育为成虫共需 60～70 d。成虫在人体内存活时间通常约为 1 年。蛔虫生活在小肠内,其分泌物中含有消化酶抑制剂,可抑制肠内消化酶而不受侵蚀。

6.1.1.3 危害及防治

人蛔虫成虫以人体肠腔内半消化的食物为食,夺取寄主营养;还可引起小肠黏膜机械性损伤,出现食欲不振、消化不良和腹痛等症状;数量多时,可阻塞肠道或绞缠成团,引起肠梗阻;成虫有钻孔习性,可侵入胆管、胆囊、肝、胃等,引起不同症状,造成危害。国内有人发现,胆结石的核心部分 51.8%存在蛔虫皮或虫卵。幼虫移行过程中,经过肝脏或穿破肺部微血管进入肺泡时,可释放出免疫原性物质,能引起寄主产生变态反应,如痉挛性咳嗽、低热、肺炎等症状;并

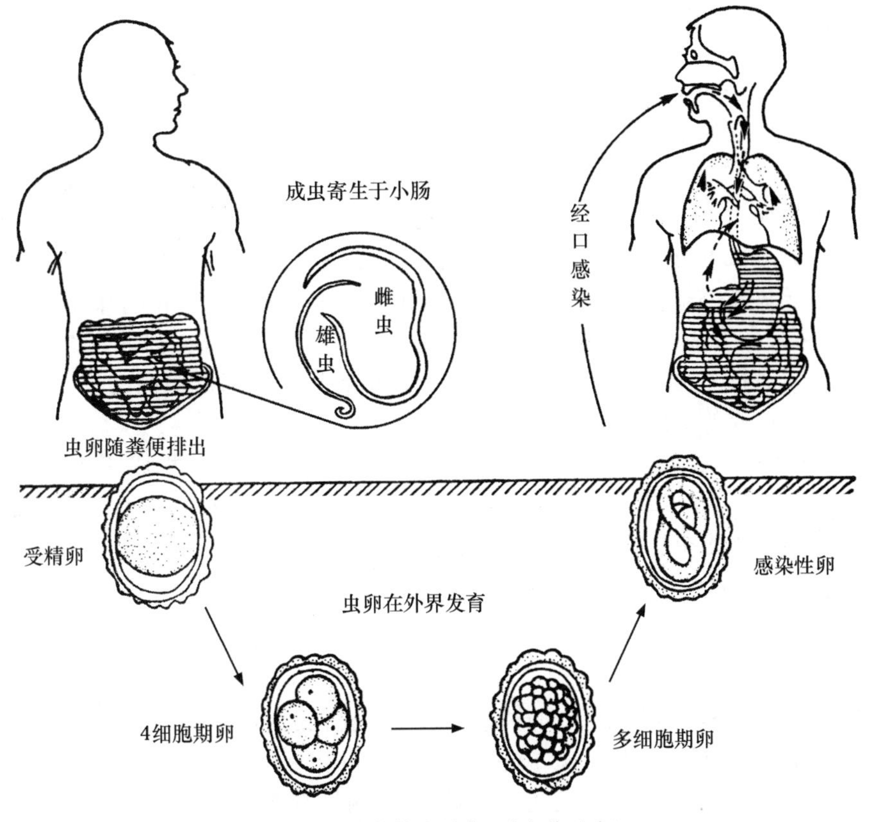

图 6-8 蛔虫的生活史(引自姜云垒)

可在脑、脊髓、眼球、肾等器官中停留,造成严重病症。

应采取综合性措施防治蛔虫病。包括查治病人和带虫者,以控制传染源;处理粪便、管好水源,以切断蛔虫传播途径;加强卫生教育宣传,注意个人卫生,不饮生水,不生食未洗净的蔬菜及瓜果,饭前便后洗手等,以预防感染。

6.1.2 线虫动物门的分类

线虫分类较复杂,一般分为2纲。

1. 无尾感器(腺肾)纲

无尾感器,排泄器官腺型或无,雄虫只有一交合刺,多数营自由生活。可分为嘴刺目和色矛目,如旋毛虫(*Trichinella spiralis*)、韧带线虫(*Ligament nematodes*)等。

2. 尾感器(胞管肾)纲

有尾感器,排泄器官为成对的管型,雄虫具一对交合刺,大多数营寄生生活。可分为小杆目和旋尾目,如小杆线虫(*Rhabditis* sp.)、蛔虫(*Ascaris* sp.)、禽蛔虫(*Ascaridia* sp.)、十二指肠钩虫(*Ancylostoma duodenale*)、班氏丝虫(*Wuchereria bancrofti*)和小麦线虫(*Anguina tritici*)等。

6.1.3 其他几种重要的寄生线虫

6.1.3.1 人蛲虫(*Enterubius vermicularis*)

人蛲虫成体细小,雌虫长 8～13 mm,雄虫长 2～5 mm,乳白色,前端角质膜膨大,形成头翼。成虫寄生在人的盲肠、结肠、直肠等部位,借助头翼和唇瓣的作用,附着在肠黏膜上。成虫交配后,雄虫很快死亡,雌虫夜间到寄主肛门附近产卵,卵被黏附在肛周皮肤上。排卵后雌虫大多也死亡,少数雌虫可由肛门蠕动移行返回肠腔。若进入阴道、子宫、输卵管、尿道或腹腔、盆腔等部位,可导致异位寄生。虫卵在温度、湿度和氧气适宜时,约经 6 h,卵壳内的幼虫发育成熟,并蜕皮 1 次,成为感染期卵。传播途径有逆行感染和自体感染。前者指虫卵在肛门周围孵化,幼虫从肛门逆行入肠发育为成虫;后者特指当患者用手搔抓肛门周围皮肤时,虫卵污染手和衣被等,经口造成的直接传染。

雌虫的产卵活动引起皮肤瘙痒及局部炎症,造成患者烦躁不安、失眠、食欲减退、消瘦、夜间磨牙及夜惊等症状。雌虫在寄主体内的生活期一般为 2 个月左右。预防蛲虫病要讲究公共卫生和个人卫生,以防止相互感染和自身反复感染。

6.1.3.2 十二指肠钩虫(*Ancylostoma duodenale*)

钩虫呈世界性分布。我国华南、华中等地区的四川省为重害区,是严重危害人类健康的五大寄生虫之一。

十二指肠钩虫于 1843 年在意大利首次发现,寄生在人的小肠内,大多生活 1 年左右,也有生活 5～6 年以上者。成体小,雌虫长 10～13 mm,雄虫 8～11 mm。虫体前端和后端微向背侧仰屈,形状似钩。唇片退化,有一发达的口囊,其腹侧缘有 2 对钩齿。雄虫的后端有一发达的交合伞。钩虫体内有头腺,主要分泌抗凝素及乙酰胆碱酯酶。前者具有抗凝血作用,阻止寄主肠壁伤口的血液凝固,有利于钩虫吸血;后者破坏乙酰胆碱,从而影响神经介质的传递,降低寄主肠壁的蠕动,有利于虫体的附着。

成虫寄生于人的小肠内,交配产卵(图 6-9)。卵随寄主的粪便排出体外,钩虫每日排卵量 20 000 个以上。虫卵必须在外界温暖、潮湿、荫蔽、含氧充足的疏松土壤中才能孵出幼虫。幼虫在土壤的表层自由生活,经杆状蚴和丝状蚴发育为感染性幼虫,直接从皮肤侵入人体,进入血管。它们在人体内移行的过程与蛔虫相似,在移行过程中经过蜕皮,然后在人体肠内寄生,发育为成虫。

感染性蚴钻入皮肤后,引起脚趾、手指间等皮肤较薄处皮炎,奇痒。移行至肺,穿破微血管进入肺泡时,引起局部出血及炎症病变。钩虫对人体的危害主要是成虫的吸血活动。钩虫以口囊吸附肠壁,借钩齿咬破肠黏膜,甚至可深及肠壁肌层,并分泌抗凝剂,使咬附伤口不易凝血。每条钩虫每日可导致人体失血 0.14～0.40 mL,造成患者长期慢性失血。成虫引起的钩虫病又称黄肿病,患者因严重贫血而呈现出皮肤蜡黄、眩晕、乏力、浮肿,甚至心力衰竭等症状。因铁被耗损,某些患者可出现嗜异物癖,喜食生米、泥土和煤炭等。

钩虫卵及幼虫在外界的发育需要适宜的温度、湿度及土壤条件,钩虫卵在深水中不易发育,故钩虫病的流行与旱地作业有关。加强粪便管理,是切断钩虫传播途径的重要措施;改善耕作方法,避免赤手赤脚劳作,加强个人防护,也可减少感染机会。

6.1.3.3 丝虫

丝虫病呈世界性分布,尤其在热带及亚热带地区最常见。丝虫也是我国五大寄生虫之一。

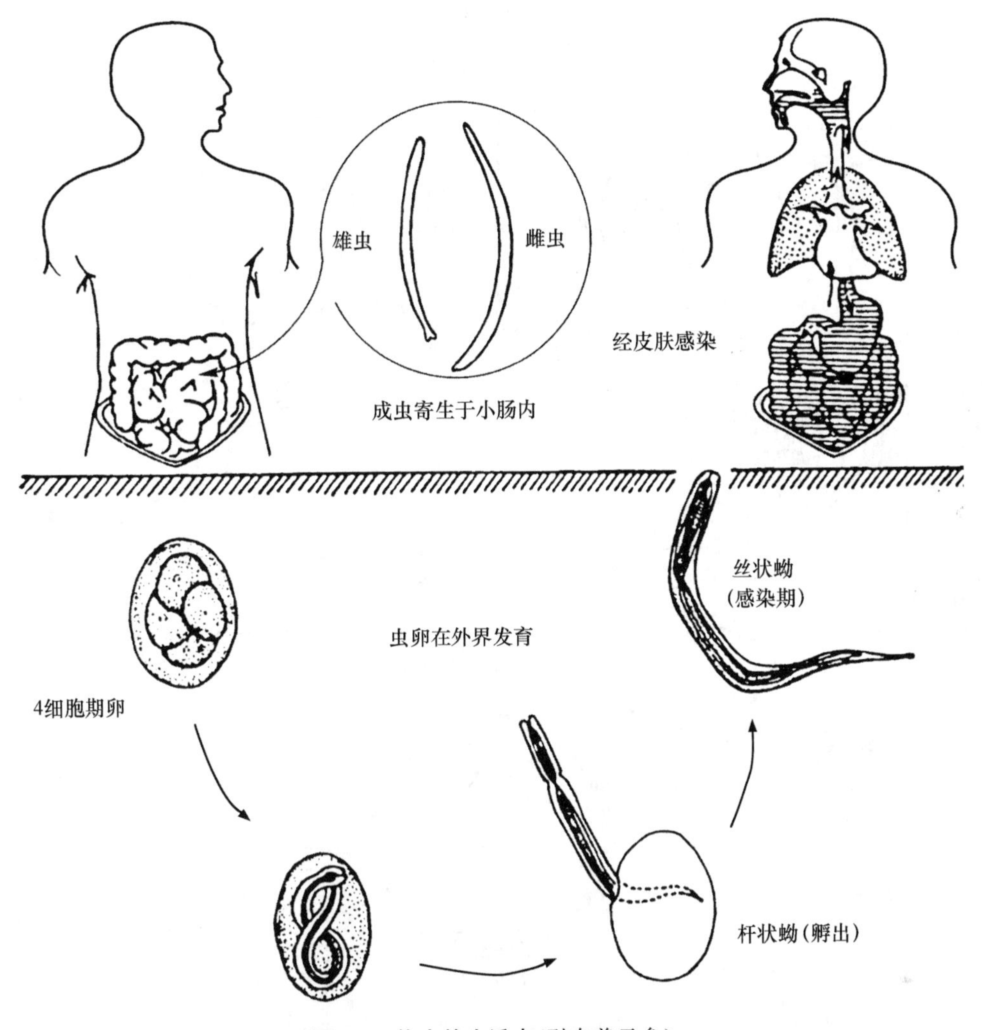

图 6-9　钩虫的生活史(引自姜云垒)

在我国主要的丝虫有班氏丝虫(*Wuchereria bancrofti*)和马来丝虫(*Brugia malayi*)。

成虫寄生在人的淋巴系统内。班氏丝虫多寄生于深部淋巴系统中,马来丝虫多寄生于上、下肢浅部淋巴系统,且两种丝虫均可异位寄生。两种丝虫的形态和构造也相似,班氏丝虫略粗长些,虫体乳白色,细长丝状,体表光滑。头端呈球形膨大,口在头顶正中,周围有两圈乳突。雄虫尾端卷曲,泄殖腔周围有数对乳突,具交合刺。雌虫大于雄虫,其体长较雄虫长 1 倍以上,雌虫尾端直。生殖系统为双管型,子宫粗大,内含大量卵细胞,几乎充满虫体。

成虫交配后,雌虫以卵胎生方式产出微丝蚴。微丝蚴体细长,头端钝圆,尾端尖细,随淋巴循环进入血液。白天在内脏血管中,夜间则移至体表微血管中,可在人体内生活 2 周以上。当蚊吸血时,微丝蚴可随血液进入蚊体,并在蚊体内蜕皮发育为丝状蚴,这是具有感染性的幼虫。丝状蚴集中于口器,当蚊再吸人血时,丝状蚴钻入人皮肤,移行至大淋巴管及淋巴中寄生而发育为成虫(图 6-10)。

丝虫病患者出现周期性丝虫热、乳糜尿和象皮肿等症状。象皮肿是因淋巴炎症反复发作致使淋巴管壁增厚,管腔缩小或阻塞,加上死亡的成虫堆积,使淋巴循环受阻,在肢体或生殖器

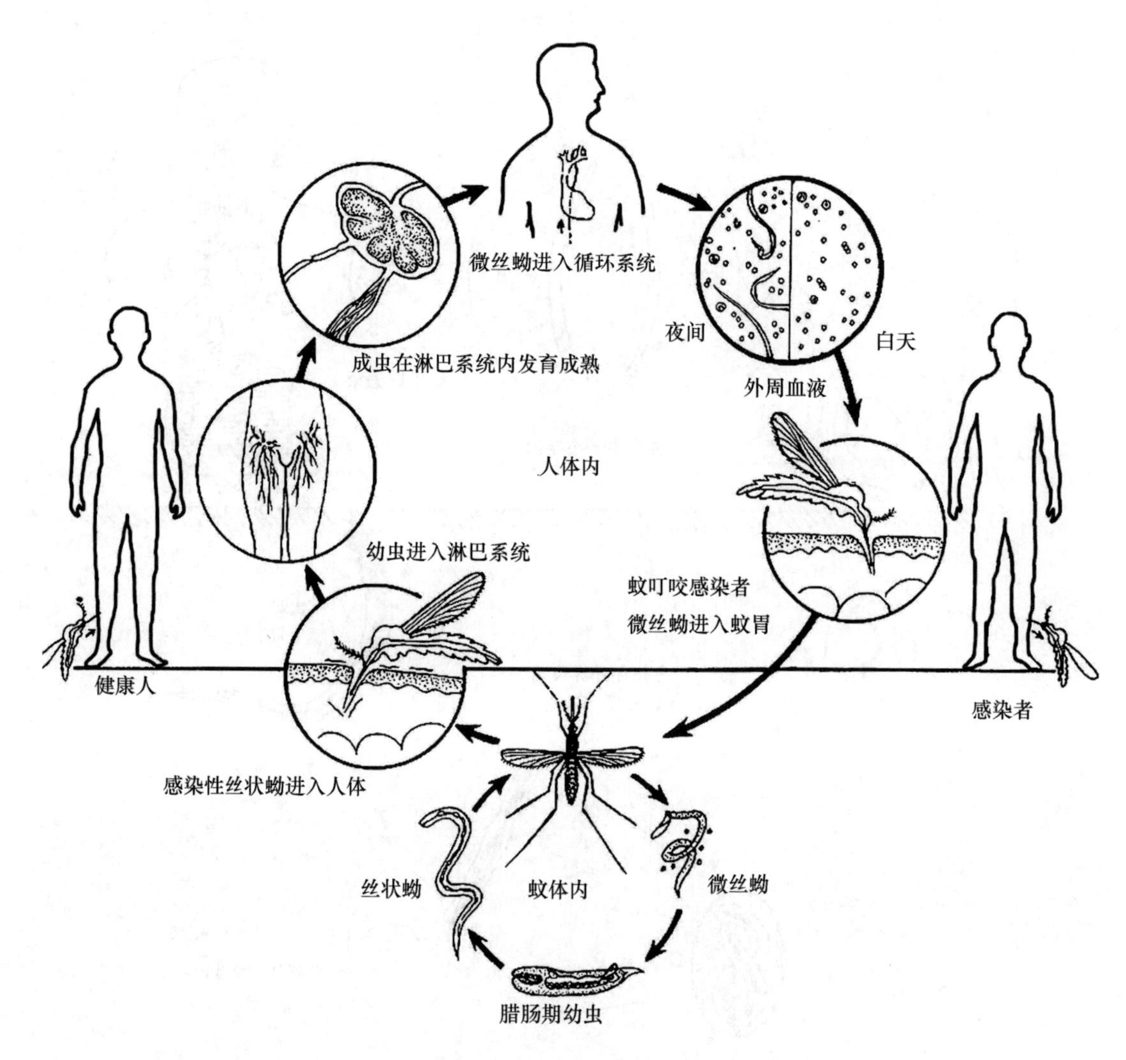

图 6-10　丝虫的生活史(引自李雍龙)

官上形成可怕的膨大。

血中有微丝蚴的带虫者及病人都是丝虫病的传染源。我国传播丝虫病的蚊媒有 10 多种,主要传播媒介为淡色库蚊和致倦库蚊,次要媒介有中华按蚊等。在丝虫病防治工作中,普查普治和防蚊灭蚊是两项主要措施。

6.1.3.4　小麦线虫(Anguina tritici)

小麦线虫是常见的植物线虫,寄生在小麦上,可侵害所有的小麦品种。成虫体小,仅长 3～4 mm,雌虫向腹侧弯曲盘绕,较雄虫粗大。口孔上有 6 个突出的唇片,其后是口腔。口腔内有一个针刺状的口针,口腔下面是很细的食道。食道的中部可膨大成食道球,食道的后端常有 3 个食道腺,食道通中肠,后连直肠和肛门(图 6-11)。

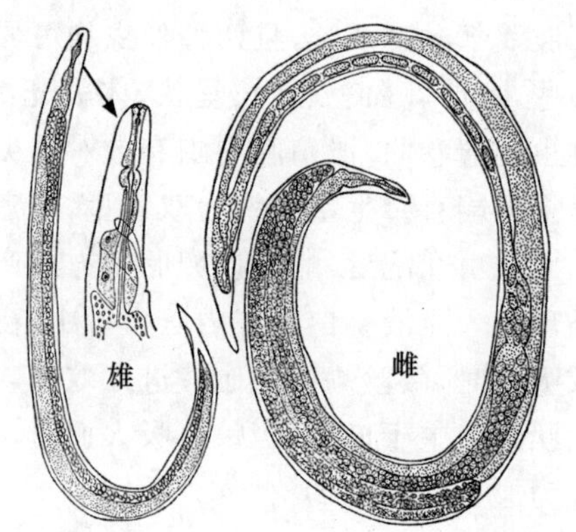

图 6-11　小麦线虫(引自姜静波)

小麦线虫寄生在小麦麦穗上，使麦粒形成虫瘿，其内有数千条小麦线虫的幼虫。虫瘿混在麦粒中播入土内，幼虫逸出后侵入麦苗，先在叶腋间聚集为害，使小麦发育不良，严重时不能抽穗或死亡。当小麦抽穗时，即侵入子房，迅速发育长大为成虫，子房即变成虫瘿，使麦粒不能结实。雌雄虫在子房内交配产卵，每一雌虫可产卵 2 000 个左右。卵在虫瘿内孵出幼虫，蜕皮 2 次，进入休眠期。在干燥条件下，幼虫在虫瘿内可生活 10 年以上。次年虫瘿随小麦播入土壤中，再侵害小麦植株。小麦线虫寄生会使小麦严重减产。

6.2 其他原腔动物

6.2.1 轮虫动物门(Rotifera)

轮虫体微小，与原生动物大小相似，一般种类为 100～500 μm，最小的只有 40 μm 左右，最大的可达 4 mm。轮虫以细菌、原生动物、藻类、有机质碎屑等为食，广泛分布于湖泊、池塘、江河、近海等各类淡、咸水水体中，甚至潮湿土壤和苔藓丛中也有它们的踪迹。淡水轮虫多生活在浅水水域，以底栖为主，也有浮游种类，为淡水浮游动物的主要类群之一。自然界中有 2 000 多种，我国记录的有 252 种，常见轮虫的 10 种(图 6-12)。

轮虫的身体多为纵长形，一般分为头、躯干和尾 3 部分。头部较宽，具有由 1～2 圈纤毛组成的头冠(corona)或轮盘(trochal disc)，这是轮虫的形态特征之一。头冠上的纤毛不停地摆动，有游泳和摄食功能，因形似车轮，故称轮虫(图 6-13)。有些种类头冠上的纤毛特化成粗壮的刚毛，有感觉作用。体被角质膜，常在躯干部增厚，称为兜甲，其上往往形成刺或棘。一些部位的角质膜因硬化程度不同而形成环形的折痕，形似体节。当身体收缩时，前后端的节可向中部缩入，如套筒状。尾部又称足，由躯干部向后逐渐变细形成，长筒状。足内具足腺，借其分泌物可黏附于其他物体上。足末端一般有 1 对趾，有的种类有 3 趾或 4 趾，趾在爬行时有固着于底层的作用。少数浮游种类无足。

轮虫的咽部特别膨大，肌肉发达，又称咀嚼囊(mastax)。咽内具咀嚼器(trophi)，这也是轮虫的典型特征之一。咀嚼器形式多样，为分类的重要依据。它是由角质膜硬化形成的多块坚硬的咀嚼板构成。咀嚼器不停地运动，可磨碎食物。

轮虫为雌雄异体，但雄性个体不常见，且体小，仅有雌性个体的 1/8～1/3，寿命短。有些种类从未发现过雄性个体。在环境条件良好时，轮虫营孤雌生殖，即雌轮虫产的卵不需受精，称非需精卵，其染色体为双倍体，卵成熟时不经减数分裂，可直接发育为雌性个体，称为非混交雌体。当环境条件恶化时，孤雌生殖产生混交雌体。混交雌体产生的卵成熟时经减数分裂，卵的染色体为单倍体，称需精卵。体内受精，受精卵分泌一层较厚的卵壳，可以抵御不良环境，称休眠卵。当外界条件好转时，发育成非混交雌体，继续进行孤雌生殖。如需精卵未能受精，则发育成雄性个体(图 6-14)。轮虫的非混交雌体每年出现数十代，而混交雌体每年只出现 1～2 代。食物和种群密度都影响产生混交雌体的比例，如轮虫摄入维生素 E 及种群密集情况下，可产生混交雌体。轮虫这种周期性孤雌生殖与环境有着密切的关系，是对环境周期性变化的一种适应性。

有些轮虫还有一种奇异的特性——隐生(cryptobiosis)。即当生活环境条件恶化时，如水

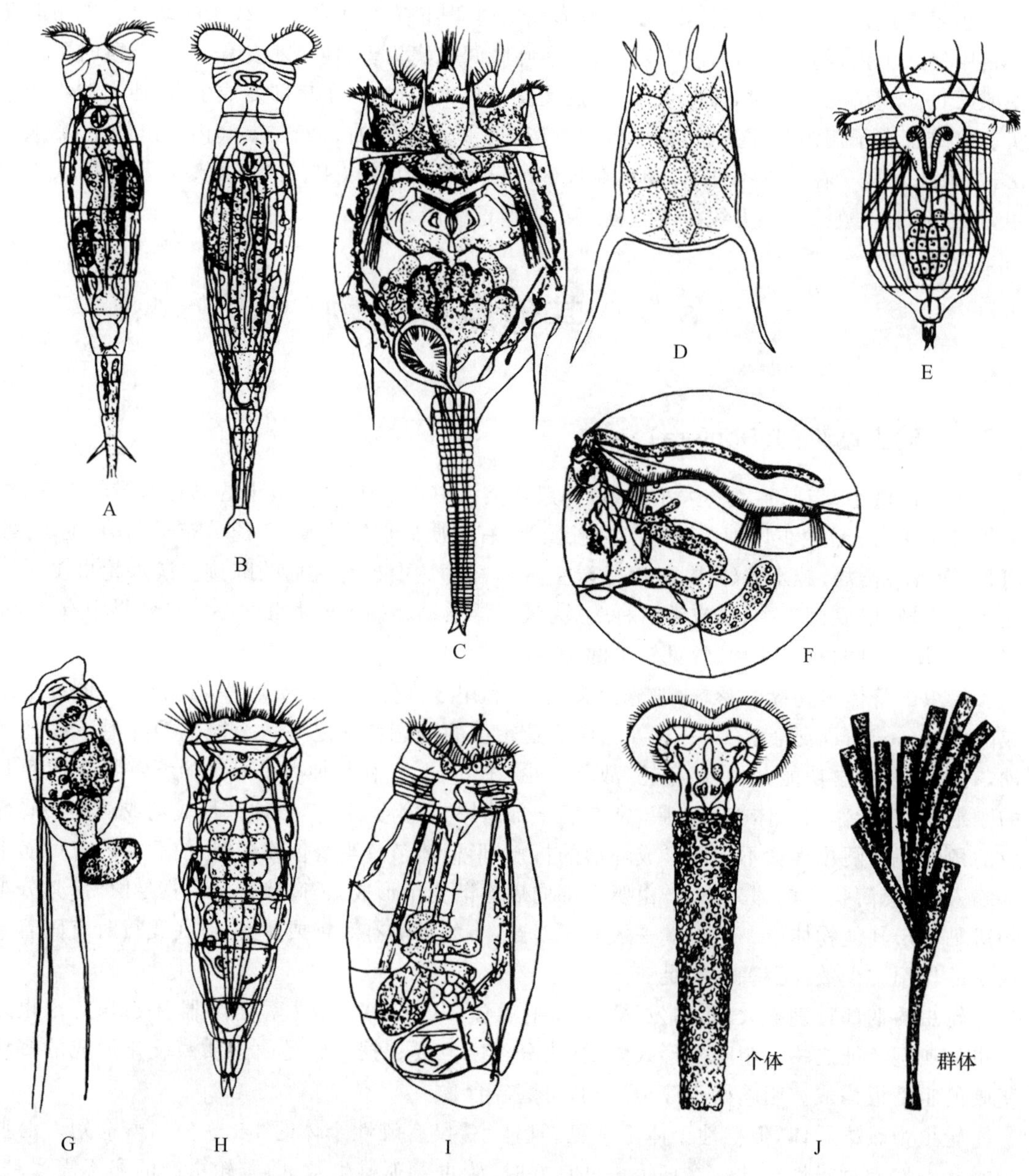

图 6-12　常见轮虫(引自王家楫)

A. 转轮虫　B. 红眼旋轮虫　C. 萼花臂尾轮虫　D. 矩形龟甲轮虫　E. 长圆疣毛轮虫　F. 至点球轮虫　G. 迈氏三肢轮虫　H. 椎尾水轮虫　I. 盖氏晶囊轮虫　J. 金鱼藻沼轮虫

体干枯等,轮虫的身体失去大部分水分,高度蜷缩,进入假死状态,能抵抗干燥的环境几个月至几年。再入水后,即能复活。已有记录显示,隐生动物抗 150～200 ℃的高温可达几分钟至几天,短时间接近绝对零度仍能复苏。

轮虫分布广,繁殖快,种群数量大,是天然水体中鱼虾蟹的重要饵料。在水产动物的育苗阶段更是有着极其关键的作用。随着鱼、虾、蟹育苗业及养殖业的发展,轮虫作为优质活饵料的用量越来越大,有关轮虫培育技术的研究也很多。目前,在培养轮虫的饵料选择、最佳培养

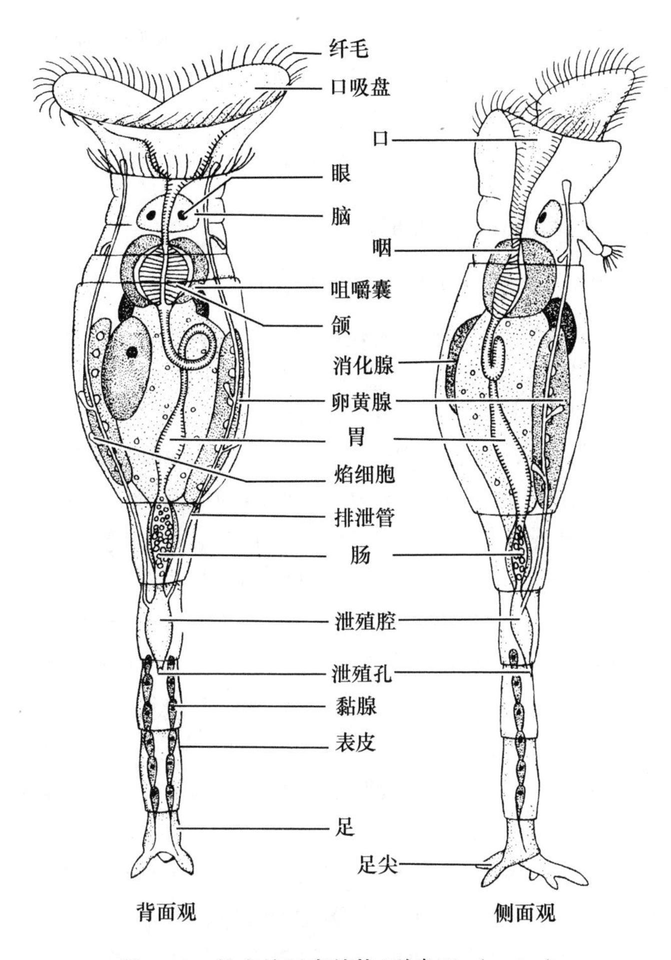

图 6-13　轮虫的形态结构(引自 Boolootian)

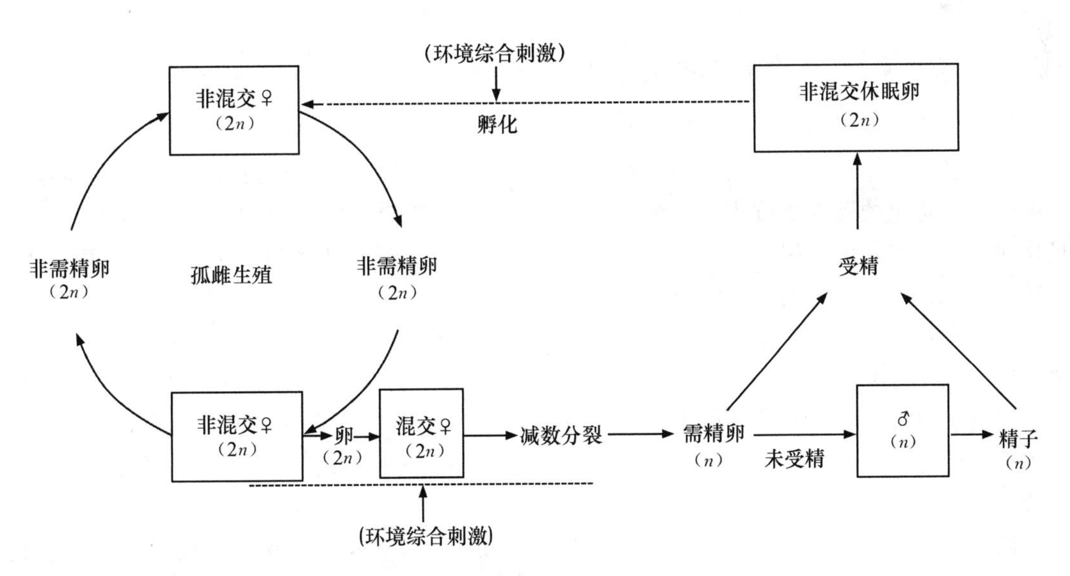

图 6-14　轮虫的生活史(引自刘凌云)

条件的摸索、轮虫高密度培养、休眠卵利用、轮虫营养强化技术等方面的研究都取得了较大的进展。由于轮虫的休眠卵可在低温、干燥条件下长期储藏,适合长途运输等优点,因此,可集中生产和销售休眠卵,由育苗单位自行培育和生产轮虫,实现轮虫培育的产业化。为此,需要研发轮虫的高密度培养系统和休眠卵的生产系统,以期稳定地生产轮虫及其休眠卵。

6.2.2 棘头动物门(Acanthocephala)

棘头动物全部为内寄生种类,寄生在脊椎动物的肠管内,有 1 100 多种。体呈圆筒形或稍扁平,大小差异很大,长 1～100 cm 不等,一般长为 20 cm 以下。体前端有一能伸缩的吻,可缩入吻鞘内。吻上具有许多倒钩,为附着器官,钻入寄主肠内后可钩挂在肠壁上,故称棘头虫。体表具角质膜,上皮为合胞体,其内贯穿着复杂的腔隙系统,是储存营养之处。上皮内为环肌和纵肌组成的肌层,这点与线虫等显然不同。棘头动物为原体腔,不具口和消化管,以体表吸收寄主肠内的营养物质。如有排泄器官,则为 1 对纵行的原肾管。吻鞘腹侧有一神经节,由此发出神经至身体各部。雌雄异体,其生殖器官结构特异。雄虫有精巢 1 对及输精管、阴茎和雄性生殖孔;雌虫有卵巢 1 个或 1 对,体后有一特殊的子宫钟。子宫钟为一肌肉性漏斗形管,上有 2 对孔,前一对通原体腔,后一对孔扁,通阴道。未成熟卵不能通过后一对孔,而经前一对孔又回到原体腔内。成熟的卵才可通过后一对孔,经阴道由雌性生殖孔排出体外。卵被中间寄主(昆虫、甲壳类动物等)吞食,在其体内发育,当终末寄主吞食中间寄主时即被感染,在肠管内发育为成虫。

常见的棘头动物为寄生在猪小肠内的猪巨吻棘头虫(*Macracanthorhychus hirudinaceus*),是最大的一种棘头虫,雌虫长 65 cm,雄虫长 15 cm。猪及野猪是其主要终末寄主,金龟子的幼虫蛴螬是其中间寄主。猪吞食蛴螬而被感染。猪巨吻棘头虫以吻固着于肠壁上,发育为成虫(图 6-15)。成虫以其头部吻突和倒钩侵入回肠壁,导致局部肠壁炎症及溃疡,也可引起肠穿孔,甚至出现肠梗阻或肠穿孔引起的急性腹膜炎。棘头虫寄生会影响猪的生长发育,严重时可致猪死亡。

6.2.3 线形动物门(Nematomorpha)

线形动物体呈线形,细长,一般长 0.3～1 m,直径只有 1～3 mm。体被较硬的角质膜,其下为上皮,细胞界限清楚,上皮内为纵肌。消化管在成体和幼体中均退化,常无口,不能摄食,以体壁吸收寄主的营养物质。肠壁为单层细胞的上皮,在组织学上与昆虫的马氏管相似,可能具排泄功能。消化管后端与生殖导管相连,形成泄殖腔,具有角质膜衬里。无排泄系统。雌雄异体,雄体较小,末端有别,如铁线虫雄虫末端分 2 瓣,雌虫为一个圆。

线形动物的成虫生活在河流、池塘等淡水中。多在春季交配,产卵于水中,卵黏成索状。孵出的幼虫有能伸缩的具刺的吻,可借以运动。幼虫钻入寄主体内或被寄主吞食,即营寄生生活。寄生于螳螂、蝗虫、龙虱等昆虫类的血腔内,逐渐发育为成虫。成虫离开寄主,在水中营自由生活。如寄主身体过小,幼虫即停止发育,当这个寄主被更大的寄主吞食,可在新寄主体内继续发育。

已知的线形动物约有 325 种。常见种类如铁线虫(*Gordius aquaticus*)(图 6-16),成虫长 10～30 cm,直径 0.3～2.5 mm,像一团生锈的铁丝。幼虫寄生在蝗虫、螳螂体内,当这些昆虫落入水中,成虫即离开寄主,营自由生活。

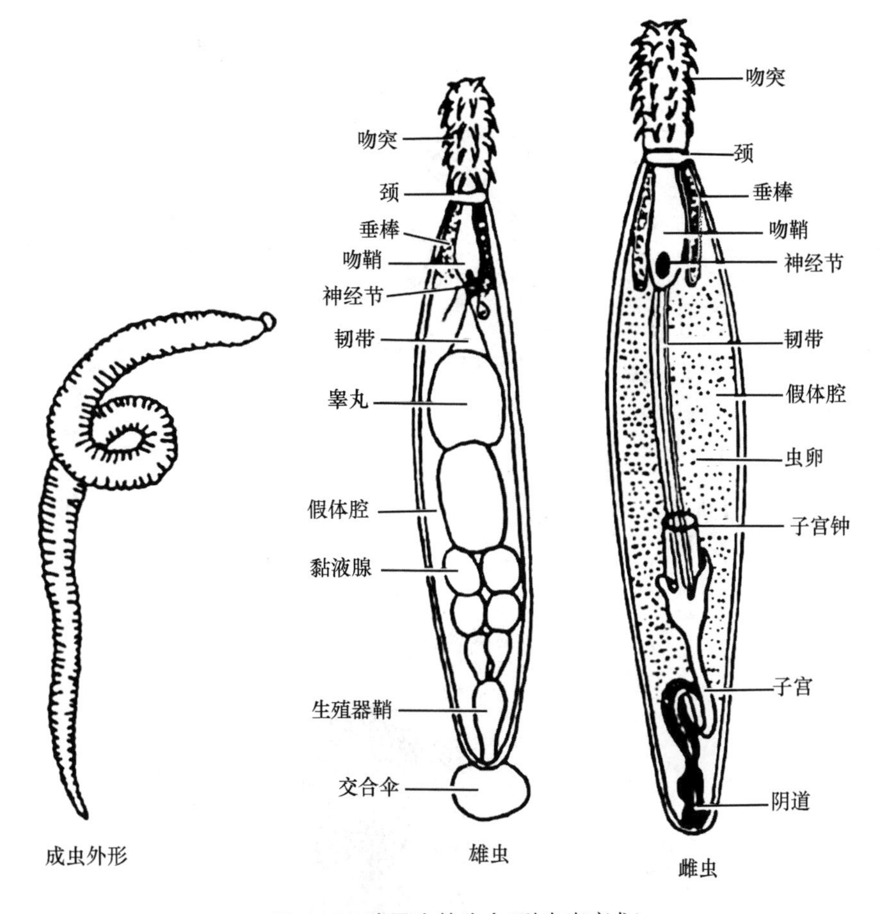

图 6-15 猪巨吻棘头虫(引自李雍龙)

6.2.4 腹毛动物门(Gastrotricha)

腹毛动物是一类身体微小的水生动物,多数生活于海洋中。已知约 500 种。腹毛动物体呈圆筒状,长 0.1～1.5 mm,但一般都小于 0.6 mm,最长可达 4 mm。体被角质膜,背面略隆,其上常见有刚毛、鳞片、棘等,有感觉作用。腹面平,具有若干纵行或横排纤毛,故称腹毛动物,借纤毛摆动可游泳或爬行。

腹毛动物的上皮为合胞体,其下纵肌成束。原体腔。消化管完整,口位于身体的前端,周围有长纤毛束或棘毛丛司感觉。肛门在体后端腹面。体末分两叉,叉的端部有黏腺开口,黏腺的分泌物有黏附作用。排泄器官为原肾管,位于消化管中部两侧,排泄孔开口于腹面中央。有些种类无原肾管,具有腹腺。一对脑神经节位于咽的前端,一对侧神经与之相连。绝大多数雌雄同体,进行有性生殖。大多数淡水种类的精巢退化,营孤雌生殖。

淡水中常见种类如鼬虫(*Chaetonotus* sp.)(图 6-17),海产的如头趾虫(*Cephalodasys* sp.)、大趾虫(*Macrodasys* sp.)及尾趾虫(*Urodasys* sp.)等。

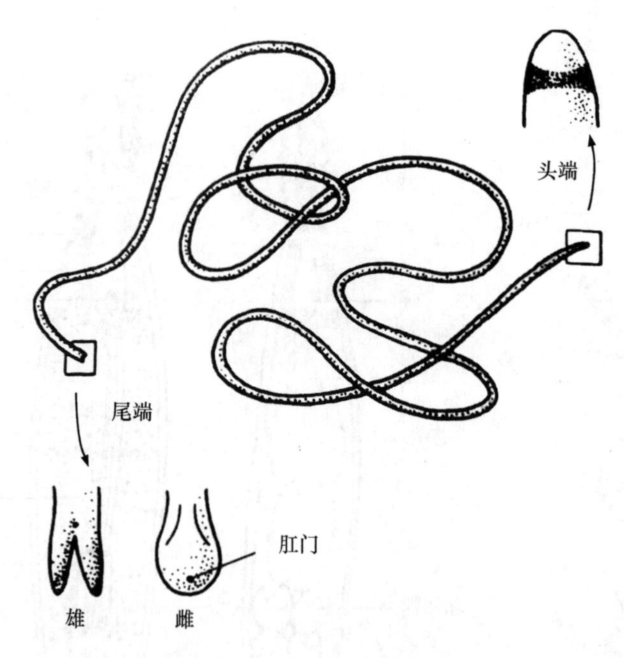

图 6-16 铁线虫(仿自刘凌云)

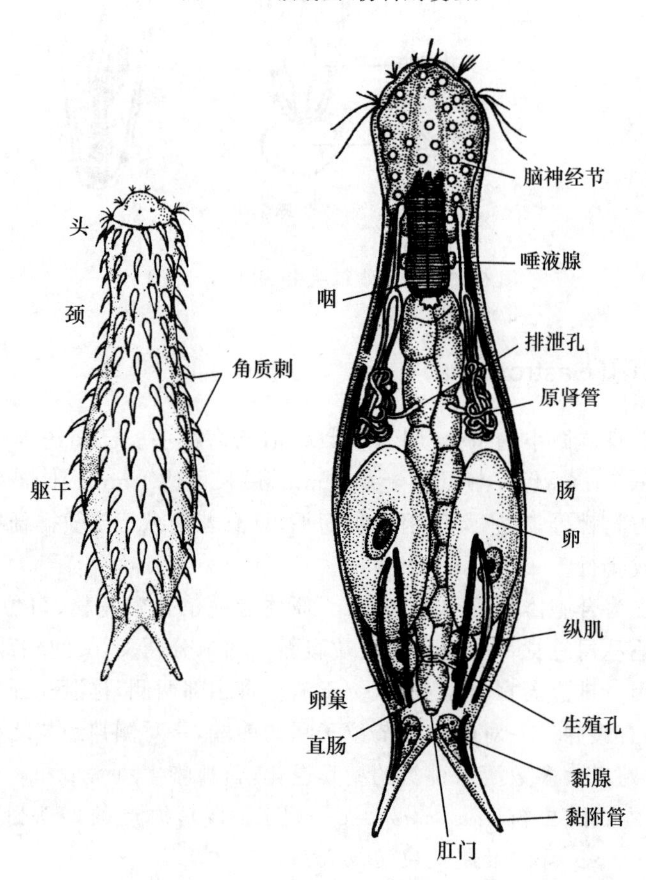

图 6-17 鲺虫的外形及内部构造(引自刘凌云)

6.3 原腔动物与人类的关系

6.3.1 在农林水产业方面的应用

原腔动物与人类的关系十分密切,有许多是农业害虫(如蝗虫、蝼蛄、金龟子幼虫等)的寄生虫,能在一定程度上控制害虫的生物量。土壤中聚居的线虫,是组成土壤生物的主要成分,常以腐败的有机物质为营养,在提高土壤肥力方面有很大的作用。多数轮虫以水中的原生动物、藻类和食物碎屑为食,有净水的作用。轮虫又是鱼类的优良饵料,是淡水食物链的重要组成部分,在渔业生产上有较大的应用价值。

英国学者在对土壤线虫的研究中发现,不同的土壤环境中线虫种类有明显的差别,如果土壤环境遭到破坏,则线虫的类群也发生明显的变化。因此,线虫可作为土壤环境质量监测的指示生物。轮虫也是水域或土壤的指示生物,在环境监测和生态毒理研究中被普遍采用。

6.3.2 在科学研究方面的价值

线虫卵孵化后,除生殖系统外,细胞分裂一般停止,其细胞核或细胞的数目不再增加。故线虫可作为发育生物学的理想研究材料。由于秀丽小杆线虫(*Caenorhabditis elegans*)具有体小(成虫全长只有约 1 mm)、透明、体细胞数目恒定且数量少(雌雄同体的成虫体细胞为 959 个)、生活周期短(从出生到性成熟的全过程只有 3.5 d)、易培养以及能冻存复苏等特点,它已成为生命科学领域许多方面深入研究的重要模式动物,成为研究个体发生的良好材料。Sulston 通过活体观察线虫的胚胎发育和细胞迁移途径,于 1983 年完成线虫从受精卵到成体的细胞谱系,是发育生物学史上具有里程碑性的发现,随后秀丽线虫在胚胎发育、性别决定、细胞凋亡、行为与神经生物学等方面研究中得到广泛应用。其中 Brenner,Sulston 和 Horvitz 因在线虫的遗传与发育方面的成就,获得 2002 年诺贝尔医学或生理学奖。1998 年,华盛顿卡耐基研究院的 Andrew Fire 和马萨诸塞大学医学院的 Craig Mello 在研究秀丽小杆线虫时发现了 RNA 干扰机制,并因此获得 2006 年诺贝尔生理学医学奖。RNA 干扰是生物体内普遍存在的一种古老的生物学现象,由双链 RNA 介导和特定酶参与引起特异性基因沉默,在转录水平、转录后水平和翻译水平上阻断基因的表达。该项技术在基因治疗方面有广阔的应用前景,如抑制肿瘤细胞的生长与转移,抗器官移植排斥反应,抗病毒以及药物的靶向筛选等方面。

6.3.3 寄生线虫的危害

许多寄生性原腔动物严重危害人、畜禽和其他经济动物以及农作物。蛔虫病、蛲虫病、丝虫病和钩虫病都是世界性的流行病,给人类带来很大的危害。植物寄生线虫,可破坏农作物的正常发育,降低其产量和质量,使农业生产遭受损失。全世界每年因线虫危害给粮食和纤维作物造成的经济损失高达 1 000 亿美元。甜菜胞囊线虫、马铃薯金线虫和根结线虫等都曾引起严重的植物线虫病害。近年来,松材线虫已传入我国并在江苏、安徽、山西等省蔓延,给一些松树树种带来毁灭性危害。

本章小结

假体腔动物相互之间亲缘关系不明确，外部形态差异很大，但都具有3个胚层，体壁和消化道之间具有假体腔。另外，它们有完整的消化道，排泄系统仍属原肾型，无循环和呼吸系统。人蛔虫、蛲虫、十二指肠钩虫、丝虫、小麦线虫和猪巨吻棘头虫等寄生虫对人类有较大的危害。秀丽小杆线虫因其特性已成为生命科学研究的重要模式动物。轮虫是天然水体中鱼、虾、蟹的重要饵料，在水产动物的育苗实践中具有重要作用。

复习思考题

1. 什么是假体腔？假体腔动物的共同特征有哪些？
2. 简述人蛔虫、钩虫、丝虫和蛲虫的生活史及预防感染的措施。
3. 概述原腔动物与人类的关系。

第7章 环节动物门

(Annelida)

◈ 内容提要

环节动物是高等无脊椎动物的开始，身体分节，具有疣足和刚毛等运动器官，首次出现真体腔、循环系统和后肾管型排泄系统，从而使各种器官系统的结构和机能都有显著的进步和发展。本章主要介绍环节动物门的主要特征，各纲代表动物的形态结构和生活习性，并简介环节动物与人类的关系。

◈ 教学目的

掌握环节动物的基本特征；理解同律分节、异律分节、真体腔、闭管式循环、后肾管型排泄系统、链状神经系统等概念；熟悉各纲代表动物；了解本门动物的经济意义与研究现状。

7.1 环节动物门的主要特征

环节动物的身体结构和生理功能在蠕虫类的进化上达到了高度发展和完善的程度，是高等无脊椎动物的开始，在动物演化中占有重要位置。其身体分节，具真体腔，出现了闭管式循环系统，用后肾管排泄，神经系统也更加集中。常见的蚯蚓、蚂蟥、沙蚕等均属于环节动物，绝大多数自由生活，一般生活在海洋、淡水和潮湿的陆地土壤中。

7.1.1 身体分节

环节动物的身体由许多彼此相似且重复排列的体节构成，称分节现象(metamerism)。身体分节促进了动物机体的形态结构与生理机能向高级水平分化和发展，是无脊椎动物进化过程中的一个重要标志。它不仅外部形态，而且其循环、排泄、神经等内部器官均按体节重复排列，包括同律分节(homonomous metamerism)和异律分节(heteronomous metamerism)。大多数环节动物的各个体节，外部形态和内部结构基本相同，称为同律分节。当动物体各体节的形态结构进一步分化，不同功能的内脏器官集中于一定体节且完成不同的生理功能时，同律分节进化为异律分节，为动物分化出头、胸、腹各部奠定结构基础。身体分节使动物对外界的感觉和反应更加灵敏迅速，故对动物取食、避敌、适应环境和种族延续等都具有重要意义。

7.1.2 首次出现了真体腔

环节动物体壁与消化管之间的广阔空腔为体腔。相比假体腔，其肠壁和体壁上都有中胚层发育的肌肉层和体腔膜,还出现了与体壁相连的肠系膜以及与体外相通的孔道,故称真体腔(true coelom)。环节动物的真体腔由裂体腔法形成,即胚胎发育早期的中胚层细胞形成左、右两团中胚带,裂开后逐渐发育而成,故称裂体腔。其内侧中胚层附着在内胚层外面,分化成肠壁肌肉层和脏体腔膜,与肠上皮共同构成肠壁;外侧中胚层附着在外胚层内面,分化为体壁肌肉层和体壁体腔膜,与体表上皮共同构成体壁。环节动物的真体腔由上皮依体节隔成一个个的小室,彼此有孔道相通,而各小室通过排泄管或背孔与体外相通。由于真体腔是继初生体腔之后出现的,故称次生体腔(secondary coelom)。次生体腔内充满流动的体腔液,既能辅助物质运输,也可维持动物形态,同时与体节的伸缩有密切关系。

次生体腔的出现和中胚层的分化密切相关,是动物结构在进化过程中的重要发展,促进了消化、排泄系统的完善,推动了闭管式循环系统的产生。真体腔的出现还为身体出现分节现象提供了基础,使动物体的结构进一步复杂化,各种机能更趋完善,是动物向更高等阶段发展的重要前提(图 7-1)。

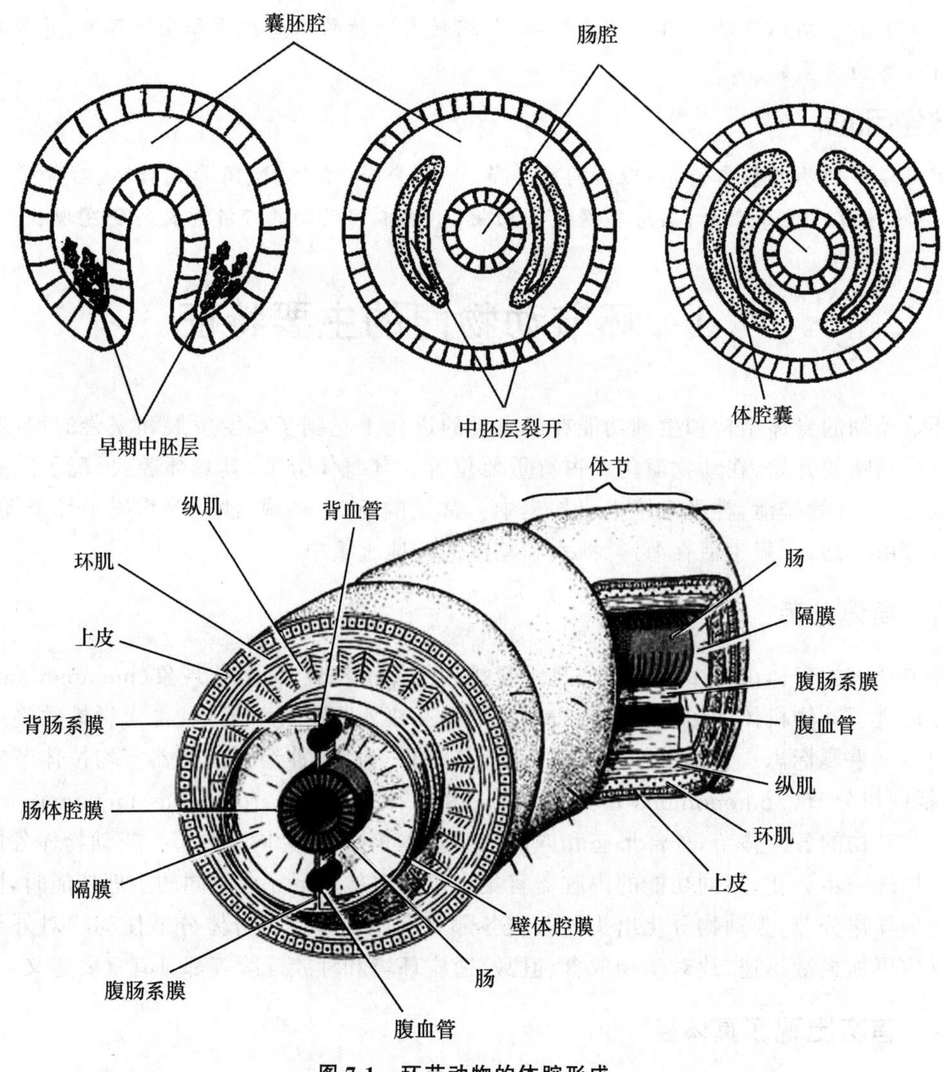

图 7-1 环节动物的体腔形成

7.1.3 出现了比较完善的器官系统

由于中胚层在肠壁外侧分化为肌肉层，环节动物的消化能力大为提高，同化作用和异化作用加强，促使排泄系统的功能进一步完善，由原肾管型进化为后肾管型，同时真体腔的逐渐扩大使初生体腔缩小，残存的囊胚腔形成了效率更高的闭管式循环系统，因此，从环节动物开始，器官系统的分化和完善程度有了很大的提高。

7.1.3.1 刚毛和疣足

刚毛(chaeta)和疣足(parapodium)是环节动物的运动器官，由体壁衍生而来。环节动物的大部分体节上都有刚毛，刚毛由表皮细胞内陷成的刚毛囊中的细胞分泌而成，受肌肉牵引而伸缩，使动物产生爬行运动。海产种类一般有原始附肢形式的疣足，是体壁向左右两侧凸出的扁平结构，体腔也伸入其中，并密布微血管网，可进行气体交换。刚毛和疣足的出现，增强了环节动物的运动能力，使其游泳或爬行更敏捷。无疣足和刚毛的种类，则依靠吸盘及体壁肌肉的收缩而运动。

环节动物的体壁仍为皮肌囊。不同体节的环肌和纵肌交替收缩、舒张，使体节变短粗或细长，收缩波由前向后传递，在流体静力骨骼和刚毛或疣足或吸盘的辅助作用下推动身体前进。

7.1.3.2 较完善的消化系统

随着中胚层的分化，消化道外壁附着了肌肉层，大大增强了环节动物的机械消化能力。并分化出了结构较完善的消化道和一些腺体，其结构与功能因生活环境和食性而异。

7.1.3.3 闭管式循环系统

环节动物循环系统的出现与次生体腔的发生有着密切的关系。次生体腔的发展，逐渐占据了原体腔的空间，使之不断缩小，成为管状，在消化管背、腹侧残余的空隙中形成了背血管、腹血管和环形血管。这些血管结构复杂，其间以微血管网相连，血液始终在血管内流动，不流入组织间的空隙中，故称闭管式循环系统(closed vascular system)。血液循环有一定方向，流速较恒定，提高了运输营养物质及携氧机能。

一些环节动物的次生体腔被间质填充而缩小，血管已完全消失，形成了腔隙，血液(血体腔液)在这些腔隙中循环，故称开管式循环，如一些蛭类。

环节动物的血浆中通常含有血红蛋白、蚯蚓血红蛋白和血绿蛋白，血液呈红色。血细胞无色。

7.1.3.4 后肾管型排泄系统

环节动物除较原始的种类保留原肾管外，绝大多数环节动物出现了按体节排列的1对或多对后肾管(metanephridium)。典型的后肾管是一条两端开口的迂回盘曲的管。一端为纤毛漏斗状的肾口，开口于前一体节的体腔；另一端为肾孔，开口于本体节的体表。相对于盲管状的原肾管，后肾管的排泄物直接从肾口进入管内，效率更高。后肾管密布微血管，也可排出血液中的代谢产物和多余水分。

7.1.3.5 原始的呼吸系统

陆生寡毛类以体表细胞与外界进行气体交换，经表皮下丰富的微血管将氧气运送至全身。水生多毛类可用密布毛细血管的疣足与外界交换气体。

7.1.3.6 链状神经系统

环节动物的神经系统比低等蠕虫的梯形神经系统更为集中。体前端咽背侧一对咽上神经节愈合成“脑”,并通过左右两侧的围咽神经与一对愈合的咽下神经节相连。自此向后伸出的腹神经索纵贯全身。腹神经索由2条纵行的腹神经并合而成,在每个体节内膨大成一神经节,整体形似链状,故称链状神经系统(chain-type nervous system)。“脑”可控制全身的运动和感觉,腹神经节发出神经至体壁和各器官。

多毛类环节动物的感官发达,有眼、项器、平衡囊、纤毛感觉器及触觉细胞等。寡毛类和蛭类的感觉器官相对退化。

7.1.3.7 生殖和发育

寡毛纲和蛭纲多为雌雄同体。生殖腺来源于中胚层形成的体腔膜,分布于固定体节中,还有复杂的附属器官。性成熟后形成特殊的生殖环带。精子先于卵成熟,异体交配受精,具卵茧,直接发育。多数多毛纲无固定的生殖腺和环带,也无交配现象,生殖产物直接排至水中。

陆生和淡水生活的环节动物直接发育,无幼虫期。海产多毛类经螺旋式卵裂形成囊胚,以内陷法形成原肠胚,发育成可自由生活的担轮幼虫(trochophore)。担轮幼虫形似陀螺,腰部腹面具口,口的前后各有一圈纤毛,分别称口前纤毛环和口后纤毛环,或称原担轮和后担轮。顶端具顶板和一束顶纤毛束,体末具端担轮(图7-2)。

担轮幼虫有很多原始的特点,如无体节,具原体腔和原肾管,靠纤毛运动。幼虫逐步变态,形成真体腔、体节和后肾管后,沉入水底发育为成虫(图7-3)。除环节动物的多毛

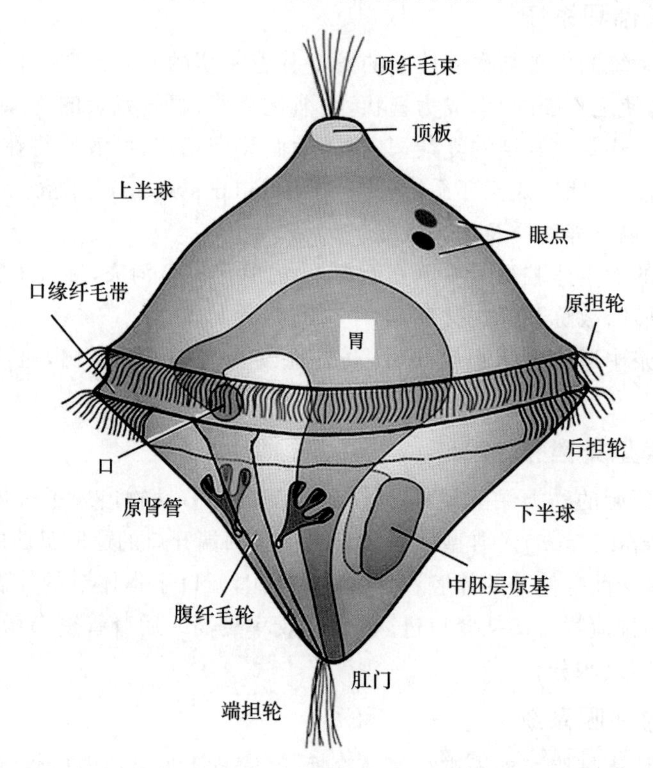

图7-2 担轮幼虫结构示意图(引自Dirnberger)

类外，软体动物、苔藓动物、腕足动物和帚虫动物等均具担轮幼虫期，表明这些动物有一定的亲缘关系。

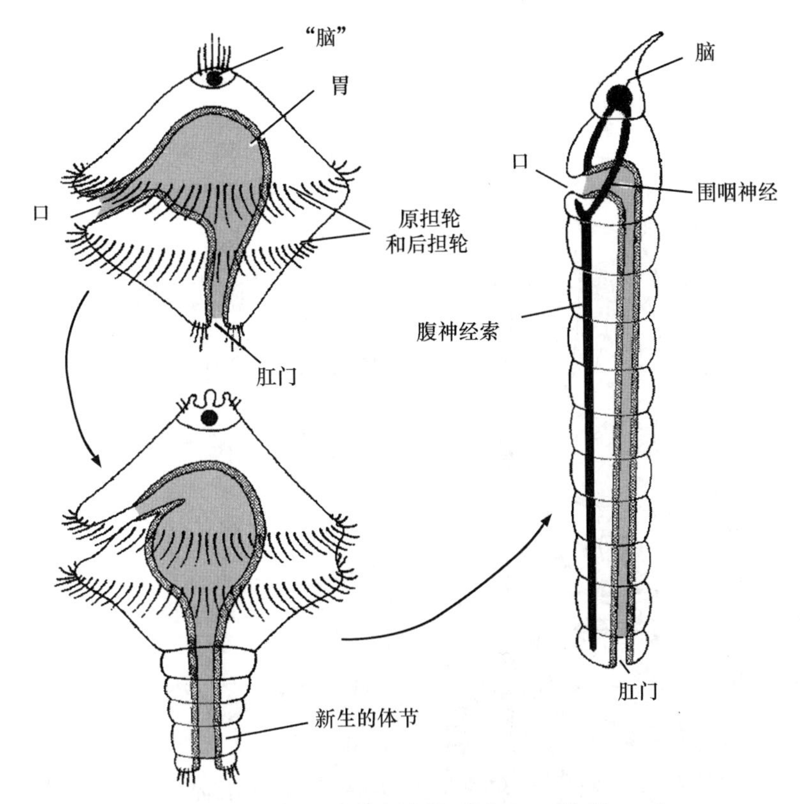

图 7-3　担轮幼虫的变态过程(引自 Russell-Hunter)

7.2　环节动物门的分类

环节动物约有 17 000 种，分布在中国的大约有 1 470 种，常见种有蚯蚓、蚂蟥、沙蚕等，除少数营寄生外，绝大多数生活在海洋、淡水或潮湿的土壤中，是软底质生境中最占优势的潜居动物，可分为多毛纲(Polychaeta)、寡毛纲(Oligochaeta)和蛭纲(Hirudinea)。

7.2.1　多毛纲

7.2.1.1　代表动物——沙蚕(*Nereis* sp.)

我国的沙蚕有 80 多种，俗称海虫、海蛆、海蜈蚣、海蚂蟥。沙蚕的体型扁长(图 7-4)，可分为头、躯干和尾 3 部分。头部明显，由口前叶和围口节两个主要部分组成。身体第 1 节为口前叶，有 1 对司触觉和味觉的触角，1 对口前触手和 2 对能感光的眼点；第 2 节为围口节，有 4 对围口触手，口前和围口触手都有触觉功能。头部腹面有横长的口，肌肉质的吻可由口伸出。吻前端具一对几丁质大颚，锐利可伸缩。躯干部同律分节，每个体节具疣足一对。疣足分为背肢和腹肢，每肢数叶，各有一束刚毛和一根足刺，具防卫、感觉和支持作用。背肢的背侧有背须，

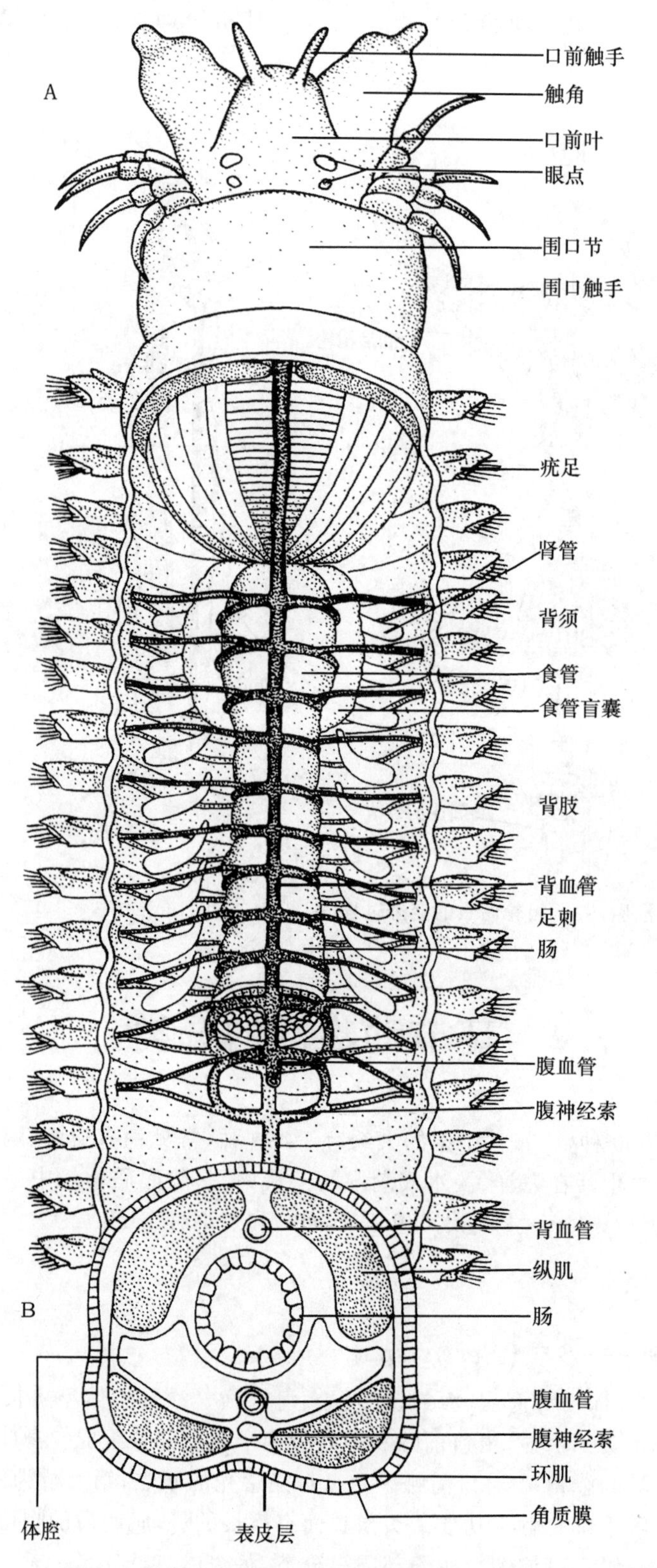

图 7-4 沙蚕身体结构(**A**)及横切面解剖(**B**)(引自 Boolootian)

腹肢的腹侧有腹须，均有呼吸和触觉的功能。疣足的主要功能是游泳。每个疣足腹侧基部还有一个很小的排泄孔。尾部为虫体最后一节，称肛节，有一对长的肛须，两须之间为肛门，开口于肛节末端背面。

消化系统呈简单直管状，包括口腔、咽、食道、肠、直肠和肛门。食道两侧有一对食道腺，能分泌蛋白酶，具消化功能。循环系统由背血管、腹血管以及每节中连接背、腹血管的环血管构成。背血管中的血液由后向前经环血管流入腹血管，并通过环血管的分支分布到身体各部。腹血管内的血液由前向后流动，并经肠血管回流到背血管。在疣足的背、腹肢中有血管丛，兼呼吸器官。排泄器官为每体节中的一对后肾管，通过肾管的排泄孔将体腔中的水分、尿素和死亡的体腔细胞排出体外。沙蚕具有典型的链状神经系统，感觉器官较为发达，包括眼、触手、触角和项器。项器为一对位于口前叶后端两侧的纤毛窝，相当于化学感受器，有嗅觉功能。

沙蚕雌雄异体，精巢和卵巢只有在生殖季节才能见到。雄体在第19～25节间有一对精囊，无输精管，精子由肾管排出。雌体几乎每节有一对卵巢，无输卵管，卵由背部两侧的临时开口或背纤毛器(体腔管的遗迹)排出。在繁殖季节，沙蚕有异型化和群婚行为。沙蚕平时在海底浅洞穴居，生殖季节都游到近海面处，雌雄相互缠绕，排出的性细胞在水中受精，即为群婚行为；随着穴居变为游泳生活，其形态结构如头部、体节、疣足等也发生了变化，称异型化。沙蚕变态发育，幼虫为担轮幼虫。

7.2.1.2　多毛纲分类

环节动物的大部分种类为多毛类，约10 000种。多毛纲是环节动物门中较原始的类群，可分为游走目和隐居目，关于分类系统仍存争议。

游走目的种类多数自由游走，主要包括爬行和游泳的种类。体节数目较多，同律分节，头部感觉器官发达，咽能伸缩外翻，具颚，疣足发达，具足刺及刚毛。包括鳞沙蚕科、叶须虫科、吻沙蚕科、裂虫科、沙蚕科、矶沙蚕科和吸口虫科等(图7-5)。

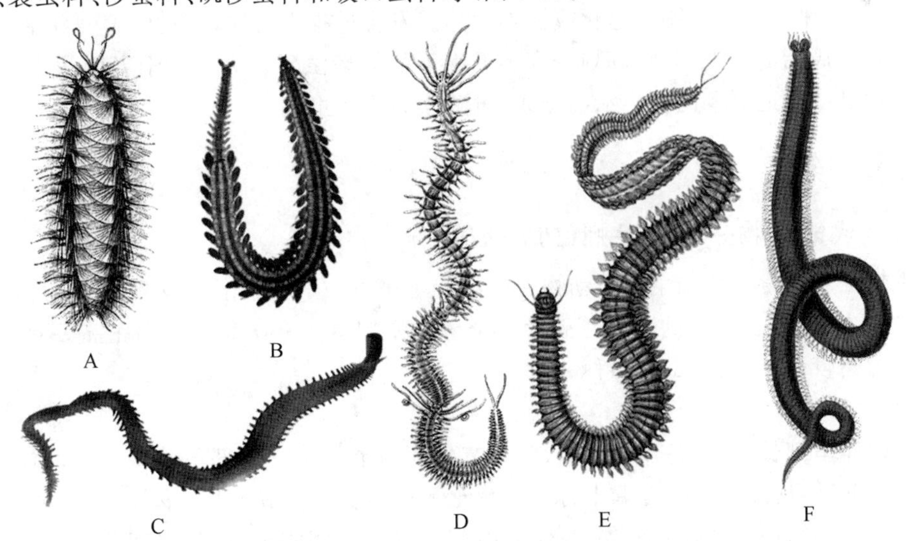

图7-5　多毛纲游走目的代表动物

A. 鳞沙蚕科　B. 叶须虫科　C. 吻沙蚕科　D. 裂虫科　E. 沙蚕科　F. 矶沙蚕科

隐居目的种类穴居。常有栖管,异律分节,头部不明显,口前叶不具感觉器,咽不能外翻,不具颚,疣足不发达,不具足刺及复杂的刚毛。包括毛翼虫科、丝鳃虫科、沙蠋科、蛰龙介科、缨鳃虫科、泥沙蚕科、帚毛虫科和龙介科等(图 7-6)。

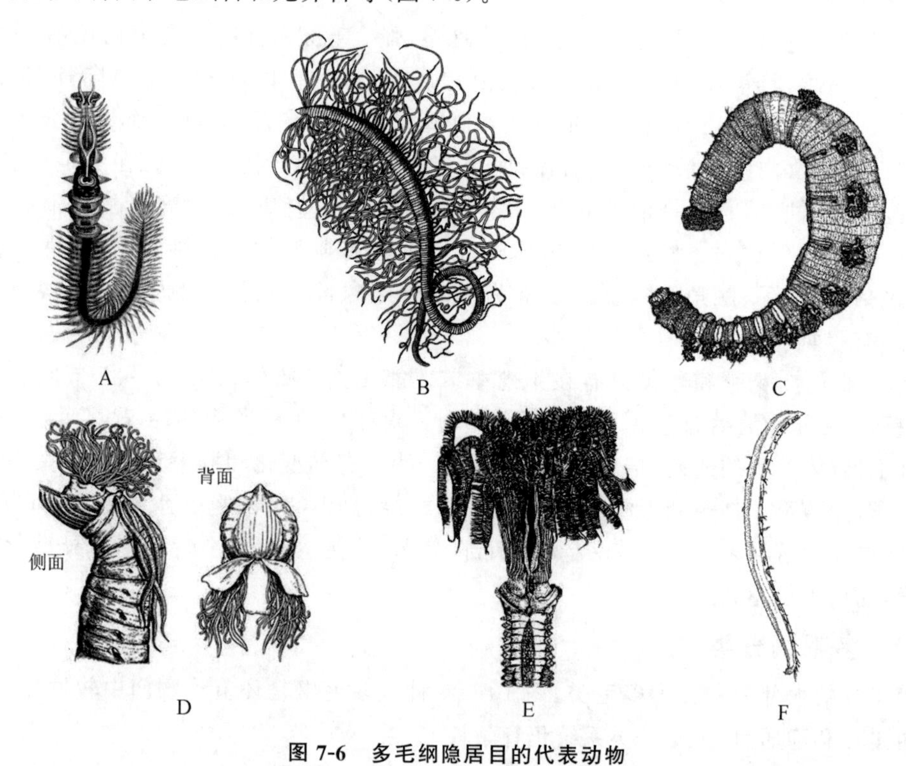

图 7-6 多毛纲隐居目的代表动物

A. 毛翼虫科 B. 丝鳃虫科 C. 沙蠋科 D. 蛰龙介科 E. 缨鳃虫科 F. 泥沙蚕科

除上述两目外,原环虫类(Archiannelida)的分类地位尚存争议。原环虫类为小型的海产动物,体长数厘米。疣足及刚毛退化或极不发达。发育过程中有担轮幼虫,成虫身体分节。有人认为它是最原始的多毛类,将其划分为多毛纲下的原环虫目。另一些学者则认为它们结构上的原始性是由于适应潮间带生活的结果,可独立为原环虫纲。

7.2.2 寡毛纲

7.2.2.1 代表动物——环毛蚓(*Pheretima* sp.)

环毛蚓是一类常见的陆生环节动物。生活在土壤中,昼伏夜出,以腐败有机物为食,连同泥土一同吞入,也摄食植物的茎叶等碎片。全球的蚯蚓有 1 800 多种,我国已记录 229 种,其中环毛属种类较多,我国有 100 多种。

1. 外部形态

环毛蚓体呈细长筒状,各体节相似,节与节之间为节间沟。头部不明显,由口前叶和围口节组成。口前叶可伸缩蠕动,有掘土、摄食、触觉等功能。围口节为第一体节。口位于其腹面,口前叶下方。除第一节和体末节外,各体节中部都着生一圈刚毛,故得名环毛蚓。雌雄同体,第 14 体节腹面中央有一雌孔,第 18 体节腹面两侧有一对雄孔。性成熟个体的第 14～16 体节的节间沟消失,围绕戒指状蛋白管,称生殖带或环带,可在生殖时期通过分泌作用形成卵茧。

自11/12节间沟开始,背中线处出现背孔,可排出体腔液,湿润体表,有利于呼吸作用和在土壤中穿行。肛门在体末端,呈直裂缝状。

2. 内部构造

(1)体壁和真体腔　环毛蚓的体壁由角质膜、上皮层、环肌层、纵肌层和壁体腔膜构成(图7-7)。

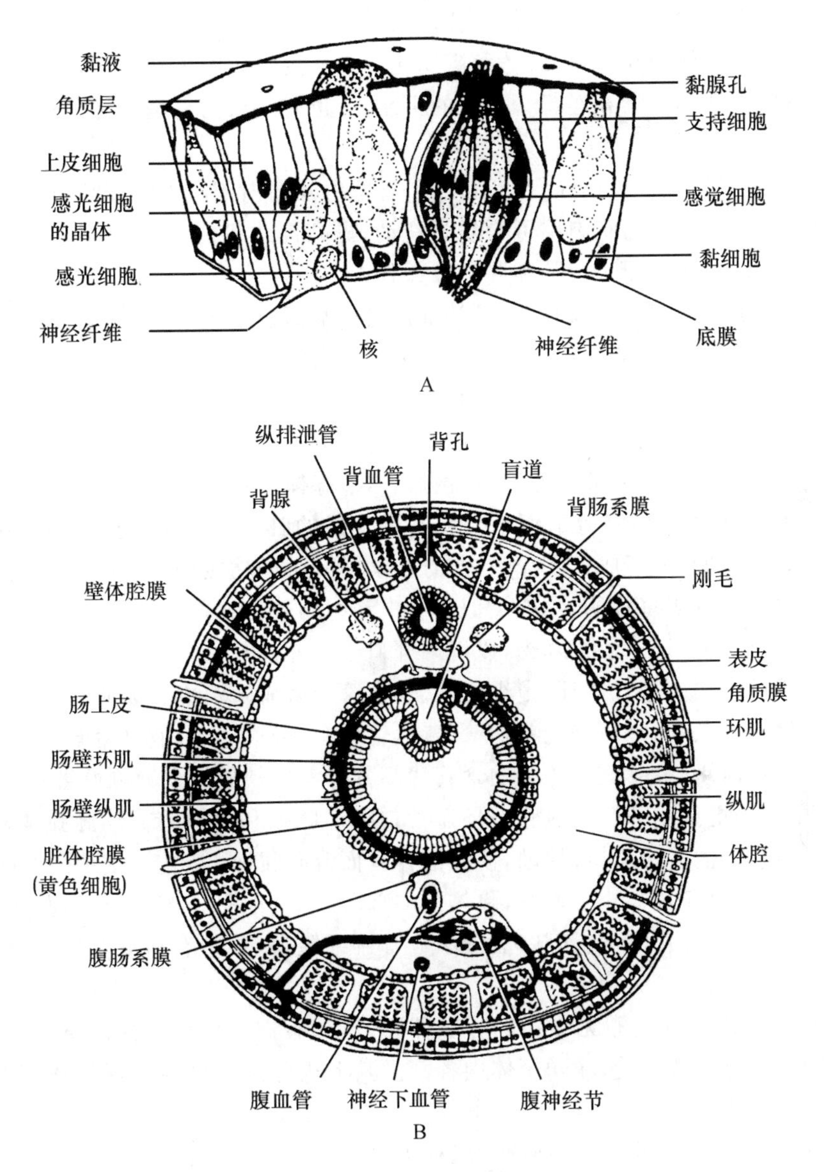

图 7-7　环毛蚓的表皮(A)和体中部横切(B)(引自姜云垒)

最外层为薄而透明的角质膜,由体壁上皮层细胞分泌形成,上有小孔。向内是体壁上皮层,由柱状上皮细胞构成,间杂感觉细胞聚集形成的感觉器,可感受刺激,并有腺细胞分泌黏液润滑和保护体表,利于钻洞和呼吸。在上皮的基部也有感光细胞。

上皮层内侧依次为薄的环肌层、发达的纵肌层和单层的壁体腔膜。环肌层由环绕身体排列的肌细胞构成,肌细胞埋在结缔组织中,排列不规则;纵肌层厚,成束排列,各束之间由结缔组织膜隔开,肌细胞一端附在结缔组织膜上,一端游离;纵肌层内为壁体腔膜,由单层扁平细胞组成。

体壁之内为宽广的真体腔,内脏器官位于其中。体腔内充满体腔液,含有淋巴细胞、变形细胞、黏液细胞等体腔细胞。体腔被隔膜依体节隔成多个体腔室,每个体腔室由左、右体腔囊发育形成。体腔囊外侧形成壁体腔膜,内侧形成脏体腔膜,背、腹侧分别形成的背、腹肠系膜,在环毛蚓较退化。壁体腔膜明显,脏体腔膜退化。中肠的脏体腔膜特化成黄色细胞,一般认为它具有收集体腔中的排泄物并经肾管排出的机能,但也有人认为它是一种贮藏组织,也有称其为肝细胞。

(2)消化系统　体腔中央是纵行的消化管,管壁由外向内依次为脏体腔膜、脏壁纵肌、脏壁环肌和肠上皮。管壁发达的肌肉层可增强肠蠕动,提高消化机能。消化管分化为口腔、咽、食管、嗉囊、砂囊、胃、中肠、盲肠、后肠和肛门等部分。

口腔位于第1～2体节,无齿和颚,可外翻摄食。咽部位于第3～5体节,肌肉发达,用于吸食。咽外有单细胞咽头腺,能分泌湿润食物的黏液和有消化作用的蛋白酶。食道位于第6～7体节,短而细,具食道腺,能分泌钙质以中和土壤酸性。食道后的第7～8体节处为膨大的薄壁嗉囊,是暂时储藏食物的场所。第9～10体节处为肌肉发达的砂囊,能磨碎食物。从口至砂囊属前肠。砂囊后第11～14体节处是胃,富微血管,多腺体。胃后消化管扩大形成肠,其背面纵向凹入成盲道,增大了消化吸收的面积。肠壁最外层的脏体腔膜特化成为黄色细胞,贮存脂肪,合成糖原,将氨基酸分解成氨和尿素,与脊椎动物肝脏的功能相似。第26体节处肠向前伸出一对锥状盲肠,能分泌多种酶,功能类似于脊椎动物的胰脏。胃和肠来源于内胚层,属中肠。后肠较短,无消化机能,用于贮存蚓粪,以肛门开口于体外(图7-8)。

(3)循环系统　属闭管式循环,由纵血管、环血管和微血管组成。纵血管包括背血管、腹血管、神经下血管各一条和一对食管侧血管。背血管较粗,可搏动,血液自后向前流动;腹血管稍细,血液自前向后流动。在第14体节前食管两侧各有一条较短的食管侧血管;在第14体节后的腹神经索下面为更细的神经下血管。环血管包括动脉弧和壁血管。动脉弧4对,位于体前部,连接背、腹血管,内有瓣膜,可搏动,使血液自背面流向腹面,类似于心脏的功能。壁血管连接背血管和食道侧血管与神经下血管,除体前端部分外,一般每体节一对,收集体壁上的血液入背血管。其血管未分化出动、静脉,血液中含有血细胞,血浆中有血红蛋白,血液呈红色(图7-9)。

(4)呼吸与排泄　环毛蚓无专门的呼吸器官,以体表进行气体交换。氧由角质膜渗入上皮,通过扩散作用进入微血管,输送至体内各部。其上皮分泌的黏液可保持体表湿润,利于呼吸作用。

蚯蚓的排泄器官为典型的后肾管,一般种类每体节具一对大肾管(图7-10)。环毛属蚯蚓无大肾管,而具3类小肾管。体壁小肾管位于体壁内面,极小,肾孔开口于体表;隔膜小肾管位于第14体节以后各隔膜的前后侧,肾孔开口于肠内;咽头小肾管位于咽部及食管两侧,肾孔开口于咽。后两类肾管又称消化肾管。各类小肾管可将血液的代谢产物、含氮废物、死亡脱落的体腔膜和多余的水分排出体外。肠外的黄色细胞可吸收代谢产物入体腔液,再由肾管排出。

(5)神经系统　环毛蚓是典型的链状神经系统,分化出中枢、周围和交感神经系统3部分。中枢神经系统包括咽上神经节、围咽神经、咽下神经节及腹神经索。咽上神经节1对,位于咽

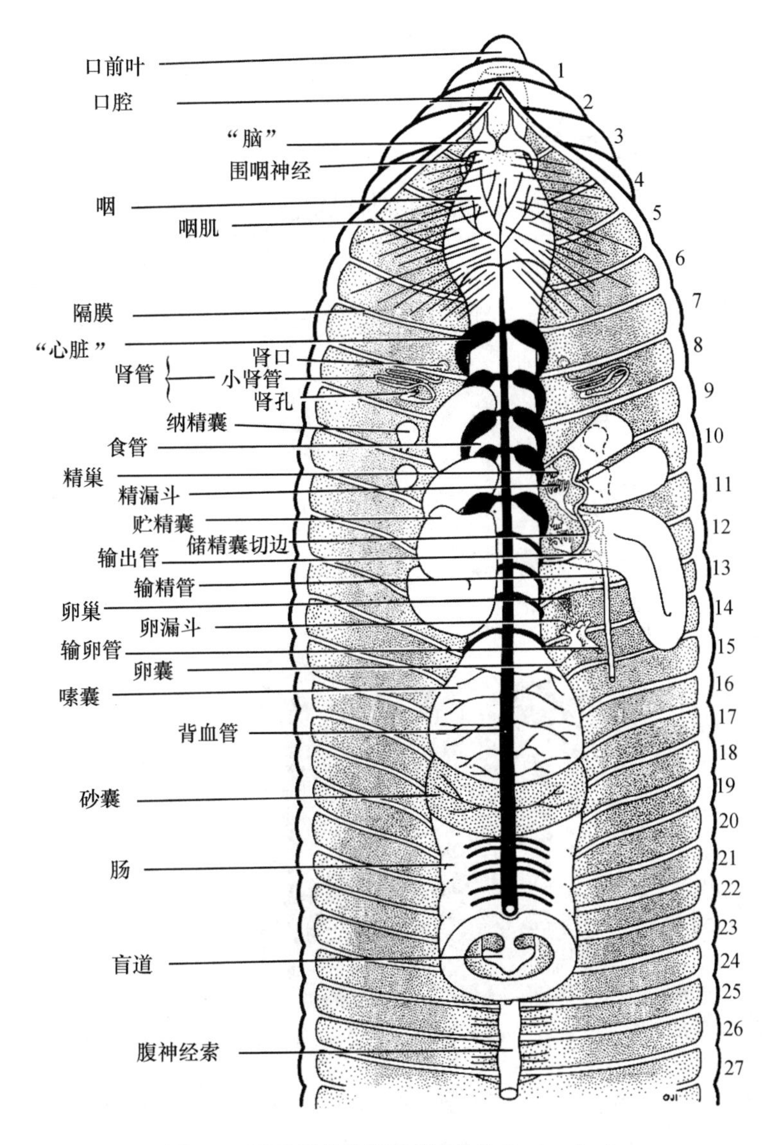

图 7-8 环毛蚓的内部构造(引自 Boolootian)

头背面,可称"脑",通过围咽神经与腹面的咽下神经节相连,并向体后延伸出 1 条双股的腹神经索,于每体节内分布一神经节。周围神经系统包括由"脑"向前发出的 8～10 对神经,分布至口前叶、口腔等处;咽下神经节分出的神经,分布至第 2～4 体节的体壁上;每个腹神经节均发出 3 对神经,分布至体壁和各器官。由"脑"发出至消化管的神经,称为交感神经系统。

周围神经系统有简单的反射弧结构,感觉神经细胞能将上皮接受的刺激传递到腹神经索的调节神经元,再将冲动传导至运动神经细胞。腹神经索中的 3 条巨纤维,贯穿全索,传递冲动的速度极快,故蚯蚓受到刺激反应迅速。

感觉器官不发达。体壁上的感觉器是小突起状的体表感觉乳突,有触觉功能;口腔感觉器分布在口腔内,有味觉、嗅觉功能;光感受器广布于体表,有负趋光性。

(6)生殖系统　环毛蚓雌雄同体,生殖器官仅分布于体前部少数体节内,结构复杂。

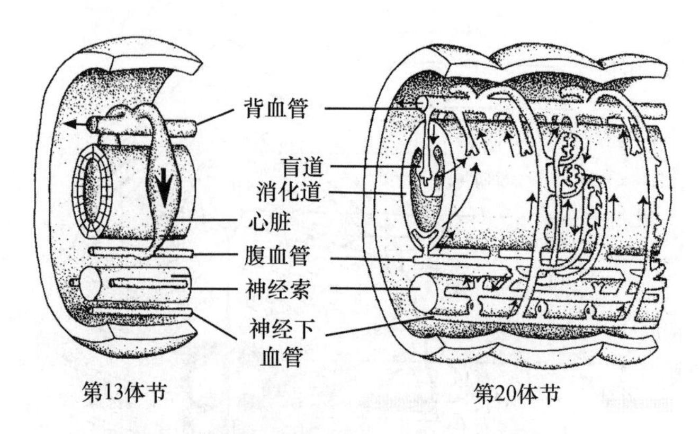

图 7-9 环毛蚓的循环系统(引自 Boolootian)

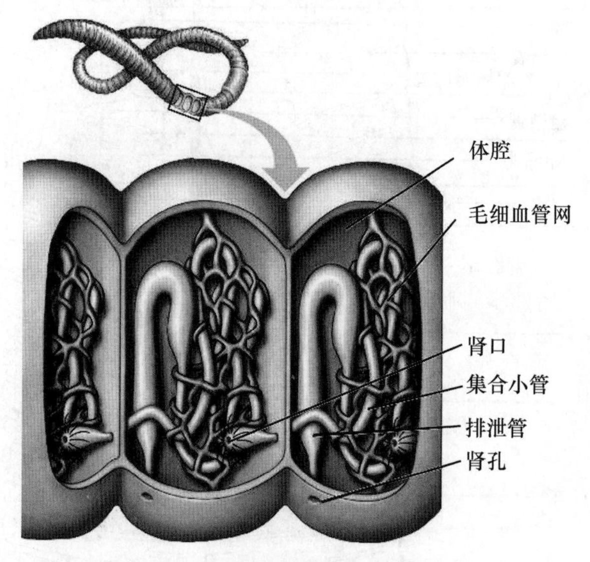

图 7-10 后肾管型排泄系统(引自 Campll)

雌性生殖器官包括卵巢、卵漏斗和输卵管各一对,均位于第 13 体节。卵巢很小,由许多极细的卵巢管构成,可将成熟的卵子排入体腔,并被卵漏斗收集,进入短的输卵管内。2 条输卵管在腹面会合成雌孔,开口于第 14 体节腹中线。受精囊 3 对,位于第 7、8、9 体节内,是储存异体精子的地方。

雄性生殖器官包括精巢囊和贮精囊各 2 对,输精管 2 条。精巢囊位于第 10～11 体节,内有精巢、精漏斗各一个,精巢很小,精漏斗紧靠精巢下方,前端膨大,口具纤毛,后接细的输精管。左、右 2 对输精管分别向后延伸至第 18 体节与前列腺管会合,开口于腹面两侧的雄孔。前列腺一对,能分泌黏液,营养精子。贮精囊位于第 11～12 体节,分别与前面的精巢囊相通,贮精囊内充满营养液。精巢产生精细胞后,先入贮精囊内发育,待形成精子,再回到精巢囊,经精漏斗由输精管输出。

环毛蚓的精子先于卵成熟,异体受精,有交配现象。交配时 2 个个体头尾反向互抱,腹面借生殖带分泌的黏液紧贴在一起。精液从各自的雄孔排入对方的纳精囊内储存,随即分开。卵成熟后,生殖带分泌黏稠蛋白液,形成环管,排卵于其中。蚯蚓向后蠕动,使携卵的环管向前移动到受精囊孔时,其内储存的精子逸出与卵结合。蛋白管继续前移脱落,形成两端封闭的卵茧。卵茧呈淡褐色麦粒形,内含 1～3 个受精卵。

受精卵直接发育,无幼虫期,在蚓茧中经 2～3 周即孵化出小蚯蚓。另有研究报道,环毛蚓有孤雌生殖现象。

7.2.2.2　寡毛纲分类

根据雄孔位置,可将寡毛纲分为近孔目、前孔目和后孔目,如颗霍甫水丝蚓(*Limnodrilus hoffmeisteri*)、带丝蚓(*Lumbriculus* sp.)、异唇蚓(*Allolobophora* sp.)等(图 7-11)。

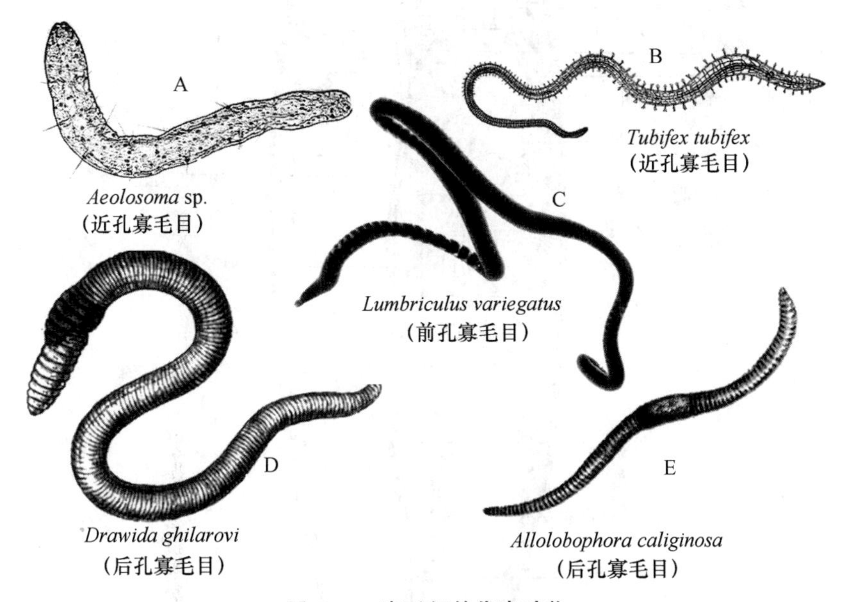

图 7-11　寡毛纲的代表动物

A. 颗体虫　B. 颤蚓　C. 带丝蚓　D. 杜拉蚓　E. 异唇蚓

7.2.3　蛭纲

7.2.3.1　代表动物——医蛭(*Hirudo* sp.)

医蛭身体背腹稍扁,前后端各有一个吸盘,无刚毛。体长 30～61 mm,体宽 4～8.5 mm。背面黄绿或黄褐色,具 5 条黄白色纵纹;腹面淡灰或淡黄褐色,无斑纹。成体具 27 个体节、103 个体环,每体节的体环数不定。背面有数对眼点。生殖带非生殖季节不显著,位于第 10～13 体节。雄孔开口于第 10 体节,雌孔开口于第 11 体节。

医蛭营体外半寄生生活,一般吸人和耕畜的血液。其口腔内有 3 个具细齿的颚,可咬破寄主的皮肤。咽部肌肉发达,吸血有力。同时,咽部的唾液腺能分泌一种扩张血管且抗凝血的蛭素,使寄主的伤口流血不止。咽后为嗉囊,血液吸入后储存在嗉囊向两侧伸出的 11 对大盲囊中(图 7-12),储存的血液量可达体重的数倍,供肠胃消化吸收几个月,这是对暂时寄生性吸血习性的适应。

医蛭的体壁与蚯蚓类似,由角质层、表皮层及肌肉层组成,还有连接背、腹体壁的背腹肌。蛭的肌肉层发达,纵肌两端延伸至吸盘。蛭类在水中靠纵肌的波状收缩游泳前进。在固体物质上通过纵肌与环肌的拮抗性收缩和前、后吸盘的交替附着,完成蛭形运动。

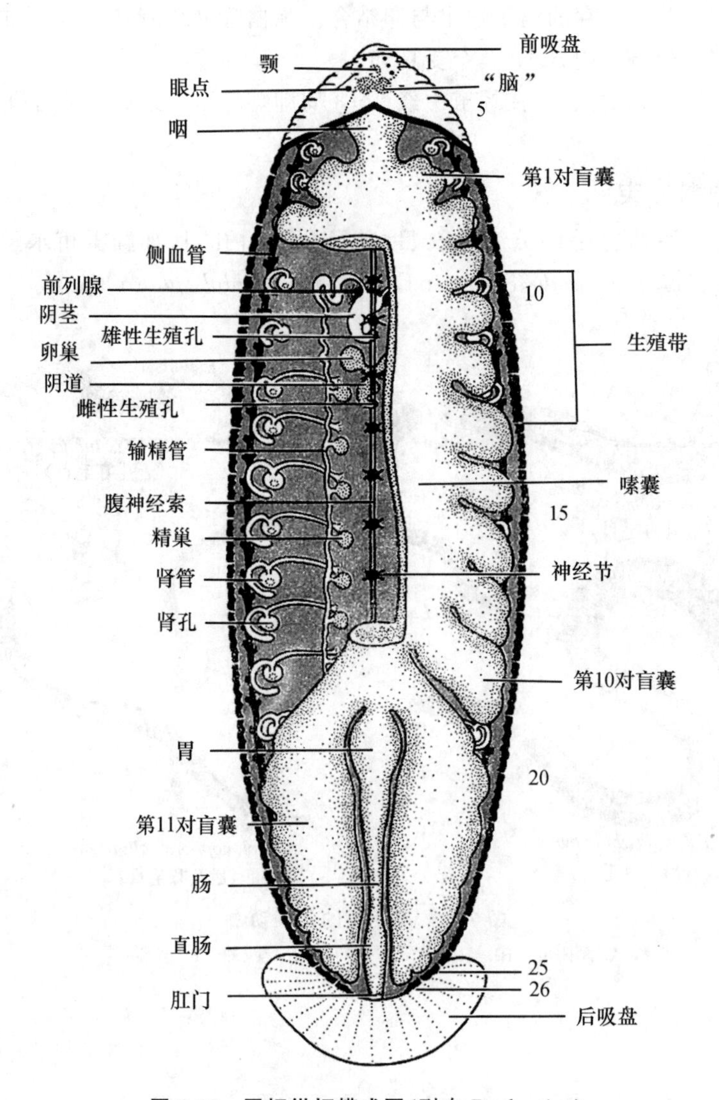

图 7-12　医蛭纵切模式图(引自 Boolootian)

医蛭的次生体腔退化,体节间的隔膜消失,葡萄状的结缔组织大量地侵入体腔,形成发达的血窦,包括背窦、腹窦和侧窦,各血窦之间有横血窦相连,在血窦中循环的是血体腔液。背、腹、侧血窦和肾腔及生殖管腔都是体腔的残余(图 7-13)。

医蛭以体表进行气体交换。排泄器官肾管位于第 7～22 体节,每节 1 对,一端附于精巢囊上的纤毛器外,另一端开口于体腔变成的肾囊内,再由肾孔开口于体外。其神经系统与环毛蚓相似,为链状神经系统。温度感受神经和化学感受细胞发达,可感知水温微弱的改变以及水中微量的化学分泌物,进而很快找到寄主。

医蛭雌雄同体。雄性生殖器官有精巢 10 对,产生的精子由输精小管通入腹神经索两侧的输精管,由后向前入贮精囊,经射精管进入阴茎。前列腺分泌物形成精荚,包裹精子。雌性生殖器官有卵巢 1 对,2 条输卵管在第 11 体节内会合成总输卵管,通入阴道,开口于雌孔。其交配和生殖与蚯蚓相似,但生长期较长,由幼体到成体常需半年至几年时间。

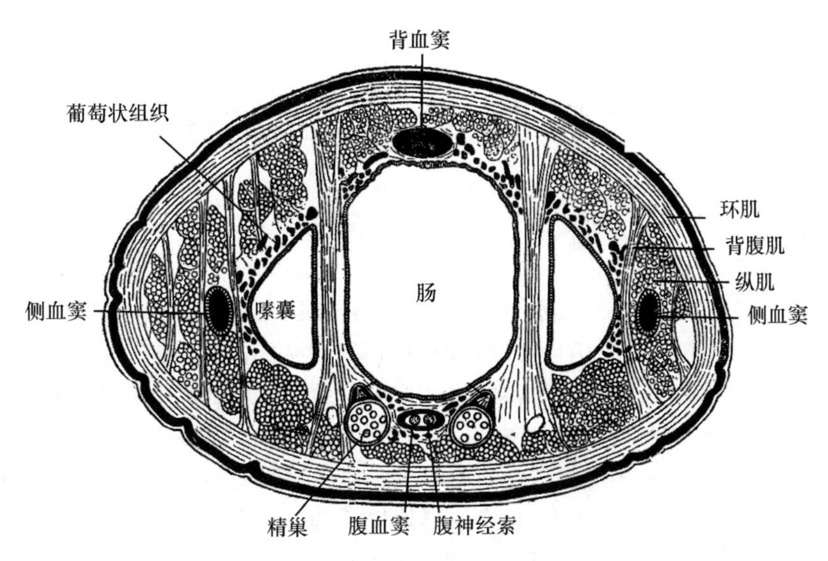

图 7-13 医蛭的横切(引自 Thomson)

7.2.3.2 蛭纲分类

蛭类大部分栖于淡水中,少数陆生或海产。有 600 多种,可分为棘蛭目、吻蛭目、颚蛭目和石蛭目(图 7-14)。中国已知约 70 种,隶属于 3 目 5 科 25 属。

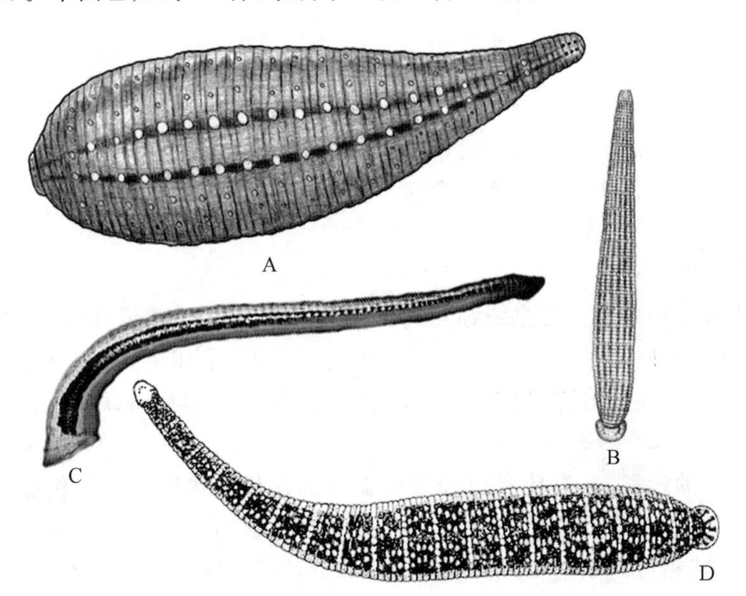

图 7-14 蛭纲的代表动物

A. 扁舌蛭 B. 日本医蛭 C. 日本山蛭 D. 八目石蛭

日本医蛭(*Hirudo nipponia*)为常见种类,河流、池沼、稻田中多有分布。我国共有陆蛭 10 余种,多分布于长江以南地区,如日本山蛭(*Haemadipsa japonica*),体圆柱形,背侧有褐色纵纹 3 条,有吸血习性,栖于山林间。带状石蛭(*Herpobdella lincata*)茶褐色,体两侧成深浓二纵纹,分布在池塘、河流中。勃氏齿蛭(*Odontobdella blanchardi*)体长圆柱形,似蚯蚓状,背侧有不规则的黑斑点,眼1对,口腔具小齿3对。

7.3 环节动物与人类的关系

7.3.1 饲用价值

许多多毛类的幼虫和成虫以及水生寡毛类是经济鱼类的天然饵料,具有非常重要的经济价值。据调查,鲽鱼和鳕鱼等底栖鱼类胃含物中的多毛类检出率高达50%~80%。多毛类的幼虫是对虾幼体和稚鱼等经济动物幼体的优质饵料。目前,我国沿海许多养虾池在日本刺沙蚕(*Neanthes japonica*)繁殖时期开闸纳潮,沙蚕幼虫随之而入,数量极大,成为对虾养殖期间极为重要的饵料动物。许多多毛类在生殖时有大量浮于海面的群婚现象,由于数量集中,体内充满了生殖腺,其营养物质高度集中,鱼类成群地追逐、捕食,形成良好的捕食区。

寡毛类的蚯蚓是一种高蛋白饲料。干物质中蛋白质含量高达50%~60%,含18~20种氨基酸,其中10多种为禽畜所必需,故将蚯蚓作为动物性蛋白添加于饲料中,能够明显提高家禽、家畜和鱼类的产量。蚯蚓养殖方法简便、成本低,作为蛋白饲料有广阔的应用前景。目前人工养殖的优良品种有正蚓科赤子爱胜蚓、巨蚓科威廉环毛蚓和杂交品种"大平二号"等。

7.3.2 食用价值

沙蚕营养丰富,可作为人的食物。中国南方沿海居民有炒食沙蚕的习惯,沙蚕可晒干保存,俗称"龙肠干",有较高的营养价值。疣吻沙蚕在每年10月至11月上旬性成熟,其具成熟生殖腺的异沙蚕体自水底群游到水面时,可被捕捞食用,味道鲜美,售价比一般鱼虾的价格还贵。蚯蚓亦可以加工制作成人们喜爱的食品,具有一定的食用价值。

7.3.3 药用价值

环节动物中可做药用的主要是蚯蚓和蛭类。蚯蚓自古即入药,俗称地龙,在《本草纲目》中有记载,具有解热、镇痛、平喘和利尿等功效。蛭类干燥后,全体可入药,有破血通经、消积散结、消肿解毒之功效。在外科手术中,利用蛭类吸血消除手术后血管闭塞区的瘀血,减少坏死的发生。

从蛭类中提取的蛭素,具有抗凝血和溶解血栓的作用。水蛭是我国传统的常用中药材,2015年版《中国药典》收载的水蛭药材为水蛭科动物水蛭(*Hirudo nipponica*)、蚂蟥(*Whitmanianipponica*)或柳叶蚂蟥(*Whitmania acranulata*)的干燥全体。水蛭素(Hirudin)是从水蛭中提取出的活性最显著的成分,是由65~66个氨基酸组成的小分子蛋白质。水蛭素对凝血酶有极强的抑制作用,是迄今发现最强的凝血酶天然特异抑制剂。在治疗某些血液性疾病方面优于肝素,能够更有效地抑制凝血酶诱发的弥散性血管内凝血和静脉血栓的形成。在处理诸如败血休克、动脉粥样硬化、脑血管梗塞、心血管病等缺少抗凝血酶Ⅲ的病例方面,显示出巨大的优越性,从而引起各国医药和生物学工作者的广泛重视。此外,各国科学家还在吸血水蛭唾液腺分泌物中发现了许多与吸食哺乳动物血液相关联的生物活性物质,如麻醉剂、血管扩张剂及前列腺素等。

日本医蛭是目前人工养殖较多的种类，其药用价值很高，但饲养和繁殖具有相当难度，仅可供科研院所、高等院校和医院等部门从事科学研究和临床试验。

沙蚕毒素对一些农业害虫具有特殊的毒杀作用。沙蚕毒素是从水生动物异足索沙蚕(*Lumbriconeris heteropoda*)等体内分离到的具有杀虫作用的物质，已可人工合成并有市售产品。以沙蚕毒素为先导化合物，开发出了杀螟丹、杀虫磺、杀虫双、杀虫单等多种沙蚕毒素类似物杀虫剂。它们都是在昆虫体内先转化为沙蚕毒素，再起杀虫作用。杀螟丹对家蝇、蚂蚁、水稻害虫有毒杀作用，对人和家畜无毒性(因温血动物能将其分解排出)，而且不易使昆虫产生抗药性，是一种广谱、高效、低毒的神经性毒剂，也是人类开发成功的第一类动物源杀虫剂。

7.3.4　用作指示生物

多毛类可作为海洋生态环境的指示物种。如一些小头虫科多毛类对有机物有很强的耐受力，根据它们在生物群落中出现的优势度，可以说明海洋水质的污染程度。一些广盐性的沙蚕如日本刺沙蚕栖于河口附近，在污染严重时形态发生畸形，疣足退化，刚毛脱落，是污水的天然检测者。另外，对温度敏感的沙蚕种类可作为环境冷暖程度的指示生物，而管栖多毛类的古生态学研究又为指示地质成因，寻找石油资源提供了旁证。

陆生蚯蚓对土壤生态环境具有指示作用。蚯蚓数量受土壤含水量和酸碱度的影响，故可作为土壤生态因子的指示生物。微小双胸蚓、威廉腔环蚓和赤子爱胜蚓等对有机磷和重金属均有较好的耐受性，可作为有机磷和重金属污染的指示生物。

水体中寡毛类种群优势的差异也可反映水体有机污染程度。可用单位面积中特定寡毛类的数量或所占底栖生物的百分比作为水体受污染程度的指标。当水体中有仙女虫科动物存在时，可认为该水体无污染或轻度有机污染；当水体中寡毛类以尾鳃蚓为优势种群，偶有颤蚓或水丝蚓出现时，即为中等程度的有机污染；当水体中颤蚓的丰度极高并伴有水丝蚓出现时，即为重度有机污染状态，达富营养化程度；当水体中霍甫水丝蚓和正颤蚓出现且丰度高时，即为严重的有机污染或农药污染，已接近水生生物绝迹的边缘。

7.3.5　用于生物检测

部分蚯蚓种类能自体发光，可用于生物检测。在寡毛纲的16个科中，有3个科有发光种类存在，即正蚓科、巨蚓科和线蚓科。全世界已经报道的发光蚯蚓有17属近40种。大量研究证实蚯蚓有自体发光的体系，其内至少包括荧光素、荧光素酶、过氧化氢或者氧气。由于大多数蚯蚓的发光体系对氧化氢和生化反应产生的过氧化物特别敏感，因而可用于许多生化反应的分析，如利用蚯蚓的发光体系检测低浓度的氧化酶和它们的底物。重胃蚯蚓(*Diplocardia longa*)发光体系的作用已经在检测葡萄糖、半乳糖、腐胺和相应的氧化酶中得到了证实。目前，利用蚯蚓的发光体系来检测某些生化反应的产品还有待进一步开发，部分发光蚯蚓的发光体系还有待深入研究，尤其是世界范围内广泛分布的种类。对蚯蚓荧光素酶进行分子生物学研究将是一个重要的研究方向，对于发光蚯蚓的发光体系的应用及从蛋白质基因水平揭示蚯蚓荧光素酶的作用机理有着重要的意义。

7.3.6　降解垃圾，改良土壤

蚯蚓可取食消化并快速降解新鲜的有机质垃圾。产生的蚓粪是一种很好的生物有机肥，含丰富的氮、磷、钾及镁、硼、镍、锰等作物所需的微量元素，是水果、花卉、蔬菜和苗圃的廉价高效肥料。

蚯蚓对土壤的理化性质有重要的影响。它们以土壤中的植物残体和其他有机物为食。地表和土壤中大量的落叶被分解，形成了土壤疏松的表层。蚯蚓还能促进土壤微生物的形成。据报道，蚯蚓可以使土壤微生物的数量增加 5～10 倍。蚯蚓的穴居习性每年可使下层的土壤被翻到表层 0.1～5 cm 厚，增加了土壤的通气性，提高了蓄积雨水的能力。从而加速了土壤中有机物的进一步分解和腐化过程，改善了土壤的团粒结构，极大地增加了土壤肥力。所以土壤中蚯蚓的数量实际代表了土壤的肥力水平，这种作用是化学肥料无法替代的。除此以外，蚯蚓对金属胁迫具有较高的耐性和极强的生物累积能力，在土壤修复领域具有重要的科研价值。

多毛类对海洋软底质中的物质循环也具有深刻的影响。沙蠋是温带河口地区泥滩的优势生物。据报道，在 1 mi(英里*)的海滩上，它们每年能把 1 900 t 泥沙搬到表面，大约两年就能把 50～60 cm 厚的泥沙滩耕翻一遍。

7.3.7 危害

龙介虫多附着于岩石、贝类、珊瑚、海藻叶片、船只、码头和其他硬物上，造成管道堵塞、金属加速腐蚀、船舶阻力增加、贝藻养殖减产或失去食用价值。才女虫能分泌腐蚀贝壳的物质，在蚀透贝壳钻孔而居的过程中，导致珍珠贝被细菌感染而发生脓肿溃疡，致使珍珠贝的死亡率高达 60%～80%，危害甚大。广盐性沙蚕能在低盐和淡水中生活，在南方常栖于沿海稻田，啮食稻根，给农作物带来不同程度的危害。

蚯蚓也有有害的一面。它能破坏河岸，使河道淤塞；能损坏植物幼苗，危害烟草和蔬菜；是猪肺线虫和某些绦虫的中间宿主，对猪与家禽的生长发育影响较大。

蛭类的吸血习性，对脊椎动物危害很大。蛭类吸血的伤口血流不止，易感染细菌，引起化脓溃烂等。一些种类在吸血过程中还可以作为中间宿主传播皮肤病病原体和血液寄生虫。内侵吸血蛭类可随人畜饮水、涉水或洗澡时进入鼻腔、咽喉、气管、食道、尿道、阴道或子宫等部位营寄生生活，造成更大的危害。鱼蛭和湖蛭寄生在鱼体上，影响鱼类的生长发育，或引起细菌性溃烂，严重时可引起鱼类死亡。晶蛭幼蛭侵入水鸟的鼻孔或气管内吸血，量大时也可造成水鸟的死亡。

本章小结

环节动物在动物演化上发展到了一个较高阶段，是高等无脊椎动物的开始。身体分节，而且有了刚毛和疣足，运动敏捷。次生体腔出现，相应地促进循环系统和后肾管的发生，从而使各种器官系统趋向复杂，机能增强。神经系统进一步集中，形成链状神经系统，感觉更发达，接受刺激更灵敏，反应更快速。

环节动物可分为多毛纲、寡毛纲和蛭纲，代表动物分别是沙蚕、蚯蚓和蚂蟥。沙蚕和蚯蚓具有极高的营养价值，可做饵料或饲料，并可改善土壤或水底泥沙的质量，也可作为指示生物。

* 1 mi=1.609 km。

蚂蟥多有吸血习性,水蛭素具有极高的药用价值。

复习思考题

1. 名词术语：
   同律分节　异律分节　次生体腔　疣足　闭管式循环　后肾管　链状神经系统
2. 简述环节动物门的主要特征。
3. 简述身体分节在动物演化上有何重要意义。
4. 简述次生体腔的出现在动物演化上有何重要意义。
5. 试述环节动物与人类的关系。

第8章　软体动物门

(Mollusca)

◆ 内容提要

软体动物因身体柔软而得名,大多有贝壳,故称“贝类”,其种类繁多,是动物界仅次于节肢动物门的第二大门。本章主要介绍软体动物门的主要特征、分类和主要纲代表动物的形态特征及软体动物与人类的关系。

◆ 教学目的

掌握软体动物门的主要特征;理解外套膜、内脏团、贝壳、血窦、开管式循环等名词概念;熟悉主要纲代表动物的形态特征;了解软体动物的分类概况和经济意义。

8.1　软体动物门的主要特征

软体动物的形态和生活方式多种多样,但仍有许多共同的特征。如身体柔软,一般分为头、足、内脏团、外套膜和贝壳等几部分;口腔内有颚片、齿舌(瓣鳃纲除外);体腔退化为围心腔等;多数种类为间接发育,经担轮幼虫期和面盘幼虫期。

8.1.1　体制和躯体划分

除腹足纲外,基本体制为两侧对称。腹足纲动物在发育过程中发生扭转现象,为次生性左右不对称。身体柔软不分节,一般分为头部、足部和内脏团3部分(图8-1)。

头部位于身体前端,有口、眼和触角等器官,是摄食和感觉中心。不同类群头部的结构变化很大:不活动的种类头部不明显(如石鳖、角贝)或完全消失(如河蚌等);活动较迟缓者头部明显,如蜗牛等;行动快速的种类头部发达,如乌贼。

足部位于头后内脏团下的身体腹面,为肌肉质器官。因生活方式不同,足的形态变化较大。穴居和埋栖种类的足呈斧状或柱状以挖掘泥沙,如瓣鳃纲的足为斧状,掘足纲的足为柱状;螺类行动迟缓,其足呈团块状以吸附和匍匐爬行;头足类活动敏捷,其足特化成腕,功能似触手;固着生活的牡蛎,足完全退化。

内脏团常位于足的背面(图8-2),是内脏器官集中分布于此。除腹足纲内脏团不对称外,其余均为左右对称。

8.1.2　外套膜

外套膜是由身体背面的皮肤褶襞向下延伸形成的膜状片,像外衣一样包被着内脏团,故得

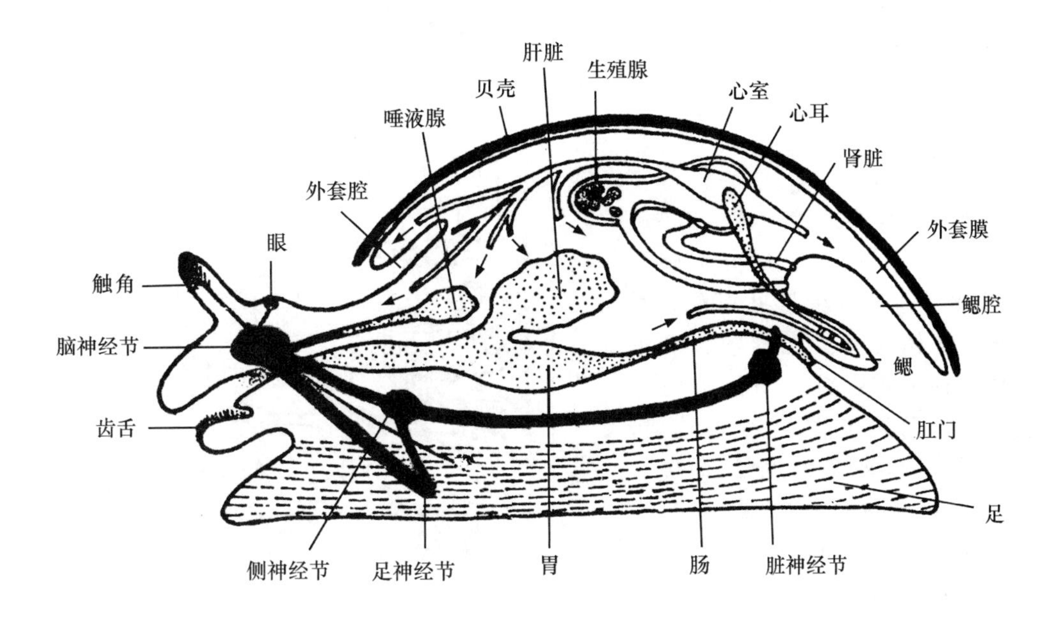

图 8-1　软体动物体制模式(引自张玺)

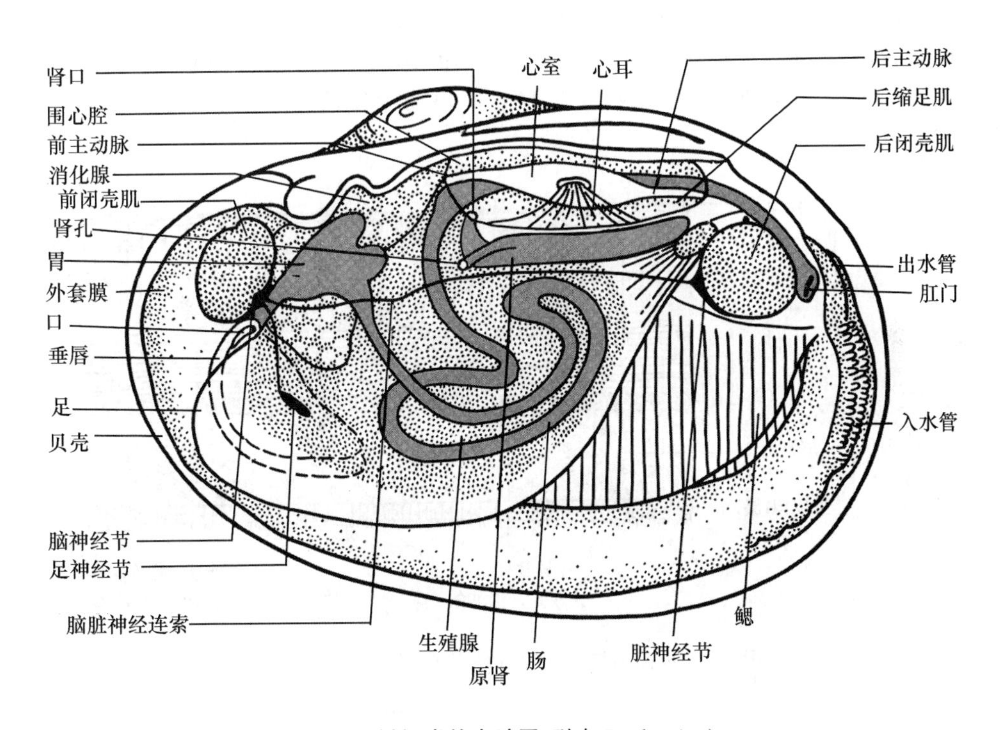

图 8-2　瓣鳃类的内脏团(引自 Boolootian)

名。外套膜通常分为 3 层,包括内、外两层表皮细胞和居中的结缔组织与极少的肌纤维(图 8-3)。内层表皮细胞密生纤毛,纤毛摆动可激起外套腔中的水流,有助于呼吸和滤食。外层表皮细胞分泌贝壳素和碳酸钙形成贝壳,保护身体。蜗牛等陆生种类的外套膜上血管丛生,可直接进行气体交换。头足类的外套膜中富含肌肉,可收缩压迫水流从漏斗射出,推动身体反向运动。外套膜与内脏团之间的空隙为外套腔。肛门、肾孔、生殖孔等器官开口于腔内。

8.1.3 贝壳

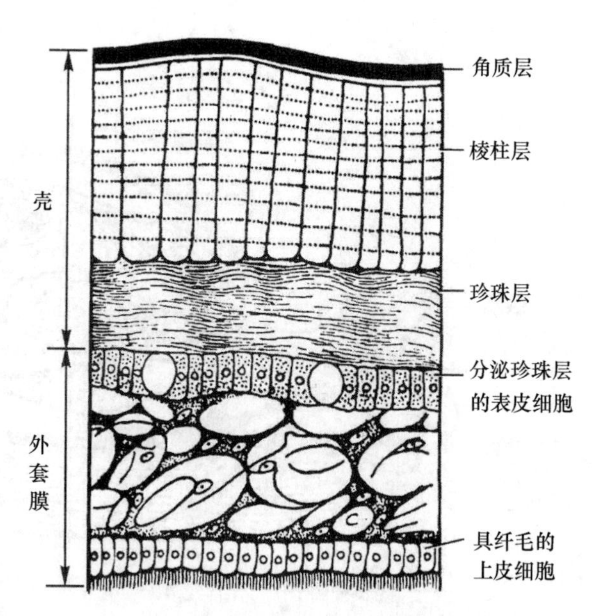

图 8-3 河蚌外套膜和贝壳横切(引自姜云垒)

贝壳由外套膜分泌形成,主要起保护作用。贝壳的主要成分为碳酸钙,约占 95%,另有少量贝壳素和微量元素。软体动物贝壳的数量和形态因种类而异,通常分 3 层(见图 8-3)。外层为角质层,由贝壳素构成,薄且透明,具多种颜色;中间为棱柱层,由碳酸钙晶体构成,较厚,占贝壳的大部分;角质层和棱柱层由外套膜边缘分泌形成,随动物体生长面积增大而不能加厚;内层为珍珠层,由外套膜表皮分泌的薄片状霰石结晶组成,能随动物体生长而增厚。利用这一原理,可以人工养殖河蚌培育珍珠(图 8-4)。外套膜分泌形成贝壳的速度受季节和生长期的影响较大,从而使贝壳表面形成了疏、密的生长纹,呈现出类似植物年轮的生长线,可将其作为生长和年龄的鉴定依据。

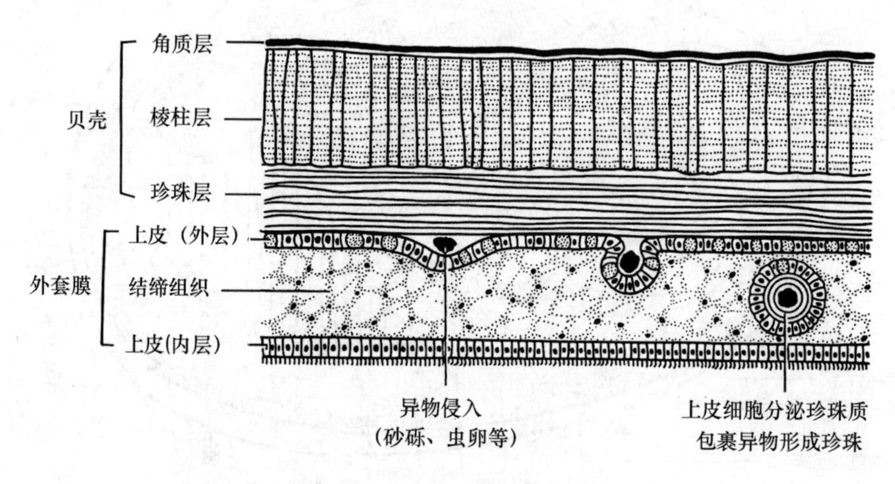

图 8-4 贝壳的结构和珍珠的形成(引自 Boolootian)

8.1.4 体腔和循环系统

软体动物的真、假体腔同时存在,其真体腔极度退化,仅残留围心腔、生殖腔和排泄器官的内腔。假体腔广泛存在于身体各组织器官之间,充满血液成为血窦或血腔。心脏位于围心腔中,心室 1 个,心耳 1~4 个,因种类而异。血液由心室流出,经动脉进入内脏器官集中的开放血窦,经呼吸器官换气后收集于静脉,最后回流至心耳。动、静脉血管无直接连接,中间为血窦,故称开管式循环。血压低,血流速度慢,运输氧气和营养物质的效率相对较低。头足类的微血管发达,为闭管式循环,与快速运动相适应(见图 8-1)。

8.1.5　消化系统

软体动物的消化道和消化腺比较发达。消化道包括口、口腔、咽、食道、胃、肠和肛门。口腔发达的种类,口内常有锉刀状的齿舌,为软体动物特有的取食器官。消化腺包括唾液腺、肝脏和胰脏。肝脏发达,有导管通胃。滤食或植物食性种类的胃内常有一晶杆,在胃酸作用下可释放消化酶。

8.1.6　呼吸系统

软体动物出现了专司呼吸的器官。水生种类用鳃呼吸。最原始的鳃是羽状栉鳃(图 8-5),由外套膜内表皮伸展而来,由鳃轴和鳃丝组成。由此演化出丝鳃及瓣鳃。鳃的数目一般1～2 对,腹足类 1 个,双神经类较多。有些水生种类栉鳃消失,直接用外套膜呼吸或由外套膜形成次生性鳃呼吸。陆生种类的外套膜上的微血管密集成“肺”,可直接摄取空气中的氧气。

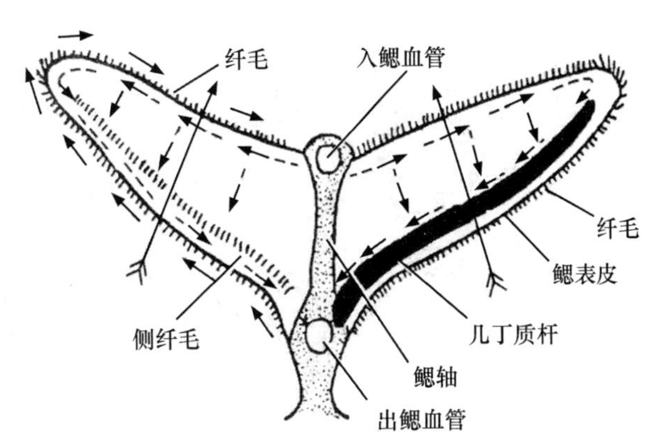

图 8-5　栉鳃的横切(引自姜云垒)

实线箭头示水流方向,虚线箭头示血流方向

8.1.7　排泄系统

软体动物的排泄器官多属后肾管型的肾脏,与环节动物的后肾管同源。一般有 1 对或 1 个。肾脏由腺体部和膀胱部组成。腺体部富含血管,以密布纤毛的肾口通围心腔。膀胱部为薄壁的管子,内壁上具纤毛,以肾孔开口于外套腔内(见图 8-1),收集围心腔内的代谢废物排出体外。在围心腔前方有围心腔腺,密布微血管,可将代谢产物排至围心腔,再经肾脏排出体外。

8.1.8　神经系统和感觉器官

原始种类的神经系统仍为梯形,由一围食道神经环和由此向后发出的 2 对神经索(背面 1 对脏神经索,腹面 1 对足神经索)及连接相邻神经索间的横神经组成。较高等种类一般由 4 对神经节(脑神经节、足神经节、脏神经节和侧神经节)及神经节间的神经索组成(见图 8-1)。头足类的神经节集中于食道周围形成脑,外包以软骨,是无脊椎动物中最高级的中枢。软体动物的感觉器官有触角、眼、嗅检器和平衡囊等(见图 8-1)。

8.1.9　生殖和发育

软体动物多为雌雄异体,体外受精,少数为雌雄同体。腹足类和头足类有雌雄异形现象。生殖方式多为卵生,少数卵胎生(如田螺)。头足类和淡水螺类等为直接发育,其他种类为间接发育。海产种类一般要经历担轮幼虫和面盘幼虫两个时期。担轮幼虫有典型的口前纤毛轮,发育至面盘幼虫阶段,口前纤毛环发育为面盘。某些淡水种类(如河蚌)具有钩介幼虫,在鱼类体表营暂时性寄生生活(图 8-6)。

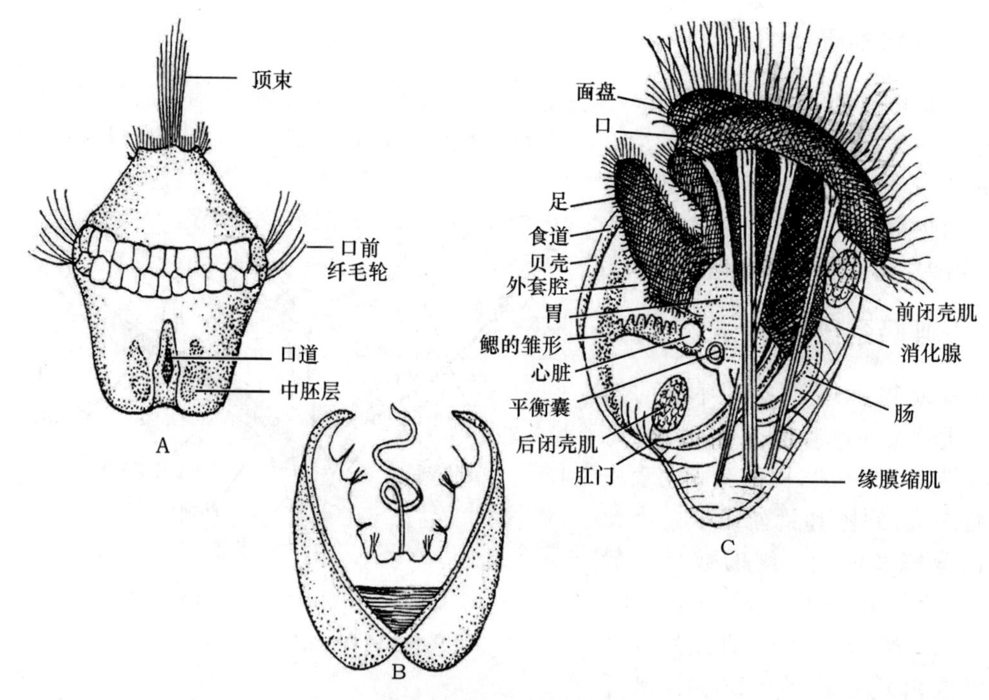

图 8-6 软体动物的各种幼虫(引自姜云垒)

A. 担轮幼虫 B. 钩介幼虫 C. 面盘幼虫

8.2 软体动物门的分类

根据软体动物的体制、壳、足、鳃、神经和生活习性等特点,可分为 7 个纲。

8.2.1 无板纲(Aplacophora)

无板纲体似蠕虫,无贝壳,外套膜发达,表面具角质层及各种石灰质骨刺。腹面中央常具一腹沟。神经系统由围食管神经环和向后延伸的 2 对神经索组成(图 8-7)。已知种类约 250 种,全部海产。分布于低潮线以下至数百米深海。我国仅有 1 种,即南海产的龙女簪(*Proneomenia* sp.)(图 8-8)。

8.2.2 单板纲(Monoplacophora)

单板纲多为化石,20 世纪中叶首次发现活体,名为新蝶贝(*Neopilina galathea*)(图 8-9),被称之为"活化石"。单板类属小型动物,体长数毫米至 3 cm,两侧对称,具一个扁圆形贝壳。至今已在太平洋、大西洋和印度洋的深海底采集到了 20 多种。

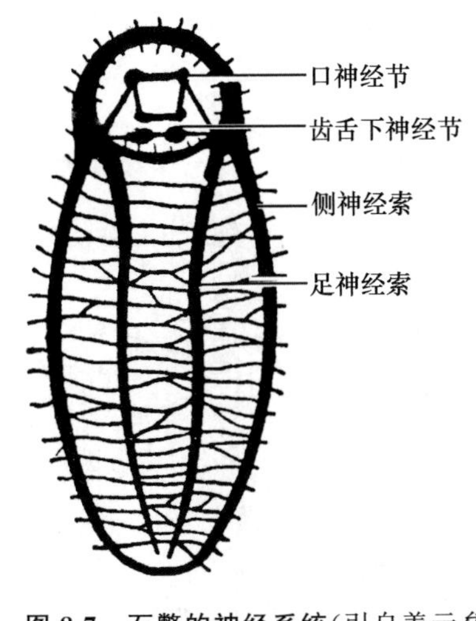

图 8-7　石鳖的神经系统(引自姜云垒)

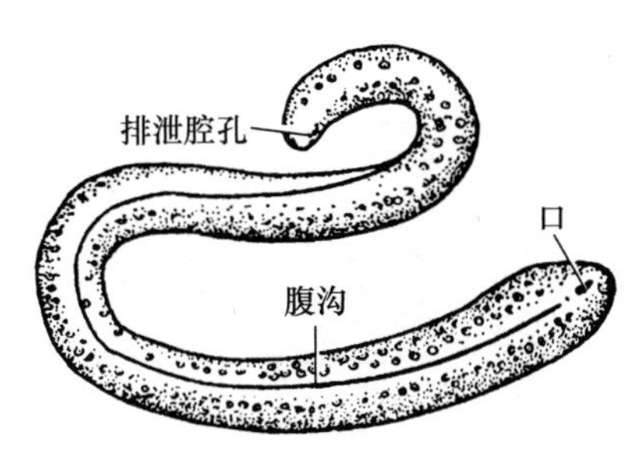

图 8-8　龙女簪(腹面)(引自姜云垒)

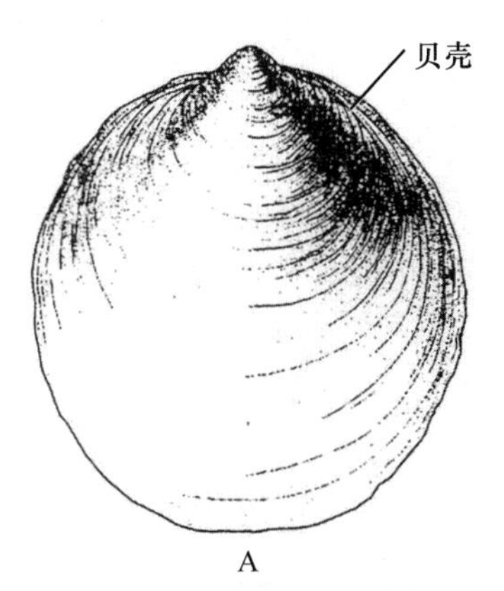

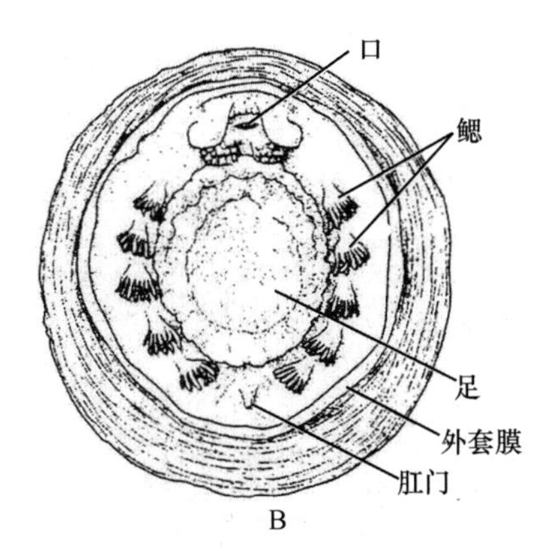

图 8-9　新碟贝的形态(引自陈小麟)

A. 背面观　B. 腹面观

8.2.3　多板纲(Polyplacophora)

多板纲体呈椭圆形,两侧对称。身体背面有 8 块呈覆瓦状排列的贝壳。头不明显,无触角和眼。足在腹面,宽而扁,位于头后,以足吸附于岩石上,可缓慢爬行。足与外套膜之间形成外套腔,其内着生多对栉鳃。雌雄异体,间接发育。多板类约 1 000 种,全部生活在沿海潮间带,我国沿海常见种有锉石鳖(*Ischnochiton* sp.)、毛肤石鳖(*Acanthochiton* sp.)等(图 8-10)。

8.2.4　腹足纲(Gastropoda)

腹足纲因其足位于身体腹面而得名。具一个螺旋形的贝壳,又称螺类(图 8-11)。已知种类约 9 万种,为动物界第二大纲。分布十分广泛,海洋、淡水及陆地上均有,如海兔、田螺、蜗牛等。

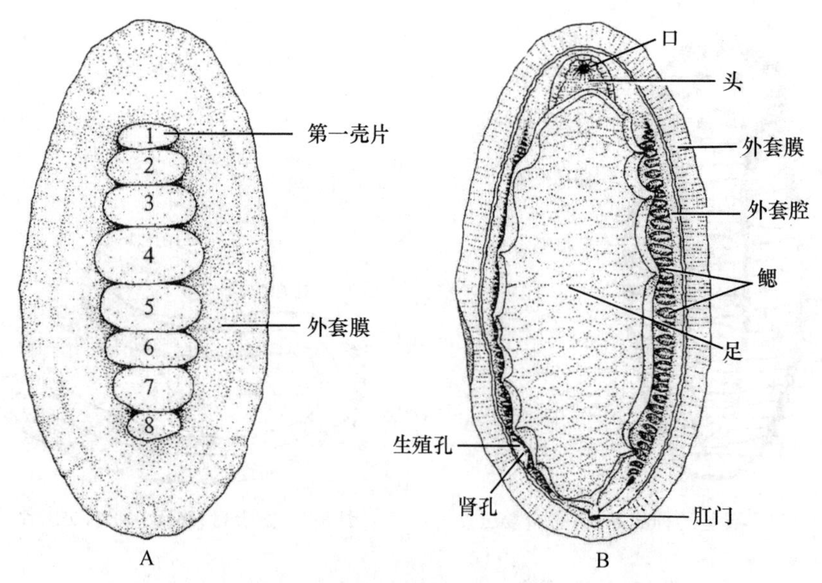

图 8-10 石鳖的外形(引自陈小麟)

A. 背面观 B. 腹面观

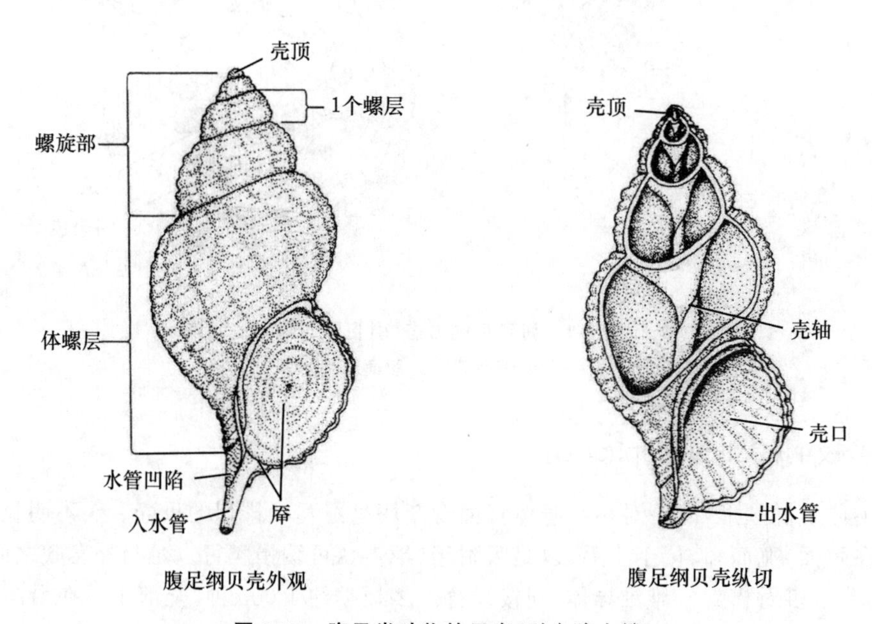

图 8-11 腹足类动物的贝壳(引自陈小麟)

8.2.4.1 不对称体制及起源

1. 体制

腹足纲的头和足是左右对称的,但内脏团及贝壳在发育过程中因发生扭转而左右不对称(图 8-12)。这是腹足纲与其他软体动物的重要区别。

2. *左右不对称体制的起源*

古代腹足类化石和现存腹足类的幼虫期均是左右对称的,显然腹足类不对称的体制是由左右对称的祖先逐渐演变形成的。"扭转学说"认为,腹足类祖先背面有一个碗状贝壳,由于在

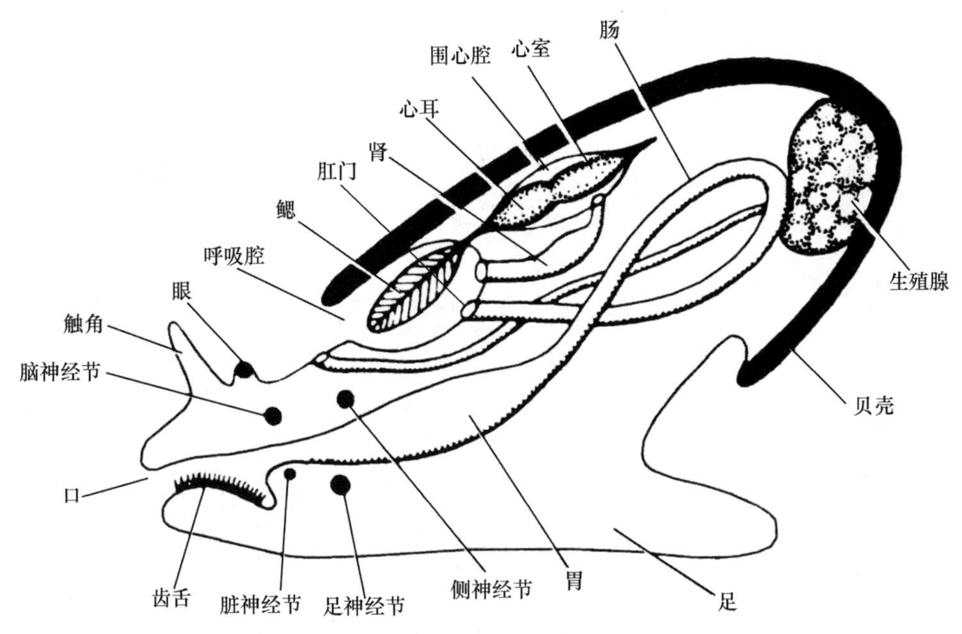

图 8-12 腹足类动物的体制(引自姜云垒)

海底爬行,足逐渐发达。遭遇危险时,贝壳容纳不下发达的足及内脏团,故使贝壳随足的发育形成了高耸的锥形贝壳。水的阻力使贝壳倒向后方而压迫体后的外套腔出口,严重影响呼吸、排泄和生殖等正常的生理活动。故身体开始向一侧扭转 180°,外套腔开口转到了体前背面。又因锥形贝壳高,运动阻力大,故在长期进化过程中发生卷曲,形成螺旋形。因内脏团的旋转卷曲,使受压迫的一侧器官退化,最终只剩一侧的鳃、肾和心耳,肛门向前,脏侧神经索扭转成"8"字形等(图 8-13)。

8.2.4.2 基本特征概述

腹足纲的贝壳均为完整螺旋形,分螺旋部和体螺层两部分。前者常分 6~7 个螺层,是内脏团所在处;后者是贝壳最后一层,内有头和足。螺旋部顶端为壳顶,即胚壳,向下有一纵贯壳中央的壳柱(图 8-14)。围绕壳柱是旋转的各螺层,螺层之间的界限叫缝合线,与其垂直的许多细线叫生长线。底部最大的体螺层开口,叫壳口。常依据壳口在壳柱的左或右,称左旋螺或右旋螺。壳柱底部螺层向内凹陷处为脐。有的具厣,由足分泌形成,可将壳口封闭。陆生腹足类无厣。贝壳的形状和构造是分类的重要依据,如壳柱的长短,螺层上的肋、棘和花纹等。受环境温度、食物等因素的影响,螺壳在生长过程中会形成类似树木年轮的生长线,可用以推断螺的年龄。

腹足类的头部明显,前端有吻,吻端腹面有口。有 1 对或 2 对能伸缩的触角,眼着生在触角基部外侧。有的雄性右触角变为交接器(如圆田螺),顶端有生殖孔开口。足位于正下方,多为团块状,用以附在其他物体上爬行。

消化系统包括口、口咽腔、食道、胃、肠和肛门。口咽腔中有狭长的齿舌,其后为细长的食道,再膨大成胃,经较短的小肠和较长的大肠,以肛门开口于外套腔(图 8-15)。有唾液腺 1 对,其导管通口咽腔,能分泌黏液,利于润滑和吞咽食物。肝脏特发达,能分泌含有淀粉酶和蛋白酶的消化液,并有吸收作用。

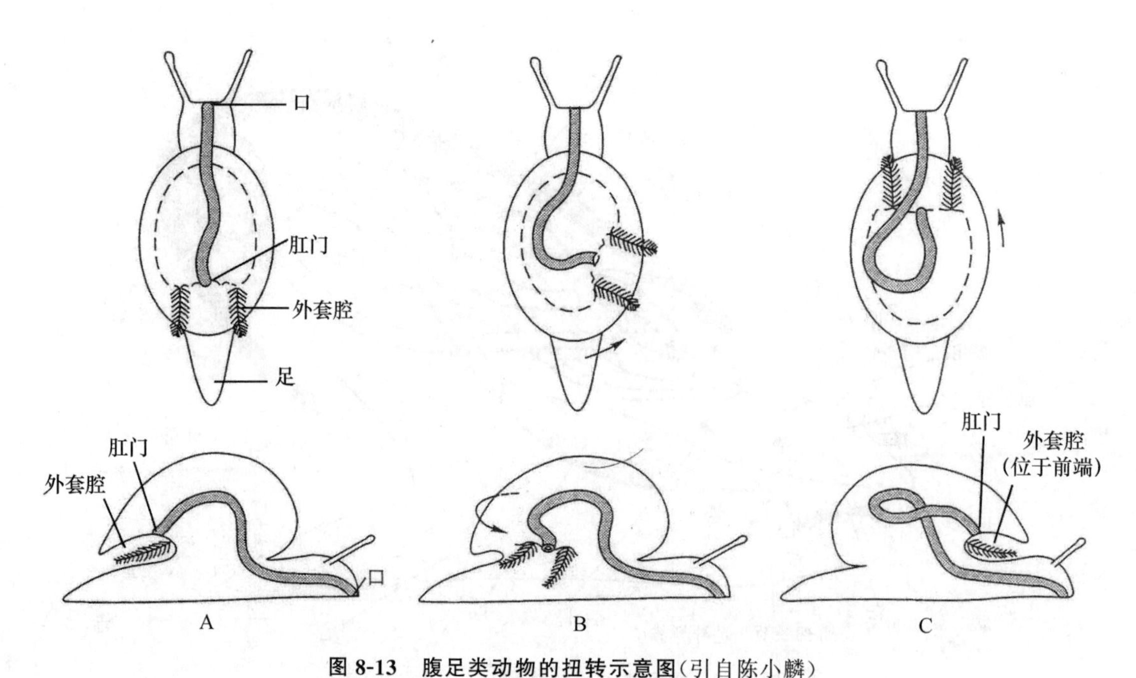

图 8-13　腹足类动物的扭转示意图(引自陈小麟)

A. 扭转前的原型　B. 假想的过渡类型　C. 完成扭转的早期腹足类

水生种类主要用鳃呼吸,鳃位于心脏的前方(前鳃亚纲)或后方(后鳃亚纲),通常只有1个。有些水生种类以次生鳃呼吸。陆生种类鳃全部消失,由外套膜上密布血管形成的"肺"呼吸。

心脏位于围心腔内,一心室,一心耳(少数种类有2个心耳)。血液由心室压出,经动脉分支到达头、足和内脏团后即进入血窦,再由静脉经鳃或"肺"至心耳,最后流回心室。血液一般无色,少数种类血浆中含有血红素或血青素,血液呈红色或青蓝色。

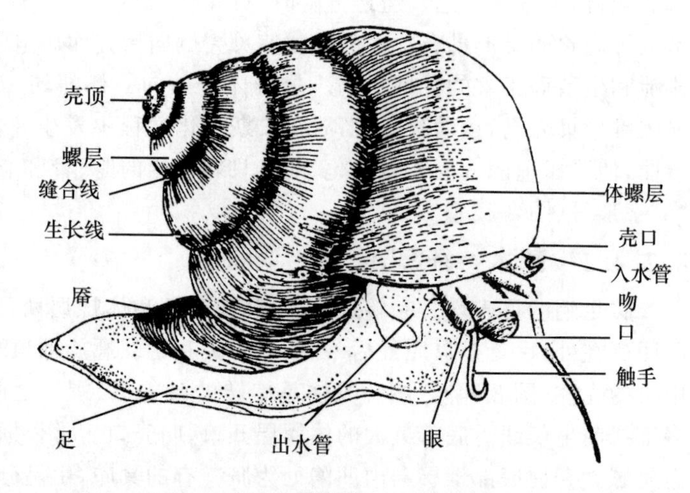

图 8-14　圆田螺的外形(引自姜云垒)

肾脏通常1个,一端开口于围心腔,另一端开口于外套腔。

神经中枢的4对神经节主要集中在咽和食道周围。感觉器官有触角、眼、嗅检器、平衡器等。头部有1对或2对触角,有触觉和嗅觉功能。1对位于触角基部的眼只能感光不能视物。水生种类常有一淡黄色的嗅检器,位于外套腔中鳃的基部,可鉴别流经外套腔的水质。在足神经节后内侧有一平衡器,能感觉身体平衡。另外,头和足的表面都具有十分灵敏的感觉功能。

水生种类多为雌雄异体。雄性生殖系统包括精巢、输精管、前列腺和阴茎。雌性生殖系统有卵巢、输卵管和子宫。陆生种类多为雌雄同体,生殖系统较复杂,以蜗牛为例加以说明(图

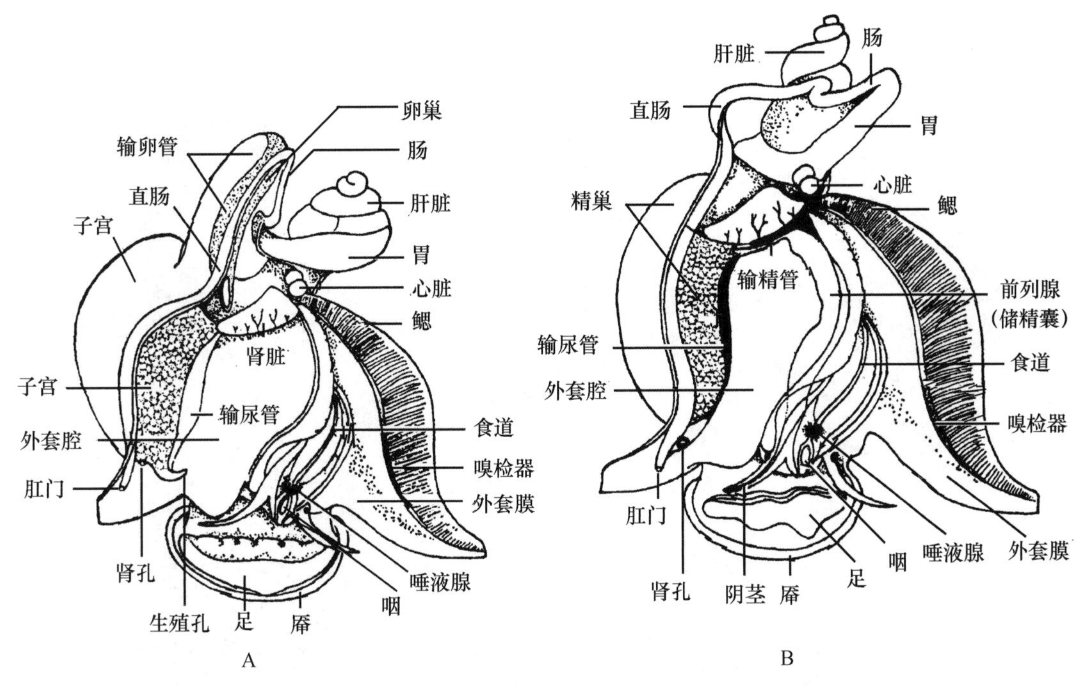

图 8-15　圆田螺的内部构造(仿自刘凌云)

A. 雌性　B. 雄性

8-16)。1个两性腺在不同时期分别产生精子和卵子。下接1条两性管至储精囊和蛋白腺,之后分为1条输精管和1条输卵管,输精管末端为阴茎囊,输卵管末端为阴道。阴茎囊和阴道末端合并为单一的生殖孔通体外。此外还有黏液腺、矢囊和鞭状体等辅助构造。异体交配受精,阴茎翻出相互插入对方阴道,将精荚送入对方的交配囊中。陆生种类直接发育。海产种类间接发育,历经担轮幼虫和面盘幼虫两个时期。多数卵生,少数卵胎生,如圆田螺等。

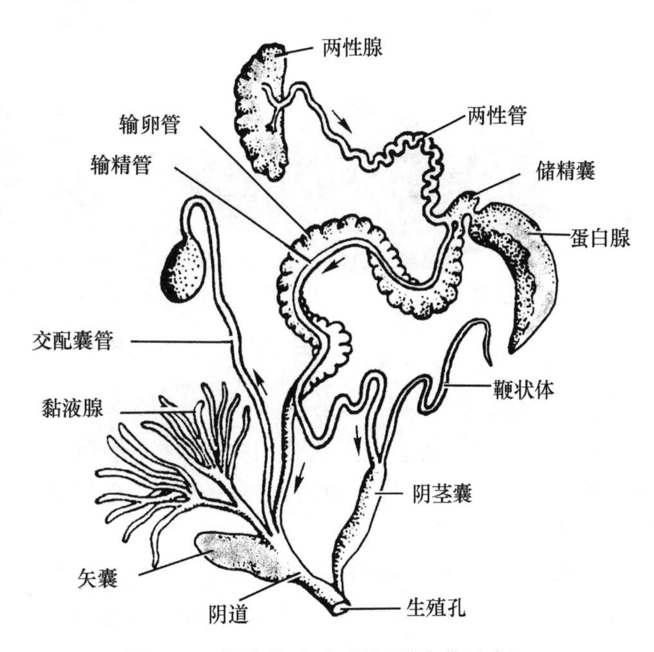

图 8-16　蜗牛的生殖系统(引自姜云垒)

8.2.4.3　腹足纲的分类

依据鳃的类型及位置可将腹足纲分为3个亚纲。

1. 前鳃亚纲

鳃位于心脏前方。通常有大而厚的外壳,且具厣。触角1对。脏侧神经索交叉扭转成“8”

字形,外套腔开口于前方。雌雄异体,大多海产,少数淡水产。如鲍、马蹄螺、蜘蛛螺、红螺、钉螺等(图 8-17)。

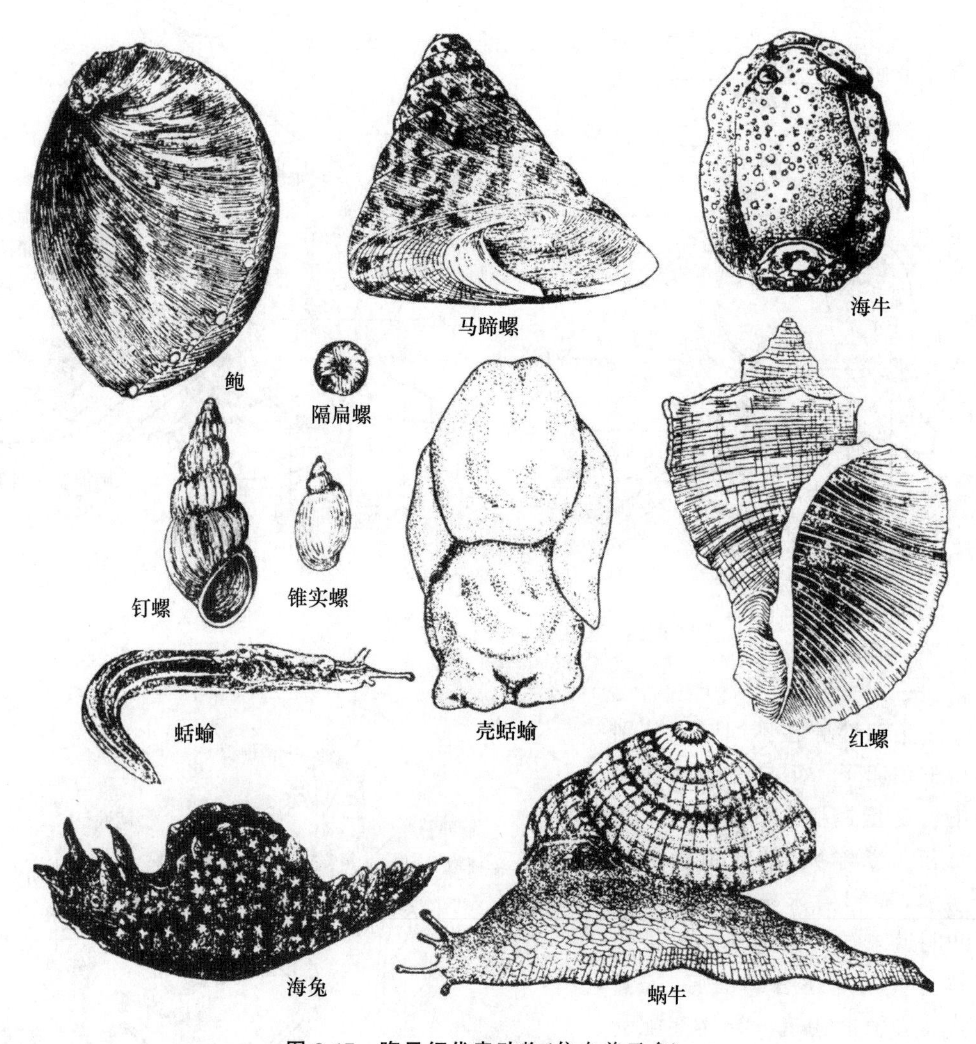

图 8-17 腹足纲代表动物(仿自姜云垒)

2. 后鳃亚纲

鳃位于心脏后方。壳退化或消失,无厣。触角 2 对。内脏团发生了反扭转,脏侧神经索不扭成"8"字形,外套腔开口于后方。雌雄同体,全部海产。如海兔、海牛、壳蛞蝓等(图 8-17)。

3. 肺螺亚纲

以外套膜形成的"肺"呼吸。壳发达或退化,无厣,触角 1 对或 2 对。脏侧神经索一般不扭成"8"字形。生活在陆地上或淡水中。如蜗牛、蛞蝓、锥实螺、隔扁螺等(图 8-17)。

8.2.5 掘足纲(Scaphopoda)

贝壳 1 个,呈长圆锥形稍弯曲的管状,很像去尖的牛角或象牙(故称大角贝或象牙贝),两端开口,故名管壳类(图 8-18)。贝壳粗的一端是前端,头、足由此伸出。头部退化为前端的一个突起,无触角或眼,但具多条头丝,头丝末端有吸盘,具感觉和摄食功能。足发达呈圆柱状,用以挖掘泥沙。无鳃，用外套膜呼吸。雌雄异体，间接发育。全部海产，多在泥沙中穴居，350 种左右。常见的有大角贝、胶州湾角贝等。

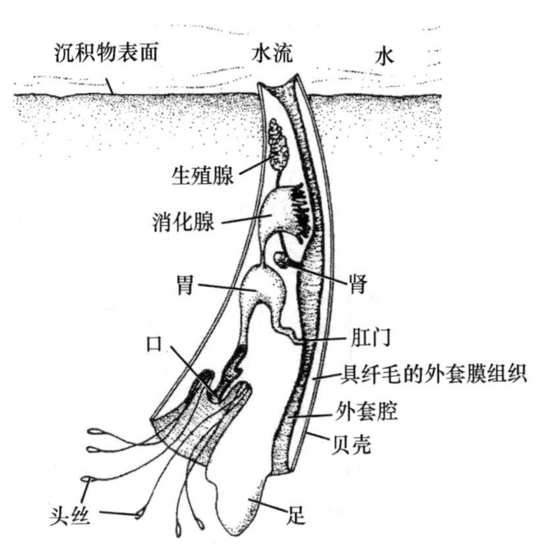

图 8-18　角贝的形态结构(引自姜云垒)

8.2.6　瓣鳃纲(Lamellibranchia)

本纲动物的鳃多呈瓣状，故名瓣鳃纲。身体左右对称，一般有 2 个贝壳，头部退化或消失，足为斧头状。水生，不善运动。常见的有河蚌、扇贝、贻贝、牡蛎等。

8.2.6.1　基本特征概述

贝壳 2 个，其形态多种多样，因种类而异，是分类的重要依据。左、右两壳相对，背面有韧带相连，腹缘分离(图 8-19)。贝壳的背缘常有齿和齿槽，闭合时可彼此镶嵌，称铰合部。贝壳的关闭由前后两束闭壳肌收缩完成。壳背方突起的部分为壳顶。贝壳逐年生长，以壳顶为中心形成同心圆弧，即生长线，可用来推测年龄。生长线和以壳顶为起点向腹缘伸出的放射肋互相交织，形成格子状的刻纹。有些种类的生长线和放射肋均不明显，表皮光滑。

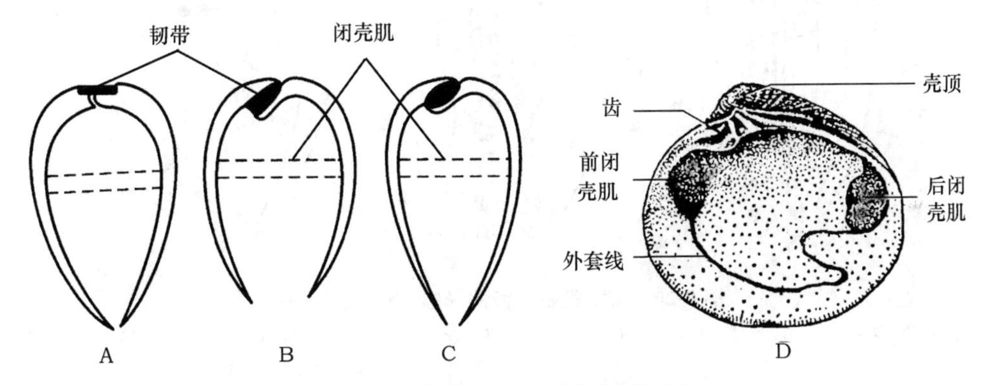

图 8-19　瓣鳃类的贝壳(引自姜云垒)

A、B、C. 示贝壳开闭时韧带的变化　D. 示贝壳侧切面

头部退化，触角、眼、齿舌等结构消失。足多为斧状，斜插入泥土中，可依靠伸足肌和缩足肌使足不断伸缩而缓慢移动身体。

瓣鳃类用鳃和外套膜进行呼吸。鳃由外套膜内侧壁延伸而成。最原始的种类为羽状栉鳃，鳃轴两侧各有一行平直的三角形鳃丝(胡桃蛤)；其次为丝鳃，鳃丝分离并下垂(日月贝)；有的又向背侧折叠成“W”状(蚶)；有的鳃丝之间以纤毛相连(贻贝)；高等种类的鳃丝之间以丝间隔相连形成双层的瓣鳃(河蚌)；有的鳃已退化成肌肉质隔膜，称隔鳃，丧失了呼吸功能，呼吸作用由外套膜完成(孔螂)(图 8-20)。

消化系统包括口、唇瓣、食道、胃、肠、肛门和消化腺。口位于体前端，两侧具内、外两片三角形唇瓣，唇瓣上有纤毛，有感觉、选择和运送食物功能。胃肠间有晶杆囊，内有晶杆，能搅拌

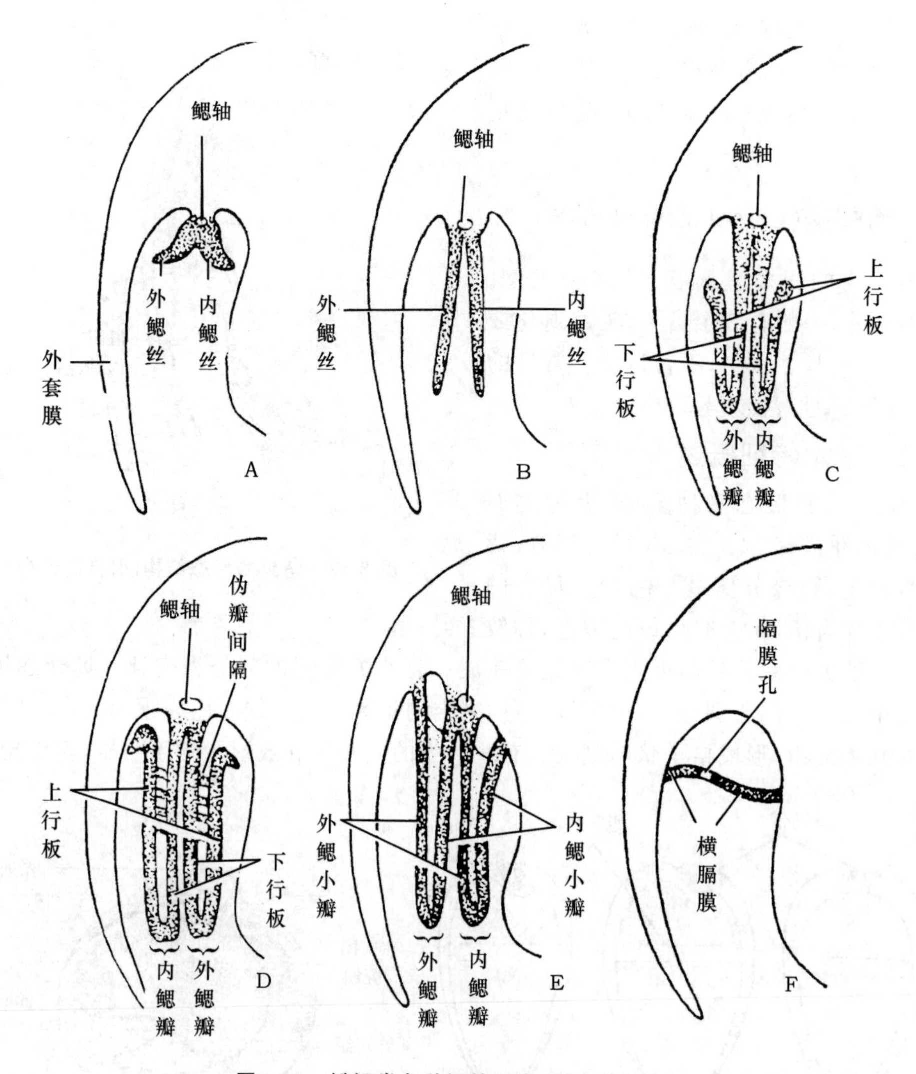

图 8-20　瓣鳃类各种鳃的形态(引自姜云垒)

A. 栉鳃(胡桃蛤)　B. 丝鳃(日月贝)　C. 丝鳃(蚶)　D. 丝鳃(贻贝)　E. 真瓣鳃(河蚌)　F. 隔鳃(孔螂)

和混合食物,释放消化酶对食物进行细胞外消化并具有缓冲液的作用。胃中有胃上皮脱落的厚皮形成的胃盾,能保护胃分泌细胞。肝脏发达,位于胃的两侧,肝管通胃,且肝脏细胞能进行细胞内消化。肠穿过围心腔和心室,以肛门开口于外套腔(图 8-21)。肠壁上无肌肉,不能蠕动,靠肠内壁纤毛摆动而运送食物。

心脏有一心室两心耳,属开管式循环。排泄器官为 1 对"V"形肾脏,一端开口于围心腔,另一端开口于外套腔(图 8-22)。围心腔腺(又称凯伯尔氏器)也具排泄功能。神经系统只由 3 对神经节(即脑神经节、足神经节和脏神经节)和联系它们的神经索组成。感觉器官不发达,仅有平衡囊、嗅检器和分布于唇瓣、外套膜及进出管口乳突上的感觉细胞。大多数雌雄异体,葡萄状生殖腺,精巢乳白色,卵巢淡黄色,由生殖腺通出一短的生殖导管开口于外套腔。个体发育要经历担轮幼虫和面盘幼虫时期,淡水蚌类具特有的钩介幼虫。

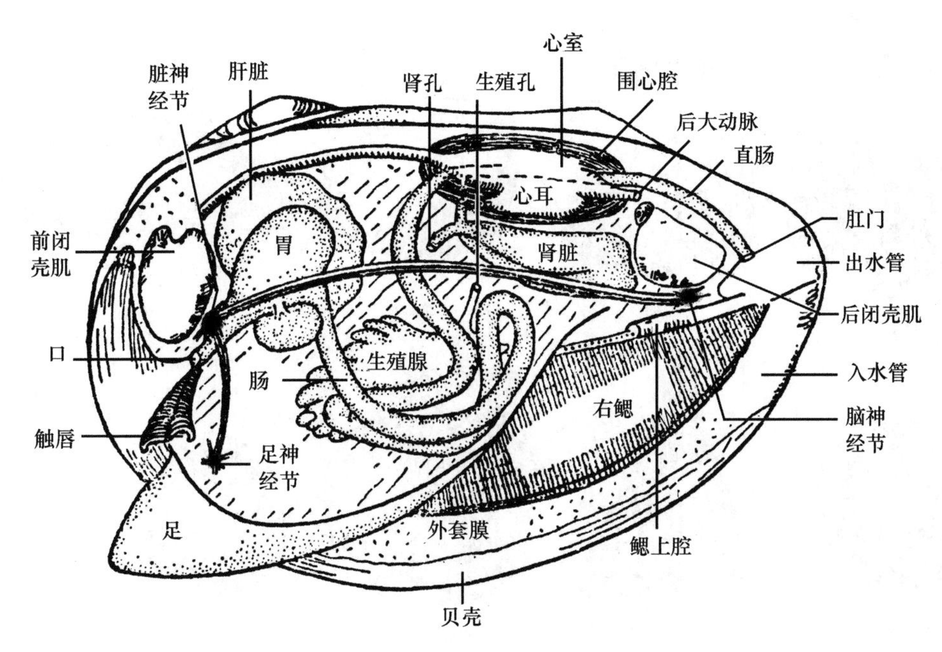

图 8-21 河蚌内部构造(仿自 Haswell)

8.2.6.2 瓣鳃纲的分类

目前已知瓣鳃纲约 2 万种,另有化石种类约 1.5 万种。根据鳃的构造、取食方式、贝壳铰合齿的形态特点和闭壳肌发育程度等,可将瓣鳃纲分为 3 个亚纲。

1. 原鳃亚纲

具栉鳃,前后闭壳肌相等,滤食。全部海产,如湾锦蛤。

2. 瓣鳃亚纲

鳃发达,呈丝状或瓣状,鳃丝间有纤毛,滤食。海水或淡水产,如毛蚶、贻贝、栉孔扇贝、三角帆蚌、牡蛎等(图 8-23)。

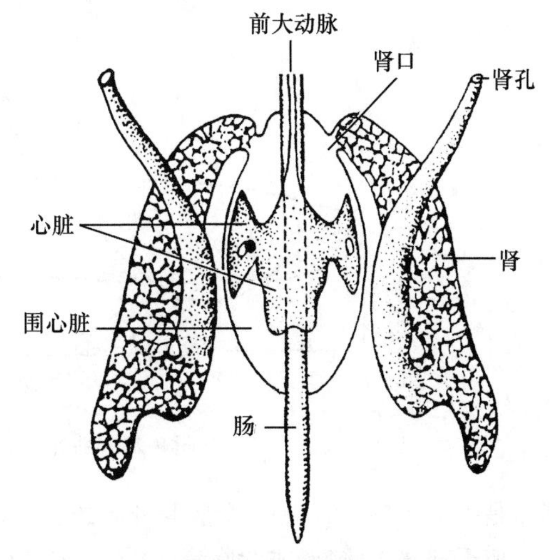

图 8-22 河蚌的"V"形肾脏(引自姜云垒)

3. 隔鳃亚纲

鳃退化成肌肉质隔膜,膜上有小孔,用外套膜呼吸。全部海产,如中国杓蛤。

8.2.7 头足纲(Cephalopoda)

头足纲是软体动物中最高等的类群。头部极发达,足在头的前面特化成腕,故名头足类。现存 700 种左右(化石种类达上万种),全部海产。大多善游,个别种类能长距离、快速、定期的洄游。常见种有乌贼、柔鱼、蛸、船蛸、鹦鹉螺等。

8.2.7.1 基本特征概述

头位于身体的中部,极发达,上有 1 对发达的眼。口在头的顶端,内有角质的颚和齿。足特化成条状的腕和漏斗两部分,腕 8 条或 10 条(鹦鹉螺分成许多触手),位于口的周围(图 8-24)。

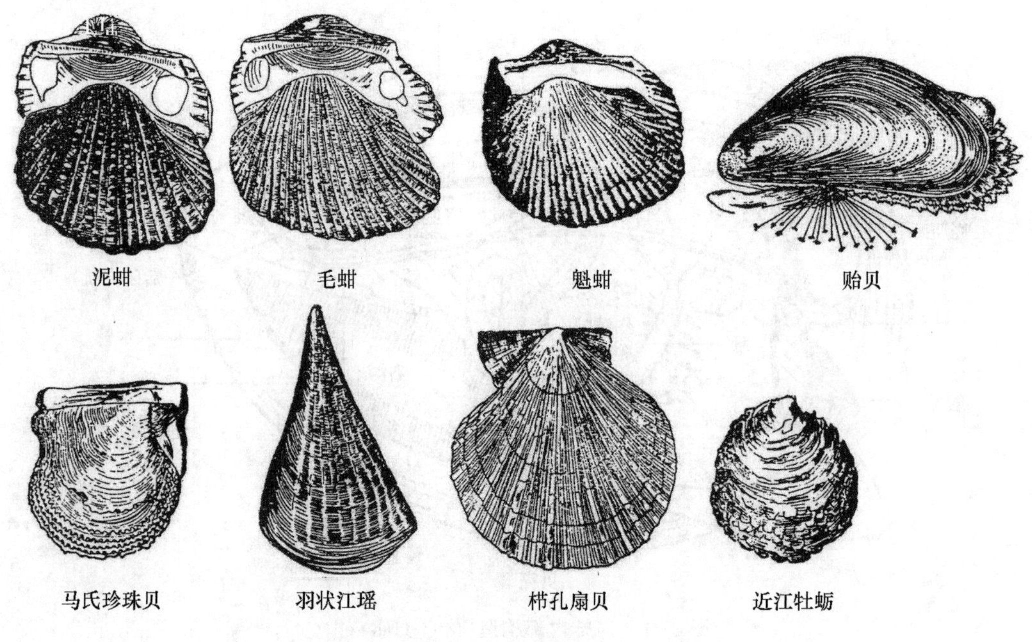

图 8-23 瓣鳃纲部分类群(引自陈小麟)

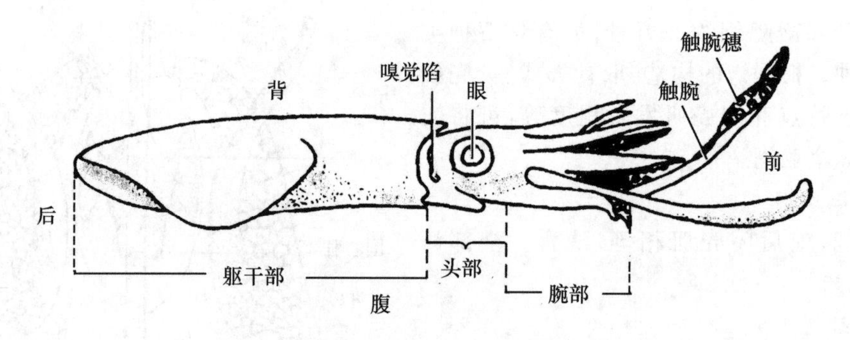

图 8-24 头足类外形名称(引自姜云垒)

漏斗是头足纲特有的,是外套腔与外界的孔道,可借其喷水的反作用力加速自身运动(图 8-25)。

躯干部宽大,圆形或背腹扁平,是由较厚的肌肉质外套膜构成的口袋形,包裹着整个内脏。一般无外壳(鹦鹉螺等原始种类除外),外壳退化形成内壳,被包裹在外套膜内或完全退化。外套膜的表皮下有色素细胞,能改变体色。循环系统为发达的闭管式循环,鳃呼吸。神经系统高度发达,脑有软骨组织保护。多数种类有墨囊。

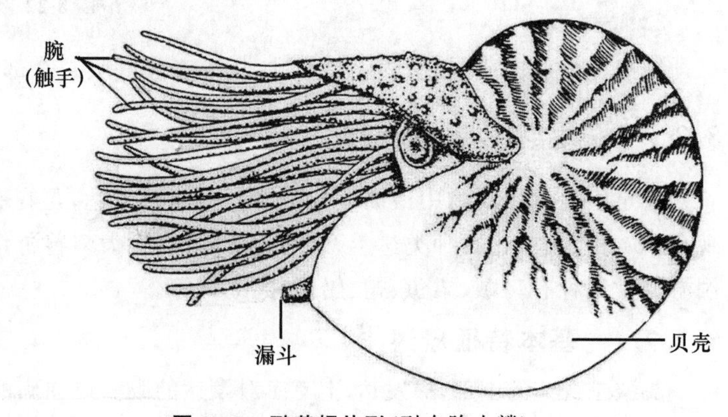

图 8-25 鹦鹉螺外形(引自陈小麟)

8.2.7.2　代表动物——乌贼(*Sepia* sp.)

乌贼又名墨斗鱼，运动敏捷，食肉，以小鱼、小型甲壳类及其他软体动物等为食。平时生活在远海，春季洄游到浅海藻类较多的地方产卵繁殖，是我国北方沿海最多见的一种头足类(图8-26)。乌贼体制是两侧对称，分为头、足和躯干3部分。

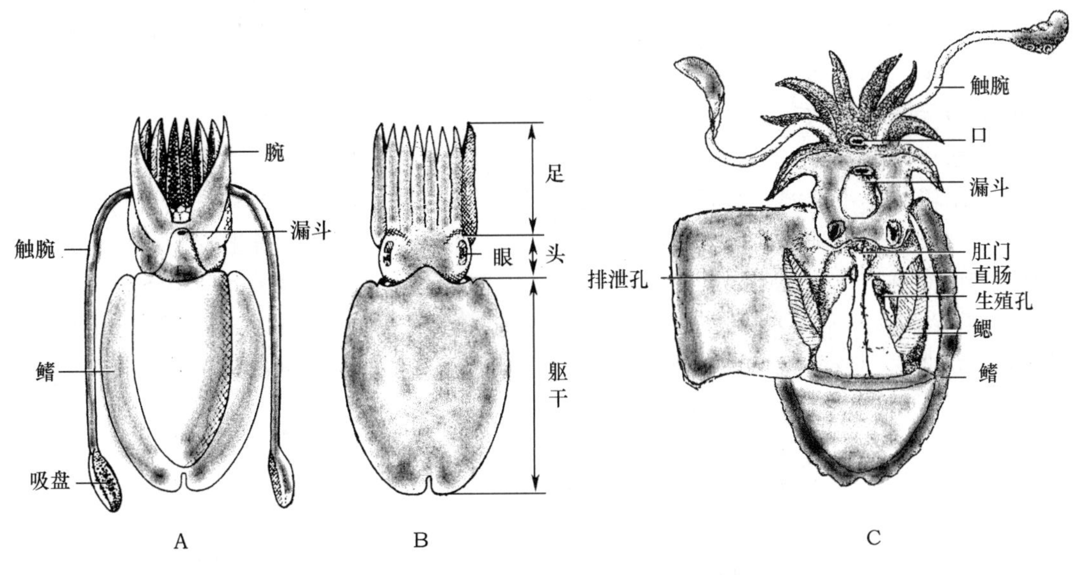

图 8-26　乌贼模式图(仿自刘凌云)

A. 腹面　B. 背面　C. 打开部分外套膜

1. 头部

头部发达，位于体前中部，顶端中央有口，两侧各有一视觉敏锐的眼。足位于头前，特化成腕和漏斗。有5对腕，在口周围呈放射状排列。其中4对较短，腕内侧有排列成行的吸盘，可吸附在其他物体上，或用以捕食。第4对腕特别长，称触腕，能伸缩，可捕食，只在末端内侧有吸盘。游泳时触腕缩入基部的触腕囊中，减小运动阻力，捕食时再迅速伸出。雄性乌贼左侧第5条腕在繁殖时能将精荚送入雌体内，故称茎化腕或生殖腕，此腕上吸盘较少，据此可识别雌雄。漏斗位于头部腹面，为肌肉质的锥形管，细口端游离于外套膜外，为水管，水管口可向前或向后；基部包在外套腔内。漏斗基部有2个凹软骨与外套膜上2个凸软骨相嵌合，构成闭锁器，关闭时可防止外套腔内的水流出。由于外套膜的收缩作用，使水通过漏斗急剧喷出，借以迅速游动，也可排出墨汁、粪便等。

2. 躯干部

躯干部宽大且背腹稍扁。左右两侧各有一膜质鳍，可以游泳或保持身体平衡，背面颜色较深，腹面较浅。肌肉质的外套膜将整个内脏团包在其中。外套膜和内脏团两者在背面及侧面相连，于腹面分离，在此形成一个较大的外套腔，其腹面前缘有开口与外界相通，称外套膜孔，由闭锁器控制开关。外套膜舒张时，闭锁器打开，水自外套膜孔流入外套腔；水满后，关闭闭锁器，收缩外套膜且加压，水流只能从漏斗口喷射而出，借助这种反作用力加速身体运动。贝壳退化成的内壳起支持身体的作用。体壁上的许多色素细胞，能迅速改变身体的颜色以保护自己。

3. 消化系统

乌贼消化系统包括消化管和消化腺。消化管包括口、口球、食道、胃、胃盲囊、肠和肛门。消化腺包括唾液腺、肝脏和胰脏(图 8-27)。口腔是富含肌肉的球状,故称口球,其内有 2 个角质颚,能切取食物。咽的底部具齿舌,可研磨食物。食道细长,通入膨大的胃,胃旁有胃盲囊。肝脏发达,分两叶,分列于食道两侧。肝管基部泡状腺体即为胰脏。肝脏和胰脏产生的消化酶均经肝胰管入胃盲囊中。其旁有一墨囊,内有墨腺,能分泌黑色的墨汁并储于墨囊中。墨囊管与直肠并列,管的末端与肛门共同开口于外套腔。当遇到敌害时,墨汁由漏斗口喷出,染黑周围的水,以便迅速逃离敌害。

4. 呼吸及循环系统

乌贼以鳃呼吸,羽状鳃一对,鳃中密布血管(图 8-28),与外套腔中的水进行气体交换。循环系统发达,闭管式循环。心脏位于胃上方的围心腔内,由一心室两心耳组成。动脉有前大动脉和后大动脉,并产生分支通到全身的微血管至组织细胞间,血液从微血管集合到小静脉,再集合到大静脉。静脉血流入有搏动性的鳃心内,鳃心再将血液送入鳃血管进行换气,交换后的多氧血,由出鳃血管经两侧心耳回到心室。心室收缩使血液入动脉,再行循环(图 8-28)。

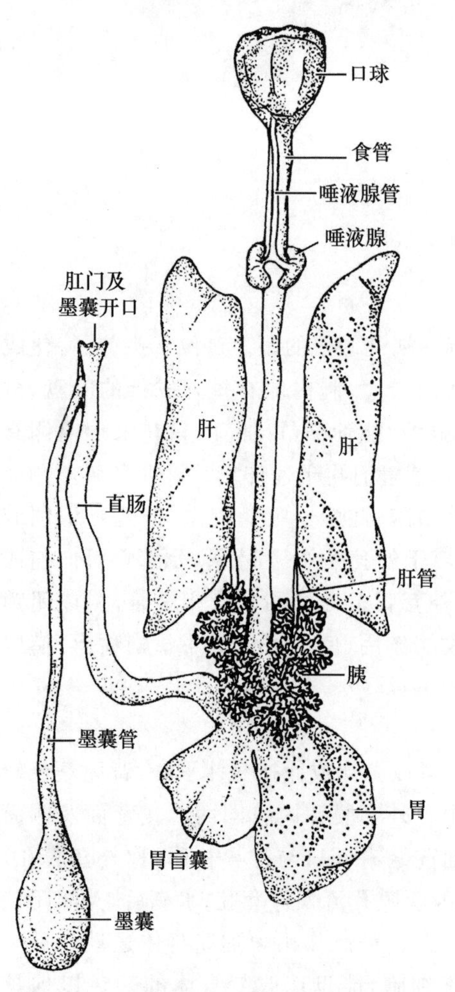

图 8-27 乌贼的消化系统(引自姜云垒)

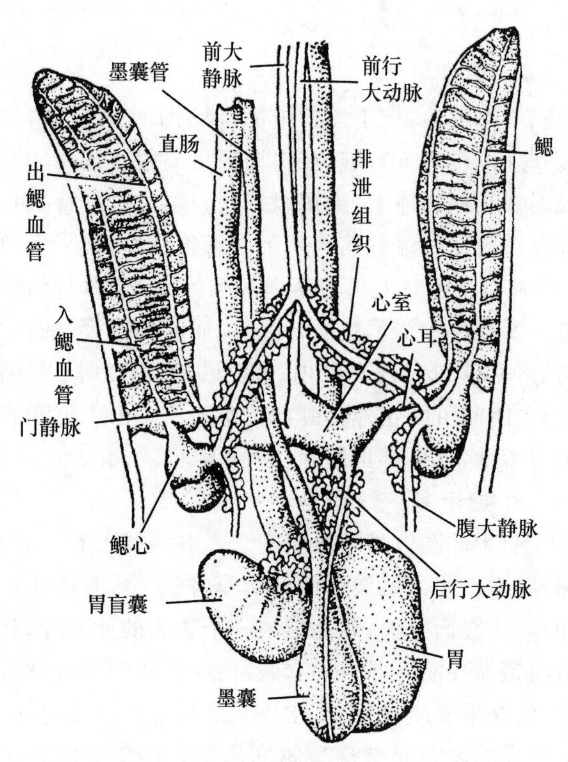

图 8-28 乌贼的呼吸与循环系统(引自姜云垒)

5. 排泄系统

肾脏一对，位于躯干部中央(图 8-29)。肾脏分为两个部分，一部分是肾囊，以肾孔开口于直肠两旁；另一部分是腺体部，由肾口与围心腔相通。门静脉周围还有海绵状附属物，称围心腔腺，能从静脉血液中收集代谢废物，注入肾囊后排出。

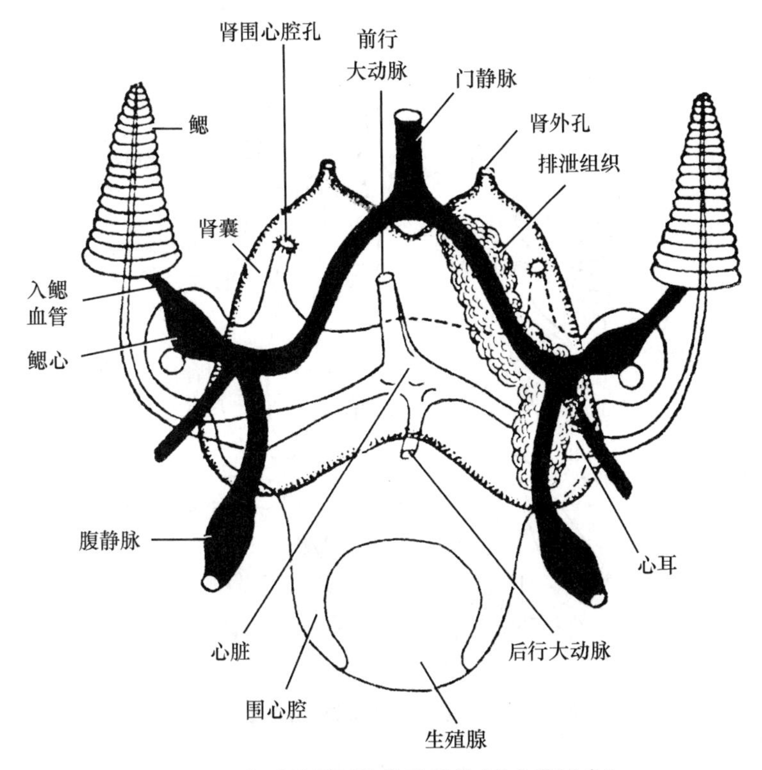

图 8-29　乌贼的循环和排泄系统(引自姜云垒)

6. 神经系统和感觉器官

乌贼神经系统集中且极其发达，由中枢神经系统、周围神经系统及交感神经系统构成(图 8-30)。中枢神经系统由脑神经节、脏神经节和足神经节构成，并在食道周围形成脑包，由软骨包裹。由中枢神经系统发出的神经和神经节构成周围神经系统。主要包括脑神经节发出视神经至眼球内侧并膨大为视神经节，后者发出神经到眼；脏神经节发出两条脏神经到漏斗、墨囊等处，还有分支到外套膜上，形成星芒神经节，再经此发出神经支配到皮肤等处；足神经节发出的神经至腕和漏斗，并在腕基部形成腕神经节。交感神经系统包括口球下神经节和由它所发出的神经。主要有上、下颚神经和两条沿食道两侧到胃，膨大为胃神经节后，再分支到胃、肠、肝等内脏的交感神经。

感觉器官发达，有眼、平衡囊和化学感受器等。眼的结构复杂，与高等脊椎动物相似，是无脊椎动物中最高级的视觉器官。眼前有角膜，后有巩膜、视网膜，并有虹彩、瞳孔、水晶体及睫状肌等构造，还有视神经等。平衡囊一对，能在运动时保持身体平衡。

7. 生殖系统

乌贼为雌雄异体、异形，体内受精。雌性生殖系统(图 8-31)有一个卵巢，输卵管末端以生殖孔开口于外套腔。卵巢腹面有一对白色卵圆形缠卵腺，其上还有一对副缠卵腺。两者能分

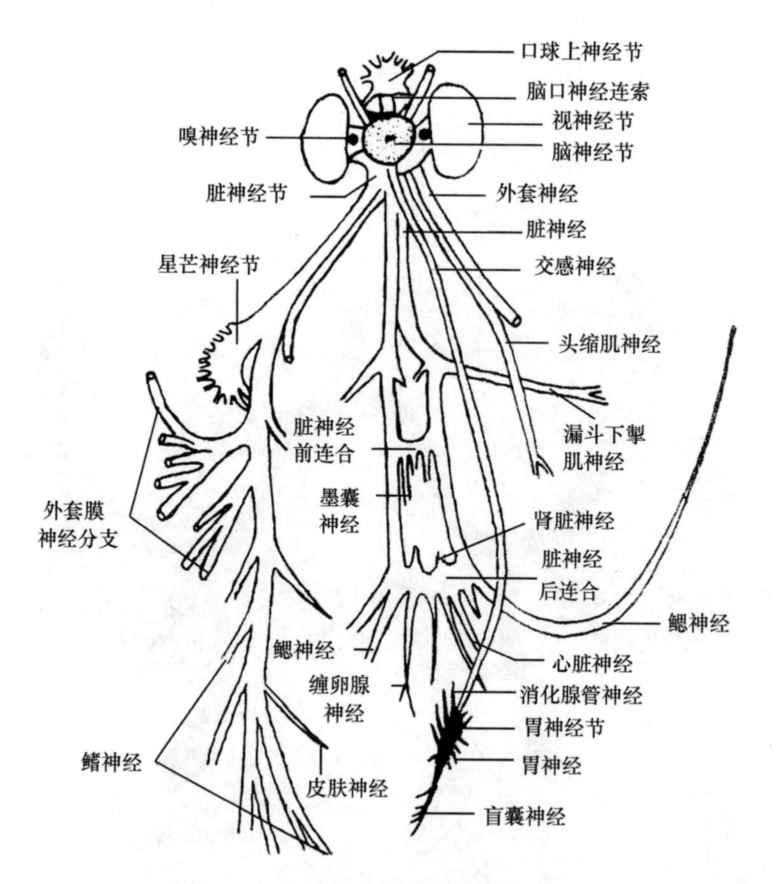

图 8-30 乌贼的神经系统(仿自姜云垒)

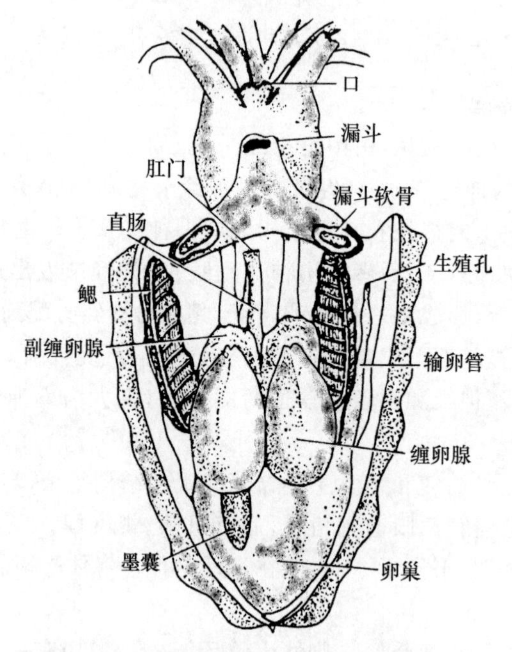

图 8-31 乌贼的雌性生殖系统(引自姜云垒)

泌黏液，可将卵黏成卵群。雄性生殖器官（图 8-32）有精巢一个，输精管中段膨大为储精囊及前列腺，后部膨大为精荚囊及阴茎，末端以生殖孔开口于外套腔。精荚囊中储满了囊状的精荚，内含精子。交配时雄性将精荚排到外套腔中，再经由茎化腕移送到雌性外套腔中。当卵成熟并由输卵管排到外套腔后，精荚裂开，释放出大量精子，精卵结合并在雌性外套腔中发育成小乌贼，不经变态发育。属于卵胎生。

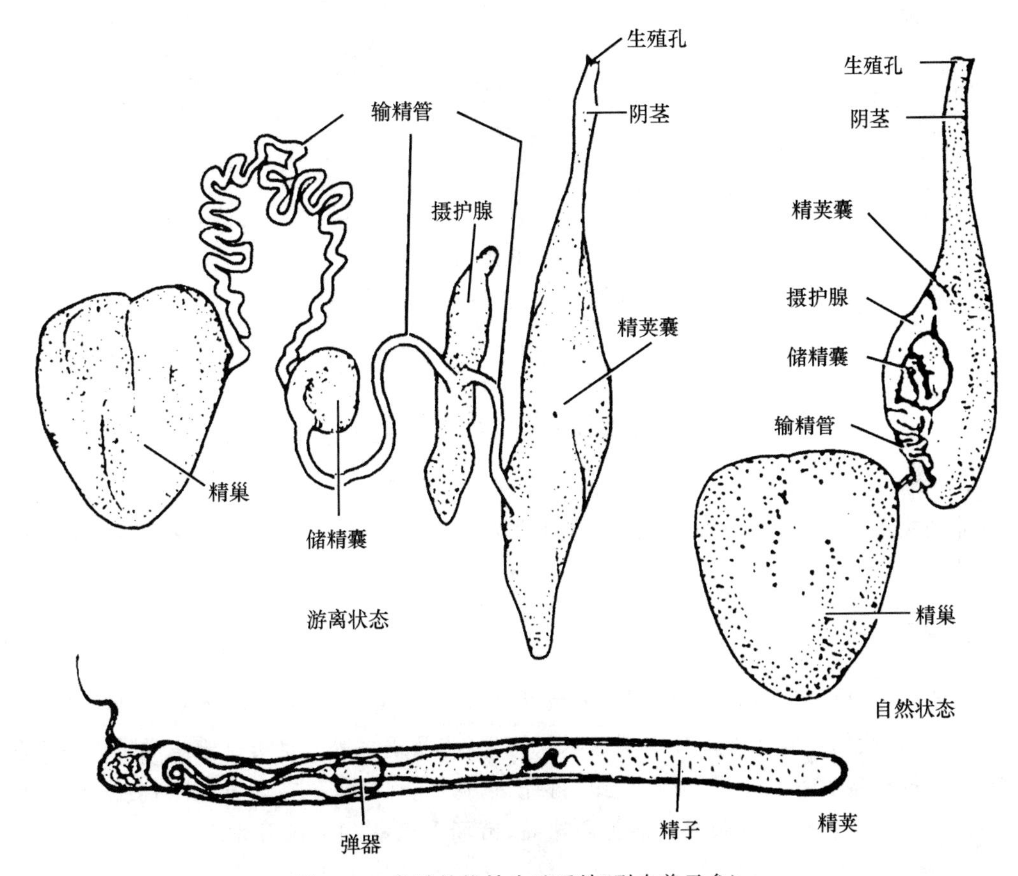

图 8-32　乌贼的雄性生殖系统（引自姜云垒）

8.2.7.3　头足纲分类

头足纲全部海产，依据鳃、贝壳、腕等特点可分为 2 个亚纲。

1. 四鳃亚纲

具外壳 1 个，在同一平面上卷曲（不像螺那样立体卷曲）；鳃、肾、心耳各 2 对，漏斗 2 叶，无墨囊。有许多触手（触腕），其上无吸盘。现存的仅鹦鹉螺。此外，化石种类较多，如箭石和菊石等。

2. 二鳃亚纲

具内壳，鳃 1 对；有的内壳退化或消失；腕 8 条或 10 条，上有吸盘；1 对肾，1 个漏斗，有墨囊。如蛸（又称章鱼）、枪乌贼和柔鱼等（图 8-33）。

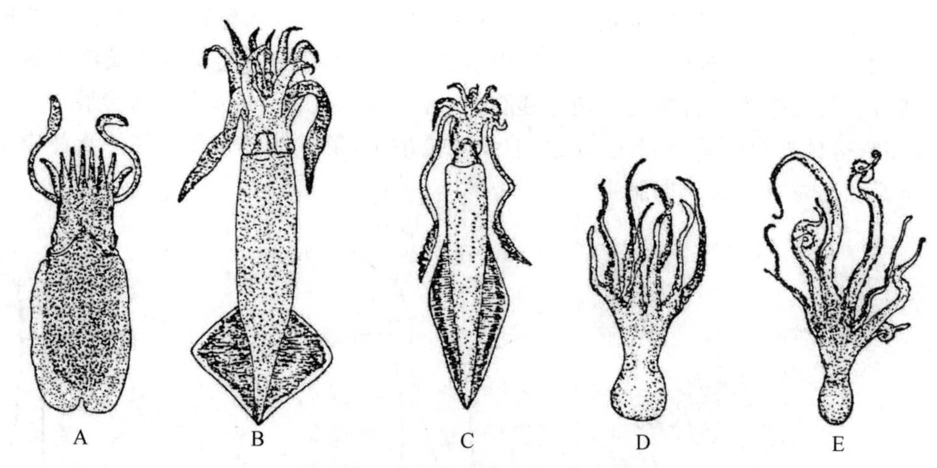

图 8-33　头足纲代表(引自陈小麟)

A. 曼氏无针乌贼　B. 太平洋斯氏柔鱼　C. 中国枪乌贼　D. 短蛸　E. 长蛸

8.3　软体动物与人类的关系

软体动物分布广泛,种类多,数量大,与人类的生活关系密切,对人类既有有益的一面,也有有害的一面。

8.3.1　食用

许多软体动物可以食用,味道鲜美,柔嫩可口,营养价值高。蛋白质、矿物质和维生素含量丰富,是人们喜爱的美味佳肴。如田螺、玉螺、钉螺、鲍及蜗牛等腹足类。瓣鳃类可以大面积养殖,均可食用,如扇贝、蛤、贻贝(海虹)、蚶、竹蛏、鸳鸯贝、河蚌等。在西方,牡蛎被誉为"神赐魔食"、"海中牛奶"。牡蛎也可做成酱油等调味品,市场上已有相关的开发食品。头足类的乌贼(我国的四大海产之一)、柔鱼等产量很高。雌性乌贼缠卵腺的干制品称乌鱼蛋,非常名贵,是海味之珍品。

8.3.2　药用

许多软体动物具有重要的药用价值,随着海洋生物资源的进一步开发,其在医疗上应用前景广阔。科研人员已从文蛤、牡蛎、海蜗牛、乌贼等体内提取出抗病毒和抗癌物质。以珍珠粉制成的注射液对病毒性肝炎也有一定疗效。头足纲的内壳入药称海螵蛸,有止血、涩精、制酸等功能。鲍的壳入药称石决明,可生用或煅用,有明目、通淋、止血、平肝潜阳、镇静熄风之功效。双神经纲的毛肤石鳖可全身入药,能治疗淋巴结核。泥蚶、毛蚶及魁蚶的壳可入药,有活血祛痰、制酸止痛、散结消炎之功效。

8.3.3　观赏和装饰

有些种类的贝壳外观优美,色彩艳丽,耐腐蚀,易保存,常被人们收藏或制成工艺品,如宝贝、日月贝、榧螺、芋螺、竖琴螺等。珍珠是人们喜爱的装饰品，华贵而美丽，是珍贵的馈赠礼品。我国已利用海产珍珠贝、淡水河蚌等进行人工育珠，并取得了显著成效。

8.3.4 工、农业用

贝壳可制成美丽的器皿、餐具和纽扣。大马蹄螺、夜光蝾螺的壳还是珍贵的喷漆调和剂。乌贼墨用于制作名贵的中国墨。某些贝类的足丝还被用作纺织品原料。贝壳粉碎后即成为矿物质饲料，以增加日粮中的钙质，参与动物体内的钙磷代谢。小型贝类还可作为农肥、淡水鱼的饵料。贝类的壳还可烧制成石灰。

8.3.5 科研价值

枪乌贼的星形神经元具有巨大轴突，可以允许电极径向插入从而进行刺激和记录。1939年，Hodgkin 和 Huxley 将微电极插入枪乌贼大神经，直接测出了神经纤维膜内外的电位差，并提出了“钠假说”，即动作电位的上升支及超射部分是由膜对 Na^+ 通透性暂时增大引发的 Na^+ 内流所致。Hodgkin 和 Huxley 因上述研究而获得了 1963 年的诺贝尔奖。

海兔的神经系统十分简单，神经元胞体大，单独一个神经节内的少量神经元就能完成某一个简单的学习行为，可以方便地从细胞或分子水平进行学习和记忆的神经机制的研究。哥伦比亚大学的神经生物学家 Eric Kandel 及其同事以加利福尼亚海兔为实验对象，揭示程序性记忆的储存位点及形成机制，获得了重大突破，荣获 2000 年诺贝尔奖。

软体动物化石在地质学研究上有重要意义，根据贝壳化石含重氧(即氧的同位素)的多少，可推知古代的温度，有原子温度计之称。

8.3.6 有害方面

许多淡水螺类是人畜寄生虫的中间寄主，如锥实螺、钉螺、扁卷螺分别是肝片吸虫、日本血吸虫和布氏姜片虫的中间寄主。如果对这些螺类处理不当，寄生虫就会进入人体内引起发病。毛蚶、泥蚶等可传播细菌或病毒，如 1983 年，4 万余上海市居民因食用毛蚶患上甲肝。瓣鳃类的钩介幼虫常附在鱼体上，使鱼的皮肤、鳃等受刺激并发炎、溃烂，造成鱼类减产。玉螺、红螺、荔枝螺等肉食性螺类会对牡蛎、贻贝等养殖造成危害。羊齿螺、笠贝、锈凹螺等植食性软体动物对海带、紫菜等幼苗危害较大。有些贝类以有毒的双鞭藻类为食，毒素在贝类体内积累，会造成人食贝类后间接中毒。陆生的蜗牛、蛞蝓等大量繁殖时可对蔬菜、果树等农作物幼苗造成较大的损害。

此外，船蛆、全海笋等软体动物专门穿凿木材或岩石而穴居，对海中木船、木桩及海港建筑危害很大，防不胜防。营固着生活的贝类大量固着于船底时，大大影响船只的航行速度，还会固着在沿江或沿海的管道系统中造成堵塞。

本章小结

软体动物的身体柔软、不分节，除腹足类内脏团不对称外，均两侧对称，身体可分为头、足、内脏团和外套膜等几部分。多数种类具有石灰质的外壳。真、假体腔同时存在。排泄系统属后肾管型的肾脏。软体动物是动物界首次出现心脏和呼吸器官的类群，除头足纲十腕目外均为开管式循环。间接发育的种类存在担轮幼虫、面盘幼虫或钩介幼虫。

复习思考题

1. 名词术语：
   开管式循环　贝壳　外套膜　内脏团　胃楯　晶杆　石决明　海螵蛸　卵胎生
2. 简述腹足纲、瓣鳃纲和头足纲的主要特征。
3. 简述软体动物的贝壳是怎样形成的？它由哪几层组成？贝壳有何作用？
4. 简述软体动物的经济意义。

第 9 章　节肢动物门

(Arthropoda)

◆ 内容提要

节肢动物是动物界最大的一门,因其具有分节的附肢而得名。本章主要介绍节肢动物门的主要特征,甲壳纲、蛛形纲、多足纲、昆虫纲等各类群的形态结构特点、常见种类及其与人类的关系。

◆ 教学目的

掌握节肢动物的主要特征和各重要纲代表动物的形态结构特点;理解节肢动物在自然界中种类多,分布广的原因;熟悉常见的种类;了解节肢动物与人类的利害关系。

9.1　节肢动物门的主要特征

节肢动物是在环节动物同律分节的基础上发展起来的异律分节的动物类群。已知种类多达 100 万种以上,约占动物界总数的 85%,是动物界中最大的门。生活方式多样,大部分营自由生活,少数营寄生生活,个别种类具有高度群栖社会性。在人类与自然的斗争中,节肢动物是最重要的研究对象,常见有虾、蟹、蜘蛛、蜱、螨、蜈蚣、马陆、苍蝇、蚊、蝗虫、蟋蟀、蝉等。

9.1.1　身体分部与附肢分节

身体分部是异律分节的高级形式,有助于身体结构功能的复杂化和形态结构的多样化。节肢动物的躯体因体节发生不同程度的愈合而形成形式多样、功能各异的体区,通常包括头、胸、腹 3 部分(图 9-1),但有的头、胸两部愈合为头胸部,如甲壳纲的虾;有的胸、腹部愈合为躯干部,如多足纲的蜈蚣。随着身体的分部,器官趋于集中,机能也相应地有所分化。如头部具有感觉、调节和摄食功能;胸部具有运动和支持功能;腹部具有营养代谢与生殖功能。身体各部既分工又协作,保证了个体的正常生命活动及种族繁衍。

节肢动物不仅身体分部,而且附肢也分节(图 9-2),故名节肢动物。节肢动物的附肢按其构造特征分为双肢型和单肢型。双肢型附肢比较原始,由着生于体壁的原肢和同时连接在原肢顶端的外、内侧的外肢与内肢构成。原肢常由 2～3 节组成,自体壁起分别为前基节、底节和基节。内肢一般有 5 节,分别为座节、股节、腕节、掌节和指节,外肢一般节数较少。单肢型附肢由双肢型附肢演变而来,其外肢退化,只剩下原肢和内肢。甲壳纲除第一对触角是单肢型外,其余都是双肢型。适于陆地生活的多足纲和昆虫纲的附肢是单肢型。附肢各节之间以及附肢和体躯之间都有可动的关节,加强了附肢的灵活性,能适应更加复杂的生活环境。附肢因着生体区不同,形态机能变化很大。附肢除了步行和游泳外,还有感觉、捕食、咀嚼、呼吸和交配等功能。因此,身体分部和附肢分节是动物进化的一个重要标志。

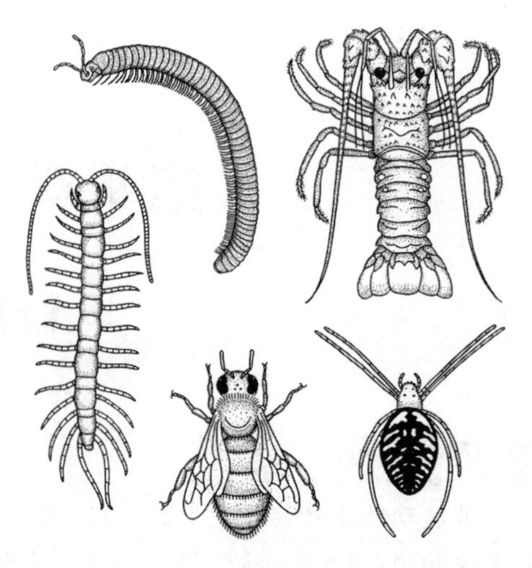

图 9-1 节肢动物的外形(引自 Boolootian)

9.1.2 发达外骨骼的体壁

节肢动物的体壁自内向外一般由底膜、上皮细胞层和表皮层(角质膜)3 部分组成(图 9-3)。上皮细胞层是单层多角形的活细胞层,向内分泌形成底膜,底膜是一层无定形的颗粒层,向外分泌而形成表皮层。表皮层由内向外又分内表皮、外表皮和上表皮 3 层。

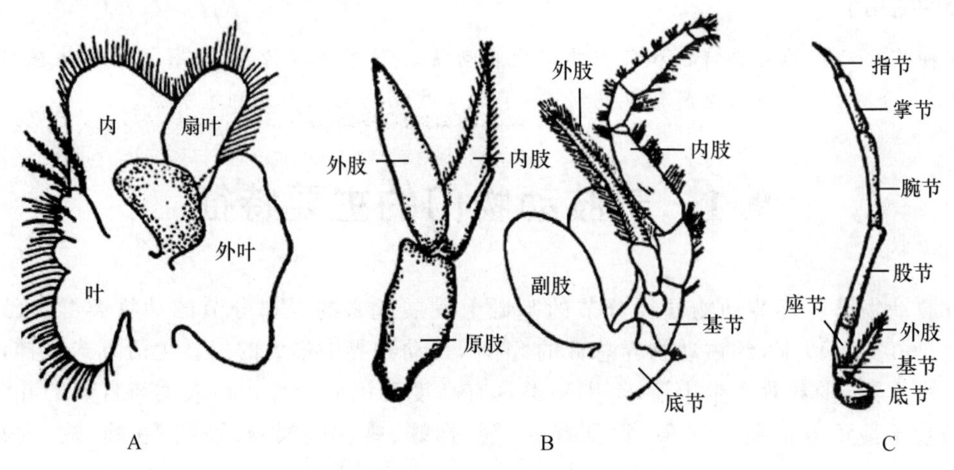

图 9-2 节肢动物的附肢(仿自 Bumes 和刘瑞玉)

A. 叶状肢 B. 杆状肢(双肢型) C. 杆状肢(单肢型)

节肢动物的表皮层为非细胞结构。其内表皮主要成分是几丁质和蛋白质。几丁质也称甲壳素,是由聚乙酰氨基葡萄糖组成的高分子聚合物。内表皮无色且柔韧,能渗透水,但不溶于水、酒精、弱酸和弱碱。外表皮的主要成分是几丁质、蛋白质和钙盐,是体壁最坚硬的部分。上表皮薄且有蜡层,具不透水性,但常有色素。体壁的某些部位向内延伸,成为体内肌肉附着点,且与肌肉协同参与运动的结构,称外骨骼。外骨骼使节肢动物对陆地上复杂生活环境的适应能力远远超过其他动物。外骨骼常分片,骨片间、体节间不具外表皮或外表皮不发达,故柔软且能活动,称节间膜。外骨骼一旦形成和硬化后,不能继续扩展增大,会限制身体的生长。故当节肢动物身体发育到一定程度时,必须蜕去旧的外骨骼,身体才能长大,此现象称为蜕皮。蜕皮时上皮细胞分泌含有几丁质酶和蛋白酶的蜕皮液,将旧角质膜的内角质膜溶解,使外角质膜与上皮细胞层分离。与此同时上皮细胞层又分泌出新角质膜,待旧角质膜变软而破裂时,动

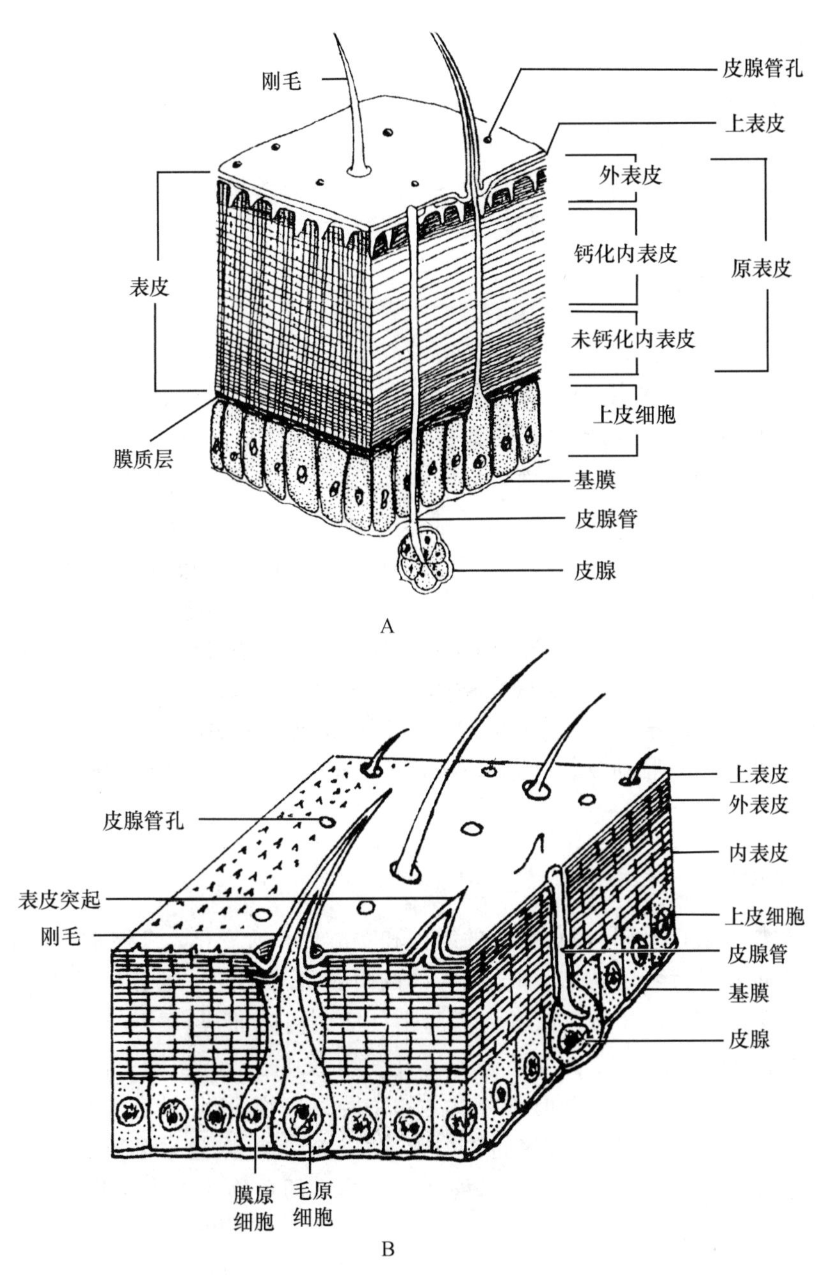

图 9-3　节肢动物的体壁模式图(引自刘凌云)

A. 甲壳类体壁　B. 昆虫体壁

物通过运动从旧皮中钻出来，接着动物吸收水分、空气或肌肉伸张使身体体积增大，然后新的外骨骼逐渐硬化，身体体积的生长停止。甲壳纲等动物可终生蜕皮，昆虫变态为成虫后不再蜕皮。动物每蜕一次皮即增长一龄，连续两次蜕皮之间所经历的时间称为龄期。节肢动物的龄期因种类而异。

9.1.3 强劲有力的横纹肌

节肢动物的肌肉由横纹肌肌纤维组成，呈束状，着生于外骨骼的内壁上。根据肌肉着生的部位和功能，可分为体壁肌和内脏肌。体壁肌一般是按体节排列，有明显的分节现象。体壁肌通常是伸肌和缩肌成对地排列，相互起颉颃作用，当这些肌肉迅速伸缩时，就会牵引外骨骼产生敏捷的运动。内脏肌包被于内脏器官之上，一般分横向排列的环肌和纵向排列的纵肌。

9.1.4 体腔和循环系统

节肢动物的体腔是特化的真、假体腔来源的混合体腔。即在胚胎发育早期，体腔囊断裂解体，并与囊胚腔相互沟通，发生细胞重组后而成。

节肢动物的循环系统由具多心孔的管状或囊状心脏和由心脏发出的一条或数条动脉构成。心脏壁肌肉质，具搏动能力。血液自心脏心孔流出，经动脉流入身体前方，血液再由前向后流入血腔，直接浸润着各种器官和组织间隙，无微血管相连。这些血液再通过心孔，回归心脏。故节肢动物的这种血液循环方式是开管式循环。体腔内充满血液，故名血腔。

节肢动物循环系统构造和血液流程与呼吸系统有着密切的关系。若呼吸器官只局限在身体的某一部分(如虾的鳃、蜘蛛的书肺)，其循环系统的构造和血液流程就比较复杂。若呼吸系统分散在身体各部分(如昆虫的气管)，其循环系统构造和血液流程就比较简单，如昆虫等大多数节肢动物的血液只负责输送养料，而氧气和二氧化碳等气体的输送，则主要借助气管来完成。靠体表呼吸的小型节肢动物，它的循环系统可能全部退化，如恙螨、剑水蚤、蚜虫等都无循环器官。

9.1.5 消化系统

各类节肢动物的食性不同，消化系统的结构和功能也有所变化。节肢动物头部的附肢，常变成咀嚼器或帮助抱持食物的构造，如昆虫头部的附肢可与头的一部分构成口器。消化道一般分为前肠、中肠和后肠 3 部分。前肠和后肠由外胚层内陷而成，肠壁上具有几丁质的外骨骼，并可形成突起和刚毛等构造，用来研磨或滤过食物(如虾类)。中肠由内胚层形成，是负责消化和吸收的主要场所。有些种类有十分发达的中肠突出物，用于储存养料。昆虫无中肠突出物，但是在体壁内和肠道周围有许多脂肪细胞，用于养料储存，这对陆栖生活至关重要。绝大多数节肢动物都有直肠腺，通常有 6 个，能从将要排出的食物残渣中回收水分，并将水分输送到体腔内，以维持体内水分的平衡。

9.1.6 呼吸和排泄

节肢动物的呼吸器官多种多样。陆生种类的呼吸器官为气管或书肺，水生种类的呼吸器官为鳃或书鳃。鳃和气管均是体壁的衍生物，二者的区别在于形成方式不同。鳃由体壁外突而成，气管由体壁内陷而成。书鳃是水生节肢动物腹部附肢的书页状突起。书肺是陆生节肢动物腹面体壁内陷形成的囊状肺室，肺室壁伸出若干中空的薄片状叶瓣。空气从腹壁两侧的裂缝进入肺室，与流经叶瓣之间和叶瓣内面的血液进行气体交换。气管的外端有气门与外界相通，内端在动物体内延伸，并一再分支，遍布全身，最细小的分支一直伸入组织间，直接与细胞接触。所以，气管是一种高效的呼吸器官。有一些陆生的昆虫，其幼虫生活在水中，具有气管鳃，即鳃里面含有气管。此外，较小的节肢动物无特别的呼吸器官，如水中的剑水蚤，陆上的蚜虫或恙螨，都靠全身体表进行呼吸。

节肢动物的排泄器官有两种类型。一类是由肾管演变来的腺体结构，如甲壳纲的颚腺和绿腺，蛛形纲的基节腺，原气管纲的肾管等都属于此种类型。另一类是昆虫或蜘蛛具有的由肠壁外突形成的马氏管。基节腺由体腔囊演变而来，在头胸部内，1 对或 2 对，为薄壁的球状囊。血液中的代谢废物通过球状囊的薄壁，被吸入囊内，经一条盘曲的排泄管，由开口于步足基节的排泄孔排出体外。马氏管是肠壁向外突起而成的细管，来源于内胚层，开口于中、后肠交界处。马氏管浸泡在血腔的血液中，吸收血液中的代谢废物，进入后肠，回收钾离子和水分后经肛门排出体外。马氏管排出的含氮废物为难溶于水的尿酸等，其后肠的回收作用，可减少水分的丧失，利于在陆地上生存。

9.1.7　神经系统和感觉器官

节肢动物的神经系统与环节动物相似，属于链状神经结构，且常与身体的异律分节相适应。神经节有明显的愈合趋势，如蜘蛛的神经节都集中在食道的背方和腹方，形成很大的神经团；昆虫的脑由头部前 3 对神经节愈合而成，而头部后 3 对和胸部前 3 对神经节愈合成食道下神经节(咽下神经节)。神经节的愈合，提高了神经系统传导刺激、整合信息和指令运动等机能，更加有利于陆栖生活。脑神经分泌细胞还能分泌脑激素，用于活化其他内分泌腺，如心侧体、咽侧体及前胸腺等，产生保幼激素和蜕皮激素，以控制蜕皮和变态等生理过程。

节肢动物的感觉器官很完备，主要有触觉、视觉、嗅觉、味觉和听觉等器官。这些感觉器官受神经支配，可以感受外界各种刺激，产生相应的活动和行为。如视觉器官，有单眼和复眼，单眼只能感知光线强弱；复眼不仅能感知光线强弱，还可形成物像。

9.1.8　生殖和发育

节肢动物一般为雌雄异体且异形。陆生类为体内受精，水生类为体外或体内受精。生殖方式多种多样，多为两性生殖、卵生，也有卵胎生、孤雌生殖、幼体生殖和多胚生殖等方式。节肢动物的胚后发育有很大差异，有直接发育，也有间接发育。间接发育往往具有不同阶段的发育期和不同形式的幼体或蛹期。

9.2　节肢动物门的分类概述

节肢动物是动物界最大的一个门，根据呼吸器官、身体分部及附肢的不同，分为 3 个亚门 7 个纲。有鳃亚门(Branchiata)多数水生，用鳃呼吸，有触角 1～2 对。有螯亚门(Chelicerata)多数陆生，少数水生；身体分头胸部和腹部；无触角和大颚，附肢 6 对，第 1 对为螯肢，第 2 对为脚须，其余为步足；陆生种类用书肺或气管呼吸，水生种类用书鳃呼吸。有气管亚门(Tracheata)多数陆生，少数水生，全部用气管呼吸。

9.2.1　三叶虫纲(Trilobita)

三叶虫是最原始的海栖节肢动物，全部种类在 2 亿年前即已灭绝，均为化石。化石三叶虫为扁平的椭圆形,触角 1 对,身体背部中央隆起,被两条纵沟分为三叶,故得名。双肢型附肢,身体分头、胸和尾甲 3 部分(图 9-4)。迄今已记述的化石种类有 4 000 多种。

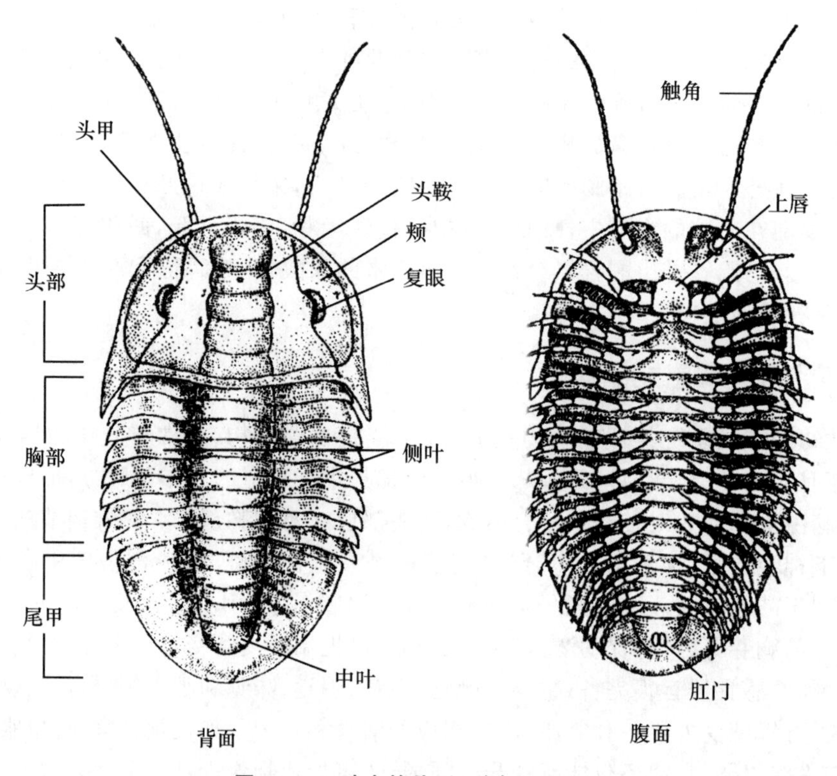

图 9-4　三叶虫的外形(引自 Brusca)

9.2.2　甲壳纲(Crustacea)

甲壳动物由于身体表面包被着一层比较坚硬的几丁质外壳而得名。原始的甲壳动物分节明显,体节较多。高等种类的体节则趋向于减少并愈合成几部分:有的动物体分头、胸、腹 3 部分;有的分头胸部和腹部,或分头部和躯干部,或分体前部和体后部两部分;有的甚至完全被石灰质壳片包裹成一体(藤壶)。下面以虾为例介绍甲壳动物的主要特征(图 9-5)。

虾体侧扁且略透明,头胸部被有头胸甲,其前端长而尖锐的突起为额剑,其上、下缘具短棘,两侧着生具眼柄的复眼。

全身附肢共 19 对,多为双肢型。头部附肢 5 对,分别为小触角、大触角、大颚各 1 对,小颚 2 对。小触角司嗅觉、平衡、身体前方触觉;大触角司身体两侧、后部触觉。大颚似牙齿,能咀嚼、切碎食物。第 1 小颚能抱握食物防脱落;第 2 小颚能辅助呼吸。

胸肢 8 对,前 3 对为颚足,有触觉、味觉和抱握食物的功能。后 5 对为单肢型步足,司行走。前 3 对末端呈钳状,尤其第 2 对(螯虾第 1 对)步足的钳最发达,称螯足。腹部 6 对双肢型附肢,前 5 对为游泳足;雄虾第 1 对游泳足特化成交接器,第 2 对游泳足内缘有雄性附肢;末对附肢为尾肢,与尾节构成尾扇。

消化系统由口、食道、胃、中肠、后肠和肛门组成。胃分贲门胃和幽门胃两部分,贲门胃内的角质膜加厚成钙质齿,能碎化食物,故称磨胃;幽门胃内有许多纤毛,能过滤食物,故称滤器。

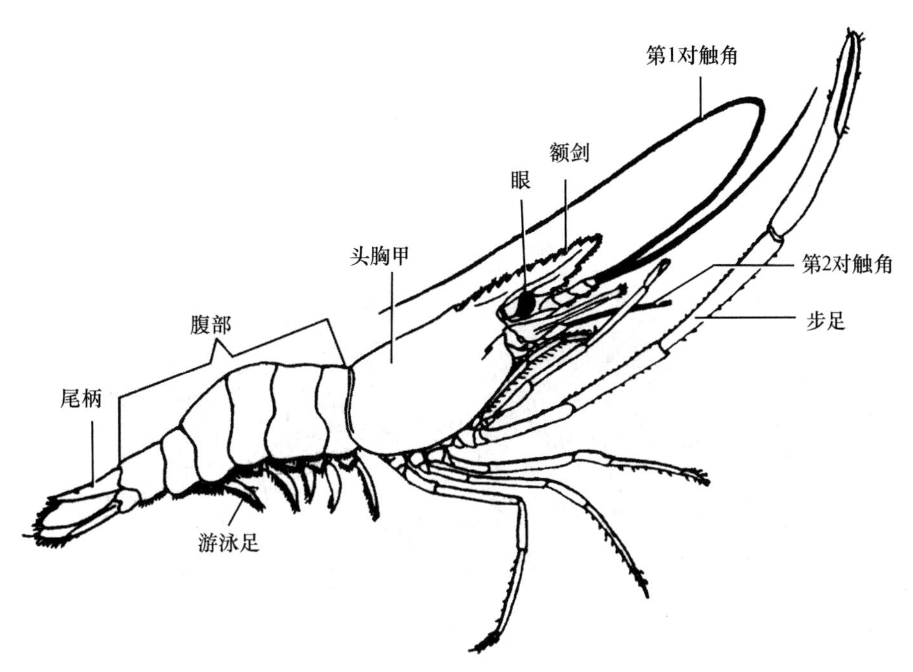

图 9-5　日本沼虾的外形(引自姜云垒)

肝脏发达,能分泌消化液注入中肠。

循环系统较发达,心脏为透明肌肉质的四面体形,3 对心孔。由心脏发出 6 条大动脉进入血腔,为开管式循环。血液含血青蛋白,呈青蓝色。小型甲壳类的循环系统不发达,剑水蚤无循环系统。

呼吸器官为鳃,有的鳃是体壁的突起,称胸鳃或侧鳃;有的鳃是附肢与身体相连地方的突起,叫关节鳃;有的鳃是附肢基部的突起,称足鳃;有的鳃是附肢上的突起,称肢鳃。许多小型甲壳类无呼吸器官,以体表呼吸。完全陆生的种类,腹部附肢的体表内陷,形成与气管相似构造的伪气管,用以陆上呼吸,如鼠妇。

虾成体的排泄器官是绿腺或称触角腺,其幼体或低等甲壳类的排泄器官为颚腺。虾腺体内的排泄物主要是近似尿酸的绿色鸟氨酸,故名绿腺。甲壳动物的代谢终产物还有氨、尿素等。除以触角腺排泄外,有些种类鳃有排出代谢废物作用,或通过过滤从血液中分离出来代谢废物,沉积在体壁中经蜕皮而排出。

虾也是链状神经系统,神经节有不同程度愈合。其食道上面的脑由头部前 3 对神经节愈合而成,发出神经至眼和触角等处。脑以围食道神经与腹面的食道下神经节(由头部后 3 对和胸部前 3 对神经节愈合成)相连。腹神经链上有 5 个胸神经节和 6 个腹神经节,由它们发出神经至相应的各器官。感觉器官有触角、复眼和平衡囊等。

多数甲壳类雌雄异体且异形。虾类生殖腺均位于胸腹部之间的背面,雌、雄均有生殖导管。雌孔开口于第 3 步足基部内侧,雄孔开口于第五步足基部内侧。雌虾还有接受精子的受精囊,开口于第 4、5 两对步足间的凹陷处。虾类两性生殖,少数行孤雌生殖;间接发育,一般要经过复杂的变态,有几个不同的幼虫期,即经无节幼虫、蚤状幼虫、糠虾幼虫期后,才变为幼虾;并在发育过程中,即使是成虫阶段均要不断地进行蜕皮。

甲壳类是节肢动物的一个重要类群,已知有3.5万多种。绝大多数水生,并多为海产。少数生活在潮湿的陆地上,也有少数营寄生生活。可分鳃足亚纲、桡足亚纲、软甲亚纲、蔓足亚纲和介形亚纲等,现仅简介前三类。

鳃足亚纲主要生活在淡水中,约800种。体小,胸肢扁平似叶,如丰年虫(*Chirocephalus* sp.)、蚤(*Daphnia* sp.)(图9-6)。

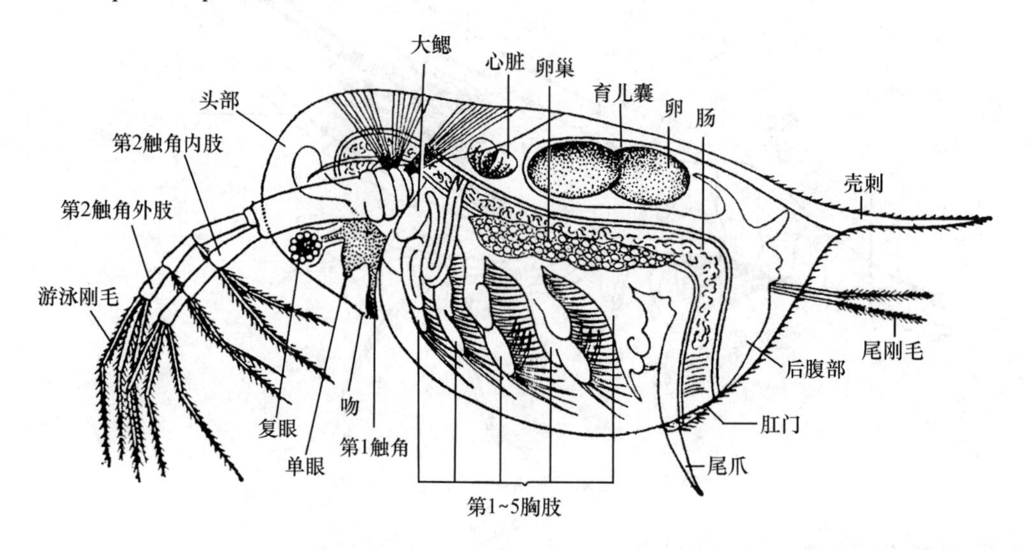

图9-6 大型溞(引自江静波)

桡足亚纲栖息在海洋和淡水中,是浮游生物的主要组成部分,约8 400种。无头胸甲,身体明显分为前体部和后体部。前体部肥大,由头节和胸节构成,有附肢;后体部瘦小,由腹节构成,附肢全无或只有1对。常见有剑水蚤(*Cyclops* sp.)(图9-7)。

软甲亚纲约1.8万种。身体较大,甲壳坚硬,头胸甲特别发达。体节数恒定为20～21。两性生殖孔位于一定体节上,雌性在第6胸节,雄性在第8胸节。腹部有附肢,最后1对有时和尾节组合成尾扇。十足目是该亚纲最大的目,胸肢前3对形成颚足,后5对形成步足,因此称为十足目,8 000多种,如罗氏沼虾、中国对虾、克氏原螯虾、中国龙虾、三疣梭子蟹(*Portunus trituberculatus*)和中华绒螯蟹(*Eriocheir sinensis*)(图9-8)等。

9.2.3 肢口纲(Merostomata)

身体背腹扁平,分头胸部、腹部和尾剑3部分。本纲为残遗动物,约有120种化石种类,现存仅4种,海产,分布于东南亚及北美洲沿海。如分布于我国南海的中国鲎(也称三刺鲎、日本鲎,*Tachypleus tridentus*)(图9-9)。

9.2.4 蛛形纲(Arachinida)

蛛形纲约有80 000种,是节肢动物门中仅次于昆虫纲的第二大类群,几乎全部为陆栖,在潮间带的盐碱草地和农田中较多,多数种类活动于地面,不少织网悬栖于空中,甚至还可借气流或蛛丝在空气中"飞翔"。

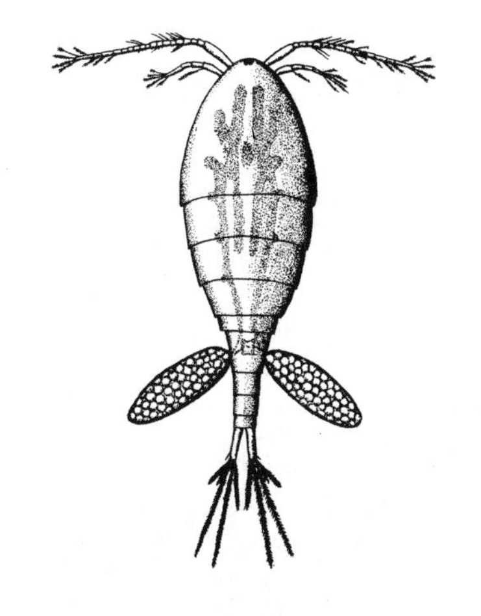

图 9-7　剑水蚤(引自周尧)

图 9-8　中华绒螯蟹(引自姜云垒)

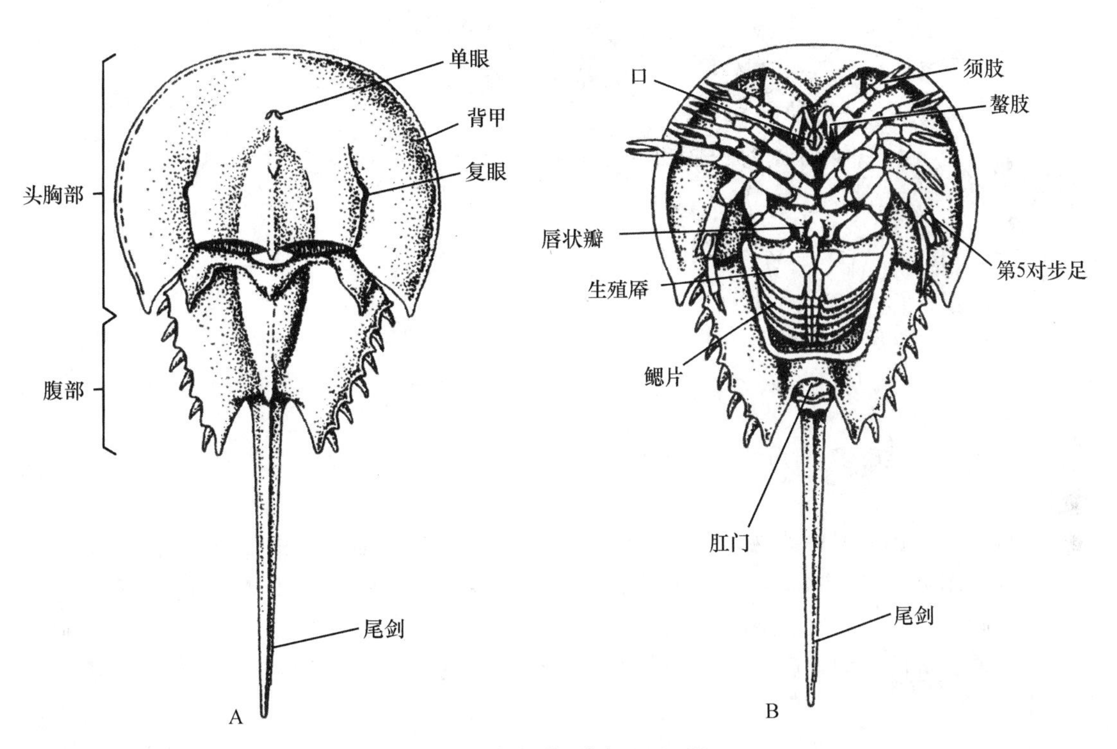

图 9-9　中国鲎(引自 Pechnik)

A. 背面　B. 腹面

蛛形纲动物身体分头胸部和腹部(图 9-10)。头胸部有 6 对附肢,前 2 对为头肢,即螯肢和脚须;后 4 对步足为胸肢。腹部由 12 个体节愈合而成,残存的 10、11 腹肢演变为特有的前、中、后纺绩器,其顶部有纺绩管与各种丝腺相连,丝腺分泌蛋白等液体物质经纺绩管抽出,遇到空气就变成固体的蛛丝,纺出不同韧性的丝织成各种蜘蛛网。纺丝织网是蜘蛛重要的生物学特性。消化系统分为前肠、中肠和后肠。前肠包括口、食道和吸胃。吸胃壁肌肉发达,用以吮吸液汁。中肠向外发出一些盲囊,可增大吸收和储存食物的场所。后肠短,可吸收水分,以适应干旱环境。循环系统为开管式循环,心脏长管形,有 3 对心孔,并发出前大动脉和后大动脉各1条以及侧动脉3对。多数种类有2种呼吸器官,即1对书肺和1对气管。排泄器官有2种,即基节腺和马氏管同时存在,排泄尿酸、鸟嘌呤等含氮代谢废物。中枢神经系统高度集中,脑和全部神经节几乎合并成1个大的神经团,位于头胸部,由此发出神经通往感觉器官和身体各处。单眼8个,无复眼。雌雄异体,雌性个体一般大于雄性个体。除蜱螨类为间接发育外,其余均直接发育。

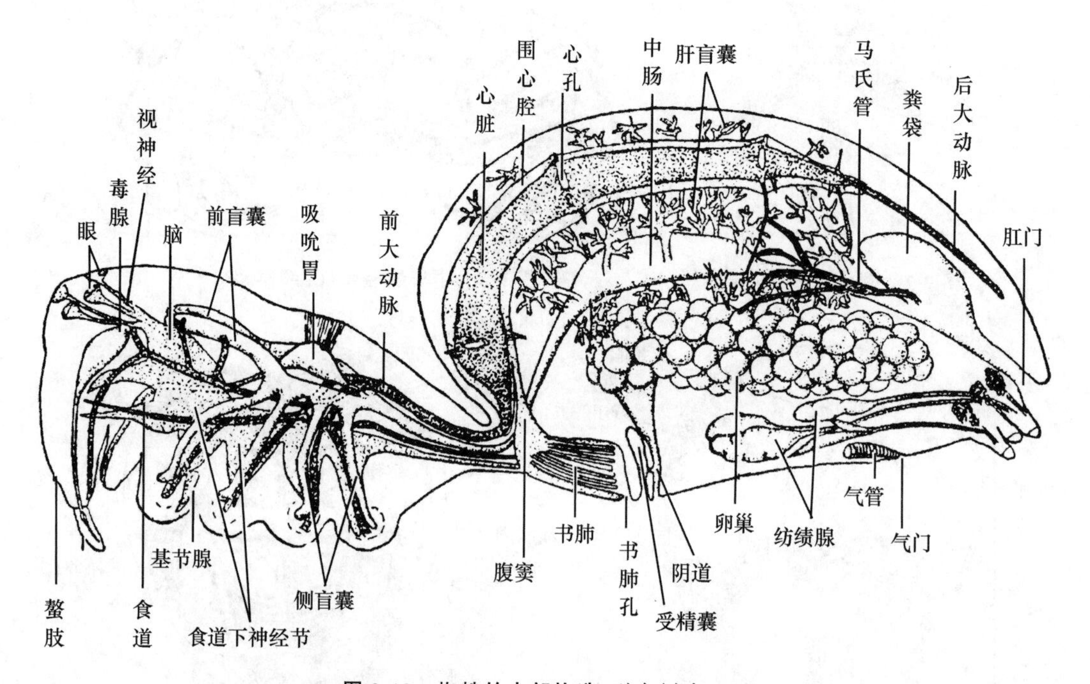

图9-10 蜘蛛的内部构造(引自刘凌云)

蛛形纲的种类较多,可分为蝎目、蜘蛛目和蜱螨目等,与人类关系比较密切的是蝎目和蜱螨目。

蝎目为夜行性的肉食动物,常栖息于碎石、土穴等处,夜出捕食昆虫等小型动物。国内常见的一种是东亚钳蝎(*Buthus martensi*)(图9-11)。身体分头胸部和腹部,腹部又有前、后腹之分。头胸部有6对附肢,螯肢短小,脚须强大,4对步足的末端均具钩爪。用书肺呼吸,呼吸孔开口于前腹部的两侧。后腹部的末端有一个尾刺,内连毒腺,能分泌毒液,是蝎的捕食和防御器官。

蜱螨目包括蜱和螨两类动物,种类很多,形态变化较大,生活条件和营养方式也比较多样。它们大多分布于水中、土壤和地面上,营自由生活,也有的寄生于动、植物的身体上。寄生于人、畜的疥螨、痒螨和各种蜱类,不仅直接吸食寄主的血液,破坏皮肤组织,而且还会传播斑疹伤寒、回归热、脑炎、鼠疫以及家畜的焦虫病等严重疾病。如人疥螨(*Sarcoptes scabiei*)(图9-12)寄生于人的皮肤,在皮下穿凿孔道,并在其中产卵,患处奇痒。患者因挠破皮肤受感染而引起疥疮,可通过接触传播。防治措施主要是注意个人卫生、勤洗澡、勤换衣、避免与患者接触或使用患者的衣物。患者应及时治疗,其衣物需经常煮沸或用蒸汽消毒。治疗常用药物有硫黄软膏、苯内酸苄酯擦剂等。

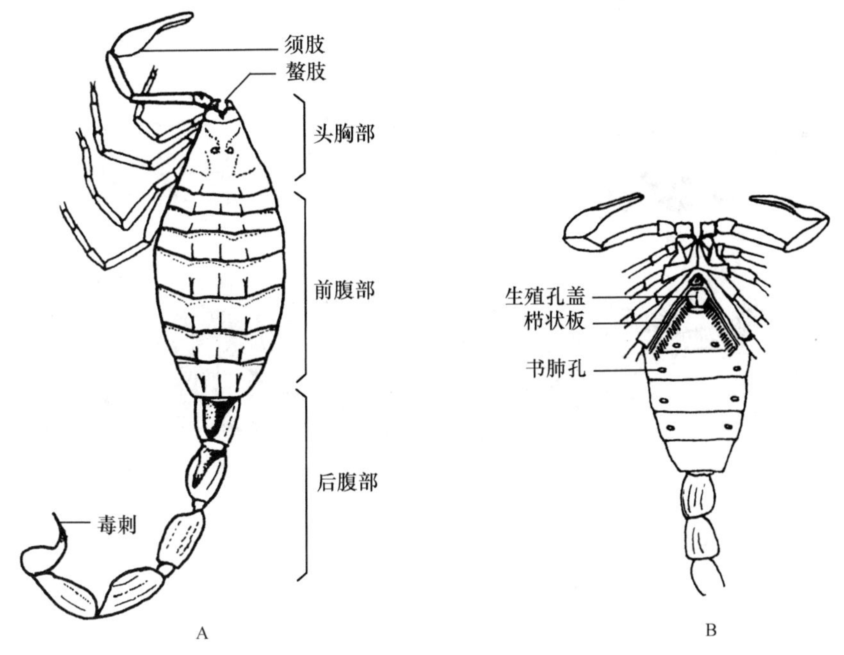

图 9-11　东亚钳蝎(引自刘凌云)

A. 背面　B. 腹面

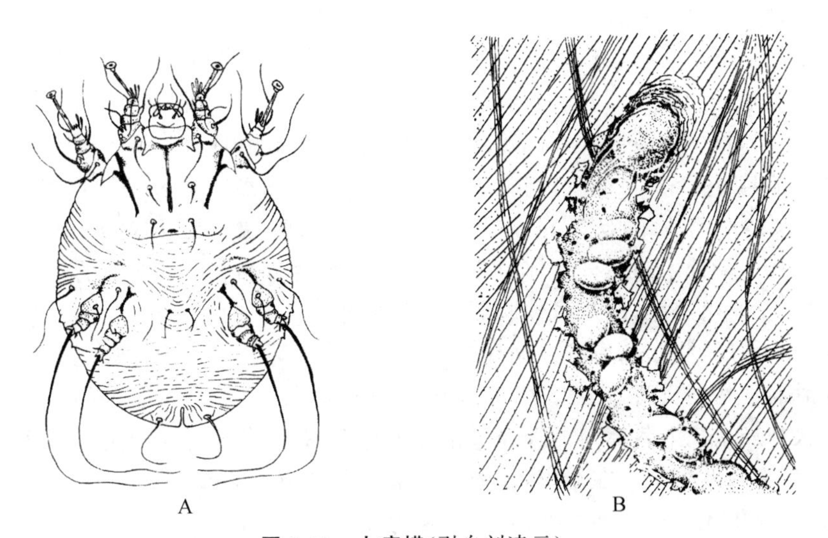

图 9-12　人疥螨(引自刘凌云)

A. 雌螨腹面　B. 人体皮肤内的隧道

9.2.5　原气管纲(Prototracheata)

又称有爪纲(Onychophora),近年来有人将其独立为有爪动物门。本纲种类很少,有 110 多种,如栉蚕(图 9-13)。体呈蠕虫形,体外分节不明显,表面密布由体表的小乳突排列而成的环纹。身体分头和躯干两部分,头部不明显,由顶节和前 3 个体节愈合而成。附肢具爪但不分节,只是中空的体壁突起,每对附肢标志一个体节。有 1 对触角,2 对口肢和 14～43 对步足。

用气管呼吸,但气管短而不分支。全身大约有 1 500 个气孔,气孔遍布体表,无一定排列方式,也无启闭结构,显然比较原始,故名原气管纲。

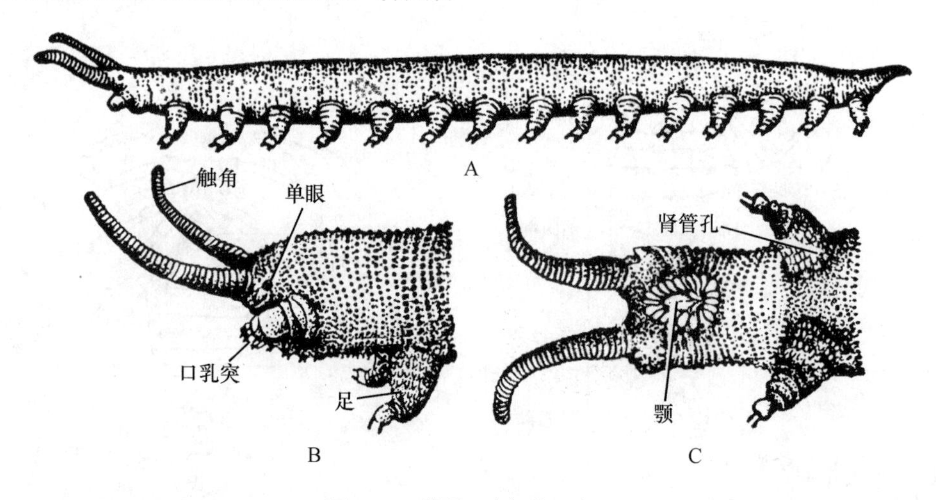

图 9-13　栉蚕(引自姜云垒)
A. 外形　B. 头部侧面　C. 头部腹面

9.2.6　多足纲(Myriapoda)

本纲常见种类有蜈蚣和马陆。身体长扁或长圆,由头和躯干部 2 部分组成。头部由 6 个体节愈合而成,有 3～4 对附肢。第 2 个体节的附肢为触角,其长短、形状及节数因种类而异,是多足纲动物的触觉和嗅觉器官。口器包括 1 对大颚和 1～2 对小颚。躯干部由多个体节组成,各节几乎相同,每个体节由 4 片几丁质板连接而成,侧板上具有步足、气孔和几丁质化的小片。每一个体节具有 1～2 对同型的附肢。第 1 躯干节的附肢十分发达,特化形成颚足,也称毒爪或毒颚,呈钳状,有 5 个肢节,左、右颚足各有 1 个毒腺,位于粗壮的第 2 肢节内,毒腺输出管开口于颚足近末端处。最后 3 个体节为前生殖节、生殖节和肛节。雄性的前生殖节腹板大,有阴茎,并残存 1 对生殖肢,故从身体腹面可区别雌雄。

消化管分为前肠、中肠和后肠。循环系统为开管式循环。以气管呼吸,步足基部的气孔内连气囊。排泄器官是马氏管,1～2 对。感觉器官以触角为主,视觉器官不发达,只在部分种类有单眼。链状神经系统上各体节的神经节相互不愈合,每个躯干节有 1 或 2 个神经节。雌雄异体,几乎全部为两性生殖。在温带,蜈蚣的交配季节是春季,交配后,雌性一般在夏季产卵,秋季孵化,幼体 3 年才能达到性成熟,寿命一般为 6～7 年。

多足类均陆生,大都栖息于阴暗潮湿的地方。多足纲共有 1.05 万种,分唇足亚纲(*Chilopda*)和前殖亚纲(*Progoneata*)2 个亚纲 7 个目。常见的种类有巨马陆(*Prospirobolus* sp.)和巨蜈蚣(*Scolopendra* sp.)等(图 9-14)。

巨马陆常栖息在阴湿地的石下或腐朽的植物中,以腐败的食物为食。马陆虽然能放出特殊的气味,但对人无毒。

巨蜈蚣常隐藏于潮湿的石块、墙脚间或植物碎屑中,夜出活动,以昆虫等小动物为食。体形长扁,躯干部每节各有附肢 1 对。口器由 5 对头部的附肢组成。颚足的末端有毒爪,内藏毒腺,分泌毒液,用以猎捕食物。人被螫后,产生红肿、发热、晕眩和呕吐等症状。由于蜈蚣的毒液有祛风止痉、解毒散瘀等作用,故常以干燥的全虫配制中药。

9.2.7　昆虫纲(Insecta)

昆虫纲是动物界中最大的一个纲,已知种类约 100 万种,占整个动物界的 2/3 以上,占节肢动物门种数 94%以上。昆虫种类多,数量大,分布广,适应性强,遍布全球。大多数昆虫陆生,少数种类终生水生,海产种类稀少。

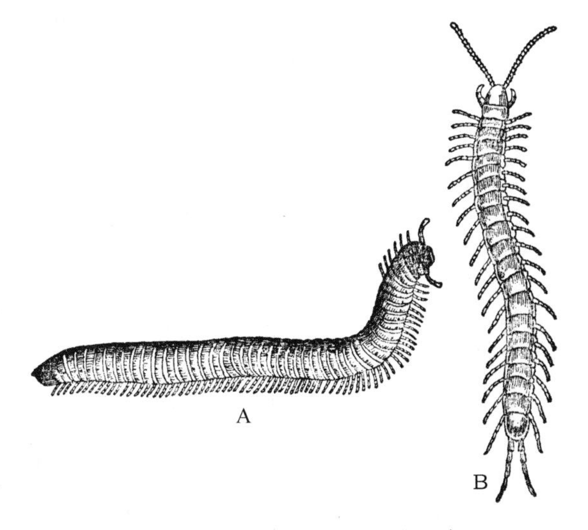

图 9-14　巨马陆和巨蜈蚣(引自刘凌云)

A. 巨马陆　B. 巨蜈蚣

9.2.7.1　昆虫的外部特征

昆虫身体分节,部分体节相互愈合而成为头、胸、腹 3 个体部(图 9-15)。

1. 头部

头部是昆虫的感觉和摄食的中心,由

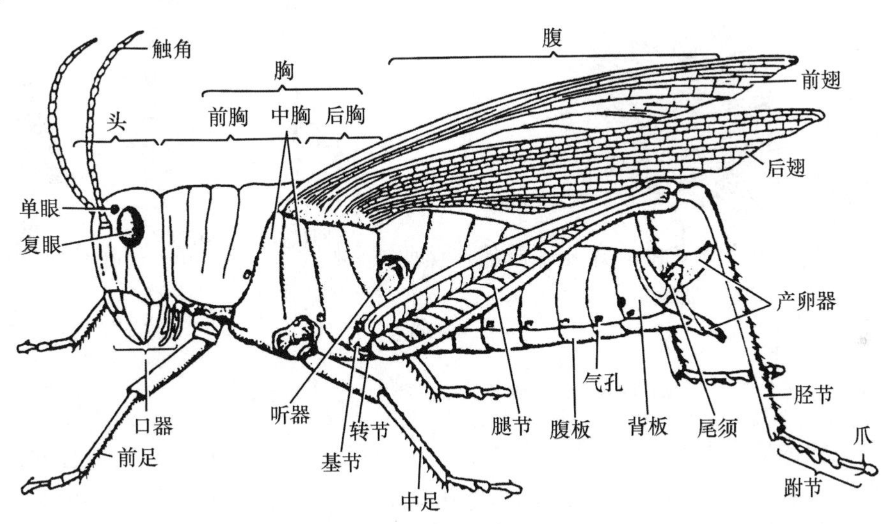

图 9-15　雌棉蝗的外形(引自姜云垒)

4 或 6 个体节愈合而成。头部有触角一对(图 9-16)。触角主要有触觉、嗅觉及听觉作用。不同种类的昆虫,触角形态有很大变异,即使同种昆虫的雌雄之间,触角形态也不相同。故触角的形态常用作分类及鉴别雌、雄之依据。常见触角的类型有:刚毛状触角,触角短,基节与梗节较粗大,其余各节细似刚毛,如蝉、蜻蜓的触角;丝状触角,触角细长,除基部第一、二节较粗外,其余各节的大小和形状相似,向端部渐细,如蝗虫的触角;念珠状触角,鞭节各亚节的形状和大小基本一致,近似圆球形,像一串念珠,如白蚁的触角;羽状触角,鞭节各亚节向两侧突出很长,似篦或鸟的羽毛,如雄蚕蛾的触角;锯齿状触角,鞭节各亚节的端部向一侧突出如锯齿,如芫青和叩头甲雄虫的触角;棒状触角,触角细长如杆,端部数节渐膨大,如蝶类的触角;锤状触角,类似棍棒状,但鞭节端部数节突然膨大似锤,如瓢虫的触角;鳃状触角,鞭节端部数节扩展成片状,可以开合,状似鱼鳃,如金龟子的触角;芒状触角,触角短,鞭节不分亚节,较柄节和梗节粗大,其上有一刚毛状或芒状构造,如蝇类的触角;膝状触角,柄节较长,梗节短小,鞭节由大小相似的亚节组成,在柄节和梗节之间成膝状弯曲,如蜜蜂、蚁的触角;环毛状触角,除基部两节外,大部分触角具有一圈细毛,越近基部的毛越长,渐向端部递减,如雄摇蚊的触角。

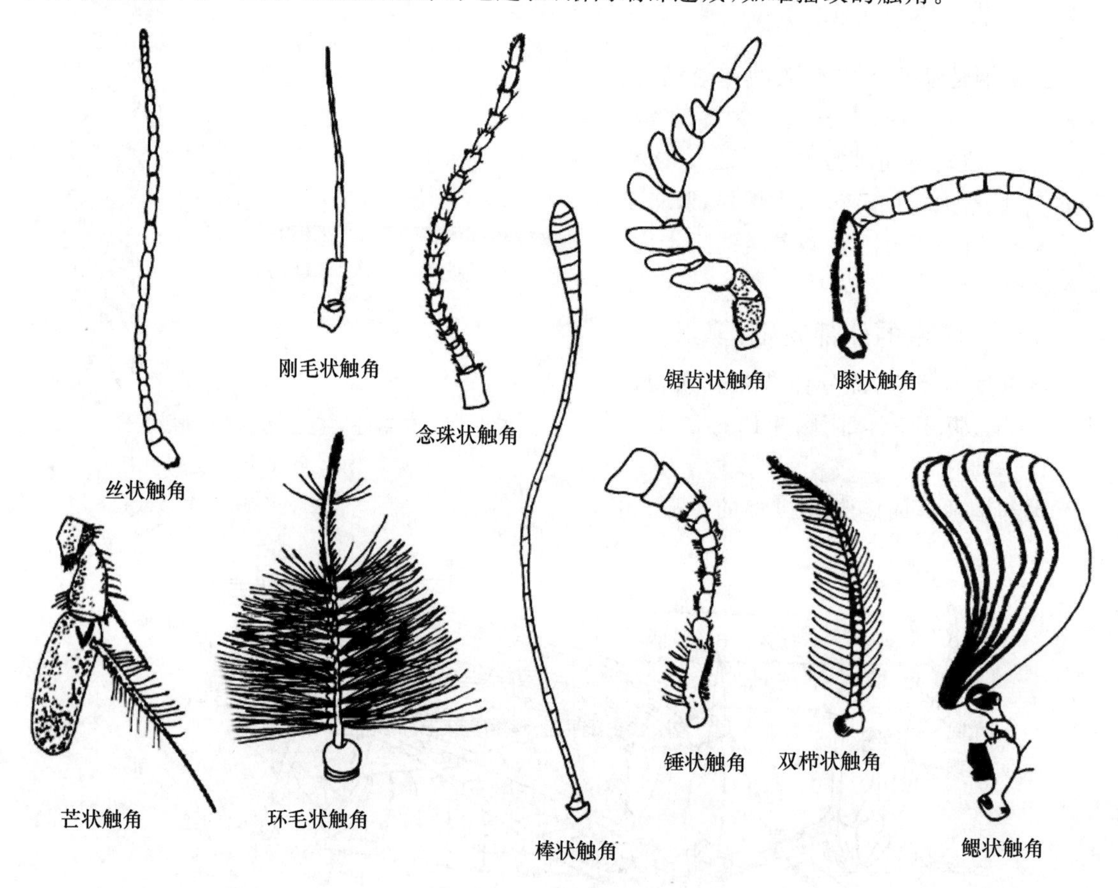

图 9-16 昆虫触角的各种类型(仿自管致和)

口器是昆虫的取食器官,由头部的凸出部及 3 对附肢组成。根据食性及取食方式的不同,昆虫的口器主要有咀嚼式、刺吸式、虹吸式、舐吸式和嚼吸式等 5 种类型。咀嚼式口器(图 9-17)是最原始、最基本的口器类型,包括上唇、下唇、大颚(上颚)、小颚(下颚)及舌五部分,如蝗虫、胡蜂等的口器,适于取食固体食物。上唇是头部唇基下面的骨片,可前后活动,形成口器的上盖;大颚位于上唇之后,是一对坚硬的几丁质结构,前端相对面具粗齿,用以切碎食物,后端具细齿,用以研磨、咀嚼食物;小颚位于大颚之后,具把持及刮取食物的功能;下唇位于小颚之后,形成口器的底盖;舌位于两小颚之间,基部有唾液腺开口,具搅拌及运送食物的作用。刺吸式口器(图 9-18)的上颚和下颚特化成细长的口针,能刺入动植物组织内吸食液体,如蚊的口器。虹吸式口器(图 9-19)的下颚发达,形成管状喙,吸食物体表面的液汁,如蝶、蛾的口器。舐吸式口器(图 9-20)的下唇发达,端部膨大成唇瓣,由唇瓣上的环状细沟吸食液体食物,如苍蝇的口器。嚼吸式口器(图 9-21)的上颚发达,可咀嚼固体食物,下颚和下唇变成长管喙,吸食液体食物,如蜜蜂的口器。熟悉昆虫的口器类型,对于识别昆虫类群,了解其食性及取食方式,采用不同的杀虫剂防治害虫等方面都有重要的实践意义。

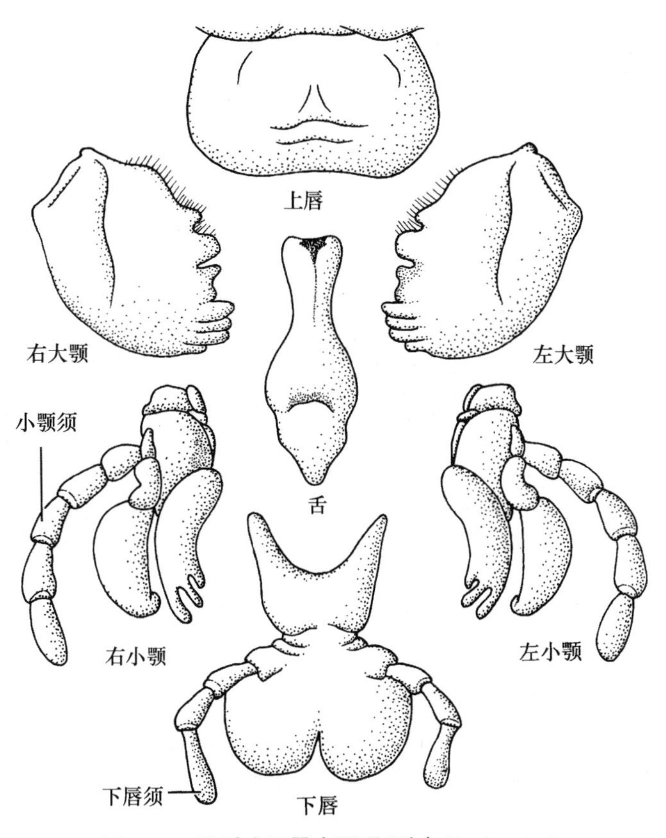

图 9-17　咀嚼式口器内面观(引自 Boolootian)

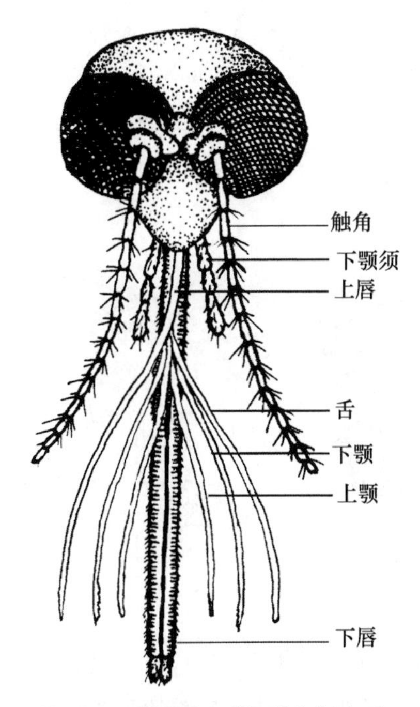

图 9-18　刺吸式口器(引自刘凌云)

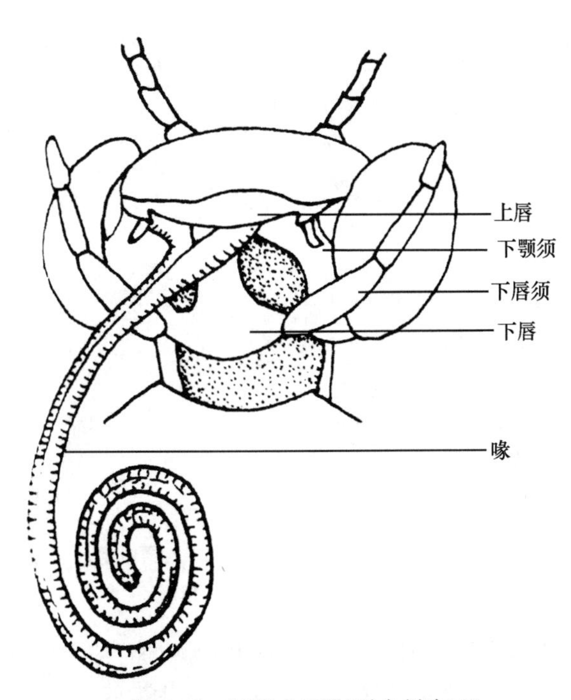

图 9-19　虹吸式口器(引自刘凌云)

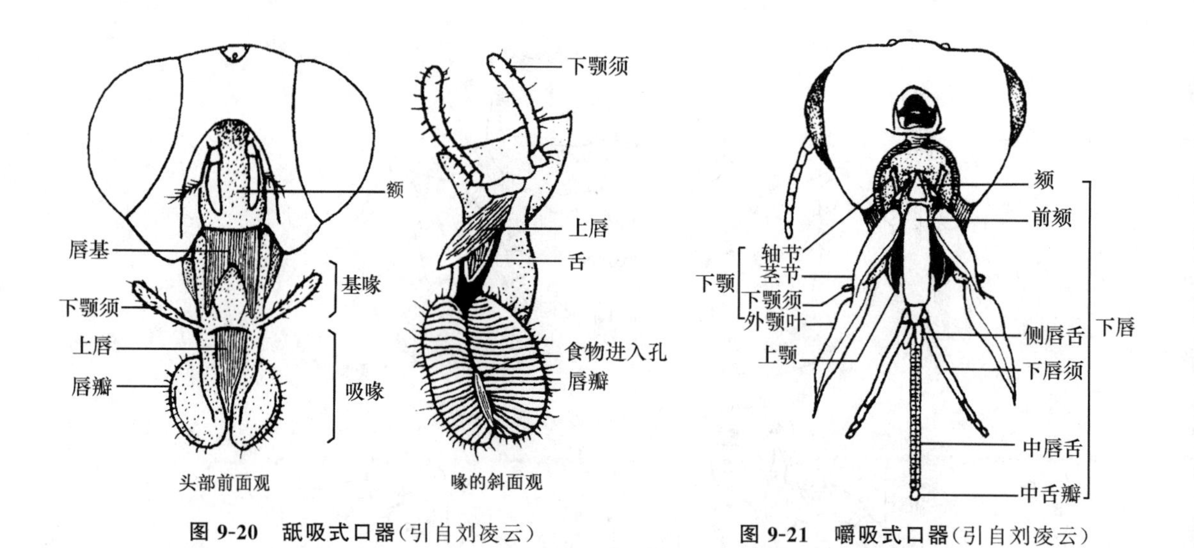

图 9-20 舐吸式口器(引自刘凌云)　　**图 9-21 嚼吸式口器**(引自刘凌云)

2. 胸部

胸部是昆虫的运动和支持中心,由前胸、中胸和后胸 3 节组成。每一胸节着生有一对足,分别称前足、中足及后足。典型的胸足可分为 6 节,即基节、转节、腿节、胫节、跗节及前跗节。昆虫最基本的足是步足。但由于生活环境、取食方式等不同,昆虫的足在形态构造上有很大的变化,产生了不同的具有高度适应性的类型(图 9-22)。常见类型有开掘足,如蝼蛄;抱握足,如雄龙虱;捕捉足,如螳螂;攀缘足,如虱子;跳跃足,如蝗虫的后足;携粉足,如蜜蜂的后足;游泳足,如松藻虫、龙虱等水生昆虫的后足。

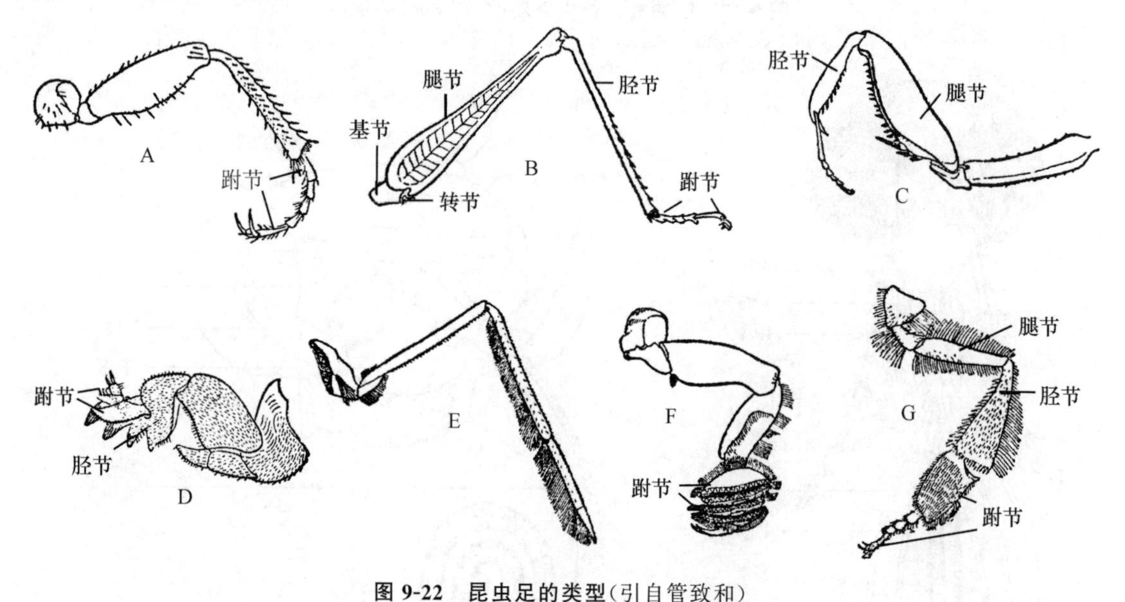

图 9-22 昆虫足的类型(引自管致和)

A. 步行足　B. 跳跃足　C. 捕捉足　D. 开掘足　E. 游泳足　F. 抱握足　G. 携粉足

大多数昆虫的成虫,在中胸和后胸的背侧着生有两对翅。在无脊椎动物中,只有昆虫有翅能飞,这对于昆虫扩展其分布范围、寻找配偶、寻觅适宜生境和食物、逃避天敌的伤害等都具有重大意义。昆虫的翅是由中胸和后胸左右两侧的背、侧体壁紧密黏合,并向外延伸扩展而成的,故在翅中留有许多纵横孔道,气管、血液及神经贯穿其中形成翅脉。翅脉在翅面上的分布形式称为脉相(Venation)。脉相因种类而异,变化很大,是昆虫分类的重要依据。

昆虫的翅随生活方式及所处环境而发生变化。翅通常为膜状,透明而薄,称为膜翅,如蝗虫的后翅;而蝗虫的前翅略厚,似革,半透明,称为覆翅;甲虫的前翅角质更厚而硬,不见翅脉,称为鞘翅;蝽象的前翅翅基半部为角质或革质,端半部为透明膜质,称为半翅;蝶类和蛾类的前后膜质翅上覆盖有鳞片,称为鳞翅;蓟马的翅缘上着生很长的缨状毛,称为缨翅;石蛾的膜质翅上生有密毛,称为毛翅;蚊、蝇的后翅退化为一对棍棒状的平衡棒;跳蚤、虱、臭虫等昆虫,幼虫或蛹期具有翅芽,但随着个体变态发育的进行,翅退化。

3. 腹部

原始种类的昆虫腹部有12个腹节;其他各类多为9～11个腹节;有的种类由于腹节的合并或退化,仅有3～5节(如青蜂)或5～6节(如蝇类、跳虫)。大部分内脏和生殖器官位于腹部,故腹部是代谢和生殖的中心。昆虫腹部常无附肢,但末节多有一对尾须。腹部末端具肛门及外生殖器。雌性外生殖器是由腹部第8、9节附肢演化而成的,雄性的外生殖器则是由第9节附肢变成的。

9.2.7.2　昆虫的内部构造

主要以蝗虫为例介绍昆虫的内部构造。

1. 体壁与肌肉

昆虫的体壁含有几丁质和骨蛋白,质地坚硬而富弹性。体壁的最外层有蜡质层,构成体壁的不透性,用以防止水分散失和外界化学物质的渗入,使昆虫可以很好地适应陆生生活,甚至可以生存于干旱和沙漠地区。昆虫的肌肉全部都是横纹肌。这些肌肉的收缩能力非常强大。当肌肉与身体的体节及附肢关节配合起来时,就会产生飞行、爬行、跳跃、游泳、取食、交配等各种复杂运动。

2. 消化系统

昆虫的消化道可分为前肠、中肠和后肠3部分(图9-23)。前肠和后肠起源于外胚层,其内壁具几丁质衬膜,衬膜与表皮一样可以随蜕皮而更换。中肠由内胚层形成,无几丁质衬膜。大多数昆虫的中肠具有一层管状的、将食物与肠壁细胞隔开的围食膜。围食膜为昆虫中肠所特

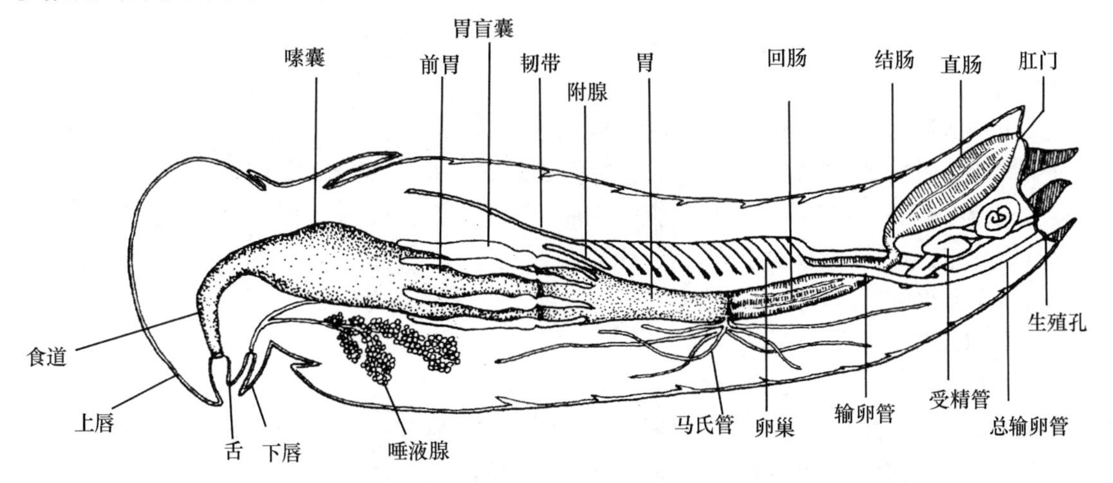

图9-23　昆虫的消化系统(引自刘凌云)

有，可防止肠壁细胞因食物直接摩擦而受损伤。昆虫消化系统随食性不同又各有差异。植食性昆虫的消化道一般较长；吸血性昆虫的消化道都比较短；吮吸昆虫的咽特别发达，其功能犹如唧筒便于吮吸；蜜蜂的嗉囊则特化为“蜜囊”，是唾液与吞入的花蜜充分搅拌并转化为蜂蜜的地方。

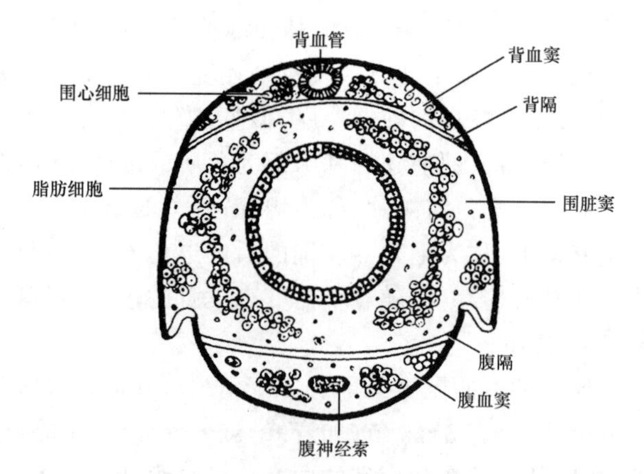

图 9-24 昆虫腹部切面图(引自姜云垒)

3. 体腔和循环系统

昆虫的体腔是真、假体腔来源的混合体腔，因其充满血液故称血腔(窦)。整个血腔被肌质的背、腹两隔膜又分成了背血窦、围脏窦和腹血窦三腔(图 9-24)。

昆虫的循环系统由心脏、背血管(动脉)和血腔组成(图 9-25)，心脏常呈管状，位于腹部背血窦的第 1～9 腹节处，每节有 1 个膨大的心室，心室的数目因种类而异，每个心室都有 1 对心孔。都是开管式循环，血液自心脏流入开口于血腔的动脉后，便进入血腔中运行，腹血窦内的血液经腹隔膜的波动作用进入肠血窦(围脏窦)，再经背隔膜的运动返回背血窦，通过心孔再进入心脏。除个别水生双翅目幼虫和水生半翅目若虫等少数昆虫因含有血红蛋白而呈红色外，大多数昆虫的血液为无色、黄色、绿色、蓝色或淡琥珀色，主要功能是运输营养、代谢废物和激素。

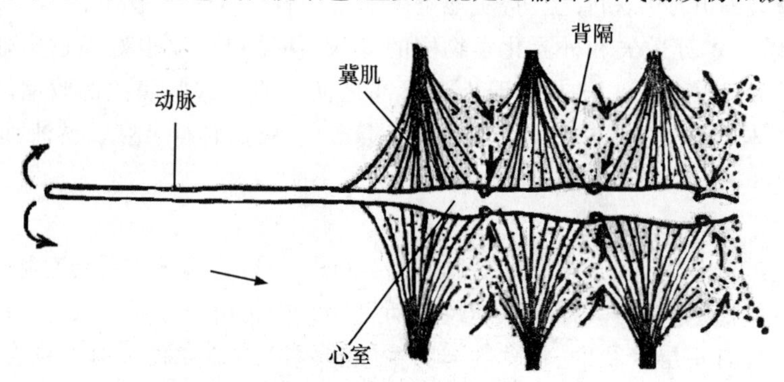

图 9-25 蝗虫的心脏和血管(仿自 Albrecht)

4. 呼吸系统

昆虫生活环境多样，呼吸方式也不相同，大多数昆虫以气管呼吸(图 9-26)。气管呼吸是一种特殊的呼吸方式，它直接输送气体，代替血液携带气体。一些个体微小的昆虫可以直接利用体表进行呼吸。一些水生昆虫用气管鳃呼吸。气管鳃是少数水生昆虫身体皮肤的扩展，里面有气管分布，但表现为鳃的形式，溶于水中的氧气通过扩散进入鳃内的气管来进行气体交换。外寄生昆虫常利用寄主体壁从大气中获取氧。

5. 排泄系统

昆虫的排泄器官为马氏管(图 9-27)。马氏管是开口于中、后肠交界处的一组细长盲管，游离在血腔之中。盲管数量因种类而异。主要功能是从血液中收集代谢废物即尿酸，把它们运送至后肠内，随粪便排出体外，同时也可以调节体液的水分和盐分平衡。尿酸是极难溶于水的结晶，所以排出时不需要伴随多量的水，这有利于生活在干燥环境中的昆虫保持体内水分。

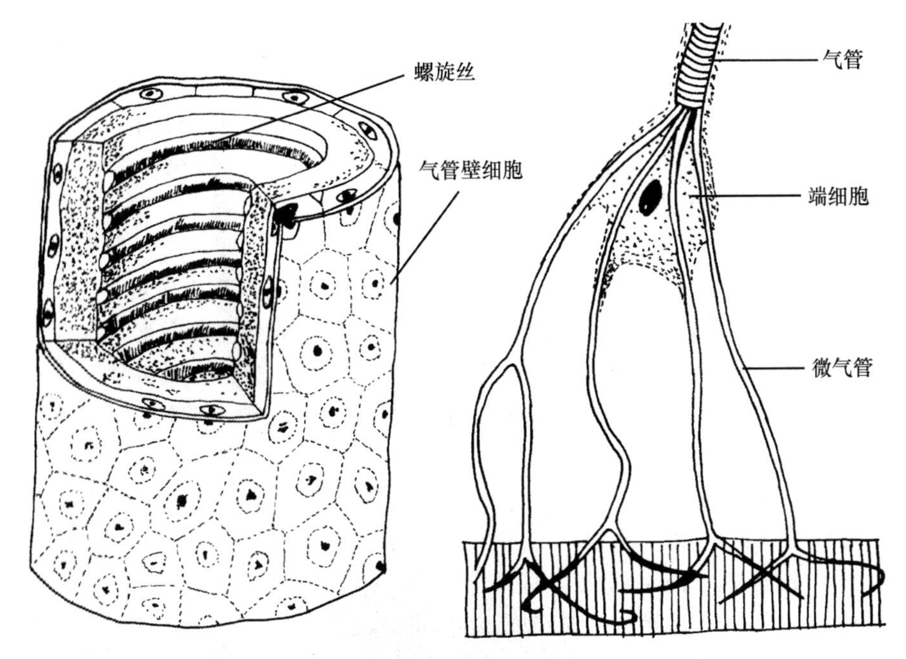

图 9-26 蝗虫的气管(仿自 Weber 和 Wigglesworth)

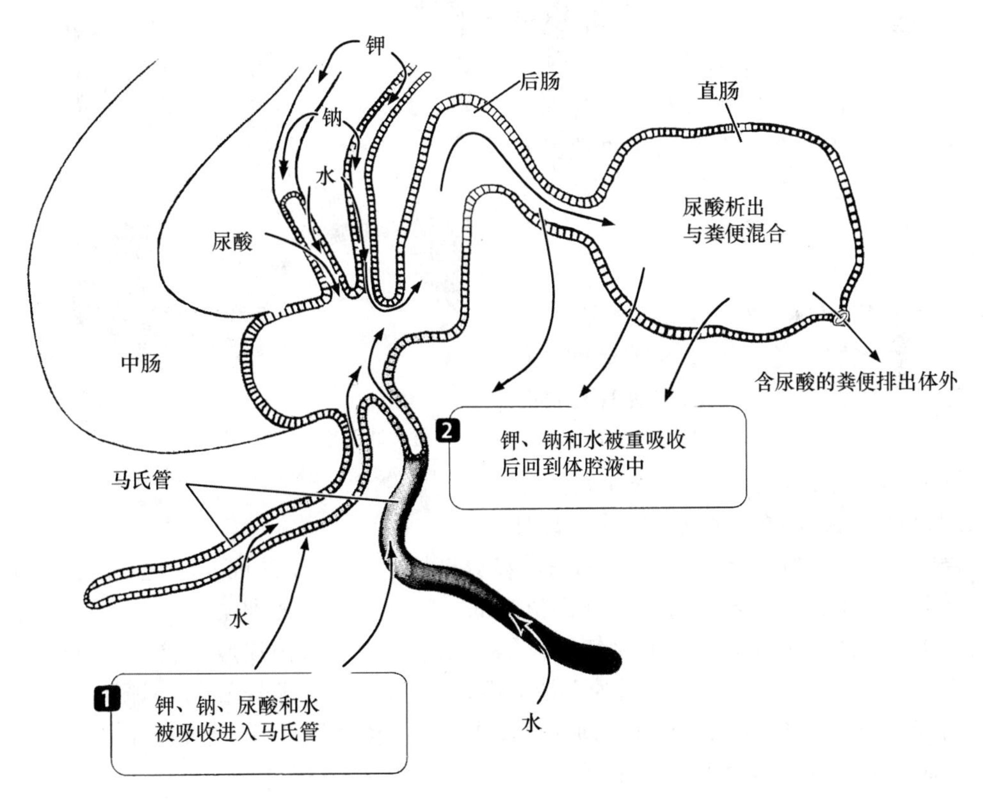

图 9-27 马氏管的工作原理图(引自 Purves)

6. 神经系统与感觉器官

昆虫的神经系统为典型节肢动物的链状神经系统，由脑、围咽神经环、咽下神经节和腹神经索组成。昆虫的感觉器官十分发达,对于光波、声波、气味的化学刺激和其他直接或间接的刺激,都能感受并产生反应。昆虫的视觉器官为单眼和复眼。听觉器官一般存在于能发音的昆虫。触觉器官大多位于触角、口器、唇须、颚须、足及尾须等处。味觉器官分布于昆虫的口器和足等处。嗅觉器官主要分布在触角、下唇须等部位,数量很多,能敏锐地帮助昆虫感受化学刺激、协助寻找食物、发现配偶及产卵场所等。

7. 内分泌系统

内分泌系统是昆虫体内的一个调节控制中心。重要内分泌器官有脑神经分泌细胞、心侧体、咽侧体和前胸腺等。脑神经分泌细胞位于昆虫脑内背面,能分泌脑激素。脑激素经心侧体(有人认为它也有分泌作用)释放进入血液,激活前胸腺分泌蜕皮激素,激活咽侧体分泌保幼激素。脑激素、蜕皮激素、保幼激素(统称内激素)在昆虫发育过程中周期性的产生,并且相互刺激或抑制,具有调节昆虫生长、发育、蜕皮、变态及代谢的作用。

信息素是由身体某一器官或组织分泌到体外的一些微量化学物质,借空气或其他媒介可传递到同种的其他个体或异种个体的感受器,引起它们产生一定的行为或生理效应。信息素有种内信息素和种间信息素 2 种。种内信息素又分为性信息素、追踪信息素、报警信息素和聚集信息素等。种间信息素分为利已素和利他素等。其中性信息素在害虫预报和害虫防治上有重要的应用价值,人们已经人工合成了许多性诱剂,用以防治害虫。

8. 生殖系统

雌性生殖系统(图 9-28)由 1 对卵巢、1 对输卵管、1 条生殖腔、1 个受精囊和 1 对摄护腺组成。卵巢由多个卵巢管组成,卵巢管直接开口于输卵管,1 对输卵管会合成一条输卵总管,输卵总管末端为宽大的生殖腔。受精囊位于身体末端,与生殖腔相连,交配后,精荚先暂时储存于受精囊内,等到卵产生时,精荚才破裂,释放出精子,进入生殖腔,与卵会合,使卵受精。1 对摄护腺也开口于生殖腔,其分泌物可将受精卵黏合在一起,形成卵块。

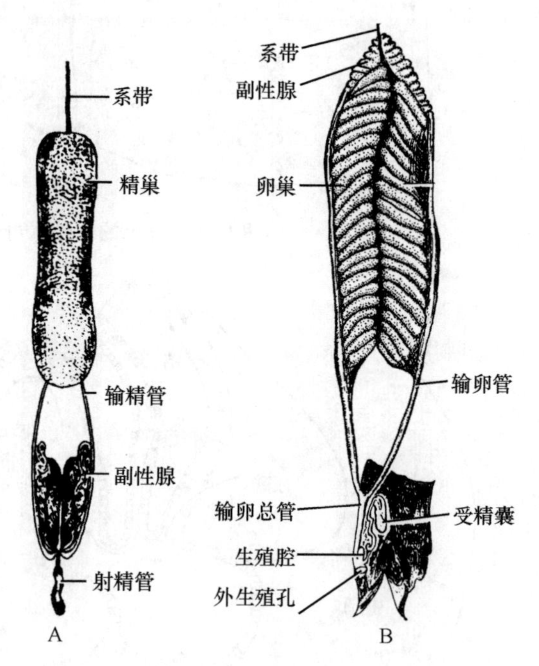

图 9-28 蝗虫的生殖系统(仿自江静波)

A. 雄性生殖系统 B. 雌性生殖系统

雄性生殖系统由 1 对精巢、1 对输精管、1 条射精管以及一些附属腺组成。每个精巢都有多个精巢管构成,精巢管呈梳齿状,横列在精巢内,各以较短的输精小管汇入同侧的输精管中,左右输精管会合成 1 条射精管,其开口即为雄性生殖孔。附属腺开口于输精管内,精子在输精管内接受附属腺所分泌的物质,形成精荚。

9.2.7.3 昆虫的主要生物学特性

1. 生殖与发育

大多数昆虫进行两性生殖,卵生或卵胎生。有些昆虫的卵未经受精即可进行生殖,称为单性生殖(或孤雌生殖),如蜜蜂和蚜虫均可进行周期性的孤雌生殖。蜜蜂一般是在繁殖季节产未受精卵发育成雄蜂。棉蚜仅在冬季来临时产受精卵，到第二年发育成雌蚜，从春季开始，连续多代都进行孤雌生殖，所生新个体皆为雌虫，而且未受精卵可在母体内孵化后产出子蚜，故为卵胎生。有的昆虫一个卵能产生两个或更多的胚胎，每个胚胎都能发育成一个新个体，故称多胚生殖，常见于膜翅目小蜂科、细蜂科、小茧蜂科以及姬蜂科的部分寄生蜂类。还有少数昆虫可以进行幼体生殖，即在幼虫期或蛹期进行生殖，如瘿蚊科、摇蚊科的种类。胚胎发育完成后，卵即孵化成幼虫破卵而出，刚孵出后的幼虫称为一龄幼虫，以后每蜕一次皮，其幼虫增长一龄。

幼虫与成虫形态有的相似，有的完全不同，在发育过程中幼虫的形态结构和生理功能都会或多或少地发生一系列变化，才变为成虫，这一过程称为变态(Metamorphosis)。根据幼虫与成虫差别的程度，可分为增节变态、表变态、原变态、不完全变态和完全变态等类型。增节变态、表变态、原变态即为直接发育，其幼虫与成虫比较，主要差别是身体较小和性器官未成熟。不完全变态只有3个虫期，即卵、幼虫(若虫或稚虫)和成虫，无蛹期。不完全变态又可分渐变态和半变态2种类型。渐变态是昆虫的幼虫与成虫的特征差别不大，生活习性相似，生境与食物相同，但性器官未成熟，翅未长成，个体较小，该幼虫称若虫，如蝗虫、蝼蛄、椿象等。半变态是昆虫的幼虫与成虫不仅形态差别较大，而且生活习性也不同，具直肠鳃等临时器官；其幼虫为稚虫，如蜻蜓幼虫生活在水中，称水虿；成虫生活在陆地，能在空中飞翔，将卵产于水中，这就是蜻蜓点水的原因。完全变态具有卵、幼虫、蛹和成虫4个虫期，幼虫和成虫的形态和生活习性差别显著，蛹期表面不食不动，但体内的器官结构发生着巨大的变化。如鳞翅目的蛾和蝴蝶、鞘翅目的金龟子、膜翅目的蜜蜂、双翅目的苍蝇等。

2. 休眠与滞育

昆虫在一年的生长发育过程中，常会出现生长发育停滞现象，称之为休眠或滞育。休眠是由不良环境条件直接引起的一种暂时性适应，当不良环境消除时，昆虫就可恢复生长发育。滞育具有一定的遗传稳定性，不是由不利环境条件直接引起的。体内激素是引起滞育的内因，而光周期和温度的变化则是外因。有些种类在短日照条件下发育正常，在长日照条件下则出现滞育，故称之为长日照滞育型昆虫，如大地老虎、家蚕；也有些种类在短日照条件下出现滞育，则称之为短日照滞育型昆虫，如棉铃虫、瓢虫。

3. 多态现象与社会性生活

昆虫雌雄不同形的现象称雌雄二型。有些昆虫不仅雌雄不同形，且有3种或更多不同的形态，称为多型现象。如在蜜蜂群中有蜂王(雌)、工蜂(雌)和雄蜂之分。稻飞虱的雌、雄两性中各有长翅型和短翅型。蚜虫不仅有雌、雄蚜之分，且在同一季节还出现有翅和无翅的胎生雌蚜。白蚁有5种主要类型。蚂蚁有20多种不同的类型，多态现象更是惊人。

在多态昆虫的家族中，各类型的成员在形态和生理上都不相同，在群体中也担负不同的职责，且不能互相顶替，此现象即为社会性生活。如蜜蜂群中的工蜂担任采粉、酿蜜、筑巢、养育幼蜂等工作；蜂王专司产卵，不能离开工蜂独立生活；雄蜂的职能则是与蜂后交配。蚂蚁和白蚁也是具有高度分工的社会性生活的昆虫。

4. 昆虫的生活习性

昆虫的生活习性是种或种群的生物学特性，包括昆虫的活动与行为。

(1)活动节律　绝大多数昆虫的活动表现为不同的活动节律。如昼夜节律，蝶、蜂类等昆虫在白昼活动，称昼出性昆虫；而蛾类和蝼蛄等则在夜间活动，称夜出性昆虫；有些昆虫如蚊类常在黎明、黄昏时的弱光下活动,称弱光(晨昏)性昆虫。

(2)食性　按昆虫食物的性质分为植食性、肉食性、腐食性和杂食性等。相应的昆虫可被称为植食性昆虫、肉食性昆虫、腐食性昆虫和杂食性昆虫等。另外,按昆虫取食范围的广狭,可进一步区分为单食性、寡食性和多食性 3 类。

(3)趋性　昆虫对某些刺激(光、化、温、湿、声等)表现出"趋""避"反应。趋向刺激的反应称为正趋性,避开刺激的反应则为负趋性。如许多夜出活动的昆虫(蛾类、蝼蛄、叶蝉等)有很强的趋光性。趋化性是昆虫通过嗅、味觉器官感受某些化学物质的刺激而产生的趋向行为,如菜粉蝶趋向于在含有芥子油气味的十字花科蔬菜上产卵。昆虫还有趋向适宜于其生活的温度条件的趋温性,如蜚蠊(蟑螂)等。

(4)群集性和迁移性　有些昆虫在一定的面积上能聚集大量的个体,有暂时群集和长期群集 2 种。暂时群集,如椿象冬季群集在石块缝中、建筑物的隐蔽处或地面落叶层下越冬,到春天就分散活动;长期群集,如群居型飞蝗群集形成后,便不再分开。

有些昆虫有成群结队从一个发生地长距离地迁飞至另一地区的特性,如东亚飞蝗、黏虫、稻褐飞虱等,常造成灾害。

(5)体色与拟态　有些昆虫体色与其生活环境颜色相似,称为保护色。如生活在青草中的蚱蜢体为绿色,而生活在枯草中就变成枯黄色,这样就不易被敌害发现。而有些昆虫体色则与背景显著不同且有特别鲜艳的颜色和花纹,对其捕食者有警戒作用,称为警戒色。如有的毛虫具有颜色鲜明的毒刺毛,使鸟类望而生畏,不敢吞食。

拟态是昆虫在形态上与其他生物相似的适应现象。如食蚜蝇的体型和颜色与有毒刺的蜜蜂相似;枯叶蝶静止时两翅竖立合拢,形似一片枯叶。

9.2.7.4　昆虫纲的分类

昆虫纲是动物界最大的一个纲,有 15 000 化石种,现存约 840 000 种。根据昆虫翅的有无、口器的构造以及发育变态的特点等,可分 30 多个目,现将常见的重要目简介如下。

1. 直翅目

咀嚼式口器。翅 2 对,前翅革质,窄而直,不折叠;后翅膜质,能折叠成扇状,飞翔时展开。通常有听器和发声器。不完全变态。如中华稻蝗(*Oxya chinensis*)、中华蚱蜢(*Acridacinerea*)、蟋蟀(*Gryllidae* sp.)、蝼蛄(*Gryllotalpa* sp.)等。本目有许多农业害虫,尤以蝗虫大量发生时危害最大(图 9-29)。

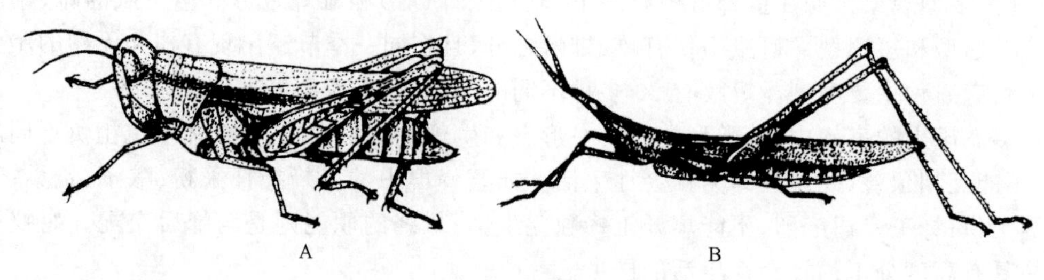

图 9-29　直翅目代表(仿自李兆华)

A. 中华稻蝗　B. 中华蚱蜢

2. 鳞翅目

幼虫为咀嚼式口器,成虫为虹吸式口器。翅 2 对,膜质,翅上覆盖有鳞片。完全变态。本目包括各种蛾类和蝶类，有不少农业害虫。如二化螟(*Chilo suppresalis*)、三化螟(*Scirpophaga incertulas*)、黏虫(*Mythimna separate*)等。也有一些有益的经济昆虫，如家蚕(*Bombyx mori*)、柞蚕(*Antheraea pernyi*)等(图 9-30)。

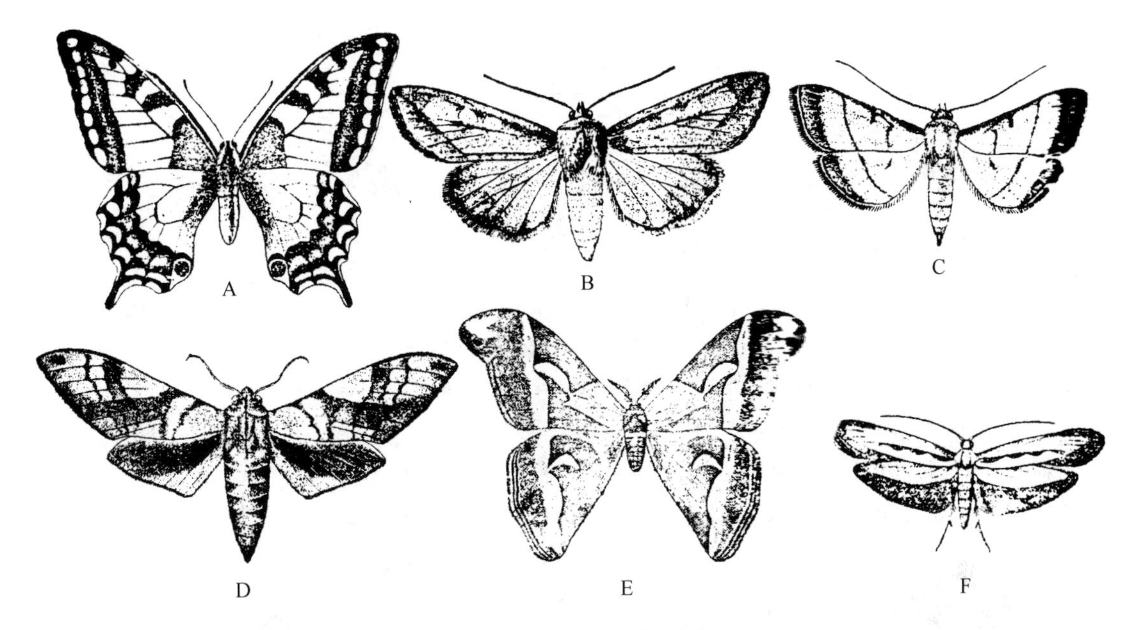

图 9-30 鳞翅目代表(仿自周尧)

A. 金凤蝶 B. 黏虫 C. 稻纵卷叶螟 D. 豆天蛾 E. 蓖麻蚕 F. 小菜蛾

3. 鞘翅目

咀嚼式口器。翅 2 对，前翅厚而坚硬，后翅大，膜质；完全变态。如棕色金龟子(*Holotrichia litamus*)、橘褐天牛(*Nadezhdiella cantori*)、马铃薯瓢虫(*Epilachna vigintiomaculata*)、斑蝥(*Lytta vesicatoria*)(图 9-31)等。

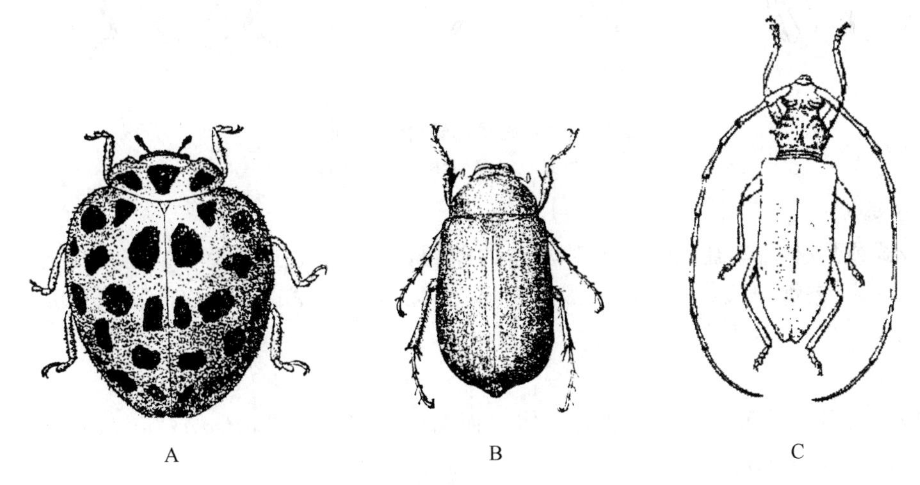

图 9-31 鞘翅目代表(仿自周尧)

A. 马铃薯瓢虫 B. 棕色金龟子 C. 橘褐天牛

4. 膜翅目

咀嚼式或嚼吸式口器。翅 2 对,膜质。完全变态。如黄蚁(*Formica fusca*)、蜜蜂(*Apis* sp.)、麦叶蜂(*Dolerus* sp.)、姬蜂(*Ichneumon* sp.)、果马蜂(*Polistes olivaceus*)、赤眼蜂(*Trichogrqamma* sp.)(图 9-32)等。

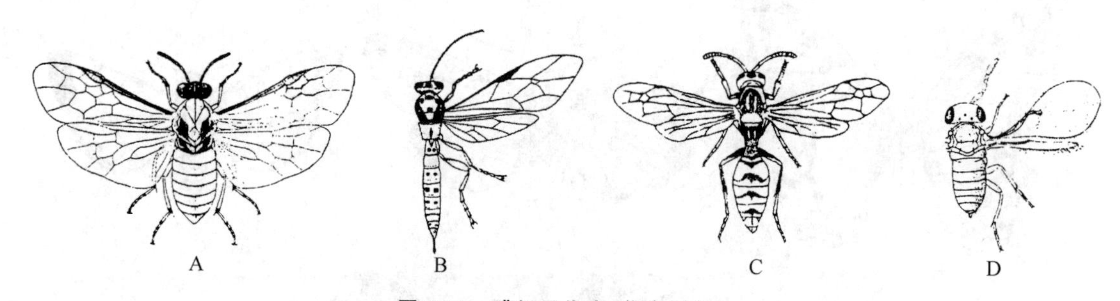

图 9-32 膜翅目代表(仿自周尧)

A. 小菜芜菁麦叶蜂 B. 螟黑点瘤姬蜂 C. 果马蜂 D. 稻螟赤眼蜂

5. 半翅目

刺吸式口器。翅 2 对或无翅。有翅的种类,前翅基部厚而坚硬,其余为膜质,故称为半翅。不完全变态。如臭虫(*Cimex lectularis*)、斑须蝽(*Dolycoris baccoarum*)(图 9-33)等。

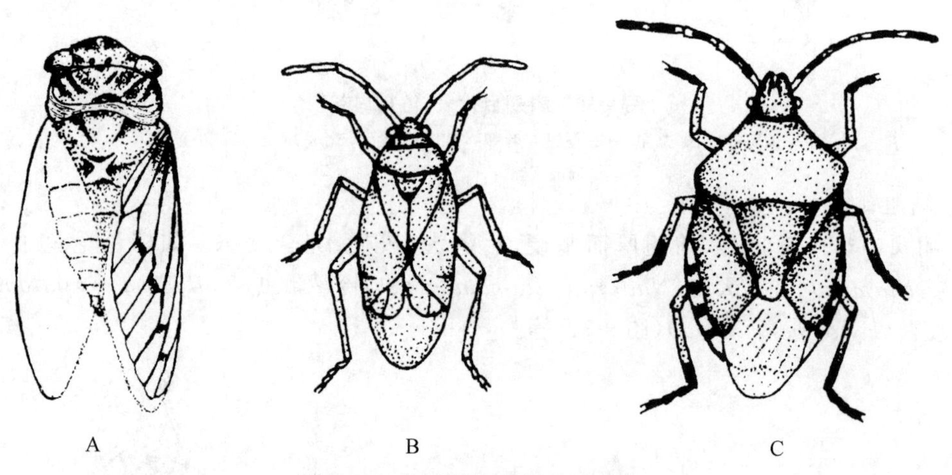

图 9-33 半翅目代表(仿自李兆华)

A. 黑蚱 B. 绿盲蝽 C. 斑须蝽

6. 双翅目

刺吸式或舔吸式口器。仅有 1 对发达的前翅,后翅特化成平衡棒。完全变态。如大蚊(*Tipula* sp.)、家蝇(*Musca domestica*)、厩蝇(*Stomoxys calcitrans*)、布虻(*Tabcmus budda*)(图 9-34)等。

7. 虱目

刺吸式口器。无翅。不完全变态。体小而扁平。如人体虱(*Pediculus humanus*)(图 9-35)、猪虱(*Haematopinus suis*)、牛虱(*H. eurysternus*)等。

8. 蚤目

刺吸式口器。无翅。完全变态。体小而侧扁,后足发达,善跳跃。如人蚤(*Pulex irritans*)(图 9-35)、印度鼠蚤(*Xenopsylla cheopis*)等。

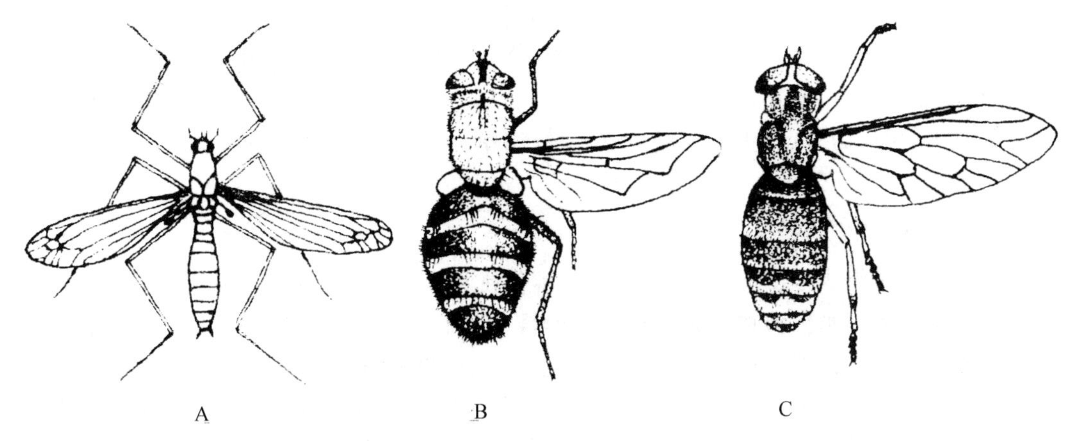

图 9-34 双翅目代表(仿自周尧和李兆华)

A. 大蚊 B. 火红绒毛寄蝇 C. 布虻

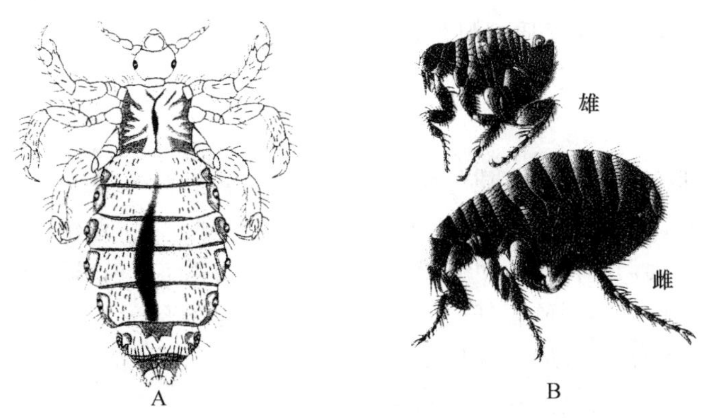

图 9-35 虱目和蚤目代表(仿自李海云)

A. 人体虱 B. 人蚤

9.3 节肢动物与人类的关系

节肢动物是地球上最繁盛的种类,它对人类社会的生存和发展有重大的影响。人类的生产活动,特别是种植业和养殖业,与节肢动物形成了非常复杂又极其密切的关系。

9.3.1 有益方面

9.3.1.1 食用和营养滋补用

许多大型甲壳动物和有些昆虫类是人们喜爱的营养性鲜美食品。如软甲亚纲中的对虾、沼虾、龙虾、螯虾、毛蟹、三疣梭子蟹等。其中尤以中国对虾和中华绒螯蟹最为著名。除鲜食外,虾、蟹类还可加工成干品,如虾米、虾皮、蟹肉等,也可制成虾油、蟹酱等食品。

昆虫类的蚕蛹、雄蜂蛹和幼虫都是高蛋白食品,在我国黄淮、长江流域及华南地区,豆天蛾也是民间的美食。蝗虫的营养成分齐全,具有高蛋白、低脂肪、易于人工繁殖等特点,也常被食用。蚱蝉的若虫和成虫营养丰富、味道鲜美,具有较大的开发价值。

昆虫的幼虫、蛹、成虫被虫草属真菌寄生产生的僵虫及其子座即为冬虫夏草,有益肾保肺化痰止咳等滋补功效。蜜蜂的产品蜂王浆、蜂蜜和蜂花粉等是众所周知的滋补品。蜂王浆能改善睡眠、增强免疫力等;蜂蜜能清热解毒、保肝润燥、生津益血等;蜂花粉可美容养颜、护心保肝等。

9.3.1.2 饵用或饲用

甲壳类动物是组成浮游动物的主要类群,不仅在水体生态系统中起着重要的调控作用,更是鱼类、虾、蟹等大型水生动物的天然动物性饵料。据不完全统计,可作为饵料资源的甲壳动物多达2万种左右。我国常见的饵用甲壳动物主要有:枝角类、桡足类、介虫类、糠虾类和磷虾类。卤虫产于沿海的盐田和内陆盐湖,是多种鱼、虾、蟹苗种期必需的鲜活饵料,我国出产的卤虫卵以辽宁、山东、河北最多。黄粉虫是分布于世界各地的一种仓库害虫,现已普遍用作食品添加成分及甲鱼、蝎、观赏鸟类和鱼类等特种经济动物的活体饵料。

家蝇是一种重要的卫生害虫,但蝇蛆和蝇蛹都含丰富的蛋白质、抗菌物质和其他营养物质,也是一种生产成本低廉的优质饲料蛋白源。由于蝗虫易于人工繁殖且营养价值高,因此是一种极具开发潜力的蛋白质资源。

9.3.1.3 药用

各种甲壳动物都有发达的几丁质外骨骼。几丁质又名甲壳素、壳聚糖等,是一种含氮多糖类生物高分子聚合物。壳聚糖被称为21世纪的功能性保健食品,能补充人体所需营养元素,且对人体生理机能起到调节作用。甲壳素还是一种贵重的化工和医药原料,用于化妆品、减肥剂和外伤药的生产。此外,对虾、青虾(即沼虾)以及等足类的平甲虫等也可入药。

蝎子、蜘蛛是重要的药用动物,全蝎干制入药能主治中风、半身不遂、破伤风、疮疡肿毒和癌症等疾病。蝎毒和蛛毒也是正在开发利用的药物资源。蝎毒含有多种神经毒素、溶血毒素、透明质酸酶及磷脂酶等,对冠心病、心肌梗死、脑梗塞、动脉硬化、风湿及心脑血管疾病具有较好的治疗效果。

多足纲的蜈蚣具有重要的药用价值,主治中风、破伤风、结核及肿瘤等。

斑蝥是昆虫纲鞘翅目芫青科昆虫的统称,体内所含的斑蝥素对皮肤真菌有不同程度的抑制作用,能治癌、头癣和秃发。蚁狮是脉翅目蚁蛉科蚁蛉的幼虫,对目前尚未有理想特效药的骨髓炎、脉管炎和心血管病等疗效喜人。蜂毒含多种生理活性物质,具有抗菌、抗辐射、抗凝血、镇痛、抑制肿瘤、抑制超氧自由基的产生以及激发血管的通透性等作用。

9.3.1.4 天敌与生物防治

蝎子、蜘蛛、盲蛛均属捕食性天敌。特别是蜘蛛,种类比较多,种群数量大,可捕食农田、森林害虫。现在我国有些地方已开始人工饲养蜘蛛,用以田间害虫的防治。多足纲的蜈蚣等肉食性种类,属捕食性天敌资源。天敌昆虫是自然界制约害虫的重要力量。昆虫纲30%左右的种类是农林害虫及其他有害生物的重要捕食性或寄生性天敌,主要类群有蜻蜓目、螳螂目、半翅目、广翅目、脉翅目、鞘翅目、双翅目和膜翅目等。上述天敌有效地维护了各种生态系统的稳定和平衡。

生物防治是利用天敌关系用一种生物消灭另一种生物的方法。如可用节肢动物中的蜻蜓、食蚜蝇等捕食大量的农林害虫。

9.3.1.5　工业原料

昆虫纲的桑(家)蚕、柞蚕、天蚕、蓖麻蚕等均能吐丝作茧,其生丝是天然的纺织原料,其成衣穿着舒适。

蜘蛛也能纺丝,蜘蛛丝比蚕丝细很多,但其强度和弹性很大,是一种潜在纺织品资源。美国已开展了将蛛丝蛋白基因转移到大肠杆菌中的研究,用细菌生产蛛丝蛋白,以生产最高级的防弹衣。

昆虫纲的紫胶虫、白蜡虫和蜜蜂分别能分泌紫胶、白蜡和蜂蜡、蜂胶等,紫胶能做高级绝缘体,白蜡可作航空和通信业的重要原料,蜂蜡可用于肥皂、洗发液制作等日用化学和涂料生产等工业中,也可用于医药工业,蜂蜡在农业、医药和日用品生产上都有广泛的用途。

9.3.1.6　鉴赏昆虫

观赏及娱乐资源昆虫,如观赏蝴蝶。全世界已知蝶类 4 总科 17 科 1 770 种,中国分布 12 科 1 317 种。蝴蝶产业在国际市场上也已形成了独特商品,全世界年成交额约 2 亿美元。

我国主要的蝴蝶馆有西北农林科技大学昆虫博物馆、世博园蝴蝶园、上海大自然野生昆虫馆、海南亚龙湾蝴蝶谷、香港海洋公园蝴蝶屋、台湾的蝴蝶博物馆和蝴蝶园等。

9.3.1.7　传粉昆虫

一些果树、蔬菜以及农作物,必须依赖昆虫为它们传花授粉方能结实,且能提高其产量。传粉昆虫的主要类群有膜翅目(43.7%)、双翅目(28.4%)、鞘翅目(14.4%)等,其中蜜蜂是最理想的授粉昆虫。

9.3.1.8　生物技术研究

昆虫在仿生学研究中功不可没。目前,昆虫仿生的研究与应用主要包括视觉仿生、运动仿生、嗅觉仿生、行为仿生和巢穴结构仿生等方面。

果蝇在科学研究中是十分活跃的模型动物,在遗传学、发育的基因调控、各类神经疾病、衰老与长寿、学习记忆与某些认知行为等方面的研究中,都有果蝇的"身影"。

9.3.2　有害方面

许多节肢动物直接攻击人畜,如按蚊、跳蚤、蜱、牛虻等吸食人畜血液,并传播疾病或引起感染。如按蚊能传播疟疾,蜱可传播森林脑炎等。有些甲壳类是鱼类的寄生虫或寄生虫的中间宿主。约有 48.2%的昆虫以植物为食,如螟虫、蝗虫、黏虫、松毛虫、棉红铃虫、棉蚜虫及棉红蜘蛛等,都是对农林业危害极大的害虫。此外,还有豆象、米象等仓库害虫和蚊、蝇虱、牛虻、臭虫等卫生害虫,它们都给人类直接或间接地带来极大的灾害。

本章小结

节肢动物的身体和附肢均为异律分节。外骨骼坚厚发达;消化系统发达,头部的附肢常与头的一部分构成口器;横纹肌强劲有力;循环系统简单,为开管式循环;用书鳃、书肺或气管呼吸;以颚腺、绿腺、基节腺和马氏管等排泄,后肠上皮细胞具重吸收功能,可减少水分的丧失,利于在陆地上存活;神经系统发达,感觉器官完备;生殖方式多种多样,繁殖力强。节肢动物种类繁多，分为3个亚门(有鳃亚门、有螯亚门、有气管亚门)和7个纲(三叶虫纲、甲壳纲、原气管纲、肢口纲、多足纲、蛛形纲、昆虫纲)。节肢动物与人类的关系极其密切，许多种类是人类的宝贵资源，也有不少种类危害人类的生活与健康，给人类带来直接或间接的危害。

复习思考题

1. 名词术语：
   外骨骼　蜕皮现象　马氏管　拟态　半变态　渐变态　书鳃　书肺　气管
2. 节肢动物有哪些重要特征？
3. 为什么节肢动物的种类、数量与分布能在动物界中占绝对优势？
4. 比较甲壳纲、蛛形纲及昆虫纲在形态上的异同。
5. 简介节肢动物与人类的利害关系。

第10章　棘皮动物门

(Echinodermata)

◆内容提要

棘皮动物的形态结构和发育都有一些独特之处，是相当特殊的类群，属后口动物。本章主要介绍棘皮动物的主要特征和分类。

◆教学目的

掌握棘皮动物的主要特征和五辐射对称、水管系统及后口动物等概念；理解棘皮动物消化、循环和神经系统的特殊性；熟悉各纲代表动物；了解棘皮动物的经济意义。

10.1　棘皮动物门的主要特征

棘皮动物全部海产，营底栖生活，从潮间带至数千米的深海都有分布，如海星、海参、海胆、海百合等(图 10-1)。

10.1.1　体制

棘皮动物的形态多种多样，有星形、球形、筒形、放射形等。身体为辐射对称，且多数为五辐对称，即通过身体中轴(口面与反口面的轴)有 5 个切面可将身体分成对称的两部分。幼虫期左右对称，辐射对称是后来形成的，故称次生性辐射对称。棘皮动物没有头、胸、腹等分区，只有口面和反口面之别(图 10-2)。

10.1.2　内骨骼

棘皮动物具有中胚层形成的内骨骼(endoskeleton)。这些内骨骼常突出体表，形成棘、棘钳或皮鳃，使皮肤变得粗糙，故得名。棘是圆钝突起，有保护功能；棘钳为钳状突起，能清除污垢；皮鳃是中空薄膜状指形突起，具排泄和呼吸功能。内骨骼有大有小，排列方式因种而异。如海星和蛇尾的内骨骼为分散的骨板，是通过肌肉和结缔组织彼此连在一起的；海胆的骨板则嵌合成完整的囊；海百合的内骨骼之间形成可动的关节。

10.1.3　水管系统

水管系统(water vascular system)为棘皮动物所特有，是由次生体腔的一部分特化形成的管道结构。水管系统包括筛板、石管、环管、辐管、侧管、管足(图 10-3)。海水通过筛板上的小

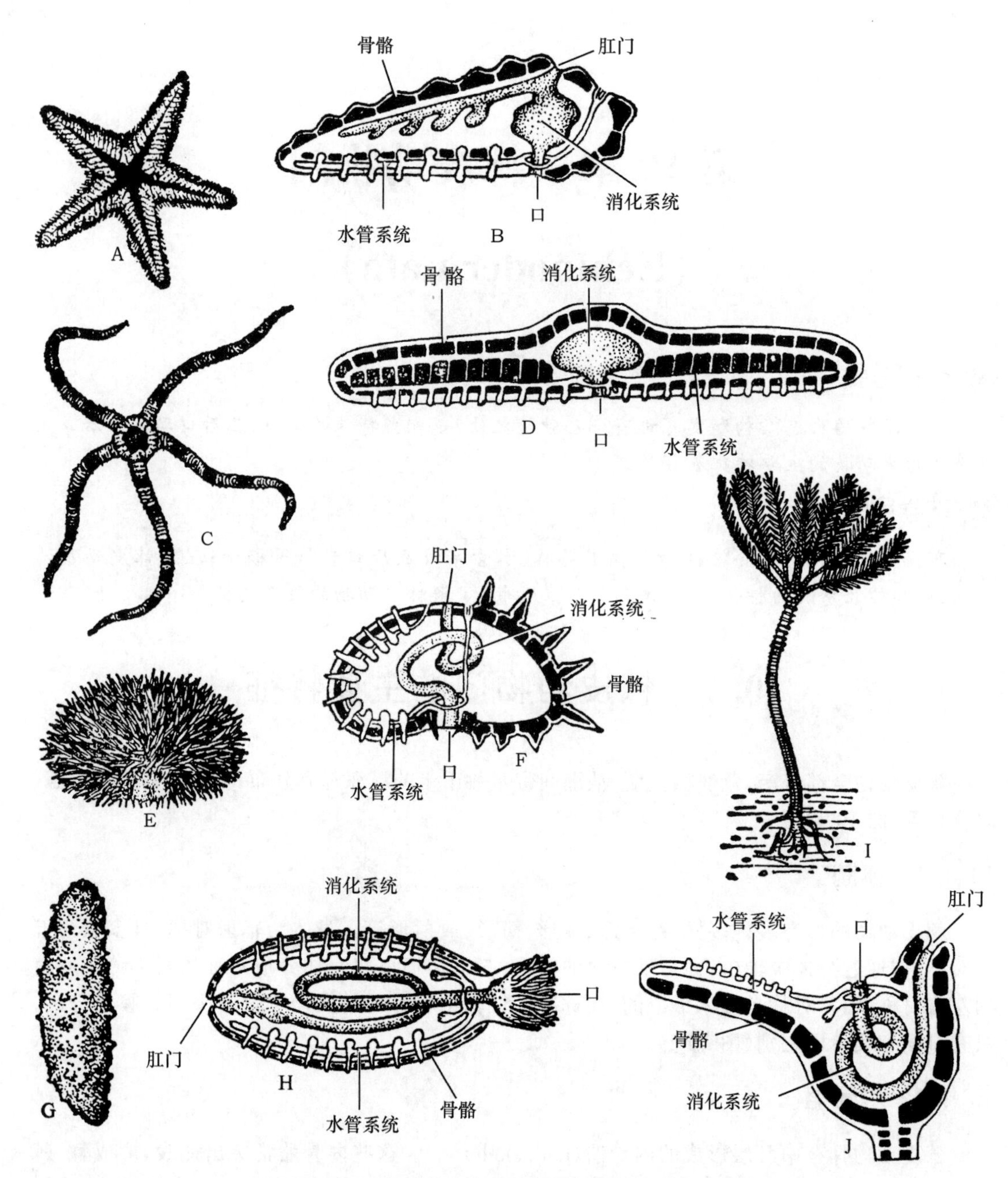

图 10-1　棘皮动物各纲代表及横切(引自姜云垒)

A、B. 海星纲　C、D. 海尾纲　E、F. 海胆纲　G、H. 海参纲　I、J. 海百合纲

孔经石管流入环管。环管发出 5 条辐管,每一辐管向两侧发出侧管。侧管连接伸出体表的管足。管足内水压的变化能使管足缩短或伸长,以此完成运动。此外,管足还有呼吸、排泄及辅助摄食的功能。

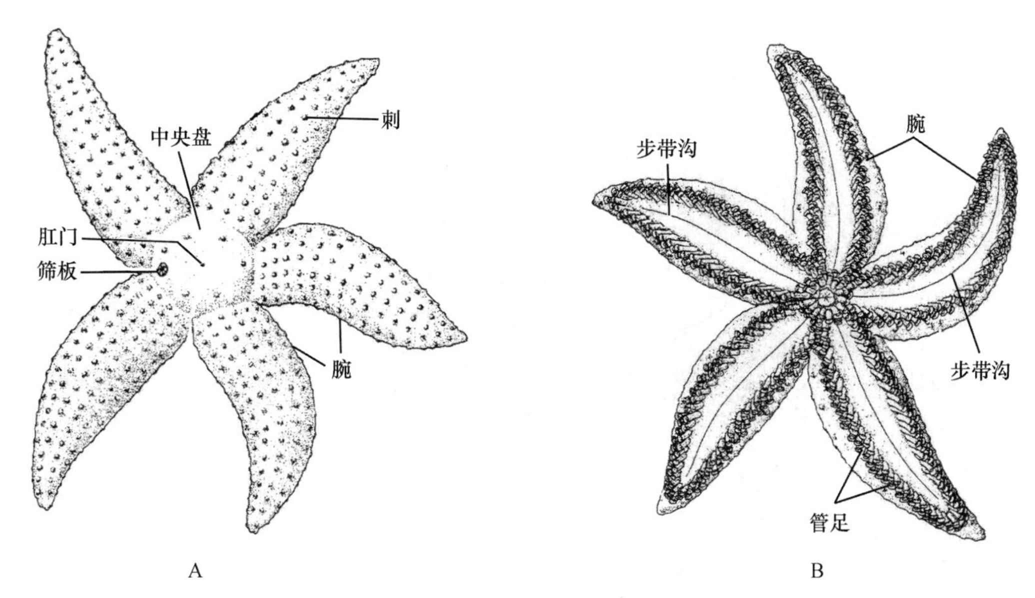

图 10-2　海盘车的外形(引自陈小麟)

A. 反口面　B. 口面

10.1.4　后口动物

棘皮动物的口是在原肠胚的后期,由胚孔相对端的内外胚层穿孔后发育而成,而胚孔形成肛门或封闭,以此方式形成口的动物即为后口动物。大多数无脊椎动物均属由胚孔发育成口的原口动物。

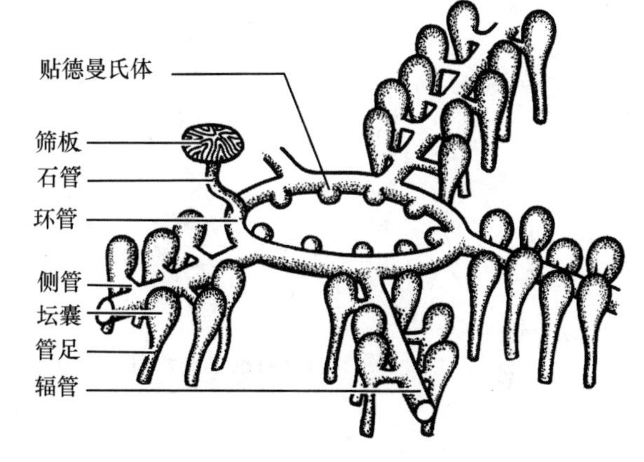

图 10-3　海星的水管系统(引自 boolootian)

10.1.5　消化系统

消化系统有两种类型。一种是囊状的,如海星、蛇尾等,其消化管无肛门或有肛门但无功能,消化后的残渣仍由口排出;另一种消化系统呈管状,如海参、海胆、海百合等,有口有肛门,较长的消化道盘曲在体内。在口的附近有取食的辅助器官,如海参的触手和海胆的咀嚼器。

10.1.6　血系统和围血系统

棘皮动物的血系统与水管系统相伴行(图 10-4)。环水管之下有环血管,辐水管之下有辐血管,与石管平行的有一深褐色海绵状腺体,称轴腺,有一定的搏动能力。在接近反口面有胃血管环并分支进入幽门盲囊,到达反口面时又形成反口面血管环,并分支到生殖腺。在筛板附近有一背囊,也具搏动能力。在上述血系统之外包围一套与之相应的管状系统,称围血系统。血系统和围血系统均由次生体腔特化而来,其功能尚不清楚。营养物质由体腔液输送。在中央盘和各腕中都有发达的体腔围绕在内脏器官的周围,充满体腔液,体腔膜上纤毛的摆动能驱使体腔液流动。

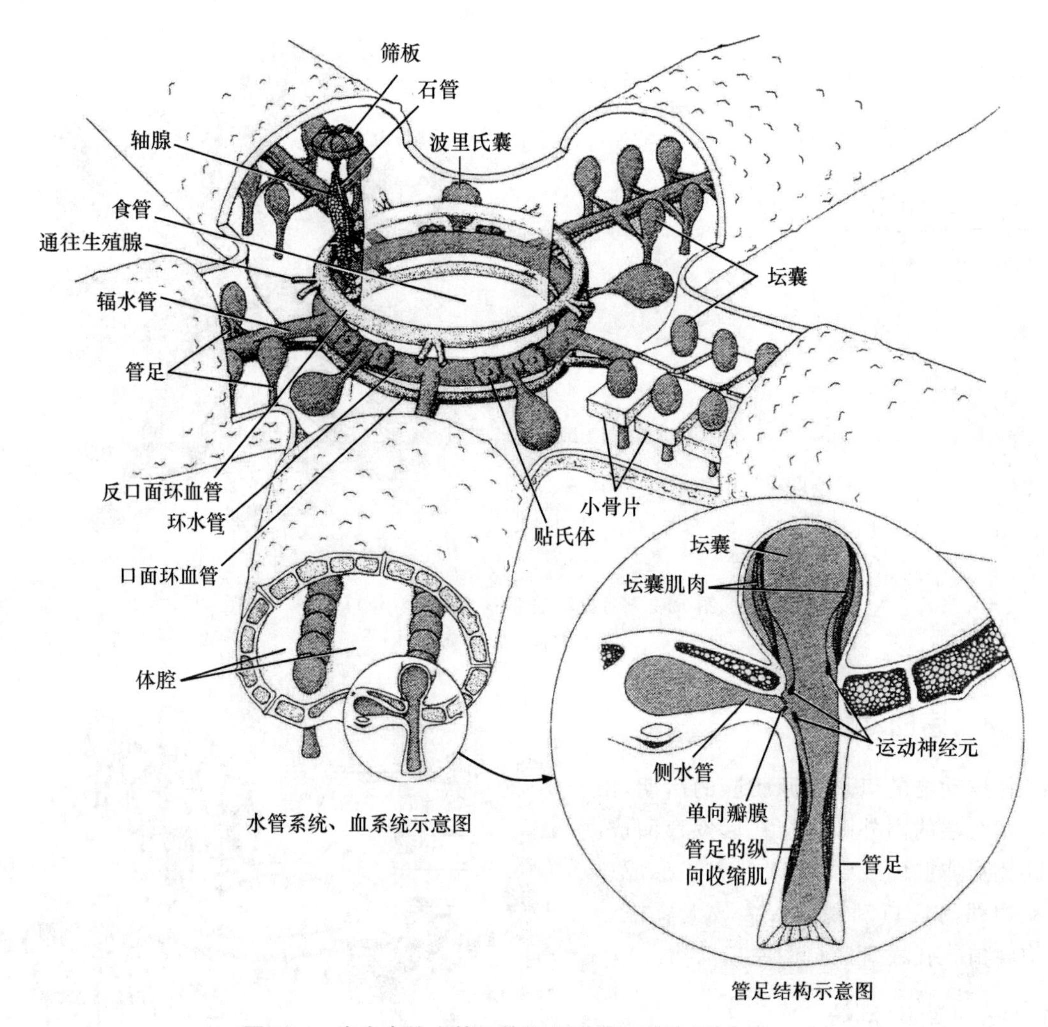

图 10-4 海盘车的水管系统和血液循环系统(引自 Storer)

10.1.7 神经系统

棘皮动物的神经系统不发达,无神经节或神经中枢,主要由 3 个神经系组成,即外(口面)神经系、下神经系和内(反口面)神经系。其中外神经系起源于外胚层,而下神经系和内神经系则起源于中胚层。由中胚层形成神经系统,这在动物界是唯一的。

棘皮动物的感觉器官也不发达。整个身体上皮散布有触觉、温度和化学感觉细胞,在腕的端部有一个可感光的眼点,口神经系的辐神经基部(如海参等)有许多平衡器。

10.1.8 生殖和发育

棘皮动物多数雌雄异体,海参和蛇尾则雌雄同体。生殖腺一般有 5 对或 5 的倍数对,卵巢多数为黄色,精巢白色。海星的生殖细胞成熟后经生殖管由反口面的腕基部通体外,水中受精。多为变态发育,经过能游泳的左右对称体制的幼虫期后,变为辐射对称体制的成体。各纲幼虫的基本构造相同,但形态有所不同,如海参的幼虫呈耳状,海百合的幼虫呈桶状。

10.2　棘皮动物门的分类

棘皮动物全部营海洋底栖生活。现存种类约 6 000 种,化石种类达 13 000 种。我国已记录 300 多种。根据动物的体型、有无柄和腕、筛板的位置和管足的结构等,可将棘皮动物分为 5 个纲。

10.2.1　海星纲(Asteroidea)

海星纲动物身体扁平,关节能活动,多为五辐射对称,体盘和腕分界不明显。体表具棘,为骨骼的突起。从骨板间突出的膜质泡状突起,外覆上皮,内衬体腔上皮,其内腔连于次生体腔,称皮鳃,有呼吸和排泄的作用(图 10-5)。水管系统发达。生活时口面向下,反口面向上,腕腹侧具步带沟,沟内伸出管足。个体发育经历羽腕幼虫和短腕幼虫。现生种类 1 600 多种,如槭海星(*Astropecten polyacanthus*)、砂海星(*Luidia quinaria*)、太阳海星(*Solaster dawsoni*)、海燕(*Asterina pectinifera*)和罗氏海盘车(*Asterias rollestoni*)等(图 10-6)。

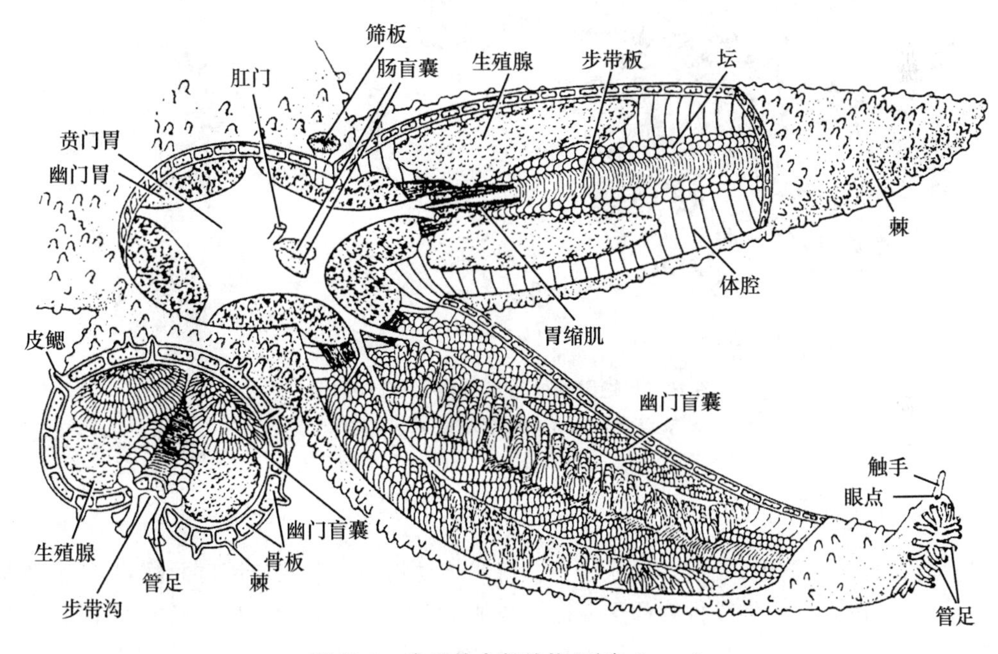

图 10-5　海星的内部结构(引自 Storer)

10.2.2　蛇尾纲(Ophiuroidea)

蛇尾纲动物体扁平呈星状,体盘小,腕细长可弯曲。骨间有可动关节,肌肉发达,体盘与腕分界明显,无步带沟,无吸盘和坛囊。管足退化,呈触手状,无运动功能。消化管退化,食道短,连囊状胃,无肠,无肛门。以藻类、有孔虫、有机质碎屑为食。发育经蛇尾幼虫。少数种类雌雄同体,胎生。本纲约 1 800 种,如筐蛇尾(*Gorgonocephalus* sp.)、刺蛇尾(*Ophiothrix* sp.)等(图 10-7)。

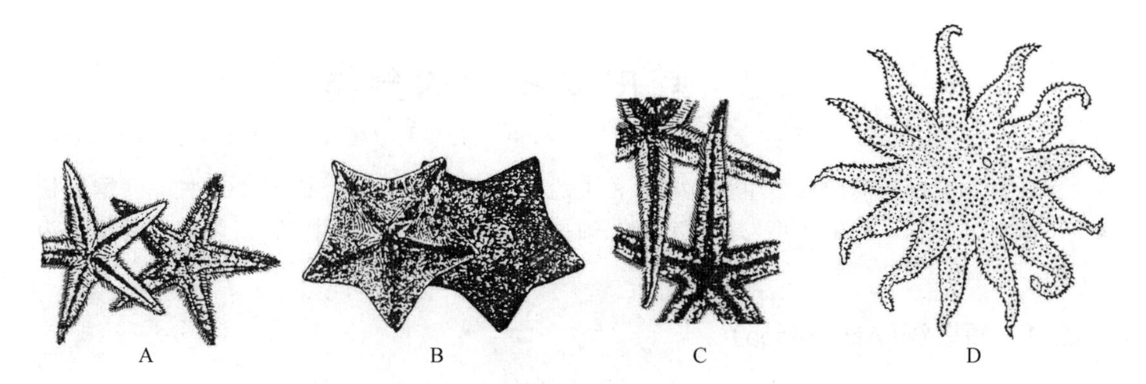

图 10-6　海星纲的常见种类(引自大岛)

A. 正形槭海星　B. 海燕　C. 砂海星　D. 陶氏太阳海星

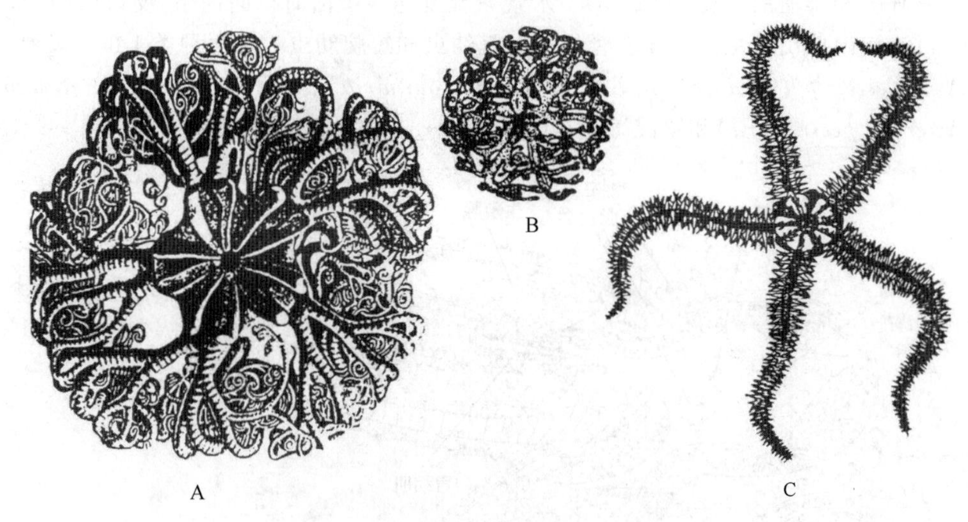

图 10-7　蛇尾纲的常见种类(引自江静波)

A. 筐蛇尾口面　B. 筐蛇尾　C. 刺蛇尾

10.2.3　海胆纲(Echinoidea)

多生活在岩石裂缝中，少数穴居泥沙中。海胆纲动物的5条腕向反口面翻卷愈合，体呈球形或扁平饼状，由多行子午线排列的骨板嵌合成胆"壳"，步带区和间步带区交替排列，较窄的为步带区。步带沟闭合，但骨板上有许多小孔，管足由这些小孔伸出，管足有吸盘。棘和管足都能完成运动，海胆的壳上生有疣突和细长棘或粗棘，其基部有肌肉附着在骨板上，可使疣突和棘活动自如。多数种类口内具结构复杂的咀嚼器，其上具齿，可咀嚼食物，许多棘钳可帮助取食。消化管长管状，盘曲于体内，以藻类、蠕虫等为食。口位于口面，有肛门位于反口面(图10-8)。发育经海胆幼虫。

现生种类约900种，常见的有马粪海胆(*Hemicentrotus pulcherrimus*)、马粪哈氏刻肋海胆(*Temnopleurus hardwickii*)、细雕刻肋海胆(*T. toreumaticus*)和石笔海胆(*Heterocentrotus mammillatus*)(图10-9)等。

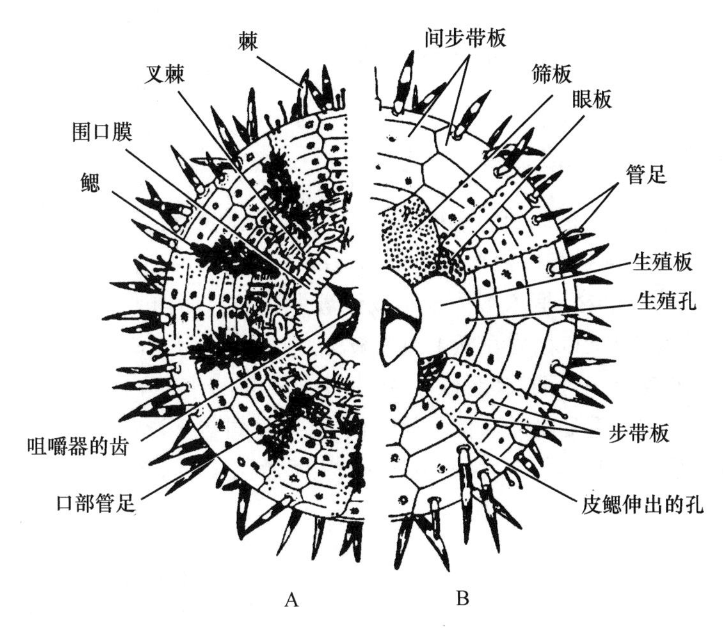

图 10-8 海胆的结构(引自 Petrunkevitch)

A. 口面观 B. 反口面观

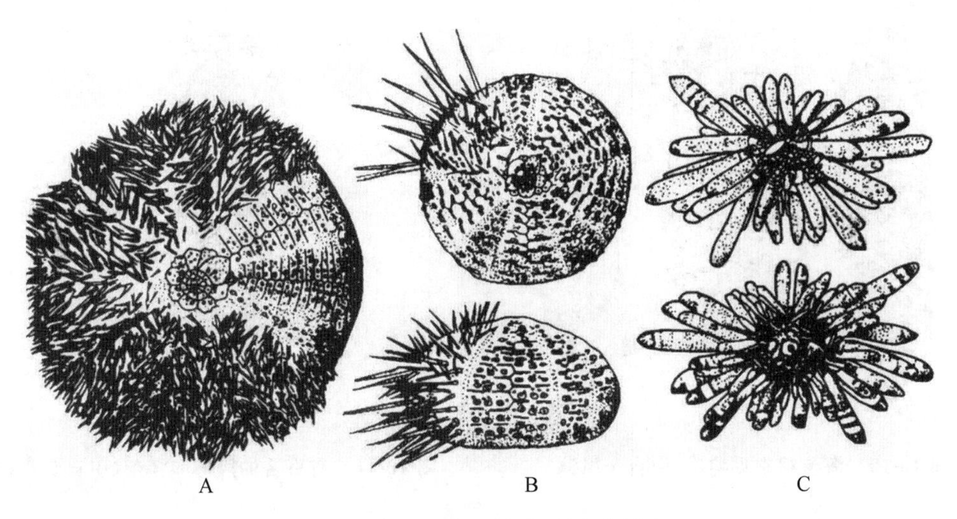

图 10-9 海胆纲常见种类(引自张凤瀛)

A. 马粪海胆 B. 细雕刻肋海胆 C. 石笔海胆

10.2.4 海参纲(Holothuroidea)

此纲所有动物均生活在海底,埋于泥沙中,两端露在外面,用触手捕食小有机物。体型呈长筒形,横卧海底,前端是口,后端是肛门。以腹面贴地,颜色较浅,背面朝上。体制由辐射对称转向左右对称。无腕,口的周围有由管足特化而成的触手借以捕食。腹面的管足排列得不规则,背面的管足退化。骨板微小,体表没有棘。体壁有 5 条肌肉带,借此肌肉的张缩和管足的作用可作蠕虫状运动,肉质柔软可食。发育经耳状幼虫和桶形幼虫。

我国常见的食用海参有 20 多种,如刺参(*Stichopus japonicus*)、柯氏瓜参(*Cucumaria chronhjelmi*)、梅花参(*Thelenota ananas*)以及海棒槌(俗称海老鼠)(*Paracaudina chilensis*)(图 10-10)等。

10.2.5 海百合纲(Crinoidea)

海百合纲是棘皮动物中最原始的类群,现存 600 余种,化石种类 5 000 多种。多生活在深海中,底栖。身体由上方放射排列的冠部和下方的柄部组成(图 10-11)。柄由一系列构成关节的骨片组成,柄上常有轮生的卷枝,柄末端为根状以固着海底。口面向上,反口面向下。冠部相当于海星、蛇尾类的中央盘,以反口面附在柄上或卷枝上,向外伸出腕。一般具 5 或 5 倍数的腕,腕又可再分支。腕的两侧各有一行羽枝(毛枝)。腕中具步带沟,步带沟内管足只是简单的小突起,无运动能力。靠步带沟内纤毛的摆动取食。无筛板、棘或棘钳等。现生种类多生活在潮间带和浅海硬质海底或珊瑚礁上,如海百合(*Metacrinus* sp.)、海齿花(*Comanthus* sp.)等。

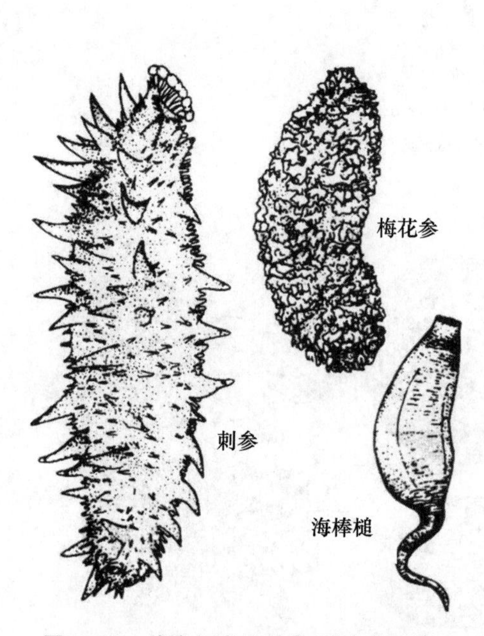

图 10-10 海参纲常见种类(引自张凤瀛)

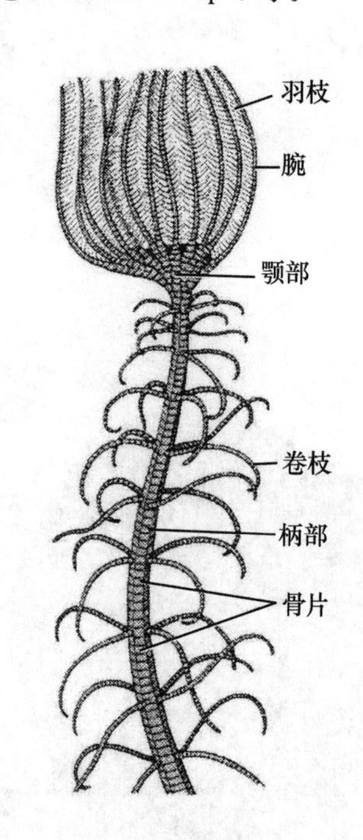

图 10-11 海百合的冠部和柄部(引自陈小麟)

10.3 棘皮动物与人类的关系

有些棘皮动物对人类有益。海参类中有 40 多种可供食用,它们含蛋白质高,营养丰富,是优良的滋补品。现已进行大量的人工养殖,产量大大增加。我国的刺参、梅花参等为常见的食用参。海参也可入药,有益气补阴、生肌止血之功。海胆卵为发育生物学的良好实验材料。海胆壳可入药,海胆生殖腺可制酱,为酱中上品。海星卵为研究受精及早期胚胎发育的好材料,从海星中提取的粗皂苷对大白鼠的实验性胃溃疡有很好的疗效。蛇尾为一些冷水性底层鱼的天然饵料。

有些棘皮动物会对海水养殖业造成危害。如海星喜食瓣鳃类软体动物,是牡蛎等贝类养殖的克星;海胆喜食海藻,为藻类养殖之害;蛇尾是珊瑚虫的敌害。有些种类的棘有毒,可危害人类。

本章小结

棘皮动物属于最原始的后口动物。幼虫为两侧对称,成体为次生性五辐射对称。成体表面有棘、棘钳和皮鳃突出体外。次生体腔极其发达,包括围脏腔、水管系统、血系统和围血系统。内骨骼源于中胚层。无中枢神经系统和神经节。全部海洋底栖生活,活动力不强。

复习思考题

1. 名词术语:
   后口动物　管足　棘　棘钳　皮鳃
2. 棘皮动物有哪些特殊性?
3. 列表比较棘皮动物门各纲的主要区别。

附门:半索动物门(Hemichordata)

半索动物包括柱头虫、盘头虫等90余种蠕虫状海产动物。半索动物具有司呼吸作用的鳃裂(图10-12);背神经索的前端出现了空腔,被认为是最早的背神经管;在其口腔的背面向前伸出一短盲管状结构的口索(图10-13)。

关于半索动物在动物界中的位置,长期以来一直有争议。由于半索动物的主要特征与脊索动物基本相符,曾将半索动物作为一个亚门列入脊索动物门中。现在认为口索并不是脊索,可能是一种内分泌器官,因此,把半索动物单列一门列入无脊椎动物中是比较合适的。

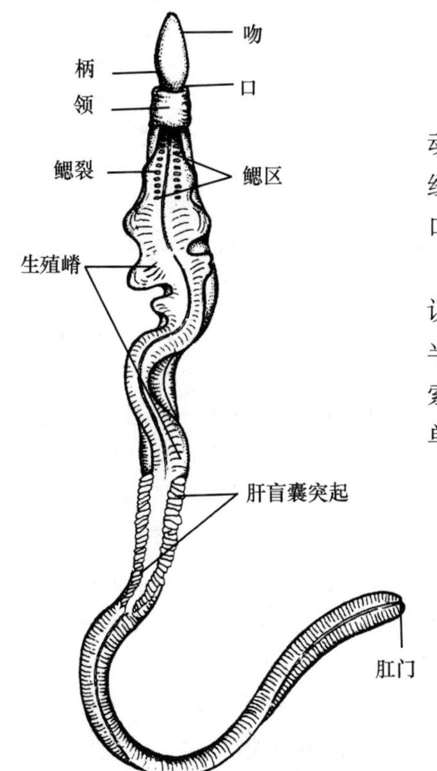

图10-12　柱头虫(引自郑光美)

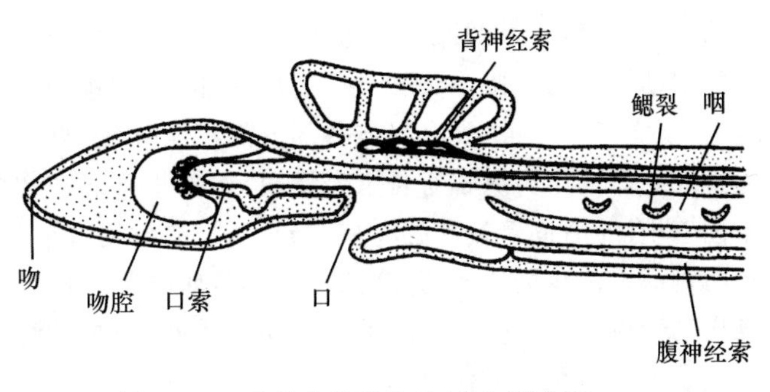

图10-13　柱头虫前端纵剖(引自刘凌云)

第 11 章　无脊椎动物总结

(Summary of Invertebrate)

◆ 内容提要

本章以动物进化为主线，分别从动物的体制、胚层、体腔、分节、体壁、肌肉、骨骼与运动、消化系统、呼吸系统、排泄系统、循环系统、神经系统和感觉器官、生殖和发育等方面比较无脊椎动物各类群的特点，并对无脊椎动物各门类的起源与系统演化进行综述。

◆ 教学目的

熟悉无脊椎动物各器官系统的结构与功能特点；掌握动物形态结构对环境适应的统一规律；理解无脊椎动物各门类及各器官系统的起源与演化关系。

11.1　无脊椎动物形态结构与生理功能的比较

11.1.1　体制

体制是指动物的身体结构和器官在排列形式上的规律性的体现，即通过动物体的中央纵轴或中心点有多少个切面能将动物身体分成左、右对称的两部分。纵观动物界中动物的体制，包括无对称、辐射对称和两侧对称 3 种基本形式。

无对称是指最原始的无轴形态的身体结构，即没有一个切面可将动物体分成对等的两部分，如变形虫等一些原生动物和某些海绵动物等均属此类。

辐射对称是指通过动物体的中央纵轴或中心点有多个切面能将动物身体分成对称的两部分，包括球形辐射对称、柱形辐射对称、两辐辐射对称和五辐辐射对称。球形辐射对称是最原始的辐射对称形式，即通过动物体的中心点的无数个切面，可以把身体分成对等的两个部分。如原生动物中的太阳虫、放射虫、团藻等都是球形辐射对称，这样的体制结构不仅没有前后、左右、上下之分，而且也没有身体各部分的机能分化，只适于水中漂浮生活。柱形辐射对称是指通过动物体的中央纵轴有若干个切面，如某些海绵动物和腔肠动物属于此类。这样的体制适于固着生活，有固着端和游离端之分，动物的游离端可从身体的任何方向感受刺激、获取食物和防御敌害。少数比较高等的腔肠动物，如海葵由柱形辐射对称过渡到了两辐对称。海星等棘皮动物由于长期受固着或不太活动生活方式的影响，由适于游泳的两侧对称幼体次生性地变成了五辐对称型成体。

由于运动的加强和生活方式的改变，从扁形动物开始出现了两侧对称的体制。两侧对称是指通过动物体的中央纵轴只有一个切面能将动物身体分成左右对等的两部分。两侧对称动物的身体结构有明显的前后、左右和背腹之分，生理机能也产生了明显的分化，是动物进化中由不运动到不定向运动再到定向运动、由水中游泳到水中爬行再到陆地爬行的必然结果。

11.1.2　胚层

原生动物中的单细胞个体谈不上胚层，其群体只有一层细胞，也称不上胚层；只有多细胞动物才有胚层分化。由两个胚层发育成的个体称为两胚层动物，即由内胚层和外胚层构成。海绵动物和腔肠动物均属此类。两胚层动物身体结构比较简单，处于细胞或组织器官的水平。由于海绵动物在胚胎发育过程中出现了胚层逆转，其内、外两层细胞被特称为胃层和皮层，以区别于真正两胚层动物的内胚层和外胚层。由 3 个胚层发育成的个体称为三胚层动物，即由内胚层、外胚层和中胚层构成。从扁形动物开始都是三胚层动物。随着三胚层的出现，动物的身体结构和生理机能等都发生了一系列的变化，使动物达到了器官系统的水平。

11.1.3　分节

体节是沿动物体纵轴重复排列的许多相似的部分。动物身体由许多体节组成的现象称为分节。分节是无脊椎动物演化过程中的里程碑。

绦虫等低等蠕虫存在假分节现象。从环节动物开始出现了真正的分节，是动物胚胎发育中由中胚层形成的表里一致的分节现象，包括同律分节和异律分节。环节动物绝大多数种类为同律分节，仅有少数种类，如多毛纲的隐居类(如毛翼虫)为异律分节。身体分节增强了动物运动的灵活性和有效性，对摄食、避敌、适应环境等都有重要作用，促使动物向更复杂、更精细、更高级的方向分化和发展，为动物分化出头、胸、腹提供了可能性。软体动物由于身体柔软且内脏团呈块状或扭转，故不分节。节肢动物的各部体节在同律分节的基础上发生愈合和特化，从而形成了典型的异律分节。身体通常分为头、胸、腹 3 部。头部主要是感觉和取食中心，胸部是运动和支持中心，腹部是代谢和繁殖中心。随种类不同，附肢分为数目不等的数节，其形态功能也产生了分化，不仅可运动，还有取食、感觉、呼吸以及交配等多种功能。棘皮动物由于适应固着或不太活动的生活方式，故不分节。

11.1.4　体壁

单细胞动物的体壁就是其细胞膜，有保护、吸收、分泌、物质交换等功能。依据其结构功能特点可分为质膜、表膜和硬膜 3 种。质膜极薄，不能维持身体形状，如变形虫；表膜比质膜厚，富有弹性，能维持身体形状，如草履虫；硬膜是由于细胞膜内外含有硅质、几丁质、石灰质或纤维素等形成的硬结构，如放射虫、表壳虫等。

海绵动物和腔肠动物的体壁都是由内、外两个胚层，夹着两个胚层细胞分泌形成的中胶层所构成。

蠕形动物的体壁都是皮肤肌肉囊(简称皮肌囊)结构，具有保护内脏、维持体型和强化运动等功能。扁形动物的皮肌囊由外胚层形成的单层表皮或由有生命的合胞体形成的皮层与中胚层形成的外环、中斜、内纵 3 层肌肉构成。原腔动物的皮肌囊自外向内由胶原蛋白成分的角质膜、合胞体结构的表皮(上皮)层和一层纵肌组成。环节动物的皮肌囊自外向内由角质膜、单层表皮、外环内纵的两层肌肉和单层细胞的体腔膜构成。

软体动物的体壁是由外套膜和由外套膜分泌的贝壳组成。外套膜是由内、外两层上皮(表皮)细胞和夹在之间的结缔组织及少量肌肉纤维构成。其功能除分泌贝壳外,还有辅助呼吸、保护内脏等作用。在头足类,可依靠外套膜收缩产生运动的动力,以其外表的变色来躲避敌害或恐吓天敌。贝壳从外向内一般由角质层、棱柱层和珍珠层组成,是软体动物的保护结构。

节肢动物的体壁自外向内由非细胞结构的复杂表皮层、单层上皮细胞层和基膜组成。某些节肢动物体壁之所以坚硬,是由于其外表皮层含有大量钙盐和骨蛋白所致。

棘皮动物的体壁由最外面的角质层、中间的表皮层和里面的真皮层构成。其中,真皮层又由结缔组织、肌肉、体腔膜和小骨片等组成。体壁内的骨片突出于体表形成棘、棘钳和皮鳃等结构,故称棘皮动物。

11.1.5 体腔

体腔是指在动物出现中胚层以后的胚胎直至成体,在脏壁和体壁之间形成的空腔。

海绵动物和腔肠动物体内的空腔都不是体腔。海绵动物体内的空腔,只是水流兼运输的通道,无消化功能,故称水沟系,其中央的腔叫中央腔。腔肠动物体内的空腔由胚胎时期的原肠腔发育而来,兼具消化和循环的功能,故称消化循环腔。扁形动物虽然出现了中胚层和肠道,但无体腔,在脏壁和体壁之间完全被中胚层形成的实质组织所填充。

从原腔动物开始,在脏壁和体壁之间出现了假体腔(初生体腔、原体腔)。其形态结构具"四无"特点,即无肠壁中胚层、无肠系膜、无体腔膜、无与体外相通的任何管道和孔。假体腔的生理功能主要是运送物质、稳定内环境、产生流体骨骼而维持体形并辅助运动等。

从环节动物开始,在脏壁和体壁之间才出现了真体腔(次生体腔、裂体腔)。其形态结构具"四有"特点,即有肠壁中胚层、有肠系膜、有体腔膜、有与体外相通的管道和孔。真体腔的出现不仅促使消化系统和排泄系统的结构与功能得到进一步的发展和完善,推动了循环系统的产生,而且为动物体出现分节奠定了基础,其对动物向更复杂、更完善、更高阶段发展具有极大意义。

软体动物和节肢动物的体腔,在广义上都属于混合体腔。但软体动物是真、假体腔同时存在,即在体内还可看到保留下来的原始真、假体腔的结构。而节肢动物的体腔是真、假体腔来源的细胞重组后形成真正意义上的混合体腔,其体内残留的真体腔仅有排泄器官和生殖腺的内腔,假体腔的原始结构几乎不见了。

棘皮动物具有极其发达的真体腔,包括水管系统、围脏腔和围血系统。

11.1.6 肌肉、骨骼与运动

11.1.6.1 肌肉

腔肠动物已分化出皮肌细胞,其延伸的基部分布有肌原纤维。

扁形动物有了中胚层形成的肌肉组织,而且均为平滑肌,主要有环肌、斜肌、纵肌和背腹肌等,并与表皮形成具保护和运动功能的皮肌囊。

原腔动物的肌肉和扁形动物一样只存在于皮肌囊上,肠壁上无肌肉。但原腔动物的肌肉组织较特殊,无环肌和斜肌,只有一层纵肌。

环节动物不仅在发达的皮肌囊上有环肌和纵肌,而且肠壁上也产生了由环肌和纵肌组成的肌肉层。肠壁肌肉的产生,加强了肠管的蠕动,提高了消化吸收的效率。

软体动物的肌肉比较发达，主要分布于外套膜和足部。通常外套膜上的肌肉呈片状均匀分布，其他部位的肌肉则为块状、柱状、条状或环状等。

节肢动物的肌肉包括体壁肌和内脏肌两种。其体壁肌与上述动物的肌肉不同，在表皮下并非均匀分布，而是形成了按体节排列的无肌腱的肌肉束，且多为横纹肌，通常成对排列起拮抗作用。其内脏肌主要是环肌和纵肌。

棘皮动物的肌肉不发达，主要存在于体壁上。

11.1.6.2 骨骼

无脊椎动物的骨骼是指支持和保护动物身体、维持体型、供肌肉附着并完成运动的构造，多属于外骨骼，因动物种类不同其形态功能各不相同。

单细胞的原生动物无任何骨骼，有些种类有不同成分的硬壳，如有孔虫具石灰质的外壳。多细胞动物才有来源于外胚层的外骨骼或起源于中胚层的内骨骼，以及在体内形成的液态流体静力骨骼(简称流体骨骼)。

海绵动物体壁的中胶层内有起支撑作用的钙质或硅质骨针和类蛋白质的海绵丝。腔肠动物珊瑚纲的大多数种类有角质或石灰质的骨骼，是形成珊瑚礁和珊瑚岛的主要成分。

扁形动物、原腔动物和部分环节动物体内有体液形成流体骨骼，协同皮肤肌肉囊完成运动。

软体动物的贝壳属于外骨骼，是软体动物的重要保护结构。头足类体内的软骨属于内骨骼，不但可增强身体的坚固性，而且有利于动物游泳和平衡身体。瓣鳃类的斧足属于流体骨骼，在营底栖钻沙生活中起重要作用。

节肢动物的体壁即为外骨骼，坚硬且向内凹陷或突出成脊供肌肉附着，并协同肌肉完成运动。节肢动物通常会因为外骨骼限制动物体生长而出现蜕皮现象。

棘皮动物与头足类的骨骼是由中胚层分化形成的内骨骼。内骨骼的形成不仅使动物体的发育生长得到了充分的发展，而且大大强化了动物体以肌肉收缩为动力、以骨骼为杠杆的运动能力。

11.1.6.3 运动

无脊椎动物在进化过程中形成了复杂多样的运动方式。

单细胞动物的运动方式包括无固定的运动胞器和有固定的运动胞器两种。前者如变形虫，由细胞质的不规则流动而产生变形运动；后者如草履虫、绿眼虫等靠纤毛和鞭毛这样的运动胞器的摆动而使动物体产生运动。

海绵动物的两囊幼虫以鞭毛运动来适应水中游泳生活，其成体无运动结构，全部营固着生活。

腔肠动物的浮浪幼虫以纤毛来运动。成体的运动方式多样。水螅纲和钵水母纲中的水母型均是漂浮的运动方式；水螅纲中的水螅型和珊瑚纲的种类营固着生活，运动较少。淡水水螅有悬浮、翻筋斗、丈量式 3 种运动方式。

自由生活的扁形动物因身体腹面有纤毛，还具有肌肉组织发达的皮肌囊，并能产生流体骨骼，故出现了游泳、爬行、蠕动、扭动、翻转和翻跟头等多种运动方式。营寄生生活种类的幼体，有的靠纤毛完成运动，如毛蚴；有的以尾部运动，如尾蚴。成体的运动器官退化，多数以吸盘和小钩等附着在寄主体内，多属蠕动的运动方式。

原腔动物的身体结构比较特殊,皮肌囊外被角质膜,只有一层纵肌,假体腔内充满了体腔液,膨压很大,故原腔动物只能做拱曲运动而不能做伸缩运动。

环节动物因生态环境和生活方式不同而出现了不同的运动器官,表现出不同的运动方式。营自由生活的海生多毛类出现了最原始的泳动附肢即疣足;营土内穴居生活的寡毛纲动物以首次出现的刚毛协同皮肌囊产生的流体骨骼,共同完成蠕动和钻土运动;营体外半寄生生活的蛭类,则以前、后两个吸盘协同皮肌囊完成伸缩运动。

软体动物也因生活方式不同而表现出不同的运动方式,但都是以足或来源于足的结构作为运动器官。营固着生活的种类因不运动而足退化;活动非常缓慢的多板类和腹足类等用足吸附并作缓慢的滑行运动;多营底埋生活的瓣鳃类以足或足的反作用力进行钻沙运动;营穴居生活的掘足类也用足挖掘来完成运动;运动迅速而敏捷的头足类,其运动以外套膜收缩由漏斗口喷出水流产生动力,并在体侧外套膜延伸而成的、能波动的鳍的协同下完成。

节肢动物具有多种多样的运动器官和运动方式。甲壳类的附肢形态变化多样,除爬行和游泳外,还有呼吸、防御、取食等其他功能。肢口纲的附肢形态变化不大,只是节数不同,除爬行和游泳外,也有呼吸、掘土和咀嚼食物等功能。蛛形纲的附肢仅螯肢和须肢形态变化大,其余步足相似,除爬行外,还有防御、交配和捕食等功能。多足类的附肢形态相似,有爬行、防御等功能。昆虫类中的无翅类多数靠六足运动,少数靠身体腹部特有的弹器运动;有翅类则以形态各异的三对足和一对或两对翅运动。

棘皮动物用腕和管足完成运动。

11.1.7 消化系统

原生动物都是细胞内消化,有异养型和自养型两种营养方式。大多数原生动物不能制造食物,只能从周围环境中获取营养物质,其营养方式属异养型。如鞭毛类和纤毛类常以胞口摄取食物,变形虫以伪足包裹食物,孢子虫等寄生种类则通过体表渗透获取营养物质。绿眼虫等体内含有叶绿素,在有光条件下可自己制造食物,属自养型;无光时则为异养型,故称混养型。不能消化的食物残渣由胞肛或体表排出体外。

海绵动物也都是细胞内消化,其食物是水流中的细菌、微小藻类和有机碎屑等。由领细胞的领滤取食物,在领细胞内消化或由领细胞传给中胶层中的变形细胞消化,食物残渣随水流经出水口排出体外。

腔肠动物出现了消化循环腔。内胚层上的腺细胞释放消化酶,使食物在腔内被消化。同时,腔内部分微小的食物颗粒也能被内皮肌细胞端部的伪足吞噬。因此,腔肠动物既能行细胞内消化,又能行细胞外消化。腔肠动物有口无肛门,食物残渣由口排出体外。大多数种类消化循环腔由整个体壁所围成,属于未分化的不完全消化系统的前身;少数种类已形成与体壁未分开的、有简单消化器官的不完全消化系统,如海月水母。

扁形动物分化出了与体壁分开的有口无肛门的不完全消化系统。自由生活种类的消化系统较发达,肠管分支较多,有利于食物的消化和吸收。寄生种类的消化系统趋于退化或消失,多以体表渗透获取营养物质。

原腔动物出现了有口有肛门的完全消化系统,并有前肠、中肠和后肠的分化。这使得食物的消化、营养的吸收和粪便的排出都能按次序进行,避免了食物和粪便的混合,大大提高了消化效率。寄生种类的消化系统较简单。自由生活种类除分化出肌肉性的咽外,肠管上无肌肉,不能蠕动，也无任何膨大或凹陷的结构，缺少消化腺。

环节动物出现了比较完善的完全消化系统。消化管上出现了肌肉，能独立地自由蠕动。还分化出了各种凹凸有致、功能不同的消化器官和消化腺体。故从环节动物开始，除了具有依靠消化腺分泌酶类而进行的化学消化外，又增加了机械性磨碎食物的物理消化。这两种消化作用相辅而行，极大地提高了动物机体的消化能力。

软体动物消化系统的结构和功能更为复杂，物理和化学消化作用都得到了进一步的发展。除少数寄生种类的消化系统退化外，绝大多数种类都比较发达。不仅体现在具有增长且盘曲的消化管和发达的消化腺上，而且有的种类口腔内有齿舌，有的胃内有晶杆或胃盾等有助于消化的器官，有的还能进行细胞内消化。

节肢动物的消化系统因食性和取食方式等不同而发生很大的变异。低等甲壳类如丰年虫等的消化系统为直管形；高等甲壳类的胃分为具研磨食物功能的贲门胃和具过滤作用的幽门胃；蛛形纲的食道膨大成吸吮胃，其后有 5 对发达的盲囊贮存食物；昆虫纲则形成了形态和功能多种多样的口器。

棘皮动物的消化系统与其生活习性等密切相关。海百合类由于适应固着生活，口和肛门都位于口面；海星类的胃与高等甲壳类一样，也分化出贲门胃和幽门胃，有肛门但不用；海参类和海胆类的消化管较长且盘曲于体内；蛇尾类消化管退化，无肛门。

11.1.8 呼吸系统

低等无脊椎动物没有专门的呼吸器官。自由生活的种类大多数通过体表呼吸，寄生种类则进行兼氧或厌氧性呼吸。原生动物的呼吸方式除体表扩散和厌氧性呼吸外，体内含有叶绿素的种类还可经光合作用交换气体。海绵动物通过水沟系内水流的进出完成气体交换。腔肠动物除体表能呼吸外，消化循环腔内水流的出入也有助于交换气体。扁形动物和原腔动物的自由生活种类均靠体表呼吸，寄生种类则行厌氧性呼吸。

环节动物的寡毛类和蛭类仍靠体表呼吸，多毛类可用疣足呼吸，但仍以体表呼吸为主。

软体动物出现了专司呼吸的器官。水生种类为鳃，最原始的鳃是羽状栉鳃，以后逐渐演化出丝鳃及瓣鳃；陆生种类为“肺”，即外套膜上一定区域密集的微血管网。

水生节肢动物的呼吸器官仍然是鳃，如螯虾按着生位置有关节鳃、肢鳃、足鳃、胸鳃等，肢口纲的鲎有书鳃。陆生种类的呼吸器官为书肺或气管，如蜘蛛类是书肺，昆虫类是气管。还有个体极小的种类仍然是体表呼吸。

棘皮动物的呼吸器官是皮鳃和管足。

11.1.9 排泄系统

排泄是指动物体将新陈代谢过程中产生的终产物（主要是含氮废物）排出体外的生理过程。完成这一生理过程的器官系统称排泄系统，其功能除排出代谢废物外，还能调节体内水分和体液中酸、碱、盐等的浓度，进而维持内环境的稳定。

大多数原生动物无排泄胞器，靠体表扩散作用排出废物。淡水生的原生动物则以伸缩泡排出体内多余的水分和废物，调节体内外渗透压平衡。

海绵动物和腔肠动物也无专门的排泄器官。体壁上的各种细胞以膜的扩散作用进行排泄。部分淡水生的种类，细胞内也有伸缩泡协助排泄。海绵动物可通过水沟系中的水流将废物排出体外,腔肠动物也可借助消化循环腔中的水流而排泄。

扁形动物出现了原肾管排泄系统。原肾管都是体内一端为盲端(焰细胞),另一端(排泄孔)开口于体外的多分支管状结构。原腔动物也是原肾管排泄系统,只是体内盲端的原肾细胞特化成了腺型或管型。

环节动物出现了后肾管排泄系统。一端以纤毛漏斗状的肾口开口于体腔,另一端以肾孔开口于体外或消化道。后肾管是迂回盘曲的、两端开口的管状结构,大大提高了排泄效率。

软体动物的排泄器官多属于后肾管型的肾脏,由腺体部和膀胱部组成。腺体部的肾口开口于围心腔,膀胱部的肾孔开口于外套腔。少数种类的幼体仍为原肾管。

节肢动物的排泄器官分为两类。一类是由残留的体腔囊和体腔管特化成的腺体结构,即颚腺、触角腺、基肢腺等,为虾蟹类或鲎的排泄器官;另一类是开口于中、后肠交界处的马氏管,为昆虫纲和蛛形纲动物的主要排泄器官。

棘皮动物的排泄器官是管足和皮鳃。

11.1.10 循环系统

单细胞动物和低等多细胞动物没有专门的循环系统。原生动物借细胞质的流动完成循环。海绵动物、腔肠动物、扁形动物和原腔动物细胞间的物质交换与运输靠扩散完成。海绵动物的水沟系和腔肠动物的消化循环腔有循环功能。扁形动物和原腔动物的皮肌囊收缩也能促使体液循环。

环节动物出现了比较完善的循环系统。大多数种类是闭管式循环,只有部分蛭类是开管式循环。环节动物的血液由血浆和血细胞组成。血浆中因含有血红蛋白、血绿蛋白等血色素,故血液呈红色或绿色。血细胞与大多数无脊椎动物一样是无色的。循环系统的出现显著提高了动物机体的物质运输与交换效率。

软体动物出现了肌肉质的心脏,位于围心腔内。血管有了动、静脉的分化,但大多数种类的动、静脉之间没有直接联系,均开口于血窦,属于开管式循环。只有乌贼等头足类为闭管式循环。多数软体动物血浆中的血色素为血蓝蛋白(血青素),氧化时呈淡蓝色,还原时无色,故血液呈淡蓝色或无色。

节肢动物均为开管式循环。血液的颜色更为丰富,有无色、黄色、绿色、蓝色、红色等。循环系统的结构和功能与呼吸系统密切相关。呼吸系统结构集中时,循环系统的结构较复杂、功能较强;反之,呼吸系统结构分散时,循环系统的结构较简单、功能也较弱;以体表呼吸的小型节肢动物甚至没有循环系统。

棘皮动物的循环系统不发达,包括血系统和围血系统,其功能尚不清楚。营养物质由体腔液与各器官系统之间进行交换来输送。海胆类和海参类血系统较明显,其他种类则较退化。

11.1.11 神经系统和感觉器官

11.1.11.1 神经系统

原生动物的群体种类一般没有细胞的分化,或仅有生殖细胞和体细胞的分化,没有神经细胞,也就谈不上神经系统了。海绵动物没有特化的神经细胞,可能是通过芒状细胞和其他细胞的彼此接触及细胞质的扩散作用传递信息。

腔肠动物分化出了具有两极或多极突起的神经细胞,相互连接形成疏松的网状神经系统,但无中枢、传导不定向、传导速度慢，故称最原始的弥散型的神经网。

扁形动物出现了梯形神经系统，由一对神经节和由其向体后发出的两条或数条纵神经索及联系相邻神经索的横神经组成。神经节和神经索相当于原始的中枢神经系统。原腔动物的神经系统与扁形动物相似，也属梯形神经系统。所不同的是纵神经索(线虫)由围咽神经环发出。

环节动物出现了比梯形神经系统更为集中的链状神经系统，并有了真正的中枢、外周和交感神经系统之分。中枢神经系统由一对咽上神经节、一个围咽神经环、一个咽下神经节和由此向后的腹神经链组成，故称链状神经系统。

软体动物的神经系统比较特殊，主要包括 3 种基本类型。营固着生活的石鳖类具梯形神经系统；营匍匐爬行生活的螺类和营埋栖生活的蚌类的神经系统由 4 对(脑、足、脏、侧)或 3 对(脑、足、脏)神经节和联系它们之间的神经索组成；营快速运动的掠夺性生活的头足类的神经系统特别发达，由围绕在食道周围的神经节集中形成了脑，并外包软骨，成为无脊椎动物中最高级的神经中枢。

节肢动物大多数种类的神经系统与环节动物相似，也有中枢、外周和交感神经系统之分。但随着体节的愈合，神经链上的神经节更加集中，形成了神经节大小不一、分布不均的链状神经系统。其中蛛形纲中的蜘蛛类和蜱螨类的神经系统更为集中，胸腹部的神经节几乎全部前移并愈合为一个神经团。

棘皮动物的神经系统无集中的神经节和脑，包括外神经系、下神经系和内神经系 3 个部分。

11.1.11.2　感觉器官

感觉器官种类较多，随着动物的生活方式和生态环境不同，其形态功能各异。

原生动物眼虫具有可感光的眼点。海绵动物由于全部营固着生活而无感觉器官。腔肠动物几乎都具触手，有触觉功能；水母类有平衡囊或触手囊起平衡作用；有的还具感光作用的眼点，如海月水母。扁形动物寄生种类感觉器官退化消失，自由生活种类通常具有眼点、耳状突、触角、平衡囊等感觉器官。原腔动物的感觉器官比较退化，自由生活种类也仅在身体的某些部位有一些刚毛、纤毛或感觉毛，起触觉和感觉作用。

环节动物寡毛类的体表有感光细胞和具触觉功能的刚毛及感觉乳突，口腔内有行使嗅、味觉功能的感受器。多毛类有行使触觉功能的触手、触须，司嗅觉的项器，还有起感光作用的眼。

软体动物感觉器官的发达程度不同。单板类、无板类和多板类很少甚至没有感觉器官；瓣鳃类也不发达，仅有司平衡觉的平衡器和鉴别水质的嗅检器；腹足类的感官较发达，除了具有平衡器和嗅检器外，一般还有司嗅、触觉的触手和辨明暗的一对眼；头足类的感官发达，有平衡囊、嗅觉窝和结构复杂且与脊椎动物类似的眼。

节肢动物的感觉器官极发达，可司触觉、视觉、嗅觉、味觉、平衡觉和听觉等多种复杂感觉功能。不同的节肢动物，感觉器官的种类及发达程度不一样。有些昆虫有听觉器官，有些则无。昆虫类和甲壳类的眼在节肢动物中最为发达，而蛛形类的视觉则较弱。

棘皮动物的感觉器官不发达。海盘车有起感光作用的眼点，海参有平衡囊，海胆有棘球感受器等。

11.1.12 生殖和发育

11.1.12.1 生殖系统与生殖

原生动物的无性生殖包括二裂、出芽、复分裂和质裂,有性生殖有配子生殖和接合生殖。海绵动物还未形成生殖腺,生殖细胞分散于中胶层中。其无性生殖方式有出芽和形成芽球,也有精卵结合的有性生殖。腔肠动物形成了原始的生殖腺,但无生殖导管,行无性生殖(出芽)和有性生殖。

扁形动物出现了较完善的生殖系统,不仅有生殖腺,还有与之相连的、由中胚层形成的生殖导管。多数种类雌雄同体,但异体受精。从原腔动物开始多为雌雄异体,生殖腺与生殖管相连呈管状。

自环节动物以后的无脊椎动物的生殖系统与体腔密切相关。生殖腺由体腔上皮产生。生殖细胞的排出途径多样化。有的经由体腔管变成的专门生殖导管(多数瓣鳃类、节肢动物),有的依赖肾管(软体动物掘足类),有的则靠体腔壁临时开口(环节动物多毛类)。

水生无脊椎动物两性生殖时行体外受精或体内受精,陆生种类均为体内受精。有些无脊椎动物不需受精而进行单性(孤雌)生殖,如轮虫、蜜蜂、粉虱等。少数昆虫为幼体生殖,如瘿蚊类和摇蚊类。大多数无脊椎动物为卵生。少数为卵胎生,如河蚌、田螺、蚜虫等。

11.1.12.2 发育

无脊椎动物的发育包括两种基本类型,即直接(无变态)发育和间接(变态)发育。间接发育通常都经历幼虫期,不同的动物类群有各种不同的幼虫形态。海绵动物是两囊幼虫;腔肠动物为浮浪幼虫;扁形动物的涡虫纲是牟勒氏幼虫,寄生种类则有毛蚴、胞蚴、雷蚴、尾蚴、囊蚴等;环节动物的多毛纲和软体动物海产腹足类都有担轮幼虫期,海产腹足类还有面盘幼虫,淡水蚌类经历钩介幼虫;节肢动物的变态发育有多种,幼虫形态更是多种多样,如对虾的发育就经历了无节幼虫、溞状幼虫、糠虾幼虫等3种形态;棘皮动物有羽腕幼虫、短腕幼虫等。

11.2 无脊椎动物的起源与系统演化

系统演化主要研究动物各类群的起源与发展规律。由于许多无脊椎动物早在古生代以前就已出现,能形成化石的种类又很少,因此,探究无脊椎动物的起源与系统演化只能根据部分仅有的化石、现代动物的形态比较和个体发育特征来进行分析和推测。随着科学技术的发展,有些还融入了分子生物学的证据加以综合分析。

11.2.1 原生动物的起源与系统演化

原生动物是动物界中最原始、最低等的单细胞动物。原生动物的起源是生物进化过程的一个重要阶段。首先,生命的起源是化学进化过程,即无生命物质通过一系列化学变化形成原始生命物质的过程。然后,经过漫长的演化,原始生命内部的矛盾运动与外界条件相结合,先出现了原核细胞,后又出现了真核细胞,于是就有了单细胞的原始生物,即动、植物的共同祖先。由于其生存环境的不断变化,原始生物向自养型和异养型两种营养方式分化发展,进而特化为植物类和动物类两大分支。原生动物出现以后，动物界继续分化发展，才形成了现代形形色色的动物世界。

现代科学研究认为，最早出现的原生动物是体内无色素体的原始鞭毛虫，由它逐渐演化产生了其他原生动物。由此可见，最早分化出来的原生动物类群是鞭毛纲。对于其他各纲的系统演化，一般认为肉足纲构造简单，与鞭毛纲结构相似，二者关系密切，某些种类（如变形鞭毛虫等）同时具有鞭毛和伪足，还有许多肉足虫（如有孔虫等）的生殖细胞也具有鞭毛，说明这些肉足虫是由具鞭毛的祖先进化而来的，即先有鞭毛纲、后有肉足纲。孢子纲动物均为寄生，追溯其来源大致有两种，一是部分孢子虫（如疟原虫、球虫等）配子都有鞭毛，说明它们来源于鞭毛纲；二是另一部分孢子虫（如黏孢子虫等）的营养体均为变形体，说明它们来源于肉足纲。纤毛纲动物是原生动物中结构最复杂的类群，因而分化较晚，但因其纤毛与鞭毛的结构一样，说明鞭毛纲与纤毛纲的亲缘关系很近。纤毛纲可能是从原始鞭毛虫发展成鞭毛纲过程中形成的一个分支。上述是原生动物系统演化的传统观点，即肉足纲、孢子纲、纤毛纲动物都是在原始鞭毛虫演化成鞭毛纲过程中的不同时期分化而成的分支。

根据目前分子生物学方面的研究成果，就原生动物的系统演化提出了许多新观点和新概念，但尚未达成共识。对原生动物系统分类的各级标准也未统一。

11.2.2　多细胞动物的起源

多细胞动物是由单细胞动物进化而来，这一理论已被学者们所公认。至于由什么样的单细胞动物，并以什么方式进化到多细胞动物，学者们看法不一。

合胞体学说认为多细胞动物起源于非群体的多核单细胞动物。群体学说认为多细胞动物起源于和单细胞群体鞭毛虫相似的祖先。这个祖先通过何种方式形成多细胞动物呢？先后出现了原肠虫学说和吞噬虫学说。这两种学说虽然都有胚胎学方面的依据，但在低等动物中，多数是由细胞移入而形成两个胚层的，而且这种形成原肠胚的方式更符合功能与结构统一的原理，因此吞噬虫学说被认为更接近事实，也更易被学者所接受。

此外，关于多细胞动物的起源还有其他学说，如扁囊胚虫学说和共生学说。早在1883年，巴士里（O. Butshli）就提出了扁囊胚虫学说，因当时缺乏令人信服的证据，因此一直被人们所忽视。直到20世纪70年代后，随着人们对丝盘虫研究的不断深入，才逐渐恢复着这个古老学说的生机。至于共生学说，由于在遗传学上存在着一系列难以解释的问题，因而没有得到支持和发展。

11.2.3　海绵动物的起源与系统演化

海绵动物的领细胞与原生动物鞭毛纲的领鞭毛虫很相似，说明海绵动物是由群体领鞭毛虫进化而来的，并得到了分子系统分类的支持。但海绵动物与其他动物相比有许多特殊性，不仅有水沟系、骨针等形态结构上的特点，而且胚胎发育出现胚层逆转现象，说明海绵动物的发展路径与其他多细胞动物不同。因此，一般认为海绵动物是动物系统演化中的一个侧支。

最新研究发现，海绵动物首次出现滤食性取食、具有全能性细胞和动态的组织等，说明海绵动物也是介于原生动物和后生动物之间的中间类型。海绵动物具有与其他多细胞动物相似的核酸和氨基酸，说明它们可能有共同的祖先。

11.2.4 腔肠动物的起源与系统演化

由于海产腔肠动物的个体发育都经过浮浪幼虫阶段,因此,一般认为腔肠动物起源于类似浮浪幼虫状的祖先。但由祖先最早进化为哪一类,腔肠动物各类群之间有着怎样的关系,却有两个不同的学说。

一是传统的水母型学说,认为腔肠动物出现的最早类群是水螅纲的水母型,即由浮浪幼虫状的祖先发育为有口和触手的放射幼虫,再由放射幼虫形成水母型成体。有的放射幼虫在演化过程中先形成水螅型群体,然后再以出芽繁殖方式形成水母型个体,与现存水螅纲相似,有世代交替现象。由此可见,由原始水螅纲的水母型演化为现代水螅纲,水螅纲是腔肠动物中的最低等、最原始的类群,钵水母纲和珊瑚纲与水螅纲是有着共同祖先而向着不同方向发展的结果。

二是有分子生物学依据的水螅型学说,认为腔肠动物的最原始类群是仅有水螅型的珊瑚纲,而钵水母纲和水螅纲都是由它演化而来。关于腔肠动物各类群之间的关系还有待于进一步研究。

11.2.5 扁形动物的起源与系统演化

到目前为止,学者们对扁形动物的起源问题意见不一,主要有两种学说。

一是朗格学说,认为扁形动物起源于爬行栉水母,依据是其形态特征与现在的涡虫纲多肠目极其相似。二是格拉夫学说,认为扁形动物是由浮浪幼虫状祖先适应爬行生活后,演化为现在的涡虫纲无肠目,由于无肠目结构最简单最原始,故此学说被广大学者所接受。此外,有假说认为由多核纤毛虫祖先发育为涡虫纲无肠目。近年来又有假说认为扁形动物的祖先是大口目涡虫。

扁形动物的三纲中,自由生活的涡虫纲是最原始的类群。吸虫纲由涡虫纲适应于寄生生活演化而来。绦虫纲则有两种起源观点,第一是认为吸虫纲进一步适应于寄生生活而演化为绦虫纲;第二是认为绦虫纲由涡虫纲单肠目发展而成,第二种观点更易被接受。

11.2.6 原腔动物的起源与系统演化

原腔动物各门的起源与系统演化一直是模糊复杂、争议不休、说法不一的问题。但大多数学者都支持多系起源的假说,即原腔动物的各主要门类并非起源于单一的祖先,而是由多个祖先演化而来。

有学者认为线虫、腹毛和轮虫动物门三者有原始涡虫类的共同祖先,其亲缘关系较近。由共同祖先最早演化出来的是线虫动物门,而后演化出腹毛和轮虫动物门,棘头动物门是高度特化的一个独立门类。

也有学者认为原腔动物有两大进化分支。一支是有神经环的动物类群,包括线形、线虫、腹毛和动吻动物门等;另一支是有颚动物类群,包括轮虫和棘头动物门等。

还有学者将原腔动物 7 个门分为 3 个演化分支。其中轮虫动物门、棘头动物门与扁形动物门等成为一支;线形动物门、线虫动物门、动吻动物门与节肢动物门、棘皮动物门等成为一支;腹毛动物门、内肛动物门与环节动物门、软体动物门等成为一支。

11.2.7　环节动物的起源与系统演化

关于环节动物的起源，目前主要有两种学说。一是认为环节动物起源于无体腔的扁形动物涡虫纲。其依据有：某些涡虫类的内部器官有类似分节现象；环节动物海产类的担轮幼虫和扁形动物的牟勒氏幼虫形态相似；担轮幼虫的有管细胞原肾管与扁形动物的焰细胞原肾管也相似。二是认为环节动物起源于一种假想的担轮幼虫。其依据是环节动物海产类的个体发育都经过担轮幼虫，而且假想的担轮幼虫与现存的球涡虫很相似，甚至认为它们的祖先可能就是球涡虫。

对于环节动物的系统演化，大多数学者认为多毛纲是最早演化出来的最原始的类群。寡毛纲是由多毛纲演化而来的较早分支。蛭纲和寡毛纲有较近的亲缘关系。有人认为蛭纲可能由寡毛纲发展而来，也有人认为二者有共同的祖先。

现在也有学者认为环节动物最原始的类群是寡毛纲，多毛纲和蛭纲是以后演化出来的。还有学者认为环节动物分化为多毛类和环带动物类两大谱系，二者类似于姐妹分类群。其中环带动物类包括由共同的祖先演化成的寡毛纲和蛭纲。

11.2.8　软体动物的起源与系统演化

针对软体动物的起源，主要有以下几种观点：一是认为软体动物起源于身体分节的祖先；二是认为软体动物起源于身体不分节的祖先；三是认为软体动物和环节动物很相似，它们可能是由扁形动物状的祖先发展而来；四是认为软体动物的祖先可能是海底蠕虫状动物。

软体动物的系统演化也有以下几种主要说法：一是认为原始的软体动物沿着3条演化路径分别演化为无板类、多板类和单板类(三类统称双神经纲)，其中无板类是较早分出的原始类群，单板类是由多板类发展而来，由单板类继续演化形成带壳的软体动物。二是认为无板类是软体动物中最早分出的原始类群，此说法与上述有相似之处，多板类和单板类是继无板类之后各自独立演化出来的两个原始类群，其中多板类的某些特征与无板类相似，故认为多板类的演化早于单板类，并认为腹足纲和头足纲是分化出的关系较近的姐妹群，掘足纲和瓣鳃纲都是适应于底埋生活的演化类群，但掘足纲与其他纲关系较远。三是认为带壳软体动物的进化分为背部具壳和全身具壳两大类，前者包括单板类、腹足纲和头足纲；后者包括瓣鳃纲和掘足纲等。还有的学者根据分子生物学证据，认为带壳软体动物的演化虽然分为两支，但一支演化为单板类，另一支先演化出瓣鳃纲，然后再分化出腹足纲，最后演化出来的是掘足纲和头足纲。

11.2.9　节肢动物的起源与系统演化

对节肢动物的起源问题，一元论的学者认为其起源于一个共同的节肢动物型祖先，然后分别向着水生和陆生两个不同的方向发展；多元论的学者认为其起源于多个不同的祖先。目前被大多数学者所接受的主流观点是节肢动物和环节动物有着共同的蠕虫状分节型祖先。

对于节肢动物各纲之间的亲缘关系，有的学者认为先由环节动物型祖先进化为原始节肢动物，然后再分化为两个演化支。一支包括原气管(有爪)纲、多足纲和昆虫纲；另一支包括三叶虫纲、甲壳纲、肢口纲和蛛形纲。还有学者认为由不同的环节动物型祖先进化为最早的节肢动物后，再由其沿着不同的路线演化发展为3支。第一支是保持水生生活的甲壳纲；第二支是由原始水生的三叶虫纲逐渐演化出肢口纲和蛛形纲；最后一支是适应于陆生的原气管纲、多足纲和昆虫纲。也有学者认为演化路线虽然为3支，但与上述观点稍有不同。三叶虫纲和甲壳纲均为有鳃类，属于同一个演化分支；肢口纲和蛛形纲为有螯肢类，属于同一演化分支上适应于水陆生活环境的结果；原气管纲、多足纲和昆虫纲为有气管类，是适应于陆生生活的演化分支。近年来，一些学者根据分子生物学的证据，认为甲壳纲与昆虫纲的亲缘关系更近，并认为最早演化出来的是甲壳纲，三叶虫纲是由甲壳纲发展而来的一个主支，昆虫纲是最后演化出来的节肢动物。

11.2.10 棘皮动物的起源与系统演化

关于棘皮动物的起源，主要有3种观点。一是认为棘皮动物的祖先是两侧对称型的对称幼虫；二是认为棘皮动物起源于固着生活的五触手幼虫；三是认为棘皮动物的祖先可能是古囊动物。

对于棘皮动物的系统演化，传统形态演化法认为棘皮动物是由原始祖先向着不同的生活方式发展，分别演化出了两类。一类是适应于固着生活的海百合纲；另一类是适应于自由移动生活的海星纲、蛇尾纲、海胆纲和海参纲。现代费尔演化法认为棘皮动物由原始祖先向着不同的水管系统生长发育方向发展而分化出了两类。一类是水管系统呈纵向的海胆纲和海参纲；另一类是水管系统呈辐射状的海百合纲、海星纲和蛇尾纲。

11.2.11 各门纲的亲缘关系

根据一般看法，将各门纲的亲缘关系用图11-1表示。

本章小结

本章分别从动物的体制、体壁演化、胚层分化、分节出现、体腔形成、肌肉、骨骼与运动协调、消化、呼吸、排泄、循环系统以及神经和感官、生殖和发育等方面，按照动物演化的先后顺序比较了无脊椎动物各类群的特点。并对无脊椎动物各门类的起源与系统演化进行了综述。

复习思考题

1. 简述无脊椎动物神经系统的演化历程，并比较各种神经系统的结构与功能特点。
2. 简述无脊椎动物排泄系统的起源和演化历程，并比较各种排泄系统的结构与功能特点。
3. 举例说明无脊椎动物呼吸器官的几种类型。
4. 归纳无脊椎动物循环系统的结构与机能特点。
5. 比较多孔动物、腔肠动物、原腔动物、环节动物和节肢动物的体壁构造，并分析各类动物体壁所围成的腔在起源和结构方面有何区别。
6. 概括无脊椎动物各主要门类的起源与演化关系。

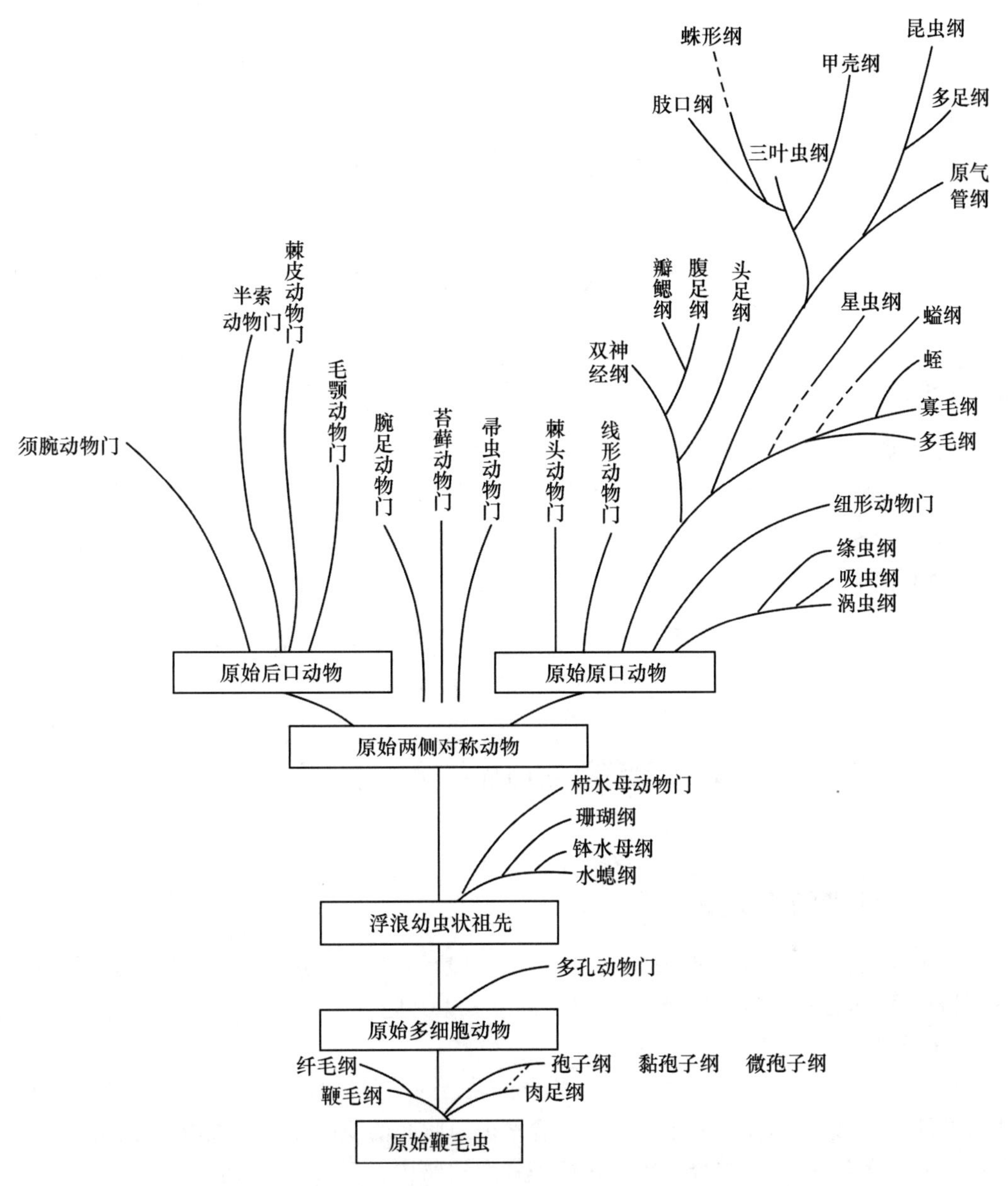

图 11-1　无脊椎动物的起源和演化（方框内为设想的原始种类）

第12章　脊索动物门

(Chordata)

内容提要

脊索动物包括常见的圆口类、鱼类、两栖类、爬行类、鸟类、兽类和不常见的尾索动物、头索动物等。本章主要介绍脊索动物与无脊椎动物的典型区别，尾索动物、头索动物的形态结构以及脊椎动物的进步性特征。

教学目的

掌握脊索动物的基本特征及脊椎动物的进步性；了解文昌鱼的结构及其在教学科研上的重要价值。

12.1　脊索动物门的主要特征

12.1.1　脊索动物的主要特征

脊索动物是动物界最高等、适应性最强的后口动物，其外部形态多样，内部结构复杂，生活方式迥异。但作为同一门的动物，它们具有如下三大共同特征。

1. 脊索

脊索(notochord)是脊索动物背部支持身体纵轴的一条棒状结构，位于背神经管与消化道之间，纵贯全身，具有弹性和一定的硬度。脊索由原肠胚的原肠背壁中央向背方的纵行隆起形成，其细胞内富含液泡，外被脊索鞘。在低等脊索动物中，脊索终生存在(如头索动物)或只见于幼体期尾部(如尾索动物)。高等脊索动物(除圆口类)只在胚胎期出现脊索，成体被脊椎骨串联成的脊柱取代，以支持较大的躯体和身体各部分相对独立的活动，故称脊椎动物。有些脊椎动物的脊索在脊椎间有残留，如鱼类脊索呈珠状残留在双凹型脊椎间，哺乳类脊索作为髓核残留在椎间盘中。

2. 背神经管

脊索动物的中枢神经是一条位于脊索背方的管状神经，故称背神经管(dorsal tubular nerve cord)。背神经管由胚胎背中部的外胚层下陷卷褶形成，在脊椎动物中分化为脑和脊髓，神经管腔分别形成脑室和脊髓的中央管。

3. 咽鳃裂

咽鳃裂(pharyngeal gill slits)是咽部左右两侧成对排列的裂缝，使咽成为脊索动物消化和呼吸的共同通道。脊索动物在胚胎期,由咽部内胚层向外突出,发育为成对的咽囊,对应的外胚层内陷形成鳃沟,咽囊和鳃沟突破中胚层贯通咽部,使咽腔与外界直接或间接相通,形成咽鳃裂。低等水栖脊索动物的鳃裂终生存在,陆栖高等脊索动物仅在胚胎或幼体期有咽鳃裂,成体则完全消失。

脊索动物除了上述主要特征外,与无脊椎动物比较,还有如下次要特征(图 12-1)。

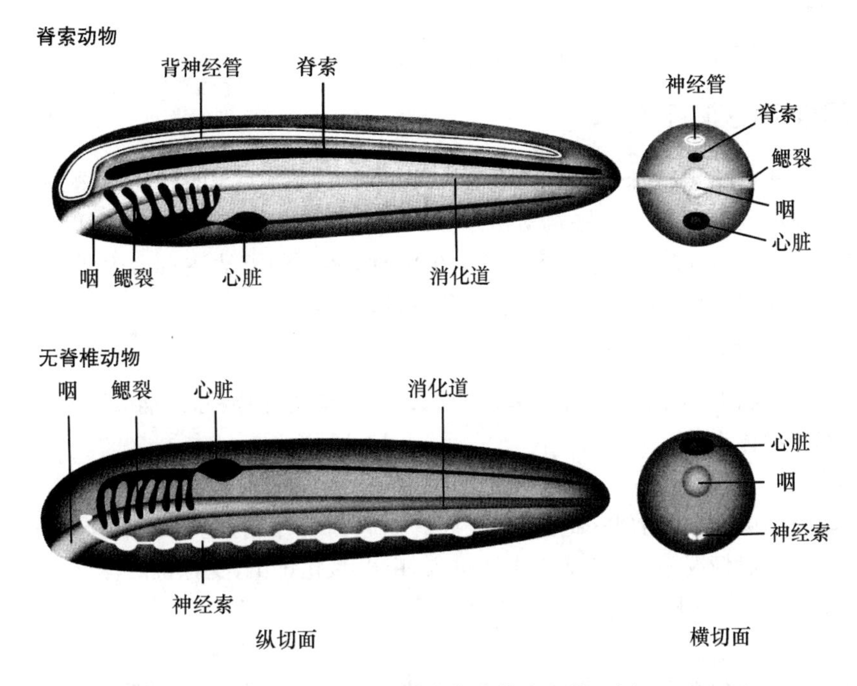

图 12-1 脊索动物与无脊椎动物构造模式比较(引自 Hickman)

(1)腹位心脏 心脏及主动脉总是位于消化道的腹面,且为闭管式循环(不包括尾索动物)。无脊椎动物若有心脏,则位于消化道背面。

(2)肛后尾 大多数脊索动物的尾位于肛门后方,无脊椎动物的肛门常开口于躯干的末端。

(3)内骨骼 骨骼系统属于中胚层形成的内骨骼,由活细胞构成,随身体发育而增长。无脊椎动物缺乏脊索或脊柱等内骨骼,多是身体表面被有几丁质等外骨骼,不能随身体发育而增长。

12.1.2 脊索的出现在动物演化史上的意义

脊索的出现使动物体的支持、保护和运动等功能获得了“质”的飞跃,是动物演化史中的重大事件。这一结构在脊椎动物中逐渐完善,被脊柱替代,从而使脊椎动物成为动物界中占统治地位的类群。

脊索和脊柱是支撑身体的主梁,使动物体有效地完成定向运动,利于准确、快速地主动捕食及逃避敌害,并避免了动物体在运动时因肌肉收缩而使躯体缩短或变形,使动物向“大型化”发展成为可能。脊柱能有效地保护中枢神经和内脏器官,提高了脊索动物的存活率。脊椎动物头骨的形成与颌的出现也是以脊索为结构基础进一步发展的结果。

12.2 脊索动物门的分类概述

已知的脊索动物有70 000多种，其中现存有41 000多种，可分为尾索动物亚门(Urochordata)、头索动物亚门(Cephalochordata)和脊椎动物亚门(Vertebrata)。尾索动物和头索动物因仅具脊索不具脊椎而统称原索动物(Protochordate)。

12.2.1 尾索动物亚门

尾索动物是一群构造特殊，分布广泛，营固着生活或自由生活的海栖动物，因脊索位于尾部或仅见于幼体的尾部而得名。尾索动物体外被有一层由体壁分泌的近似纤维质的被囊，故称被囊动物(tunicata)。除少数种类终身自由生活外，多数种类幼体自由生活，成体营固着生活。多数雌雄同体，异体受精或出芽生殖，有些有世代交替现象。

12.2.1.1 代表动物——柄海鞘(*Styela clava*)

海鞘是尾索动物亚门中最主要的类群，柄海鞘是海鞘的优势种，以柄吸附在码头、船体、海带筏或扇贝笼等物体上。

1. 外形

柄海鞘呈长椭圆形，结构似一把茶壶，壶底有柄起固着作用，壶口和壶嘴分别是其入水管孔和出水管孔。一般情况下，水流从入水孔进入，由出水孔排出，受惊扰时体壁可骤然收缩，使2个孔同时向外喷出乳汁样的液体，故俗称海奶子。

2. 体壁

柄海鞘的体壁是包藏着内部器官的外套膜，由外胚层来源的上皮细胞和中胚层来源的肌肉纤维及结缔组织构成，以支配身体及出、入水孔的伸缩和开关。体壁能分泌一种类似植物纤维素的被囊素，形成包围在体外的被囊。被囊表面通常不易被其他动物附着，但同种个体可以重叠附生。在动物界迄今只发现尾索动物和少数原生动物能分泌被囊素。

3. 消化系统

柄海鞘的消化管包括口、咽、食道、胃、肠和肛门。入水孔下方是口，具筛状缘膜，经其过滤后的水和微小的食物流入宽大的咽腔。咽几乎占据了身体的3/4，其内壁背、腹中央各有一沟状结构称为背板(咽上沟)和内柱。内柱沟内有腺细胞和纤毛细胞，能分泌黏液，将咽部的食物颗粒黏成食物团，在纤毛的摆动下送入围咽沟、背板、食道、胃和肠进行消化。不能消化的残渣由肛门排入围鳃腔，随水流经出水孔排出体外(图12-2)。

4. 呼吸系统

柄海鞘的咽壁被许多细小的鳃裂所贯穿。鳃裂的间隔里分布着丰富的毛细血管，从口入咽的水流经过鳃裂流至围鳃腔时，即可进行气体交换，完成呼吸作用。

5. 循环系统

柄海鞘为开管式循环。心脏是简单的管状肌肉囊，位于身体腹面靠胃部的围心腔内，借围心膜的伸缩而搏动。心脏向前发出一条鳃血管，分支于鳃裂间，向后发出一条肠血管分支至各内脏器官。由于心脏与鳃血管和肠血管之间无瓣膜，因此心搏方向改变时，血流方向会周期性变换，血管也无动静脉之分，这种双向可逆的循环方式在动物界中十分罕见。

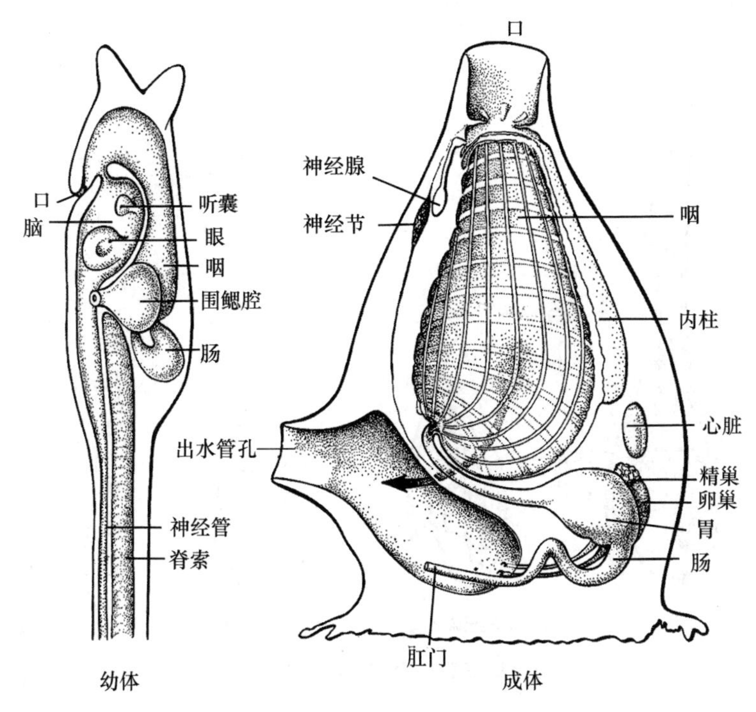

图 12-2 海鞘的内部结构(仿自 Romer)

6. 排泄器官

柄海鞘无集中的排泄器官,仅在肠附近有一堆具排泄机能的细胞,称为小肾囊,其中含有尿酸结晶,可将排泄物释放至围鳃腔。

7. 神经系统

自由生活的柄海鞘幼体具中空的背神经管,前段膨大为脑泡,并具眼点和平衡器官。成体营固着生活,神经系统退化,在出、入水管孔之间有一神经节发出一些神经至各器官,其腹面有一神经腺,相当于高等动物的脑下腺。无集中的感觉器官,仅在出、入水管孔的缘膜和外套膜上有少量分散的感觉细胞。

8. 生殖与发育

柄海鞘雌雄同体。生殖腺环肠分布并附着在外套膜内壁上。精巢乳白色,大且分支,卵巢淡黄色,圆球形。两者紧贴重叠但不同时成熟,分别以生殖导管将成熟的性细胞输入围鳃腔,再经出水管孔排至体外,或在围鳃腔内与其他海鞘的生殖细胞相遇受精,受精卵随水流排至海水中发育。

柄海鞘的幼体外形酷似蝌蚪,长约 0.5 cm,尾内有发达的脊索,脊索背方有中空的背神经管,消化道前段分化成咽并具少量成对的鳃裂,心脏位于身体腹侧。

幼体经数小时的自由生活后沉入水底,用身体前端吸附在其他物体上。尾连同内部的脊索逐渐萎缩消失,神经管及感觉器官也退化而残存为一个神经节。但咽部扩张,鳃裂数急剧增多,形成了围绕咽部的围鳃腔。口孔和排泄孔的位置推移到与吸附端相对的顶部,内部器官的位置也随之发生了变化。最后,体壁分泌的被囊素构成保护身体的被囊,附着突变成了柄而成为营固着生活的成体。柄海鞘经过变态发育,失去了一些重要的构造,形态结构变得更为简单,称逆行变态(Retrogressive metamorphosis)(图 12-3)。

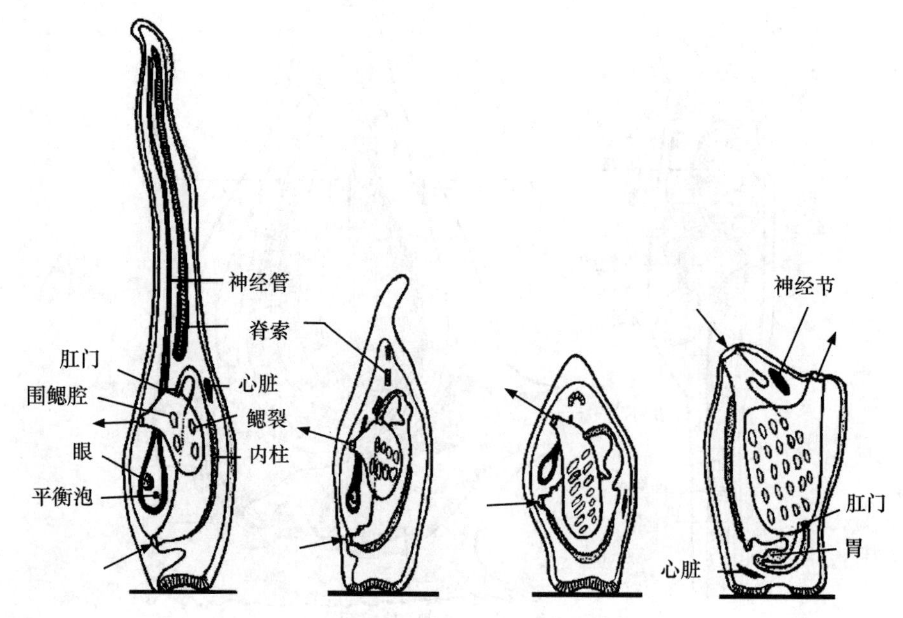

图 12-3 柄海鞘的变态过程(仿自 Parsons)

12.2.1.2 尾索动物亚门分类

本亚门是脊索动物中最低等的类群,遍布全球各海洋,有 1 380 多种(图 12-4)。我国已知有 14 种。

1. 尾海鞘纲(Appendiculariae)

本纲是尾索动物中的原始类型,体外无被囊,缺少围鳃腔而只有两个直接开口体外的鳃裂,终生保留着幼体状态的长尾,大多在沿岸浅海中营自由游泳生活。生长发育中无逆行变态,故称幼形纲,代表动物为住囊虫(*Oikopleura* sp.)。

2. 海鞘纲(Ascidiacea)

本纲种类繁多,包括单体和群体两种类型。幼体自由生活,成体通常固着。被囊厚,鳃裂多。代表种类有广布于中国的菊海鞘(*Pyrosomella verticilliata*)和柄海鞘等。

3. 樽海鞘纲(Thaliacea)

本纲大多营自由漂浮生活。体呈桶形或樽形,成体无尾和脊索,咽壁有 2 个或更多的鳃裂,背囊薄而透明。代表种类有樽海鞘(*Doliolum deuticulatum*)和磷海鞘(*Pyrosoma atlanticum*)等。

12.2.1.3 尾索动物与人类的关系

尾索动物对人类有弊也有益。柄海鞘大量繁殖可对近海养殖业造成巨大损失。柄海鞘经常与盘管虫、藤壶及苔藓虫等混生在一起,附着在船体、海水养殖的海带筏或扇贝笼上,被视为沿海污损生物的重要指标。大量附着于船体时,会增大油耗且影响船体速度。附着于贝类养殖笼外或贝类的附着基及贝壳上时,会严重影响网笼内外的水体交换,造成笼内乏氧缺饵、排泄物积聚,不利于贝类生长。

尾索动物对人类的益处包括食用和药用两方面。海鞘因外被较厚的被囊而难以直接食

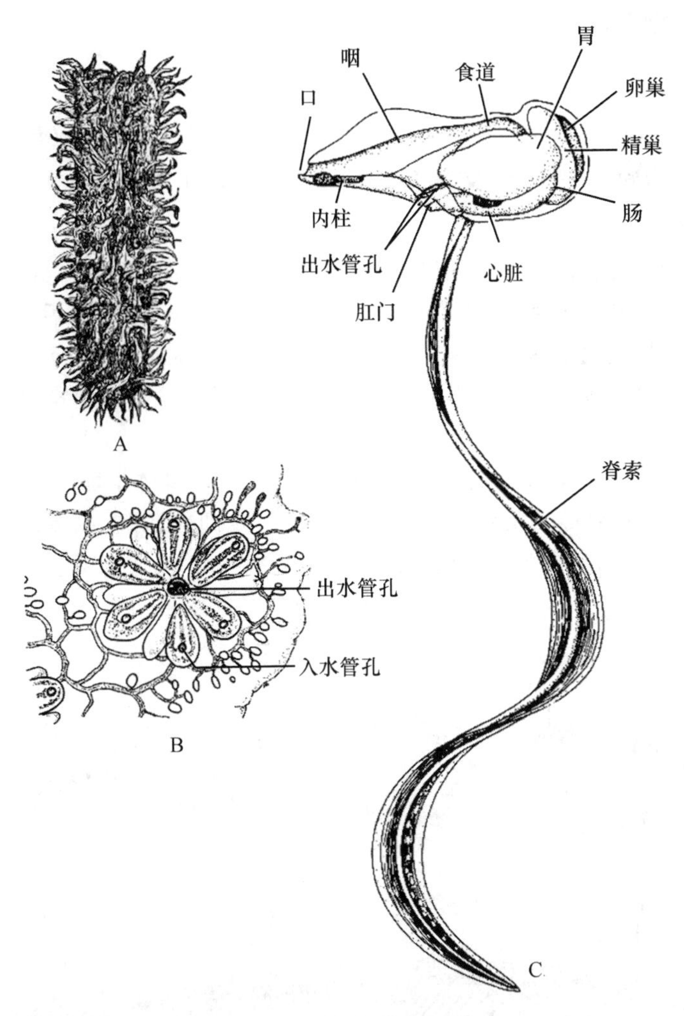

图 12-4 尾索动物亚门的代表动物(仿自 Audredge)

A. 磷海鞘 B. 菊海鞘 C. 住囊虫

用,但一些种类含有呈味物质,煮汤味道鲜美,在韩国和日本等地有悠久的食用历史,已有规模化的养殖。近年来的研究发现,柄海鞘中牛磺酸的含量非常丰富,约为 20.20 mg/100 g。牛磺酸是人类机体的内源性抗损伤物质,但需从食物中获得,柄海鞘可作为牛磺酸的来源。另有研究发现,柄海鞘的多不饱和脂肪酸尤其是 EPA(二十碳五烯酸)和 DHA(二十二碳六烯酸)含量相当丰富,如能代替深海鱼类成为新的 EPA 和 DHA 供给者,则可大大降低生产成本,并有利于保护深海鱼类资源。

海鞘的药用价值有待进一步开发。研究表明,海鞘纲动物中含有许多重要的生理活性物质,是除海绵以外人类获取具显著生理活性物质的重要生物资源。自 20 世纪 80 年代以来,从柄海鞘中发现了许多抗肿瘤、抗病毒、抗微生物以及免疫调节、生物催化等生理活性物质,尤其以抗肿瘤活性物质最为引人瞩目,这些活性独特的化合物可能成为海洋天然药物研究的热点之一。

12.2.2 头索动物亚门

头索动物身体似鱼但无真正的头，又称无头类。脊索动物的三大基本特征以简单的形式在头索动物中终生保留，是研究脊索动物起源的模式生物，在动物学中占有重要地位。

12.2.2.1 代表动物——白氏文昌鱼(*Branchiostoma belcheri*)

1. 形态与习性

文昌鱼体型似鱼，两端较尖，又名双尖鱼。皮肤薄而半透明，无头和躯干之分，左右侧扁，无偶鳍，只有奇鳍。身体背中线全长有一低矮的背鳍(dorsal fin)，向后与高而绕尾的尾鳍(caudal fin)相连，在肛门之前为肛前鳍(Preanal fin)。其身体前部的腹面两侧各有一条由皮肤下垂形成的纵褶，称腹褶。腹褶和臀鳍的交界处有一腹孔，是咽鳃裂排水的总出口，又名围鳃腔孔(图 12-5)。

文昌鱼喜栖水质清澈的浅海沙滩上，白天很少活动，常把身体半埋于沙中，仅露出前端，或左侧贴卧沙面，靠水流携带矽藻等浮游生物进入口内。夜间较活跃，以体侧肌节的交错收缩，作短暂的游泳。由于我国文昌鱼生息繁衍的沿海生境被破坏，致使其种群数量急降，故已被列为国家Ⅱ级保护动物。

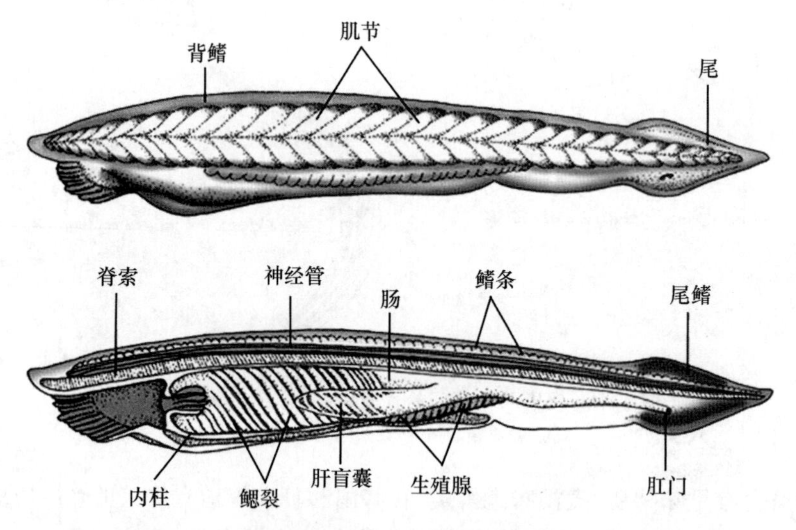

图 12-5 文昌鱼的整体形态与部分内脏(仿自 Levin)

2. 内部构造

(1)皮肤 文昌鱼的皮肤薄而半透明，包括表皮和真皮。表皮由单层柱状上皮细胞构成，真皮是一薄层冻胶状结缔组织。

(2)骨骼 文昌鱼尚未形成骨质的骨骼，主要以纵贯全身的脊索作为中轴支架，向前超过背神经管直达最前端，故称头索动物。脊索外有脊索鞘，并与背神经管的外膜、肌节间的肌隔和皮下结缔组织等连接。在口笠触须、缘膜触手、轮器内部也都有角质物支持，是骨骼的前体。奇鳍的鳍条和鳃裂间的鳃棒均由结缔组织支持。

(3)肌肉 文昌鱼的肌肉大部分集中在背部两侧，腹部较少，与无脊椎动物周身肌肉均匀分布不同。全身肌肉主要是 60 多对“<”形肌节，尖端向前，按体节排列于体侧，肌节间被结缔

组织的肌隔分开。两侧的肌节互不对称，利于左右弯曲。

(4)消化系统　消化系统简单，由前庭、口、咽、肠和肛门组成。前端的腹面为一漏斗状的口笠，口笠内腔为前庭，前庭底部为口。口周围是一环形的缘膜，缘膜边缘向前方伸出指状的轮器。口笠和缘膜的周围分别环生口笠触须(buccal cirri)及缘膜触手，具二次保护和过滤作用。咽部极度扩大，几乎占体全长的1/2，其侧壁被大量的鳃裂所洞穿。咽部有背板、内柱和咽前端连接二者的围咽沟等。内柱能富集碘，与脊椎动物的甲状腺同源。咽内的食物微粒被内柱细胞的分泌物黏结成团后，由纤毛摆动使其从后流向前，经围咽沟入背板，再进入肠内。肠为一直管，在其起始处向前伸出一盲囊，突入咽的右侧，称肝盲囊(hepatic diverticulum)，内有能分泌消化液的大型细胞，与脊椎动物的肝脏同源。食物团中的小微粒主要是被肝盲囊细胞吞噬后营细胞内消化，大微粒等物质则在肠部进行分解消化和吸收，末端以肛门开口于身体左侧。

(5)呼吸系统　文昌鱼以鳃裂和体表进行呼吸。咽壁两侧有60多对鳃裂，其内壁布满纤毛细胞和大量血管。水流入咽后，靠纤毛运动，使水流通过鳃裂时与血管内的血液完成气体交换，围鳃腔内的水由腹孔排出体外。文昌鱼纤薄的皮肤可能也有呼吸能力。

文昌鱼过咽横切面如图12-6所示。

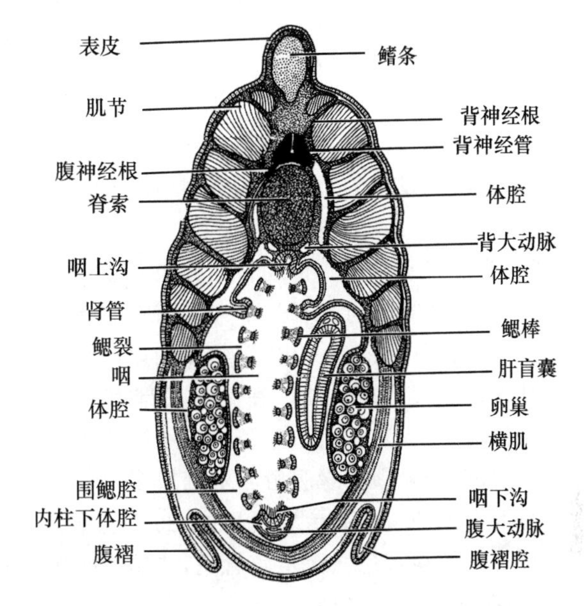

图12-6　文昌鱼过咽横切面(引自Boolootian)

(6)排泄系统　文昌鱼排泄器官由90～100对按体节排列的肾管构成，位于咽壁背方的两侧，其结构和机能与有些无脊椎动物的原肾管类似。每个肾管是一短而弯曲的小管，腹面端有肾孔开口于围鳃腔，背面端连接着5～6束与肾管相通的管细胞。体腔内的代谢废物渗透入管细胞，靠一根长鞭毛的摆动进入肾管，经肾孔排入围鳃腔后随水流排出体外。

(7)循环系统　文昌鱼的循环系统为闭管式，无心脏，具能搏动的腹大动脉和入鳃动脉，故称狭心或鳃心。血液无色，也无血细胞和呼吸色素，氧气靠渗透进入血液。

动脉系包括腹大动脉、入鳃动脉和背大动脉。腹大动脉向两侧分出数对入鳃动脉入鳃，交换气体后，于鳃背部汇入左、右两条背大动脉根。背大动脉根向体前各器官输送多氧血，向后合并成背大动脉，再由此分出血管至体后各部。

静脉系由体壁静脉、前主静脉、尾静脉、肠下静脉、肝门静脉、肝静脉、后主静脉以及总主静脉构成。体前各器官返回的缺氧血通过体壁静脉注入左、右前主静脉；体后各器官返回的缺氧血一部分由尾静脉收集后流入肠下静脉，大部分通过2条后主静脉后与2条前主静脉汇流至一对总主静脉，左、右总主静脉会合成静脉窦后，通入腹大动脉。从肠壁返回的血液由毛细血管网也汇入肠下静脉，向前行至肝盲囊处又散成毛细管网，故称肝门静脉，然后汇成肝静脉入静脉窦(图12-7)。

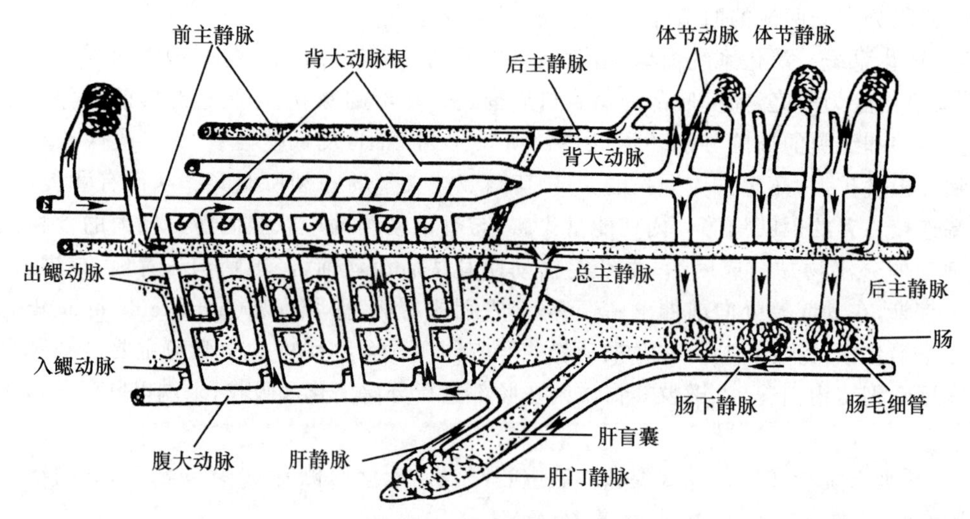

图 12-7 文昌鱼循环系统模式图(引自丁汉波)

(8)神经系统 文昌鱼的中枢神经是一条位于脊索背部的背神经管,前端内腔略膨大为脑泡。幼体的脑泡顶部有神经孔与外界相通,成体封闭。周围神经由脑泡发出的2对"脑"神经和背神经管两侧发出的脊神经构成,脊神经包括每个肌节处都发出的一对背神经根和几条腹神经根。

感觉器官很不发达。神经管两侧的许多黑色小点是文昌鱼的光线感受器,称脑眼(cerebral eye)。神经管的前端有一个大于脑眼的眼点,被认为是退化的平衡器官或有遮挡阳光的作用。口笠内背中央有一纵行沟状结构,称哈氏窝(Hatschek's pit),与脊椎动物的脑下垂体同源,具原始激素调控功能。在脑泡底部有一个柱状细胞组成的凹窝,称漏斗器(infundibular organ),有人认为有感知神经管内液体压力的功能。此外,全身皮肤中散布有零星的感觉细胞,尤以口笠、触须和缘膜触手等处较多。

(9)生殖系统 文昌鱼雌雄异体,26对方形生殖腺按体节排列于围鳃腔壁两侧的体腔内。精巢白色,卵巢淡黄色。无生殖管道,成熟生殖细胞穿过生殖腺壁和围鳃腔壁进入围鳃腔,随水流从腹孔排至水中受精。

3. 胚胎发育和变态

文昌鱼卵为均黄卵,其发育需经历受精卵—桑葚胚—囊胚—原肠胚—神经胚—胚层分化等各个时期,然后才孵化为幼体(图 12-8)。

受精卵经过多次均等的全分裂后形成实心圆球状桑葚胚。桑葚胚继续细胞分裂使中心的细胞逐渐移向胚表,形成了内部充满胶状液的空心囊胚。囊胚上端的细胞小,为动物极,下端的细胞大,为植物极。植物极内陷形成原肠腔,其内陷处的开口即为胚孔,相当于胚体的后端。此时的胚胎称为原肠胚,其内外两层细胞分别为内胚层和外胚层。

原肠胚背面沿中线的外胚层下陷成神经板,其两侧的外胚层与神经板脱离,向中线愈合为表皮部。神经板两侧向上隆起,在背中线围合成留有一条纵裂的神经管。背神经管前端以神经孔和外界相通,后端与原肠相通称为神经肠管。后来神经肠管闭塞,神经管和原肠互不相通,并在胚孔部形成肛门。此时的胚胎为神经胚。

在背神经管形成的同时,脊索和中胚层也在形成。原肠背面正中出现一条纵行隆起的脊

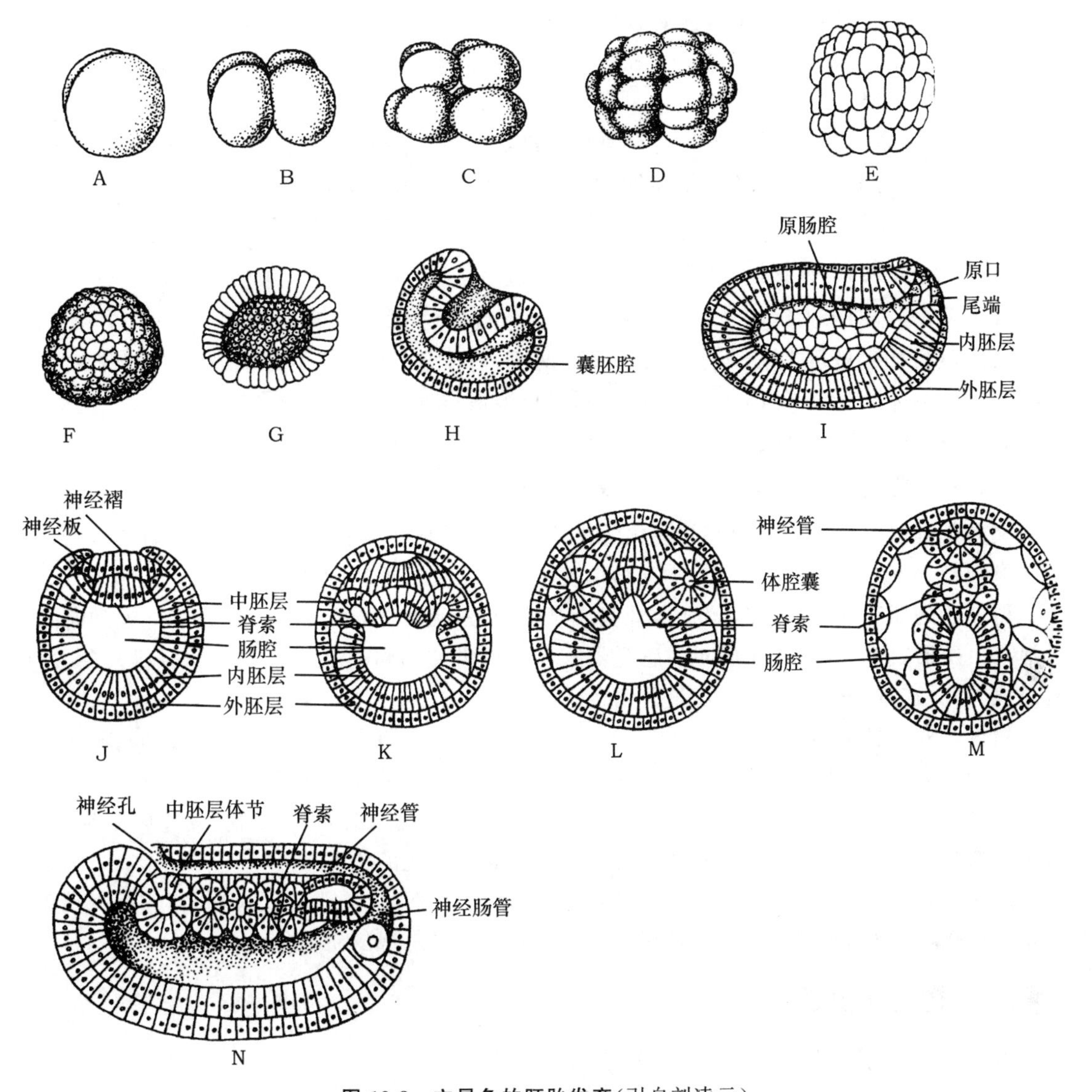

图 12-8 文昌鱼的胚胎发育(引自刘凌云)

A～D. 卵裂期 E. 桑葚期 F～G. 囊胚及剖视 H～I. 原肠期剖视 J～M. 神经胚各阶段横切面 N. 神经管、脊索、中胚层体节的形成(纵切面)

索中胚层,它与原肠分离后发育成脊索。脊索两侧的原肠出现一系列彼此连接、按节分布的肠体腔囊,是新发生的中胚层。文昌鱼身体前部的中胚层以体腔囊法形成,与棘皮动物和半索动物相同,而14体节后的中胚层脱离了原肠,从一条独立的细胞带发生,体腔由其裂开而形成,与脊椎动物一致。由此可见,文昌鱼处于两大类动物的中间过渡阶段。

体腔囊分化成背、腹两部分。背部称体节,腹部称侧板。体节内的空腔逐渐消失。侧板内的空腔最初因体腔囊分节彼此独立存在,以后体腔囊壁和腹肠系膜均打通,在体内形成一个完整的体腔,称次级体腔,是真正由中胚层所构成的体腔。体节分化为3部分:内侧为生骨节,将来形成脊索鞘、神经管外面的结缔组织和肌隔等;中间为生肌节,将来形成肌节;外侧为生皮节,将来形成皮肤的真皮。侧板的外层为体壁中胚层,以后发育成紧贴体腔壁的腹膜或体腔膜;内层称脏壁中胚层,将来形成肠管外围的组织。脏壁中胚层在肠管前段的背侧发生出分节排列的指状突起,是未来的肾管。体节与侧板交界处的体腔壁上发生突起,由此发育为生殖腺。胚体的内胚层形成原肠及衍生物。

经过20多个小时,受精卵发育为全身披有纤毛的幼体,破膜后到海水中活动。白天游至海底,夜间升上海面,垂直洄游。幼体期约3个月,后沉落海底进行变态。1龄文昌鱼的性腺可发育成熟,当年繁殖。

12.2.2.2 头索动物亚门分类

仅1纲1目,即头索纲(Cephalochorda)文昌鱼目,包括文昌鱼科和偏文昌鱼科,统称文昌鱼。文昌鱼科的生殖腺左右对称排列于腹部两侧,有1属9种,其中体型最大的加州文昌鱼(*Branchiostoma californiense*)长达100 mm。我国最早发现的是厦门白氏文昌鱼,广泛分布于渤、黄、东、南海的浅水区。偏文昌鱼科仅右侧有一行生殖腺,有2属5种。

12.2.2.3 文昌鱼在科学研究中的重要价值

文昌鱼是研究脊椎动物起源与演化的模式动物。其成体结构具有脊索动物的基本特征,但与脊椎动物又存在着许多不同,体制结构表现出一系列的原始性特征。如单层细胞表皮,终生保留原始的肌节,有围鳃腔,无脊椎骨和成对的附肢,无集中的肾脏,仅有分节排列的肾管,排泄与生殖器官互无联系,无成对的感觉器官等。可见文昌鱼是无脊椎动物与脊椎动物之间的过渡类型,在进化研究中扮演着重要角色。

通过研究比较文昌鱼和其他动物的发育基因,发现文昌鱼有许多器官与脊椎动物同源,如能搏动的腹大动脉、动脉弓、肝盲囊和内柱等,呈现为脊椎动物器官发育的早期状态。但文昌鱼的基因组没有经历大规模的复制,结构简单,长度只有人基因组的17%。其基因组反映了脊椎动物祖先的结构特征,是研究脊椎动物类群起源与演化的关键。

近年来,随着全基因组测序技术的发展,越来越多的分子生物学证据表明,相较于文昌鱼,海鞘是更接近脊椎动物的类群,两者在进化中都有着不可忽视的研究价值。

12.2.3 脊椎动物亚门

脊椎动物是脊索动物门中数量最多、结构最复杂、进化地位最高的类群。

12.2.3.1 脊椎动物的进步性

脊椎动物亚门与其他两个亚门动物虽有共性,即在胚胎发育早期出现脊索、背神经管和鳃裂(图12-9),但该亚门动物因各自的生活环境和生活方式不同,形态结构也彼此迥异。

1. 神经系统发达

背神经管的前端分化出结构复杂的脑和集中的鼻、眼、耳等嗅、视、听的感觉器官,其后端分化为脊髓。出现了外有头骨保护的明显头部,故称“有头类”。神经系统发达,大大加强了脊椎动物个体对外界刺激的感知能力。

2. 骨质的脊柱代替脊索

脊索在低等脊椎动物中仍是主要支持结构,但在较高等脊椎动物中,脊索仅见于胚胎期,成体留有残余或完全退化,被脊柱替代。脊柱(vertebral column)由单个的脊椎(vertebra)连接而成,故名脊椎动物。脊柱保护着脊髓,其前端发展成头骨保护着脑。脊柱和头骨是脊椎动物特有的中轴骨骼,并和其他的骨骼共同构成骨骼系统,提高了支持、保护的强度和身体运动

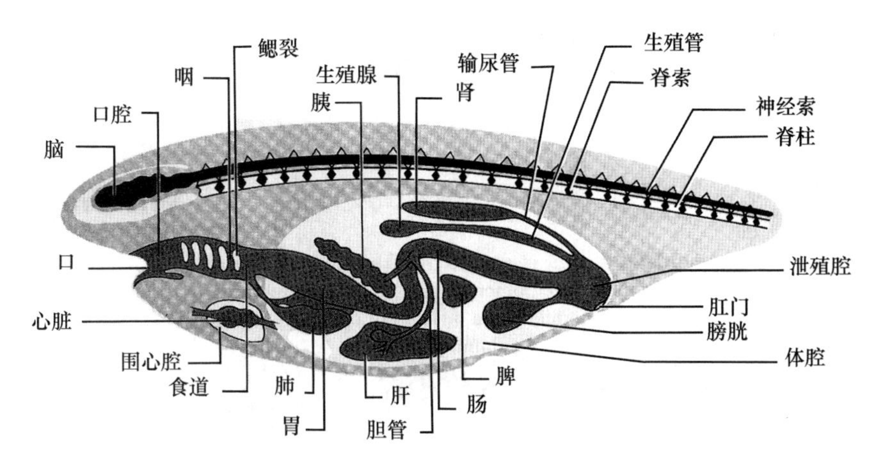

图 12-9　脊椎动物的结构模式图(引自 Boolootian)

的灵活性。

3. 出现成对的附肢作为运动器官

除圆口纲外，水生脊椎动物有成对的胸鳍和腹鳍，陆生种类有成对的前肢、后肢，增强了脊椎动物运动、摄食、避敌和求偶等能力。

4. 出现了上、下颌

除圆口纲外，脊椎动物都有能动的上、下颌，用以支持口部，使动物的捕食由被动变为主动，加强了动物的消化吸收和营养代谢的能力，是动物进化史上的一次重大飞跃。

5. 呼吸系统进一步完善

原生的水生种类用鳃呼吸，次生的水生种类和陆生种类只在胚胎或幼体阶段出现鳃裂，成体则用肺呼吸。

6. 循环系统逐步完善

出现了肌肉质、能收缩的心脏，促进了血液循环。血液中有含血红蛋白的红细胞，能高效运载氧气。

7. 出现了集中的肾脏

结构复杂的肾脏代替了肾管，提高了排泄系统的机能，能更高效地排出新陈代谢产生的废物。

12.2.3.2　脊椎动物亚门分类

脊椎动物亚门现存的种类有 39 000 多种，可分为 6 个纲。

1. 圆口纲

圆口纲动物无上、下颌，故称无颌类。身体裸露无鳞，无偶鳍，脊索终生存在，全为软骨。

2. 鱼纲

鱼纲动物出现了上、下颌，与以后各纲动物统称有颌类。体表大多被鳞，用鳃呼吸，脊柱代替了脊索，具适于水生的偶鳍。

3. 两栖纲

两栖纲为原始四足变温动物，具五趾型附肢。皮肤裸露，湿润无鳞，幼体鳃呼吸，成体肺呼吸，变态发育。

4. 爬行纲

爬行纲动物皮肤干燥,体表被角质鳞片或骨板,趾端具爪,产羊膜卵,与鸟纲和哺乳纲统称为羊膜动物。

5. 鸟纲

鸟纲动物体表被羽毛,前肢特化成翼,恒温,卵生。

6. 哺乳纲

哺乳纲动物全身披毛,神经系统和感觉器官发达,恒温,胎生,哺乳。

本章小结

脊索动物门的主要特征是具有脊索、背神经管和咽鳃裂,次要特征是具腹位、心脏,肛后尾和内骨骼。脊索动物分为3个亚门。尾索动物亚门的脊索和神经管只存在于幼体,成体包围在被囊中,代表动物海鞘的药用价值和食用价值已引起科研人员的关注。头索动物亚门的脊索和神经管纵贯身体全长并终生保留,咽鳃裂明显,是研究脊椎动物进化的模式动物,具有极高的科研价值。脊椎动物亚门的脊索只在胚胎发育中出现,随即为脊柱所代替。

复习思考题

1. 名词术语:

脊索　神经管　鳃裂　肝盲囊　脊索动物　头索动物　尾索动物　内柱　逆行变态

2. 概述脊索动物有哪些共同特征。

3. 概述文昌鱼在研究脊索动物演化上有何意义?

4. 概述脊索动物各亚门的主要特征。

第 13 章　圆口纲

(Cyclostomata)

◆ 内容提要

圆口纲是脊椎动物中最原始、最独特的类群。无上下颌，具特化的口吸盘，无成对的附肢，营寄生或半寄生生活。本章主要介绍圆口纲的主要特征、代表动物的基本结构，简介其分类及与人类的关系。

◆ 教学目的

掌握圆口纲的主要特征，了解其分类及与人类的关系。

13.1　圆口纲的主要特征

13.1.1　圆口纲的原始特征

圆口动物是脊椎动物中最原始的类群。无真正的齿和能动的上、下颌，只有由表皮衍生而来的角质齿，不能主动捕食；无成对的附肢，只有奇鳍而无偶鳍；终生保留脊索，但已出现脊椎骨的雏形(脊索鞘背面的软骨弧片)；脑颅发育不完整，无顶部；肌肉分化少，仍保留原始的肌节排列；脑发育程度低，无脑弯曲，仅 10 对脑神经，内耳仅有 1 或 2 个半规管；生殖腺单一，无生殖导管。

13.1.2　圆口纲的特化特征

圆口动物常以鱼类和龟类为寄主，因长期营寄生或半寄生生活而形成了显著的特化特征(图 13-1)。皮肤无鳞，富有黏液腺；具有能吸附、不能开闭的口漏斗，并有由角质齿和锉舌构成的锉刀式摄食器；鳃位于特殊的鳃囊(gill pouch)中，鳃囊内长有来源于内胚层的鳃丝；嗅囊单个，单一的鼻孔开口于头顶中线。

13.2　七鳃鳗的基本结构

13.2.1　外部形态

本纲代表动物为七鳃鳗(*Lampetra* sp.)。身体细长呈鳗形，长约 30 cm，分为头、躯干和

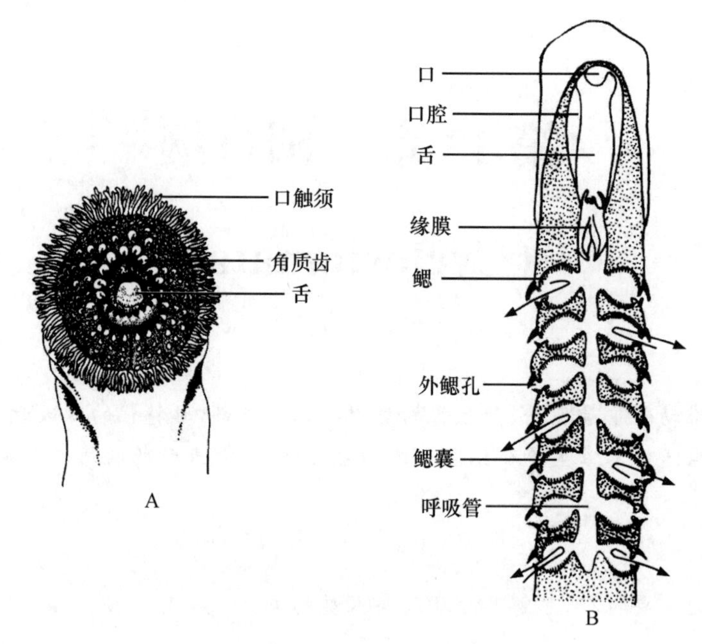

图 13-1 七鳃鳗的口漏斗和鳃囊(引自 Moyle)

A. 口漏斗 B. 鳃囊

尾 3 部分。头部前端腹面有一个漏斗状的口吸盘,吸盘四周边缘有乳头突起,能吸附在鱼类等寄主体外。口漏斗的内面和舌上都有角质齿,故称其舌为锉舌。头部中央有一个鼻孔,其后方的皮下有一个松果眼。头两侧有 1 对无眼睑的眼,覆盖一层透明膜。眼后方各有 7 个圆形的鳃裂孔,故名七鳃鳗。鳃裂孔看起来像眼,故有"八目鱼"之称。无偶鳍,只有奇鳍,1～2 个背鳍,1 个尾鳍,雌体另有一个臀鳍。躯干部和尾部交界处的腹面有一肛门,后方有一乳头状突起为泄殖突,突起末端为泄殖孔(图 13-2)。

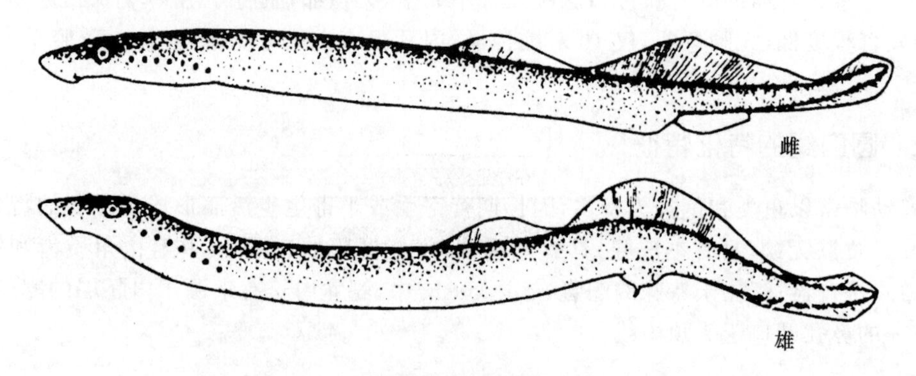

图 13-2 七鳃鳗的外部形态(仿自 Storer)

13.2.2 皮肤及其衍生物

皮肤裸露无鳞,包括表皮和真皮。表皮由多层上皮细胞组成,内有发达的单细胞黏液腺,分泌黏液润滑体表。真皮为排列规则的结缔组织,包括胶原纤维和弹性纤维,多沿身体纵轴走向,少量纤维则与身体长轴垂直。真皮内有星芒状的色素细胞,能使体色变深或变浅,幼体更明显。皮肤衍生物有角质齿、黏液腺和色素细胞。

13.2.3　骨骼系统

骨骼原始,均为软骨和结缔组织。身体的主要支持结构仍是终生保留的脊索。脊索背方每一体节内都有2对小软骨弧片,是脊椎骨的雏形。

头骨包括脑颅、咽颅和口吸盘骨。脑颅保护脑和感觉器官,结构较原始,只有脑下方的基板和两侧向上延伸的头骨侧壁以及一些枕部横行软骨,无顶部,脑顶仅覆盖着纤维膜。单一的嗅软骨囊和成对的听软骨囊并未与颅骨完全愈合,仅有结缔组织与脑颅相连,此结构相当于高等脊椎动物胚胎发育早期阶段的颅骨。咽颅也称鳃笼(branchial basket),由9对横行弯曲的弧形软骨和4对纵行的软骨条相互连接形成的支持鳃囊的软骨篮结构(图13-3),其末端形成的杯形软骨包围了心脏。整个鳃笼不分节,紧贴皮下包在鳃囊外面。口吸盘骨包括支持口漏斗与舌的特殊软骨。

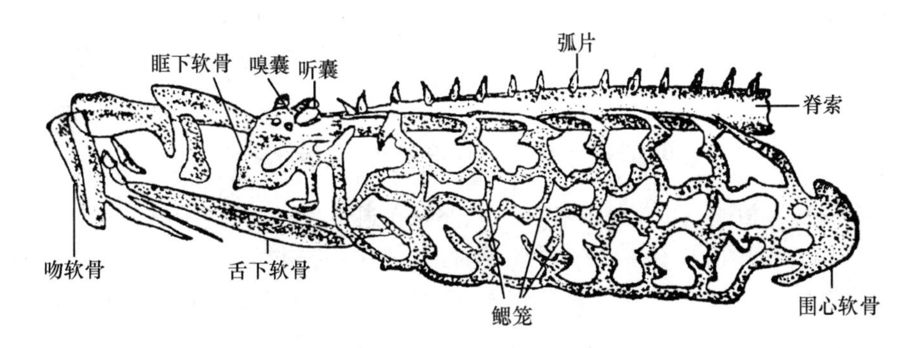

图13-3　七鳃鳗的骨骼(仿自Parker和Haswell)

13.2.4　肌肉系统

七鳃鳗肌肉与文昌鱼相似,相当原始。体壁肌肉分化少,由一系列原始的肌节组成,呈"∑"形分布,无水平隔。仅分化出鳃笼、口吸盘和舌等部位的复杂肌肉。

13.2.5　消化系统

七鳃鳗的消化系统因适应半寄生生活而表现出原始性和独特性。无颌,口位于口漏斗底部,通入口腔,锉舌的伸缩可令口开闭,内有分泌抗凝血的特殊口腺。七鳃鳗靠口漏斗吸附于鱼体,用锉舌刺破寄主的皮肤且不断地吸食血肉。口腔后为咽,分化出背腹两条管,背面为狭窄的食管,腹面为呼吸管,呼吸管前端有缘膜可阻挡食物进入。食管直接与肠相连,无胃。肠内有纵行的螺旋状的黏膜褶,称盲沟或螺旋瓣,以增加吸收的面积和延缓食物通过肠管的时间,使食物能被充分地消化和吸收。肠末端为肛门(图13-4)。

七鳃鳗有独立的肝脏,分左右两叶,位于围心囊后方。幼体有胆囊、胆管,成体则无。无独立的胰脏,胰细胞聚集成群分布于肝和肠壁上,能分泌蛋白质分解酶及与糖代谢相关的物质。

13.2.6　呼吸系统

七鳃鳗成体的呼吸管是咽后向腹面分出的1支盲管,其两侧各有7个内鳃孔,每个内鳃孔

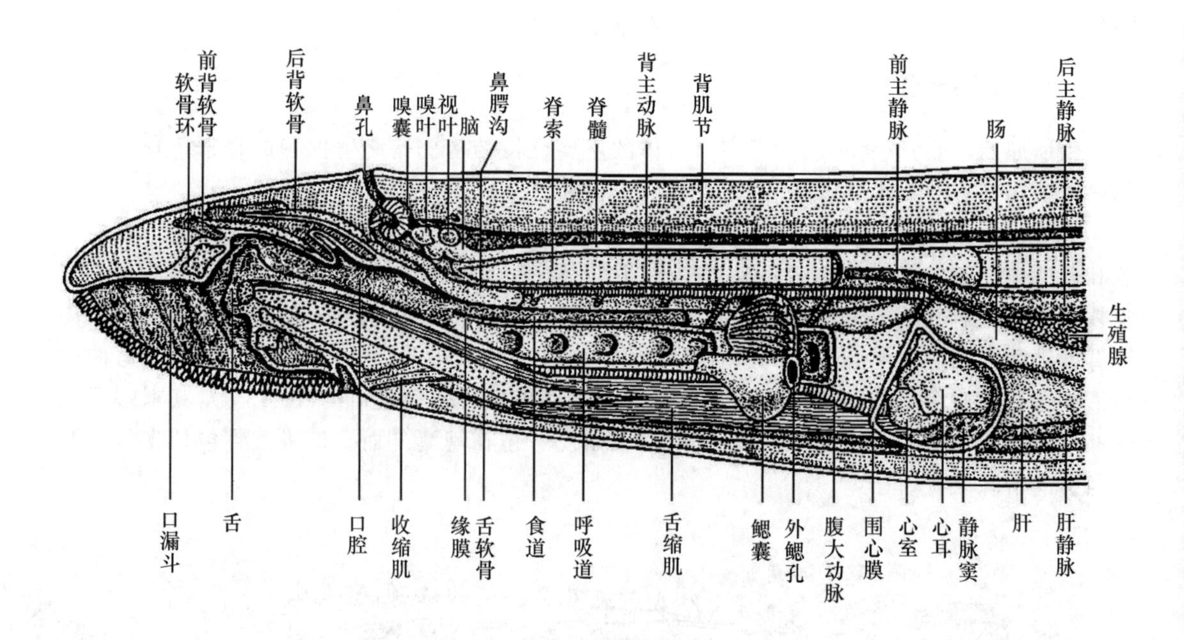

图 13-4　七鳃鳗体前部纵剖(仿自 Parker)

各与 1 个球形的鳃囊相通。每个鳃囊各有 1 个外鳃孔通体外,鳃孔周围有控制鳃孔启闭的强大括约肌和缩肌。鳃囊内长有来源于内胚层的鳃丝,其上有丰富的毛细血管,能进行气体交换。七鳃鳗营寄生生活时,水流由外鳃孔流入,经鳃囊交换气体后,仍由外鳃孔流出,这是七鳃鳗适应寄生生活的一种呼吸方式。七鳃鳗营自由生活时,呼吸方式和鱼相似,由口腔进水,经内鳃孔入鳃囊完成气体交换后,由外鳃孔排出体外(见图 13-1)。

盲鳗无呼吸管。内鳃孔直接开口于咽部,各鳃囊的外鳃孔不直接通体外,而是汇总到 1 条总鳃管内,在远离头部的后方开口于体外,故体外只能见到 1 对鳃孔。

13.2.7　循环系统

七鳃鳗的血液循环方式与文昌鱼相似。但出现了心脏,心脏位于鳃囊后的围心囊内,包括一心房、一心室和一静脉窦。由心室发出 1 条腹大动脉,再分出 8 对入鳃动脉,分布于鳃囊壁上形成毛细血管,进行气体交换后,由 8 对出鳃动脉集中到 1 对背动脉根内,由此向前各发出 1 条颈动脉至头部,向后会合成背大动脉,再分支至体壁和内脏器官中。经过组织交换后,身体前、后部的血液分别汇入 1 对前主静脉和 1 对后主静脉,二者共同汇入总主静脉,再入静脉窦(图 13-5)。七鳃鳗有肝门静脉,无肾门静脉。

13.2.8　排泄系统

七鳃鳗的排泄系统由 1 对狭长的肾脏,2 条沿肾脏腹侧后行的输尿管,与输尿管相连的泄殖窦以及通向体外的泄殖孔组成。肛门开口于泄殖孔的前方。七鳃鳗的肾脏属中肾(mesonephros),但与生殖系统无关联。幼体时前肾和中肾同时存在,盲鳗的前肾终生保留。

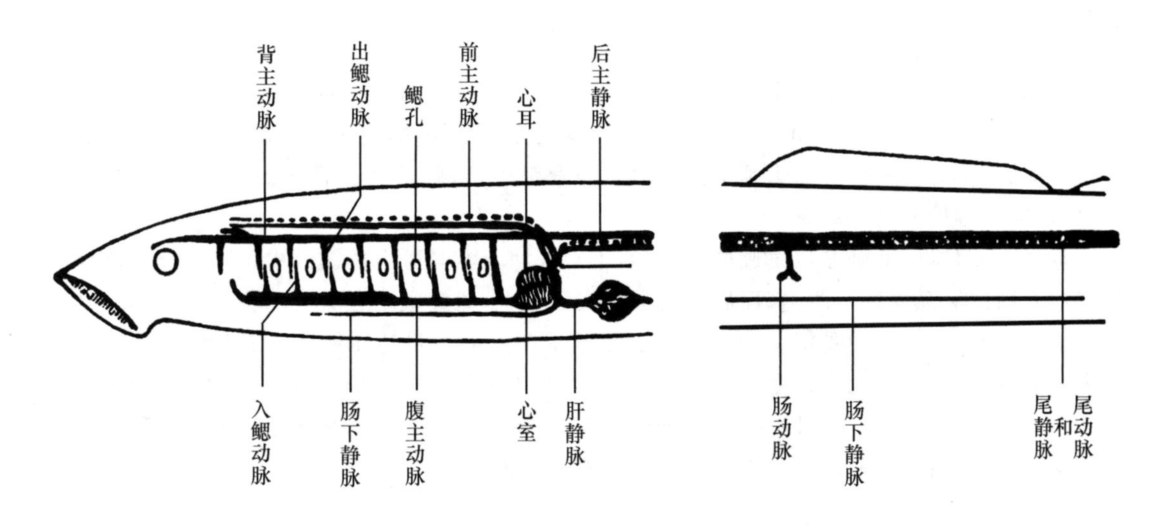

图 13-5　七鳃鳗的血液循环系统模式图(仿自 Бобринский)

13.2.9　神经系统和感觉器官

七鳃鳗的神经系统相当原始,分化成大脑、间脑、中脑、小脑和延脑5部分(图13-6)。脑的体积小,排列在一个平面上,未形成脑弯曲。大脑半球不发达,其前端连有较大的嗅叶,脑上皮无神经细胞,故称古脑皮。大脑的功能为嗅觉中枢。间脑顶部有松果体和松果旁体,底部有脑漏斗和脑下垂体。中脑只有1对稍大的视叶,顶部有脉络丛,在脊椎动物中仅圆口纲只有1个脉络丛。小脑与延脑还未分离,相当于四部脑阶段。脑神经10对。

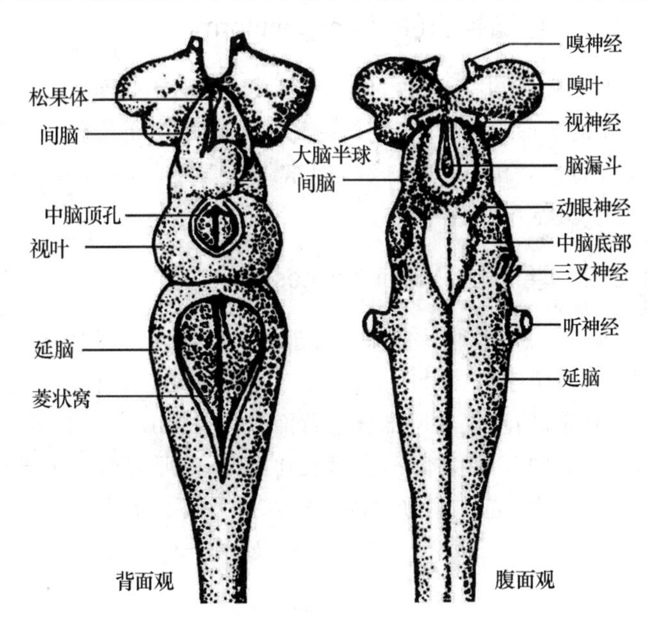

图 13-6　七鳃鳗的脑和神经(仿自 Parker 和 Haswell)

感觉器官包括嗅觉、听觉、视觉和侧线。嗅觉器官为鼻,有1个外鼻孔开口于头部背中央,内通有嗅觉细胞的嗅囊。听觉器官为1对内耳,位于耳软骨囊内,只有前后2个半规管(盲鳗只有1个半规管),椭圆囊和球状囊未分化。视觉器官为1对眼(盲鳗的眼退化隐于皮下),无眼睑。鼻孔后方头顶部有松果体和松果旁体(又称顶器或顶眼),二者的结构与功能相似,只能感光不能成像。头部和躯干部的两侧皮肤上各有一纵行浅沟称侧线,是水流感受器。

13.2.10 生殖与发育

七鳃鳗为雌雄异体,仅1个生殖腺,无生殖导管。成熟的精子或卵细胞穿过生殖腺壁落入体腔内,经腹孔入泄殖窦,从泄殖孔排出体外。盲鳗为雌雄同体,但生理上两性是分开的,其幼体生殖腺的前部为卵巢,后部为精巢。在以后的发育中,若前部发达后部退化,成体发育为雌性,反之则为雄性。

每年5、6月份,七鳃鳗聚集成群,溯河而上至江河上游具砾石的溪流中排精产卵。雌雄七鳃鳗通常用口吸盘先造一浅窝,而后雌鳗吸附在砾石上,雄鳗吸附在雌鳗的头背上,相互卷绕、摆尾排精产卵,卵在水中受精。每尾雌鳗在生殖季节产卵总量达1.4万~2万枚。繁殖后亲鳗大都筋疲力尽,相继死去。受精卵沉入水底,约经1个月的时间孵化成幼体(沙隐虫)。幼体长约10 cm,其形态与成体相差甚远,需经3~7年才变态发育为成体。幼体的特征和生活习性与文昌鱼非常相似,显示其与原索动物存在着亲缘关系。

13.3 圆口纲的分类

现存圆口纲动物有70余种,分为七鳃鳗目和盲鳗目。

13.3.1 七鳃鳗目(Petromyzoniformes)

七鳃鳗目约有41种,分布于淡水或海水中,营半寄生生活。具漏斗状的口吸盘和角质齿,口位于漏斗底部。鳃囊7对,外鳃孔分别开口于体外,鳃笼发达。内耳有2个半规管。卵小,变态发育。我国有1属3种,即东北七鳃鳗(*Lampetra morii*)、日本七鳃鳗(*L. japonica*)和雷氏七鳃鳗(*L. reissneri*)。

13.3.2 盲鳗目(Myxiniformes)

本目有30多种,均为海产,营寄生生活。盲鳗是唯一营体内寄生的脊椎动物。无背鳍和口漏斗,口位于身体最前端,有4对口缘触手。鼻孔开口于吻端。眼退化隐于皮下。头骨极不发达,鳃笼退化,仅在尾部脊索背面有软骨弧片。鳃囊6~15对,外鳃孔大多由一总管通向体外,少数分别开口通体外,内鳃孔通咽部,无呼吸管。内耳仅有1个半规管。雌雄同体,生殖腺仅1个,卵大,包在角质卵壳中,直接发育。常见种类有盲鳗(*Myxine glutinosa*)、黏盲鳗(*Bdallostoma slouti*)、蒲氏黏盲鳗(*Eptatretus burgeri*)和杨氏黏盲鳗(*E. yangi*)等。

13.4 圆口动物与人类的关系

七鳃鳗肉肥鲜美,可食用,是南欧国家和日本等国一些人喜食的名贵美食。肉中富含脂肪,多种氨基酸,维生素A,维生素D,维生素B_1,维生素B_{12}和矿质元素K、Mg、Ca、Cu、Zn、Fe、Mn等,尤其是不饱和脂肪酸的含量较高。七鳃鳗还可入药,有通经活络、明目之功效,主治口眼歪斜、角膜干燥、夜盲、体弱多病、肾亏阳虚、多梦盗汗等病症。日本七鳃鳗体内还含有

RGD 毒素肽(一类含有精氨酸、甘氨酸、天冬氨酸的短肽),具抗肿瘤的作用。现已从七鳃鳗口腔腺分泌液中鉴定出多种与抗凝、免疫逃逸、抗血管新生、镇痛以及氧化应激等有关的活性蛋白质,为相应的药物开发奠定了基础。

七鳃鳗是现存脊椎动物中最古老的物种,它印记了无脊椎动物的进化史,又为脊椎动物的起源与进化提供丰富的遗传信息,是脊椎动物演化发育生物学研究的重要模式动物。

盲鳗常从鱼的鳃部钻入鱼体,吸食血肉及内脏,危害渔业。一种原来生活在海洋里的八目鳗不小心被带入北美洲的五大湖后,成了入侵物种,对当地的渔业造成了很大损失,受害尤重的是湖红点鲑。但多数盲鳗种类以穴居的多毛类及其他无脊椎动物为主要食物,也食死鱼或袭击病鱼,其清除死、病鱼的作用大于寄生的危害。

本章小结

圆口动物是脊椎动物中最低等、最原始的类群。无上、下颌,无成对附肢;皮肤裸露,黏液腺发达;背神经管分化为脑和脊髓,但脑的分化程度较低;有不完整的头骨,头部有集中的嗅、视、听感觉器官,内耳仅有1～2个半规管;脊索终生存在,但出现了雏形的脊椎骨。特化结构为具有吸附性的口吸盘和发达的角质齿,以及支持鳃部的特殊鳃笼。主要包括七鳃鳗和盲鳗两大类。

复习思考题

1. 名词术语:
   囊鳃　鳃笼　锉舌　螺旋瓣　侧线　顶眼
2. 概括圆口动物的原始性和特化性。
3. 七鳃鳗有哪些适应寄生与半寄生生活的特征?
4. 简述七鳃鳗对研究脊椎动物的演化有何重要意义。

第14章　鱼纲

(Pisces)

◆ 内容提要

鱼类出现了上、下颌，是用鳃呼吸、以鳍运动的水生脊椎动物。鱼纲是脊椎动物中种类最多的类群，包括硬骨鱼和软骨鱼两大类。本章主要讲述鱼类的基本结构、进步特征和对水生生活的适应性，并概述我国重要鱼类的分类与经济价值。

◆ 教学目的

掌握鱼类的基本结构，理解鱼类的进步性特征及其对水生生活的适应性；了解鱼纲的分类和资源价值；熟悉常见鱼类。

14.1　鱼类的基本结构

鱼类是脊椎动物中相对原始的类群，几乎栖居于地球上所有的水生环境——从淡水的湖泊、河流到咸水的海洋。以鲤鱼(*Cyprinus carpio*)代表硬骨鱼、以白斑角鲨(*Squalus acanthias*)代表软骨鱼来介绍鱼类的基本结构。

14.1.1　外部形态

鱼类的体型多种多样，包括纺锤形、侧扁形、平扁形和棍棒形等4种基本类型和一些特殊体形(海马、海龙、翻车鱼等)。鲤鱼体呈纺锤形(图14-1)，分头、躯干和尾3部分。头两侧鳃盖的后缘是头与躯干的分界，臀鳍前方的泄殖孔是躯干与尾的分界。

口位于头部前端(端位口)，口两侧有触须2对，具感觉和辅助觅食的功能。眼1对，无眼睑和瞬膜。眼的上前方两侧各有一鼻孔，通盲囊状的鼻腔，但不与口腔相通，故无呼吸作用，仅具嗅觉功能。鳃裂不直接外露，被头两侧的鳃盖所覆盖，鳃盖后缘的鳃孔是水流的出口。

鱼鳞的排列方式是鱼类重要的分类依据之一，通常用鳞式来表示。鳞式可书写为：侧线鳞数目$\frac{\text{侧线上鳞数}}{\text{侧线下鳞数}}$。侧线鳞数目是沿体两侧各有一行与身体长轴平行且被侧线管穿孔的鳞片数目；侧线上鳞数目是从背鳍起点处的一片鳞向下斜数至侧线鳞为止的鳞片数目；侧线下鳞数目是从腹鳍起点，向上斜数至侧线鳞的数目。鲤鱼的鳞式为：$34\frac{5-6}{6-V}40$，表示侧线鳞数目为34～40，侧线上鳞数目为5～6，侧线下鳞数目为6。

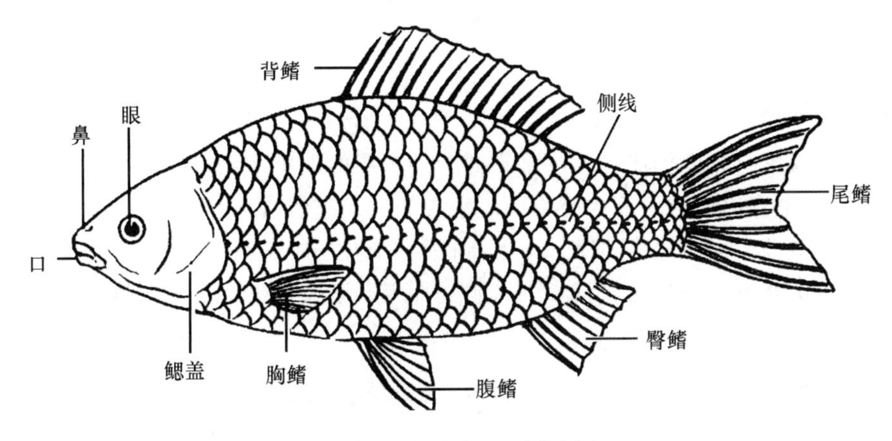

图 14-1 鲤鱼的外形(引自刘凌云)

偶鳍包括胸鳍和腹鳍各 1 对,胸鳍位于鳃盖后方左、右两侧,是平衡鱼体和控制运动方向的附肢。鲤鱼的腹鳍位于肛门前方,称腹鳍腹位;有的硬骨鱼腹鳍移至胸鳍下方,称腹鳍胸位;腹鳍若移至胸鳍前方则称腹鳍喉位。腹鳍具有稳定鱼体和辅助升降的作用。

奇鳍包括背鳍、臀鳍和尾鳍。鲤鱼的背鳍单个,较长,几乎占躯干部的 3/4。臀鳍较短,主要维持鱼体的垂直平衡。尾鳍具舵和推动躯体前进的作用。

鱼鳍内有鳍条支撑,鳍条可分为鳍棘和软鳍条。鳍棘硬而不分节;软鳍条柔软且分节,其末端不分叉或分叉。各种鳍条的数目依种类而异,常以鳍式表示,是鱼类分类的依据之一。A、C、D、P、V 分别表示臀鳍、尾鳍、背鳍、胸鳍和腹鳍,罗马数字表示鳍棘的数目,阿拉伯数字表示软鳍条的数目。鲤鱼的鳍式为“D. Ⅲ～Ⅳ－17～23;P. Ⅰ－15～16;V. Ⅱ－8～9;A. Ⅱ～Ⅲ－5～6;C. 20～22”,表示鲤鱼背鳍具 3～4 根鳍棘和 17～23 根软鳍条,胸鳍有 1 根鳍棘和 15～16 根软鳍条,腹鳍有 2 根鳍棘和 8～9 软鳍条,臀鳍有 2～3 根鳍棘和 5～6 根软鳍条,尾鳍只有 20～22 根软鳍条。

鱼尾鳍类型分为原尾型、歪尾型和正尾型(图 14-2)。原尾型的尾椎位于尾鳍正中,上、下对称,如肺鱼、胚胎期仔鱼等;歪尾型的尾椎向背方延伸至尾端,上大、下小,不对称,如鲨鱼等;正尾型的尾椎上伸仅达尾基,外对称但内不对称,包括大多数硬骨鱼类,如鲤鱼。

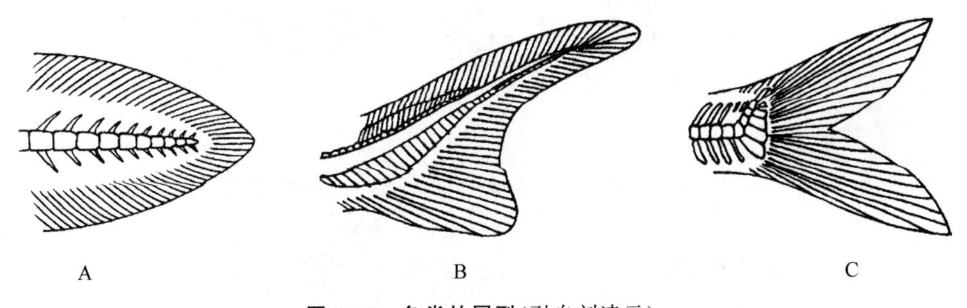

图 14-2 鱼类的尾型(引自刘凌云)

A. 原尾型 B. 歪尾型 C. 正尾型

14.1.2 皮肤及其衍生物

14.1.2.1 皮肤结构

鱼类皮肤由表皮与真皮构成。表皮是来源于外胚层的上皮组织，内富含单细胞黏液腺，表皮内无血管，营养由真皮供给。真皮是中胚层来源的结缔组织，内含血管、神经、色素细胞和真皮鳞片。表皮和真皮均包含多层细胞，皮下疏松结缔组织少，故鱼类皮肤与肌肉连接特别紧密。皮肤的主要功能是保护身体、辅助呼吸、感受外界刺激和吸收少量营养物质。

14.1.2.2 皮肤衍生物

鱼类皮肤的衍生物包括黏液腺、鳞片、色素细胞和发光器官等。

1. 黏液腺

黏液腺是表皮衍生物，能分泌大量黏液。黏液能保持鱼体黏滑，减少游泳时的摩擦阻力，利于避敌，保护体表不受细菌和病毒的侵袭，还能形成隔离层，维持渗透压，利于鱼类洄游。

2. 鳞片

大多数鱼类具有鳞片。根据外形、构造及发生上的特点，鳞片分为楯鳞、硬鳞与骨鳞 3 种类型(图 14-3)。楯鳞由表皮和真皮共同组成，为板鳃类所特有，其结构包括釉质和齿质，与牙齿属于同源器官；硬鳞是埋于真皮中的菱形骨板，由真皮衍生而来，成行排列，为中华鲟(*Acipenser sinensis*)等硬鳞鱼类所特有；骨鳞由真皮衍生而来，呈覆瓦状排列，为高等硬骨鱼类所具有。骨鳞又分圆鳞和栉鳞。圆鳞游离缘圆形光滑、无栉齿，如鲤形目鱼类等；栉鳞游离缘呈齿状，如鲈形目鱼类等。

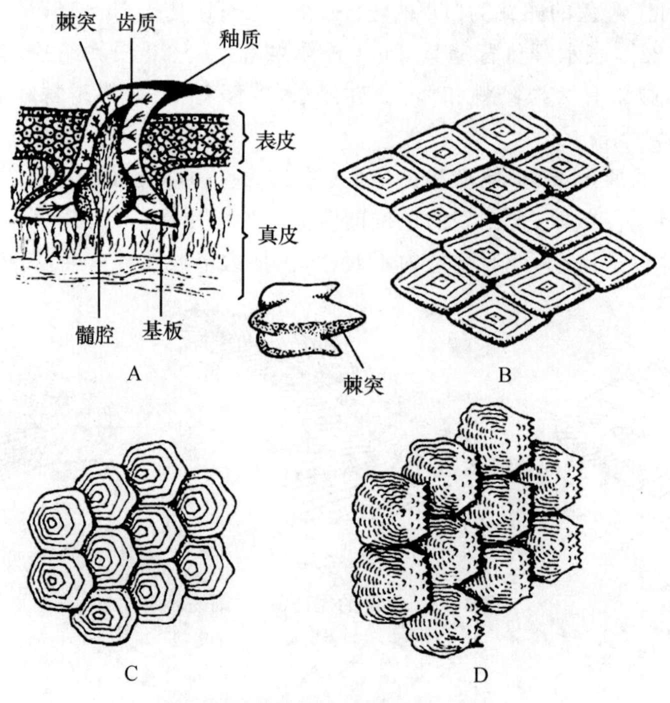

图 14-3 鱼类的鳞片类型(仿自刘凌云)

A. 楯鳞 B. 硬鳞 C. 圆鳞 D. 栉鳞

鲤鱼体表被圆鳞,鳞片终生不换。鳞片上具有许多同心圆的环纹,称年轮,这是由于季节不同,其生长速度差异造成的。可依此推算鱼类的年龄,这在养殖和捕捞业上具有一定的意义。

3. 色素细胞

鱼类的色素细胞是真皮衍生物,主要有黑色素细胞、黄色素细胞、红色素细胞和虹彩细胞(反光体)4 种。鱼类丰富多彩的体色就是由各种色素细胞相互配合而生成的。

4. 发光器官

许多深海鱼类有发光器官,用于取食、照明和种间或异性间的联系信号等。其形状、大小、数目、位置及构造因种而异。发光的原因有:有些鱼类的皮肤上有发光细菌与其共生;有些鱼类具有发光腺,能分泌含磷荧光素,被氧化后成为氧化荧光素,发出不同颜色的光;还有些鱼类皮肤上的晶体、反射层等能发光。

14. 1. 3 骨骼系统

鱼类具发达的内骨骼,按其性质可分为软骨和硬骨两类。软骨鱼类终身保留软骨。硬骨鱼类的骨骼多为硬骨,有两种来源:一种是由软骨骨化而来的软骨性硬骨;另一种是直接骨化而成的膜性硬骨。按骨骼的着生部位和功能,又分中轴骨骼和附肢骨骼。

14. 1. 3. 1 中轴骨骼

中轴骨骼包括头骨、脊柱和肋骨。

1. 头骨

头骨包括脑颅和咽颅。软骨鱼类具完整无骨缝的软骨脑颅,又称软骨囊,其背前方留有一孔称卤,孔上盖有结缔组织纤维膜。硬骨鱼类的脑颅(图 14-4)位于头骨上部,由许多小骨片组成,大多为硬骨,具保护脑和感觉器官的功能。鱼类的脑颅骨可达 180 多块,多于其他脊椎动物。

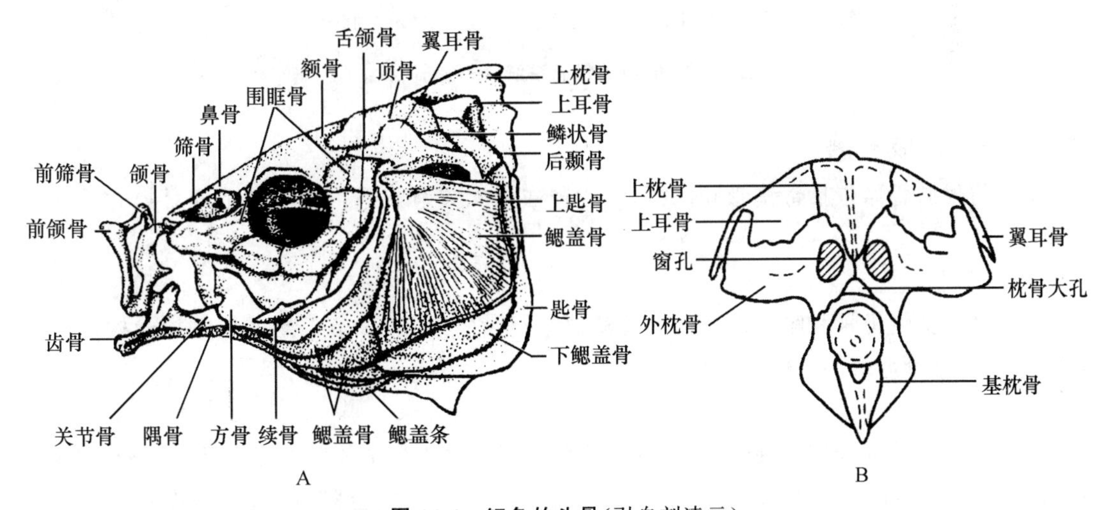

图 14-4 鲤鱼的头骨(引自刘凌云)

A. 侧面观 B. 后面观

鱼类的咽颅由 7 对咽弓组成,位于脑颅下方,围绕和保护消化管的前段。第 1 对为颌弓。软骨鱼类分别由腭方软骨构成上颌、麦氏软骨构成下颌,这是脊椎动物最早出现的原始型颌,故称初生颌。鲤鱼由前颌骨、上颌骨组成上颌,由齿骨、隅骨构成下颌。此颌弓取代了初生颌的地位,故称次生颌。第 2 对为舌弓。软骨鱼的舌弓包括基舌骨、角舌骨、舌颌骨,鲤鱼还增加了舌内骨、上舌骨及下舌骨。舌弓的功能是支持舌,其中舌颌骨还可将颌弓与脑颅连接起来,故称舌接式。其余 5 对为鳃弓,每对鳃弓基本上是由成对的咽鳃骨、上鳃骨、角鳃骨、下鳃骨及单块的基鳃骨组成,其功能主要是支持鳃。软骨鱼的第 1 对鳃裂特化为喷水孔。硬骨鱼的第 5 对鳃弓特化为咽下骨,但其上生有咽喉齿,用以嚼碎食物。咽喉齿的形状、数目、排列方式因种而异,常作为鲤科鱼类分类的标准。

2. 脊柱和肋骨

鱼类的脊柱紧接脑颅后,由软骨或硬骨的脊椎串连而成,取代了脊索,成为支持身体、保护脊髓的新中轴骨骼(图 14-5)。鱼类脊柱分化程度低,仅有躯椎和尾椎之分。椎体两端凹入,称双凹型,椎体间的凹处仍有残余的脊索。躯椎由椎体、椎弓、椎棘和横突构成,尾椎则由椎体、椎弓、椎棘和脉弓、脉棘构成。躯椎以侧腹面横突与肋骨相关节。鲨鱼肋骨较短小,鲤鱼肋骨较发达,有保护内脏的作用。

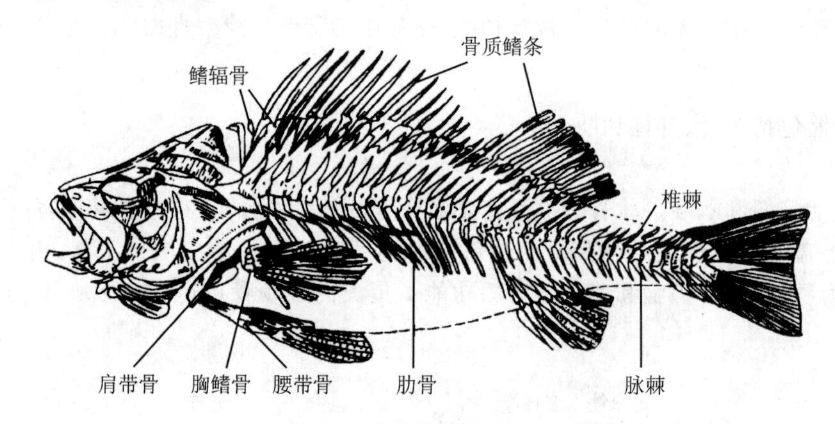

图 14-5 鲈鱼的骨骼系统(引自刘凌云)

14.1.3.2 附肢骨骼

鱼类的附肢骨骼包括奇鳍骨和偶鳍骨,与脊柱均无关节联系。这与其他四足类脊椎动物不同。

1. 奇鳍骨

奇鳍骨包括鳍担骨和鳍条。背鳍和臀鳍的鳍担骨一般 1～3 节。尾鳍的鳍担骨构造较为复杂,由尾部椎骨后端的骨骼特化而成。

2. 偶鳍骨

偶鳍骨包括带骨(肩带、腰带)和鳍骨。鲨鱼的肩带是 1 个半环状的肩胛乌喙骨棒,胸鳍骨由 3 块基鳍骨、3 列辐鳍骨和数条真皮鳍条组成。腰带是 1 个坐耻骨棒,腹鳍骨由 1 块基鳍骨、2 列辐鳍骨和数条真皮鳍条组成。鲨鱼的肩带、腰带与脊柱均不直接相连(图 14-6)。

鲤鱼的肩带骨骼较复杂,由肩胛骨、乌喙骨、中乌喙骨、锁骨、上锁骨及后锁骨构成。肩带位置较靠前,通过上锁骨与头骨相连,为鱼类所特有(自两栖类以后,肩带和头骨不直接相连,加强了前肢和头部的灵活性)。胸鳍无基鳍骨,仅有退化的辐鳍骨(鳍担)与真皮鳍条。腰带不与脊柱相连接,仅由1对游离于肌肉中的无名骨构成,腹鳍也无基鳍骨,仅有退化的辐鳍骨(鳍担),真皮鳍条直接长在腰带骨上(图14-7)。

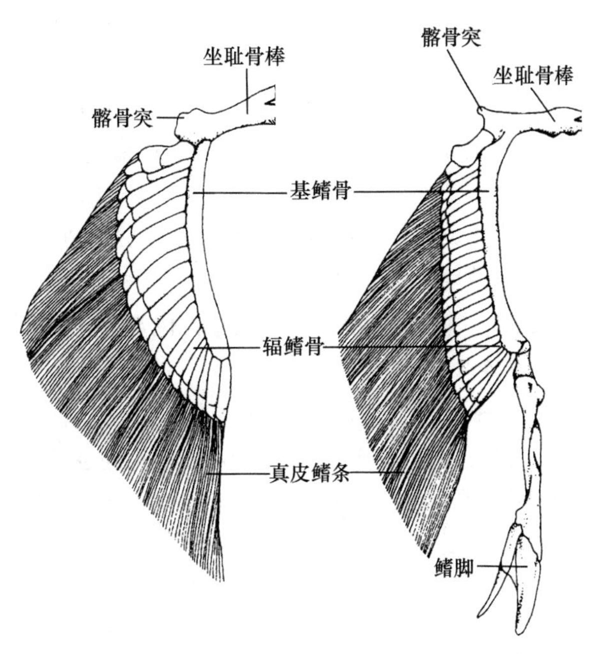

图 14-6 软骨鱼类的腰带骨与腹鳍骨(仿自刘凌云)

14.1.4 肌肉系统

鱼类的肌肉系统分化程度仍较低,躯干和尾部肌肉与圆口类相似,由肌节组成,肌节之间有肌隔。头肌由眼肌和鳃节肌构成,受脑神经支配。躯干肌包括体壁肌、鳍肌和鳃下肌,受脊神经支配。鳐科、电鳐科和电鳗科鱼类的肌肉还能特化为发电器官,能有效地摄食、避敌和求偶。

14.1.5 消化系统

鱼类的消化系统由消化管和消化腺构成。消化管通常包括口腔、咽、食道、胃、肠和肛门等,消化腺主要包括肝脏和胰脏。

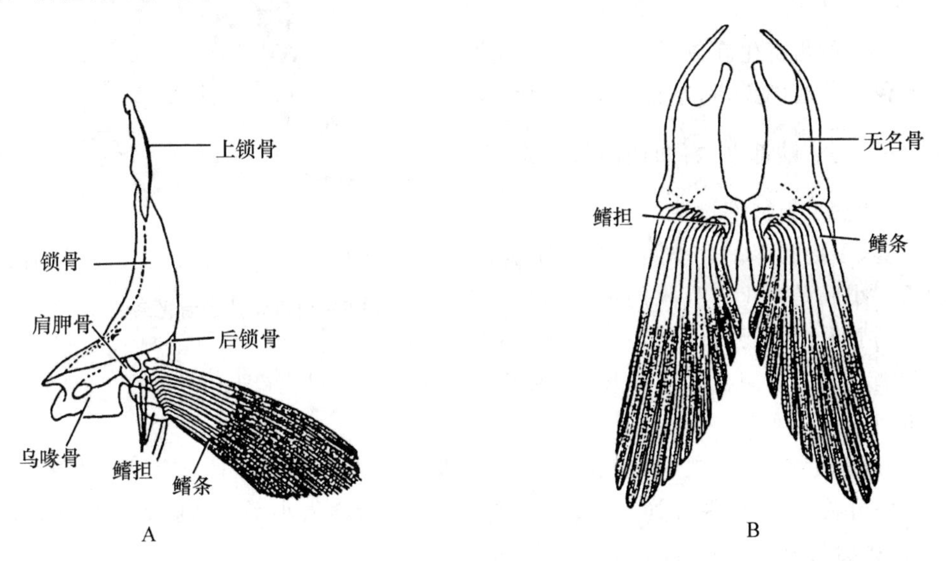

图 14-7 鲤鱼的附肢结构(仿自秉志)

A. 肩带 B. 腰带

14.1.5.1 鱼类消化系统的共同特点

(1)口的位置因食性而异。上位口主要取食浮游生物;端位口主要取食中、上层食物;下位口则主要取食底栖或附着生物。

(2)口腔内无唾液腺,口腔底部有不能动的舌。

(3)鳃耙的多少、长短与食性密切相关。肉食性鱼类的鳃耙少而粗短,只有保护鳃瓣的作用;杂食或草食性鱼类鳃耙的数量、长短适中;滤食性鱼类的鳃耙长而密,滤过作用如同细筛。

(4)消化道的分化也因食性而异。肉食性鱼类的胃、肠分化明显,肠管较短;草食或杂食性鱼类的胃、肠分化不明显,肠管较长。

14.1.5.2 软骨鱼类(鲨鱼)的消化系统

1. 消化管

上、下颌边缘具齿,仅能捕捉食物,不能咀嚼。胃明显。肠壁向内突出形成螺旋状薄膜,称螺旋瓣,有增加消化吸收面积和延长食物在肠中存留时间等功能(图 14-8)。肠末端开口于泄殖腔。

2. 消化腺

鲨鱼的肝脏很大,分左、右 2 叶,主要功能是储存和加工营养物质,合成尿素、尿酸等。胆囊可贮存胆汁,以胆管通入小肠前部。鲨鱼有独立的胰脏,位于胃和十二指肠之间的肠系膜上,有胰管通入十二指肠。

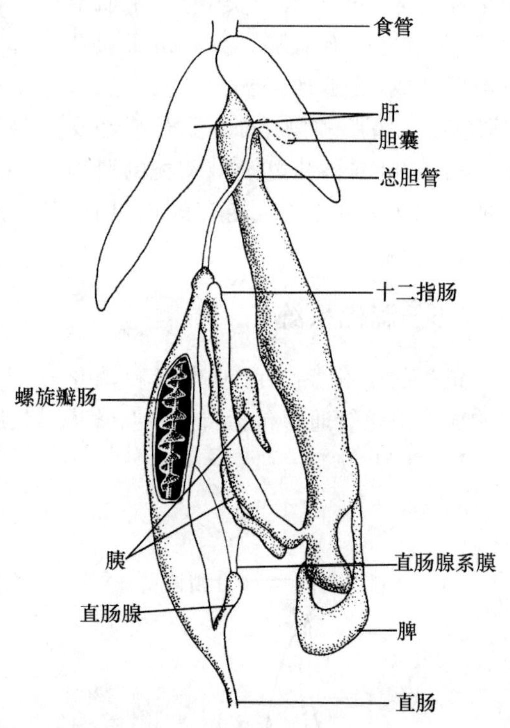

图 14-8 白斑角鲨的消化系统(引自郑光美)

14.1.5.3 硬骨鱼类(鲤鱼)的消化系统

1. 消化管

硬骨鱼类的齿着生在颌或口咽腔的其他骨骼上。鲤鱼的口腔内无齿,咽部有 3 列咽喉齿,齿式为$\frac{1 \cdot 1 \cdot 3}{3 \cdot 1 \cdot 1}$。咽部左、右两侧的每一鳃弓内缘着生两排鳃耙,为鳃部过滤器官。食道较短,无明显的胃,下接肠部。大小肠区分不明显,但肠管较长。小肠是消化与吸收的重要器官。小肠壁上的肠腺可分泌肠液,与胆汁、胰液汇集于小肠参与消化。未能消化的残渣形成粪便由肠末端的肛门排出(图 14-9)。

2. 消化腺

鲤鱼肝脏的形状极不规则,呈弥散状分布于肠间的肠系膜上。胆囊较大,深绿色,埋于肝脏内。肝脏分泌的胆汁,经肝管入胆囊中贮存,再以胆管通入小肠。胰脏呈弥散状,散布于肝脏中,不易区分肝脏和胰脏,故合称肝胰脏。

14.1.6 呼吸系统

14.1.6.1 鳃

鳃是鱼类的呼吸器官,由鳃弓、鳃耙、鳃间隔和鳃瓣(丝)组成。鳃弓是供鳃耙、鳃间隔或鳃

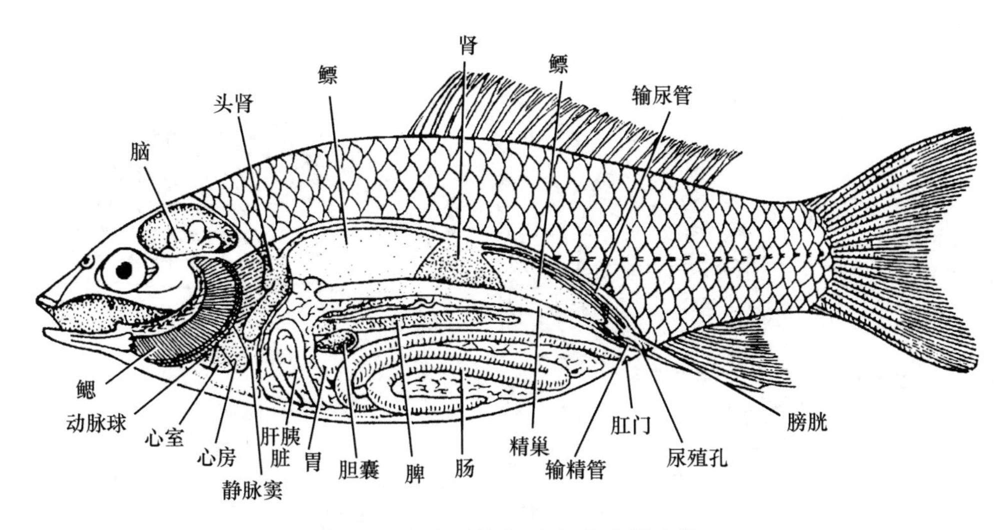

图 14-9 鲤鱼的消化系统(仿自郑光美)

丝着生的骨架,鳃瓣是鳃间隔两面的栅板状或丝状突起的结构,富含毛细血管,为气体交换的主要部位。

软骨鱼类(鲨鱼)咽部两侧有 5 对鳃弓和鳃裂,鳃裂直接开口于体表,无鳃盖保护。在两眼后各有一个通咽的水孔,称喷水孔,是退化的第 1 对鳃裂的痕迹。鳃间隔极发达,与体表皮肤相连,故鳃瓣是由上皮折叠形成的栅板状,着生在鳃间隔上。第 5 对鳃弓的后壁上无鳃瓣,故鳃的总数是 4 个全鳃、1 个半鳃。

硬骨鱼类咽部两侧也有 5 对鳃弓和鳃裂(鲤鱼为 4 对)(图 14-10),鳃裂不直接开口于体外,而开口于鳃腔,外有硬骨鳃盖保护。鳃间隔退化,鳃瓣由无数鳃丝构成,直接长在鳃弓上。鲤鱼有 4 对全鳃,第 5 对鳃弓特化为着生咽喉齿的咽喉骨。

软骨鱼类的呼吸依靠鳃节肌的张缩,控制口的开关,使水由口和喷水孔入鳃腔,经鳃裂排出体外。在流经鳃裂时完成气体交换。

硬骨鱼类的呼吸主要靠口瓣、鳃盖及鳃膜的协同运动来完成。当鱼撑开鳃盖时,附于鳃盖边缘的鳃膜因受外部压力紧贴体壁,鳃腔扩大,内部压力减小,口瓣打开,水流由口经咽进入鳃腔;当鳃盖关闭时,口瓣关闭,鳃膜打开,水由鳃腔经鳃孔排出体外。水流经鳃丝时完成气体交换。

14.1.6.2 鳔

绝大多数硬骨鱼类都有鳔。鳔由原肠管突出而形成,与脊椎动物的肺为同源器官。软骨鱼类和少数硬骨鱼无鳔是次生现象。依据有无鳔管,将鳔分为开鳔类和闭鳔类。

1. 开鳔类

鲤形目、鲱形目等属于开(或喉)鳔类(图 14-11A)。鲤鱼的鳔位于消化道背面,中央部缢缩成前后两室,内有能张缩的少量肌纤维,可调节鳔内气体。从后室腹面前方伸出一鳔管,入食道背面。鳔内壁光滑,分布许多毛细血管。鳔内气体主要通过鳔管直接由口吞入或排出,也可由血管分泌或吸收一部分气体。

2. 闭鳔类

鲈形目等为闭鳔类,无鳔管,依靠红腺和卵圆区调节鳔内气体(图 14-11B)。在鳔的前腹

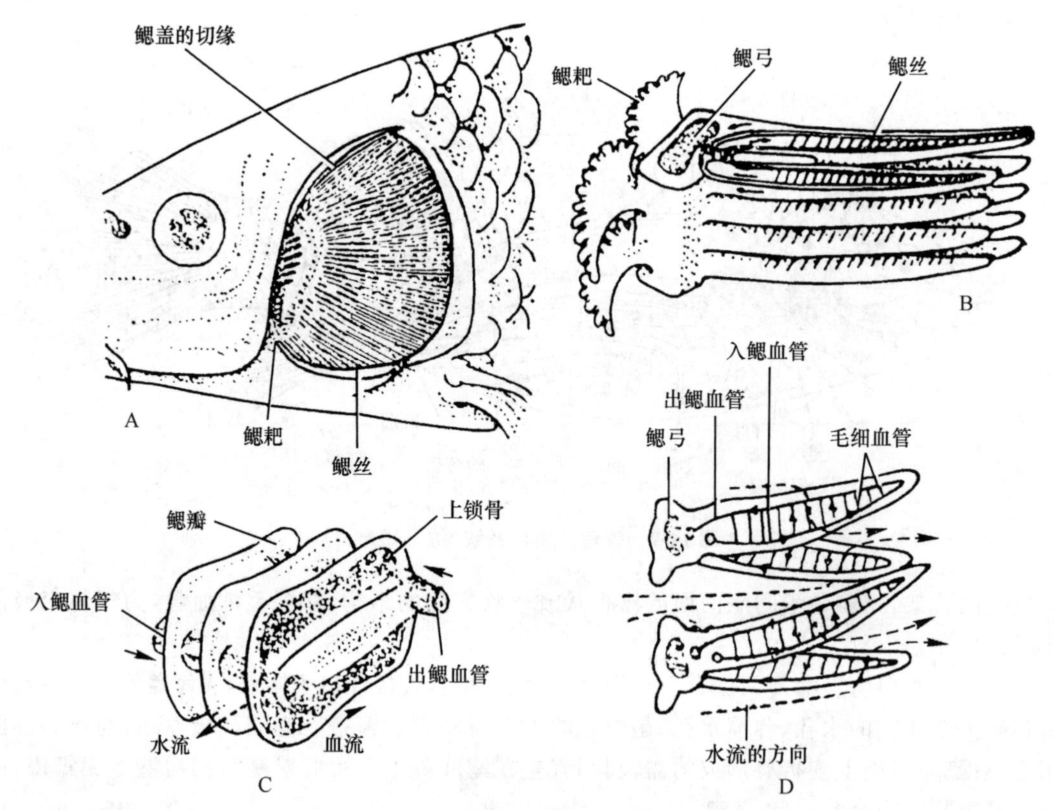

图 14-10　鲤鱼的鳃(引自姜云垒)

A. 切除鳃盖骨示全鳃　B. 示鳃耙、鳃弓和鳃丝　C. 放大的一条鳃丝　D. 示呼吸时血流和水流的方向

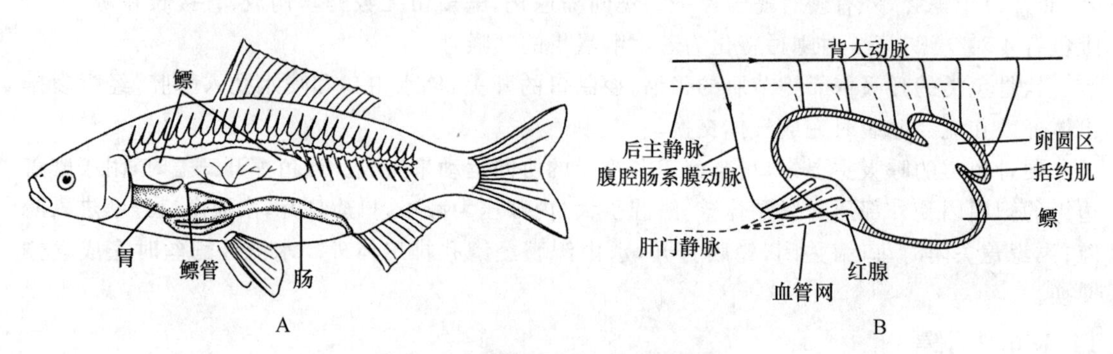

图 14-11　鱼鳔的结构(引自刘凌云)

A. 开鳔类的鳔及鳔管　B. 闭鳔类的鳔

面内壁上有集中了大量毛细血管网的结构，称红腺，其形态因种类而异。红腺的腺上皮细胞能将血液中血红蛋白结合的氧气和碳酸氢盐中的二氧化碳分离出来，进入鳔内充气。鳔排气依靠其背后方的卵圆区吸收，卵圆区的入口处由括约肌控制。供给红腺血液的是腹腔肠系膜动脉，回流血管是肝门静脉。进入卵圆区的血管是背大动脉，返回的血管是后主静脉。

3. 鳔的功能

大多数鱼类的鳔是比重调节器官，借鳔内气体的改变调节鱼体的沉浮；少数鱼的鳔具呼吸作用，如肺鱼、总鳍鱼等；大、小黄鱼的鳔能与其他器官摩擦而发声。鲤形目鱼类的前 3 块躯椎的一部分分别特化为三脚骨、间插骨和舟骨，这3块韦伯氏小骨构成韦伯氏器(图14-12)。三脚骨与鳔壁相接触，舟骨通内耳围淋巴腔。外界水体的变化可引起鳔内气体的振动，经韦伯氏小骨传至内耳，从而产生听觉。

14.1.7　循环系统

鱼类的循环系统包括血液循环系统和淋巴系统。

14.1.7.1　心脏

鱼类的心脏位于围心腔内，接近头部，有肩带保护。心脏较小，重量仅占体重的0.033%～0.25%，压送血液流动的力量较弱。心脏只收集回心的缺氧血，并压送到鳃部去换气。

软、硬骨鱼的心脏均有一静脉窦、一心房和一心室。此外，在心室前方，软骨鱼有一心室壁延伸膨大而成的能节律性搏动的动脉圆锥，是心脏的一部分；硬骨鱼有一腹大动脉扩大形成的动脉球，无搏动功能(图14-13)。静脉窦是一个近似三角形的薄壁囊，能收集和贮存体静脉回流的缺氧血。心房壁薄。心室壁较厚，肌肉质，是心脏的主要搏动部位。在窦房间、房室间、动脉圆锥或动脉球与心室交接处均有防止血液倒流的瓣膜。

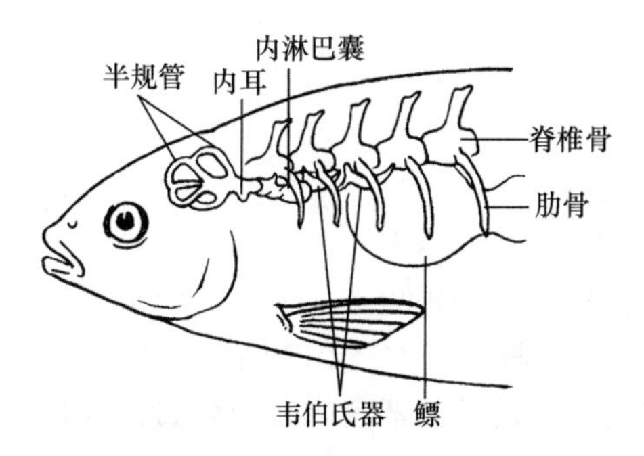

图14-12　鲤形目鱼类的韦伯氏器
(引自刘凌云)

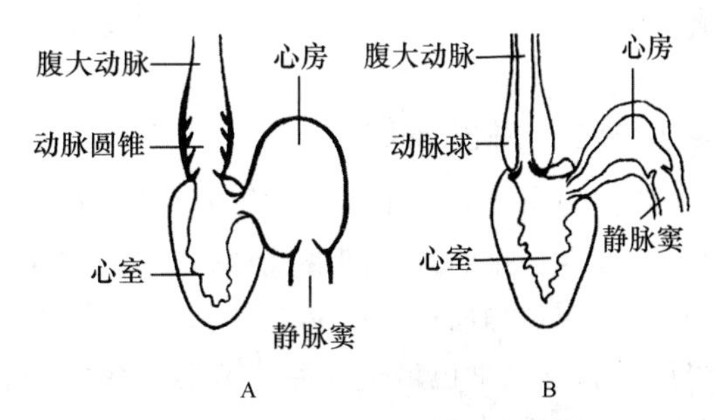

图14-13　鱼类的心脏(引自刘凌云)
A. 鲨鱼的心脏　B. 鲤鱼的心脏

14.1.7.2　动脉

软、硬骨鱼分别由动脉圆锥或动脉球发出1条腹大动脉，腹大动脉向前分出入鳃动脉，经鳃换气后进入出鳃动脉，出鳃动脉在背部会合成1条背大动脉。背大动脉向前分出1对颈动脉至头部；向后分出成对的锁骨下动脉、腰(体)动脉、髂动脉、肾动脉和尾动脉分别至胸鳍、体侧肌肉、腹鳍、肾脏和尾部，另发出不成对的腹腔动脉、胃脾动脉和肠系膜动脉等至内脏各器官。

14.1.7.3　静脉

体静脉主要包括来自头部的前主静脉和颈下静脉各1对；收集身体后部、肾脏及尾部血液的1对后主静脉；收集来自体侧和偶鳍的1对侧腹静脉。前、后主静脉汇合为总主静脉入静脉窦，侧腹静脉也汇入总主静脉。大多数硬骨鱼没有侧腹静脉，来自体侧和偶鳍的血液直接进入总主静脉。肝门静脉收集内脏(胃、肠、胰、脾)的血液进入肝脏，再由肝静脉送入静脉窦。鱼类肾门静脉发达，收集来自尾静脉的血液入肾脏，再由肾静脉汇入后主静脉。

14.1.7.4 循环方式

鱼类的血液循环为单循环。流回心脏的全是缺氧血,由心室压送至鳃进行气体交换后,多氧血不再回心而直接经出鳃动脉至背动脉分布于全身各部,整个血液循环途径是一个大圈,故称单循环(图 14-14)。

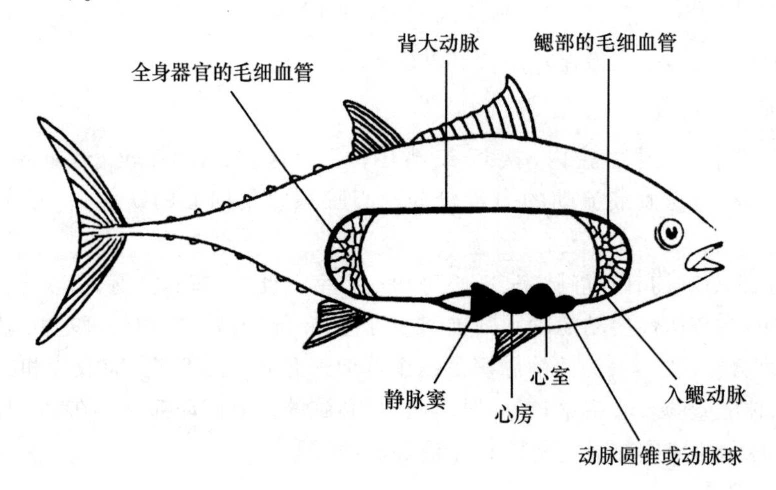

图 14-14 鱼类的单循环(引自刘凌云)

14.1.7.5 淋巴系统

鱼类的淋巴系统虽然有淋巴液、淋巴管、淋巴心和淋巴器官,但不发达。其功能是协助静脉系统带走多余的细胞间液、清除代谢废物和促进受伤组织的再生等。鲨鱼的背大动脉两侧各有 1 条从头伸向尾部的淋巴管;硬骨鱼类在最后 1 枚尾椎骨下方有 2 个圆形的淋巴心,能不停地搏动,推送淋巴液流入后主静脉。鱼类的脾脏是重要的淋巴器官,是造血、过滤血液和破坏衰老红细胞的场所。

14.1.8 排泄系统与渗透压的调节

鱼类的排泄系统由中肾、输尿管和膀胱等组成。其功能为排出尿液、维持正常体液浓度和调节渗透压。软骨鱼的排泄物以尿素为主,而硬骨鱼则以氨和铵盐为主。

14.1.8.1 排泄系统

鲨鱼的排泄系统包括肾脏、中肾管、副肾管、泄殖腔和泄殖孔(图 14-15)。肾脏 1 对,红褐色,长条形,前窄后宽,位于体腔背部的脊柱两侧。雄性的中肾管是专门的输精管,不输尿,输尿管是肾脏后部发出的数条副肾管。雌性的中肾管和副肾管则共同输尿,最后通至泄殖腔。

鲤鱼的排泄系统包括肾脏、输尿管和膀胱(图 14-16)。1 对左右相连呈深红色的中肾,紧贴于体腔背壁。两肾各有一输尿管沿体腔背壁后行,在近末端处合并扩大成膀胱,最后通至泄殖腔,以泄殖孔开口于肛门后方。前端的头肾是淋巴器官,无排泄功能。

14.1.8.2 渗透压的调节

软骨鱼血液中积累有尿素,血液和体液的渗透压比海水高,海水会大量渗透入体内,多余

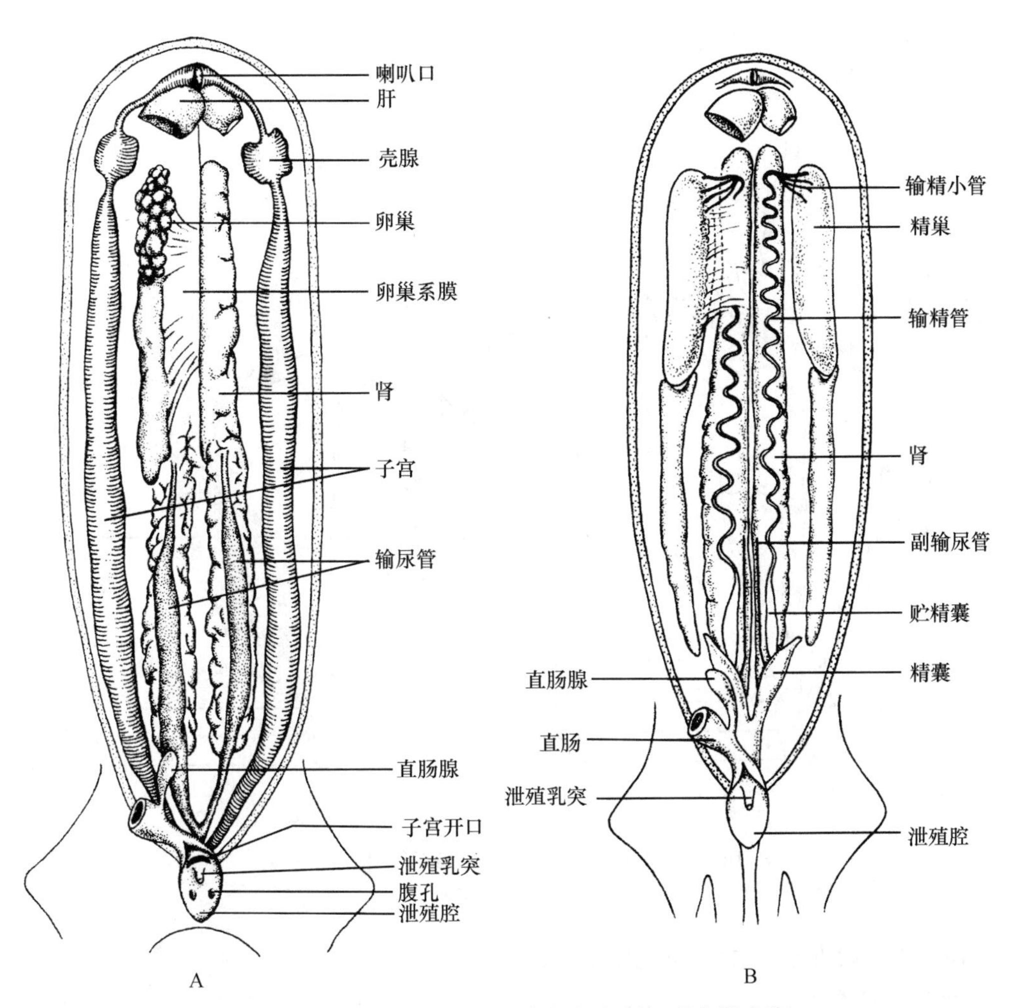

图 14-15　软骨鱼类的排泄系统和生殖系统(引自郑光美)

A. 雌性　B. 雄性

的水分通过肾脏排出,进入体内多余的盐分则由直肠腺排出体外。

鲤鱼等淡水硬骨鱼血液和体液的浓度高于淡水,外界水会不断地渗透入鱼体内,依靠中肾能排出大量稀薄的尿液,因而肾小体数目极多。

海洋硬骨鱼的血液和体液与海水相比是低渗溶液,导致体内水分不断地向体外渗透,面临失水的威胁,除减少泌尿外,还必须大量吞饮海水,再通过肾脏将多余的水分排出,多余盐分则通过鳃部的排盐腺排出。

14.1.9　生殖与发育

鱼类一般雌雄异体,体外或体内受精,体内受精的雄鱼有特殊的交配器。

14.1.9.1　软骨鱼类(鲨鱼)的生殖系统

1. 雄性生殖系统

精巢1对,由精巢发出许多输精小管,通入肾前部的中肾管(输精管),其后段膨大成储精囊,左右储精囊后端愈合为泄殖窦,通泄殖腔,由泄殖孔通体外(见图14-15)。雄鲨腹鳍内侧

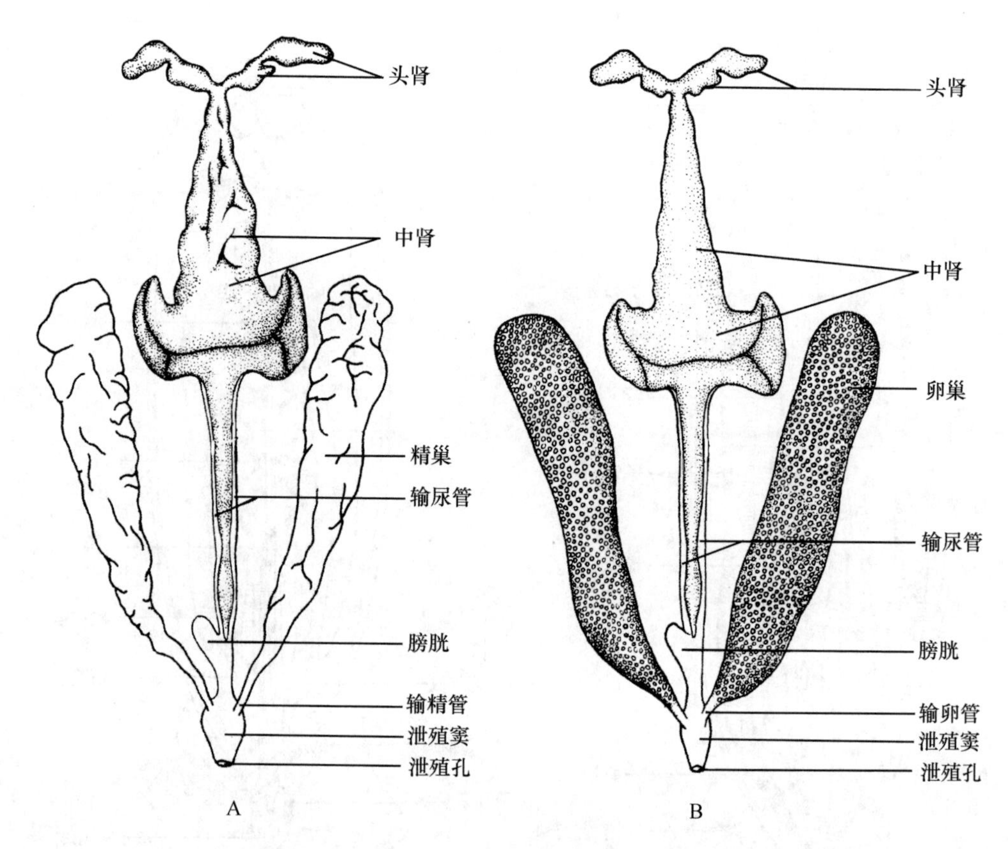

图 14-16 硬骨鱼类的排泄和生殖系统(仿自刘凌云)

A. 雄性 B. 雌性

骨骼延伸成 1 对鳍脚作为交配器(见图 14-16)。

2. 雌性生殖系统

卵巢 1 对。输卵管 1 对,不与卵巢直接相连,2 条输卵管的前端以共同的喇叭口开口于体腔前部。输卵管前段有分泌卵壳的壳腺,后段膨大成子宫,两子宫末端合并后开口于泄殖腔(见图 14-15)。卵成熟后破卵巢壁而出,落入体腔中,靠体腔液和喇叭口纤毛的作用,吸入喇叭口进入输卵管,在其前段完成受精并包上卵壳。

14.1.9.2 硬骨鱼类(鲤鱼)的生殖系统

雌雄鲤鱼的生殖导管均由生殖腺壁延伸而成(见图 14-16),这是脊椎动物中绝无仅有的。

1. 雄性生殖系统

1 对白色的精巢,俗称鱼白,在生殖季节几乎与体腔等长。由精巢膜延伸而成输精管,2 条输精管近末端会合,开口于泄殖腔。

2. 雌性生殖系统

1 对灰紫色卵巢,性成熟时非常发达,内含大量卵粒。由卵巢膜延伸成输卵管,成熟的卵不进体腔而直接入输卵管,其末端通泄殖腔。

14.1.9.3 生殖方式

鱼类生殖方式通常有 4 种类型。

(1)体外受精,体外发育,卵生。鲤鱼等绝大多数硬骨鱼均是此类生殖方式。卵小,成活率低,但产卵量很大(鲤鱼一次产卵可达10多万粒)。

(2)体外受精,体内发育,卵胎生。罗非鱼等少数鱼类会将受精卵吞入消化道,在口或胃中发育。

(3)体内受精,体外发育,卵生。部分软骨鱼是此类生殖方式。卵壳较厚,具保护作用,产卵量少,但成活率高。

(4)体内受精,体内发育,卵胎生或假胎生。海马、棘鲨等为卵胎生,即胚胎发育的营养靠卵黄自身提供;星鲨是假胎生,即胚胎发育的前期营养靠卵黄自身提供,后期则形成卵黄囊胎盘由母体供给。

14.1.10　神经系统和感觉器官

14.1.10.1　神经系统

鱼类的神经系统包括中枢神经系统、外周神经系统和植物性神经系统3部分。

1. 中枢神经系统

中枢神经系统包括脑和脊髓,分别包藏在脑颅和椎骨的椎弓内。

(1)鱼类的脑都已分化出大脑、间脑、中脑、小脑和延脑5部分(图14-17)。脑体积和弯曲度均小,基本上排列在一个水平面上。软骨鱼五部脑的结构和硬骨鱼相似。

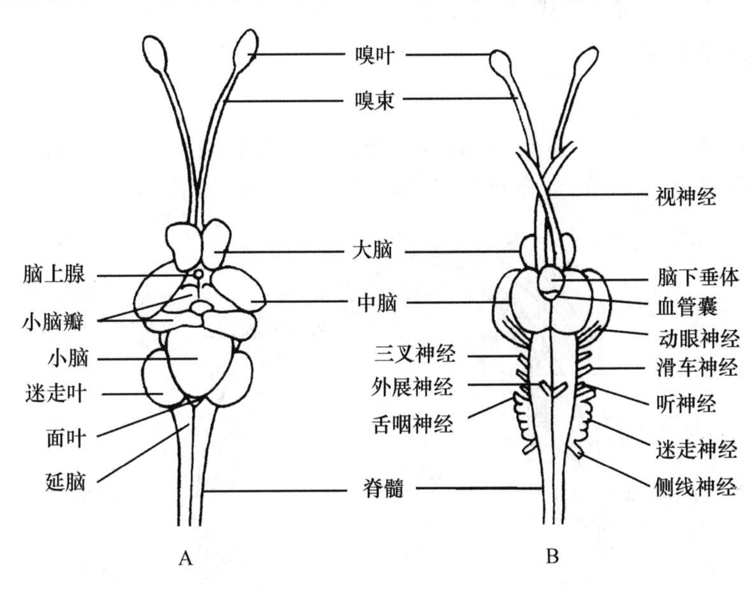

图14-17　鲤鱼的脑和脑神经(引自秉志)

A. 背面　B. 腹面

①大脑:软骨鱼类较硬骨鱼类发达,大脑半球和脑室均未完全分开,硬骨鱼大脑为古脑皮,软骨鱼出现了有神经物质的原脑皮。脑皮下为古纹状体。大脑功能主要是嗅觉中枢。

②间脑:不易看到,背面有与生物钟有关的松果体和能过滤血液形成脑脊液的前脉络丛;腹面有视神经交叉,并具鱼类特有的血管囊。血管囊是间脑底部突出形成的富含毛细血管的薄壁囊,通间脑室,是鱼类脑脊液压力和水深度变化的感受器。

③中脑:视叶发达,不仅是视觉中枢,而且是综合各部感觉的高级中枢。

④小脑:鱼类小脑发达,是运动调节中枢,有维持鱼体平衡、协调和节制肌肉张力的作用。

⑤延脑:背面有后脉络丛,前端两侧有耳状突,主管听囊和侧线,是听觉和平衡觉中枢,也是皮肤感觉、呼吸、调节皮肤颜色等多种生理机能的中枢。

(2)脊髓位于脊椎骨的椎弓内,内有脑脊液,是中枢神经系统的低级部位,以脊神经与机体各部相联系。

2. 外周神经系统

外周神经系统由中枢神经系统发出的脑神经和脊神经组成。其功能是将皮肤、肌肉、内脏器官等感觉刺激传递至中枢神经,再由中枢向这些部位传导运动冲动。鱼类的脑神经为10对。脊神经约36对,从脊髓发出背、腹根穿出椎骨后,合并为1条混合脊神经。每条脊神经又分成背、腹、脏3支,分别分布于背、腹部的皮肤肌肉和内脏。

3. 植物性神经系统

植物性(自主)神经系统分为交感神经系统和副交感神经系统。植物性(自主)神经系统,支配和调节内脏平滑肌、心肌、内分泌腺和血管张缩等活动,与内脏的生理活动、新陈代谢等密切相关。

鱼类的植物性神经系统不发达。软骨鱼无完整的交感神经干,仅在头部有副交感神经沿第3、7、9、10对脑神经走行,后部无副交感神经。硬骨鱼类出现2条完整的交感神经干,但较细弱,其上神经节的分布和大小都不规则,仅有沿第3、10对脑神经走行的副交感神经,较原始。

14.1.10.2 感觉器官

1. 视觉器官

鱼类眼睛的结构特点是角膜平坦,晶体大而圆且离角膜近,晶体无弹性、凸度不可变(图14-18)。视觉调节为单重调节,即靠睫状突(鲨鱼)或镰状突(鲤鱼)来调节晶体与视网膜之间

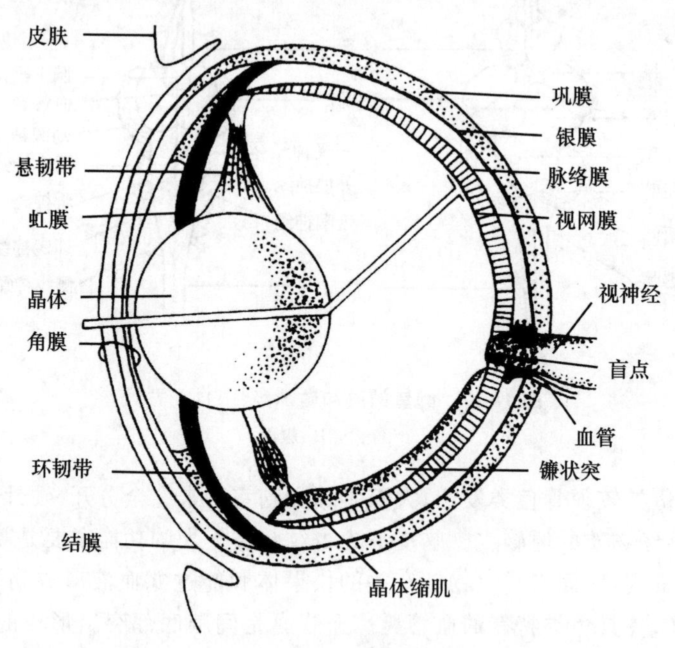

图 14-18 硬骨鱼类眼的结构(引自刘凌云)

的距离，故鱼类的眼睛适于近视。鱼眼虽看不远，但视角大，靠光线在水中的折射作用可看到岸上的物体。视网膜内富含视杆细胞，脉络膜中具有反光照明结构，在光线非常弱的水中，鱼类仍能看清物体，能迅速无误地猎捕食物。视网膜内缺少视锥，辨别颜色的能力差。无泪腺，有些鲨鱼有可动瞬膜能遮盖眼球，鲤鱼具不能动的眼睑和瞬膜，故从不闭眼。

2. 听、平衡觉器官

鱼类具1对内耳，位于眼后方的听软骨囊内。每个内耳包括椭圆囊、球状囊和3个彼此垂直的半规管(图14-19)。每一半规管都有膨大的且有感觉细胞的壶腹。从球状囊前部伸出的内淋巴管末端开口于头部体表(软骨鱼)或封闭(硬骨鱼)。整个内耳的管腔内充满了内淋巴液，在内耳和听软骨囊之间充满了外淋巴液。内淋巴液中有呈悬浮状态的小耳石，在球状囊和椭圆囊内各有1块较大的耳石和感觉毛细胞。硬骨鱼的瓶状囊内也具耳石。

半规管是动态平衡感受器，球状囊和椭圆囊是静态平衡感受器。当鱼体游动或受水波动影响时，内淋巴液和耳石移动，刺激壶腹、球状囊和椭圆囊内的感觉细胞，产生的感觉信息经听神经传递至中枢神经系统，产生听平衡觉。

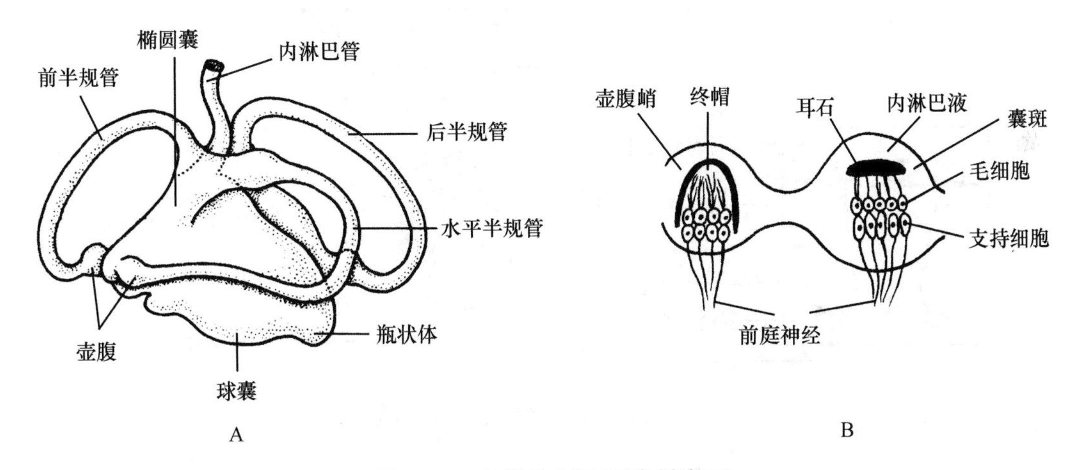

图14-19　鱼类的内耳(引自刘凌云)

A. 内耳的半规管及椭圆囊、球囊　B. 壶腹内的听峭和椭圆囊及球囊内的囊斑放大

3. 嗅觉器官

鱼类具1对嗅囊，位于鼻软骨囊内，只有外鼻孔，无内鼻孔，不通口腔。囊内壁的嗅黏膜上富含嗅神经细胞体。肉食性鱼类的嗅觉很发达。

4. 皮肤感受器

(1)侧线　是水栖脊椎动物具有的能感知低频振动、水流方向与压力变化等的感觉器官。鲤鱼侧线是埋在头部和体两侧的具数十个分支小管的纵行管，小管穿过鳞片并开口于体表(图14-20)。

(2)罗伦氏壶腹　是位于软骨鱼头部背腹面的一些特殊陷窝(图14-20)，开口于体表。每一小孔内连一小管，管内有腺细胞和感觉细胞，末端膨大成球形。可感受水流、水温和水压的变化，也是电感受器。

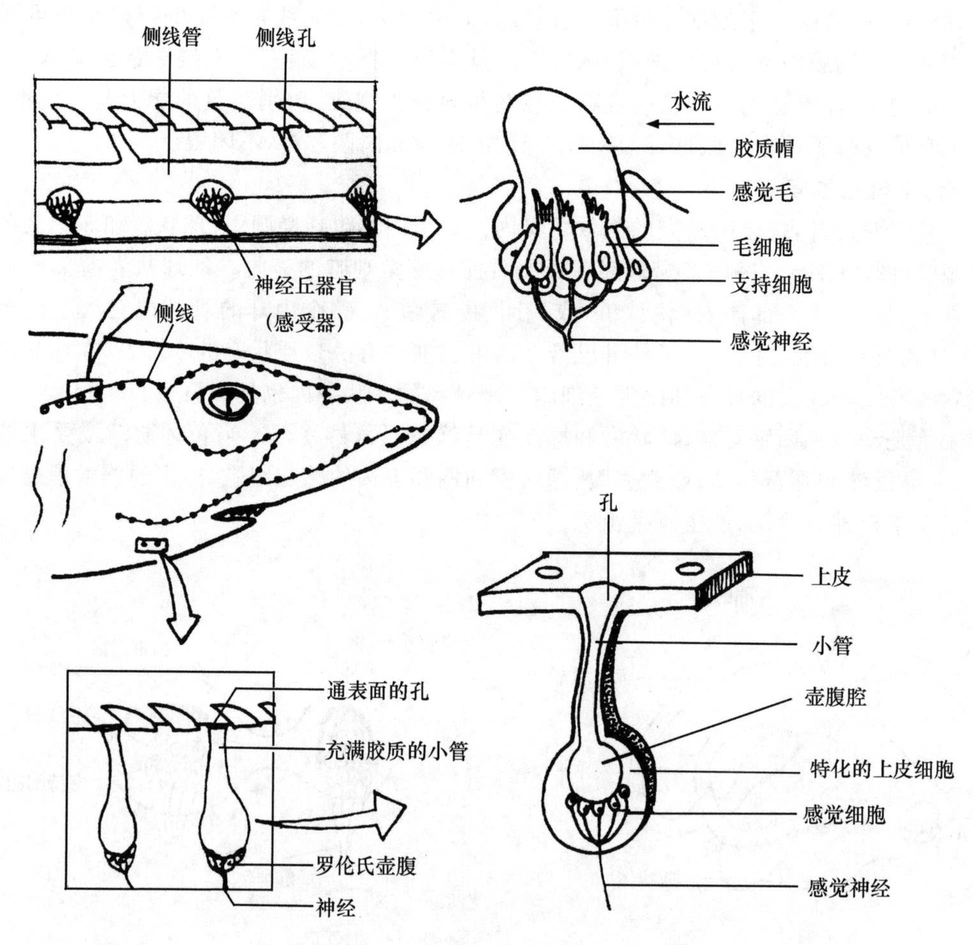

图 14-20 鱼类的皮肤感受器(引自刘凌云)

14.2 鱼类的进步性特征

(1)出现了上、下颌。颌的出现在脊椎动物进化史上具有重大意义。颌是动物由被动取食变为主动捕食的一次革命,增加了动物获得食物的机会和食物资源的广泛利用。颌除捕食外,还有进攻和防御、营巢、钻洞、求偶、育雏等多种功能,可谓是动物日常活动的万能工具。与主动捕食及多种活动相适应,颌带动了动物体制结构和生理功能发生全面的进化,有利于脊椎动物自由生活方式的发展和种族繁衍,是脊椎动物进化过程中的一项重要形态变革。

(2)出现了成对的附肢(胸、腹鳍),大大地增强了鱼类的活动能力,也是陆生脊椎动物四肢的前驱。

(3)脊柱取代了脊索,成为支持身体和保护脊髓的新生结构,加强了支持、运动及保护机能。

(4)脑已经分化为五部,感觉器官更为发达。出现1对鼻孔和3个半规管的内耳,嗅觉、平衡觉进一步强化。保护脑和感觉器官的头骨也更为完整。

14.3　鱼纲的分类

早在泥盆纪，鱼类就成为动物界繁荣昌盛的独特群体。时至今日，鱼纲仍然保持种类和数量上的一定优势，超过其他各纲脊椎动物数量的总和，约22 000余种。我国现有鱼类2 800余种。根据骨骼性质分软骨鱼和硬骨鱼两大类群。

14.3.1　软骨鱼类(Chondrichthyes)

软骨鱼类是内骨骼均为软骨的海生鱼类，体被楯鳞，4～7对鳃裂直接开口于体表，无鳔，肠内有螺旋瓣，歪尾型。雄性具鳍脚，体内受精，卵生或卵胎生。全世界约有846种，我国有260多种，分为2个亚纲。

14.3.1.1　板鳃亚纲(Elasmobranchii)

体为纺锤形或扁平形，体被楯鳞。口大，横裂在头部腹面，5～7对鳃裂直接开口于体表，上颌与脑颅不愈合。雄性具鳍脚，有泄殖腔。本亚纲分2个总目。

1. 鲨总目(Selachomorpha)

体为纺锤形，眼和鳃裂侧位，又称侧孔类，胸鳍与头侧不愈合，歪尾型，如各种鲨鱼。全世界有鲨鱼250～300种，我国有130余种。扁头哈那鲨(*Notorynchus cepedianus*)、路氏双髻鲨(*Sphyrna lewini*)、白斑星鲨(*Mustelus manazo*)和日本扁鲨(*Squatina japonica*)等是我国常见的鲨鱼(图14-21)。

2. 鳐总目(Batoidei)

身体背腹扁平，菱形或圆盘形，鳃裂腹位，又称下孔类，胸鳍前缘与头侧愈合，无臀鳍，尾鳍或有或无。营底栖生活。孔鳐(*Raja porosa*)、赤魟(*Dasyatis akajei*)、日本单鳍电鳐(*Narke japonica*)等是我国常见的鳐类(图14-22)。

14.3.1.2　全头亚纲(Holocephali)

头大，侧扁，鳃裂4对，被皮肤形成的鳃盖褶掩盖，仅以1对鳃孔通体外。身体光滑无鳞，侧线沟状，尾细长如鞭。上颌与脑颅愈合，故称全头类。现有种类很少，我国仅有黑线银鲛(*Chimaera phantasma*)，平时居深海，冬季游向近岸。肉食性，不喜群居，经济价值不大。

14.3.2　硬骨鱼类(Osteichthyes)

硬骨鱼类的骨骼多为硬骨。多正尾型。体被骨鳞、硬鳞或次生性退化为无鳞。1对鼻孔位于吻背面。鳃间隔退化，鳃丝长在鳃弓上，具鳃盖，4对鳃裂不直通体外。大多有鳔，肠内多无螺旋瓣。生殖腺壁延伸为生殖导管。多为体外受精，卵生。种类较多，分为3个亚纲。

14.3.2.1　肺鱼亚纲(Dipnoi)

本亚纲是一类古老的淡水鱼。骨骼大多为软骨，原尾型。心脏具动脉圆锥。肠内有螺旋瓣。有内鼻孔通口腔，鳔似肺，有鳔管通食管，能以鳔代“肺”呼吸。

肺鱼最初发生在泥盆纪，曾广泛分布于全球的淡水中。我国四川曾发现过肺鱼化石。现在全球仅有3属5种，如澳洲肺鱼(*Neoceratodus forsteri*)、非洲肺鱼(*Protopterus annectens*)和美洲

图 14-21　我国常见的鲨鱼(仿自 Moyle)

A. 扁头哈那鲨　B. 双髻鲨　C. 白斑星鲨　D. 日本锯鲨　E. 扁鲨　F. 狭纹虎鲨

图 14-22　我国常见的鳐鱼(仿自 Moyle)

A. 孔鳐　B. 赤魟　C. 颗粒犁头鳐　D. 日本单鳍电鳐

肺鱼(*Lepidosiren paradoxa*)(图 14-23)。澳洲肺鱼在低氧的水中,能以鳔呼吸;非洲肺鱼和美洲肺鱼在枯水时也能用鳔呼吸空气。水干涸时,它们能钻入淤泥,进行夏眠,可达数月。

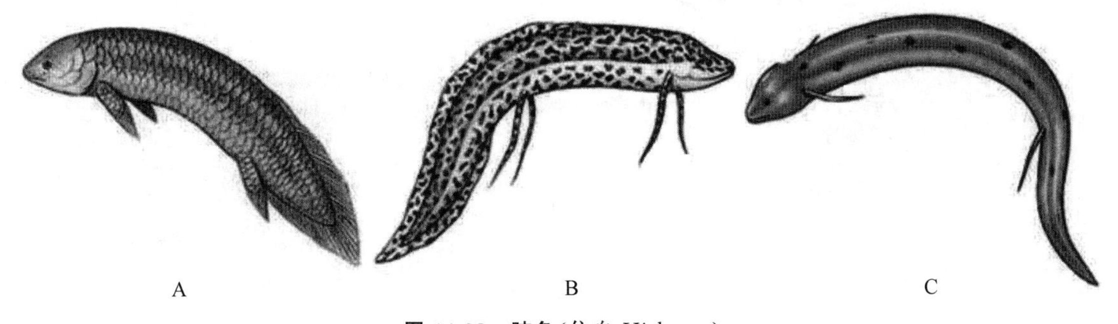

图 14-23　肺鱼(仿自 Hickman)

A. 澳洲肺鱼　B. 非洲肺鱼　C. 美洲肺鱼

14.3.2.2　总鳍亚纲(Crossopterygii)

总鳍鱼和肺鱼一样,具鳃和鳔,以鳔呼吸。偶鳍肉叶状,骨骼构造与陆生脊椎动物的四肢相似,基部有发达的肌肉,外覆鳞片。卵胎生。在水域干涸或缺氧时,有的种类以鳔呼吸空气,以偶鳍支撑身体,爬越泥沼。

过去人们一直认为,总鳍鱼类在白垩纪完全绝灭了。然而在 1938 年和 1952 年,分别在南非近海先后捕到 2 条鱼,最终定名矛尾鱼(*Latimeria chalumnae*)。至今已捕到 80 余条,它们正是保留下来的总鳍鱼,为动物界珍贵的"活化石"(图 14-24)。

图 14-24　矛尾鱼(仿自 Hickman)

14.3.2.3　辐鳍亚纲(Actinopterygii)

本亚纲是现代鱼类中最繁盛的类群,占鱼类总数的 90% 以上,分布广泛,生态类型多样。骨骼几乎全为硬骨,鳍由辐射状骨质鳍条支持。体多被硬鳞、圆鳞、栉鳞或无鳞。无内鼻孔。生殖导管为生殖腺壁延伸而成,无泄殖腔,泄殖孔与肛门分别开口于体外。

1. 鲟形目(Acipenseriformes)

古老而原始的硬骨鱼类,体型似鲨,软骨多,吻长,口腹位,歪尾,肠内有螺旋瓣。有骨质鳃盖,体被硬鳞或裸露,肛门与泄殖孔分开(图 14-25)。

(1)中华鲟(*Acipenser sinensis*)体被 5 纵列骨板,为北半球溯河洄游鱼类。在我国分布较广,长江中下游最为常见。每年溯河至长江上游产卵,幼鱼顺江而入海中生长。体长可达 4 m,重达 500 kg。中华鲟是地球上最古老的珍稀脊椎动物之一,为保护和拯救这一珍稀濒危的"活化石",我国长江水产研究所在葛洲坝成功地进行了中华鲟人工繁殖和放流,扩大了种群。

(2)白鲟(*Psephurus gladius*)又称中华匙吻鲟、中国剑鱼、象鱼,是我国特有的大型珍稀鱼类。身体光滑无鳞,吻前伸如剑。分布于我国长江、钱塘江、黄河流域,有"水中大熊猫"之称。

2. 鳗鲡目(Anguilliformes)

体形细长似蛇,脊椎骨数多达 260 枚。无鳞。鳃孔狭窄。一般无腹鳍,背鳍、臀鳍和尾鳍

图 14-25　中华鲟和白鲟(仿自 Moyle)

A. 中华鲟　B. 白鲟

相连,各鳍均无鳍棘。胸鳍有或无。世界各地均有分布,中国种类较少。

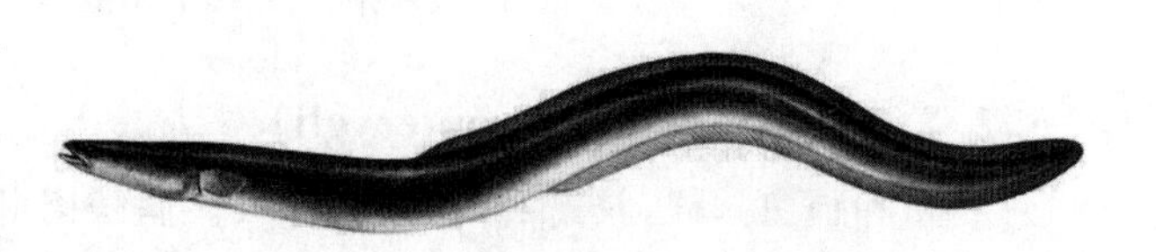

图 14-26　日本鳗鲡(仿自 Moyle)

最常见的为日本鳗鲡(*Anguilla japonica*)(图 14-26),主要分布在中国长江、闽江、珠江流域。常居于淡水,生殖时洄游至海洋中产卵。产卵后亲鱼死去,受精卵发育成透明的柳叶鳗,经变态发育为鳗形,回到淡水中生长至性成熟,再回深海产卵,是"生于海、死于海、育于河"的降河性洄游鱼类。

3. 鲱形目(Clupeiformes)

广泛分布于寒带、温带和热带水域。大多生活于海水,淡水种类少。多数种类是世界重要的经济鱼类,其产量占世界鱼总产量的 30%左右。如鲱科的鲥鱼(*Macrura reevesii*)、鳓鱼(*Ilisha elongata*)、鲱鱼(*Clupea pallasi*)、沙丁鱼(*Sardinella* sp.),以及鳀科中的刀鲚(*Coilia ectenes*)、短颌鲚(*C. brachygnathus*)等(图 14-27)。

4. 鲤形目(Cypriniformes)

体被圆鳞或裸露。许多种类口内无齿,但咽喉骨有发达的咽喉齿。具韦伯氏器,鳔有鳔管与食管相通。腹鳍腹位。卵生。鲤形目广布于世界各地,种类繁多。我国有 6 个科,700 多种,其中有重要经济价值的 3 个科分别是胭脂鱼科、鲤科和鳅科(图 14-28)。

(1)胭脂鱼科　体高而侧扁,背鳍高。口小唇厚,具 1 行咽喉齿。代表种胭脂鱼(*Myxocyprinus asiaticus*),属国家Ⅱ级保护动物,生长于长江上游和闽江等水域,卵生。其体型奇特,色彩绚丽,尤其是幼鱼,被称为"一帆风顺",在东南亚享有"亚洲美人鱼"的美称。胭脂鱼在自然环境中抗病力较强,但在人工饲养条件下易患病。

(2)鲤科　鲤科是鱼类种类最多的 1 个科,全球有 2 000 余种,我国分布约 500 种,是重要的淡水经济鱼类。口内无齿,具 1～3 行咽喉齿,1 个背鳍,无脂鳍。青鱼(黑鲩)(*Mylopharyngodon piceus*)、草鱼(鲩)(*Ctenopharyngodon idellus*)、鲢鱼(*Hypophthalmichthys molitrix*)、鳙鱼(*Hypophthalmichthys nobilis*)是我国传统养殖的"四大家鱼"。还有鲤鱼(*Cyprinus carpio*)、鲫鱼(*Carassius auratus*)、中华倒刺鲃(*Spinibarbus sinensis*)、团头鲂(*Megalobrama amblycephala*)、三角鲂(*M. tarminalis*)、银鲴(*Xenocypris argentea*)、黄尾鲴(*X. davidi*)等。

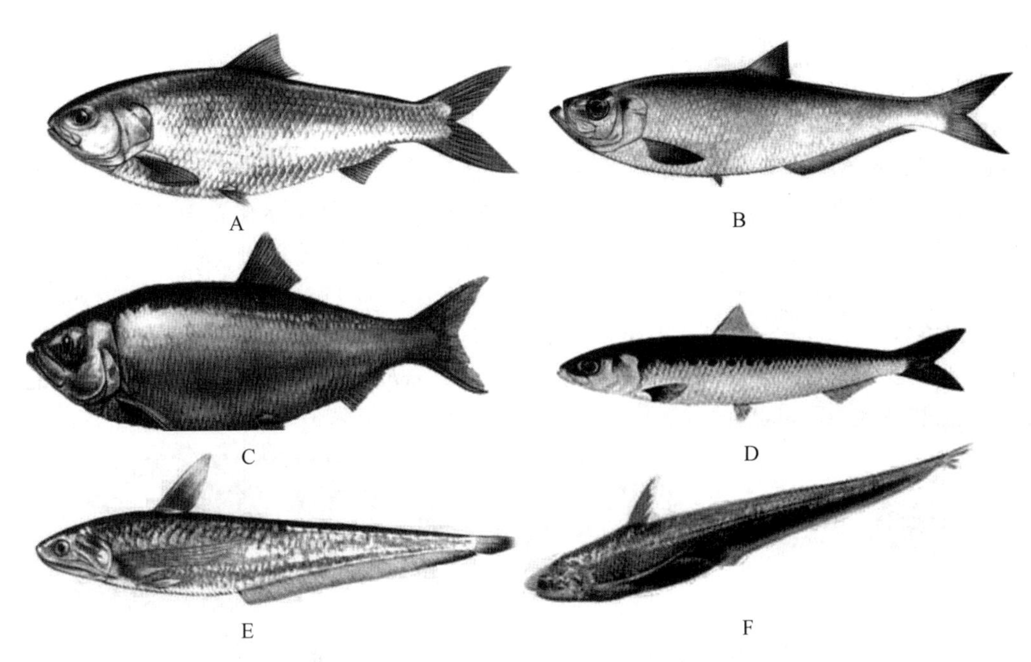

图 14-27 我国常见的鲱形目鱼类(仿自 Moyle)

A. 鲥鱼 B. 鳓鱼 C. 鲱鱼 D. 沙丁鱼 E. 刀鲚 F. 短颌鲚

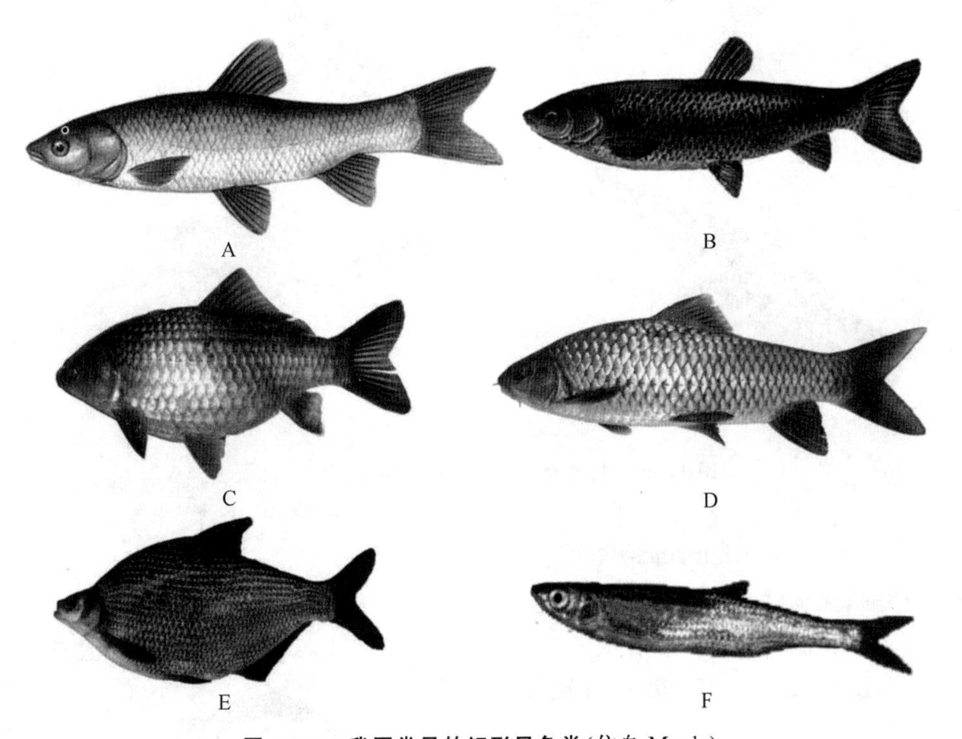

图 14-28 我国常见的鲤形目鱼类(仿自 Moyle)

A. 青鱼 B. 草鱼 C. 鲫鱼 D. 中华倒刺鲃 E. 三角鲂 F. 黄尾鲴

(3)鳅科 常见的淡水小型食用鱼类。体呈长圆筒形,被有细鳞或裸露。口须3对或更多,马蹄形小口,1行咽喉齿。代表种类有泥鳅(*Misgurnus anguillicaudatus*)、花鳅(*Cobitis taenia*)和长薄鳅(*Leptobotia elongata*)等。

5. 鲇形目(Siluriformes)

体裸露无鳞或被骨板。眼小,口大齿利,具1～4对口须,咽骨具细齿,有韦伯氏器。常具脂鳍,胸鳍和背鳍常具用于自卫的骨质鳍棘。鲇形目大多为淡水鱼类,少数海生,广泛分布于热带、亚热带水域,生活习性多种多样。在缺氧的沼泽化水域、地下水中都有生存者。大多数为凶猛肉食性鱼类,经济价值较高。我国产13个科,129种。如南方大口鲇(*Silurus meridionalis*)、胡子鲇(*Clarias fuscus*)、革胡子鲇(*Clarias leather*)、长吻鮠(*Leiocassis longirostris*)、黄颡鱼(*Pelteobagrus fulvidraco*)、大鳍鳠(*Mystus macropterus*)等,都是经济价值较高的鱼类。斑点叉尾鮰(*Ietalurus punetaus*)和云斑鮰(*I. nebulosus*)等鮰科鱼类主要产于北美,已被引入我国养殖(图14-29)。

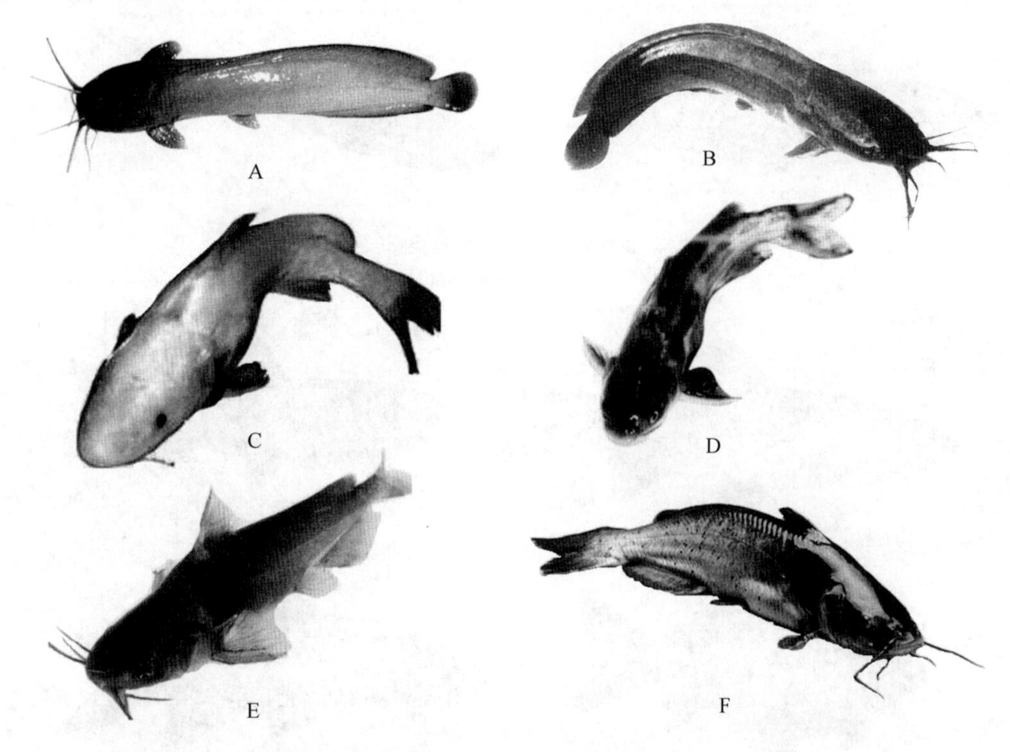

图14-29 我国常见的鲇形目鱼类(仿自Moyle)

A. 南方大口鲇 B. 胡子鲇 C. 长吻鮠 D. 黄颡鱼 E. 大鳍鳠 F. 斑点叉尾

6. 合鳃目(Synbranchiformes)

体型似鳗,无偶鳍,背鳍、臀鳍、尾鳍连在一起,无鳍棘。左、右鳃裂移至头腹面联合成一横缝,故得名;鳃小不发达,由口咽腔辅助呼吸,故可较长时间离水。鳞细小或无鳞,无鳔。我国只分布黄鳝(*Monopterus albus*)一个种(图14-30)。栖于池塘、稻田或小河中,常穴居。具性逆转现象。

图14-30 黄鳝(仿自Moyle)

7. 鲈形目(Perciformes)

体多被栉鳞。腹鳍胸位或喉位,2个背鳍相连或分离,前背鳍为鳍棘,后背鳍为鳍条。无鳔管和韦伯氏器。鲈形目是鱼类当中最大的一个目,主要分布在温热带的海洋中,淡水中也有分布。许多种类具有重要经济价值,以石首鱼类和金枪鱼类占主要地位。我国有 106 个科,约 1 685 种,常见的有 8 个科。如鲈科的鳜鱼(*Siniperca chuatsi*)、花鲈(*Lateolabrax japonicus*)、石斑鱼(*Epinephelus malabaricus*);丽鲷科的尼罗罗非鱼(*Oreochromis niloticus*);塘鳢科的沙塘鳢(*Odontobutis obscura*);鳢科的乌鳢(*Channa argus*)、斑鳢(*Channa maculata*)、月鳢(*Channa asiatica*);石首鱼科的大黄鱼(*Pseudosciaena crocea*)、小黄鱼(*P. polyactis*);带鱼科的带鱼(*Trichiurus haumela*);鲭科的鲐鱼(*Pneumatophorus japonicus*)、马鲛鱼(*Scomberomorus niphonius*)、金枪鱼(*Thunnus tonggol*);鲷科的真鲷(*Pagrosomus major*)等(图 14-31)。

图 14-31 我国常见的鲈形目鱼类(仿自 Moyle)

A. 鳜鱼 B. 花鲈 C. 石斑鱼 D. 罗非鱼 E. 乌鳢 F. 大黄鱼 G. 带鱼 H. 鲐鱼 I. 马鲛鱼 J. 真鲷

8. 鲽形目(Pleuronectiformes)

鲽形目俗称比目鱼,身体扁平,两眼位于头部的一侧,形状像鞋底,故称鞋底鱼。均为海产,少数种类在一年当中的某个时期可以进入淡水。我国产 8 个科,143 种,主要包括舌鳎科和牙鲆科,如半滑舌鳎(*Cynoglossus semilaevis*)和牙鲆(*Paralichthys olivaceus*)等。

14.4 鱼类与人类的关系

14.4.1 珍稀鱼类

我国有特产鱼类 400 余种,如白鲟、中华小公鱼(*Anchoviella chinensis*)、骨唇黄河鱼(*Chuanchia labiosa*)、长吻鮠、短颌鲚等,它们在研究鱼类起源及区系等方面具有重要的意义。属于国家Ⅰ级重点保护的鱼类有 4 种,即新疆大头鱼(*Aspiorhynchus laticeps*)、中华鲟、达氏鲟、白鲟。属于国家Ⅱ级重点保护的鱼类有黄唇鱼、松江鲈鱼、克氏海马鱼、胭脂鱼、唐鱼、大头鲤、金线鲃、大理裂腹鱼、花鳗鲡、川陕哲罗鲑、秦岭细鳞鲑等。

14.4.2 鱼类的经济价值

14.4.2.1 食用

鱼肉是人类肉食品的主要来源之一。鱼肉味道鲜美,其肌纤维比较短,蛋白质组织结构松散,水分含量较高,肉质嫩,容易消化吸收。蛋白质含量高,如带鱼含 18.1%、鲐鱼含 21.4%,其蛋白质的必需氨基酸组成与数量非常适合人体需要。鱼肉脂肪含量较低,一般为 1%～3%,并且主要由不饱和脂肪酸组成,熔点较低,通常呈液态,人体的消化吸收率为 95%左右。其中,二十碳五烯酸(EPA)和二十二碳六烯酸(DHA)等具有降血脂、清理血栓、增强机体免疫力、提高视力、补脑健脑和减轻关节疼痛等功效。鱼肉富含维生素 A、叶酸、维生素 B_2、维生素 B_{12} 和铁、钙、磷、镁等矿物元素,常吃鱼有养肝补血、润肤养发、滋补健胃、利水消肿、通乳、清热解毒和止嗽下气的功效。

除鲜吃外,鱼肉还可腌制、干制、熏制或制作罐头等。

14.4.2.2 药用

药用鱼类的研究和应用在我国有着悠久的历史。西汉时代的《医林纂要》等就有鱼类药用的记载。我国渔民在长期渔业生产和与疾病做斗争的过程中更是积累了丰富的经验,用鱼类治疗常见病和多发病取得了一定的成效。据统计,我国有药用鱼类近 200 种,如鲤、鲫、黄鳝、泥鳅、乌鳢、鲟鱼、海龙、海马、赤魟、大黄鱼、小黄鱼、带鱼、鲐鱼、虫纹东方鲀、石首鱼和鲨鱼等。

14.4.2.3 观赏

观赏鱼类大致有金鱼、锦鲤和热带鱼 3 类。金鱼是鲫鱼经人类长期驯化培育而成的,至今已有数百个品种。锦鲤是一类大型观赏鱼,以其缤纷艳丽的色彩、千变万化的花纹、健美有力的体型、活泼沉稳的游姿,赢得了“观赏鱼之王”的美称。锦鲤的祖先是鲤。目前世界各地饲养的热带观赏鱼有 2 000 余种,广泛养殖的有 400 多种。热带鱼的体色和鳞的形状变异较大,有红、蓝、黄、黑、绿及杂色等。

14.4.2.4　工业原料

鲨、鳕、鲆、鲽等鱼类的肝脏含脂量高达70%，不仅是提制鱼肝油的主要原料，还能提取维生素A、维生素D；鱼鳞可制鱼鳞胶、磷光粉、磷酸钙、尿素和鱼鳞酱油等；鱼皮可制革，制作鱼皮粉；鱼油可制油漆、润滑油、肥皂和油墨等；鱼鳔制成的鱼鳔胶，为高级黏着剂；鱼骨可制骨粉；鱼内脏及其废弃物可制成鱼粉，用作动物的优质蛋白质饲料原料。

14.4.2.5　科学研究材料

鱼类作为生物医学、环境保护科学等领域的试验研究材料，已获得了许多科研成果。尤其是斑马鱼(*Danio rerio*)，体型小、产卵量大、生长发育快、胚胎通体透明，是进行胚胎发育机理和基因组研究的好材料，在发育生物学研究中具有不可替代的作用。国际上非常重视斑马鱼资源，很早就建立了国际斑马鱼资源中心，极大地推动了斑马鱼相关研究领域的扩大和研究水平的提升。我国在科技部"发育与生殖重大科学研究计划"项目的资助下，于2012年在中国科学院水生生物研究所也建立了国家重大科学研究计划斑马鱼资源中心，为我国乃至世界生命科学的发展做出了重要贡献。目前，斑马鱼在神经系统疾病、抗肿瘤新药研制、免疫学、人类器官发育及再生、造血系统等方面的研究已取得了重要成果，已成为最重要的模式脊椎动物之一。

鱼类在水生毒理研究方面也具有不可替代的作用。鱼类对水环境的变化反应十分灵敏，当水体中的污染物达到一定程度时，就会引起一系列中毒反应，例如行为异常、生理功能紊乱、组织细胞病变，直至死亡。鱼类急性毒性试验，是水生生态毒理学的重要内容之一，并广泛应用于水域环境污染监测工作中，对控制工业废水的排放、保护水域环境、发展渔业生产，制定渔业水质标准，具有重要意义。鱼类急性毒性试验不仅用于测定化学物质毒性强度、测定水体污染程度、检查废水处理的有效程度，也为制定水质标准、评价环境质量和管理废水排放提供环境依据。

14.4.2.6　鱼类的危害

鲨鱼危害鱼群、破坏网具，噬人鲨(*Carcharodon carcharias*)会直接伤人。肉食性鱼类如鲇鱼、乌鳢吞吃鱼苗，是池塘养鱼的敌害。有些鱼类是寄生虫的中间寄主，如鲤鱼等为华肝蛭的中间寄主，人吃未煮熟的鱼肉可被感染致病。河豚有毒，食用前不经处理，可使人中毒丧命。

14.4.3　海洋渔业

14.4.3.1　鱼类的洄游

有些鱼类在其生活史中，具有周期性、定向性、集群性、规律性的迁移运动，称洄游(migration)。洄游有3种类型：

1. 生殖洄游

鱼类性成熟后，为了寻找适宜的产卵繁殖场所而进行的洄游。分以下几种类型。

(1)近陆洄游　平时生活于深海，繁殖期由深海游向浅海或近海岸产卵，如大黄鱼、小黄鱼和鳓鱼。

(2)溯河洄游　生活于海洋，繁殖期从海洋游向江河产卵，如大马哈鱼和中华鲟。

(3)降河洄游　生活于江河，繁殖期从江河游向海洋产卵，如鳗鲡。

(4)淡水生殖洄游　淡水鱼从河到河、从河到湖或从湖到河的产卵洄游,如四大家鱼。

2. 索饵洄游

鱼类为追捕食饵而进行的洄游,即从产卵场、越冬场到育肥场的洄游。

3. 越冬洄游

鱼类为选择水温适宜的越冬场所而进行的洄游。如大、小黄鱼和带鱼等。

研究并掌握鱼类洄游的规律,对探测渔业资源量及群体组成变化,预报汛期、渔场,制订鱼类繁殖保护措施,提高渔业生产具有重要意义。

14.4.3.2　海洋鱼类的捕捞和养殖

我国海区辽阔,沿岸港湾河汊多,其水深多是不超过 200 m 的浅海。浅海区面积约有 1.47 亿 hm^2,占世界浅海面积的 23.7%,居世界第一位。地处温热带,气候适宜。海区水质肥沃,浮游生物滋生,为鱼类的大量繁衍生息提供了条件。我国的海洋渔业资源极其丰富,有鱼类 2 000 多种,经济价值较大的就有 200 种以上,其中大黄鱼、小黄鱼、带鱼、鳓鱼和鲐鱼的产量居世界首位。我国的著名渔场有渤海、舟山、南海沿岸和东京湾渔场。

海洋鱼类的养殖是利用浅海、港湾、滩涂、围塘等海域进行饲养和繁殖海产经济动物的生产方式,是人类定向利用海洋生物资源、发展海洋水产业的重要途径之一。目前大致有港湾养殖和网箱养殖等方式。

14.4.4　淡水渔业

我国是世界上内陆水域面积最广的国家之一,约有 2 000 万 hm^2,可用作淡水渔业生产的水域约 700 万 hm^2,可养鱼的水稻田和浅水荡滩 1 000 多万 hm^2。

我国也是淡水鱼类资源最丰富的国家之一,其中具经济价值的有 250 多种。发展为养殖对象的已达 70 多种,鲤科鱼类最多,约占 1/2。

我国对淡水渔业做了大量的研究工作。在珍稀鱼类和养殖鱼类的人工繁殖、鱼病的预防与治疗等方面都取得了重要成果,为淡水养鱼业奠定了坚实的基础。在长期的养鱼实践中,总结出了池塘养鱼八字经,即"水、种、饵、混、密、轮、防、管",分别代表水质良好、苗足质优、饵丰质鲜、混合放养、合理密养、轮捕轮放、防治病害和科学管理等八方面的工作。

本章小结

鱼类具有水生生活和主动取食的进步特征。身体呈纺锤形,皮肤黏液腺发达,以鳍运动和平衡,用鳃呼吸,有鳔和良好的渗透压调节机制;脑和感觉器官更发达,出现 1 对鼻孔和 3 个半规管的内耳;脊柱代替了脊索,出现了上、下颌,有成对的附肢等。但鱼类仅分头、躯干和尾 3 部分,无颈部,无眼睑,单循环,大脑结构简单,大多体外受精等,也体现了其低等脊椎动物的系统演化地位。

现存鱼类分软骨鱼和硬骨鱼 2 大类。软骨鱼类有 200 多种,绝大多数生活在海中。硬骨鱼类种类繁多,占鱼类种数的 95%左右,经济价值较高。

复习思考题

1. 名词术语：

   鳞式　鳍式　初生颌　次生颌　单循环　侧线　韦伯氏器　血管囊　洄游
2. 鱼类的鳞、鳍和尾各有哪些类型？
3. 简述鱼鳔的类型与功能。
4. 鱼类渗透压调节的方式有哪些？
5. 简述鱼类适应水生生活的主要特征。
6. 简述鱼类主要的进步特征。
7. 简介鱼类的经济价值。

第 15 章　两栖纲

(Amphibia)

◆ 内容提要

两栖动物是首次登陆的脊椎动物，初步具备了陆生脊椎动物的形态结构，但仍未完全摆脱对水环境的依赖，属于水陆环境的“桥梁类群”。本章主要介绍两栖动物的基本结构，两栖纲的主要特征、分类及经济意义。

◆ 教学目的

掌握两栖动物的基本结构和主要特征及对陆地环境的初步适应性和不完善性；认识常见两栖动物种类，了解其分类特征和经济意义。

15.1　从水生到陆生的转变

15.1.1　水陆环境的主要差异

水环境与陆地环境之间存在极为显著的差异：①水、陆环境温度的恒定性不同。水温的变化幅度相对较小，而陆地温度存在剧烈的年、日周期性变化。②水、陆环境氧气含量差异较大。水中溶解氧低，仅为空气含氧量的 5%。③水、陆环境介质密度不同。水的密度是空气密度的 1 000 倍，致使动物在水、陆环境中的浮力及运动阻力差异巨大。④水、陆环境的多样性差异较大。陆地环境较水环境多样而复杂，从而为动物提供了更丰富的栖息、隐蔽等条件。

15.1.2　水生过渡到陆生面临的主要矛盾

水、陆环境的差异巨大，动物从水生过渡到陆生，会面临一系列的矛盾，主要有：

(1)在陆地上支撑身体并完成运动。

(2)防止体内水分蒸发。

(3)呼吸空气中的氧气。

(4)在陆地上繁殖。

(5)维持体内生理、生化活动所必需的温度条件。

(6)适应陆地环境的感官和完善的神经系统。

由此可见，动物对陆地环境的适应过程，将涉及皮肤、骨骼、呼吸、循环及生殖系统等一系列的改造。这些改造是在漫长的演化过程中，经历无数物种的演变逐渐完成的。

15.2 两栖动物的基本结构

15.2.1 外部形态

两栖动物的身体通常分头、躯干、四肢和尾 4 部分，无明显颈部。适应不同的生活方式，体型发生了较大变化，可分蚓螈型、鲵螈型和蛙蟾型 3 种。

版纳鱼螈(*Ichthyophis bannanicus*)等蚓螈型的种类外形似蚯蚓，四肢退化，屈曲身体的蜿蜒运动方式，营穴居生活。

大鲵(*Andrias davidianus*)等鲵螈型的种类有头、躯干、尾和四肢的分化。四肢短小，前肢 4 指，后肢 5 趾或 4 趾。尾部侧扁且相对发达，是鲵螈类的游泳和爬行器官，其运动方式与鱼的游泳姿势相似。终生水栖或繁殖期水生。

蛙蟾型的种类适于陆地爬行或跳跃生活。幼体有尾，成体尾消失，成体分头、躯干和四肢 3 部分。具五趾型附肢，前肢短小且 4 指，指间一般无蹼，主要用来撑起身体前部，利于观察周围环境；后肢较长且 5 趾，趾间多具蹼，适于游泳和跳跃。雄性前肢的第一、二指内侧局部隆起成婚垫(nuptial pad)，垫上富有黏液腺或角质刺，用以加固抱对。树栖蛙类的趾末端膨大成吸盘，能吸附在枝干或叶片上，适于爬高。

15.2.2 皮肤

皮肤裸露，富含腺体，鳞已退化，仅少数穴居的无足类在皮下尚有残留的鳞痕。这是现代两栖类的皮肤与古两栖类及其他脊椎动物的重要区别。

皮肤分表皮和真皮两层(图 15-1)。表皮由多层细胞构成，外层是 1～2 层宽扁形细胞，发

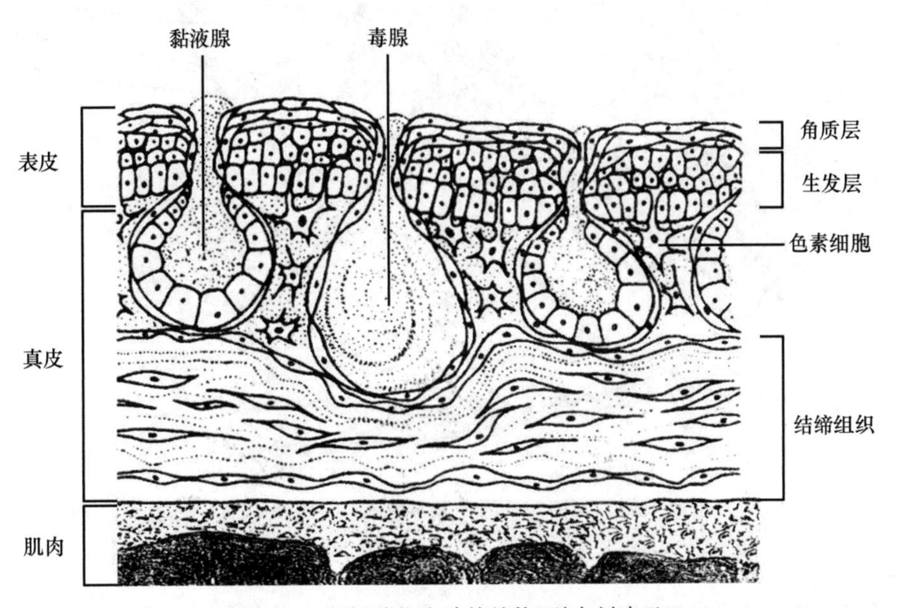

图 15-1 两栖动物皮肤的结构(引自刘凌云)

生不同程度的角质化;内层为单层柱状细胞,能不断地分生新细胞补充至外层。通过脑下垂体和甲状腺的调控,会出现角质细胞的脱落现象,即蜕皮。真皮位于表皮下方。外层是疏松结缔组织构成的海绵层,紧贴表皮,其间分布大量的血管、神经、多细胞腺体和色素细胞等;内层由致密结缔组织构成,分布大量的血管。皮下有发达的淋巴间隙和毛细血管,故两栖类的皮肤易于剥离,并有辅助呼吸的功能。某些水生种类及冬眠期的两栖类,几乎全靠皮肤呼吸。

两栖类的皮肤衍生物包括皮肤腺和色素细胞两大类。其幼体和终生水生的有尾两栖类的皮肤腺与鱼类相似,仍以单细胞黏液腺为主。成体为多细胞腺体,依据分泌的液体不同而分黏液腺和浆液腺。前者有输出管将分泌的黏液释放至体表,形成黏液层,保持皮肤湿润;后者能分泌轻微刺激性或有毒物质,故称毒腺,具保护和防御功能。表皮和真皮内均有色素细胞,在皮下由内向外分3层排列,即黑色素细胞、虹膜细胞和黄色素细胞。不同色素细胞的配合,加之色素细胞中的色素颗粒随环境(光线或温度)的变化而变化,形成了两栖动物的体色及色纹变化。雨蛙和树蛙是两栖动物中具保护色并能迅速变色的典型代表。

15.2.3 骨骼系统

两栖动物的骨骼结构经历了剧烈的改造过程,比鱼类具有更大的坚韧性和灵活性,基本演化出了典型陆栖脊椎动物的骨骼系统(图 15-2)。

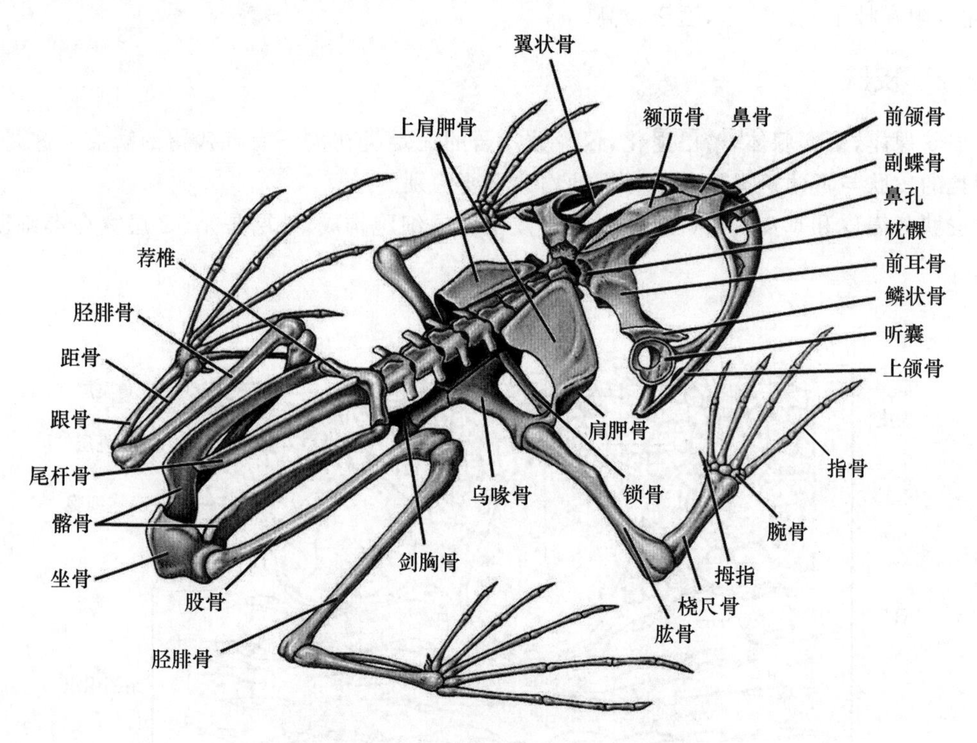

图 15-2 两栖动物的骨骼系统(引自 Hickman)

1. 头骨

头骨宽扁,呈三角形,脑腔狭小,平颅型。头骨骨片减少或愈合。眼眶增大,眶间隔缺失。

枕骨具1对枕髁。鱼类的舌颌骨演化为两栖类的耳柱(听)骨,颌弓与脑颅连接属自接型。

2. 脊柱

脊柱已分化为颈椎、躯干椎、荐椎和尾椎4部分。首次出现1枚颈椎和1枚荐椎。颈椎前端的1对关节窝与枕骨后缘的2个枕髁构成可动关节,使头部仅能上下活动。荐椎的横突发达,无尾两栖类尤为明显,外端与腰带的髂骨连接,使后肢获得较为稳固的支持。但与真正陆栖脊椎动物的运动及支持功能相比,仍处于不完善的初级阶段。

两栖类的椎体类型与数目因种而异,包括双凹、前凹和后凹型,是分类的重要依据之一。

两栖类首次出现胸骨,位于胸部中央,但因多数成体的肋骨发育不良或融合在椎体的横突上,致使胸骨与躯干椎的横突或肋骨互不相连,故未能形成胸廓。

3. 带骨和肢骨

肩带与头骨分离,借肌肉和韧带与脊柱相连,使前肢的活动范围加大,并能缓冲陆地运动时对脑的剧烈震荡。肩带主要由肩胛骨、上肩胛骨、乌喙骨、上乌喙骨和锁骨等构成。由肩胛骨、乌喙骨和锁骨交汇形成的凹窝为肩臼,与游离前肢的肱骨相关节。腰带借荐椎与脊柱相连,由坐骨、髂骨和耻骨构成。三骨相连形成的凹陷是髋臼,与游离后肢的股骨相关节。这种脊柱、腰带与后肢以骨连接,体重主要由后肢承受的结构,是陆生脊椎动物的共同特征。但蛙类适于跳跃,其荐骨与髂骨之间形成可动的荐髂关节,则与其他大多数陆栖脊椎动物不同。

两栖类已进化出五趾型附肢。蛙类前肢骨包括肱骨、桡尺骨、腕骨、掌骨和指骨;后肢骨包括股骨、胫腓骨、跗骨、跖骨及趾骨。此外,蛙类的附肢也存在一些次生性变化,如前肢第一指退化,拇指内侧有距。

15.2.4　肌肉系统

两栖类由水生向陆生转变,不仅骨骼发生了巨大变化,与之相关的肌肉也得到了相应的发展。其特点如下:

(1)无足类、有尾类及无尾类幼体(蝌蚪)仍然保留着鱼类靠躯干摆动为主的运动方式,躯干肌分节现象明显;无尾类成体肌肉的原始分节现象多已消失,改变为纵行或斜行的长短不一的肌肉群。

(2)四肢肌肉发达,后肢肌肉尤为发达。带骨的肌肉将肩带和腰带与中轴骨紧密相连。这种分布方式的肌肉不仅利于平衡、增强运动能力,而且为四肢稳固地支持身体并完成多种形式的运动提供充足的动力。

(3)轴上肌退化、轴下肌发达,利于保护内脏、支持腹壁、完成陆上运动和呼吸等。

15.2.5　消化系统

消化系统由消化道和消化腺构成(图15-3)。消化道包括口咽腔、食道、胃、小肠、大肠(直肠)和泄殖腔。消化腺包括肝脏、胰脏、口腔腺、胃腺和肠腺。

口咽腔内具牙齿和舌,还有内鼻孔(internal naris)、耳咽管孔(auditory tube)、喉门和食管等开口,分别与体外、中耳、气管和消化管相通(图15-4)。牙齿仅能咬住食物,防止食物从口中滑脱,无咀嚼功能。多数无尾类的口腔底部有一能动的肌肉质舌,舌根固着在下颌前端,舌尖大多分叉(蟾蜍不分叉),能突然翻出口外黏捕食物。食物靠眼球下陷推进食道入胃,经小肠消化吸收后入大肠至泄殖腔。肠的长度与食性相关。

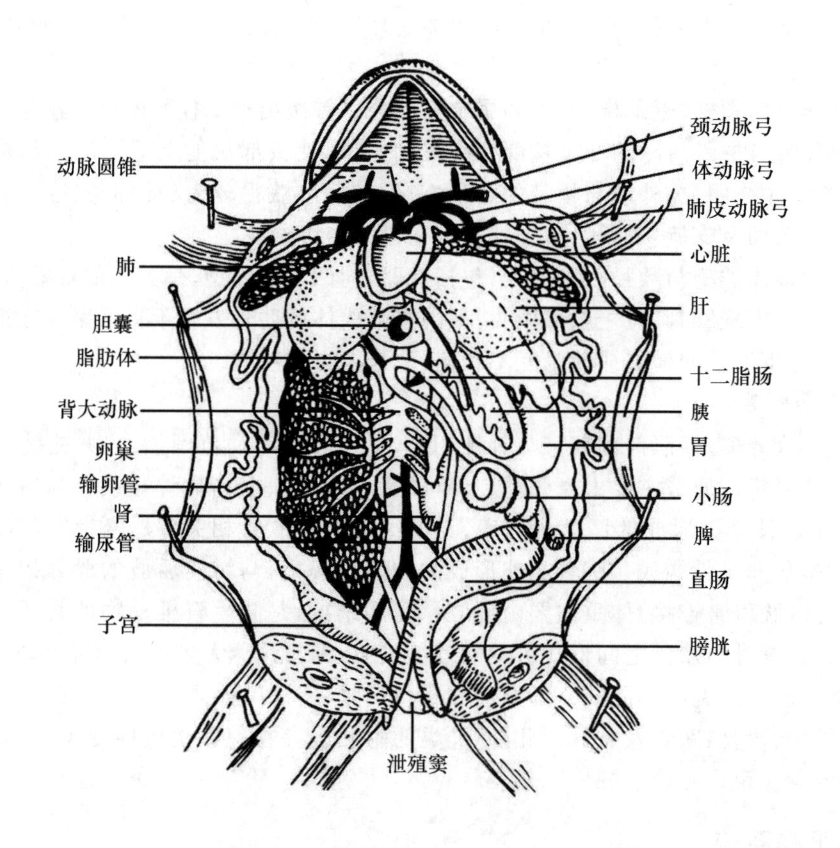

图 15-3 蛙蟾类的内脏(引自刘凌云)

两栖类首次出现分泌黏液的唾液腺(颌间腺),位于前颌骨和鼻囊之间,其黏液不含消化酶,仅能湿润和辅助吞咽食物。肝脏位于体腔前部,分左右 2 大叶和中间 1 小叶。2 大叶间有 1 绿色圆形、贮存胆汁的胆囊。胰脏位于胃和十二指肠间的系膜上,呈淡黄色的不规则分枝状,无直接入肠的独立导管。胰液经短胰管入胆总管后,再入十二指肠。胃壁黏膜上有胃腺,能分泌胃蛋白酶原和盐酸。小肠黏膜下有能分泌消化酶的肠腺,食物在此分解吸收。

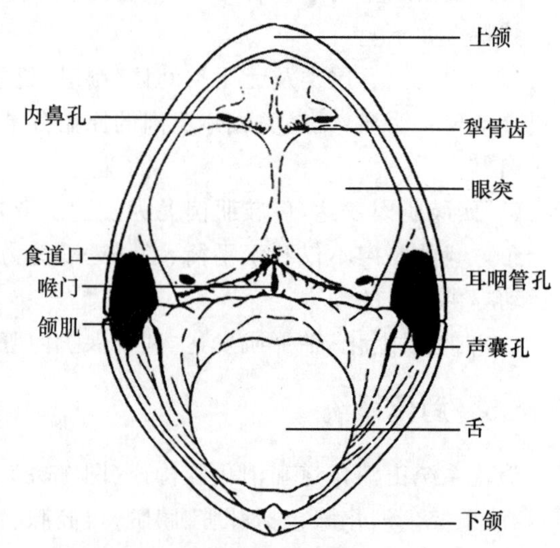

图 15-4 蛙蟾类的口咽腔(仿自侯林)

15.2.6 呼吸系统

两栖类的呼吸方式较多样化,其水陆过渡性十分明显。不同种类或同一种类的不同发育时期,以及不同生理状态下,呼吸方式均有较大差异。

1. 鳃呼吸

蝌蚪和有尾两栖类主要靠鳃呼吸。蝌蚪先具分枝状的外鳃，后又生几排内鳃，成体时消失。有尾类鳃的数目及形态变异较大，营穴居生活的种类鳃孔数目趋于减少，甚至消失。

2. 肺呼吸

肺是无尾类成体的主要呼吸器官，其结构十分简单，仅为 1 对薄壁的盲囊。两栖类的喉、气管和肺的结构尚不完善，肺呼吸效率不高。

3. 皮肤呼吸

无尾类成体的皮肤薄且湿润，内富含毛细血管，通透性强，故皮肤是重要的辅助呼吸器官。在蛰眠期，主要以皮肤呼吸。

4. 口咽腔呼吸

多数两栖类口咽腔黏膜上也富含毛细血管，也是辅助呼吸器官。

两栖类尚未形成胸廓，故不能进行胸腹式呼吸，以特有的咽式呼吸来完成肺呼吸过程。吸气时，口和喉门关闭，鼻孔张开，口底下降，空气进入口咽腔，在其黏膜处完成气体交换；鼻孔关闭，喉门开启，口底上升，将口咽腔内的空气压入肺内，在肺内完成气体交换；口底下降，借助肺的弹性回缩和腹壁肌的收缩，废气被压回口咽腔，该过程可以反复多次，能充分利用吸入的氧气并减少失水；最后，鼻孔张开，口底上升，将废气排出体外(图 15-5)。

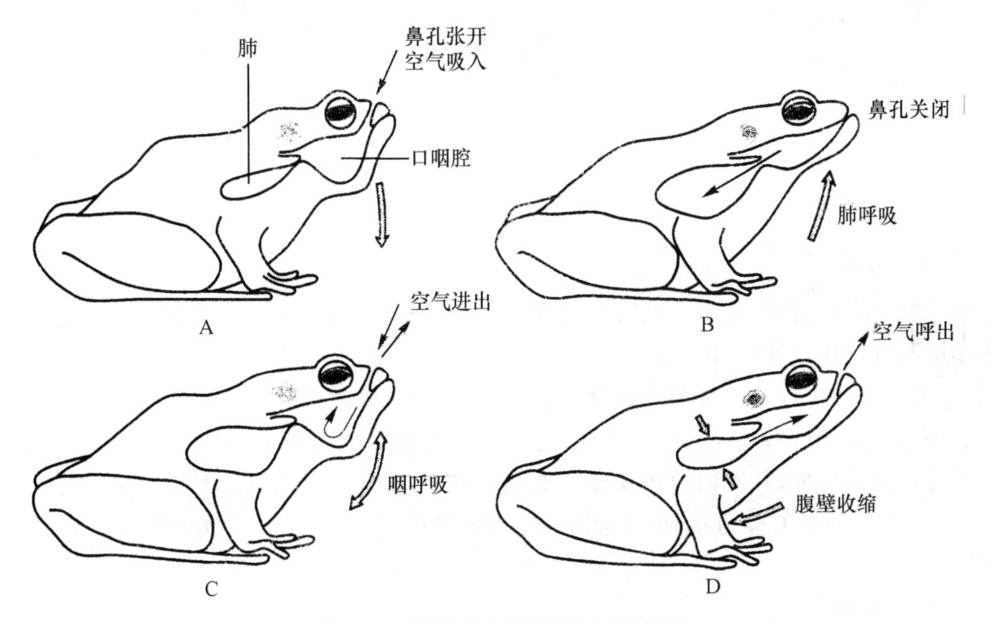

图 15-5　蛙的咽式呼吸(引自刘凌云)

A. 吸气(口底下降)　B. 空气入肺(口底上升)　C. 空气回咽(口底下降)　D. 呼气(口底上升)

两栖类首次出现发声器官——声带(vocal cord)。声带是长在喉门的勺状软骨内侧的弹性纤维带，靠肺内气体冲出而发声。蛙类口咽腔的两侧或底部有 1 对或 1 个声囊(vocal sac)开口，声囊是发声的共鸣器。

15.2.7　循环系统

不完全双循环和体动脉内含有混合血液是两栖类血液循环最为显著的特点。

15.2.7.1 心脏

两栖类的心脏位于围心腔内,包括静脉窦、心房、心室和动脉圆锥 4 部分(图 15-6)。心房被房间隔分成左右 2 腔,左心房接收由肺静脉回心的多氧血,右心房与静脉窦相通。静脉窦位于心脏背面,汇集由前腔静脉和后腔静脉回心的缺氧血。2 心房由一共同的房室孔通心室。心室无间隔,壁厚且富有肌肉。动脉圆锥发达,自心室腹右侧发出,与心室连接处环生 3 个半月瓣,可防止血液倒流。其内还有一纵行螺旋瓣,能随动脉圆锥的收缩而转动,可辅助分配由心脏压出的含氧量不同的血液循序进入相应的动脉。

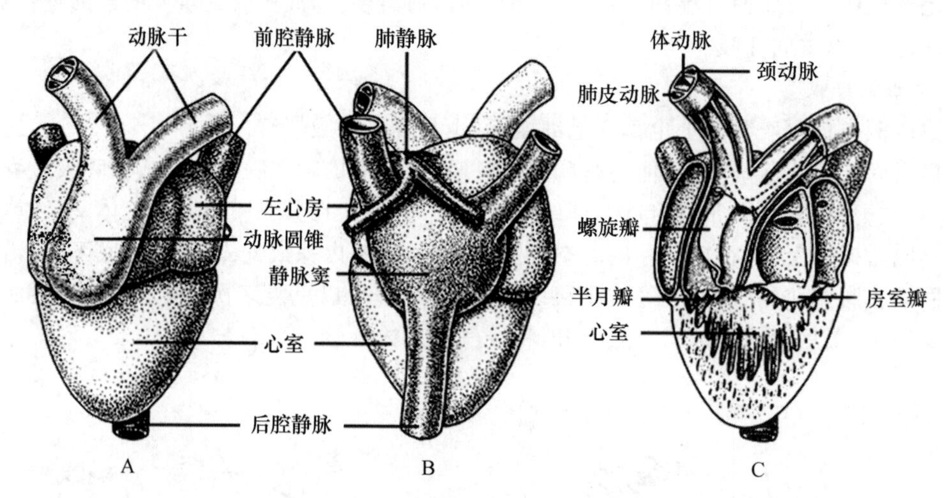

图 15-6 两栖动物的心脏(引自姜云垒)

A. 腹面观 B. 背面观 C. 纵切面

15.2.7.2 动脉

由动脉圆锥前端伸出左右 2 条腹侧动脉干,每条动脉干由内向外依次各分为 3 支:颈动脉弓、体动脉弓和肺皮动脉弓(图 15-7)。

每 1 颈动脉弓分外颈动脉和内颈动脉 2 支,分叉处有 1 圆球形的颈动脉腺,可监测动脉血压变化。左、右体动脉弓弯向背后成弧状,各自分出至前肢的锁骨下动脉后,会合成 1 条背大动脉,沿脊柱向后延伸,并发出数条动脉分支至躯干、内脏各器官和后肢等处。左、右肺皮动脉各分 2 支,1 支是通肺的肺动脉,在肺壁散成毛细血管网;另 1 支为入皮肤的皮动脉,也散成毛细血管网。

15.2.7.3 静脉

身体后部和后肢的静脉血液,通过臀静脉和股静脉汇入肾门静脉和腹静脉。肾门静脉的血经肾脏后由肾静脉汇至后腔静脉。肝门静脉收集胃、肠、胰、脾的血液与腹静脉合并后通至肝脏,再由肝静脉汇至后腔静脉。身体前部和前肢的静脉血由颈外静脉、无名静脉和锁骨下静脉汇入 1 对前腔静脉。前腔静脉和后腔静脉通至静脉窦。肺静脉 1 对,汇集由肺返回的血液,左右肺静脉在入心脏之前,合二为一,通入左心房(图 15-7)。

15.2.7.4 淋巴系统

两栖类具发达的淋巴系统,包括淋巴管、淋巴窦、淋巴心和脾脏等结构,无淋巴结。淋巴窦

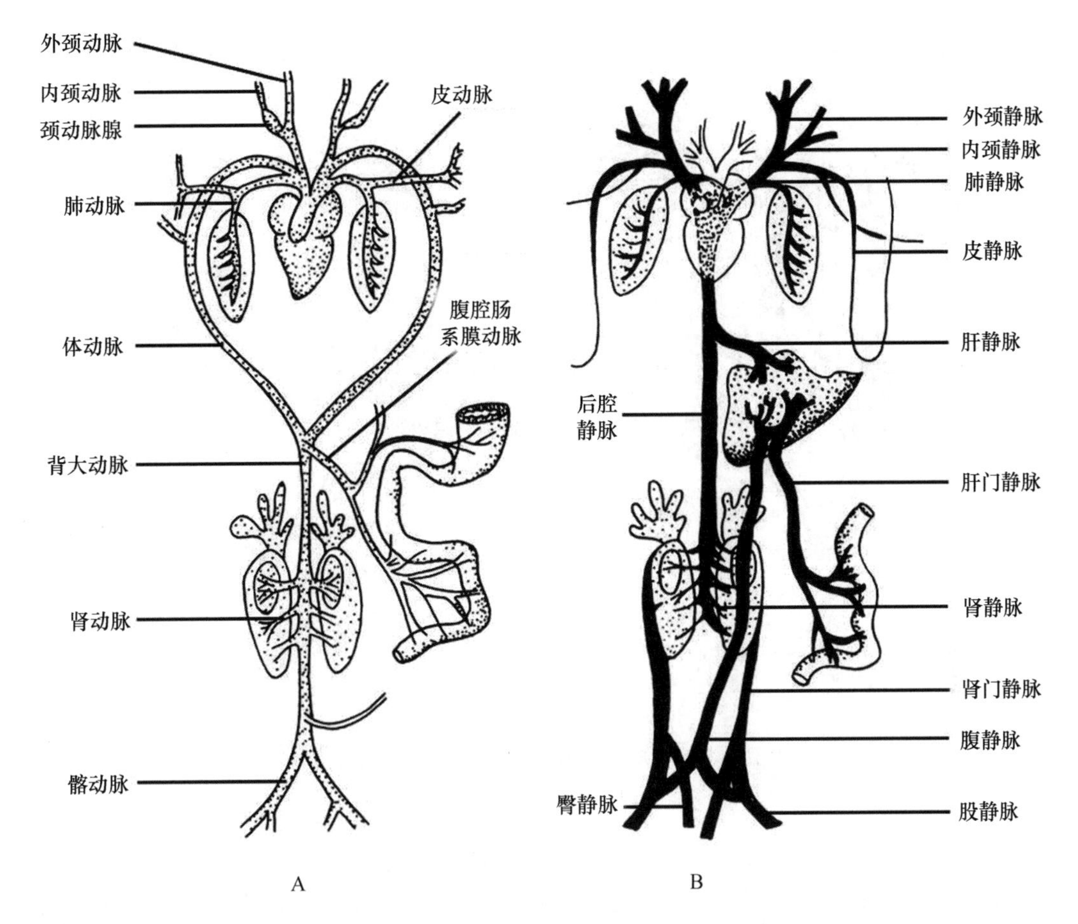

图 15-7 两栖动物的血液循环路径(引自刘凌云)

A. 动脉系统 B. 静脉系统

是淋巴管膨大扩展成的淋巴腔隙,内充满淋巴液。肌质的淋巴心能搏动,可压送淋巴液回心。脾脏位于体腔直肠前端的腹侧,为暗红色的圆形结构,是体内最大的淋巴器官。

15.2.8 排泄系统

两栖类的排泄器官是1对中肾。蚓螈类的肾脏呈长扁形带状。蛙蟾类的肾脏位于体腔中后部的脊柱两侧,呈暗红色长椭圆形,其腹面有线形的橙黄色肾上腺。左、右肾的外缘后端各连接1条输尿管(中肾管),直通泄殖腔背壁。雌性的中肾管只能输尿,雄性的中肾管则有输尿兼输精的作用。泄殖腔腹壁外突形成一较大的薄壁膀胱,称泄殖腔膀胱(cloacal bladder)。膀胱有贮存尿液、水分重吸收和维持渗透压平衡的功能(图 15-8)。

15.2.9 生殖与发育

两栖动物均雌雄异体,多数两性异形,体外受精,体外发育。

15.2.9.1 雄性生殖器官

精巢1对,位于肾脏内侧(图 15-8),精巢内有许多产生精子的精细管。输精管经肾、中肾

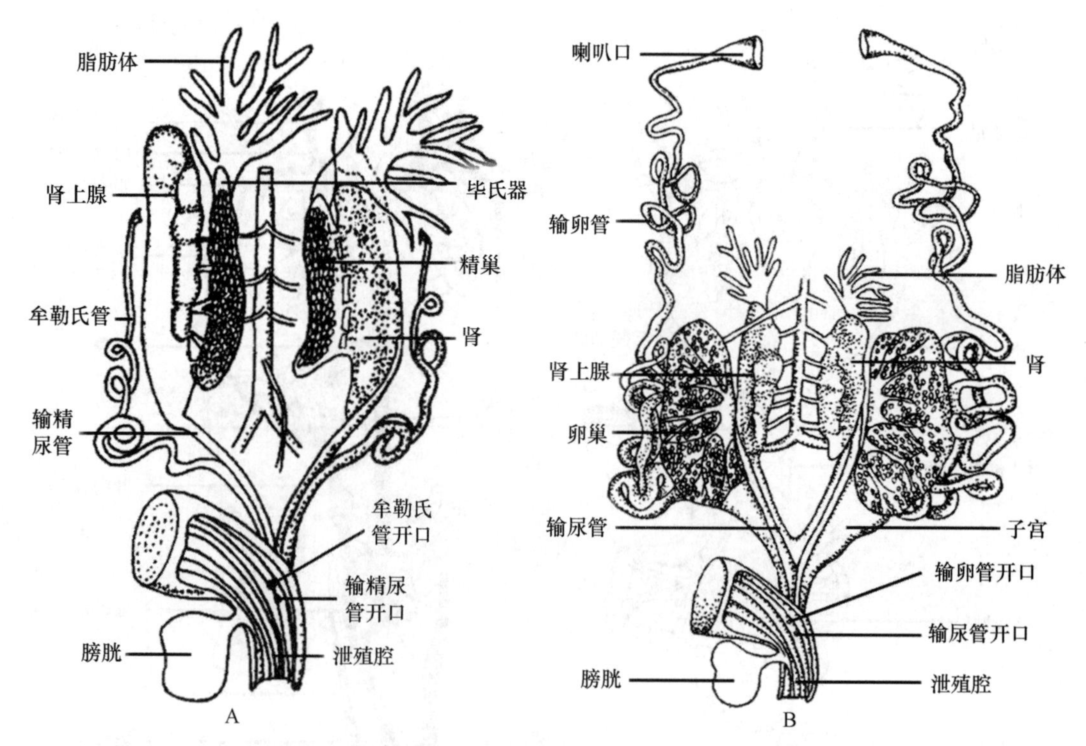

图 15-8 两栖动物的泌尿生殖系统(引自刘凌云)

A. 雄性 B. 雌性

管(输尿管)到达泄殖腔。中肾管在入泄殖腔前膨大成贮精囊,以贮存精液。雄性两栖类不具交配器官,大多行体外受精。无足类的蚓螈及少数有尾类行体内受精,其雄性泄殖腔向外突出,可视为交配器。

雄性蟾蜍仍保留着退化的输卵管,即牟勒氏管(Müllerian duct)。其精巢前端有一肉粉色的相当于残余卵巢的圆形结构,称毕氏器(Bidder's organ)。人工摘除精巢后,毕氏器将发育为卵巢,残存的输卵管发育成子宫,这种动物雌雄个体相互转化的现象称为性逆转(sex reversal)。

15.2.9.2 雌性生殖器官

卵巢1对。体腔两侧各有1条白色迂回的输卵管,前端以喇叭口开口于肺基部附近,后端扩大类似子宫,开口于泄殖腔(图 15-8)。卵成熟后穿破卵巢壁落入腹腔内,借助腹肌的收缩和腹腔膜纤毛的作用,使卵进入喇叭口,沿输卵管下行。输卵管壁富含腺体,卵经过输卵管时即被腺体分泌的胶状物质所包裹,再下行入子宫暂时贮存。

雌雄两性的生殖腺前方均有1对黄色火炬状的脂肪体(fat bodies),繁殖期间能供给生殖腺发育和生殖细胞营养,还可为蛰眠期机体代谢提供能量。深秋季节脂肪体最发达,次年繁殖期后脂肪体萎缩。

15.2.9.3 蛙类的发育

蛙类在每年4～5月份进入繁殖期。尽管蛙类和鱼类均为体外受精,但较鱼类进步之处是出现了抱对现象和卵外被有胶质卵膜。

雌雄蛙抱对可持续数小时至数日。雌蛙受抱对的刺激,能将贮存在子宫内的成熟卵一次性排出体外,雄蛙同时也会将精液排出,精卵在水中受精,极大地提高了受精率。蛙卵外被薄而透明的胶质卵膜,彼此相连接成大型的卵团,遇水膨胀漂浮于水面上。胶质卵膜能保护受精卵,防机械损伤、病菌侵染、天敌吞食等,还能提高孵卵的温度和氧气供给量。

受精蛙卵经 4～5 d 发育成蝌蚪。蝌蚪无四肢。头部最初有 3 对羽状外鳃,随后消失,在其前方产生 4 对内鳃。心脏具 1 心室、1 心房,单循环。

蝌蚪自由生活一段时间后,开始进行由适应水栖变为适应陆栖的一系列剧烈改造的变态过程。外形变化是依次长出成对的后肢芽和前肢芽,尾部逐渐退化至消失,体长缩短,口角扩大,眼突出。内脏器官也同时变化,咽部生出 2 个盲囊状肺芽,心脏逐渐发展为 2 心房、1 心室,出现中肾代替前肾,消化管变粗短并有明显的胃肠分化。蝌蚪需经历 3 个月变态发育才能成幼蛙,幼蛙性成熟约需 3 年(图 15-9)。

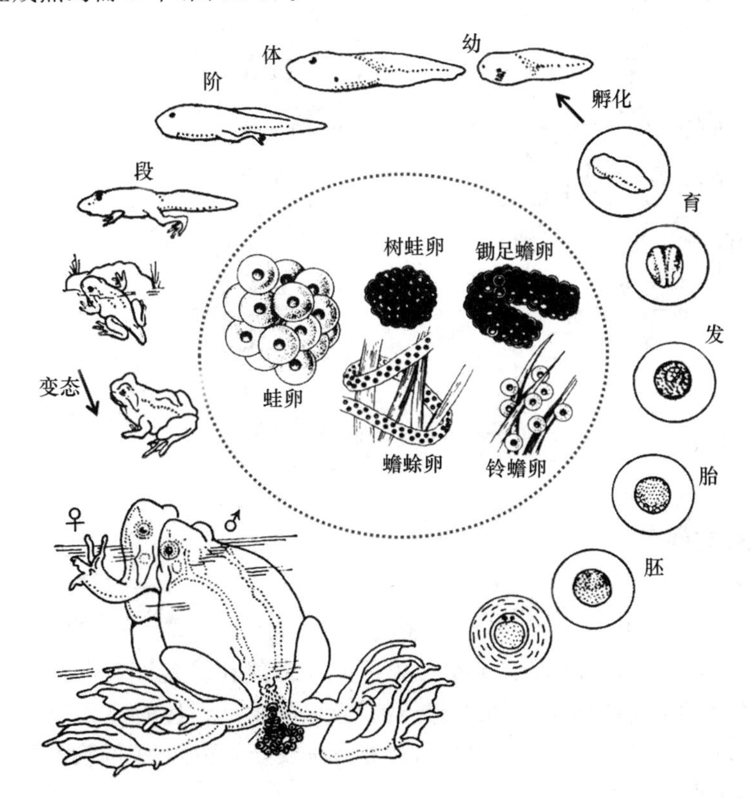

图 15-9 蛙类的生活史(仿自刘凌云和许崇任)

15.2.10 神经系统与感觉器官

15.2.10.1 神经系统

两栖类的五部脑(图 15-10)在陆生四足动物中处于最低等的水平,脑弯曲很小。大脑两半球较大并已完全分开,大脑皮层的底部、侧部和顶部都出现了一些零散的神经细胞,故称原脑皮,脑皮下有纹状体。间脑顶部有一不发达的松果体,底部有漏斗体和脑下垂体。中脑顶部为 1 对圆形的视叶,底部增厚为大脑脚。中脑不仅是视觉中枢,而且是主管身体活动的最高中枢。小脑紧贴视叶,为横跨延脑前缘的一横褶。延脑位于脑的最后端,后与脊髓相连。脑神经10对,脊神经10对。蛙类已有发育较完备的植物性神经系统。

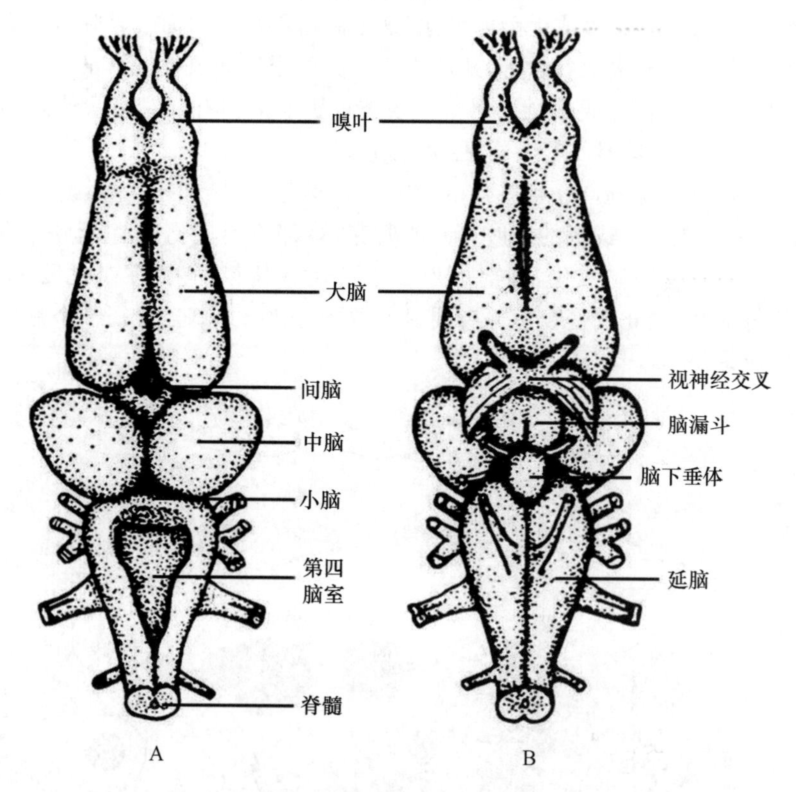

图 15-10 无尾两栖动物的脑(引自姜云垒)

A. 背面观 B. 腹面观

15.2.10.2 感觉器官

1. 视觉器官

蛙类的两眼高居头顶,有能活动的下眼睑和半透明的瞬膜。首次出现眼腺(哈氏腺)(Harderian gland),位于内眼角下方,其分泌物能润滑眼球和瞬膜。角膜突出,水晶体近似圆球且稍扁平,晶体与角膜间的距离较远,适于观看较远的物体。蛙的视觉调节较鱼类完善,但仍属单重调节。蛙类水中远视、陆上近视,只能看清焦点处的物体,视网膜对移动物体极敏感,能准确地捕捉到焦点处的飞虫。

2. 听觉器官

两栖类只有内耳和中耳,无外耳。其内耳的构造与鱼类相似,分化出的瓶状囊比鱼类明显且能感受声波,故内耳兼有平衡觉和听觉功能。蛙类首次出现中耳(middle ear),由鼓膜、鼓室(中耳腔)和耳柱骨组成。鼓膜暴露于头部皮肤的外面,内为鼓室。鼓室内有耳柱骨(听小骨),借耳咽管与口咽腔相通。耳柱骨的外端顶住鼓膜内壁,内端顶住内耳卵圆窗。声波引起鼓膜振动时,经耳柱骨传入内耳,刺激内耳膜迷路中的感觉细胞,经听神经传入脑的听中枢,产生听觉。

3. 嗅觉器官

蛙类有1对鼻囊,由外鼻孔与外界相通,以内鼻孔与口咽腔相通。鼻腔是嗅觉器官和气体进出的通道,其腹内侧壁有1对覆以嗅黏膜上皮的盲囊,称犁鼻器,是味觉感受器,这是多数陆生四足类动物共同的特征。

4. 侧线器官

所有两栖类的幼体、有尾类的成体和少数无尾类的成体都有与鱼类相似的侧线器官。

15.3 两栖纲的主要特征

15.3.1 两栖类对陆生的初步适应性和不完善性

15.3.1.1 初步适应性

(1)初步解决了在陆地上运动的矛盾。出现了五趾型附肢,脊柱分化出颈椎和荐椎,且腰带直接与荐椎连接。获得了对身体的支撑力,扩大了活动范围,增强了陆地捕食等能力。

(2)初步解决了从空气中获得氧气的矛盾。两栖类首次出现了肺,循环系统也由单循环改变为不完全的双循环,表皮仅轻微角质化,这些是适应于陆地呼吸的主要原因。

(3)初步解决了陆地复杂环境的适应问题。出现了比鱼类进步的感觉器官和神经系统,其大脑顶壁具原脑皮,出现了中耳、眼睑和眼腺,视、嗅、听觉功能均增强,提高了对陆地环境的感知能力。

15.3.1.2 不完善性

(1)两栖类未从根本上解决陆地存活和繁殖问题。皮肤的角质化程度不高,不能有效防止体内水分散失;从卵受精到幼体完成变态都必须在水中进行,故未能彻底摆脱水的束缚。

(2)肺呼吸不完善,还必须靠皮肤和口咽腔辅助呼吸。

(3)由于肺呼吸不完善和不完全的双循环等原因,维持体内生理、生化活动所必需的温度问题也未解决。

15.3.2 两栖纲的主要特征

(1)皮肤裸露柔润,富含黏液腺,角质化程度低。

(2)出现五指(趾)型附肢和胸骨,但未形成胸廓。脊柱分化出颈椎和荐椎,腰带与脊柱直接相连。

(3)肌肉开始分化,原始的分节现象消失。

(4)幼体鳃呼吸,成体肺呼吸,并辅以皮肤和口咽腔呼吸。

(5)心脏具两心房和一心室,血液循环为不完全的双循环。

(6)神经系统和感觉器官进一步发展,出现可动眼睑、哈氏腺和中耳等。

(7)出现抱对和卵被有胶质卵膜,水中繁殖,幼体须经变态转为成体。

15.4 两栖纲的分类

现存两栖类约8 000余种,我国有超过500种,分别隶属于无足目(Apoda)、有尾目(Caudata)和无尾目(Anura)。

15.4.1 无足目

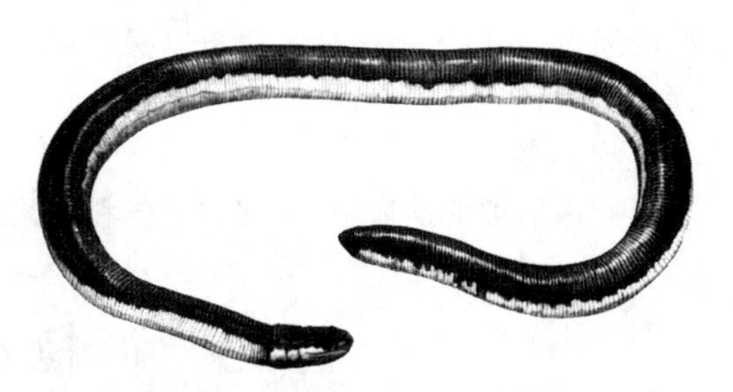
图 15-11 版纳鱼螈(引自费梁)

无足目又称蚓螈目(Gymnophiona),是营地下穴居生活的原始特化类群。身体细长(65 ~1 600 mm),形似蚯蚓,四肢及带骨退化。肉食性,主要取食蚯蚓、白蚁等无脊椎动物。体内受精,卵生或卵胎生,幼体水中生活,变态后上陆穴居。本目共有 10 科 200 余种,我国仅有 1 种,即分布于云南、广西的版纳鱼螈(*Ichthyophis kohtaoensis*)(图 15-11),体长约 30 cm,生活在河流附近,卵生,雌性有“孵卵”现象。

15.4.2 有尾目

有尾类躯体多呈圆筒状,具长尾。体表裸露无鳞,体侧常具肋沟。一般具不活动的眼睑,无鼓膜及鼓室,但有耳柱骨。幼体水栖,鳃呼吸。成体多数肺呼吸,栖息于潮湿的环境,大多营半水栖生活,少数终生水栖或陆栖。除小鲵科和隐鳃鲵科为体外受精外,其余均为体内受精。绝大多数卵生,少数卵胎生。本目共有 10 科 750 余种,我国有超过 80 种。

1. 小鲵科

体型较小,皮肤光滑无疣粒。具可活动眼睑、颌齿或犁齿。双凹型椎体。成体无外鳃,肺或有或无。体外受精,雌性产成对的长筒状卵带,一端游离,另一端附着在物体上。

极北小鲵(*Salamandrella keyserlingii*)是亚洲东北部寒温带的代表种,我国东北、朝鲜和西伯利亚等地有分布。它们以昆虫、蚯蚓和软体动物等为食,4~6 月份迁移至水中产卵,繁殖完毕后继续营陆栖生活。

2. 隐鳃鲵科

现存两栖类中体型最大的类群。头躯扁平,尾侧扁。口裂宽大。眼小,无眼睑。背部光滑,散有小疣粒,且每 2 个小疣粒紧密排列成对。体侧有宽厚的纵行肤褶。幼体具鳃,成体具肺。椎体双凹型。体外受精。分布于亚洲东北部和美洲东部。

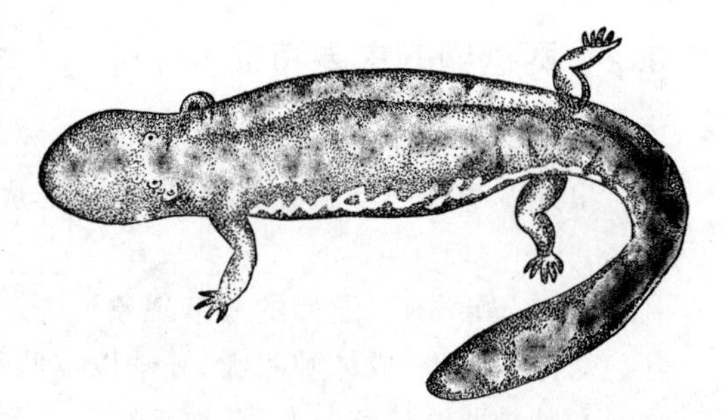
图 15-12 大鲵(引自南京农学院)

代表种类中国大鲵(娃娃鱼)(*Andrias davidianus*)(图 15-12)主要分布于我国华南和西南等南方各省,是我国的特有物种。终生居于山溪中,因其叫声与婴儿啼哭声相似,故称“娃娃鱼”。白天隐居在山溪的石隙中,夜间出来活动觅食,肉食性。每年 7~9 月份产卵繁殖。最大者可达 2 m 以上,是现存两栖动物中较原始的种类,经济价值较高。

3. 蝾螈科

种类多,分布广。体型较小。头和体躯略扁平。皮肤光滑或具瘰疣,肋沟不明显,很多种类有鲜艳的警戒色。具可活动眼睑。前肢 4 趾,后肢 5 或 4 趾。成体具肺。椎体后凹型。体内受精,多数水中产卵,少数在水源附近的湿土上产卵。成体多水栖。本科动物广布于北半球温带地区，我国仅分布在秦岭以南地区。代表种类有东方蝾螈(*Cynops orientalis*)和黑斑肥螈(*Pachytriton brevipes*)等。

15.4.3　无尾目

无尾类是现存两栖类中结构最高等、种类最繁多、分布最广泛的类群。体型宽短，成体无尾。四肢强健，后肢更发达，适于跳跃和游泳。皮肤裸露，富含黏液腺，有的种类具发达的毒腺。有能动的下眼睑和瞬膜。多数具鼓膜，鼓室发达。椎体参差型(前凹或后凹型)，胸骨发达，一般不具肋骨。幼体水栖，鳃呼吸；成体水陆两栖，肺呼吸为主。水中繁殖，体外受精。本目共有53科6 200余种，我国有超过400种。除南极外，分布于世界各大洲，温差小、湿度大的热带和亚热带种类最丰富。

1. 铃蟾科

体背皮肤粗糙，具大小瘰疣或刺疣。腹面皮肤光滑。盘状舌，舌端无缺刻，周缘与口腔黏膜相连，故不能伸出口外。仅上颌具齿。雄体无声囊，无鼓膜，无耳柱骨。配对时抱握胯部。代表种类东方铃蟾(*Bombina orientalis*)分布于我国东北部、俄罗斯、朝鲜及日本。体型较小，长约5 cm。身体和四肢鲜绿色或棕褐色，背部刺疣细致密集，腹部布满橘红色或橘黄色和黑色均匀相间的杂斑。栖居于山区溪流石下或小水坑内。受惊扰时，四肢仰翻，露出鲜艳的腹部，木然不动，是典型的警戒色范例。

2. 角蟾科

皮肤光滑或具大、小疣粒。舌卵圆形，后端游离且具缺刻。瞳孔大多垂直。配对时抱握胯部。除繁殖产卵期外，成体很少进入水中。较常见的种类有角蟾类(*Magophrys* sp.)、拟髭蟾类(*Leptobrachium* sp.)和齿蟾类(*Oreolalax* sp.)等，主要分布于亚洲、欧洲、非洲西北部和北美洲，中国多分布于秦岭以南地区。代表动物有大角蟾(*M. major*)、崇安髭蟾(*L. liui*)等。

3. 蟾蜍科

体短粗壮，背部皮肤具稀疏且大小不等的瘰粒。舌后端游离，无齿。有发达的耳后腺，分泌毒液，其干制品即著名中药蟾酥。鼓膜大多明显，瞳孔水平。配对时抱握腋部。陆栖性较强，昼伏夜出。分布几乎遍及全球。常见的种类为中华蟾蜍(*Bufo gargarizans*)，还有分布于长江以北的花背蟾蜍(*Strauchbufo roddei*)和长江以南的黑眶蟾蜍(*Duttaphrynus melanostictus*)等。

4. 雨蛙科

体型较小，腿较长，皮肤光滑。瞳孔垂直、水平或三角形。趾末端膨大成吸盘，并有马蹄形横沟，适于吸附在植物表面。配对时抱握腋部。主要分布于温热带地区。我国常见种类为无斑雨蛙(*Hyla immaculata*)，分布于东北、华北和华中地区。体长约4 cm，体背嫩绿色，常栖于草茎或矮树上。雄蛙具单一的咽下内声囊，鸣声尖而清脆。

5. 树蛙科

外形和生活习性与雨蛙相似，但亲缘关系甚远。趾末端也膨大成吸盘，并有马蹄形横沟，趾间具半蹼，多树栖。多有筑泡沫卵巢的习性。分布于亚洲及非洲南半部的热带和亚热带地区。我国常见种类有广布于长江以南地区的大树蛙(*Rhacophorus dennysi*)和斑腿树蛙(*R. leucomystax*)等。

6. 姬蛙科

陆栖中小型蛙类。头狭,口小,体短胖。椎体、肋骨、肩带及筛骨特征均似蛙科。大多无上颌齿和犁骨齿。舌端不分叉,指(趾)间无蹼。瞳孔常垂直。配对时抱握腋部。主要分布在亚洲、非洲、大洋洲及美洲的热带地区。我国北方常见的北方狭口蛙(*Kaloula borealis*)为本科代表。

7. 蛙科

体型短且粗壮,后肢发达,善于跳跃。鼓膜明显或隐于皮下。舌端游离,多具缺刻。具上颌齿。配对时抱握腋部。分布于除大洋洲和南极洲以外的各大洲。我国常见种类有中国林蛙(*Rana chensinensis*)(图 15-13)和黑斑侧褶蛙(*Pelophylax nigromaculatus*)等。

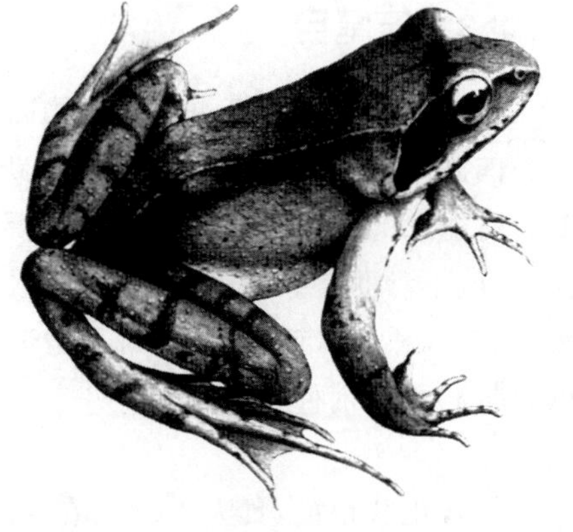

图 15-13 中国林蛙(引自费梁)

中国林蛙俗称哈士蟆,是我国华中、华北山地的常见种。体长 5～8 cm。鼓膜区有三角形黑斑。雄蛙有 1 对咽侧下内声囊。背侧褶在鼓膜上方呈曲折状。后肢前伸,贴体时胫跗关节超过眼或鼻孔。通常 4 月下旬至 9 月下旬生活于阴湿的山坡树丛中,9 月底至次年 3 月营水栖生活,冬季群集河水深处的石块下冬眠。3～4 月前后开始产卵,卵黏成团状,每团含卵 175～2 036 枚不等。其输卵管干制品即为中药滋补品“哈士蟆油”。

黑斑侧褶蛙也叫青蛙、田鸡,分布极为广泛,常栖息于河流、池塘、稻田的水中及岸边草丛中,是消灭农业害虫的能手。体长 7～8 cm。背面一般褐色或绿色,腹面白色。背部有两条纵行的细皮肤褶,中央有 1 纵行白色条纹。在身体两侧和后肢上有很多黑色斑纹。

15.5 两栖动物与人类的关系

15.5.1 珍稀种类

我国现有两栖动物 3 目 11 科 62 属 500 余种。主要分布于秦岭以南,其中以云南和四川两省种类最多,而东北、华北、西北地区种类较少。其中大鲵、镇海棘螈(*Echinotriton chinhaiensis*)、细痣疣螈(*Tylototriton asperrimus*)、贵州疣螈(*T. kweichowensis*)、大凉疣螈(*T. taliangensis*)、棕黑疣螈(*T. verrucosus*)和虎纹蛙(*Hoplobatrachus chinensis*)等 7 种已被列为国家Ⅱ级重点保护动物。大鲵经济价值较高,由于人为的过度捕捞和生态环境破坏,致使其数量锐减,甚至濒临灭绝。疣螈类主要分布在我国云南、四川、甘肃、广西及海南等省,数量稀少,多为国家重点保护动物。虎纹蛙主要分布于我国四川、云南、海南等南方各省,该蛙体形大,肉味颇佳,因过度捕捉,很多地区已出现枯竭或濒危。此外,我国特有的两栖动物有 215 种,占我国两栖类总数的一半以上,仅分布在我国的局部地区,如川北齿蟾(*Oreolalax chuanbeiensis*)、峨嵋髭蟾(*Vibrissaphora boringii*)和六盘齿突蟾(*Scutiger liupanensis*)等。

15.5.2　生态环境资源

无尾两栖类在消灭农林害虫方面具有重要作用。它们栖居于农田、耕地、果园、森林和草地上，捕食多种昆虫，其中多数是严重危害农林业的害虫，如蝗虫、黏虫、松毛虫、天牛和白蚁等。狭口蛙善于挖土钻穴，能捕食白蚁及其他地下害虫。中华蟾蜍的捕食量是蛙类的2倍以上，在夏季3个月就能捕食10 000多只害虫，可谓是捕虫能手。特别是两栖类捕食的昆虫常是许多食虫鸟类在白天无法啄食的害虫或不食的毒蛾等，故两栖类是害虫的主要天敌之一。此外，两栖类在食物链中还是一些重要的毛皮动物(鼬、狐、貉)和蛇类的食物。这些动物的丰歉，与两栖类的种群数量也有着密切的关系。

近年来，利用生物防治害虫日益受到重视。我国一些地区开展的护蛙治虫、养蛙治虫的试验，效果良好，不仅降低生产成本，而且防止了农药对环境的污染。其中福建、浙江、广东、江西、河南等省的部分地区，利用蛙类和蟾蜍消灭害虫取得了可喜的成效。

15.5.3　药用资源

我国利用两栖动物防病治病的历史较早，在《本草纲目》中就有记载。据不完全统计，已有文献记载的药用两栖类达30余种，许多传统中药材如蟾酥、蛤士蟆油、羌活鱼等在国内外享有盛誉。

蟾酥是蟾蜍属动物皮肤腺(主要是耳后腺)分泌物的干制品，具有解毒、消肿、止痛、强心等作用。用蟾酥配制的中成药可治疗多种疾病，如六神丸、喉症丸、安宫牛黄丸、蟾酥丸、蟾力苏、梅花点舌丹等都是常用的中成药，远销海外。此外，蟾蜍自然蜕下的蟾衣，能治疗肝癌、肉瘤、肺癌及腹水等多种疑难杂症。

东北林蛙是药、肉兼用的动物资源。蛤士蟆油是东北林蛙雌性的输卵管，含有蛋白质、脂肪、糖、维生素和激素，具有补肾益精、润肺养阴的功效，是我国名贵的强身健体滋补品，也能治疗大病或产后的体虚弱、肺癌、咳嗽等病症。蛙肉也是美食佳肴。

羌活鱼是山溪鲵、西藏山溪鲵等的干制品，用于跌打损伤、骨折、肝胃气痛、血虚脾弱等症。亦可食用，以滋补虚弱身体。

此外，大鲵肉质细白，味清淡而鲜美，营养丰富，具滋补强身、补气之效。东方蝾螈全体可供药用，主治皮肤痒疹、烫伤烧伤等病症，微火烘干或鲜用均可。

我国开发利用药用两栖动物资源很不均衡。有些种类未充分利用，如蟾蜍资源十分丰富，全国各地均有分布，虽种类不同，但产品化学成分及药效基本一致。取蟾酥的方法简单，取酥后的蟾蜍可放回自然环境生活，每年可多次取酥，其利用潜力非常大。若充分开发利用，能取得巨大的经济效益。有些种类已过度开发利用，造成资源枯竭，如黑龙江省的蛤士蟆，由于过度捕捉、砍伐森林严重破坏其栖息环境，其产量逐年下降。

15.5.4　食用资源

两栖动物肌肉的蛋白质含量较高，有多种人体必需的氨基酸和微量元素，营养丰富，经过烹调其味之鲜美胜过一般禽畜肉，并有药效功能，为人们非常喜欢食用的肉类之一。

据统计，我国民间作为食用的两栖动物有40种左右，主要有黑斑侧褶蛙、虎纹蛙、大鲵、多种棘蛙、山溪鲵、巫山北鲵、商城肥鲵、各种髭蟾等。我国南方各省，人们常捕食稻田中的虎纹蛙和山涧的棘胸蛙、棘腹蛙,北方各省则捕食黑斑侧褶蛙。大鲵肉味最美,并可作补品,故严重捕杀和贩卖大鲵的情况屡禁不止。由于过度捕捉,致使多数可食用资源在一些地区已经枯竭,因此应加强保护,严禁大量捕食两栖动物。

棘腹蛙和棘胸蛙是我国天然分布的体型较大的蛙类。自20世纪80年代起,不少地区就开始摸索其人工养殖与繁殖技术,取得了一些成绩。牛蛙的个体大,食用价值高。目前我国养殖的牛蛙有3种:一种是来源于古巴的牛蛙(*Rana catesbeiana*),一种是从美国引进的沼泽绿牛蛙(*R. grylio*),常称"美国青蛙",又名猪蛙,另一种叫河蛙(*R. heckscheri*),也称"美国青蛙"。三者个体以牛蛙最大,猪蛙次之,河蛙个体最小。这些蛙类生长快,肉味美,已作为食用两栖动物的重要替代品。2003年,中国国家环保局已将牛蛙列为生物入侵物种。

15.5.5 教学科研材料

在普通生物学、动物学、生理学、胚胎学、药理学等教学实践中,广泛使用蛙蟾类作为实验材料。蛙类的腓肠肌和坐骨神经传统地用于观察神经传导和肌肉收缩,药物对周围神经、横纹肌或神经肌肉接头的作用。据报道,我国每年用于实验的两栖动物有10万只左右。

两栖动物在科研方面也有重要作用。大鲵等我国特有种类在研究两栖动物区系演化与形成,动物进化与地理变迁的关系等方面具有非常重要的价值。作为模式动物,非洲爪蟾(*Xenopus laevis*)在实验室条件下可常年产卵,只要注射激素,雌体第1天就可产卵,且产卵量很大,能通过人工授精获得受精卵。卵子和胚胎个体较大,很方便进行实验胚胎学研究,如显微注射、胚胎切割和移植等。克隆动物也最早在非洲爪蟾中获得成功,由此开创了动物克隆的新时代。但非洲爪蟾生命周期长,幼体需1～2年才能性成熟,且是假四倍体,很难进行遗传突变实验。近年来,非洲爪蟾的研究者已引进一种新的模式动物 *Xenopus tropicalis*。*X. tropicalis* 是非洲爪蟾的近亲,外形与非洲爪蟾类似,但体型较小,且发育周期只需半年。最重要的是,其基因特性与其他模式动物一样为双倍体。而新的研究也证明几乎所有使用在非洲爪蟾上的研究技术,都可轻易的应用于 *X. tropicalis*。在未来数年,*X. tropicalis* 作为发育生物学研究的重要模式动物将独领风骚。

15.5.6 其他用途

蛙皮可用来制胶,大张的牛蛙皮还可制成精致的小皮包等。两栖动物也有一定的观赏价值,不仅动物园和博物馆饲养两栖动物或制成标本供人们观赏和普及科学知识,有些家庭还将白化的非洲爪蟾和蝾螈等饲养在水族缸中作为观赏动物。

在临床检验工作中,雄蟾蜍曾被广泛地用于妊娠诊断实验。因为孕妇尿中含有绒毛膜促性腺激素,如将孕妇尿注射到雄蟾蜍皮下,则尿中所含的激素能够引起蟾蜍的排精反应。

本章小结

两栖动物是动物进化史上由水生到陆生的过渡类群。皮肤裸露,出现轻微角质化;具典型的陆生脊椎动物的五趾型附肢,脊柱出现了颈椎和荐椎的分化;与陆地运动有关的肌肉得以分化和发展;幼体鳃呼吸,成体肺呼吸,并辅以皮肤和口咽腔呼吸;出现两心房,血液循环为不完全的双循环；肾脏为典型中肾，排泄物以尿素为主；神经系统和感官进一步发展，首次出现眼腺、中耳、犁鼻器等；出现抱对和胶质卵膜，繁殖过程离不开水环境，大多体外受精，变态发育。该类群分3目，即无足目（又称蚓螈目）、有尾目和无尾目。

复习思考题

1. 名词术语：
   五趾型附肢　不完全双循环　颈动脉腺　淋巴心　性逆转
2. 结合水陆环境的主要差异分析动物从水生过渡到陆生所面临的主要矛盾。
3. 简述两栖类动物对陆地生活的初步适应性和不完善性。
4. 概述两栖动物的经济意义。

第16章 爬行纲

(Reptilia)

◆ 内容提要

爬行动物是真正摆脱水生环境、适应陆地生活的脊椎动物。本章主要介绍羊膜卵的结构特点和爬行动物的基本结构，总结爬行纲的主要特征，简介其分类及与人类的关系等。

◆ 教学目的

掌握羊膜卵的结构特点及其在脊椎动物演化史上的重要意义；熟悉爬行动物的基本结构，总结爬行动物适应陆生的主要特征；了解爬行纲各目的分类特征和经济意义。

16.1 羊膜卵的结构特点及其在动物演化上的意义

16.1.1 羊膜卵的结构

羊膜卵(amniote egg)的结构和发育特点是实现两栖类向爬行类转变的关键。

羊膜卵外包有一层石灰质的硬壳或不透水的纤维质厚膜，能防止卵变形、损伤、水分的蒸发和细菌的侵袭等。卵壳具有透气性，O_2 和 CO_2 等气体能自由通过，保证胚胎发育时气体代谢的正常进行。卵内还有一个很大的营养丰富的卵黄囊(yolk sac)，以保证胚胎发育的营养供给。

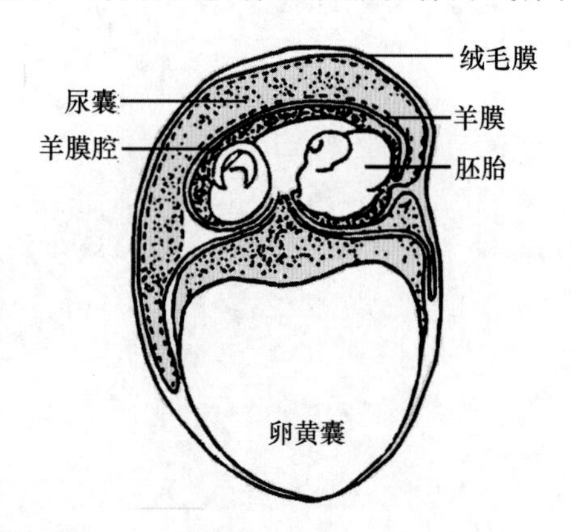

图 16-1 羊膜卵的结构(引自郝天和)

羊膜卵在胚胎发育期间，胚胎本身还产生一系列能保证在陆地上完成发育的适应结构，即羊膜(amnion)、绒毛膜(chorion)和尿囊膜(allantois)(图 16-1)。当胚胎发育到原肠期后，在胚胎周围开始突起环状的皱褶，并逐渐向中部相互愈合成围绕胚胎的两层保护膜。内层为羊膜，外层为绒毛膜。羊膜围成的羊膜腔内充满羊水，为胚胎发育提供相对稳定、特殊的水环境，以免胚胎干燥和损伤。同时，从胚胎原肠的后部发生突起形成尿囊，尿囊位于羊膜与绒毛膜之间的胚外腔中。囊内的腔称尿囊腔(allantoic cavity)，胚胎代谢产生的尿酸排入尿囊腔。尿囊膜上富含毛细血管，故可充当胚胎的呼吸器官。尿囊膜与绒毛膜紧贴，胚胎可以通过多孔的卵壳或厚膜，与外界进行气体交换。

16.1.2　羊膜卵的出现在脊椎动物演化史上的重要意义

爬行类是最早产羊膜卵的动物，鸟类和哺乳类是古爬行类向更高水平发展的后裔，由于它们的胚胎也都具有羊膜结构，因而统称为羊膜动物(amniota)。与此相对应，圆口纲、鱼纲和两栖纲动物在胚胎发育中无羊膜出现，统称为无羊膜类(anamnia)。

羊膜卵的出现解决了脊椎动物在陆地上繁殖的根本问题，是水生到陆生的重大突破，为其通过适应性辐射向各种不同栖居地分布及开拓新的生活环境创造了条件，这是中生代爬行类在地球上占统治地位的重要原因。

16.2　爬行动物的基本结构

16.2.1　外部形态

除蛇类外，爬行动物具有四足动物的基本体型，分头、颈、躯干、尾和四肢5部分。体表被有角质鳞片或骨板，头两侧有外耳道，颈部明显，尾部细长，四肢强健，趾端具爪。适应于地栖、树栖、水栖和穴居等复杂环境，体型也出现不同特化，分为蜥蜴型、蛇型和龟鳖型。

16.2.2　皮肤及其衍生物

爬行动物皮肤的特点是干燥、缺乏腺体。由表皮和真皮构成。表皮角质层增厚，均为死细胞(图16-2)，已失去呼吸的功能，但有良好的防水性，能防止体内水分的散失，利于爬行类在干燥的陆地上生活。许多种类的角质层为鳞片状或骨板状。角质鳞片之间以薄角质膜相连，从而构成完整的鳞被。蜥蜴类和蛇类的鳞被要定期蜕去，称蜕皮。龟、鳄类不会定期蜕皮，而是不断地以新换旧。真皮比较薄，由致密结缔组织构成，内布有神经、血管和丰富的色素细胞等。色素细胞在神经系统和内分泌腺调节下，能随光、温度等外界环境因素的变化而迅速变色。具调温和保护色功能。避役就素有“变色龙”之称。

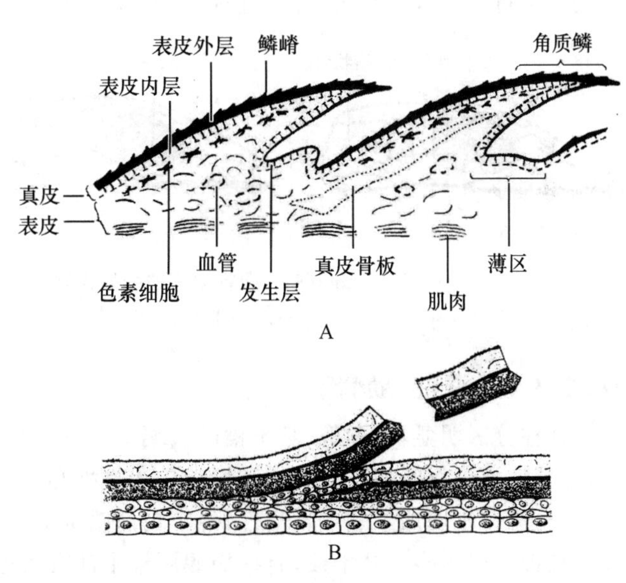

图16-2　爬行动物的皮肤结构和蜕皮(引自杨安峰)

A. 皮肤的结构　B. 蜕皮

有些蜥蜴在大腿基部有股腺，其分泌物干后形成临时性的短刺，有助于交配时把持雌体。有些蛇、龟、鳄的下颌或泄殖腔孔附近有臭腺，分泌物散发气味，吸引异性，为两性化学通信的重要方式。

16.2.3 骨骼系统

爬行类的骨骼比较坚固,大多数都是硬骨。包括中轴骨(头骨、脊柱、肋骨及胸骨)和附肢骨(带骨与肢骨)。

16.2.3.1 头骨

头骨骨化更加完全,高颅型,具单一的枕髁。首次出现了羊膜动物共有的次生腭(由前颌骨、上颌骨、腭骨和翼骨构成),使内鼻孔后移,呼吸道通畅,解决了吞咽食物与呼吸的矛盾(图16-3)。

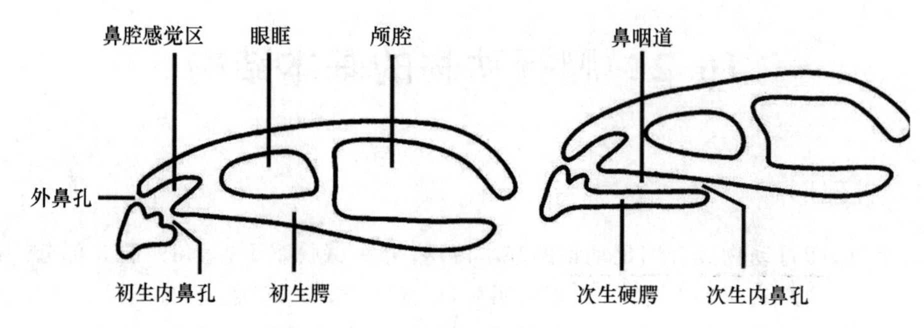

图 16-3 次生腭的形成(引自郑光美)

眼窝之间出现了框间隔。在头骨两侧,眼眶后的颞部膜性硬骨缩小或消失而形成洞穿,称颞窝(temporal fossa),为羊膜动物共有。根据颞窝的有无和颞窝的位置,可分无颞窝类(最原始的古爬行类)、合颞窝类(现代哺乳类)和双颞窝类(现代鸟类和多数爬行类)(图 16-4)。

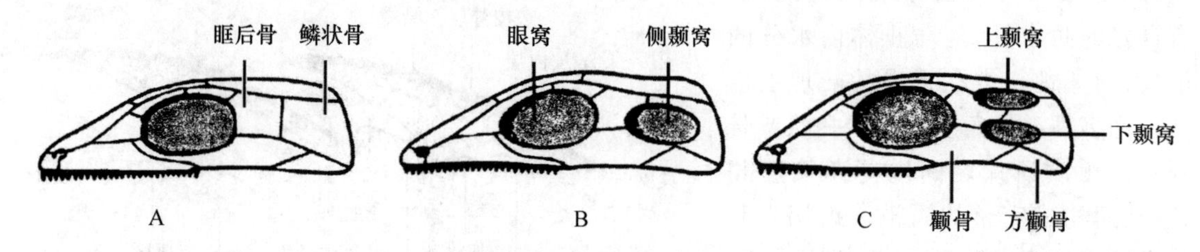

图 16-4 爬行动物的颅骨类型及其演变(引自 Romer)

A. 无颞窝类 B. 合颞窝类 C. 双颞窝类

16.2.3.2 脊柱、肋骨和胸骨

脊柱分区明显,有颈椎、躯干椎(胸、腰椎)、荐椎和尾椎的分化。椎体大多为后凹型或前凹型,低等种类为双凹型。前 2 枚颈椎特化为寰椎和枢椎,保证头部能仰俯及自由转动,颈椎数目增多,进一步增加了颈部灵活性,便于头部感觉器官接受信息。具 2 块荐椎,有宽阔的横突连接腰带。尾椎多达几十枚,有些蜥蜴尾椎中部有可断尾的自残部位。当遭受机械刺激或危险时就会断尾,以利逃脱。

爬行类大多有发达的胸骨(蛇类和龟鳖类不具胸骨),如石龙子的胸骨包括十字形的上胸骨(硬骨)和胸骨(软骨),其颈椎、胸椎及腰椎两侧皆具肋骨。蛇类肋骨的远端均以韧带与腹鳞相连,帮助蛇贴地面爬行。

除龟鳖类和蛇类外,爬行动物首次出现了由胸椎、肋骨及胸骨借关节、韧带连接成的胸廓

(thorax),为羊膜动物所特有,能保护内脏,加强呼吸作用。

16.2.3.3 带骨及肢骨

爬行类的带骨及肢骨均较发达(图 16-5)。肩带包括乌喙骨、前乌喙骨、肩胛骨、上肩胛骨、锁骨和上胸(间锁)骨。腰带由髂骨、坐骨、耻骨合成,其髂骨与荐椎连接,左右坐、耻骨分别在背、腹中线联合形成闭锁式骨盆,以加强后肢的支持力。

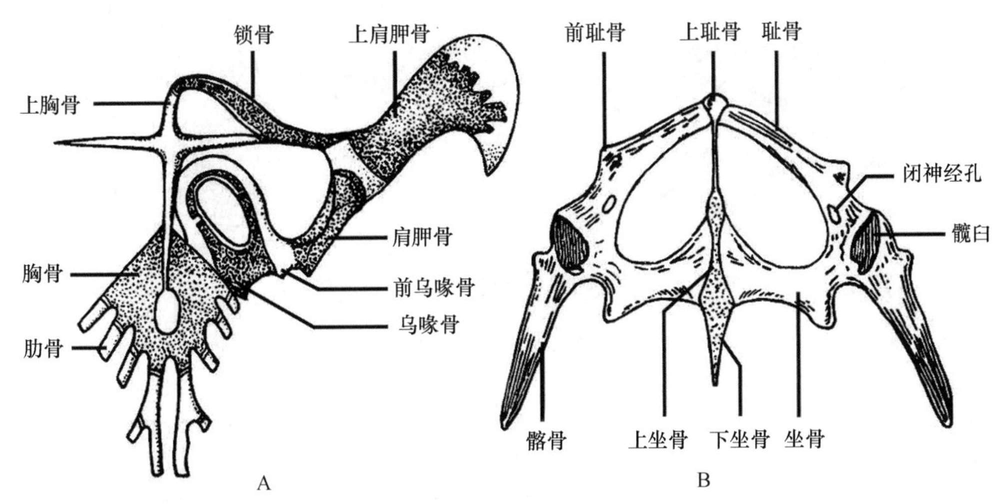

图 16-5 蜥蜴的肩带和腰带(引自郝天和)

A. 肩带 B. 腰带

爬行类的五趾型四肢比两栖类更强壮,更适于陆上爬行运动。但爬行类的四肢与体轴呈直角相关节,故常腹部贴地。只有少数种类能将身体抬离地面且疾驰奔跑。蛇类及穴居爬行类,带骨和肢骨则退化甚至消失。

16.2.4 肌肉系统

爬行类与陆地爬行相适应,其躯干肌和四肢肌均比两栖类复杂,特别是出现了陆栖动物所特有的肋间肌和皮肤肌。皮肤肌能调节角质鳞的活动,蛇尤为发达,从而完成特殊的蜿蜒运动。肋间肌位于肋骨之间,能调节肋骨的升降,协同腹壁肌完成呼吸运动。咬肌发达,由互相颉颃的闭、开口肌组成。咬肌收缩时肌腹可突入颞窝内,使咬啮机能加强。

16.2.5 消化系统

爬行类的消化道分化更完善。口腔与咽已分开,口腔中的齿、舌、口腔腺等结构均比两栖类复杂。除龟鳖类外,爬行类的牙齿均为同形圆锥齿,着生在上下颌缘或腭骨和翼骨上,依据着生位置的不同,分为端生齿、侧生齿和槽生齿。其中槽生齿具齿槽、最牢固,鳄类牙齿属此类型(图 16-6)。蛇和蜥蜴多为端生齿或侧生齿。龟鳖类无齿但具角质鞘。毒牙分管牙和沟牙(图 16-7),均与毒腺相连。口腔底部有发达的肌肉质

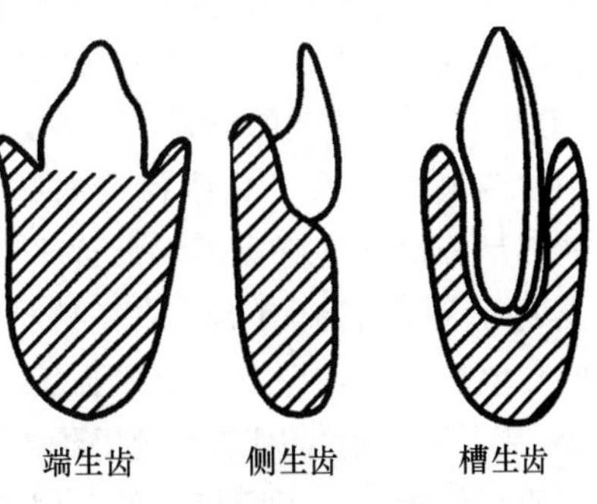

图 16-6 爬行动物的牙齿着生方式

(仿自赵肯堂)

舌。舌的功能因种类而异,常有吞咽、捕食、感觉的作用。口腔腺发达,有唇腺、腭腺、舌腺和舌下腺,起着湿润食物、帮助吞咽的作用。毒蛇和毒蜥的毒腺也是口腔腺的变体。

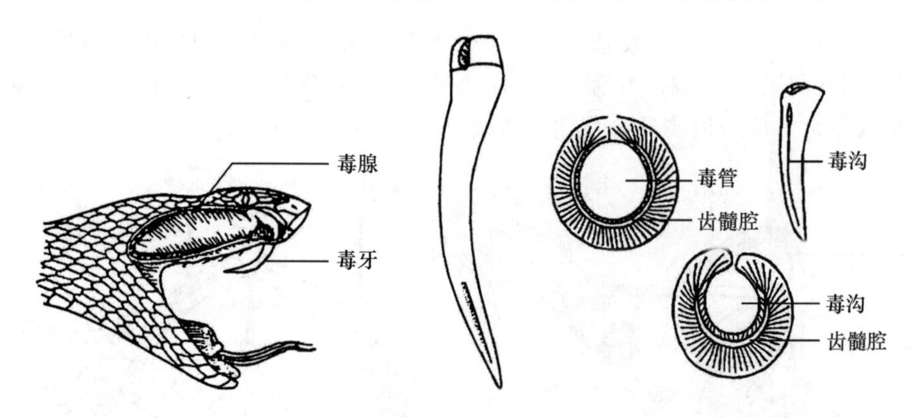

图 16-7 毒蛇的毒腺、毒牙(仿自左仰贤)

爬行类消化道的基本结构与其他四足动物基本相同。食管因颈部延长而加长。小肠和大肠分界明显。从爬行类开始出现了盲肠(caecum),蜥蜴类的盲肠仅为回肠与大肠相连接处的一个小盲囊,植食性的陆生龟类,盲肠十分发达,这与消化植物纤维有关。大肠的末端开口于泄殖腔,以泄殖腔孔通向体外(图 16-8)。爬行类的大肠、泄殖腔和膀胱均有重吸收水分的功能,以防止水分散失和维持水盐平衡等。

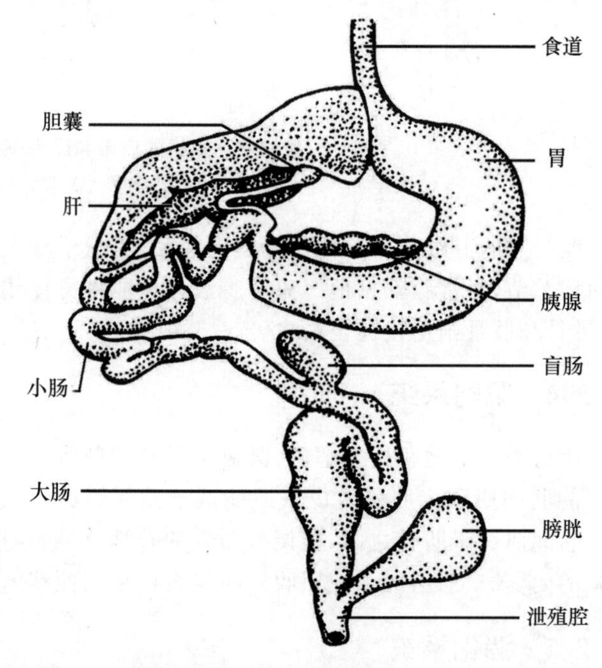

图 16-8 爬行动物的消化系统(仿自 Romer 和 Parsons)

16.2.6 呼吸系统

爬行类的呼吸系统比两栖类更完善。有了明显的喉、气管与支气管的分化,支气管为爬行类首次出现。因皮肤丧失了呼吸功能,故主要以肺呼吸。爬行类与两栖类虽然同属囊状肺,但其内壁有复杂的间膈,气体交换面积比两栖类增大。有些种类的肺分为前部呈蜂窝状的呼吸部和后部平滑的贮气部,高等的蜥蜴和鳄类肺内无腔隙,呈海绵状。爬行类通常为 1 对肺,有的左右两侧排列,有的前后排列,还有的一侧不发达或退化。水生爬行类的咽壁和泄殖腔壁富有毛细血管,有辅助呼吸作用。水栖的龟鳖类,由泄殖腔壁突出两个副膀胱,其上分布有特别丰富的毛细血管,可进行气体交换,以利在水中长时间潜伏。

爬行类除保留了两栖类的咽式呼吸外,主要是借助肋间肌使胸廓扩张与收缩来进行胸式呼吸。

16.2.7 循环系统

爬行类的血液循环仍属不完全双循环，但与两栖类相比，其心脏结构已产生了明显的变化，包括2心房、1心室和退化的静脉窦，动脉圆锥已退化消失。心室内出现了不完整的室间隔。鳄的心室间隔比较完全，仅剩1潘氏孔相通。

爬行类由原来的侧腹动脉干与动脉圆锥演化为肺动脉弓和左、右体动脉弓3条大动脉。其中左、右体动脉弓发自室间隔处的肉柱腔，心室左部来的多氧血直接进入该腔，再流入左、右体动脉弓，故左、右体动脉弓的血液全是多氧血。只有由心室右部发出的肺动脉内含有缺氧血（图16-9）。爬行类静脉系统的构成与两栖类基本相似，包括1对前腔静脉、1条后腔静脉、1条肝门静脉和1对肾门静脉。但肾门静脉趋于退化，后腔静脉和肺静脉却有明显的发展。

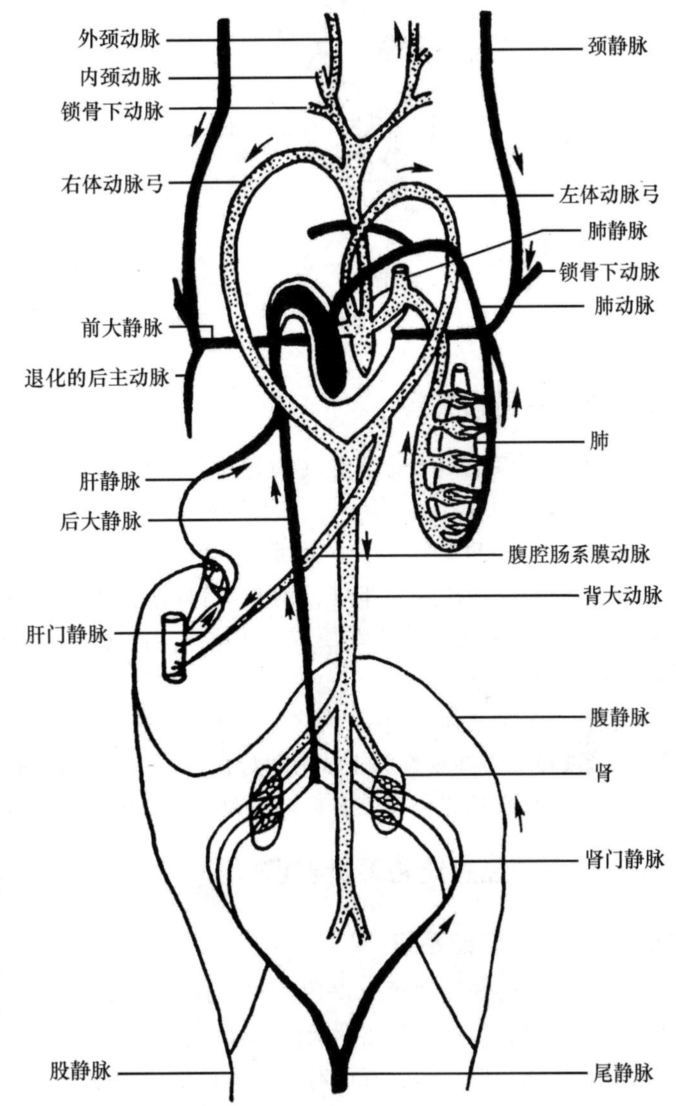

图16-9 爬行动物的血液循环模式图（引自杨安峰）

爬行类不完全的循环方式，使氧气供应不充分，新陈代谢水平依然较低，体温调节机能不完善，故仍属变温动物，在寒冷和炎热季节需要蛰眠。

16.2.8 排泄系统

爬行类和其他羊膜动物一样，胚胎期的排泄经历尿囊、前肾和中肾阶段，成体则为后肾（metanephros）。后肾位于腹腔的后半部，其形状和排列因动物的体形而异。结构和功能与一般四足动物基本相同，但肾单位数目比中肾类大为增加。后肾导管为专门的输尿管，其末端开口于泄殖腔（图16-10）。

爬行动物除大部分蜥蜴和龟鳖类外，一般无膀胱。蜥蜴和龟鳖类的膀胱均由胚胎期的尿囊基部扩大而形成，故称尿囊膀胱，开口于泄殖腔腹壁。有些淡水龟鳖类，除膀胱外还有两个副膀胱，能辅助呼吸，雌性的副膀胱还有贮水、营巢时湿土的功能。

多数爬行类的排泄物为尿酸，很多蜥蜴在眼眶下方有排除多余盐分的盐腺，膀胱、泄殖腔均有对水分重吸收的作用，这些都是爬行类对陆地生活的重要适应。

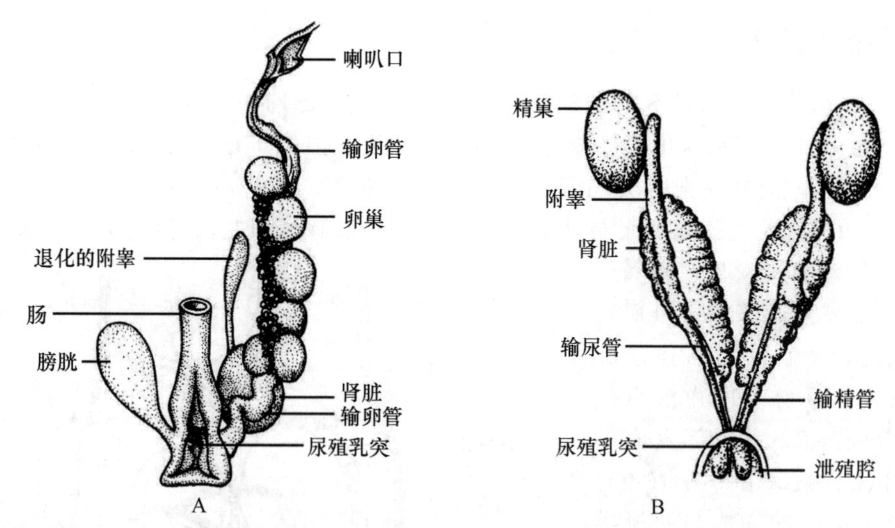

图 16-10 爬行动物的泄殖系统(仿自 Romer 和 Parsons)

A. 雌性 B. 雄性

16.2.9 生殖和发育

雄性生殖系统由 1 对精巢、1 对输精管以及泄殖腔壁膨大而伸出的交配器组成。羊膜类的输精管是由中肾管演变而来。除楔齿蜥外,雄性皆有交配器。蛇类与蜥蜴的交配器成对,称半阴茎,龟、鳖和鳄类只有一个,称阴茎。

雌性生殖系统由 1 对卵巢、1 对输卵管组成。输卵管中部有分泌蛋白的腺体,称蛋白分泌部;输卵管下部有分泌形成革质或石灰质卵壳的腺体,称壳腺。输卵管最后开口于泄殖腔(图 16-10)。

爬行类全部是体内受精,大多为卵生,少数为卵胎生。多在比较温暖、阳光充足、潮湿的地方产卵,或将卵产在挖好的土坑或垫好的草堆中,借阳光的照射或植物腐败后所产生的热量来孵化。但很少有护卵行为。多数毒蛇和一些蜥蜴类为卵胎生。

16.2.10 神经系统和感觉器官

16.2.10.1 神经系统

爬行动物的脑较两栖类发达。两大脑半球增大,向后盖住了部分间脑,出现明显的脑弯曲。开始有聚集神经细胞层的大脑皮层且首次出现椎体细胞,即新脑皮。大脑的增大主要为底部的纹状体加厚。间脑背面有发达的松果体和顶眼。中脑为 1 对圆形的视叶,仍是高级中枢。但已有少数神经纤维自丘脑达到大脑,这是神经中枢向大脑转移的开始。蜥蜴类和蛇类的小脑并不发达;水生爬行类的小脑较发达;鳄的小脑很发达,已分化成中央的蚓部和两侧的小脑鬈。延脑发达,有明显的颈弯曲。

随着成对附肢的进一步发达,脊髓有颈胸膨大和腰荐膨大。

爬行类已具有 12 对脑神经。前 10 对与无羊膜类相同。第Ⅺ对为副神经,支配喉与颈部的运动;第Ⅻ对为舌下神经,主管舌肌运动(图 16-11)。

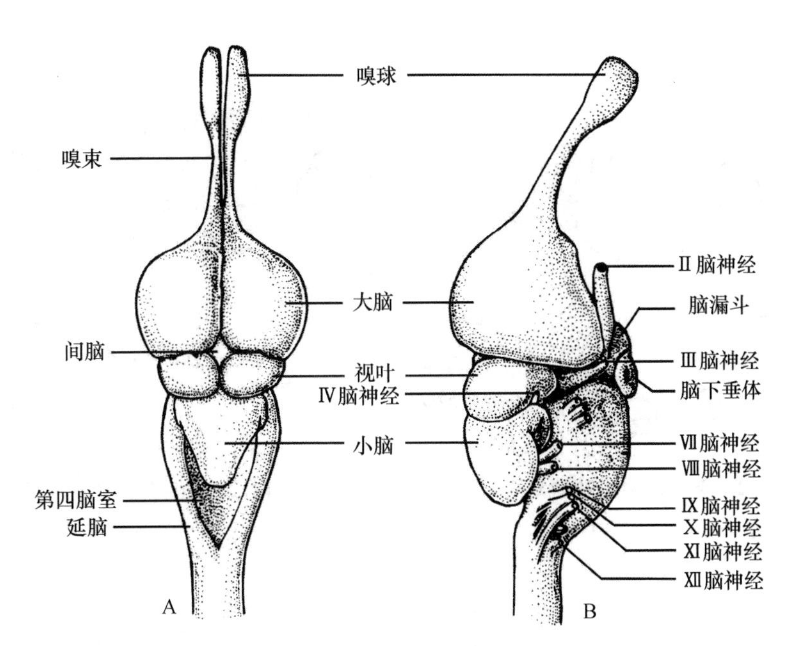

图 16-11　鳄鱼的脑(引自 Romer)

A. 背面观　B. 腹面观

16.2.10.2　感觉器官

1. 视觉器官

爬行类一般具可动的上下眼睑和瞬膜,但蛇类和穴居蜥蜴眼外面却被以透明而不活动的皮膜。爬行动物首次出现了泪腺(lacrimal gland),其分泌物可润泽眼球和瞬膜。视觉调节为双重调节,即睫状肌收缩既能改变晶状体与角膜之间的间距,又能改变晶状体凸度(图 16-12)。故爬行类能观察不同距离的物体,较准确地捕食或避敌,适应于陆地生活。

楔齿蜥和一些蜥蜴有发达的顶眼(具角膜、晶状体和视网膜),能感光但不能成像,这与动物感觉光照强度、时间以及调节体温和生物节律有关。

2. 听觉器官

爬行类耳的基本结构似两栖类,但其鼓膜开始下陷形成外耳道,有利于保护鼓膜;中耳仍只有一块听小骨即耳柱骨。中耳腔内除具卵圆窗外,又新出现了正圆窗,使内耳中淋巴液的流动有了回旋的余地。内耳司听觉的瓶状囊明显加长。蛇类无外耳道和中耳,仅有内耳,但蛇能敏锐地接受自地面振动传来的声波,经头骨的方骨传至耳柱骨,使内耳产生听觉(图 16-13)。

3. 嗅觉器官

爬行类的鼻腔及嗅黏膜均有扩大,故嗅觉比两栖类发达。蛇类和蜥蜴的犁鼻器十分发达(图 16-14),是开口于口腔顶壁的 1 对盲囊,其内壁具嗅黏膜,通过嗅神经与脑相连,是嗅、味觉的化学感受器。蛇的舌细长且分叉,总是不停地伸缩,俗称“信子”,能搜集空气中的各种化学物质,通过犁鼻器而产生嗅、味觉,以判断所处的环境条件。鳄和龟鳖类的犁鼻器退化。

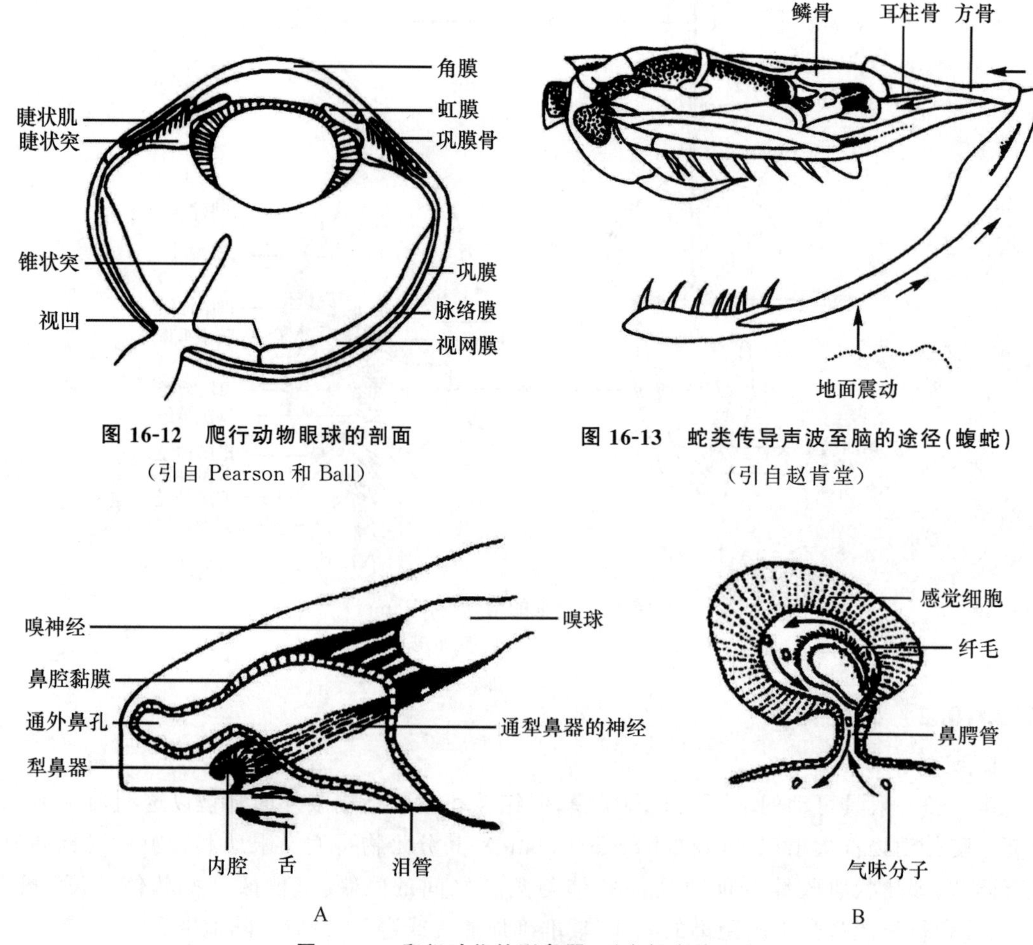

图 16-12　爬行动物眼球的剖面
(引自 Pearson 和 Ball)

图 16-13　蛇类传导声波至脑的途径(蝮蛇)
(引自赵肯堂)

图 16-14　爬行动物的犁鼻器(引自杨安峰)
A. 鼻腔纵切　B. 犁鼻器的结构

4. 其他特殊感受器

蝰科(蝮亚科)和蟒科蛇类具有红外线感受器,能感知环境温度的微小变化。蝮亚科蛇类的鼻孔与眼睛之间的颊窝和蟒科蛇类唇鳞处裂缝状凹陷的唇窝都是这类器官,对周围环境温度的变化极为敏感,能在数米的距离内感知 0.001 ℃的温度变化,并在 35 ms 内发生反应。故这类蛇能在夜间准确地判断附近恒温动物的存在及其远近位置。这也是仿生学研究的内容之一。

蛇和蜥蜴类的角质鳞之间或鳞片顶端均有感觉小凹,可接受外界的机械刺激。

16.3　爬行纲的主要特征

(1)皮肤干燥,缺乏腺体。皮肤角质化程度加深,外被角质鳞或骨板,能防止体内水分的蒸发。

(2)骨化增高,骨骼坚硬。单枕髁,出现颞窝。脊柱已分化为颈、胸、腰、荐、尾椎5部分。颈椎有寰、枢椎的分化,提高了头部灵活性。五趾型附肢及带骨进一步发达和完善,指(趾)端具爪,适于在陆地上爬行。

(3)肺呼吸更完善,喉和气管更明显,首次出现了支气管、胸廓和胸式呼吸。

(4)静脉窦和动脉圆锥开始退化,心室内出现了不完全隔膜。仍为不完全双循环,变温动物。

(5)成体以后肾泌尿,尿以尿酸为主。

(6)大脑具新脑皮层,脑和感觉器官更趋发达。

(7)雄体具外交配器,体内受精产羊膜卵,陆地繁殖,多卵生,少数卵胎生。

16.4　爬行纲的分类

世界现存的爬行类有10 000余种,分属5个目,即喙头目、龟鳖目、蜥蜴目、蛇目和鳄目。我国有511种,除喙头目外,其余4个目在我国均有分布。

16.4.1　喙头目

本目是爬行类中最古老的类群之一。现仅存1属1种,即楔齿蜥(*Sphenodon punctatum*),为起源于1 700万年前的"活化石"。产于新西兰的30多个小岛屿上,具有一系列类似于古代爬行类的结构特征,在科学研究上有重要价值,数量很少,已处于濒临灭绝的边缘,是世界上最珍稀的动物之一。头前端呈鸟喙状,故称喙头蜥(图16-15),长50～76 cm,外形和大型蜥蜴相似,体外被覆颗粒状角质细鳞。

图16-15　楔齿蜥(引自姜云垒)

16.4.2　龟鳖目

该目陆栖、水栖或海洋生活的种类均有,是爬行纲中最特化的一目。身体宽短,体背及腹面具真皮衍生的骨质甲板,并与脊椎骨和肋骨相愈合。甲的表面覆以表皮衍生的角质盾板(龟类)或软皮(鳖类)。胸廓不能活动,颈椎和尾椎是游离的,头和尾可自由伸缩。四肢粗短,有的具爪或变成鳍状。上、下颌均无齿,但有角质鞘。舌不能伸出。具眼睑。体内受精,卵生。

世界上现存的龟鳖类300多种,我国产34种,分布于热带及温带地区。

16.4.2.1 龟科

龟鳖目中种类最多的一个科，有 90 余种。水栖(淡水)、半水栖或陆栖。背甲与腹甲直接相连。头较小。颈部、尾部和四肢均可完全缩入甲中。甲板外被以角质盾片。四肢粗壮、不呈桨状，爪钝而强。趾间具蹼。草食或杂食性。

乌龟(*Chinemys reevesii*)又称金龟(图 16-16)，是我国最习见的龟类，除东北及青藏高原外，其他各省均有分布。四爪陆龟(*Testudo horsfieldi*)生活在内陆草原地区，我国仅产于新疆霍城县。数量稀少，现被列为国家Ⅰ级重点保护动物。常见的还有黄喉拟水龟、中华花龟、黄缘闭壳龟和巴西彩龟等。

16.4.2.2 棱皮龟科

大型海龟。颈短不能缩入壳内，背甲由许多小的盾片和骨板构成，成体在甲外覆以革质的皮肤。背面具 7 条纵棱。四肢成桨状，前肢长约为后肢的 2 倍，无爪。尾短。分布于热带及亚热带海洋，仅 1 属 1 种，即棱皮龟(*Dermochelys coriacea*)(图 16-16)，体重可达 860 kg。为海龟中最大的种类。已被列为国家Ⅱ级重点保护动物。

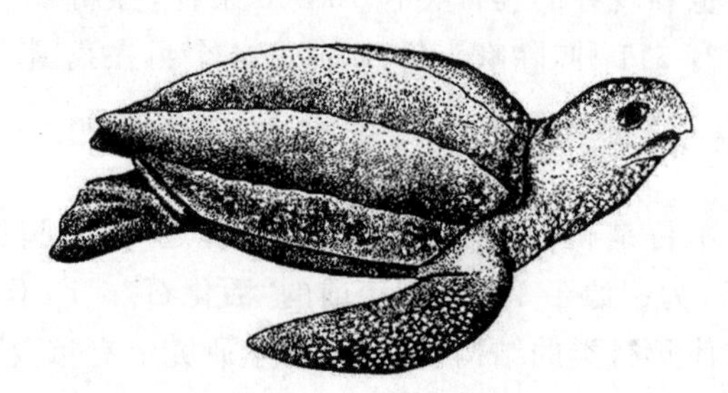

图 16-16 乌龟(左)和棱皮龟(右)(引自 Mark)

16.4.2.3 海龟科

大、中型海龟。背甲不具隆起，骨板不完全且很扁平。甲板外有角质鳞板，背甲上无纵行棱。背腹甲之间由韧带相连。四肢变成桨状，趾骨扁平且延长，常无关节，具 1～2 爪或无爪。头、颈和四肢不能缩入壳内。分布于热带或亚热带海洋。

玳瑁(*Eretmochelys imbricata*)(图 16-17)体长约 60 cm，体重约 45 kg。背甲共 13 块，覆瓦状排列，故在海南岛一带俗称“十三鳞”。甲的边缘有锯齿状突起。上、下颌角质鞘弯曲呈喙状。以海洋动物为食。肉臭，不能食用，但卵可食。背甲艳丽带有光泽，为高级工艺品原料。

图 16-17 玳瑁(左)和中华鳖(右)(引自 Mark)

产于我国的南海及东海。已被列为国家Ⅱ级重点保护动物。

16.4.2.4 鳖科

中、小型淡水种类。甲板外被有革质皮。腹甲各骨板退化缩小,互相不愈合。背甲边缘为厚实的结缔组织,俗称裙边。吻长,呈管状,鼻孔开于吻的尖端。颈能缩入甲内。四肢不能缩入壳内,具发达的蹼,内侧3趾具爪。分布于非洲、亚洲南部、澳洲及北美等地。

中华鳖(*Trionyx sinensis*)俗称甲鱼、团鱼(图16-17)。栖居于江河、湖泊、池塘中,有时上岸,但不能离水源太远。最大重量7～8 kg。为著名食品及滋补品,已大规模的开展人工养殖。

鼋(*Pelochelys cantorii*)别名蓝团鱼等,是鳖科动物中最大的一种。分布于云南、海南、广东、广西、福建、浙江、江苏等地。由于鼋的背甲骨板可以入药,且肉味鲜美,遭到了大量捕杀,现在野生的数量已不多,被列为国家Ⅰ级重点保护动物。

16.4.3 蜥蜴目

中、小型爬行动物。身体长形、颈部显著,有较长且灵活的尾。多数种类的尾能自断,断后能再生,但不能和原来等长。一般都具有发达的前、后肢,趾端具爪。少数种类四肢退化,外形似蛇,但仍保留着肩带,也保留胸骨,肋骨与胸骨相连接。腹鳞方形或圆形。具有能活动的眼睑,鼓膜明显,有外耳道。水栖、半水栖、树栖或穴居。主要以昆虫和小型无脊椎动物为食。分布很广,但主要分布于热带地区,少数种类分布在北极圈内。共有6 000余种,我国产211种。

16.4.3.1 壁虎科

原始夜行性或树栖生活类群。眼大,多不具眼睑,瞳孔呈垂直状,白天缩小,夜晚放大。皮肤柔软,具颗粒状鳞。趾端常具膨大的吸盘状趾垫,适于攀缘,以昆虫为食,对人有益。无蹼壁虎(*Gekko swinhonis*)俗名"爬墙虎""守宫"。趾间无蹼。大壁虎(*Gekko gecko*)俗名蛤蚧(图16-18),因发出鸣声"蛤—蚧"而得名。体长35 cm以上。栖于岩石缝或树洞内。分布于广东、广西、福建、云南、台湾等省。干燥的蛤蚧是著名的中药。

16.4.3.2 避役科

树栖,眼大而突出,上、下眼睑愈合,两眼能独立地活动和调焦,搜索不同方向。多数体长25～35 cm,大的种类可达60 cm。舌长,末端膨大,富有黏液,能迅速"射"出,是黏捕昆虫的利器。尾长,善于缠绕。在不同光照、温度、行为(惊吓、胜利和失败)条件下,皮肤能迅速变色,是名副其实的"变色龙"。主要分布于非洲和马达加斯加,少数见于南欧、印度和斯里兰卡。代表种类为避役(*Chameleo chameleon*)(图16-18)。

16.4.3.3 石龙子科

中、小型陆栖类。体表被覆瓦状排列的光滑圆形鳞片,体表角质鳞下具骨鳞,头顶具大型对称的盾片。具五趾型四肢,有的四肢退化。尾长。眼睑常透明,舌尖端分叉,以昆虫为食。喜在干燥的沙土和多岩石的地方活动。卵生或卵胎生。广泛分布于各大洲,但主要在东半球。我国常见种类为中国石龙子(*Eumeces chinensis*)。

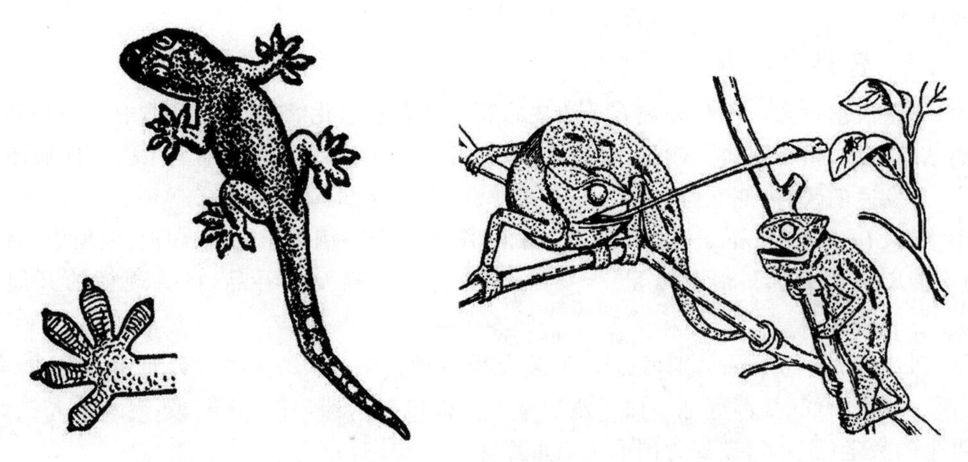

图 16-18 壁虎(左)和避役(右)(引自 Mark)

16.4.3.4 蜥蜴科

中、小型陆栖类。四肢发达,五趾具爪,尾长而尖,易于折断,角质鳞下无骨板。头顶具大型对称盾片,腹部鳞片较大,呈方形,区别于侧鳞。大腿的基部腹侧具股腺或鼠鼷腺。鼓膜外露或下陷。舌宽、扁平,具鳞片状的突起。生活在山坡、岩石缝隙中,常在干燥、阳光充足的地方活动。

麻蜥(*Eremias argus*)俗名麻蛇子,是我国长江以北最常见的一种小型蜥蜴。北草蜥(*Takydromus septentrionalis*)栖息于茂密草丛或矮灌木林间,以昆虫为食,分布于我国东南及华中各省。

16.4.3.5 巨蜥科

体形巨大的陆栖原始蜥蜴类。最大者为东印度 Komodo 岛屿上所产的科摩多巨蜥(*Varanus komodoensis*),体长可超过 3 m。身体及四肢均很粗壮,爬行快速。头颈相对较长,尾长且侧扁。头顶无对称大鳞片,背鳞颗粒状,腹鳞方形,呈横行排列。舌细长且分叉,能缩入鞘内。分布于非洲、南亚、东南亚、大洋洲。我国仅有圆鼻巨蜥(*Varanus salvator*)1 种,体长超过 2 m。肉食性。分布于两广、云南、海南等地,为国家Ⅰ级重点保护动物。

16.4.4 蛇目

特化的爬行类。身体细长,四肢、胸骨、肩带均退化,以腹部贴地爬行。脊柱分化为尾前椎和尾椎两部分,除寰椎外,尾前椎上都附有可动的肋骨,用以支持蛇类向前爬动。头骨无颞窝,左右下颌骨以韧带松弛连接,腭骨、翼状骨、方骨和鳞骨彼此形成可动关节,口可张开达 130°角,能吞食比它的头大好几倍的食物。无活动的眼睑,无鼓膜,外耳孔和外耳道消失。沿地面传来的声波,通过方骨和耳柱骨传进内耳。舌伸缩性强,末端分叉。左肺通常退化。无膀胱。雄性有 1 对交配器。多数为卵生,少数为卵胎生。本亚目全球约有 3 700 种,分布广,但以热带居多。我国产 265 种,其中毒蛇 50 种,多数种类集中于南方。

16.4.4.1　蟒科

地栖或树栖。尾的缠绕性很强，善于树上攀缘。大型种类长达 11 m，体形为蛇类中最大，也有体长不足半米的小型种类。本科为蛇类中较低等类群。卵生或卵胎生。无毒牙，主要靠缠绕绞死猎物，多以恒温动物为食物。典型代表为我国福建、广东、台湾等地的蟒蛇（*Python molurus*），体长 3～7 m。

16.4.4.2　游蛇科

陆栖、树栖或水栖。种类多，占蛇类种数的 90%左右。身体大多为中型。多数是无毒蛇，也有些是剧毒蛇。无退化的后肢痕迹。上、下颌均具齿，有毒种类为后沟牙。头顶部具对称的大鳞片，尾下鳞双行。卵生或卵胎生。分布几乎遍及全球。

虎斑颈槽蛇（*Rhabdophis tigrinus*）又名红脖游蛇、野鸡脖、竹竿青，栖于水边草丛中，多以蛙类为食，分布几乎遍布全国。赤链蛇（*Dinodon rufozonatum*）俗名红斑蛇、火赤链（图 16-19），为陆地上常见的无毒蛇，我国华东、华北、西南等地都有分布。红点锦蛇（*Elaphe rufodorsata*）俗名水蛇，栖于水边草丛中，有时也到水中游泳，以鱼、蛙类为食，分布于华北、华中及东北一带。中国水蛇（*Enhydris chinensis*）又名泥蛇（图 16-19），栖于稻田、池塘及水沟等处，捕食鱼类，分布在长江以南地区，是毒蛇。其他常见种类有乌梢蛇（*Zaocys dhumnades*）、王锦蛇（*Elaphe carinata*）、黑眉锦蛇（*E. taeniura*）等。

16.4.4.3　眼镜蛇科

陆栖或树栖，少数水栖，为剧毒蛇类。上、下颌均具齿，上颌骨较短，仅着生一枚较大的前沟毒牙。无退化的后肢痕迹。尾圆形。卵胎生。以各种脊椎动物为食，但主要以啮齿类为食。分布于亚洲、非洲、美洲和澳洲。我国常见的有眼镜蛇（*Naja naja*）（图 16-20），体长 1～1.5 m。惊怒时，蛇体前部昂竖直立，颈部膨大且背部的花纹呈眼镜状。金环蛇（*Bungarus fasciatus*）体表具黑、黄色相间的环纹（图 16-20）。银环蛇（*Bungarus multicinctus*）体表具黑、白色相间的环纹。

图 16-19　赤链蛇（左）和水蛇（右）
（引自郑作新）

图 16-20　眼镜蛇（左）和金环蛇（右）
（引自郑作新）

16.4.4.4　蝰科

陆栖、树栖或水栖。上颌骨短且能活动，张口时借头骨上一系列可动骨骼的推动，使上颌骨及毒牙竖直。管牙1对。体粗壮,头较大,尾短。主要以温血动物为食,多以伏击方式毒杀后吞食。全为毒蛇,卵胎生。

蝮蛇(*Agkistrodon halys*)俗名“草上飞”(图16-21)。头略呈三角形,颈部明显。有颊窝。背面灰褐色,体侧具黑褐斑纹,腹部灰黑色,有黑色斑点。鳞片具隆起。尾部骤然变细。主要以脊椎动物为食。卵胎生。是我国分布最广,数量最多的一种毒蛇。五步蛇(*Agkistrodon acutus*)又名尖吻蝮(图16-21)。颊窝明显。吻端有由吻鳞与鼻鳞形成的一短而上翘的突起。背面灰褐色,有灰白色的菱形方斑,腹面白色,有黑斑,俗称白花蛇和棋格蛇。卵生。主要见于长江以南地区。竹叶青(*Trimeresurus stejnegeri*)头呈三角形,颈细,尾短。全身翠绿,眼睛多数为黄色,瞳孔呈垂直的一条线(图16-21)。体侧从颈至尾有1条明显的黄线或白线。分布于黄河以南地区。烙铁头(*Trimeresurus mucrosquamatus*)颊窝显著,背面草绿色,杂有黄、红及黑色斑点,红斑在脊背正中形成1行较大的斑块。全长1 m左右,卵胎生,是川西牧区的巨毒蛇。

图16-21 蝰科的几种常见代表动物(引自郑作新)

A. 腹蛇 B. 五步蛇 C. 竹叶青

16.4.5 鳄目

本目动物在现代爬行类中结构最高等,体型也最大。体被大型坚甲,鼻孔和耳孔有能关闭的瓣膜。头骨保留着原始的双颞窝。脊柱明显地分为颈、胸、腰、荐、尾5部分。具胸骨。槽生齿,次生腭完整。肺大且结构复杂,适于水中长时间停留而不需换气。心室已分隔为左、右两室,仅留一孔相通,血液循环已接近于完全的双循环。体内受精,卵生。全世界现存鳄类共23种,分布于亚洲、美洲、非洲等热带亚热带地区。

图16-22 扬子鳄(引自Mark)

我国特产的扬子鳄(Alligator sinensis)(图16-22),属短吻鳄科,产于长江中下游,体长2 m左右。栖于江湖岸边的滩地,芦苇或竹林丛生处。挖穴而居，雌雄分居，洞口 1 个或多个。10 月至次年 4 月为冬眠期，4 月中旬苏醒出洞。以田螺、河蚌、鱼、虾、蛙等为食。扬子鳄有重要的科学价值，已被列为国家Ⅰ级重点保护动物。在安徽等地已开展人工繁殖和养殖。目前，我国引进养殖的鳄鱼种类较多，如湾鳄和尼罗鳄等。

16.5 爬行动物与人类的关系

16.5.1 爬行动物资源

16.5.1.1 珍稀种类

我国共有爬行动物近 400 种，隶属于 3 目 25 科 125 属，约占全世界爬行动物总数的 6.15％，其中，我国特产种类有 113 种，有许多种类具有重要的科学研究价值和经济价值。在爬行动物中有国家Ⅰ级重点保护动物 6 种，国家Ⅱ级重点保护动物 11 种，分别占爬行动物总数的 1.5％和 2.8％。

16.5.1.2 维持生态平衡

大多数爬行类是杂食或肉食性动物。许多蛇类多以鼠为食。蜥蜴类大多捕食各种有害昆虫，消灭大量农业害虫。据有益系数调查，蓝尾石龙子为 53.69％、石龙子为 51.6％、草原沙蜥为 82.14％、密点麻蜥为 81.20％。壁虎类的食谱中包括蚊、蝇等传染疾病的害虫。许多爬行动物又是食肉兽和猛禽的食物及能量来源之一。因此，爬行动物对维持陆地生态系统的稳定性具有重要作用。

16.5.1.3 食用价值

可供食用的爬行动物虽然不是很多，但食用价值独特。蛇肉不仅味道鲜美可口，且营养价值高。据分析，蛇肉含有脂肪、蛋白质、糖类、钙、磷、铁以及多种维生素，可与鸡肉、牛肉相媲美。蝮蛇肉含有全部的人体必需氨基酸。常吃蛇肉可提高免疫力，增进健康，延年益寿。所有的蛇类均可食用，但一般情况下，食用仅限于大型种类，如无毒蛇中的赤峰锦蛇、黑眉锦蛇、王锦蛇、乌梢蛇、灰鼠蛇、滑鼠蛇等。眼镜蛇、眼镜王蛇、金环蛇、尖吻蝮、蝰蛇和各种海蛇等毒蛇也有较高的食用价值。鳖肉是著名的滋补食品，可食用的龟类有蠵龟、海龟、太平洋丽龟、平胸龟、乌龟和黄喉拟水龟等。

16.5.1.4 药用价值

在我国，爬行动物入药有着悠久的历史，早在春秋战国时期的《山海经》中就有记载。《本草纲目》中收集了 7 种药用爬行类。在我国各地民间流行的医药偏方中，广泛应用多种爬行动物。

龟甲均可入药，称“龟板”，含有胶质、脂肪、钙盐等成分，具补心肾、滋阴降火、潜阳退蒸、止血等功效，是大补阴丸、大活络丹、再造丸等中成药的主要原料之一。鳖的背甲入药称“鳖甲”，主要成分有动物胶、角蛋白、碘、维生素等，具养阴清热、平肝熄风、软坚散结等功效，以其为原料制成的中成药有二龙膏、乌鸡白凤丸、化症回生丹等。鳖肉也有滋阴凉血、补中益气、解毒截疟、补脾益肾等功效。此外，龟鳖类的头、血、卵、胆、脂肪等均可入药。

可以入药的蜥蜴类有近20种，其中最负盛名的是大壁虎，中药名为蛤蚧，具有补肾、温肺、定喘、止咳、壮阳等功效，用于治疗虚劳喘咳、咯血、消渴、神经衰弱、肺结核、阳痿早泄、气管炎等疾病。无蹼壁虎、多疣虎、铅山壁虎等具有祛风活络、散结止痛、镇惊解痉等功效。蓝尾石龙子、中国石龙子等有解毒、散结、行水等功效。原尾蜥虎有祛风、定惊、散结、解毒等功效。草原龙蜥有散结、解毒等功效。鳄的鳞甲有逐瘀、消积、杀虫等功效。

绝大多数蛇类都能入药，在我国广泛应用的具药用价值的蛇类有30多种。蛇肉、蛇胆、蛇蜕、蛇血、蛇骨、蛇卵、蛇粪、蛇油、蛇皮、蛇鞭、蛇内脏、蛇毒等都有药用价值。如蛇蜕的中药名叫龙衣，有杀虫祛风的功效，可治疗疮痈肿、惊痛、咽喉肿痛、腰痛、乳房肿痛、痔漏、疥癣和难产。还可用蛇蜕煅灰混香油治中耳炎，或装入鸡蛋中煮熟服用治疗颈淋巴结核。蛇胆具有祛风湿、舒筋活络、止咳化痰、清暑散寒等功效，可治疗带状疱疹、米丹毒、血管硬化、漏疮、冻伤、烫伤、风湿关节痛、咳嗽多痰、小儿惊风、高烧等症，制成的中成药有蛇胆川贝液、蛇胆陈皮末、蛇胆半夏液等。蛇肉的药用价值较高，闻名中外的"三蛇酒"就是蛇与酒泡制而成，具有祛风活络、舒筋活血、祛寒湿、攻疮毒等功效。蛇鞭具有补肾壮阳，温中安脏等功效。

蛇毒是毒蛇毒腺分泌的蛋白质或多肽类物质，含有多种酶类，具有很强的毒理作用。关于蛇毒的研究目前已发展成为生物科学中的一个热门，它涉及医学、生物学和分子生物学，有重要的理论和实践意义。目前已经从蝮蛇中分离出多种有效成分，如磷酸二酯酶、蛇毒抗栓酶、清栓酶等，临床用于治疗脑血栓、血栓闭塞性脉管炎、冠心病等疾病。眼镜蛇毒注射剂具有比吗啡更有效、更持久的镇痛作用，对于三叉神经病、坐骨神经痛、晚期癌痛、风湿性关节痛等顽固性疼痛有明显的疗效。蛇毒还可以治疗胃、十二指肠溃疡等病症。

16.5.1.5 工艺用途

蟒蛇、鳄、巨蜥等皮张面积大，皮板厚、韧性强，可以制革，作为制造皮箱、皮鞋、皮包的原料。蛇皮皮质轻薄、柔韧，且有美丽的饰斑，不但可以制作皮革，还是制作胡琴、手鼓、三弦等乐器的琴膜必不可少的原料。玳瑁的背甲具有独特花纹，历来是制作眼镜架或其他工艺品的上等原料。太平洋丽龟的甲可用于做装饰品。

16.5.1.6 科学研究价值

爬行动物特别是蛇类的一些结构和机能为仿生学提供了良好的材料。如蛇类的颊窝对温差变化极其敏感，是现今最灵敏的红外线探测器所不及的。模仿颊窝的热测位作用，制造能探测和追踪飞机、舰艇、车辆等目标的高精确性导弹或火箭自导装置等，在军事和工业具有重要的意义。海龟的精确导航机制也是仿生学的研究课题之一。

蛇类对地温升高、地壳内部的剧烈震动、地表传导的震动非常敏感。在大雨前和地震前，蛇类活动异常，可作为预测天气和预报地震的参考。

16.5.2 毒蛇的危害及防治

16.5.2.1 毒蛇与无毒蛇的区别

1. 从蛇的形态来区别

无毒蛇和毒蛇的区别见表16-1。

2. 从人体被蛇咬伤后的症状来区别

被蛇咬伤后的症状见表16-2。

表 16-1　无毒蛇和毒蛇的区别

毒蛇	无毒蛇
有毒腺和毒牙	无毒腺和毒牙
头大,大多呈三角形,颈部明显	头一般呈椭圆形,颈部不明显
有颊窝	无颊窝
吻尖往上翘	吻端圆钝或尖,不上翘
尾短而骤细,或侧扁而宽	尾较长且逐渐变细
脊鳞多数具棱	脊鳞一般不具棱
体色多鲜艳	体色大多不鲜艳
前半身能竖起,颈可膨胀变扁,常主动攻击人畜	蛇身不能竖立,颈部不能变扁,很少主动攻击人畜

表 16-2　被蛇咬伤后的症状

项目	无毒蛇	毒蛇
牙痕	留有上颌 4 列和下颌 2 列的牙痕,牙痕小而均匀	留有 2 个大而深的牙痕
疼痛	被咬处不很痛,痛的范围也不扩展	被咬处灼热疼痛,痛的范围扩展很快
肿胀	被咬处虽然发红,但肿胀不明显,也不扩展	被咬处不仅发红,而且在数分钟内就有显著肿胀,肿胀范围扩展很快
全身症状	没有头晕、眼花、抽搐、昏睡不省人事等症状	有头晕、眼花、抽搐、昏睡不省人事等症状

16.5.2.2　毒蛇的危害

目前世界上已发现有 3 500 多种蛇,其中毒蛇 650 余种。目前已知我国蛇类有 173 种,其中毒蛇 48 种。常见的毒蛇只有 10 余种,多分布于南方。全世界每年有 100 多万人被毒蛇咬伤,约 10 万人死于蛇伤。此外,草原牧场的毒蛇常对畜群造成伤害。

蛇毒是由蛇的毒腺分泌的一种天然毒蛋白,含有多种蛋白质、多肽、酶类和其他小分子物质。蛇毒可分为作用于神经的神经毒(金环蛇、银环蛇、海蛇等)、作用于血液循环的血循毒(竹叶青、烙铁头、蝰蛇、尖吻蝮等)和混合毒(眼镜蛇、眼镜王蛇毒、蝮蛇等)。

16.5.2.3　蛇伤的防治

对毒蛇应贯彻“预防为主”的方针。一般毒蛇的行动大多比较迟缓,很少主动攻击人,只有人们无意踩到或接触蛇体时才会发生咬伤事故。在我国一年中各种蛇类只在 4～10 月间外出活动,7～9 月是蛇类活动性最强的时期。尤其在夏季闷热欲雨或雨后乍晴的天气,由于蛇洞内气压低而湿度大,毒蛇经常出洞活动,咬人致伤。因此,在毒蛇较多的地区从事野外工作时,要穿长袖衣、长裤、高筒靴,进入森林要戴草帽,携带木棍,以驱逐隐藏的毒蛇。若野外遭遇毒蛇追人时,可采取 S 形线路向光滑地面逃避,切勿直线逃跑。

如被毒蛇咬伤,在条件许可时应立即将蛇打死并进行识别,这对迅速对症治疗是十分重要的。如确定为毒蛇咬伤,应立即采取紧急措施,尽量减少蛇毒的吸收和扩散:①保持镇定。尽可能记忆毒蛇的形状和体色特征,为医务人员提供对症治疗的依据。切忌惊慌奔跑,或置之不理。应就近选择阴凉处休息和处理伤口。将伤肢放低,减少活动,以减少蛇毒的吸收和扩散。②及时结扎。一般应立即在伤口上方 2～10 cm 处用布带扎紧,阻止静脉血和淋巴液的回流,并每隔 15 min 左右放松 1～2 min,以免造成局部组织坏死。③如伤口内留有毒牙,要迅速拔掉。④扩创排毒(被尖吻蝮或蝰蛇咬伤,不宜采用此法,以免增加出血)。用拔火罐或口吸法等排除蛇毒(口内无伤口、无龋齿),并用清水、盐水或0.5%浓度的高锰酸钾溶液反复冲洗伤口。⑤紧急处理后,迅速就近就医。尽早注射抗蛇毒血清是真正有效的解救方法。

本章小结

爬行动物能产大型羊膜卵,摆脱了水环境的束缚,确保了陆上生殖和存活的成功,是真正适应陆生的脊椎动物。皮肤干燥,缺乏腺体,多被角质鳞或骨板,能有效地防止体内水分蒸发;骨骼骨化增高、坚硬,脊柱分化较完善,五指型附肢和带骨进一步发展;颈部明显,颈椎数目增多,前2枚颈椎特化,与头部形成可动关节,使头部活动更加自如,更适于在陆地上爬行;大脑出现新脑皮,脑神经12对,感觉器官发达;肺呼吸,出现了胸廓和胸式呼吸方式;具交配器,体内受精;出现了具高级排泄机能的后肾。但是,爬行动物也有一些适应陆生的问题未能解决,如心室左右分隔还不完全,保留左、右两个体动脉弓,血液循环仍为不完全双循环,调节体温的能力也低,属于变温动物。

复习思考题

1. 名词术语:
   颞窝　次生腭　胸廓　新脑皮　红外线感受器　尿囊　卵黄囊　尿囊膀胱
2. 试述羊膜卵的结构及羊膜卵的出现在脊椎动物演化史上的意义。
3. 与两栖动物相比较,爬行动物在适应陆生生活方面取得了哪些进步?
4. 列举5种首次出现在爬行类的结构,它们的出现各有何生物学意义?
5. 如何区别毒蛇与无毒蛇?被毒蛇咬伤后应如何紧急处理?

第 17 章　鸟纲

(Aves)

◈ 内容提要

鸟类是在爬行类基础上适应飞翔生活而特化的一支高级脊椎动物，是陆生脊椎动物中出现最晚、数量最多的一纲，种类遍布全球。本章介绍鸟类的基本结构，总结鸟类的进步性和适于飞翔的特征；简介鸟类的繁殖与迁徙，鸟纲各目的形态特点及其与人类的关系等。

◈ 教学目的

熟悉鸟类的基本结构，总结鸟类对飞翔生活的适应性；理解鸟类的进步性和适于飞翔的特征；了解鸟纲各目的形态特点、生态类型、鸟类迁徙的生物学意义以及鸟类与人类的关系。

17.1　鸟类的基本结构

17.1.1　外形

鸟类身体呈纺锤形，体外被覆羽毛（图 17-1）。头端具上下颌延伸成的角质喙（bill），外覆角质鞘，具有啄食、梳羽、筑巢、育雏和自卫等功能。喙的形状与食性密切相关。上喙基部有 1 对鼻孔。眼大而圆，具眼睑及瞬膜。瞬膜内缘具羽状上皮，能刷洗灰尘，地栖性鸟类（如鸡与鸽）尤为发达。耳孔位于眼后下方，略凹陷，鼓膜下陷形成外耳道，周围着生耳羽，有助于收集声波。夜行性鸟类（如猫头鹰）的耳孔极为发达。颈部长，转动灵活。躯干略呈卵圆形，腹面因有发达的龙骨突和胸肌而向外突出。尾部短小，末端着生尾羽，有舵和平衡的作用。前肢特化为翼（wing）。后肢具 4 趾，第 5 趾退化，通常拇趾向后，其余 3 趾向前，适于树栖握枝。趾的形态与生活方式有密切关系。

17.1.2　皮肤及衍生物

鸟类的皮肤薄而松软，利于羽毛活动和肌肉剧烈运动。皮肤干燥，缺乏腺体。其结构包括表皮、真皮和皮下层。表皮角质层薄；真皮中分布有血管、神经、毛囊和连接羽毛根部的皮肌；皮下层可堆积脂肪，如家禽。

鸟类的皮肤衍生物有尾脂腺、羽毛、喙、爪、鳞片、距、冠及垂肉等。

尾脂腺（uropygial gland）是鸟类唯一的皮肤腺，位于尾端背面，为 2 个卵圆形腺体，能分泌油脂和麦角固醇。油脂涂抹于羽毛，有润泽羽毛和防水功能；在紫外线照射下，麦角固醇可

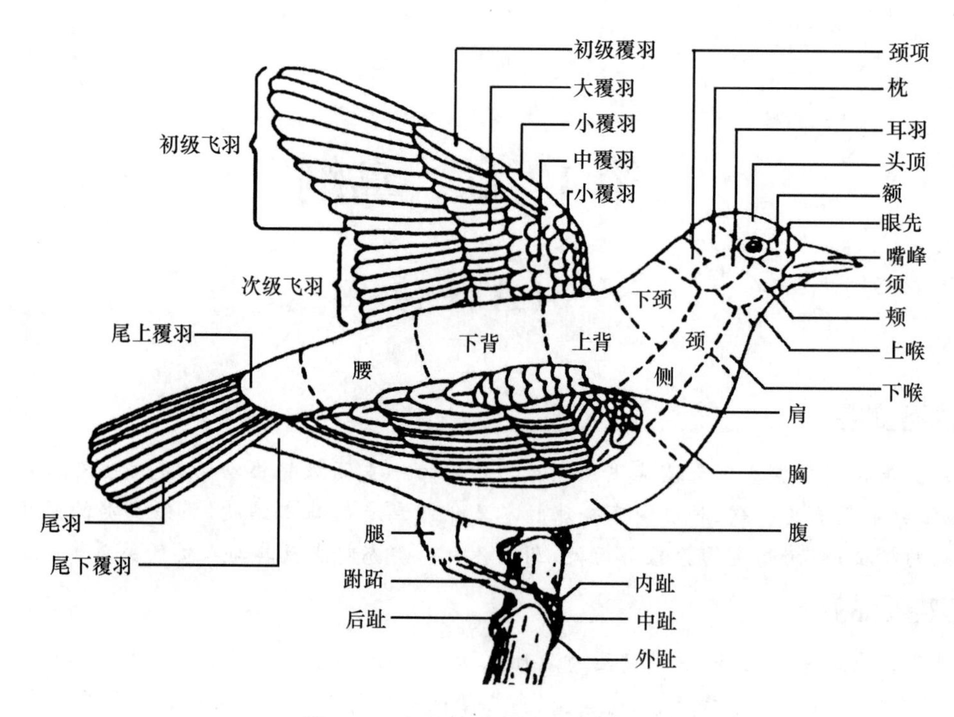

图 17-1　鸟体外形(引自张训蒲)

转变成维生素 D_3,经皮肤吸收,促进骨骼生长。游禽(鸭、鹅、雁等)的尾脂腺特别发达。

羽毛是鸟类特有的皮肤衍生物,有护体、保温、识别和飞翔等功能。羽毛在体表的分布不均匀,有羽毛的区域叫羽区(pteryla),无羽毛的区域叫裸区(apteria)(图 17-2)。雌鸟在孵

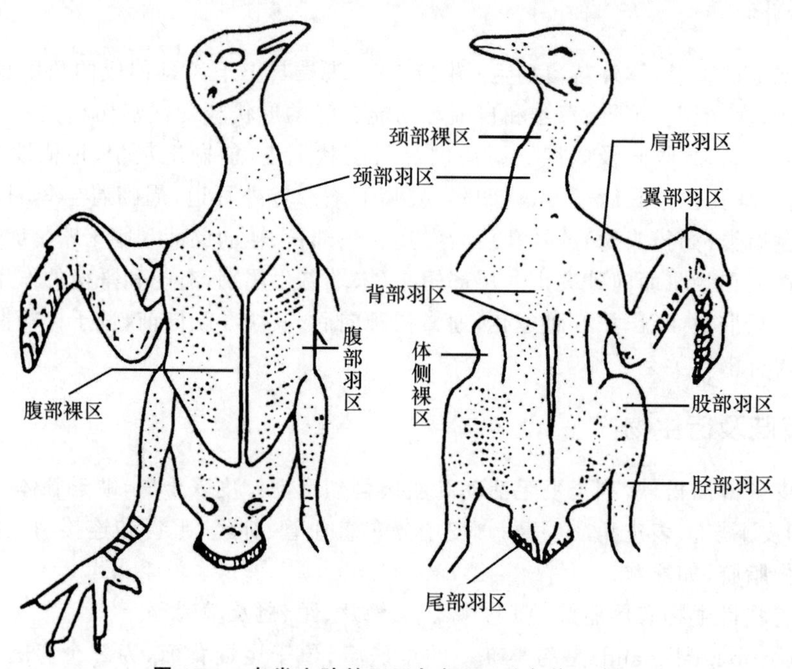

图 17-2　鸟类皮肤的羽区与裸区(引自姜云垒)

卵期间，腹部羽毛大量脱落，称为“孵卵斑”，根据此特点，可判断野外的鸟类是否进入繁殖期。

根据羽毛的构造和特性，可分为正羽、绒羽和纤羽三类(图 17-3)。正羽分布在体表、翼及尾上，由羽根、羽轴和羽片构成，羽片由羽枝构成。绒羽在正羽的下面，羽根短，无羽轴，羽枝细长。呈蓬松状态，有良好的隔热保温性能。猛禽和水禽绒羽较发达。纤羽夹杂在其他羽毛之间(拔掉正羽与绒羽后可见)，呈毛发状，其基本功能是触觉。

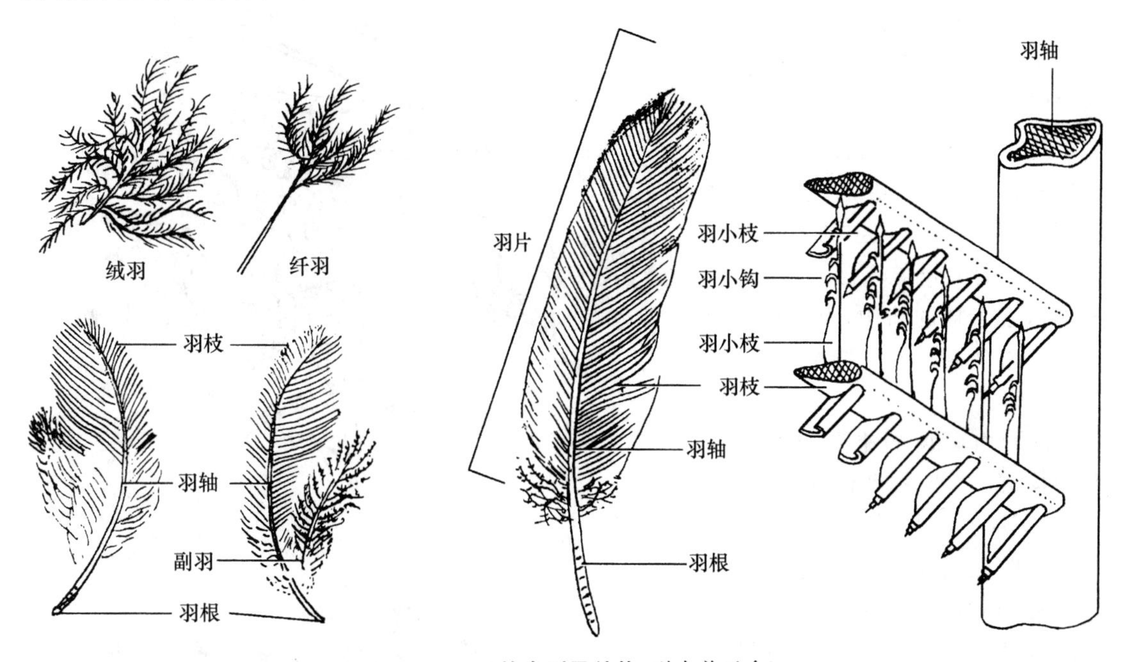

图 17-3　羽毛的类型及结构(引自姜云垒)

大多数鸟类每年定期换羽(molt)，常发生在春、秋季。春季更换的新羽叫夏羽或婚羽；秋季更换的新羽叫冬羽。换羽对鸟类迁徙、越冬和繁殖具有重要的生物学意义。

17.1.3　骨骼系统

鸟类的骨骼为气质骨，轻而坚固。头骨、脊柱、骨盆和肢骨的骨块有愈合现象，肢骨与带骨有较大的变形(图 17-4)。

17.1.3.1　头骨

头骨骨片薄而轻，腹面有枕骨大孔，具单一枕髁。上、下颌骨极度前伸成喙，外被角质鞘，形成锐利的取食器官。

17.1.3.2　脊柱、肋骨与胸骨

脊柱分为颈椎、胸椎、腰椎、荐椎和尾椎 5 部分。

颈椎的数目多，8～25 枚不等。椎体之间的关节面呈马鞍(异凹)形。第一枚颈椎为寰椎，与头骨的单枕髁相关节，第二枚颈椎为枢椎，头骨与寰椎在枢椎的齿突上转动。这种特化结构使头颈部的活动特别灵活，头可转动 180°～270°。

胸椎 5～10 枚，每一胸椎横突的末端都附有肋骨，肋骨由背面向腹面延伸，与胸骨相连接，

且每一肋骨都伸出钩状突与后一肋骨相连,构成一完整而牢固的胸廓,有保护内脏器官和完成呼吸等功能。

综荐骨又称愈合荐骨(synsacrum),为鸟类特有的结构,它是由最后1枚胸椎,全部腰椎和荐椎连同前面几枚尾椎愈合形成的。综荐骨又与鸟类宽大的骨盆(髂骨、坐骨与耻骨)相愈合,形成坚固的腰荐部,重心集中,行走时更加稳固,飞行时构成稳定的中轴。

尾综骨(pygostyle)为鸟类特有的适于飞翔的结构,由最后几枚尾椎骨愈合而成。支持尾羽,控制飞行动作。

肋骨由背面的椎肋与腹面的胸肋构成,二者之间有可动关节,且均为硬骨。胸骨发达。绝大多数鸟类的胸骨从腹中线伸出一板状突起,称龙骨突(keel),供飞翔(胸)肌附着。

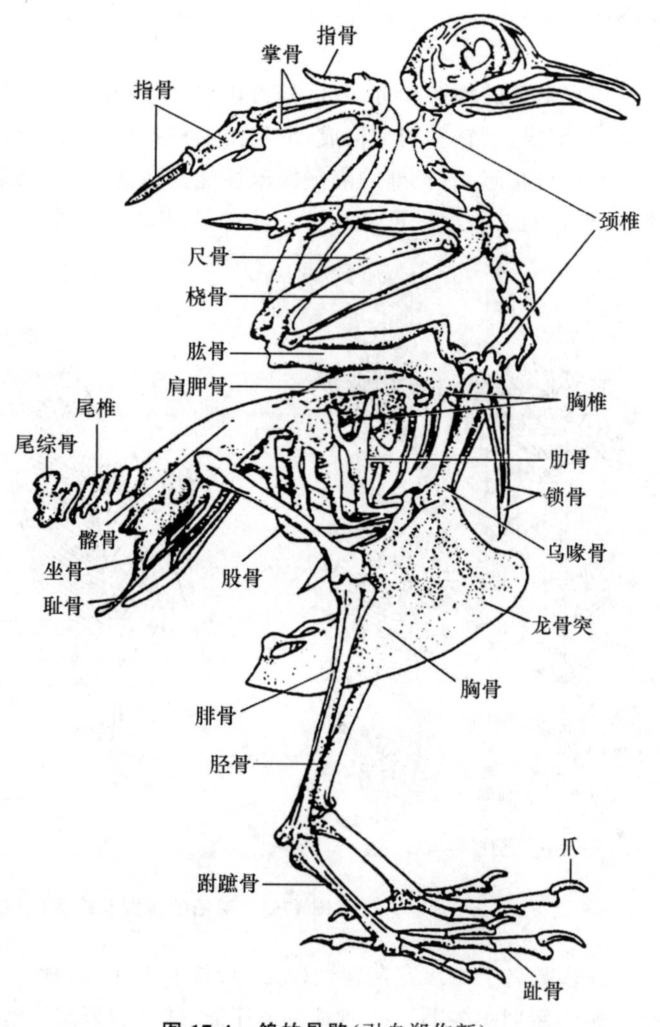

图 17-4 鸽的骨骼(引自郑作新)

17.1.3.3 带骨及肢骨

肩带由肩胛骨、乌喙骨和锁骨形成肩臼,与前肢肱骨相关节。肩胛骨狭长,乌喙骨粗大,锁骨细长。两侧锁骨在胸前联合成"V"形,称叉骨,为鸟类特有。叉骨具有弹性,在鸟翼剧烈扇动时可避免左右乌喙骨相撞,增强肩带弹性。

前肢特化为翼,前肢骨由上臂(肱骨)、前臂(桡骨和尺骨)和腕、掌、指骨构成,仅有2块独立腕骨,其余腕骨与掌骨愈合为2块腕掌骨,指骨3块,即第1、5指退化,仅剩第2、3、4指,指端无爪。翼羽着生尺骨外缘和腕、掌、指骨上。

腰带由髂骨、坐骨、耻骨构成,并与综荐骨愈合形成骨盆。髂骨为长大的薄骨片,在背部与其后下方的坐骨愈合,二者之间留有髂坐骨孔。耻骨细长,位于坐骨腹缘,左、右耻骨不在腹中线连接,故称"开放式"骨盆。

后肢骨由股骨、腓骨、胫跗骨、跗跖骨和趾骨构成。其中胫跗骨(tibiotarsus)由胫骨与跗骨上部愈合而成。跗跖骨(tarsometatarsus)由跗骨下部与跖骨愈合形成。胫跗骨与跗跖骨间形成跗间关节(踵关节),利于起飞与降落。趾骨4趾,多数3前1后,趾端有爪。鸟趾数目及形态变异是鸟类分类的依据之一。

17.1.4 肌肉系统

鸟类背部肌肉退化,颈部肌肉发达。胸肌特别发达,分为胸大肌和胸小肌(图 17-5)。胸大肌位于浅层,胸小肌位于深层,二者均起于胸部龙骨突。胸大肌止于肱骨腹面,收缩时翼下降;而胸小肌绕过肩关节止于肱骨背面,收缩时翼举起。

后肢具有栖树握枝的肌肉,包括栖肌、贯趾屈肌和腓骨中肌,它们起于胫部上方,各以长肌腱止于 4 趾上,3 种肌肉巧妙配合,使鸟在树枝上栖息时,体重下压导致肌腱拉紧,4 趾自然弯曲而握紧树枝。

皮肤肌发达,能支配羽毛和某些裸露皮肤的运动,调节体温和进行求偶炫耀等行为。

鸣肌为鸟类特有,1～7 对,可支配鸣管(鸣膜)改变形状而发出美妙多变的鸣叫声。雀形目鸟类的鸣肌特别发达。

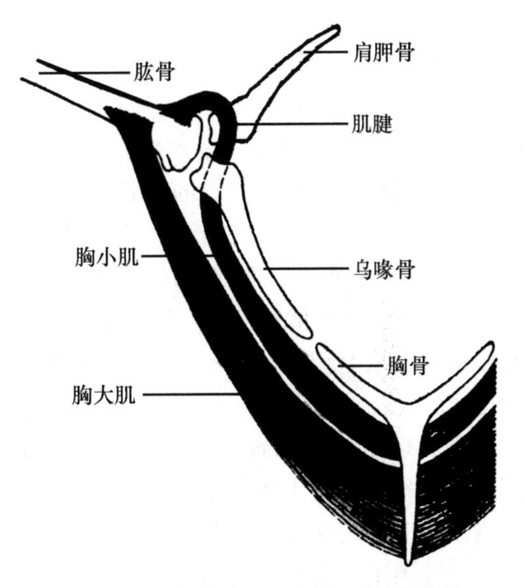

图 17-5 鸟的胸肌示意图(引自杨安峰)

17.1.5 消化系统

鸟类的消化系统包括消化道和消化腺两部分(图 17-6)。

17.1.5.1 消化道

消化道由喙、口腔、咽、食道、嗉囊、胃、肠、盲肠和泄殖腔等构成。

喙为鸟类取食器官,均无牙齿。口腔顶部为裂状腭,有内鼻孔。底部有活动的舌,外常有角质鞘。舌的形态因食性而异。家鸡的舌呈三角形;取食花蜜鸟类的舌呈吸管状或刷状;啄木鸟的舌具倒钩。口腔黏膜上有许多唾液腺,分泌物一般不含消化酶。雨燕目鸟类的唾液中含有糖蛋白,能将筑巢的材料黏合在一起。金丝燕筑的巢(燕窝)就是用唾液将海藻黏合而成的。

咽部短,耳咽管口、喉门、食道均开口与此。食道很长,具有很强的扩张性,其黏膜腺体分泌的黏液可润滑食物。鸡、鸽等食谷鸟类和鸬鹚、鹈鹕等食鱼鸟类的食道中部特化为嗉囊,是临时贮存和软化食物的场所。鸽

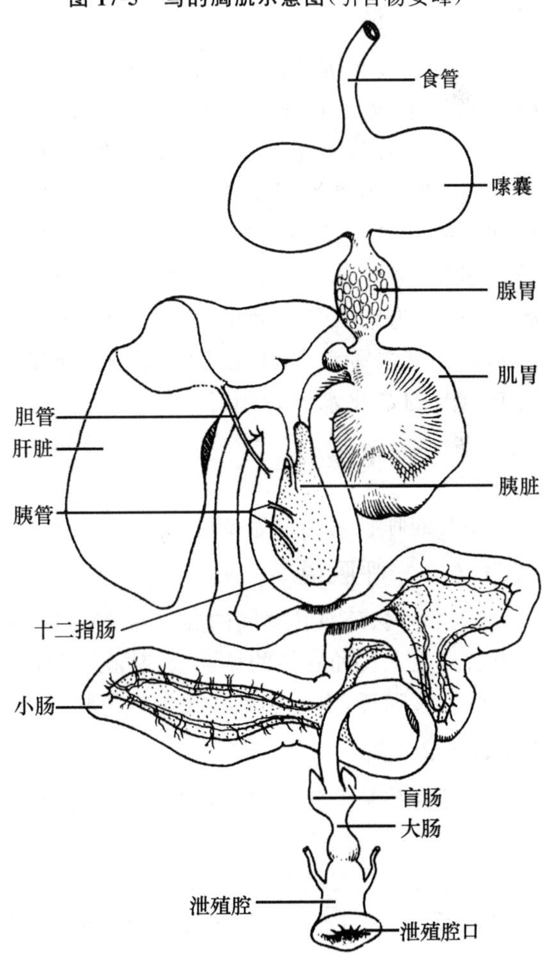

图 17-6 家鸽的消化系统(仿自 Haward)

的嗉囊能分泌鸽乳,喂养幼鸽。

鸟类的胃分腺胃和肌胃。腺胃呈纺锤形,壁较厚,容积小,腺体丰富,分泌的消化液含胃蛋白酶和盐酸。肌胃又叫砂囊,肌肉壁很厚,内有黄色的类角质膜(中药称“鸡内金”)。肌胃主要功能是机械性研磨食物。食谷类鸟肌胃发达,肉食性鸟不发达,食浆果的鸟类无肌胃。

肠由小肠和大肠组成。鸡的小肠为身长的4～6倍,分十二指肠、空肠、回肠3部分。十二指肠紧接肌胃,折叠成“U”字形;空肠和回肠无明显的分界。鸟类的大肠很短,不能大量贮存粪便,具有吸收水分的作用,其末端为泄殖腔。在小肠和大肠的交界处有1对盲肠,盲肠具有吸收水分、发酵分解植物纤维、合成吸收维生素等作用。植食性鸟(如鸵鸟、鹳、鹅等)的盲肠发达。

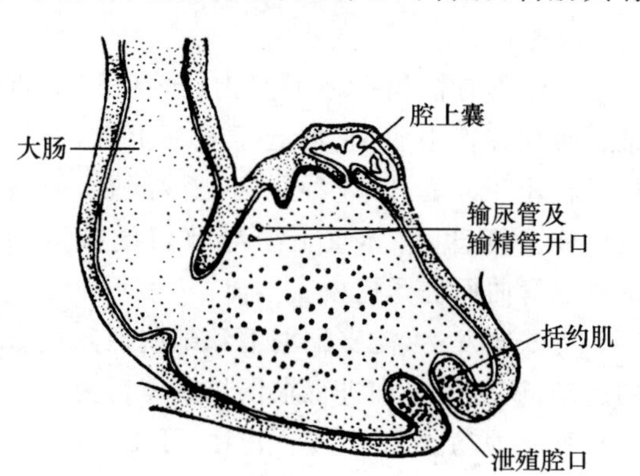

图 17-7 家鸽的腔上囊和泄殖腔
(仿自 Young)

腔上囊(bursa fabricii)位于泄殖腔背壁(图17-7)。幼鸟的腔上囊发达,成鸟退化为淋巴腺体。腔上囊是鉴定鸟类年龄的一种指标,已被广泛应用于鉴定鸡形目鸟类的年龄。

17.1.5.2 消化腺

鸟类主要的消化腺是肝脏和胰脏。肝脏是鸟体内最大的腺体,肝脏分两叶,左叶发出的肝管直接入十二指肠,右叶的肝管进入胆囊,再由胆囊管通十二指肠。胆囊可贮存和浓缩肝脏分泌的胆汁。胆汁有乳化脂肪,促进脂肪与脂肪酶结合的功能。大多数鸟类具胆囊,但鸵形目、鸽形目、鹦形目、蜂鸟亚目和游隼等无胆囊。胰脏位于十二指肠的肠系膜上,为细长分3叶的腺体,有3条胰管通入十二指肠的胆囊管入口处。胰脏分泌的胰液含有多种消化酶,如胰淀粉酶、胰脂肪酶和胰蛋白酶。这些消化酶在小肠内对食物有重要的消化水解作用。

17.1.6 呼吸系统

鸟类的呼吸系统由呼吸道(鼻腔、喉、气管、支气管)、肺和气囊等组成(图17-8)。

17.1.6.1 呼吸道

鼻腔是内、外鼻孔之间的腔。鼻中隔将鼻腔分左右两腔。每个鼻腔有上、中、下鼻甲骨,其上有含纤毛上皮和腺体的鼻黏膜,黏膜下为淋巴组织。

喉位于咽部,由1块环状和1对勺状软骨构成,其端部为纵列的喉门,下连气管和支气管。

17.1.6.2 肺

鸟类的肺是由各级支气管彼此吻合形成的网状管道系统,海绵状结构。气管进入胸腔后分为左、右支气管进入肺内,即为初级支气管(中支气管),然后发出背、腹、侧3种次级支气管,由此再分支形成三级支气管(副支气管),各三级支气管都辐射出许多微支气管,彼此相连成肺的实体部(图17-9),其外分布大量的毛细血管,气体交换在此进行。

17.1.6.3 气囊

气囊是由初级支气管和次级支气管末端形成的膨大的薄囊,是鸟类呼吸的辅助系统,无气体交换功能。此外,气囊还能减轻身体的比重,减轻内脏器官间的摩擦,也是快速热代谢的冷却系统。

鸟类有9个气囊,位于内脏器官之间(图17-8)。颈气囊1对,位于颈基部;锁间气囊1个,呈三角形,位于左右锁骨形成的夹角间;前胸气囊1对,位于胸腔中部。上述5个气囊均与次级支气管相通,并都位于体前部,称前气囊。后胸气囊1对,位于胸腔后部;腹气囊1对,位于腹腔内脏之间。它们直接与初级支气管相通,均位于体后部,称后气囊。

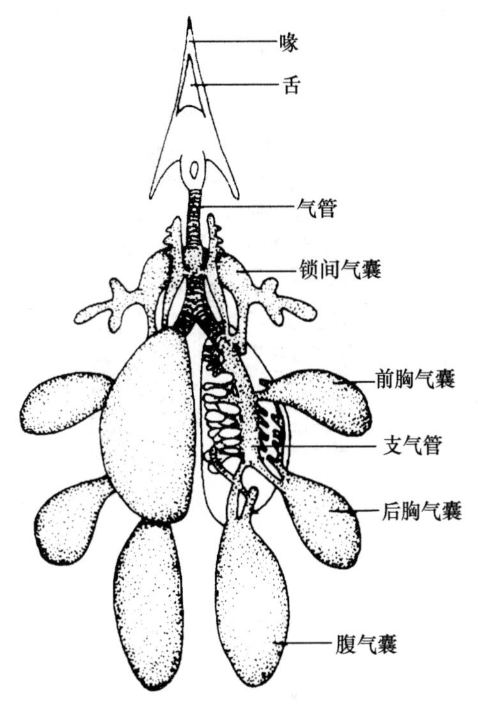

图17-8 鸟类的呼吸系统示意图
(引自姜云垒)

17.1.6.4 双重呼吸

双重呼吸(dual respiration)是因鸟类有气囊而产生的独特呼吸方式,即无论吸气或呼气均有新鲜空气进入肺部进行交换的呼吸方式(图17-9)。

吸气时,前、后气囊同时扩张。大部分新鲜空气沿初级支气管直接进入后气囊,另一部分气体经次级支气管(背、侧支)、三级支气管、微气管,最终在肺内完成第1次气体交换;而呼出的废气沿三级支气管、次级支气管(腹支)进入前气囊。呼气时,前、后气囊同时压缩。前气囊内的废气经气管排出;后气囊中贮存的新鲜气体也经次级支气管(背、侧支)、三级支气管、微气管,到肺内进行第2次气体交换,呼出的废气仍然按上述路径进前气囊,经气管而排出。鸟类飞翔越快,扇翼越猛烈,呼吸就越快,确保了氧气的充分供应。

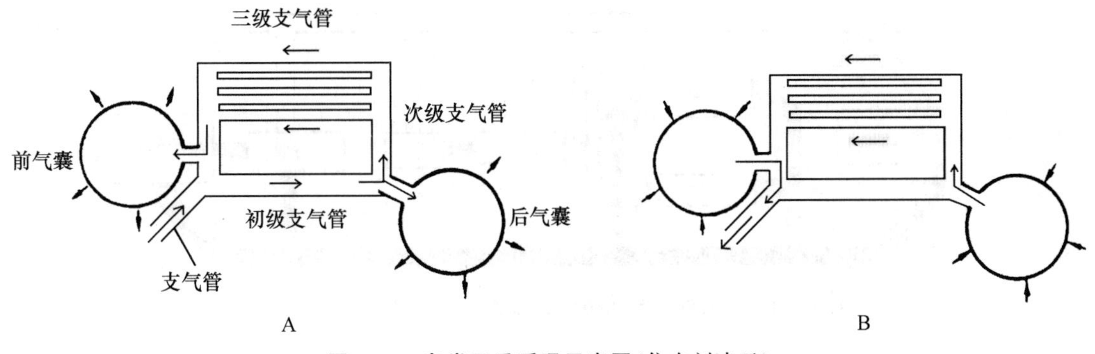

图17-9 鸟类双重呼吸示意图(仿自刘凌云)
A. 吸气 B. 呼气

17.1.6.5 鸣管

鸣管(syrinx)是鸟类的发声器官,位于气管与支气管的交界处(图17-10),由中央舌状突(半月膜)、侧壁上的鸣膜和鸣肌组成。鸣膜能因气流震动而发声。鸣管外侧着生鸣肌,鸣肌的收缩可导致鸣管壁形状及紧张程度发生改变而发出不同叫声。

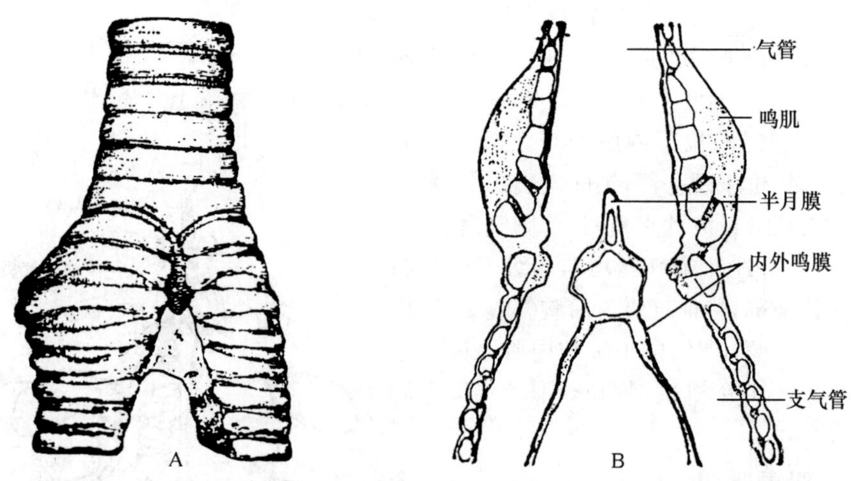

图 17-10 鸟类的鸣管(仿自 Wesselles)

A. 外观 B. 剖面

17.1.7 循环系统

17.1.7.1 心脏

鸟类的心脏是由 2 心房和 2 心室组成的完整 4 腔心脏，动静脉血完全分开，形成完全双循环(图 17-11)。来自体静脉的缺氧血液，入右心房、右心室经由肺动脉弓入肺，在肺内经过气体交换后，多氧血经肺静脉注入左心房、左心室，称之为肺循环；多氧血再经左心室压入体动脉，经各动脉分支到身体各部，进行气体交换后的缺氧血经体静脉流回右心房、右心室，称之为体循环。体循环和肺循环路径完全分开，故称完全双循环。鸟类的心跳频率比哺乳动物高得多，一般均在 300～500 次/min。心脏容量大，动脉压高，因而血液循环迅速，这与其旺盛的代谢相适应。

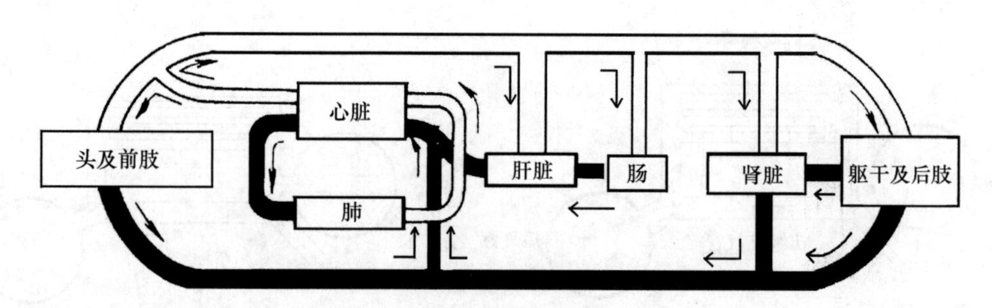

图 17-11 鸟类的完全双循环示意图(引自 Schmidt-Nielsen)

17.1.7.2 动脉

鸟类的左体动脉弓消失，仅剩 1 条右体动脉弓和 1 对肺动脉弓。由右体动脉弓自左心室发出后，分出 2 支无名动脉，每支无名动脉分别分出总颈动脉(入头部)和锁骨下动脉(入前肢)。然后体动脉弓向右弯曲绕到心脏背面成为背大动脉，背大动脉沿脊柱后行，沿途形成数分支进入各器官(图 17-12)。

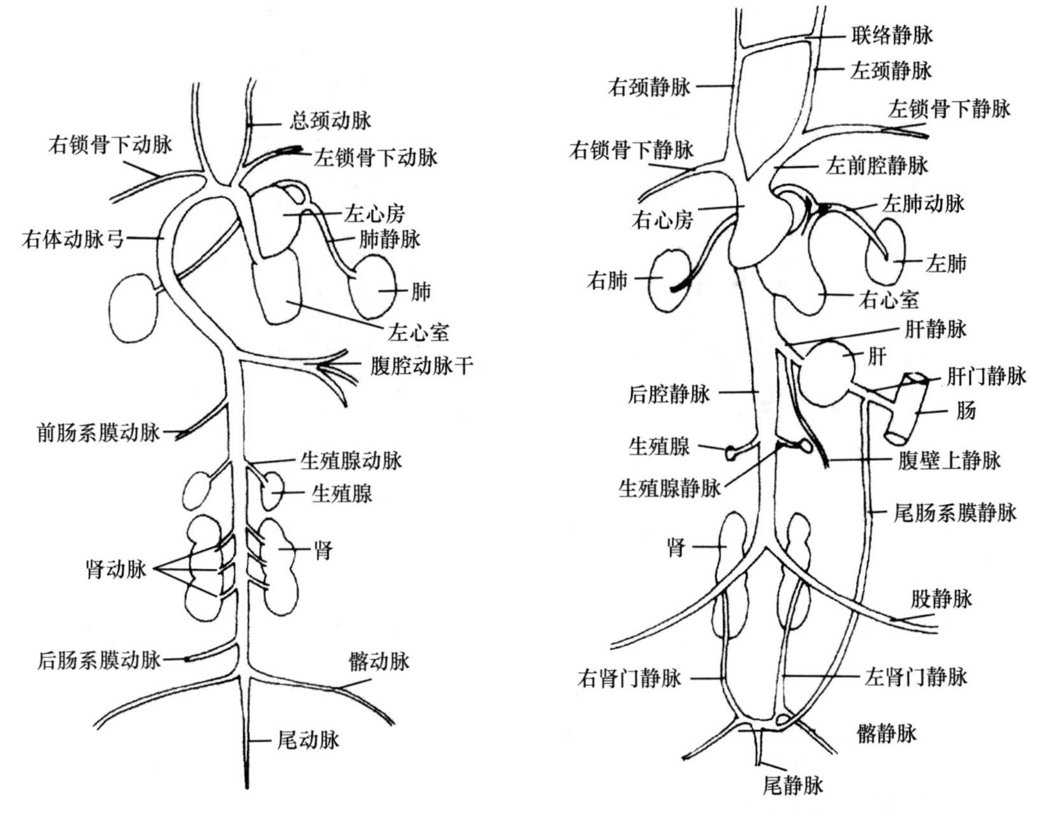

图 17-12　鸟类的动脉和静脉系统(引自郝天和)

17.1.7.3　静脉

鸟类的肾门静脉退化,具特殊的尾肠系膜静脉,可收集内脏的血液入肝门静脉。1对前腔静脉汇集颈静脉、壁静脉、胸静脉的血液入右心房。一条粗短的后腔静脉汇集身体后部髂静脉及肝静脉的血液入右心房(见图 17-12)。

17.1.7.4　血液及淋巴系统

鸟类的红血细胞一般为卵圆形,具核,含有大量的血红蛋白,具输送氧及二氧化碳的功能。

淋巴系统由淋巴管、淋巴结、淋巴小结、腔上囊、胸腺和脾脏组成。胸腺位于气管两侧,为淡红色的扁平叶状结构,它和腔上囊被认为是免疫反应中心器官,幼鸟发达,成鸟退化。脾脏位于腺胃与肌胃交界处的背侧,近似卵圆形,红褐色,有产生淋巴球、吞噬衰老的红血细胞、回收血红素和铁质用于再造血等功能,是免疫反应外周器官。

17.1.8　排泄系统

鸟类的排泄系统由肾脏、输尿管和泄殖腔组成(图 17-13)。

鸟类的肾脏与爬行类近似,胚胎期排泄经历尿囊、前肾、中肾阶段,成体则为后肾。肾脏为1对暗紫色的长扁3叶体,位于背部综荐骨腹面的深窝内。输尿管由每侧肾脏的腹面发出,沿体腔背面后行,开口于泄殖腔中部。

鸟类的主要排泄物是尿酸,常呈半凝固的白色结晶。绝大多数鸟类无膀胱,其尿液连同粪

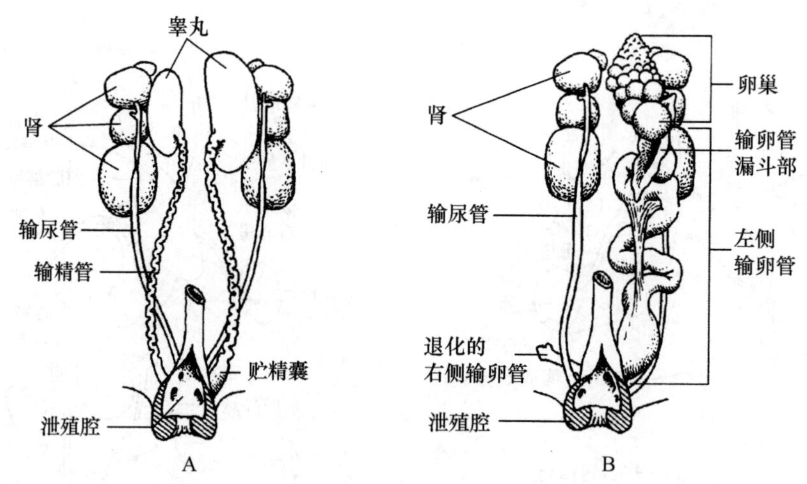

图 17-13 家鸽的泌尿生殖系统(引自刘凌云)

A. 雄性 B. 雌性

便一起随时排出体外。也是减轻飞翔负担的一种适应。

海鸟类具有盐腺,位于眼眶上部,开口于鼻间隔,能把海水带入体内的盐分排出,维持正常的渗透压。

17.1.9 生殖系统

17.1.9.1 雄性生殖系统

鸟类具有成对的睾丸和输精管(图 17-13A)。睾丸呈椭圆形,借系膜悬挂于同侧肾脏前叶腹侧,生殖季节膨大。输精管为多弯曲的管,沿输尿管外侧后行,末端膨大为贮精囊,开口于泄殖腔。

多数鸟类无交配器官,借雌雄鸟的泄殖腔口吻合而授精。鸵鸟和雁鸭类等的泄殖腔腹壁隆起,构成可伸出泄殖腔外的交配器,能输送精子。

17.1.9.2 雌性生殖系统

绝大多数鸟类仅具左侧的卵巢和输卵管(图 17-13B),右侧退化,某些鹰类(雀鹰、鹞、隼等)的半数雌鸟有成对的卵巢。未成熟的卵巢很小,扁平叶状,紧贴在左肾上。成熟的左卵巢形似葡萄串,含有不同发育程度的大小卵细胞。输卵管由伞部、蛋白分泌部、峡部、子宫和阴道等 5 部分组成(图 17-14)。卵细胞成熟后,突出于卵巢的表面,脱离卵巢坠入体腔,经输卵管顶端的喇叭口进入输卵管,在输卵管的上端完成受精作用。受精卵沿输卵管下行至蛋白分泌部,被此处分泌的蛋白所包裹,继续下行至输卵管峡部,形成内、外卵

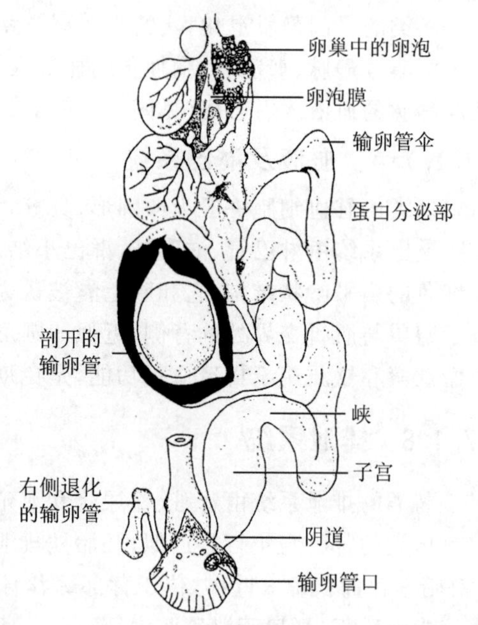

图 17-14 雌鸡的生殖系统(引自侯林)

膜,进入子宫后形成卵壳。

很多鸟类的卵壳上有各种颜色和花纹,它们是由子宫壁的色素细胞在产卵前 5 h 左右分泌而成。经过阴道时蛋壳覆以一层透明的水溶性薄膜,可防止水分蒸发和细菌侵入。卵最后经泄殖腔排出体外(图 17-15)。家鸡从卵受精到产出一般经过 24 h。

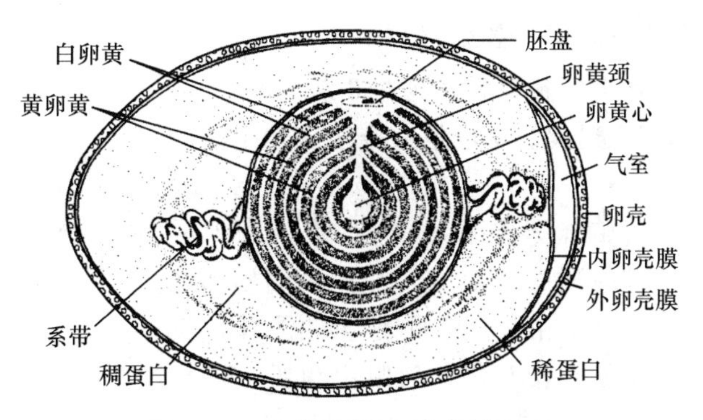

图 17-15 鸟卵纵切面(引自刘凌云)

鸟类的生殖腺活动存在明显的季节性变化。繁殖期间,鸟类的生殖腺体积增大。繁殖期后,鸟类的生殖腺会迅速萎缩,以减轻体重,适于季节性的迁飞。

17.1.10 神经系统和感觉器官

17.1.10.1 神经系统

鸟类的大脑半球体积增大,向后遮盖了间脑和中脑前部,脑弯曲和颈弯曲更加明显。底部十分发达,称上纹状体(striatum corpora)。上纹状体和大脑皮层共同构成鸟类复杂本能活动的中枢。间脑由上丘脑、丘脑和丘脑下部三部分构成。丘脑下部为体温调节中枢并节制植物性神经系统,对脑下垂体的分泌也起着关键性的影响,可通过脑下垂体的分泌而激活其他内分泌腺。中脑位于大脑半球后下方,背侧有 1 对发达的视叶,为视觉高级中枢。小脑比爬行类发达得多,为复杂运动的协调与平衡中枢。延脑有许多重要神经中枢,如呼吸、心跳、分泌等活动中枢。

鸟类有脑神经 12 对(图 17-16),但第 11 对(副神经)不发达。

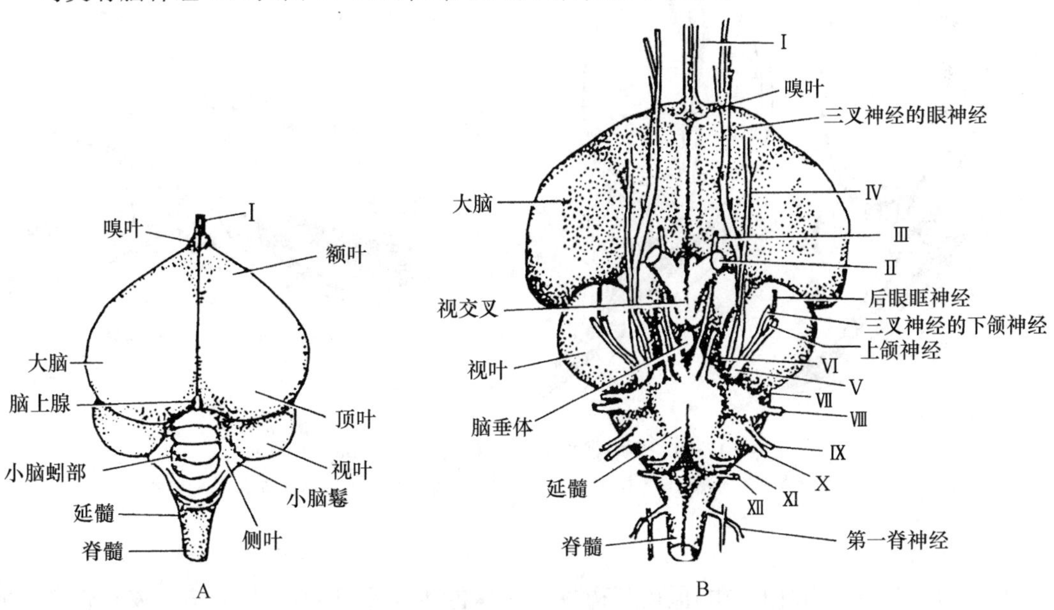

图 17-16 家鸽的脑(引自杨安峰)

A. 背面观 B. 腹面观

17.1.10.2 感觉器官

鸟类的感觉器官视觉最发达，听觉次之，嗅觉退化。这也是适应于飞翔生活的结果。

1. 视觉器官

鸟的视觉敏锐，这与眼睛的结构和视觉调节密切相关。鸟眼大，其占身体比例大于其他脊椎动物。鸟眼由角膜、巩膜、视网膜、脉络膜、晶体和玻璃体等构成(图17-17，图17-18)。其中晶体质地软，凸度可改变。视网膜上视锥细胞多，分辨力强，利于白昼视物；夜行鸟则视杆细胞多，适于夜间视物。加之鸟类视觉调节具有独特的"三重调节"能力：即角膜调节肌能改变角膜凸度；睫状肌能快速改变晶体凸度；环肌能改变晶体的前后位置，从而改变晶体与视网膜间的距离。鸟类如此精巧而迅速地调节视力，使其能在瞬间由远视"望远镜"变成近视的"显微镜"。

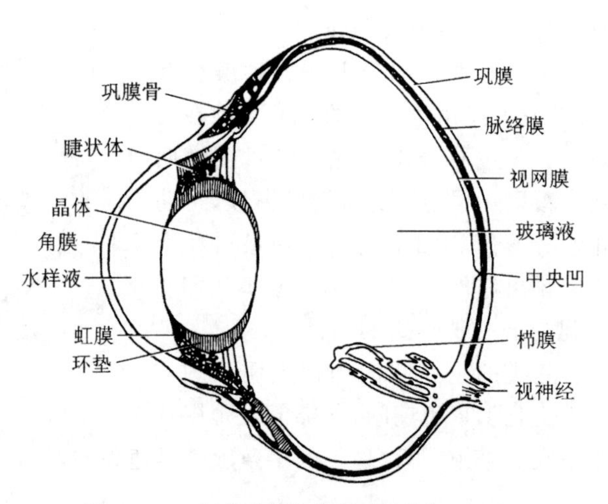

图 17-17 鸟眼球的矢状切面(引自 Welty)

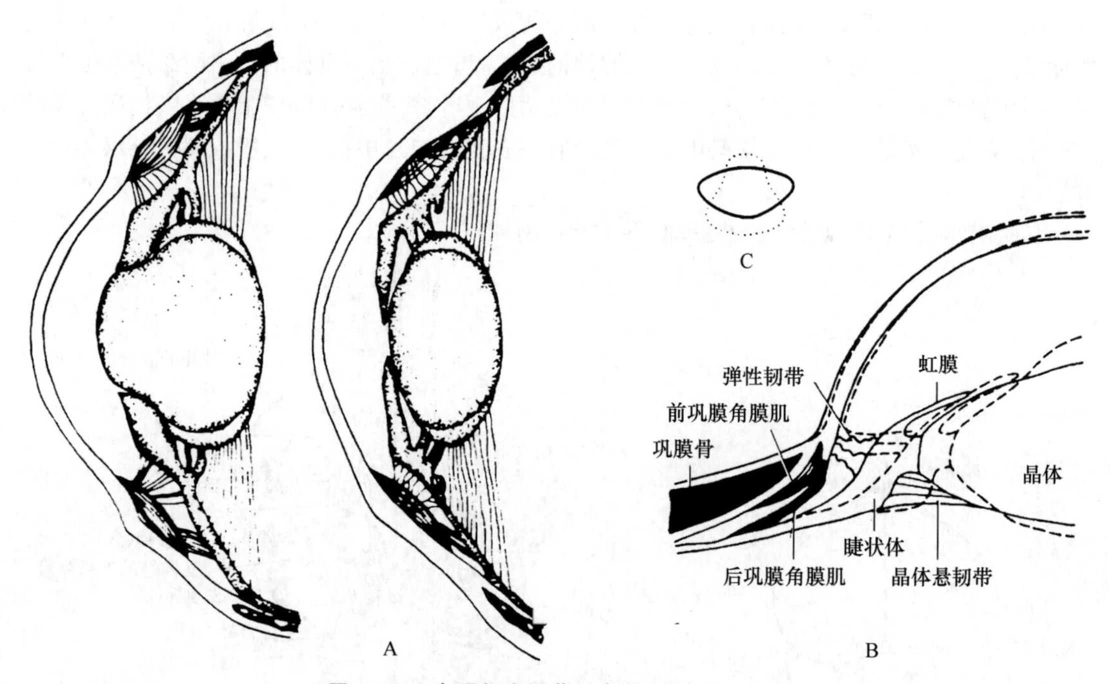

图 17-18 鸟眼视力调节示意图(引自 Young)

A. 从近视(左)调至远视(右) B. 眼球局部切面，示调节肌 C. 晶体调节前、后的形状

2. 听觉器官

鸟类的听觉器官由外耳、中耳、内耳构成。外耳包括耳孔、耳羽和外耳道。夜行性鸟类听觉较发达，其两个耳孔不对称，借二者间对声波接收的微小差异使定位更准确。内耳的瓶状体延长且弯曲，其上的毛细胞是哺乳动物的10倍，故接收声波频率范围更广。

3. 嗅觉器官

大多数鸟类的嗅觉退化。少数鸟类的嗅觉比较发达，成为依靠嗅觉寻食的定位器官，如兀鹫的嗅觉特别发达。

17.2　鸟类的主要特征

17.2.1　鸟类的进步性特征

(1)完全双循环，具有高而恒定的体温(37.0～44.6 ℃)，减少了对环境的依赖性。

(2)具有迅速飞翔的能力，能借主动迁徙来适应多变的环境条件。

(3)具有发达的神经系统和感官，能更好地协调体内外环境的统一。

(4)具有较完善的繁殖方式和行为(如占区、求偶、营巢、产卵、孵卵和育雏)，保证了后代有较高的成活率。

17.2.2　鸟类适于飞翔的特化特征

(1)体表被羽毛，流线型外廓使重心集中，减小飞翔时的阻力。

(2)前肢特化成翼，龙骨突着生发达的胸肌，能提供展翅飞翔的动力。

(3)气质骨，多愈合，使鸟的身体既轻又结实。

(4)发达的气囊与肺相通，不仅能增加浮力，还可辅助呼吸和调节体温。

(5)视觉极敏锐，能在瞬间由远视变近视，也是对飞翔生活的高度适应。

(6)现代鸟类无齿，无膀胱不储尿，大肠短不储粪便，右侧卵巢、输卵管退化，非繁殖期生殖腺极度萎缩等，都能减轻鸟类飞翔时的负重。

17.2.3　恒温及其在动物演化史上的意义

动物界只有鸟类和哺乳类是恒温动物。在动物演化历史上，恒温是一个极为重要的进步性事件。恒温动物身体完善的各器官系统可产生足够热量且维持高的新陈代谢水平，并且具有良好的调节产热、散热的能力。

恒温是脊椎动物躯体结构和功能全面进化的产物。高而恒定的体温，能促进体内数以千计的酶催化反应得到最大的化学协调，极大地提高了机体新陈代谢的水平。恒温能使机体细胞(特别是神经和肌肉细胞)对刺激的反应迅速且持久，肌肉的黏滞性下降，收缩快且有力，显著提高了恒温动物快速运动的能力，有利于捕食和避敌。恒温还降低了对环境的依赖性，扩大了恒温动物生活和分布的范围，获得了在夜间积极活动的能力并得以在寒冷地区生活。有人认为，这是中生代哺乳类和鸟类战胜在陆地上占统治地位的爬行类的重要原因。

17.3 鸟类的繁殖和迁徙

17.3.1 鸟类的繁殖行为

鸟类每年进入繁殖季节后，会出现占区、求偶、营巢、产卵、孵卵和育雏等一系列繁殖行为。

1. 占区

进入繁殖期的鸟类多是由雄鸟首先占据一块环境安全舒适、食物资源丰富的区域作为繁殖巢区，不许其他鸟类(尤其是同种鸟类)侵入，这种现象称为占区。其意义是使巢区内的鸟获得充足的食物；调节巢区种群密度，有效利用资源，减少传染病；减少其他鸟干扰繁殖活动；引起同种鸟的社会性兴奋。

2. 求偶

鸟类在占区后，常以鸣叫、舞蹈、竞技、炫耀体色等不同形式进行求偶配对。大多数鸟是一雄一雌，如天鹅、鸳鸯等配对后几乎终生在一起；而雀形目的鸟类繁殖期在一起，平时各奔东西。有的一雄多雌，如鸵鸟、雉类。还有的一雌多雄，如三趾鹑。

3. 筑巢

绝大多数鸟类有筑巢行为，多数为雌鸟筑巢；有的雌雄鸟共同筑巢，如家燕、啄木鸟等。根据鸟巢的位置、巢材和结构等可分为地面浅巢、水面浮巢、洞巢、编织巢、泥巢等多种。

4. 产卵

各种鸟类产卵的数目1～26枚不等，每种鸟在巢内产的满窝卵数目称窝卵数。鸟类还有定数产卵和不定数产卵之分，前者是在繁殖期内只产固定数目的窝卵数，遗失后不补产；后者是在没有达到窝卵数之前，有遗失则补产，直至产满固有的窝卵数。家禽就是依此驯化而来。

5. 孵卵

鸟类孵卵大多由雌鸟担任，也有的雌、雄轮流孵卵，少数种类由雄鸟孵卵。每种鸟类的孵卵期通常是稳定的，一般小型鸟的孵化期短，大型鸟的孵化期长。从家禽就可略见一斑，鸡21 d，鸭28 d，鹅31 d。

6. 育雏

依据雏鸟出生后的生理特点，可将其分为早成鸟和晚成鸟。早成鸟出壳后已充分发育，体表被绒羽，眼睁开，能站立并随亲鸟觅食(如鸡和鸭)。晚成鸟出壳时尚未充分发育，体表光裸或绒羽稀疏，未睁眼，不能站立，需亲鸟在巢内喂养一段时间才能独立生活(如家燕、鹈鹕等)。育雏工作常由双亲共同承担。

17.3.2 鸟类的迁徙

鸟类的迁徙(migration)是鸟类每年在繁殖区和越冬区之间所进行的一种季节性、周期性、集群性、定向性的迁居行为。大多发生在南北半球之间，少数在东西方向之间。

根据鸟类迁徙的行为特点，可将其分成留鸟和候鸟。留鸟是指常年居留在出生地，无迁徙行为的鸟类(如麻雀、喜鹊等)。大部分留鸟终身不离开自己的巢区。少数种类在秋、冬季节作短距离漂泊或游荡，以获得适宜的食物。

候鸟是指每年春、秋两季沿着固定的路线往返于繁殖地和越冬区的鸟类。在不同的地域，根据候鸟出现的时间，可将其分为夏候鸟、冬候鸟、旅鸟和迷鸟。夏季飞来我国繁殖、秋季离开我国南去温暖地区过冬的鸟类称夏候鸟，如家燕、杜鹃、白鹭等。秋季飞到我国南方越冬、春季又北去繁殖的鸟类称冬候鸟，如大部分雁鸭类。迁徙途中经过某地区，而又不在该地区繁殖或越冬的鸟类叫旅鸟(过路鸟)，如极北柳莺等。由于天气恶劣或者其他自然原因，偏离自身迁徙路线，出现在本不应该出现的区域的鸟类称迷鸟。

关于迁徙的定向问题无统一结论，目前有训练和记忆、视觉定向、天体导航和磁定向等4种观点。

17.4　鸟纲的分类

根据现代鸟类的特点和对化石鸟类的研究，将鸟类分为古鸟亚纲和今鸟亚纲。

17.4.1　古鸟亚纲(Archaeornithes)

古鸟亚纲为化石种类，在白垩纪以前已经绝灭。始祖鸟(*Archaeopteryx lithographica*)(图17-19)见于距今1亿多年前的地层中，体型大小与乌鸦相似。既有鸟的一些特征，还有与爬行类相似的特征，通过对始祖鸟的研究，证明了鸟类是由古爬行类进化而来。

图17-19　始祖鸟化石

(引自郝天和)

17.4.2　今鸟亚纲(Neornithes)

全世界现存鸟类有10 000余种，我国有1 400多种。可分为平胸总目(Ratitae)、企鹅总目(Impennes)和突胸总目(Carinatae)。

17.4.2.1　平胸总目

本目为体型最大的鸟类，分布限在南半球(非洲、美洲和澳洲南部)，现存种类不多。翼退化，无龙骨突，无尾综骨及尾脂腺，皮肤上无羽区和裸区之分，羽小枝上无小钩，雄性具发达的交配器，骨盆多封闭，2趾或3趾，后肢强壮，不能飞翔，但善于奔跑。如非洲鸵鸟(*Struthio camellzs*)、美洲鸵鸟(*Rhea Americana*)、鸸鹋(*Dromiceius novaehollandiae*)、鹤鸵(食火鸡)(*Cassowaries* sp.)、几维鸟(*Apteryx owenii*)等(图17-20)。非洲鸵鸟为现存体型最大的鸟类，体重150 kg，体高2.6 m，寿命70～80年，卵重约1 300 g。奔跑迅速，一步可达8 m，时速60 km/h，为快马所不及。

17.4.2.2　企鹅总目

仅有企鹅目(Sphenisciformes)，主要分布在南极洲沿岸。现存6属18种。有发达的龙骨突，前肢变为鳍状，后肢短移至体后方，4趾向前(第1趾小)，趾间具蹼，羽毛鳞片状。无飞翔能力，长期生活于水中。如王企鹅(*Aptenodytes patagonicus*)(图17-21)和帝企鹅(*A. forsteri*)等。

图 17-20 几维鸟(左)和鸵鸟(右)
(引自刘凌云)

图 17-21 王企鹅
(引自姜云垒)

17.4.2.3 突胸总目

现存鸟类的绝大多数属于突胸总目,分布遍及全球。翼发达,善于飞翔。气质骨,胸骨具高耸龙骨突,有尾综骨。正羽发达,有羽枝构成的羽片,体表有羽区、裸区之分。雄鸟大多数不具交配器官。突胸总目的鸟类全球约有 9 200 种,我国约有 1 253 种。根据其生活方式和结构特征,大致可分为 6 种生态类群,即游禽、涉禽、猛禽、攀禽、陆禽和鸣禽。现简介常见种类。

1. 鸡形目(Galliformes)

陆禽。翼短圆,腿脚健壮,常态趾,善走不善远飞。雌雄异色,雄鸟羽色较鲜艳。一雄多雌,繁殖期雄鸟好斗,并有复杂的求偶炫耀。雏鸟早成。

鸡形目为最重要的经济鸟类,是重要的家养和狩猎对象,还有很多种类为著名的观赏鸟,其中有些是我国特产。如分布在我国东北、新疆等寒冷多雪地区的雷鸟(*Lagopus lagopus*)、花尾榛鸡(*Tetrastes bonasia*)和琴鸡(*Lyrurus tetrix*)等,为树栖鸟类;产于河北北部及山西北部的褐马鸡(*Crossoptilon mantchuricum*),为我国特产的稀有鸟类,是重要的保护对象;环颈雉(*Phasianus colchicus*)、绿孔雀(*Pavo muticus*)、红腹锦鸡(金鸡)(*Chrysolophus pictus*)、白腹锦鸡(铜鸡)(*C. amhersriae*)、白鹇(银鸡)(*Lpohura nycthemera*)等,都是闻名国内外的有经济价值并可供观赏的鸟类(图 17-22)。其中绿孔雀因数量稀少,分布区狭窄,已被列为国家保护鸟类之一。红腹锦鸡等多种雉类是我国特产的珍稀鸟类,是国家重点保护鸟类。

原鸡(*Gallus gallus*)是家鸡的祖先。鸡形目中还有一些小型种类,如鹌鹑(*Coturnix coturnix*)、鹧鸪(*Francolinus pintadeanus*)、石鸡(*Alectoris chukar*)等,均为产量较高的狩猎鸟,已成为广泛饲养的经济鸟类。

2. 雁形目(Anseriformes)

大、中型游禽。喙扁平,边缘有滤食的栉状板;腿短且后移,蹼发达,善游泳;体表密生绒羽;尾脂腺特别发达;雄鸟具交配器,多数种类两性的羽色显著不同。早成鸟。我国仅有鸭科。

雁形目为最重要的经济鸟类,也是著名的狩猎对象。肉、蛋和羽毛均可利用,经济价值较大。本目遍布全球,主要在北半球繁殖。大多数种类在我国为冬候鸟,常秋来春去。常见的有鸿雁(*Anas cygnoides*)、灰雁(*A. anser*)、绿头鸭(*A. platyrhynchos*)、天鹅(*Cygnus cygnus*)、鸳鸯(*Aix galericulata*)和赤麻鸭(*Tadorna ferruginea*)等(图 17-23)。

鸿雁,又称原鹅,在西伯利亚、我国内蒙古东部和东北北部一带繁殖,秋季后迁往南方越

图 17-22 鸡形目鸟类代表(引自姜云垒)

冬,是我国家鹅(除新疆伊犁鹅外)的祖先。灰雁又名大雁,是国外家鹅(主要为欧洲鹅种)和我国新疆伊犁鹅的祖先。灰雁与鸿雁外形的显著区别在于前者头顶上无鹅包,而后者有。绿头鸭是家鸭的祖先。分布极广,几乎遍及我国各地。主要特征为雄鸭的头和颈呈绿色而带金属反光,其尾羽中央有3~4根向上卷曲如钩的羽毛,称雄性羽,为雄鸭独具的特征。天鹅是雁形目中体型最大的,全体洁白,嘴黄具黑斑,体姿优美,稀少而珍贵,为我国Ⅱ级重点保护动物之一。鸳鸯经常成双入对,鸳指雄鸟,鸯指雌鸟。

3. 鸽形目(Columbiformes)

陆禽。喙短,基部多柔软,具蜡膜。翼发达,尾短圆,善飞,常态趾,四趾位于同一平面上。晚成鸟。两性孵卵。育雏期亲鸟分泌鸽乳喂雏。

本目鸟类主要以杂草种子、浆果和果实为食,也啄食农作物的种子。因肉味鲜美,是有名的狩猎鸟类。原鸽(*Columba livia*)为家鸽的祖先,分布几乎遍布全球,我国仅在新疆西部有分布。其他如山斑鸠(*Streptopelia orientalis*)、珠颈斑鸠(*S. chinensis*)等均较常见(图17-24)。

4. 雀形目(Passeriformes)

鸣禽。体型一般较小,形态多样。喙、翼变化大,后肢四趾多分离,三前一后。鸣管发达,

图 17-23 雁形目鸟类的代表(仿自郑作新)

图 17-24 山斑鸠(左)和珠颈斑鸠(右)(仿自姜云垒)

善鸣叫。巧筑巢。晚成鸟。绝大多数种类以昆虫为食,是一支消灭农、林害虫的“主力军”。但也有少数种类因嗜食谷物,给农业带来损害。

本目是鸟类最大的一目,有 5 800 多种,占鸟类总数的一半以上。分布极广,各地都能见到,常见的有百灵(*Melanocorypha mongolica*)、家燕(*Hirundo rustica*)、云雀(*Alauda arvensis*)、画眉(*Garrulax canorus*)、红尾伯劳(*Lanius cristatus*)、黑枕黄鹂(*Oriolus chinensis*)、喜鹊(*Pica pica*)、秃鼻乌鸦(*Corvus frugilegus*)、鹊鸲(四喜)(*Copsychus saularis*)、大山雀(*Parus major*)、麻雀(*Passer montanus*)、白腰文鸟(偷仓)(*Lonchura striata*)、金翅(*Carduelis sinica*)和黑尾蜡嘴雀(*Eophona migratoria*)等(图 17-25)。

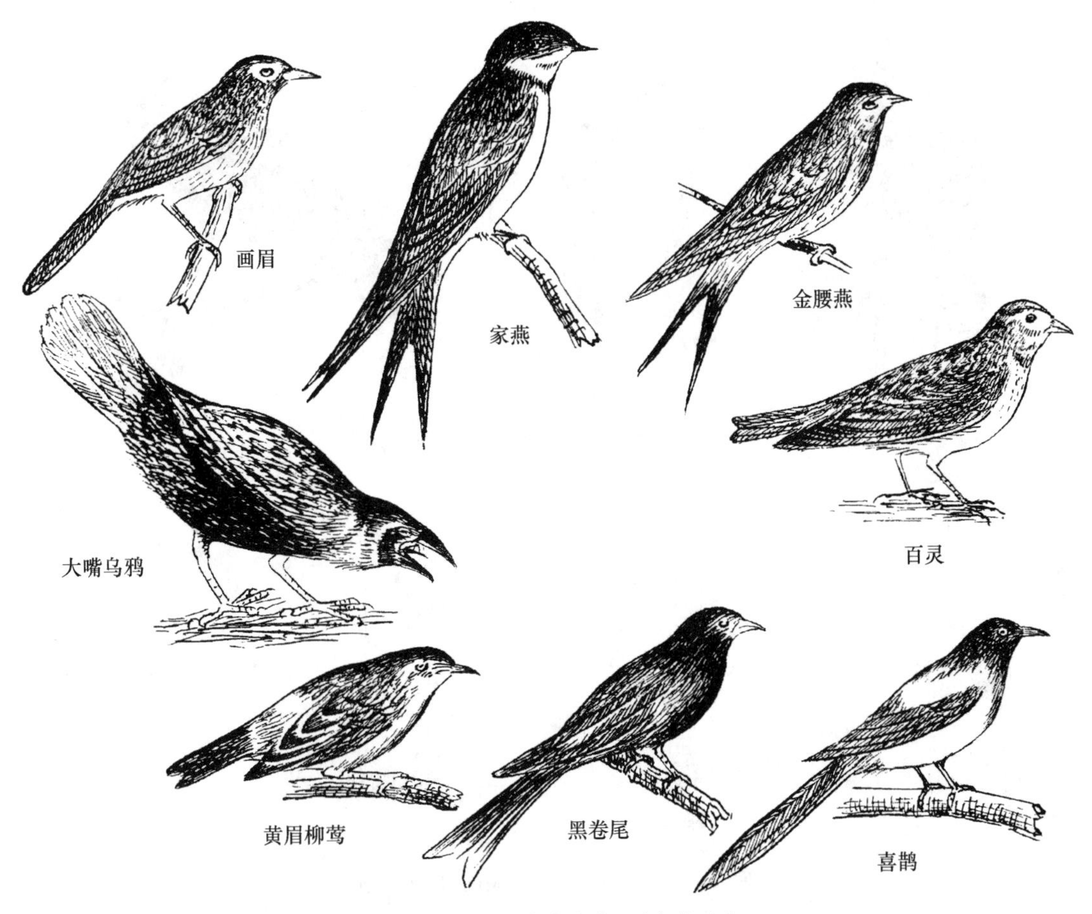

图 17-25　雀形目鸟类代表(引自姜云垒)

5. 隼形目(Falconiformes)

大、中型肉食性猛禽。弯曲钩状上喙被覆下喙,以利撕裂猎物。后肢强健、爪锐利,适于捕食。翼发达,飞翔力强。除个别种类外,大多以鼠类、昆虫和动物的尸体等为食,对人类有益。遍及全国,如鸢(老鹰)(*Milvus korschun*)、雀鹰(鹞子)(*Accipiter nisus*)、秃鹫(*Aegypius monachus*)和红脚隼(*Falco vespertinus*)等(图 17-26)。

6. 鹤形目(Gruiformes)

涉禽。体型大小不一。具喙、颈、腿三长特征,胫部通常裸露无羽,似鹳类。但与鹳形目有别的是四趾不在同一平面上,后趾高于前三趾,无蹼或蹼不发达。翼短圆,尾也短。早成鸟。多栖息于沼泽和草地。如丹顶鹤(*Grus japonensis*)、大鸨(*Otis tarda*)、白胸苦恶鸟(*Amaurornis phoenicurus*)、董鸡(*Gallicrex cinerea*)和骨顶鸡(*Fulica atra*)等。

丹顶鹤为著名的观赏鸟类,是世界稀有鸟类之一,被列为国家Ⅰ级重点保护动物。在西伯利亚和我国东北一带繁殖,冬季在我国东南地区可见。大鸨是能飞翔的鸟类中体重最大的,在西伯利亚和我国新疆、黑龙江、内蒙古一带繁殖,冬季可见于华北一带,经济价值较大,由于过度猎捕而稀少,被列为国家Ⅰ级重点保护动物(图 17-27)。白胸苦恶鸟、董鸡和骨顶鸡在国内大部分地区均有分布,也是常见的狩猎鸟类。

图 17-26 隼形目鸟类的代表(仿自郑作新)

图 17-27 鹤形目鸟类代表(引自郑作新)

7. 鸮形目(Strigiformes)

夜行性猛禽。喙、爪坚强锐利且勾曲,头宽大,眼大向前,眼周围有辐射状排列的细羽构成"面盘"。耳孔大,耳羽发达,听觉敏锐。晚成鸟。飞行无声,昼伏夜出,以鼠类为食,是有名的农林益鸟。常见的种类有长耳鸮(*Asio otus*)(图 17-28)、领角鸮(*Otus lettia*)、斑头鸺鹠(*Glaucidium cuculoides*)等。所有鸮类均已列为我国重点保护鸟类。

8. 䴕形目(啄木鸟目)(Piciformes)

树栖攀禽。晚成鸟。对趾型足,尾羽坚硬且具弹性,停息时可支持身体,善于在树干上攀缘;喙强直似锥凿,舌长能伸缩,尖端具倒钩,专食树皮下栖居的害虫,并将巢安于啄开的洞中,为有名的益鸟。常见的有斑啄木鸟(*Dendrocopos mauor*)、绿啄木鸟(*Picus canus*)等(图 17-29),遍及我国大部分地区。斑啄木鸟觅食天牛、吉丁虫、透翅蛾、蝽等害虫,有"森林医生"之称。

9. 鸻形目(Charadriiformes)

中、小型涉禽。体多为沙土色,具隐蔽性。翼尖善飞,奔跑快速。早成鸟。种类很多,主要分布在北半球。我国常见的种类有金眶鸻(*Charadrius dubius*)、白腰草鹬(*Tringa ochropus*)和燕鸻(*Glareola maldivarum*)等(图 17-30)。

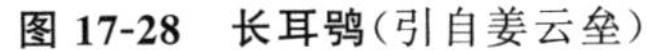

图 17-28　长耳鸮(引自姜云垒)

图 17-29　绿啄木鸟(左)和斑啄木鸟(右)(引自姜云垒)

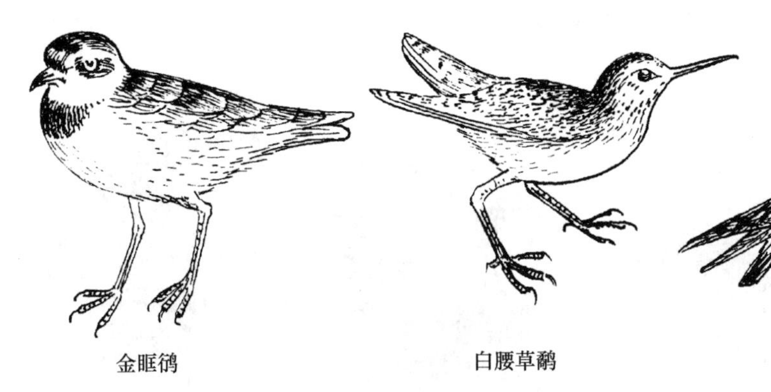

图 17-30　鸻形目鸟类代表(仿自姜云垒)

10. 鸥形目(Lariformes)

海洋性鸟类,习性近于游禽,常栖息于水边捕食,又似涉禽。体羽大多为银灰色,足前三趾具蹼,翅尖善翔。营巢于地表。雏鸟被绒羽像早成鸟,但要留巢待哺,习性似晚成鸟。

我国常见种类有红嘴鸥(*Larus ridibundus*)及燕鸥(俗称海燕)(*Sterna hirundo*)(图 17-31),后者体似鸽而形似燕,常到内陆繁殖。燕鸥的多数种类嗜食草地螟等害虫,为非渔业区的益鸟。

11. 鹦形目(Psittaciformes)

树栖攀禽。嘴坚硬具利钩,对趾型足,趾端具利爪,可在树上攀缘及掰剥种皮。善于模拟人语。多在树洞中营巢。晚成鸟。热带鸟类,羽色艳丽,多为著名的观赏鸟,如绯胸鹦鹉(*Psittacula alexandri*)、灰头鹦鹉(*P. himalayana*)(图 17-32)和虎皮鹦鹉(*Melopsittacus undulatus*)等。

12. 鹃形目(Cuculiformes)

树栖攀禽。喙稍向下弯曲,对趾型足,大多不筑巢,将卵产于其他鸟巢内,受义亲哺育。晚成鸟。我国常见种类有大杜鹃(布谷鸟)(*Cuculus canorus*)和四声杜鹃(*C. micropterus*)(图 17-33)。杜鹃具规律性迁徙习性,每年早春即来。大杜鹃可在雀形目鸟类的巢中产卵,幼雏孵出较雀形目鸟早,出壳后会本能地将巢内义亲的卵和雏抛出巢外,而独受义亲的哺育(图 17-34)。杜鹃嗜食松毛虫,为著名益鸟。

图 17-31 燕鸥(左)和红嘴鸥(右)
(仿自姜云垒)

图 17-32 灰头鹦鹉
(引自李桂垣)

图 17-33 四声杜鹃(引自刘凌云)

图 17-34 大杜鹃的巢寄生(仿自刘凌云)
A. 大杜鹃雏鸟和义亲的卵 B. 义亲饲喂大杜鹃的雏鸟

13. 雨燕目(Apodiformes)

小型攀禽。外形和习性似家燕。后肢四趾均向前(称前趾足),翼尖长,尾叉状,适于疾飞。羽多具光泽。晚成鸟。楼燕(北京雨燕)(*Apus apus*)(图 17-35)和金丝燕(*Collocalia vestita*)等为我国常见种类。

14. 夜鹰目(Caprimulgiformes)

夜行性树栖攀禽。体为枯枝色,并趾型足,中爪具栉状缘。羽片柔软,飞时无声。喙短宽,边缘具硬毛,善于飞捕昆虫。晚成鸟。我国常见种类为夜鹰(*Caprimulgus indicus*)(图 17-36)。夜鹰嗜食蚊虫,故名蚊母鸟。

15. 鹳形目(Ciconiiformes)

大、中型涉禽。喙、颈、腿均长,胫部裸露,脚趾细长。但四趾在同一平面上,晚成鸟,与鹤形目不同。

常见的代表有鹳与鹭两类。它们外形很相似,但前者中趾爪内侧不具栉状突,颈部不曲缩成"S"形。我国常见的有黑鹳(*Ciconia nigra*)和东方白鹳(*C. boyciana*)等(图 17-37)。东方白鹳为世界著名珍禽,我国Ⅰ级保护动物,在我国东北繁殖,于长江下游及以南地区越冬。我国有鹭科鸟类20种,常见的有大白鹭(*Egretta alba*)和苍鹭(*Ardea cinerea*)。白鹭的羽毛价值极高,其纯白的矛状羽和蓑羽为贵重的装饰品。

图17-35　雨燕(引自刘凌云)

图17-36　夜鹰(引自郑作新)

白鹳

白鹭

苍鹭

图17-37　鹳形目鸟类代表(引自郑作新)

16. 鹈形目(Pelecaniformes)

中、大型食鱼游禽。喙强大、端部具钩,具发达的喉囊,适于捕鱼。四肢均向前,全蹼足,善游泳和潜水。晚成鸟。如鸬鹚(*Phalacrocorax carbo*)(图17-38)、斑嘴鹈鹕(*Pelecanus philippensis*)(图17-39)、小军舰鸟(*Fregata minor*)和褐鲣鸟(*Sula leucogaster*)等。

鹈鹕是捕鱼的高手,主要栖息于大陆温暖水域的湖泊、江河、沿海和沼泽地带。最显著的特征是具长长的喙和极度发达的喉囊。鸬鹚又称鱼鹰,常栖息于河川和湖沼中,体羽黑色,并带紫色金属光泽,有小喉囊,喙长尖,上喙端有钩,是优秀的潜水捕鱼明星,我国南方渔民自古即驯养鸬鹚帮助捕鱼。小军舰鸟及褐鲣鸟为我国西沙群岛著名的鸟类,繁殖期则多栖于海岛,善飞行。

17. 佛法僧目(Coraciiformes)

攀禽。喙长且强直或细弯。腿短,趾三前一后,并趾足。体型各异,种类较多。善攀树,营洞巢。晚成鸟。我国的种类常见有翠鸟(*Alcedo atthis*)、三宝鸟(*Eurystomus orientalis*)和蓝须夜蜂虎(*Nyctyornis athertoni*)等。

图 17-38　鸬鹚(引自郑作新)

图 17-39　鹈鹕(引自郝天和)

图 17-40　佛法僧目鸟类代表(仿自姜云垒)

18. 䴙䴘目(Podicipediformes)

中、小型游禽。喙细直且尖,羽毛松软如丝,尾羽均为绒羽。腿短,不能在陆地行走。趾间具瓣状蹼。早成鸟。营水面浮巢。本目仅有䴙䴘科。我国常见种类为小䴙䴘(*Podiceps ruficollis*)(图 17-41),又名水葫芦。体羽灰褐,体大小似鸽,栖息于水草繁茂的河湖内,杂食性,食鱼为主。繁殖期雌雄均参加孵卵。

图 17-41　小䴙䴘(引自郑作新)

19. 鹱形目(Procellariiformes)

中、大型海洋性鸟类,外形似海鸥,但体型粗壮,体羽以黑、白、灰或暗褐色为主。喙粗壮而侧扁,末端具钩,鼻孔呈管状,有 1 或 2 个管孔,故称管鼻类,具发达盐腺。前三趾间具蹼,后趾退化或缺,翼长且尖,善翱翔。

我国较常见的短尾信天翁(*Diomedea albatrus*)(图 17-42)为漂泊性海鸟,除繁殖期外,几乎终日翱翔于海上。

20. 潜鸟目(Gaviiformes)

体羽紧密,多为背部黑色、腹部白色;喙长而尖;跗跖侧扁,前 3 趾具蹼,后肢退化;翅小而尖。早成鸟。多在淡水中生活,善潜水捕鱼,多贴水面飞行。代表动物有红喉潜鸟(*Gavia stellate*)等。

21. 红鹳目(Phoenicopteriformes)

中型涉禽。颈和脚均长,脚适于步行;嘴形侧扁而直;眼先裸出;胫的下部裸出;后趾发达,与前趾同在一平面上。栖于水边或近水地方。觅吃小鱼、虫类及其他小型动物。在高树或岩崖上营巢。雏鸟晚成。代表动物有大红鹳(*Phoenicopterus roseus*)。

图 17-42　信天翁

(引自姜云垒)

22. 沙鸡目(Pterocliformes)

外形似鸽,但嘴基不被蜡质,翅、尾长而尖,跗蹠部被毛,后趾退化或不存在,不能分泌"鸽乳"育雏。早成鸟。主要分布于沙漠地区。喜群居沙漠上。代表动物有毛腿沙鸡(*Syrrhaptes columbidas*)。

23. 戴胜目(Upupiformes)

中型攀禽。嘴细长而下弯。尾较长,尾羽 10 枚。第 3 和第 4 趾基部愈合。栖息树林、林缘或平原。主要以昆虫或蠕虫为食。在洞中筑巢。每窝产卵 3—8 枚。由雌鸟孵卵。孵化期 16—19 天。雏鸟晚成。代表动物有戴胜(*Upupa epops*)。

24. 犀鸟目(Bucerotiformes)

犀鸟是亚洲和非洲热带地区最有特色的鸟类,长着引人注目的大嘴,与新大陆的鵎鵼相似,有些种类的嘴和鵎鵼一样是空心的,虽大但并不重,有些种类的嘴是实心的,东南亚的盔犀鸟(*Rhinoplax vigil*)嘴的重量占身体的 11%。中到大型鸟类,最小体重仅 150 g,最重达 4 kg。犀鸟既食果实也食动物,森林中的犀鸟更多食用果实,草原上的犀鸟较多食用动物。代表动物有白喉犀鸟(*Anorrhinus austeni*)。

25. 咬鹃目(Trogoniformes)

小型攀禽。喙短粗,前端具钩;腿短弱,异趾足适于攀缘;体羽艳丽具金属反光。晚成鸟。广泛分布于各大陆的热带雨林中。代表动物有红腹咬鹃(*Harpactes wardi*)。

17.5　鸟类与人类的关系

17.5.1　珍稀鸟类

我国共有特产鸟类 77 种,占我国鸟类总数的 6.1%,如海南虎斑鳽、四川山鹧鸪等。国家Ⅰ级重点保护鸟类 42 种,国家Ⅱ级重点保护鸟类 185 种,分别占我国鸟类总数的 3.3%和 14.6%。在已列入《世界濒危物种红皮书》的 18 种受威胁及濒危雉类中,有 11 种分布在我国。

17.5.2　农林益鸟和鸟害

鸟类对于农林既有益又有害。许多鸟类觅食害虫、鼠类或杂草等,对农林很有益处,被称为益鸟;但还有些鸟类嗜食谷物、蔬菜、果实及其他农产品,对农业危害很大,被称为害鸟。

17.5.2.1 农林益鸟

1. 消灭农林害虫

自然界中绝大多数鸟类以昆虫为食或饲喂雏鸟,消灭害虫的作用非常显著。如杜鹃、啄木鸟、家燕等每年可消灭大量害虫。有人统计,在1只杜鹃的胃中发现173条松毛虫、49条舞毒蛾幼虫和2只金龟子;1只燕子在夏季能吃掉50万～100万只苍蝇、蚊子和蚜虫。很多农药无法杀灭的树皮下和果实内的害虫,如象鼻虫、椿象、天牛幼虫、梨星毛虫、桃小食心虫等,却能被山雀、啄木鸟等鸟类啄食掉。故鸟类对森林及城市园林具有重要的保护作用。

2. 控制鼠害

猛禽(如鹰、隼和猫头鹰等)大多以老鼠等啮齿类为食,对于控制农林害兽很有帮助。中科院动物研究所鸟类专家曾在山东南部的农作地带采集7只短耳鸮,经剖检嗉囊发现其中有5只曾吃了田鼠;通过对湖北武昌越冬长耳鸮的食物残块分析,有70.3%是小型兽类,主要为黑线姬鼠;有人曾在360只鵟的胃中,共发现1 348只鼠类尸体。

3. 传播花粉和种子

很多鸟类是植物花粉及种子的传播者,在热带地区更为显著。据统计,在澳洲地区专以花蜜为食的鸟类就有80多种。我国南方的太阳鸟、啄花鸟、绣眼鸟等,穿飞于花丛间,在吸吮花蜜时就起到传播花粉的作用。

以植物种子为食的鸟类,是自然界的"植树造林"能手。特别是北方的鸫、䴓、松鸦和星鸦等,如星鸦嗜食橡树种子,且有储藏习性,数以百计的橡子,常被贮藏在不同的角落而遗忘,这些橡子有利于橡树林的扩展。某些硬壳的植物种子,在通过鸟类的消化道且附着鸟粪肥料后,更容易萌发、成活。

4. 预报农时季节

鸟类可向人们预报农时季节。杜鹃每年三四月飞来南方,其叫声"快快—布谷",似在催促人们抓紧春耕生产。鹧鸪鸣叫,则兆示当地的农事进入割麦插秧季节。人们曾用"鹧鸪始鸣,割麦插禾"的农谚指导生产。

17.5.2.2 鸟害

凡是嗜吃农作物或经济植物的鸟类,都对农林有害。嗜谷的鸟类中,以雀类危害最大。特别是麻雀,遍布全国,繁殖力很强,1对麻雀一年可增至10～30只。据试验,1只麻雀日食谷粒平均为7.5 g,被它们糟蹋掉的还更多。故麻雀"全家"一年耗费粮食可达50 kg左右。雁、鹦鹉、雉、鸠鸽以及雀形目中的鸦科、雀科、文鸟科的许多种类都嗜食谷物或啄食秧苗,严重危害农作物。嗜食鱼、虾等的鸟类,对养鱼业有相当影响。鸟类没有绝对的益鸟或绝对的害鸟。一般认为啄木鸟是益鸟,但它也吃一些益虫和植物种子,而这些害处远不及益处。麻雀在育雏期间也能消灭部分害虫,故对城市危害较小。

迁徙的鸟类与航行的飞机相撞事故,已引起航空界的高度重视。了解和监测迁徙鸟类的活动规律,改造机场附近生态环境,以及采取一些物理、化学和生物的综合驱鸟技术日显重要。

鸟类能携带一些病毒、细菌、真菌和寄生虫等,有些可在家禽、家畜或人类之间传布。迄今已知与鸟类有关的传染病有20多种。世界上曾有十几个国家流行过鸟热病,死亡率高达1/3以上。近年来流行的禽流感H5N1、H7N9等病毒,对畜牧业和人类健康都造成了很大危害。因此,开展鸟类疾病的研究,查明其传播途径以及与人类健康的关系,对于保护鸟类和人类的健康都十分迫切。

17.5.3 狩猎鸟类

狩猎鸟类是指能为人类提供肉、蛋和羽的鸟类资源，主要包括一些鸡形目、雁形目、鸠鸽目、鸻形目以及一些秧鸡、骨顶鸡等。野禽的肉质细嫩、营养丰富、味道鲜美，且比家禽受城市等工业污染的可能性小得多，尽管价格比家禽昂贵得多，但仍成为人们竞相选食的佳肴，运动或休闲狩猎在许多发达国家甚为流行。我国狩猎鸟类极为丰富，其中有很多享有盛誉，如大兴安岭和长白山特产的榛鸡，俗称“飞龙”。合理狩猎会带来巨大的经济收益。

17.5.3.1 游禽资源

游禽资源的特点是产地集中，大多在内陆湖泊、河流以及沿海形成有一定规模的集群，便于开发成为天然的良好猎场。如青海湖鸟岛，面积不到 1 km^2，却集中栖息着 4 种近 30 万只的游禽（斑头雁、棕头鸥、渔鸥和鸬鹚）。内蒙古的乌梁素海也是我国北方地区游禽集中地之一，其水域面积达 4 万～5 万公顷，栖息着 13 种游禽，以赤麻鸭、绿头鸭、苏嘴潜鸭（*Netta rufina*）和白眼潜鸭（*Aythya nyroca*）为优势种。冬季南方各大湖泊是各种游禽的集中越冬场所。由于游禽资源丰富而且集中，产量及产值均极为可观。

17.5.3.2 陆禽资源

主要包括鸡形目、鸻形目、鸽形目、鹤形目和雀形目等鸟类。以提供肉、羽、羽皮等产品为主。

鸡形目中的大多数种类，如环颈雉、石鸡、斑翅山鹑、鹌鹑、鹧鸪、榛鸡等；鹤形目中的鸨、秧鸡类等；鸽形目中的毛腿沙鸡、斑鸠、岩鸽等；雀形目中的一些种类等，能为人类提供大量的肉食产品。

鸟类的羽毛色彩斑斓，华丽自然，陆禽羽毛主要制作装饰品和工艺品。对于鸟类羽毛的利用，古今中外皆有，如我国古代的“鹖冠”“蓝翎”等都是贵族奢侈的装饰，也作为各种宫衔的标志。世界各国的原始部族都曾经用艳丽的羽毛进行装饰，用于宗教、巫术仪式等。作为饰物的种类主要是隼形目的雕翎（尾羽）、马鸡的尾羽和孔雀的尾羽等。羽皮用种类主要是鸡形目中的环颈雉、锦鸡、长尾雉等。

近年来大量引入我国并广泛饲养的非洲鸵鸟不仅能提供肉、羽、皮革，还能提供蛋。

17.5.4 观赏鸟类

中国饲养观赏鸟类的历史非常悠久，如周代就开始养鹦鹉，汉代养信鸽，唐代养黄鹂，宋代除大量养鸽外，玩养百灵、画眉也很盛行。明清之际，富裕人家一般都喜养鸟，为生活增添新的情趣。时至今日仍有许多养鸟爱好者，用以修身养性。中国自古至今有大量的书画诗词和戏曲表达对鸟的喜爱和赞赏，成为我国灿烂文化的重要组成部分。

我国观赏鸟类资源极其丰富，共有 280 余种，占鸟类总数的 22%以上。其中雀形目最多，达 105 种，其次为鸡形目（26 种）、鸻形目（41 种）、鹳形目（20 种）、鹤形目（12 种）。我国观赏鸟一般分为鸣叫型、外观型、善斗型、技艺型和模仿型等几类。

17.5.5 仿生资源

鸟类精致的身体结构、复杂的行为等启发了人类的智慧，为人类探求理想的技术装置或交通工具，提供了借鉴的原理和蓝图。如受鸟类飞行机理的启发，人类发明了飞机。鸟类的飞行还有许多值得人类研究模仿之处，如鸟类飞行能耗极低，姿势灵巧多变，猫头鹰在飞行时不产生噪声等。

鸟类眼睛非常敏锐，鹰翱翔在两三千米的高空，能准确地捕获猎物。现代电子光学技术的发展，使我们有可能研究一种类似鹰眼的系统，帮助飞行员识别地面目标。科学家们分析了鸽眼的结构，仿制出一种鸽眼电子模型，提高了对图像的分辨率。根据鸽眼能发现定向运动物体的性质，设计制造一种“警戒雷达”，将其布置在国境线或机场，可以监视敌机或来袭导弹。

17.5.6 鸟类的驯化和饲养

鸟类是家养动物中的庞大家族，是人类优质蛋白的重要来源。据美国世界观察研究所的一份最新研究显示，2011 年全球生产肉类 2.97 亿吨，其中猪肉 1.09 亿吨，家禽肉 1.01 亿吨(占 34.3%)。在过去 10 年，世界禽肉产量增长速度最快，预计未来 10 年，禽肉有望超过猪肉成为第一大肉类产品。迄今世界各国仍一直在寻求和培育新的鸟类驯养品种，以满足日益增长的社会需求。禽类中，除了家鸡、家鸭、家鹅、火鸡、珠鸡、鹌鹑等早已驯化为家养品种外，近年来珍禽驯化养殖也蓬勃发展。

我国珍禽养殖虽有悠久历史，但从饲养品种和数量而论，近十余年来的发展速度最快。现在国内珍禽养殖品种已从经济禽类(鹌鹑、肉鸽、雉鸡、火鸡、乌鸡、珍珠鸡、野鸭、鹧鸪、孔雀和鸵鸟等)向珍稀禽类(鸿雁、灰雁、丹顶鹤、天鹅、斑鸠、白鹇、花尾榛鸡、白冠长尾雉，红腹锦鸡、大鸨、蓝马鸡、苍鹰、鸳鸯、企鹅等)发展，饲养数量和规模也日趋扩大。据统计，目前我国珍禽存栏总量已超亿只，国内珍禽养殖场已达 3 000 多家。仅广东省的孔雀饲养总量已达 8 000～1 万只。近年来，媒体的引导，国家惠农政策的实施和生态农业的大力推广，进一步推动了我国珍禽养殖业的发展。对野生鸟类的驯养繁殖，不仅具有广阔的市场前景，也是保护和利用野生动物资源的一种途径。

本章小结

鸟类的体型呈流线型，全身被羽，可分为正羽、绒羽和纤羽；具气质骨，胸骨有发达的龙骨突，肋骨上有钩状突，椎体马鞍形，颈椎数目多，第 1 和第 2 枚特化成寰椎和枢椎，部分椎体愈合形成愈合荐椎和尾综骨，骨盆“开放式”；胸肌特别发达，扇动翅膀有力，鸣肌支配鸣管发声；口腔内无齿，颈部有嗉囊，具腺胃和肌胃，大肠粗短，开口于泄殖腔；肺海绵状，连接 9 个气囊，协助鸟类完成独特的双重呼吸；心脏有 2 心房和 2 心室，仅保留右体动脉弓，心跳频率高；后肾排泄，主要排泄物是尿酸，可随粪便一同排出，绝大多数鸟类无膀胱；仅具左侧的卵巢和输卵管，生殖腺活动具有明显的季节性；大脑、小脑发达，有体温调节中枢，视觉敏锐，具三重调节能力。与爬行动物相比较，鸟类具有高而恒定的体温，迅速飞翔的能力，发达的神经系统和感官，比较完善的繁殖方式。

现存鸟类可分为 3 个总目。根据其生活方式和结构特征，可分为 6 种生态类群，即游禽、涉禽、猛禽、攀禽、陆禽和鸣禽。鸟类与人类关系密切，除家禽和可狩猎鸟类能为人类提供大量的肉、蛋和羽之外，鸟类在控制鼠害、消灭农林害虫、传播花粉和种子以及仿生学等方面也具有重要的作用。

复习思考题

1. 名词术语：
   羽区 裸区 孵卵斑 气质骨 愈合荐骨 开放式骨盆 跗间关节 双重呼吸 鸣管 完全双循环 三重调节 迁徙 早成鸟 晚成鸟 留鸟 候鸟 淋巴结 法氏囊
2. 简介鸟类羽毛的类型与功能。
3. 鸟类的消化系统具有何特点？
4. 鸟类适应飞翔生活的特征有哪些？
5. 恒温在动物演化史上有何意义？
6. 与爬行动物相比，鸟类具有哪些进步性特征？

第 18 章　哺乳纲

(Mammalia)

内容提要

哺乳动物是全身被毛、运动快速、恒温、胎生和哺乳的高级脊椎动物。本章主要介绍哺乳动物的基本结构和进步性特征,简介哺乳纲的分类及与人类的关系等。

教学目的

掌握哺乳动物的基本结构,理解其进步性特征;熟悉常见种类;了解哺乳动物的分类、经济价值和害兽的防治措施。

18.1　哺乳动物的基本结构

18.1.1　外部形态

哺乳动物身体被毛,一般可分为头、颈、躯干、四肢和尾 5 部分。头部圆形,有颜面和脑勺之分,其颜面长有眼、耳、鼻、口和眉(灵长类和人)五官。颈部灵活。躯干部圆筒形,被四肢支撑悬于空中。四肢较细。尾大都趋于退化,主要功能是平衡。

哺乳动物的形体和附肢因生活方式不同而异。陆生兽形类四肢与躯干部的着生方式及关节方向与低等陆栖脊椎动物不同(图 18-1),其四肢与躯干部体轴是垂直性连接,前肢肘关节向后转,后肢膝关节向前转,呈多支点的杠杆状,加之尾部退化,大大提高了支撑、步行、快速奔跑和跳跃的能力。前、后肢均 5 指(趾),指(趾)端有爪(或蹄和指甲)。陆生兽形类行走、跑跳时四肢末端着地的方式,一般分为 3 种类型:一是跗蹠部和趾部全着地的蹠行式,如灵长类、猿、猩猩等;二是仅趾部着地的趾行式,如猫、虎、犬等绝大多数哺乳类;三是趾端(蹄)着地的蹄

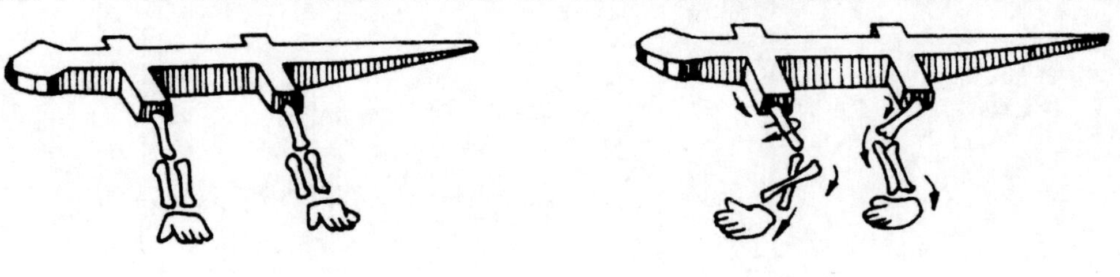

图 18-1　低等陆栖脊椎动物与哺乳动物四肢的比较(引自刘凌云)

A. 低等陆栖脊椎动物　B. 哺乳动物

行式，如猪、牛、马、羊等。

有些哺乳动物的体型特化，主要有3种类型：一是水栖类的鲸型，身体流线型，附肢特化为桨状，水平叉状尾能划水；二是飞翔类的蝙蝠型，前肢特化为翼状，具翼膜，有利于飞行；三是穴居类鼹鼠型，身体粗短，前肢特化为铲状，适于掘土。

18.1.2 皮肤及其衍生物

哺乳动物的皮肤及衍生物的结构和机能较其他低等陆栖脊椎动物更为完善，具有保护身体、感受刺激、调节体温、储存营养以及分泌和排泄等多种功能。

18.1.2.1 皮肤

哺乳动物的皮肤由表皮、真皮和皮下组织构成(图18-2)。其特点是体表被毛，皮肤致密，表皮和真皮均加厚。

表皮最外层为发达的角质层，内层为生长层，其细胞不断向外分裂增生，逐渐顶替老细胞。表皮内无血管，由真皮提供营养。

真皮由致密结缔组织构成，靠近表皮并深入其中形成乳头层。真皮层富含胶原纤维和少量弹性纤维，具较强的柔韧性，并有大量的血管、神经末梢、感觉器和皮肤腺，能感受温、压及痛觉。表皮及真皮内有黑色素细胞，能产生黑色素颗粒，使皮肤呈现不同的颜色。

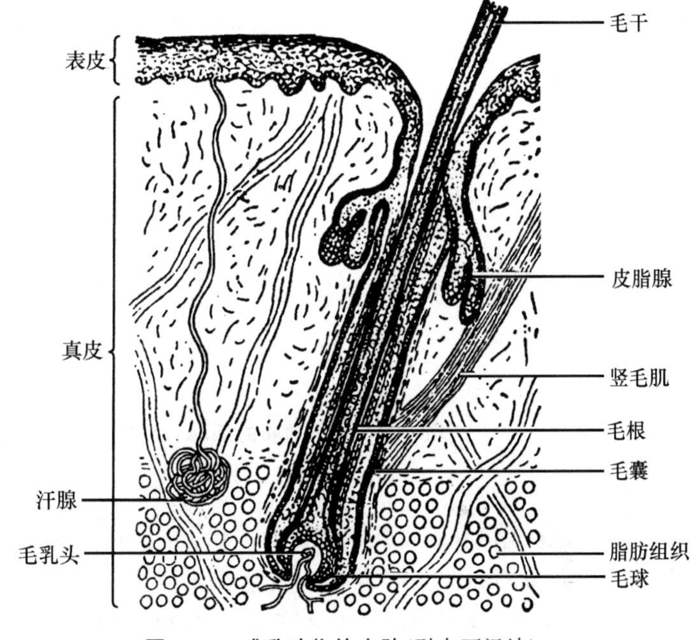

图18-2 哺乳动物的皮肤(引自丁汉波)

皮下组织是联系真皮和肌肉的组织，由疏松结缔组织构成，可贮存丰富的脂肪形成皮下脂肪层，具有保温、隔热、贮存营养和缓冲机械压力等功能。

18.1.2.2 皮肤衍生物

哺乳动物的皮肤衍生物复杂多样，主要包括毛、爪、蹄、指甲、角、鳞及皮肤腺等。

1. 毛

毛为哺乳动物特有的表皮衍生物，有保护、保温和触觉等功能。哺乳动物的毛可分针毛、绒毛和触毛3种类型。针毛又称枪毛，长、粗、硬且疏，有毛向，耐摩擦，具保护功能。绒毛短、细、软且密，无毛向，具良好的保温性能。触毛长、粗、硬，长在吻部，仅有数根，具触觉功能。

毛由毛干和毛根组成。毛干露出皮肤外面，将其纵切可分髓质、皮质和鳞片层3部分。髓质贯穿于毛中央，由疏松多孔细胞构成，有保温功能。皮质包在髓质外，排列紧密结实且较厚，其内还含色素颗粒，故使毛坚固具弹性并呈现出不同的颜色。鳞片层为最外层角质细胞，常排列成鳞片状而使毛具有光泽，其排列方式因动物而异，具保护皮质和髓质免受机械和化学损伤的功能。

毛根深埋在真皮的毛囊内,末端膨大为毛球,由分生能力强的细胞构成。细胞不断进行分裂,向外延伸成毛干。毛球基部有真皮形成的毛乳突,内有丰富的血管供给毛生长所需的营养。毛囊上部有竖毛肌与之相连,收缩时使毛直立可调温。竖毛肌受交感神经控制,许多动物在应激状态下(刺激、恐惧)毛会竖立,特别是颈部和肩部的毛竖起以扩大身体恐吓对方。

哺乳动物的毛在一定季节脱落更换的现象叫换毛。换毛是动物对季节变化的适应,大多数动物一年换 2 次毛,即春、秋各 1 次。

2. 爪、甲和蹄

爪、甲和蹄都是趾端表皮衍生物,是适应陆地生活的产物,其形态和功能因适应不同生活而异。爪的基本构造有爪体、爪下体和甲床(肉垫)3 部分(图 18-3)。甲和蹄为爪的变形。绝大多数哺乳类有爪,用于取食、进攻和防卫。甲为灵长类所特有,爪体变薄,爪下体退化、甲床成指肚,有挠抓、拿捏、剥食等功能。蹄的爪体变厚,向下包住爪下体,适于迅速奔跑。

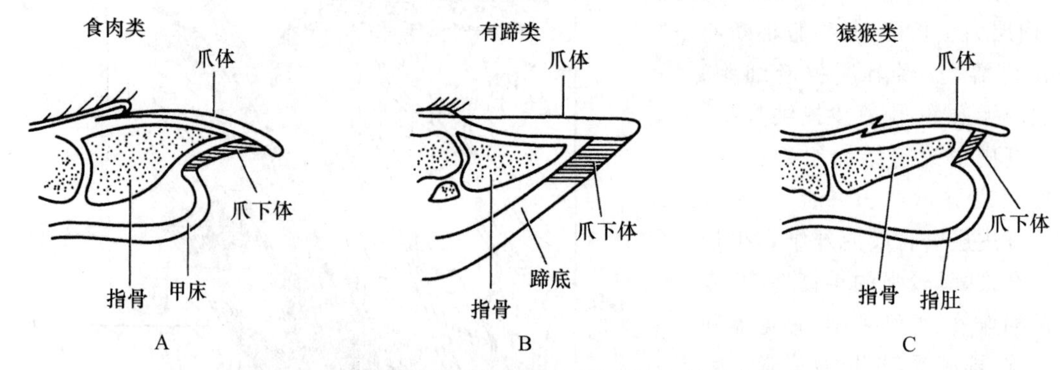

图 18-3 哺乳动物的爪(A)、蹄(B)和指甲(C)(引自刘凌云)

3. 角

角为头部表皮和真皮共同特化的产物,是生殖、进攻或防卫器官,主要有洞角、实角、羚羊角、瘤角和犀角等(图 18-4)。

(1)洞角是表皮形成的不分叉空心角,牛科动物特有,终生不更换。

(2)实角是真皮形成的分叉实心骨质角,每年更换 1 次,一般雄性具有,如鹿角,驯鹿则两性皆有。新生的鹿角外被富含血管和茸毛的嫩皮,称鹿茸,是珍贵的药材。

(3)羚羊角骨质角心不分叉也不脱落,角鞘分小叉并周期性地更换。

(4)瘤角骨质角心外终生被有活的皮肤,永不脱落,如长颈鹿角。

(5)犀角是表皮特化而成的角质纤维角,无骨心,终生不更换,如犀牛角。

4. 皮肤腺

皮肤腺来源于表皮的生发层,种类较多,主要有皮脂腺、汗腺、乳腺和味腺等。

(1)皮脂腺为泡状腺,多开口于毛囊基部,分泌油脂,滑润皮肤和毛,使之有光泽。

(2)汗腺为哺乳动物特有,是生长层细胞下陷至真皮后形成的多细胞管状腺。外包丰富血管,以导管开口于皮肤表面,能分泌汗液。具散热调温和排泄之功能。

(3)乳腺为哺乳动物特有,是汗腺变成的管状腺与泡状腺的复合体。乳腺集中的区域为乳区,借乳头开口于体表特定位置。不同的动物乳头位置和数目不同,一般与产仔数有关。乳头又分无乳头(单孔类)、真乳头(人)和假乳头(有蹄类)3 种类型(图 18-5)。

图 18-4　哺乳类的角(仿自 Mefarland 等)

A. 犀牛角及头骨　B. 长颈鹿的角及头骨　C. 山羊的角及头骨　D. 洞角的结构
E. 洞角的演化类型　F、G. 简单及复杂的鹿角　H. 鹿角的结构

(4)味腺是汗腺或皮脂腺的衍生物。味腺开口于体表,释放特殊气味以利于同种识别、吸引异性、标记领域,并有警戒和保护作用。

18.1.3　骨骼系统

哺乳动物的骨骼系统十分发达,分中轴骨骼和附肢骨骼两部分(图 18-6),不仅能支持身体,保护内脏器官,与关节肌肉组成运动装置,而且骨组织能调节血中钙磷代谢,是哺乳动物体内最大的钙库。部分骨骼的骨髓还具造血功能。

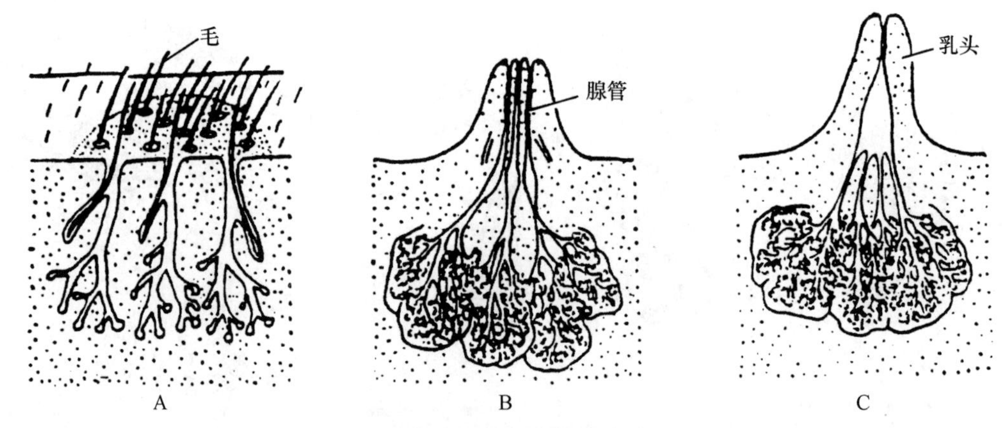

图 18-5 哺乳动物乳头的类型(仿自 Kent)

A. 鸭嘴兽 B. 人 C. 有蹄类

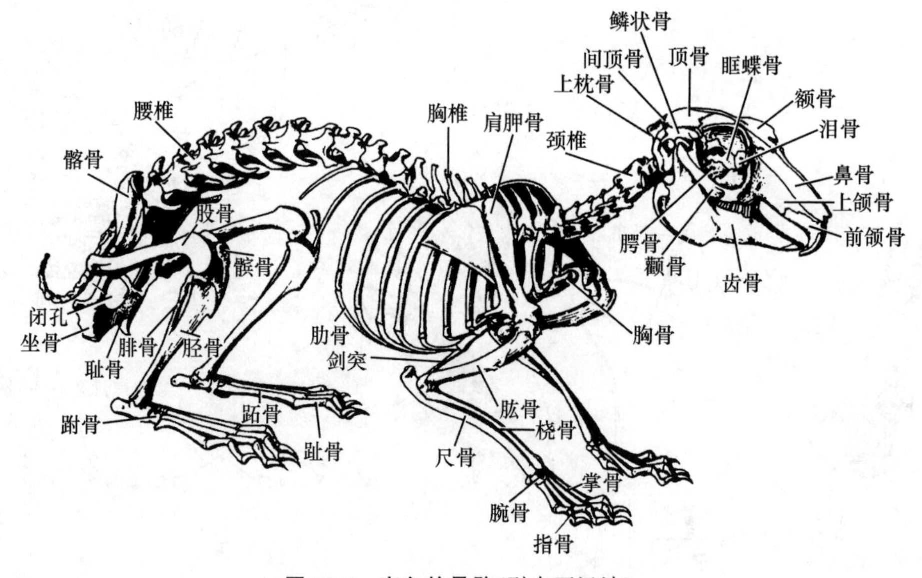

图 18-6 家兔的骨骼(引自丁汉波)

18.1.3.1 中轴骨骼

包括头骨、脊柱、胸骨和肋骨。

1. 头骨

头骨的骨块数减少且坚硬,愈合成坚固的骨匣。枕骨大孔移至腹面,双枕髁与寰椎相关节。合颞窝型,完整次生腭。出现了哺乳动物特有的顶部脑勺、鼻腔扩大而成的颜面和颧弓。下颌骨为单一齿骨构成,颌弓与脑颅连接为颅接型。

2. 脊柱、胸骨和肋骨

哺乳动物的脊柱明显分为颈、胸、腰、荐及尾椎 5 部分(见图 18-6)。颈椎大多为 7 枚,前 2 枚颈椎特化为寰椎和枢椎,增强了头部运动的灵活性。胸椎 12~15 枚,两侧横突与肋骨相关节,由胸椎、肋骨及胸骨构成胸廓,是保护内脏、协助呼吸的重要装置。腰椎粗壮,一般 4~7 枚。荐椎 3~5 枚,多愈合为 1 块荐骨,以支持后肢腰带。尾椎数目不定且多退化。

哺乳类的椎体宽大、两端关节面平坦，称双平型椎体。两椎体间有软骨构成的椎间盘相隔，椎间盘中央有残留脊索形成的髓核。这种结构特点既提高了脊柱的负重能力，又能减少椎骨间的摩擦和减缓运动对脑及内脏的震动。

18.1.3.2　附肢骨骼

附肢骨骼包括肩带、腰带和前、后肢骨。

肩带薄片状，由肩胛骨、乌喙骨及锁骨构成。腰带由髂骨、坐骨和耻骨构成。髂骨与荐骨相关节，左右坐骨与耻骨在腹中线缝合，构成封闭式骨盆，加强了对后肢的支持。产仔时坐耻骨合缝处韧带变软，骨盆腔变大，利于分娩（图 18-7）。

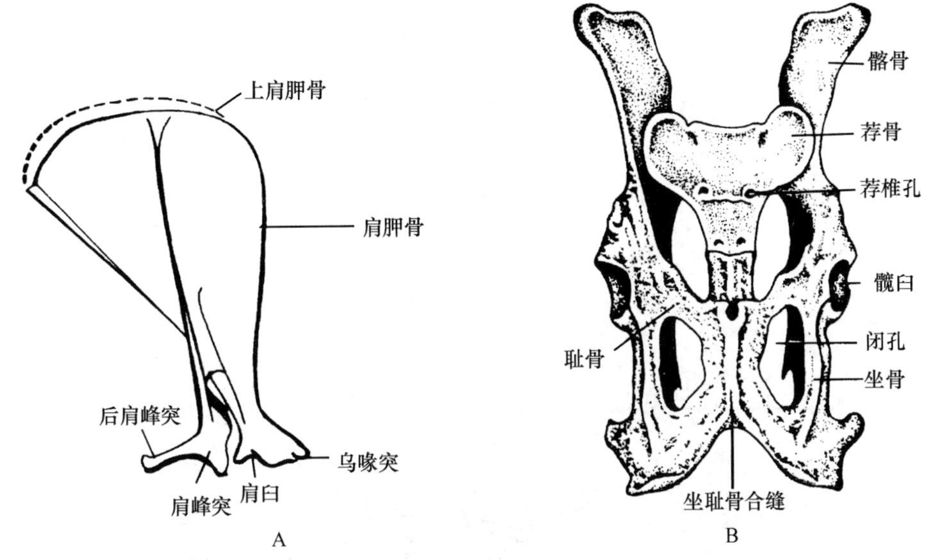

图 18-7　兔的肩带和腰带（仿自郝天和）

A. 肩带　B. 腰带

肢骨发达，基本结构与一般陆生脊椎动物相似。但前肢肱骨与桡尺骨形成向后的肘关节，后肢股骨与胫腓骨形成向前的膝关节，前、后肢骨长在身体腹面，与身体垂直，将身体完全支撑离地面（见图 18-6），既增强了支撑能力，又扩大了步幅，提高了运动速度。

18.1.4　肌肉系统

哺乳动物的肌肉比爬行类更加发达和复杂，主要有以下特点。

（1）四肢肌肉强大，特别是髋关节处肌肉发达，适应快速奔跑。

（2）皮肤肌发达，能牵动皮肤运动和竖毛。包括皮肌和颈阔肌，在灵长类颈阔肌特化为表情肌。

（3）特有的膈肌将体腔分为胸腔和腹腔，参与呼吸运动和辅助排便。

（4）咀嚼肌强大，增强了捕食、咀嚼、进攻和防御的功能。

18.1.5　消化系统

哺乳类的消化系统包括消化道和消化腺两部分。

18.1.5.1 消化道

消化道包括口腔、咽、食道、胃、肠和肛门(图 18-8)。

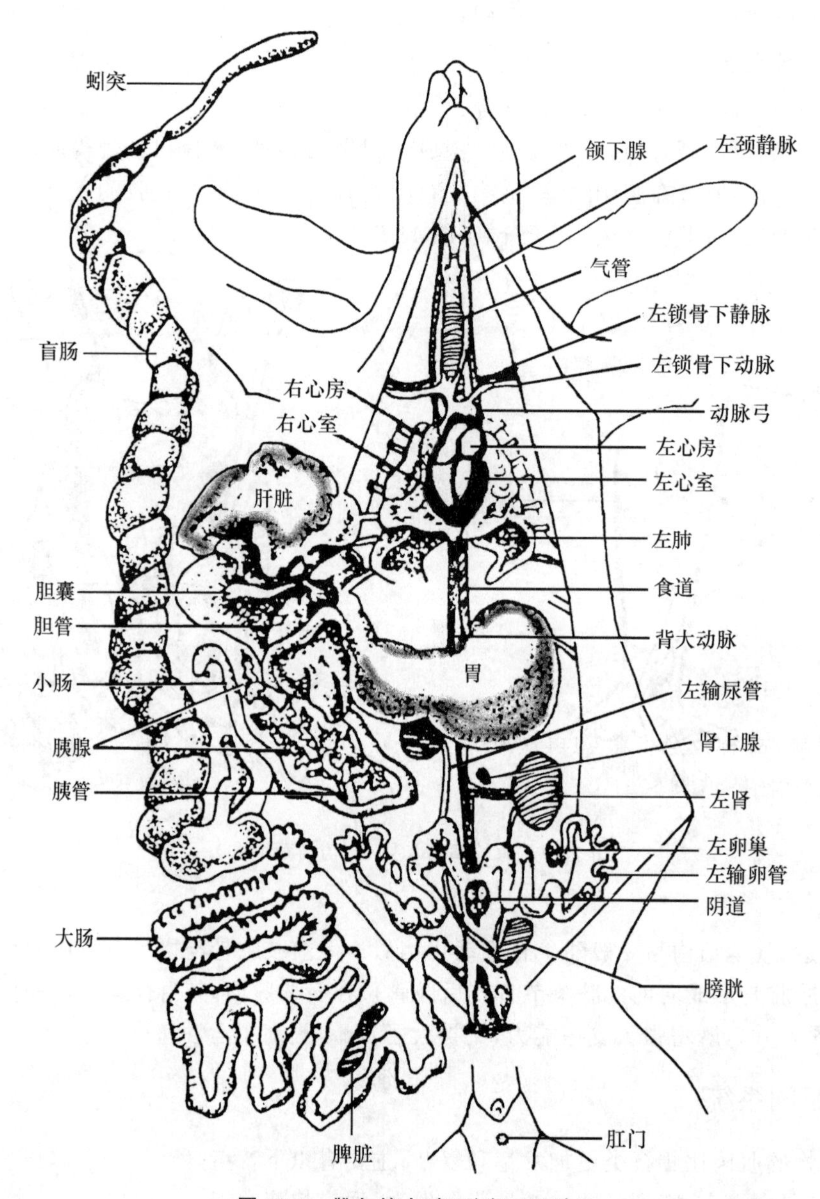

图 18-8 雌兔的内脏(引自丁汉波)

口腔由唇、颊、腭、舌、齿和唾液腺构成。口缘具肌肉质的唇(lip),为哺乳动物特有,具吸乳、摄食、辅助咀嚼和发音等功能。口腔两侧壁出现肉质颊部,能暂存食物和防止食物脱落。口腔顶壁为腭,前部为硬腭,后部为软腭。腭部常有角质棱,能防止食物脱落。口腔底部有能自由活动的肌肉质舌,其表面布满含味蕾的舌乳头,具摄食、搅拌、吞咽和发音等功能。

哺乳动物的牙齿属槽生异型齿。牙齿分化为门齿(incisor)、犬齿(canine)、前臼齿(premolar)和臼齿(molar)。门齿扁宽,适于截切食物;犬齿圆尖,适于刺穿、撕裂食物;前臼齿和臼齿宽阔,且齿面凹凸不平,适于研磨食物。齿型和齿数在同一种类是稳定的,可作为分类的依据。哺乳动物牙齿的种类、数目和排列的次序可用齿式表示。如人的齿式为：

$$\frac{2 \cdot 1 \cdot 2 \cdot 3}{2 \cdot 1 \cdot 2 \cdot 3} \times 2 = 32$$

表示人的上颌有门齿 4 颗，犬齿 2 颗，前臼齿 4 颗，臼齿 6 颗，下颌牙齿的种类、数目和排列与上颌相同，上、下颌共有牙齿 32 颗。哺乳动物的牙齿有乳齿和恒齿之分。少数单孔类、海牛类终生保留乳齿，多数哺乳类的臼齿是终身不换的恒齿，其他各齿为乳齿，一生更换一次，也称再生齿。

咽位于呼吸道和消化道的交叉处，是食物入食道和气体入气管的共同通道。食道是细长的肌肉质管，穿过膈肌与胃相连。

胃位于膈肌后方腹腔内，其形态结构与食性有关。大多数哺乳动物为单胃，草食性反刍类为复胃。单胃由连接食道的贲门部、连接十二指肠的幽门部和胃体构成。复胃一般由瘤胃、网胃(蜂巢胃)、瓣胃和皱胃 4 室组成，前 3 个胃由食道膨大而成，不分泌消化液。瘤胃中含有大量的微生物，使植物纤维发酵分解。网胃壁有许多蜂窝状皱褶，可将食物分成小团块继续发酵。粗糙食物上浮刺激瘤胃前庭和食道沟，引起逆呕，使食物返回口中重新咀嚼，故称反刍。食物再次咽下经瓣胃进入能分泌消化液的皱胃(图 18-9)。

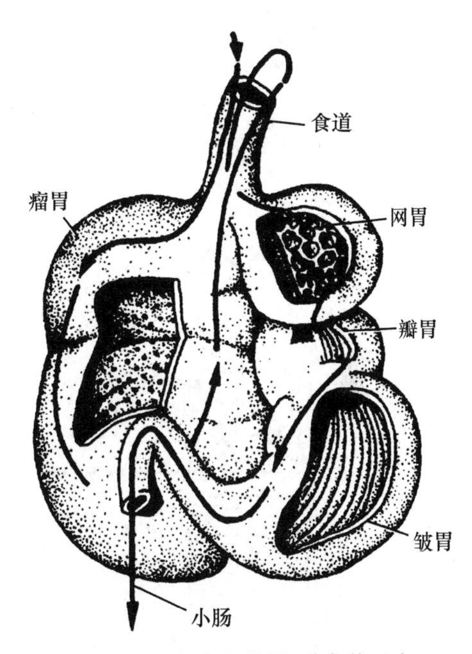

图 18-9 反刍动物的胃(引自姜云垒)

肠分小肠和大肠。小肠分化为十二指肠、空肠和回肠 3 部分。十二指肠呈“U”字形，前端接幽门胃，空肠最长，回肠最短，二者无明显界限。在小肠内，来自胃的食糜受到肝脏分泌的胆汁、胰脏分泌的胰液和小肠腺分泌的肠液 3 种消化液的作用，快速分解为可被小肠绒毛吸收的简单营养物质。大肠包括盲肠、结肠和直肠 3 部分。盲肠位于大、小肠交界处，内有大量微生物，能分解纤维素。草食兽的盲肠发达。结肠与盲肠相接，二者有明显的蠕动和逆蠕动，保证了微生物充分分解纤维素。结肠后端接直肠，具吸收水分和形成粪便的功能，末端以肛门开口于体外。

18.1.5.2 消化腺

哺乳动物的消化腺包括唾液腺、肝脏、胰脏、胃腺和小、大肠腺等。

口腔内一般有 3 对唾液腺，即舌下腺、颌下腺和耳下(腮)腺。唾液腺的分泌物是含有淀粉酶和溶菌酶的黏液，具口腔消化和抑菌等功能。

肝脏位于膈肌后的腹腔前部，家兔的肝脏分为 6 叶，胆囊长在右中叶上，胆汁由胆囊管注入十二指肠。家兔的胰脏位于十二指肠系膜上，树枝状，分泌的胰液经胰管注入十二指肠。

胃腺主要分泌盐酸和胃蛋白酶原，胃蛋白酶原在盐酸作用下转变为有活性的胃蛋白酶。小肠腺位于小肠黏膜内，能分泌肠液，内含肠激酶、肠肽酶、乳糖酶和麦芽糖酶等。大肠腺主要分泌碱性黏液，有保护、润滑肠壁和利于排便的功能。

18.1.6 呼吸系统

哺乳动物的呼吸系统非常发达,包括呼吸道和肺两部分。

18.1.6.1 呼吸道

呼吸道由鼻腔、咽、喉、气管和支气管组成,是气体进出肺的通道。鼻腔经外鼻孔、内鼻孔与咽相通,内有发达的鼻甲骨。鼻甲骨和腔壁表面均密布富有血管、腺细胞、纤毛细胞、嗅觉细胞和神经末梢的黏膜,有温暖、湿润空气,除尘和嗅觉等功能。哺乳类还有鼻甲骨伸入至头骨骨腔内形成的鼻旁窦,有进一步加强温暖和滤过空气的作用,它也是发声的共鸣器。

喉位于咽后部,是气管前端的膨大部,为呼吸通道和发声器官,主要由不成对的甲状软骨、环状软骨、会厌软骨和1对杓状软骨构成(图18-10),前两者之间是喉腔,在腔内的甲状软骨和杓状软骨之间有声带,为发声器官。

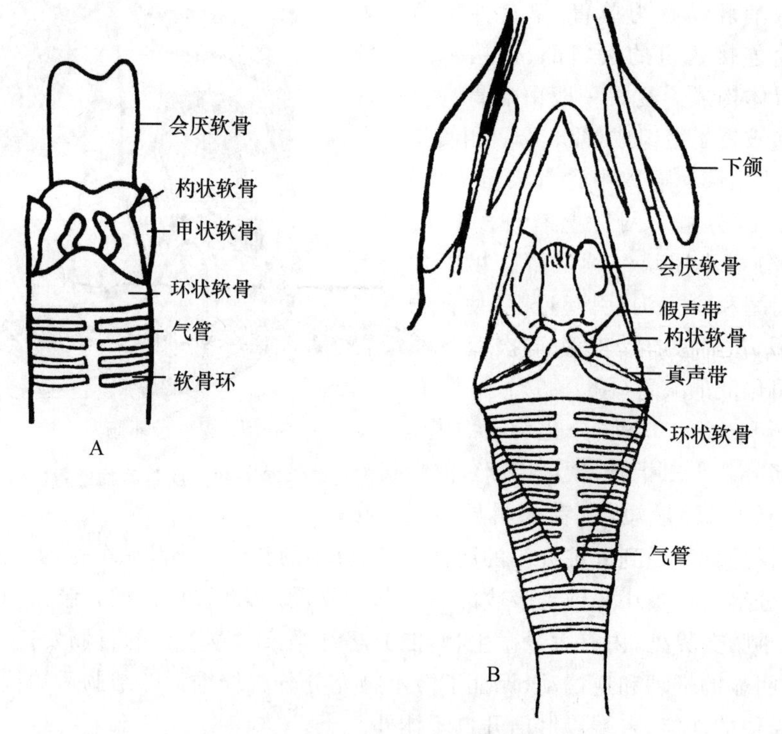

图18-10 家兔喉的模式图(引自郝天和)
A. 背面 B. 腹面剖开

喉下为气管,由一系列背面有缺口的"U"形软骨支撑,气管入胸腔后分为左、右支气管,分别入左、右肺。

18.1.6.2 肺

肺位于胸腔内,为1对粉红色海绵状器官(图18-11)。哺乳动物的肺是由各级支气管构成的支气管树。支气管入肺后,经次级、三级、四级等逐级分支,最后分支为呼吸细支气管,其末端膨大成肺泡管并通向若干肺泡囊,肺泡囊壁向外凸出形成半球形盲囊,即肺泡。肺泡壁是单层上皮细胞,其间密布毛细血管网,是与血液进行气体交换的场所。

18.1.6.3 呼吸运动

哺乳动物借膈肌将胸腔与腹腔分开,使胸腔成为密闭腔,进而通过膈肌和肋间肌运动完成呼吸运动。吸气时,膈肌和肋间外肌同时收缩,膈肌变平,肋骨上提,胸廓扩大;呼气时则相反,膈肌和肋间外肌同时舒张,胸廓缩小。

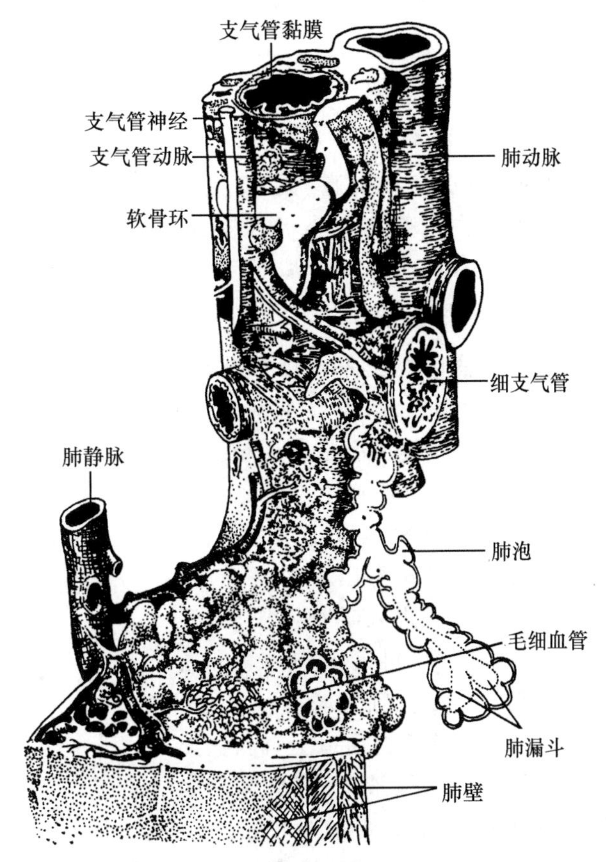

图 18-11 人肺的模式图(引自刘凌云)

18.1.7 循环系统

哺乳类的循环系统主要包括血液循环系统和淋巴循环系统。血液循环系统由心脏、血管和血液组成(图 18-12)。哺乳类和鸟类同属恒温动物,在维持快速循环方面尤为突出,都具有四腔心脏、完全双循环、仅有 1 条左体动脉弓和静脉系趋于简化等特点。

18.1.7.1 心脏

心脏位于胸腔偏左的心包腔中,分为 2 心房和 2 心室。左侧心房、心室间有二尖瓣,右侧心房、心室间有三尖瓣。从心脏发出的体动脉和肺动脉基部内各有 3 个半月瓣。这些瓣膜能防止血液倒流,保证血液沿一个方向流动(图 18-13)。

血液循环方式为完全双循环(图 18-14)。右心房接收来自身体各部回流的静脉血入右心室,通过肺动脉至肺换气,经肺静脉进左心房和左心室构成肺循环。左心室的动脉血经体动脉送至身体各部,回流血经体静脉回到右心房和右心室构成体循环。

18.1.7.2 血管

血管包括动脉、静脉、毛细血管和心血管。

1. 动脉

哺乳类仅有左体动脉弓,自左心室发出,向前左转至心脏背面成为沿脊柱腹侧后行的背大动脉,直达尾部,沿途发出各分支血管至全身。颈总动脉和锁骨下动脉从左体动脉弓上发出的位置因种甚至因个体而异。肺动脉从右心室发出,左转向心脏背侧分成 2 支,分别入左、右肺。

2. 静脉和毛细血管

哺乳类静脉系趋于简化,大多只有前、后大静脉各 1 条,静脉窦和肾门静脉消失,成体的腹静脉也消失。兔具前大静脉 1 对,后大静脉 1 条(见图 18-12)。肺毛细血管会合成 3 条肺静脉,共同开口于左心房。毛细血管是分布全身各组织细胞间的微细血管。

3. 心血管

心血管具供应心脏营养的功能。由左体动脉弓基部发出2条冠状动脉,分布至左、右心室外壁。冠状静脉4条,收集心壁的血液入右心房。

18.1.7.3 血液

血液由血浆、红细胞(无核,大多呈双凹型)、白细胞和血小板等构成。血液总量占体重的7%~8%。

18.1.7.4 淋巴循环

哺乳动物的淋巴系统极发达,遍布全身,包括淋巴液、淋巴管、淋巴结和淋巴器官等。其功能是辅助组织液回心,维持血量恒定;产生淋巴细胞和单核细胞,参与免疫;运送脂肪等。

淋巴管是输送淋巴液的通道,组织液以渗透方式进入毛细淋巴管,逐渐汇集到淋巴管,再汇入胸导管和右淋巴导管,最后入前大静脉回心脏。淋巴结广布于淋巴管通道上,肉色、形状大小不一,颈下、腋下、腹股沟和小肠肠系膜是重要淋巴结分布之处。

淋巴器官包括脾脏、胸腺和扁桃体。扁桃体位于消化道和呼吸道的交会处,可产生淋巴细胞和抗体,具有抗细菌、抗病毒的防御功能。脾为暗红色的长条形,紧贴胃大弯左侧,能产生淋巴细胞参加免疫反应,吞噬分解衰老红细胞,回收血红素和铁质用于造血。胸腺是T细胞分化、发育和成熟的场所,它通过分泌胸腺类激素调节T细胞的分化、发育和功能。幼体的胸腺发达,成体的胸腺开始萎缩。

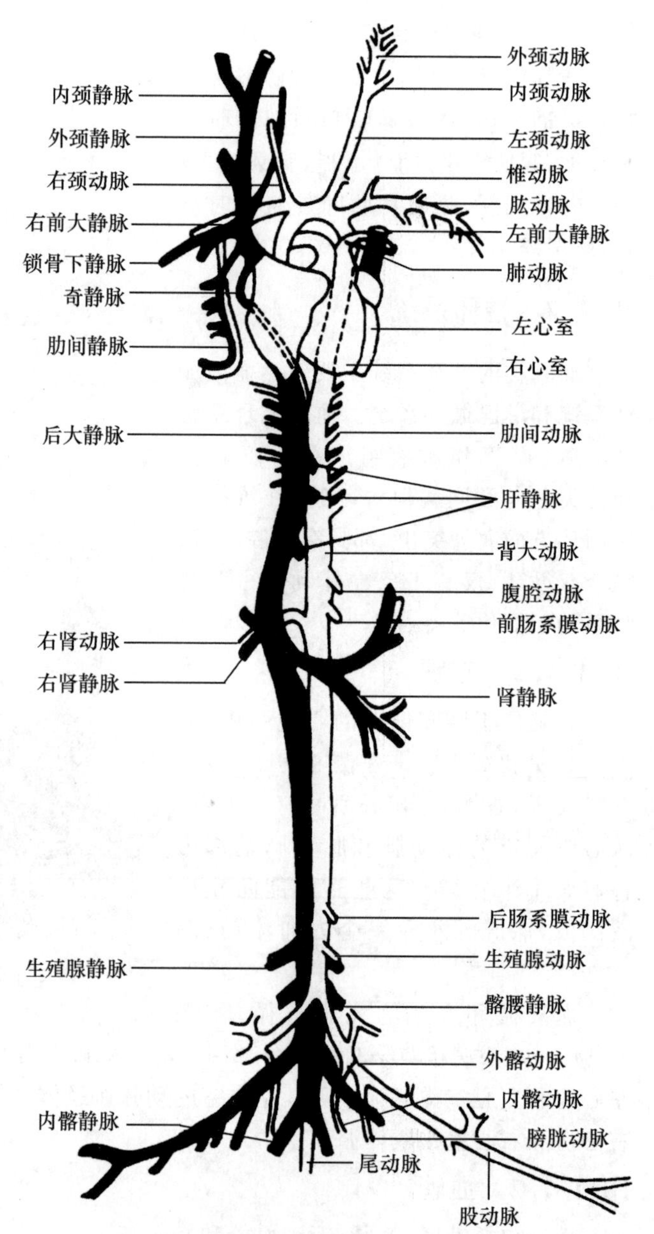

图18-12 家兔循环系统模式图(引自刘凌云)

18.1.8 排泄系统

哺乳动物的排泄系统由肾脏、输尿管、膀胱和尿道所组成(图18-15)。其功能有排泄代谢废物、参与水和盐的调节、维持酸碱平衡和体内环境稳定等。皮肤是哺乳类特有的排泄器官,少部分代谢废物可通过皮肤出汗排出。

18.1.8.1 肾脏

哺乳类具1对暗红色、卵圆形的后肾,位于腰椎两侧。内侧凹陷处称肾门,为输尿管、血管、淋巴管、神经等出入肾处(图 18-16)。肾由皮质和髓质组成。肾外层为皮质,由无数肾小体构成,肾小体由肾小球外包肾小囊而成。肾内层为髓质,由肾小管和集合管组成。输尿管起始端膨大处为肾盂,髓质的集合管伸入肾盂形成的乳头状突,称肾乳头。

肾小体和肾小管组成肾单位,是泌尿的基本单位,肾脏的实体由肾单位和排尿的集合小管构成。在皮质部血液经肾小体中的肾小囊过滤形成原尿(水、葡萄糖、氯化钠、尿素、尿酸等),通过髓质部的肾小管、集合小管对原尿中的有用物质重吸收后形成终尿(尿素为主,pH 约 8.2),经肾乳头进入肾盂。

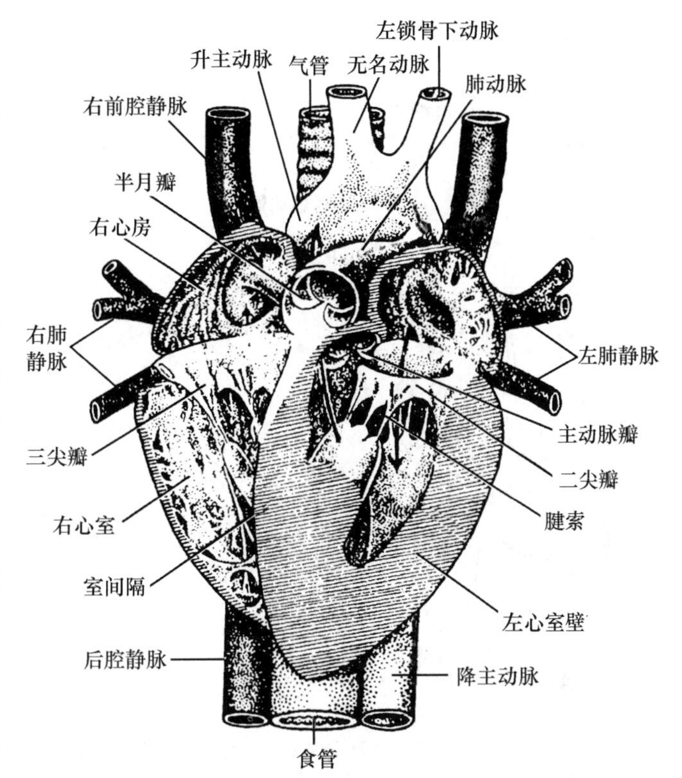

图 18-13 兔心脏纵切面(引自杨安峰)

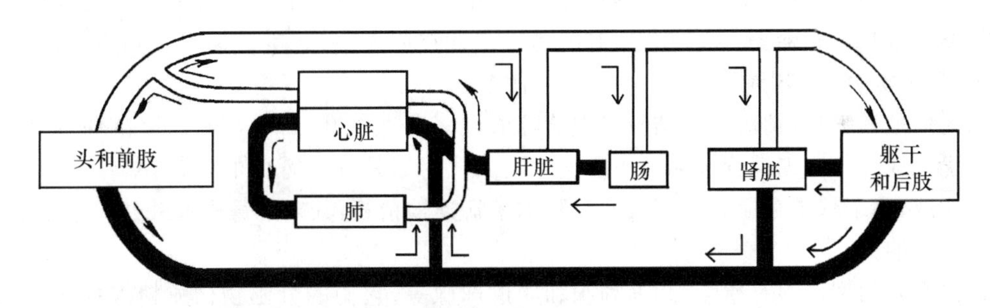

图 18-14 哺乳动物的血液循环模式图(引自 Schmidt-Nielsen)

18.1.8.2 输尿管、膀胱及尿道

输尿管始于肾盂,沿腹腔背侧后行,终于膀胱基部背侧。膀胱为梨形的肌质囊,受植物性神经支配,可暂时贮存尿液。尿道起自膀胱,雄性的尿道既排尿也排精,开口于阴茎头,雌性的尿道开口于泄殖孔。

18.1.9 生殖系统

18.1.9.1 雄性生殖系统

包括睾丸(精巢)、附睾、输精管、阴茎和副性腺(图 18-15)。

睾丸1对,是产生精子、分泌雄性激素的器官,其位置因种类而异。有的终生留在腹腔内,

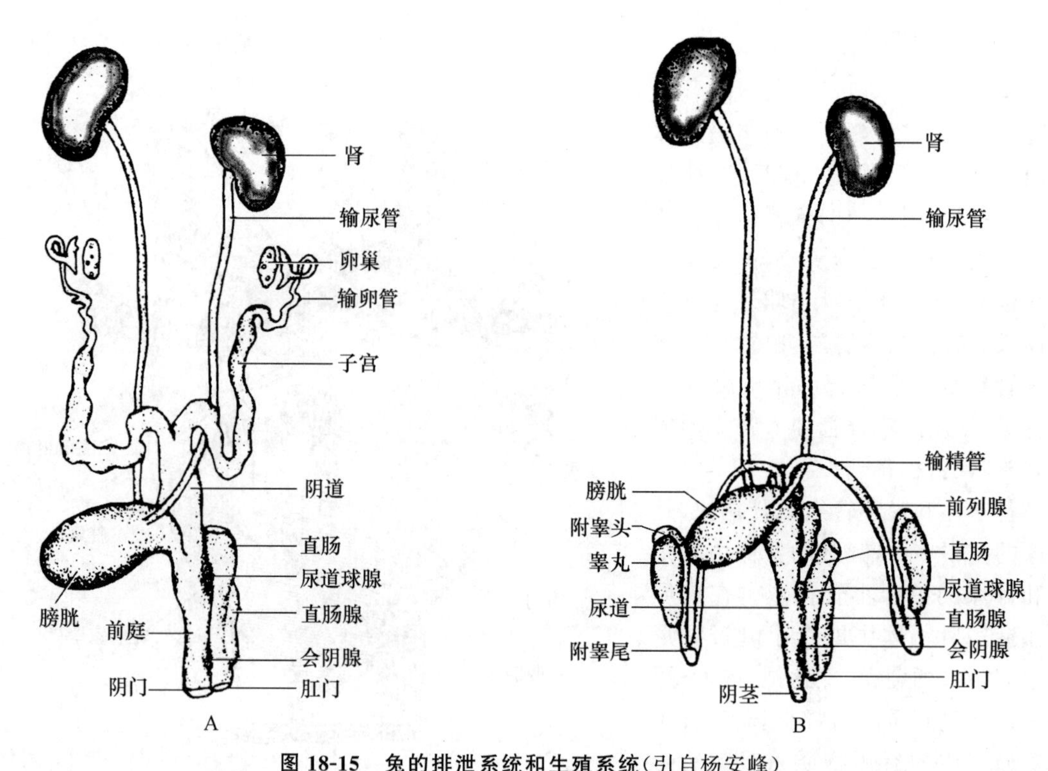

图 18-15 兔的排泄系统和生殖系统(引自杨安峰)

A. 雌性(上半部腹面观,下半部侧面观) B. 雄性(腹面观,末端部分侧面观)

不具阴囊,如单孔类、鲸、象、鳍脚类等;有的胚胎早期在腹腔内,后期下降并终生留在阴囊中,如有袋类、食肉类、有蹄类、灵长类等;有的是生殖期在阴囊中,非生殖期则回到腹腔内,如兔、啮齿类、翼手类、食虫类等。

睾丸外被鞘膜和白膜,内由结缔组织分隔成许多睾丸小叶,每个小叶内充满曲细精管,是产生精子的地方。曲细精管经输出小管连通附睾。附睾是细长弯曲的管,附睾管壁细胞分泌弱酸性黏液,利于精子存活和发育成熟。附睾末端连输精管,其末端通尿道并开口于雄性交配器的阴茎前端。

雄性重要的副性腺有精囊腺、前列腺和尿道球腺等,它们的分泌物构成精液的主体,内含促进精子存活的营养物质。前列腺还分泌前列腺素,能促进平滑肌收缩,有助于受精。

18.1.9.2 雌性生殖系统

包括卵巢、输卵管、子宫、阴道和外阴部(图 18-15)。

卵巢 1 对,卵圆形,淡粉色,位于腹腔背侧。卵巢外被生殖上皮和白膜,内部外周是含不同发育阶段卵泡的皮质部,中央是含许多血管、神经的髓质部。输卵管 1 对,其前端以喇叭口开口于卵巢上方的体腔内,后端连膨大的子宫。卵成熟后破卵巢壁落入喇叭口,于输卵管上段与精子相遇而受精,受精卵种植于子宫内膜上形成哺乳动物特有的胎盘(placenta)。胎儿通过脐带接受母体营养而发育,成熟后经阴道产出体外。

哺乳类的子宫主要有 4 种类型(图 18-17)。一是原始类型的双子宫,两侧子宫完全分开,并分别开口于阴道。如许多啮齿类、兔类、翼手类等。二是较高等的双分子宫,两侧子宫在近阴道处合并,以同一个孔开口于阴道。如多数肉食类、某些啮齿类、猪和牛等。三是双角子宫,

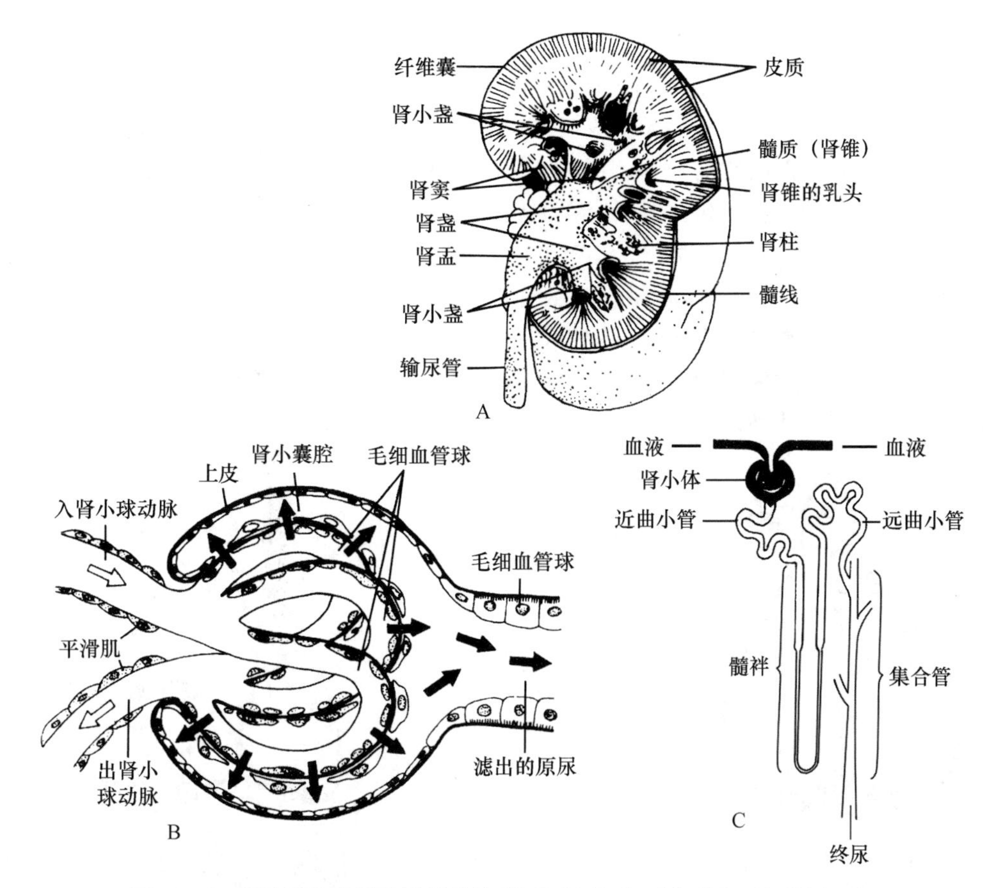

图 18-16 哺乳动物的肾脏及肾单位(仿自 McFarland 和 Schmidt-Nielsen)

A. 肾脏纵剖面 B. 肾小体 C. 肾单位

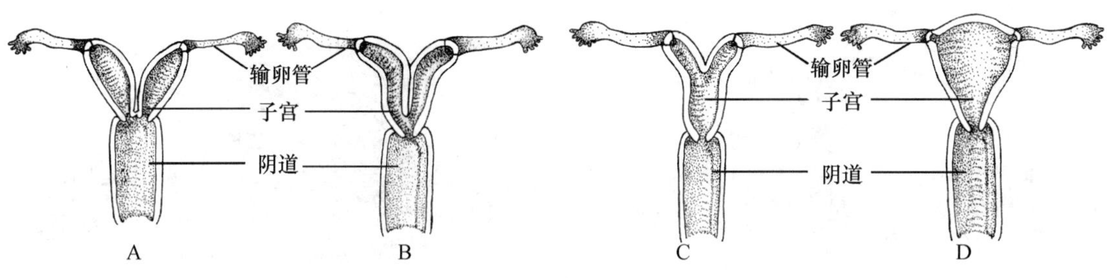

图 18-17 哺乳动物子宫的类型(仿自郝天和)

A. 双子宫 B. 双分子宫 C. 双角子宫 D. 单子宫

其两子宫的合并程度更大,仅上端分离。如多数有蹄类、食虫类、鲸类和部分食肉类等。四是单子宫,两子宫完全合二为一。如猿、猴、人等。单子宫一般产仔较少。

18.1.10 神经系统和感觉器官

哺乳动物的神经系统高度发达,包括中枢神经系统、周围神经系统和植物性神经系统。新脑皮在哺乳动物高度发展,形成神经活动高级中枢。

18.1.10.1 中枢神经系统

中枢神经系统包括脑和脊髓(图 18-18)。大脑体积增大,向后盖住了间脑、中脑,灵长类的小脑也被遮盖。新脑皮构成的大脑皮层外层为灰质,内层为白质,形成了沟和回,是神经活动的高级中枢。间脑由两侧的丘脑、背部的上丘脑、腹部的下丘脑和第三脑室组成。下丘脑是植物性神经系统活动、内分泌、体温、性活动、睡眠等调节中枢。中脑不发达,背部的四叠体是视觉和听觉反射中枢。小脑极发达,出现小脑半球,为哺乳类所特有。小脑腹面突起形成脑桥,是小脑与大脑皮层间的联络桥梁。小脑有维持肌肉张力、平衡和协调运动等机能。延脑前接脑桥,后接脊髓,是重要的内脏活动中枢,又称活命中心。圆柱形的脊髓位于脊柱的椎管内,有两个膨大,分别是臂神经丛和腰神经丛分出的部位。脊髓的不同部位有不同的反射中枢,但都在高级中枢控制下活动。

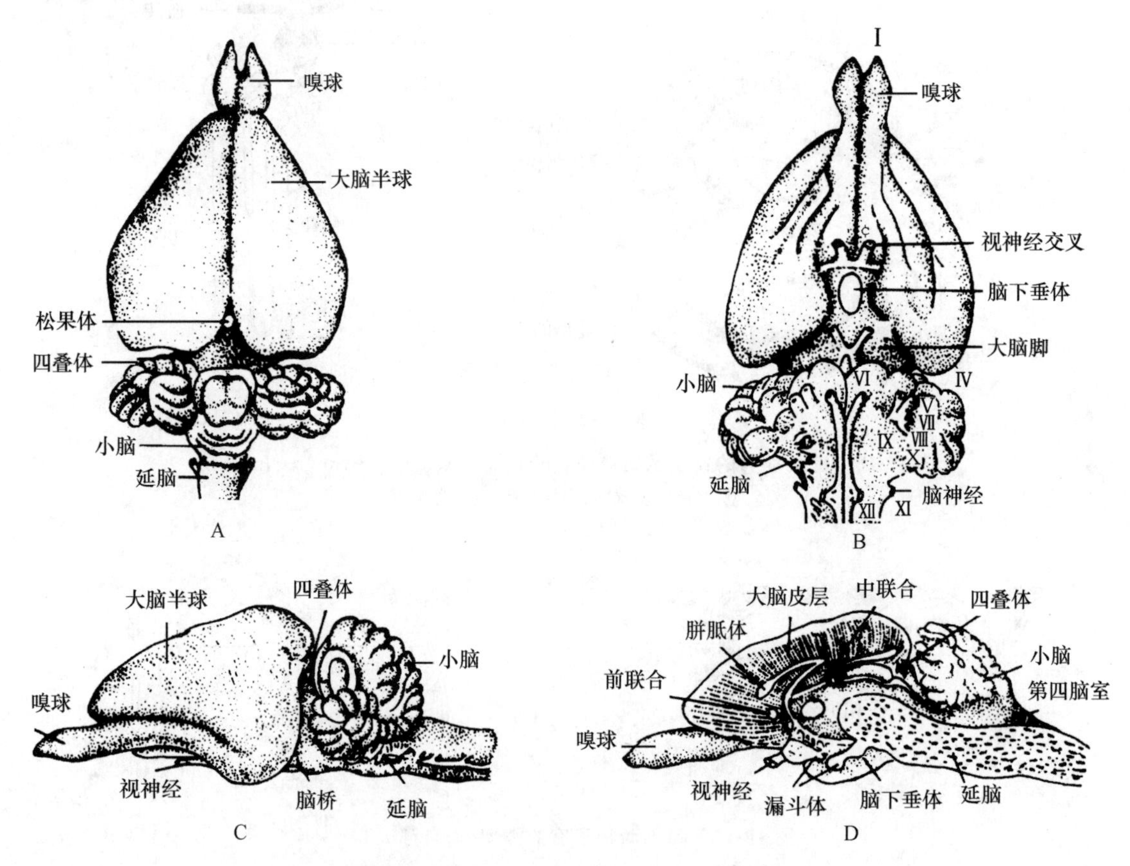

图 18-18 哺乳动物脑的结构(引自郝天和)

A. 背面观 B. 腹面观 C. 侧面观 D. 纵切面

18.1.10.2 周围神经系统

周围神经系统是中枢神经系统与身体各器官间神经联系的总称,包括脑神经(12 对)和脊神经(37~38 对)。

18.1.10.3 植物性神经系统

植物性神经系统包括交感神经系统和副交感神经系统(图 18-19),一般共同分布于内脏、血管平滑肌、心肌和腺体等处,二者对同一器官的调节作用是相互拮抗、对立统一的,且不受意识支配。

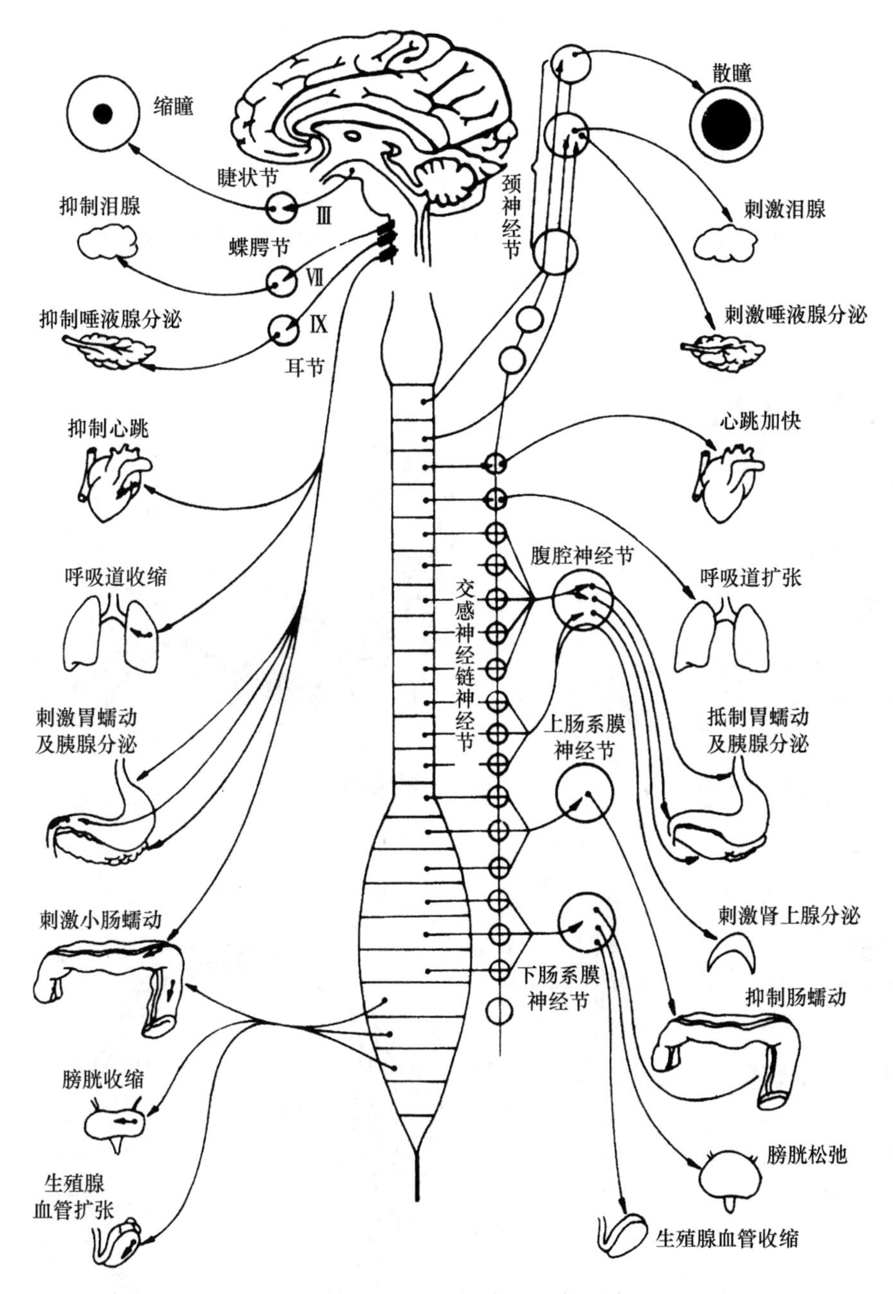

图 18-19　哺乳动物的植物性神经系统(引自 Torrey)

18.1.10.4　感觉器官

哺乳类的感觉器官十分发达,嗅觉和听觉高度灵敏,对哺乳动物觅食、求偶、育幼、避敌有重要作用。

1. 嗅觉器官

哺乳动物的嗅觉高度敏锐,表现为鼻腔扩大,鼻腔内出现复杂盘卷的鼻甲骨,其上附有嗅神经末梢和嗅觉细胞的黏膜,使嗅觉表面积大为增加,如兔的嗅神经细胞多达 10 亿个(图 18-20)。

2. 听觉器官

哺乳动物的听觉敏锐,包括外耳、中耳和内耳等(图 18-21)。出现可转动的外耳壳,能有效收集声波。中耳由鼓膜、鼓室、听小骨和耳咽管组成,鼓室内出现 3 块听小骨(锤骨、砧骨、镫骨)组成了灵敏的听音系统。内耳包括 3 个半规管、椭圆囊、球状囊和耳蜗管。前三者称内耳前庭,主管身体平衡;耳蜗管为哺乳动物特有,主要接受听觉刺激。

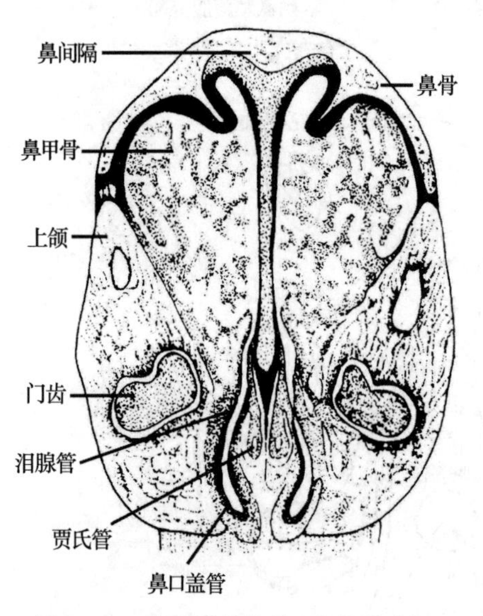

图 18-20 兔鼻腔的构造(引自郝天和)

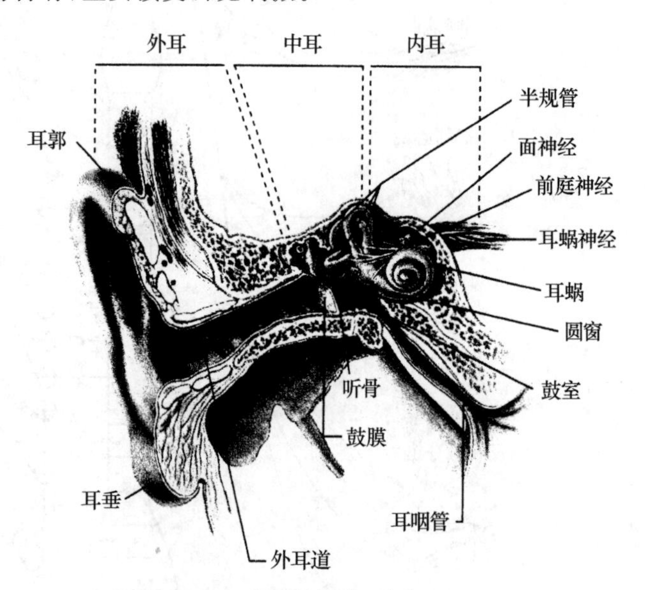

图 18-21 人耳的结构(引自 Young)

3. 视觉器官

眼球由眼球壁和一套折光系统构成(图 18-22)。眼球壁分 3 层。最外层是巩膜,在眼前部中央处完全透明,称角膜。中间层为脉络膜,富含血管、神经和色素细胞,在近眼前部变厚成睫状体,其眼前部为虹膜,虹膜的中央游离缘围成瞳孔。内层为视网膜,是眼的感光部位,包括能感受强光且辨别颜色的视锥细胞和只能感受弱光的视杆细胞。眼球的折光系统包括角膜、晶状体和玻璃液等。

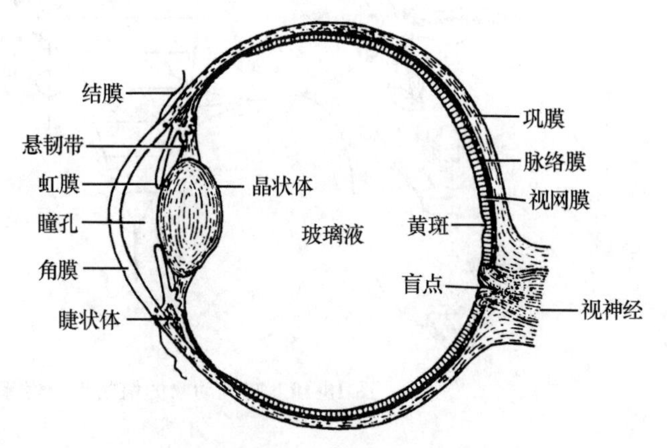

图 18-22 哺乳动物眼球的结构(引自 Pearson 和 Ball)

眼的辅助装置包括眼睑、瞬膜、泪腺和结膜等结构,具有保护和湿润眼球的功能。

18.1.11 内分泌系统

哺乳类的内分泌系统极发达，对调节有机体内环境的稳定、代谢、生长发育和行为等有重要作用。包括脑垂体、甲状腺、甲状旁腺、肾上腺、胰岛等(图 18-23)。

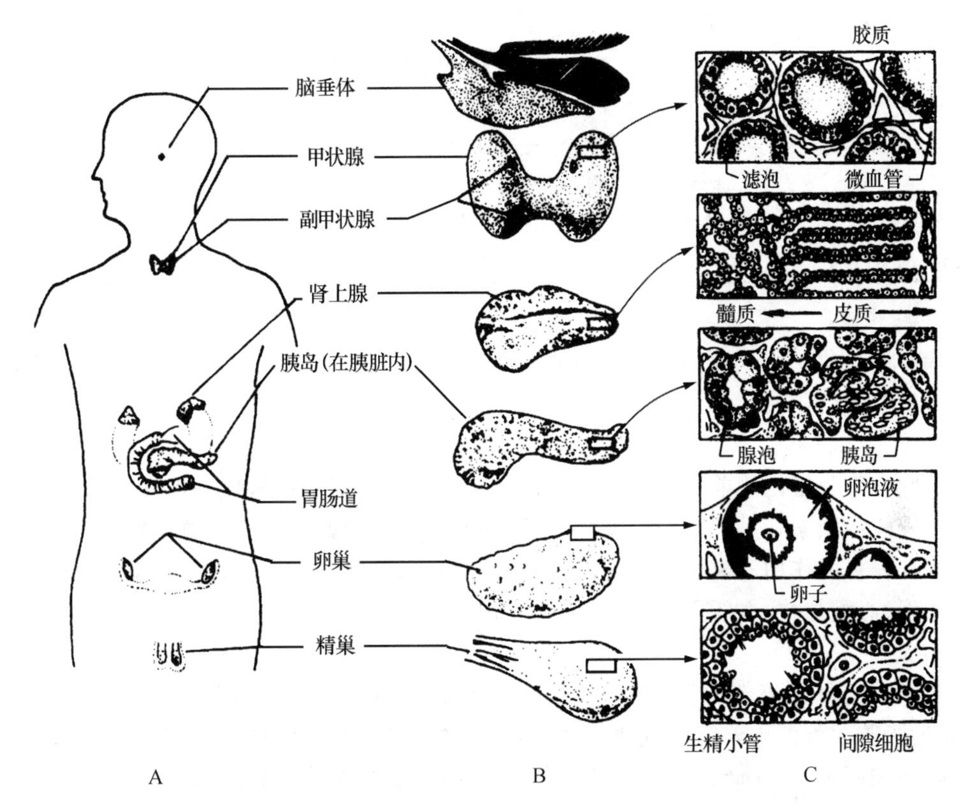

图 18-23 人体的内分泌腺(引自 Storer)

A. 内分泌腺在人体的分布 B. 各分泌腺的外形 C. 各分泌腺的显微结构

1. 脑垂体

脑垂体位于间脑底部，视神经交叉后方，是动物体内最重要的内分泌腺，能产生多种激素，这些激素不仅能调节动物体的生长、代谢、生殖等，还能调节和影响其他内分泌腺的分泌。脑垂体包括腺垂体和神经垂体两部分，其中腺垂体的远侧部称垂体前叶，中间部称中叶，神经垂体的神经部称后叶。

腺垂体的垂体前叶和中叶分泌的激素见表 18-1。垂体后叶主要分泌由下丘脑神经细胞产生的催产素(OXT)和抗利尿素(ADH)，又称神经激素。

2. 甲状腺

甲状腺位于气管前端两侧，呈蝴蝶形，能分泌甲状腺素。甲状腺素分泌不足称“甲减”，表现为代谢降低、行动迟缓、呆笨等；相反称“甲亢”，表现为代谢升高、眼球突出、神经过敏、身体消瘦等。

表 18-1 腺垂体分泌的激素及其作用(引自刘凌云)

激素	靶器官或组织	作用
促肾上腺皮质激素(ACTH)	肾上腺皮质	促进皮质激素(类固醇化合物)的生成与分泌
促甲状腺激素(TSH)	甲状腺	促进甲状腺激素的合成与分泌
生长激素(GH)	所有组织	促进组织生长,RNA 与蛋白质的合成,抗体的形成,脂肪的分解,葡萄糖与氨基酸的运输
促卵泡激素(FSH)	卵泡、曲精细管	促进卵泡成熟或精子生成
促黄体激素(LH)	卵巢间质细胞 精巢间质细胞	促进卵泡成熟,雌激素分泌,排卵,黄体生成,孕酮分泌,促进雄激素合成与分泌
催乳激素(PRL)	乳腺	促进乳腺生长,乳蛋白合成,分泌乳汁
促黑激素(MSH)	黑色素细胞	促进黑色素的合成及黑色素细胞的散布

3. 甲状旁腺

甲状旁腺是位于甲状腺两侧的背面或埋在甲状腺内的 4 个非常小的腺体,能分泌甲状旁腺素和降钙素,具调节钙、磷代谢的功能。

4. 肾上腺

肾上腺位于肾脏内侧前方,左右各一,由表层皮质和内部髓质构成。皮质分泌的几种激素统称肾上腺皮质激素,对调节盐类(特别是钠、钾)、水分和糖的代谢有重要作用,并有促进性腺和第二性征发育的作用。髓质分泌的激素是肾上腺素,其功能与交感神经兴奋时相似,能使心脏收缩加强、心跳加快,血压上升,常作为强心剂。

5. 胰岛

散布于胰脏外分泌部的泡状腺中,形如小岛,故名胰岛。胰岛中的 α 细胞分泌胰高血糖素,能促进脂肪和蛋白质分解及血糖升高;胰岛中的 β 细胞分泌胰岛素,能促进血糖变成糖原,贮存于肌肉和肝脏内,降低血糖。胰岛素分泌不足时,血糖升高,葡萄糖随尿液排出而产生糖尿病。

6. 性腺

睾丸和卵巢除能产生生殖细胞外,还具内分泌功能。睾丸主要分泌睾丸酮和雄烷二酮等雄性激素,能促进雄性器官和精子及第二性征的发育。雌激素由卵泡产生,主要是雌二醇,能促进雌性器官和第二性征的发育及调节生殖活动周期。

18.2 哺乳动物的进步性特征

哺乳类和鸟类都起源于爬行类,分别以不同的方式适应陆栖生活。但哺乳类以其更胜一筹的优势适应于几乎所有的生态环境(陆栖、穴居、树栖、飞翔和水栖等),成为脊椎动物中身体结构最完善、行为和功能最复杂、适应能力最强和演化地位最高等的类群。呈现出明显的进步性特征。

18.2.1 哺乳动物的进步性特征

(1)具有高度发达的神经系统和感觉器官,能协调复杂的机能活动和适应多变的环境。

(2)有发达的运动装置,具陆上快速运动的能力。

(3)出现口腔咀嚼和消化,消化道和消化腺分化更完善,大大提高了对食物的摄取效率。

(4)以肺泡呼吸,完全双循环,能满足动物体代谢所需的氧气和营养物质。从而获得高而恒定的体温,一般能保持在 25～37 ℃,减少了对环境的依赖。

(5)胎生、哺乳,完善了陆上繁殖能力,保证了后代有较高的成活率。

18.2.2　胎生、哺乳及其在动物演化史上的意义

胎生为哺乳类特有,除鸭嘴兽等单孔类外均为胎生。受精卵在母体子宫内发育,由胚胎发育产生的绒毛膜和尿囊膜与子宫内膜镶嵌共同形成胎盘(图 18-24),胎儿通过联系胎盘和胎儿的脐带从母体获得养料,直到形成幼仔后从母体产出,这种生殖方式称为胎生。

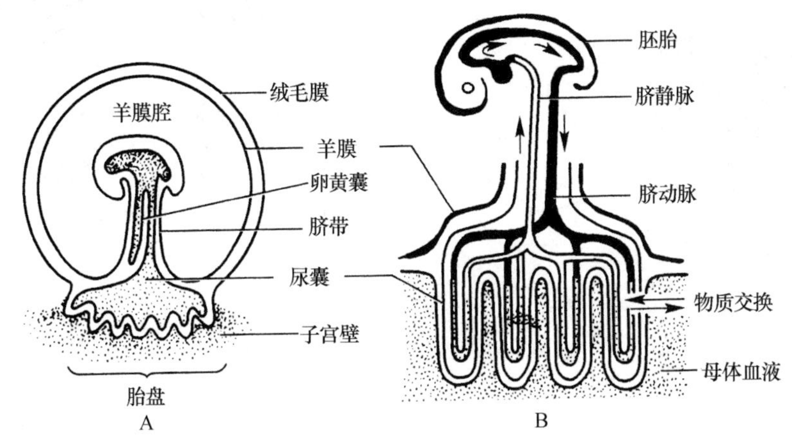

图 18-24　胎盘的结构(仿自 Weisz)

A. 胚胎　B. 胎盘局部放大

依绒毛膜分布的不同,哺乳动物的胎盘可分 4 种类型(图 18-25)。一是绒毛膜平均分布的散布状胎盘;二是绒毛集中成丛的多叶胎盘;三是绒毛集中成宽带的环状胎盘;四是绒毛集中成盘状的盘状胎盘。依绒毛膜与子宫内膜的联系紧密程度又分为蜕膜胎盘和无蜕膜胎盘,前者母仔联系紧密,产仔时会撕下子宫内膜,出现流血现象;后者则产仔容易,不易出血。

哺乳类的母体都有乳腺,除单孔类外都具乳头。乳腺分泌的乳汁富含营养和抗体,能保证幼兽迅速生长。同时,母兽还具有一系列复杂本能活动来保护哺育中的幼仔,包括营造安全的巢穴等。在哺乳期和其后的一段时间,母兽会维系母子间的社会联系,促进幼兽早期学习,使幼兽受到捕食和社会行为的基础训练,直至幼兽独立生活。

胎生、哺乳是哺乳类对外界环境长期适应的结果,在动物演化史上具有重要的生物学意义。一是胎生方式给哺乳类的生存和发展提供了广阔前景,它为胚胎提供了保护、营养以及稳定的恒温发育条件,使外界环境对胚胎发育的不利影响减到最低程度。二是以营养丰富的乳汁哺育幼仔,并对幼仔有各种完善的保护行为,使后代在较优越的营养条件和安全保护下迅速成长。故哺乳类具有远比其他脊椎动物类群高得多的成活率,使之能在多样的环境条件下繁育后代,这是脊椎动物进化史上的一大进步。

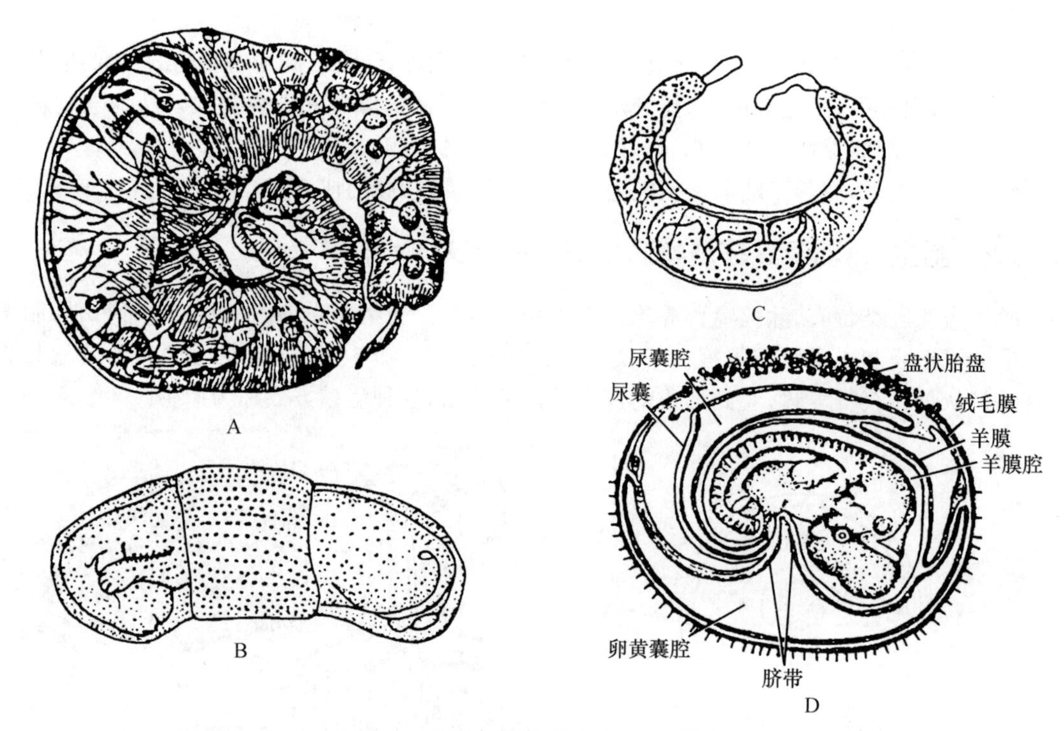

图 18-25 各种类型的胎盘(仿自郝天和)

A. 多叶胎盘 B. 环状胎盘 C. 散布状胎盘 D. 盘状胎盘

18.3 哺乳纲的分类

现存哺乳类约有 5 400 种,分原兽亚纲、后兽亚纲和真兽亚纲。

18.3.1 原兽亚纲(Prototheria)

原兽亚纲是现存哺乳类中最原始的类群,保留着许多近似爬行类的原始特征。如卵生,母兽有孵卵习性;有泄殖腔,以单一的泄殖腔孔开口体外,故称单孔类;口缘具扁喙而无肉质唇,成体口腔内无齿;无外耳壳;肩带有独立的乌喙骨、前乌喙骨和发达的间锁骨;大脑皮层不发达、无胼胝体。也具哺乳动物的特征,如体表被毛,以乳汁哺育幼仔(有乳腺但无乳头),体腔中具膈肌。仅具左体动脉弓。下颌由单一的齿骨组成。体温恒定在 26～35 ℃。本亚纲只有单孔目,仅分布于澳洲及其附近的岛屿上。

鸭嘴兽(*Ornithorhynchus anatinus*)是世界闻名的珍稀动物,被称为最珍贵的"活化石"(图 18-26A)。体被短密的褐色毛。嘴宽扁,两侧有过滤食物的缺刻,形似鸭嘴,故名鸭嘴兽。尾扁阔,四趾具蹼和爪,适于挖掘和穴居,善于水中游泳和潜水。以软体动物、甲壳类及水生昆虫为食。在水中交配,巢中孵卵。

针鼹(*Tachyglossus aculeatus*)体被针刺,形像刺猬(图 18-26B)。具管状长吻,鼻孔开在吻端,无牙齿,具能伸缩的长舌,眼小,无外耳郭,尾短。四肢均具 5 趾和锐爪,适于挖掘蚁巢。

以蚂蚁等昆虫为食。

原兽亚纲代表着最低等的哺乳动物,结构特征介于爬行动物和哺乳动物之间,对于研究哺乳动物的起源有重要的科学价值。

图 18-26 原兽亚纲和后兽亚纲的代表种类(引自姜乃澄)

A. 鸭嘴兽 B. 长吻针鼹 C. 大袋鼠 D. 袋狼

18.3.2 后兽亚纲(Metatheria)

后兽亚纲又称有袋亚纲,是介于原兽亚纲和真兽亚纲之间的较低等哺乳动物。主要特征有:胎生,但多无真正的胎盘,妊娠期短(约 40 d);母兽具特殊的育儿袋,乳腺具乳头,乳头开口在育儿袋内,发育不完全的幼仔出生后需在育儿袋内继续完成发育;大脑半球体积小,无沟回和胼胝体;雌兽具双子宫;异型齿。本亚纲主要分布于澳洲及其附近的岛屿上,只有有袋目(图 18-26C)。

红大袋鼠(*Macropus rufus*)的体型相当大,长达 2 m 以上。前肢短小,仅用于摄食;后肢强大,适于跳跃,一步可跳出 5～6 m 远。尾粗长,休息时用尾和后肢支持身体,跳跃时以尾平衡。

此外,还有产于澳洲的袋狼(*Thylacinus cynocephalus*)(图 18-26D)、树袋熊(*Phascolarctos cinereus*)等有袋类动物。

18.3.3 真兽亚纲(Eutheria)

真兽亚纲种类最多,占现存哺乳类的 95%左右,是最高等的哺乳类群。分布广泛,生活环境多样。主要特征为:有真正的胎盘,故又称有胎盘亚纲,胎儿在子宫内发育完全后产出;具乳腺和乳头;大脑皮层发达,具沟回及胼胝体;异型齿,有乳齿与恒齿之分;肩带的肩胛骨极发达、乌喙骨和锁骨多退化;体温恒定,一般为 37 ℃左右。

真兽亚纲现存种类约 4 000 种,隶属 18 个目,我国约有 600 种。

18.3.3.1 食虫目

本目是最原始的有胎盘类。个体较小,体被绒毛或硬刺;吻细尖,适于食虫;四肢多短小,趾端具爪,适于掘土;牙齿结构较原始;主要以昆虫及蠕虫为食;大多为夜行性。

常见种类有刺猬(*Erinaceus europaeus*)、鼩鼱(*Sorex araneus*)和缺齿鼹鼠(*Mogera robusta*)(图 18-27)。缺齿鼹鼠以地下昆虫为主食,在农作区内常穿穴破坏作物根系,有一定害处。其毛皮细软而富有光泽,有一定的经济价值。

图 18-27 食虫目的代表种类(引自刘凌云)

A. 刺猬 B. 鼩鼱 C. 鼹鼠

18.3.3.2 翼手目

本目为能飞翔的哺乳类,分为大蝙蝠亚目 Yinpterochiroptera 亚目和小蝙蝠亚目 Yangochiroptera 亚目。前肢特化,具特别延长的指骨。由指骨末端至肱骨、体侧、后肢及尾间,着生有薄而柔韧的翼膜,借以飞翔。后肢短小,具长而弯的钩爪。胸骨具龙骨突起,锁骨发达,均与特殊的运动方式有关。齿尖锐,适于食虫。夜行性。全世界现存蝙蝠超过 1 300 种,我国有 150 多种,主要分布在西南、华中和华南等地,北方温带地区也有分布。蝙蝠是许多人畜共患病毒的自然储藏库,携带有 SAS 病毒、埃博拉病毒和狂犬病病毒等近百种病毒。

图 18-28 蝙蝠(引自郝天和)

常见种类为东方蝙蝠(*Vespertilio superans*)(图 18-28),体毛黑褐色,耳宽短,每天晨、昏两次外出觅食昆虫,是益兽。蝙蝠多有群栖习性,冬季群集于山洞冬眠。

18.3.3.3 灵长目

本目为哺乳动物进化最高等的类群。除少数种类外,拇指多能与其他指相对,适于树栖攀缘及握物。锁骨发达,掌跖部裸露,并有两行皮垫,利于攀缘。指(趾)端部除少数种类具爪外,多具指甲。大脑半球高度发达,视觉、听觉发达,嗅觉退化。雌兽有月经。杂食性。广泛分布于热带、亚热带和温带地区。本目代表性种类有蜂猴、猕猴、长臂猿和黑猩猩等(图 18-29)。

蜂猴(*Nycticebus coucang*)属懒猴科,又称懒猴,国家Ⅰ级保护动物。头圆,吻短,眼大而圆,耳小,四肢等长,尾极短。除第二趾端具爪,其余各趾具指甲。分布于东南亚和我国云南南部。

猕猴(*Macaca mulatta*)属猴科,又称恒河猴、广西猴等,国家Ⅱ级保护动物。全身被灰褐

图 18-29　灵长目的代表种类(引自姜乃澄)

A. 黑叶猴　B. 蜂猴　C. 猕猴　D. 黑猩猩　E. 白眉长臂猿

色毛,脸、耳裸露,臀胼胝红色。半树栖生活,群居。我国大部分地区均有分布。猕猴适应性强,容易驯养繁殖,生理上与人较接近,是重要的实验和观赏动物。

金丝猴(*Rhinopithecus roxellanae*)属猴科,为我国特产,国家Ⅰ级保护动物。鼻孔向上仰,又名仰鼻猴。体被金黄色长毛,眼圈白色,尾长,无颊囊。以植物为主食。分布于川南、陕南、甘南及神农架的高山上。

黑长臂猿(*Hylobates concolor*)属长臂猿科,是典型的树栖种类,国家Ⅰ级保护动物。前肢特长,适于树上攀跃,站立行走时手可触地。无尾,臀胼胝小,无颊囊。我国海南及云南南部有分布。

黑猩猩(*Pan troglodytes*)、猩猩(*Pongo pygmaeus*)和大猩猩(*Gorilla gorilla*)属猩猩科,树栖或陆栖。体型较大,无臀胼胝,尾退化。前肢长可过膝,半直立行走。耳与脸部少毛。大脑发达,行为复杂,具丰富表情。在分类上与人类最接近。

现代人(*Homo sapiens*)属人科人属人种,全球的人类都属于同一物种。直立步行,手足分工,臂不过膝,尾退化。多数部位的体毛变短或变稀,仅头部、腋窝等局部较发达。大脑最发达,行为最复杂,有语言。劳动和语言是人类和猿类的本质区别。

18.3.3.4 鳞甲目

本目动物体外被鳞甲，鳞片间杂有稀疏硬毛。头尖小，吻尖，无齿，舌发达。四肢粗短，前爪极长，适于挖掘蚁穴，舐食蚁类等昆虫。多生活在亚洲或非洲的热带或亚热带地区。本目仅有鲮鲤科，种类稀少。产于我国南方的穿山甲(*Manis pentadactyla*)是本目代表，因数量少，繁殖率低，被列为国家Ⅱ级保护动物(图 18-30)。

图 18-30 穿山甲(引自刘凌云)

18.3.3.5 兔形目

本目为中、小型草食性动物，与啮齿目亲缘关系较近。上颌具 2 对前后重生的门齿，后 1 对很小，隐于前 1 对门齿的后方，故称重齿类，下颌 1 对门齿，无犬齿，在门齿与臼齿间有很大的空隙，上唇具唇裂。尾短或无尾。

本目主要分布在北半球。常见代表有达乌尔鼠兔(*Ochotona daurica*)及草兔(*Lepus capensis*)(图 18-31)。前者体较小，耳短圆，四肢短，尾不明显，在草原营群居生活，秋季有贮草习性。后者体较大，耳长，后肢长且善跳跃，尾短。欧洲地中海地区的穴兔(*Oryctolagus cuniculus*)是所有家兔品种的原祖。

A

B

图 18-31 兔形目的代表种类(引自刘凌云)

A. 鼠兔 B. 草兔

18.3.3.6 啮齿目

本目种类及数量为哺乳类中最多的类群，全球约 2 800 种，我国有 180 余种。繁殖力强，适于多种生态环境，遍布全球。除少数种类可利用其毛皮或药用外，多为害兽。上、下颌各具 1 对门齿，无齿根，终生生长，需常磨牙。无犬齿，门齿与前臼齿间具空隙。咀嚼肌发达，适于啮咬硬物。我国常见种类如图 18-32 所示。

1. 松鼠科

具树栖或半树栖、地栖及穴居等多种生活方式。树栖类耳郭大，尾长且毛蓬松，为树上跳跃的平衡器官，松鼠(*Sciurus vulgaris*)为典型代表。地栖或穴居类耳小、尾短。达乌尔黄鼠(*Spermophilus dauricus*)遍布于我国东北及西北，是严重危害农作物、草场、幼林、堤坝的害

图 18-32　啮齿目的代表种类(引自刘凌云)

A. 松鼠　B. 黄鼠　C. 旱獭　D. 鼢鼠　E. 小家鼠　F. 河狸　G. 麝鼠　H. 跳鼠　I. 鼯鼠

兽,也是鼠疫病病原(鼠疫杆菌)的自然寄主。草原旱獭(*Marmata bobak*)群栖于荒漠草原地区,破坏草原和传播鼠疫,为草原害兽。分布于华南的大鼯鼠(*Petaurista petaurista*)和华北的复齿鼯鼠(*Trogopterus xanthipes*)是会滑翔的哺乳动物。

2. 河狸科

为半水栖的大型啮齿类,体重可达 30 kg,全世界仅 2 种,只分布于北半球北部水域。植食性,以水生植物的根茎为食。我国新疆分布的河狸(*Castor fiber*)是珍贵的毛皮兽,其香腺分泌物为名贵香料(河狸香),是世界四大动物香料之一。由于过度放牧等人为影响,河狸数量呈下降趋势。

3. 仓鼠科

鼠形啮齿类,其体型随生活方式有变异。我国常见的种类有黑线仓鼠(*Cricetulus barabensis*),体灰褐色,背中线有黑条纹,尾特短,颧骨不发达,具颊囊;有贮粮习性,严重危害农作物。麝鼠(*Ondatra zibethica*)是适应于水生的大型种类,以水生植物为主食;体被厚密且富光泽的棕褐色绒毛,后足具蹼;在湖河沿岸穴居,可造成决堤;毛皮贵重,仅次于水獭。沟牙田鼠(*Proedromys bedfordi*)以植物绿色部分和种子为食。栖息于四川、甘肃海拔 2 500 m 左右的针阔混交林缘草地,国外无分布。

4. 鼠科

鼠科种类极多、分布极广,繁殖及适应能力均强。尾长而裸且外被鳞片。无前臼齿。常见种类有小家鼠(*Mus musculus*)和褐家鼠(*Rattus norvegicus*),均为广布于农田和住房内的害鼠。前者体小,背部毛色灰褐到灰黑;后者体型粗壮,背部毛色棕褐到灰褐,喜栖阴潮地区。作为实验动物的小白鼠和大白鼠分别是小家鼠和野生褐家鼠的变种。

5. 跳鼠科

荒漠鼠类。前肢短、后肢和尾显著加长,且具尾端丛毛,跖、趾骨趋于愈合及减少,适于跳跃。夜行性。三趾跳鼠(*Dipus sagitta*)分布于我国内蒙古和新疆等北部地区,后肢仅 3 趾。跳鼠主要危害固沙植物。

6. 豪猪科

体表有长的棘刺作防御器官。夜行性。豪猪(*Hystrix hodgsoni*)喜食玉米、小麦、稻谷、萝卜、南瓜、花生等,是危害农作物的害兽。

7. 鼢鼠科

共 1 属 6 种。体型粗壮,体长 15～27cm,毛色因地区而异;吻钝,门齿粗大;眼小,几乎隐于毛内,视觉差,故有瞎老鼠之称;耳壳仅是围绕耳孔的很小皮褶;尾短,略长于后足,被稀疏毛或裸露;四肢粗短有力,前足爪特别发达,大于相应的指长,尤以第三趾最长,是挖掘洞道的有力工具;高原鼢鼠(*Myospalax baileyi*)仅分布在中国,主要栖息于高寒草甸、高寒灌丛、高原农田、荒坡等比较湿润的河岸阶地、山间盆地、滩地和山麓缓坡地带。长期生活于黑暗、封闭的环境中,不冬眠,主要采食植物的地下根系。每年繁殖 1 次,每胎产仔数 1～6 只。

18.3.3.7 鲸目

本目为水栖大型兽类。无明显颈部,体形似鱼,前肢鳍状,后肢消失,有水平的叉状尾。无体毛、皮脂腺和耳郭,皮下脂肪发达。肺弹性好、容积大,能大量贮存氧气,能潜水 30～70 min。雄兽睾丸终生位于腹腔内。雌兽在生殖孔两侧有 1 对乳房,借乳房周围的肌肉收缩能将乳汁喷入仔鲸口内。本目具有重大经济价值,除皮肉可利用外,脂肪是重要的工业原料,特别是鲸脑油为精密仪器的高级润滑油。

须鲸类为现存最大的哺乳类。蓝鲸(*Balaenoptera musculus*)体长达 35 m,体重达 150 t,是世界上最大的哺乳动物。我国沿海的小须鲸(*B. acturostrata*)也属须鲸类。齿鲸类的代表有抹香鲸(*Physeter macrocephalus*)和白鳖豚(*Liptes vexillifer*)。白鳖豚分布于长江流域,为我国特产,国家I级保护动物(图 18-33)。

18.3.3.8 鳍脚目

本目为海产食肉兽类。体呈流线型,被密短毛,四肢特化为鳍状,前肢鳍大无毛,后肢转向体后,利于上陆爬行。一生除交配、产仔、换毛上陆外,均在水中度过。无裂齿,嗅觉、耳郭均退化。皮下脂肪发达。我国代表种类为斑海豹(*Phoca largha*)(见图 18-33),体色灰黄,具棕黑色斑,无耳壳。皮及油脂具有经济价值。

18.3.3.9 食肉目

本目为肉食性猛兽。门齿小,犬齿强大而锐利,臼齿也特发达,用以撕裂食物,特称裂齿。

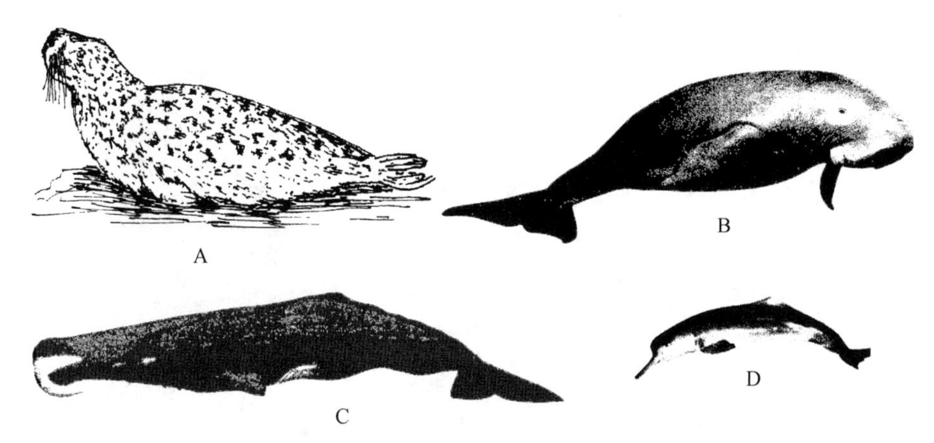

图 18-33 鲸目和鳍脚目的代表种类(引自姜乃澄)

A. 斑海豹 B. 儒艮 C. 抹香鲸 D. 白鱀豚

趾端具利爪,多以肉为食。毛厚密且多具色泽,为重要毛皮兽。我国常见代表(图 18-34)介绍如下。

1. 犬科

体型似犬,颜面部长且突出,四肢适于奔跑,后足常具 4 趾,爪钝且不能伸缩。犬、裂齿均发达,肉食性。我国常见的狼(*Canis lupus*)、赤狐(*Vulpes vulpes*)、貉(*Nyctereutes procyonoides*)、豺(*Cuon alpinus*)等为本科代表。狼为草原害兽,对畜牧业有严重危害。豺分布在我国南方各省,是大熊猫的主要天敌。

2. 熊科

体肥壮,头圆阔,吻长,颈短,尾短。四肢粗壮、均 5 指(趾),爪强利但不能伸缩。裂齿不发达,杂食性。代表种类为黑熊(*Ursus thibetanus*),体毛黑色,前胸具白色"V"形带,能上树,具冬眠习性。我国多数地区均有分布,是国家Ⅱ级保护动物。

3. 大熊猫科

本科仅有 1 属 1 种,即我国特产的大熊猫(*Ailuropoda melanoleuca*)。体似熊但吻短。以竹为主食,是食肉目中的"素食者"。仅分布于四川西北部、甘肃和陕西省最南部地区。栖于海拔 1 500 m 以上的原始竹林中。体躯大多为白色,耳壳、眼圈、肩及四肢黑色。为国家Ⅰ级重点保护动物。

4. 鼬科

体细长,四肢短且均具 5 趾,爪不能伸缩,尾长。多在肛门附近有臭腺。本科代表有紫貂(*Martes zibellina*)、黄鼬(*Mustela sibirica*)、獾(*Meles meles*)和水獭(*Lutra lutra*)等。紫貂毛皮轻柔丰厚,为珍贵裘皮。黄鼬遍布全国各地,其毛皮产值曾占有重要地位,但由于滥猎等因素,数量已显著下降。獾为农业害兽,但其肉、皮毛及獾油均有经济价值。水獭为半水栖兽类,毛皮轻软坚韧,富有色泽,为名贵毛皮兽。在我国有些地区,水獭已被渔民驯化为捕鱼兽类。

5. 猫科

头圆吻短,犬、裂齿均发达。后足 4 趾,爪能伸缩,善攀缘及跳跃,多以伏击方式捕杀其他动物。本科代表种类有狮(*Panthera leo*)、虎(*P. tigris*)、豹(*P. pardus*)和猞猁(*Lynx lynx*)

图 18-34 食肉目的代表种类(引自郑作新和夏武平)

A. 狼 B. 狐 C. 黑熊 D. 紫貂 E. 貉 F. 大熊猫 G. 水獭 H. 黄鼬 I. 獾 J. 虎 K. 猞猁

等。除狮产于非洲及印度西部外,其他种类在我国均有分布。虎、豹、猞猁毛皮均极名贵。

18.3.3.10 长鼻目

现存最大的陆栖动物,仅 1 属 2 种,即非洲象和亚洲象。体毛退化,头大颈短,具圆筒状、富含肌肉的长鼻,借以取食。上门齿特发达,突出唇外,通称“象牙”,为进攻武器。臼齿咀嚼面具多行横棱,以磨碎坚韧的植物纤维。四肢粗柱状,脚底有厚层弹性组织垫。睾丸终生留在腹腔内。

我国云南南部产的亚洲象(*Elephas maximus*)为国家Ⅰ级重点保护动物。鼻端部具一突起,耳较非洲象小,雌象无象牙,后足4趾(图18-35)。

图18-35　亚洲象(引自刘凌云)

18.3.3.11　奇蹄目

本目为草原奔跑兽类。主要以第3趾负重,其余各趾退化或消失。趾端具蹄,利于奔跑。门齿适于切草,犬齿退化,臼齿咀嚼面上有复杂的棱脊。单室胃、盲肠发达。本目代表种类有蒙古野马(*Equus przewalskii*)、亚洲野驴(*Equus hemionus*)和亚洲犀(*Rhinoceros unicornis*)等(图18-36)。犀角为珍贵药材及饰物,已列为国际禁止买卖对象。

18.3.3.12　偶蹄目

本目动物第3、4趾特发达,趾端具蹄,故称偶蹄,以此负重,其余各趾退化。尾短。上门齿退化或消失,下门齿为有效切割工具。臼齿结构复杂,适于草食。多复室胃,反刍,盲肠小。除澳洲外,遍布全球各地。代表种类如图18-37所示。

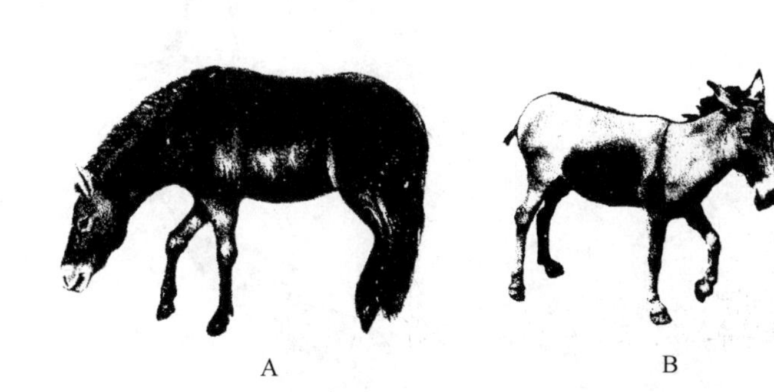

A　　B　　C

图18-36　奇蹄目的代表种类(引自姜乃澄)

A. 野马　B. 亚洲野驴　C. 亚洲犀

1. 猪科

体被鬃状毛。头长吻长,吻端鼻孔处圆盘状,用以掘土觅食。四肢短。雄性上犬齿外突成獠牙,杂食性,单室胃。我国仅1属1种。野猪(*Sus scrofa*)是家猪的原祖。

2. 河马科

毛少皮厚,体大腿短。吻圆大,眼凸,耳小,门齿和犬齿均呈獠牙状。半水栖生活,植食性,3室胃。仅产于非洲,代表动物为河马(*Hippopotamus amphibius*)。

3. 驼科

体毛软而纤细。头小、颈长,上唇延伸并有唇裂。足具宽大2趾,下有弹力厚肉垫,适于在沙漠中行走。3室胃。分布于中、西亚沙漠地区。双峰驼(*Camelus bactrianus*)为本科代表,是国家Ⅰ级保护动物。

图 18-37 偶蹄目的代表动物(引自刘凌云)

A. 双峰驼 B. 梅花鹿 C. 原麝 D. 麋鹿 E. 野牛 F. 黄羊 G. 羚牛 H. 盘羊 I. 长颈鹿

4. 鹿科

多数雄兽具1对分叉的鹿角。无上门齿,臼齿齿面具新月状脊棱。鹿类为具有重要经济价值的兽类,除供肉用和毛皮加工外,鹿茸、麝香等均为名贵药物。我国的鹿类共15种,代表种类有梅花鹿(*Cervus nippon*),为国家Ⅰ级保护动物;马鹿(*C. elaphus*)是国家Ⅱ级保护动物;麋鹿(*Elaphurus davidianus*)俗称"四不像",即角似鹿、头似马、身似驴、蹄似牛;麝(*Mos-*

chus moschiferus）雌雄均无角，雄兽犬齿呈獠牙状。

5. 牛科

大多雌雄兽均具 1 对洞角（少数具 2 对），草食性，四室胃。广布世界各地。代表种类有野牛（*Bos gaurus*）、黄羊（*Procapra gutturosa*）、羚牛（*Budorcas taxicolor*）、盘羊（*Ovis ammon*）、藏羚（*Pantholops hodgsoni*）等。其中野牛、羚牛和藏羚均为我国Ⅰ级保护动物，盘羊为Ⅱ级保护动物。野牛发现于云南南部，数量极少。羚牛与大熊猫的分布区重叠。盘羊分布于华北及西北，数量不多。黄羊广布于东北及西北地区，常集成百只以上的大群，皮肉有很大经济价值，合理狩猎不仅能提供皮、肉，还可减少牧场损耗。已被驯化成家畜的牛科种类有黄牛、水牛、牦牛、山羊、绵羊等，是肉食、毛皮及役用的重要畜类。

18.4 哺乳动物与人类的关系

哺乳动物与人类的关系极为密切。一方面，猪、兔、羊、牛等家畜是肉食、乳品、毛皮及役用的重要对象；野生哺乳类动物也能提供大量的肉、优质裘皮、药材及工业原料，更是维护自然生态系统稳定的重要因素；大白鼠、小白鼠、豚鼠、兔和猕猴等还是重要的实验动物，在科学研究中具有重大作用。另一方面，某些兽类（尤其是啮齿类）严重危害农、林、牧业生产，并能传播危险的自然疫源性疾病（如鼠疫、出血热等），严重危害人、畜的生存与健康。这就要求我们必须保护和科学利用有益的哺乳动物，有效控制某些哺乳类动物的危害。

18.4.1 害兽的防治

控制害兽数量是与害兽做斗争的基本原则。深入研究害兽的生活习性、种群动态和危害规律，制订有效的防治措施并持之以恒，才能获得满意的效果。

哺乳类中对人类危害最大的是鼠类，这与它们种类多、分布广、种群密度高和繁殖快等密切相关。鼠类除严重危害农、林、牧业生产外，还是多种疾病的病原体和媒介节肢动物的寄主或携带者。鼠类咬啮硬物和穿挖洞穴的习性还会破坏工业设施和堤坝，引起水灾等。破坏鼠类的栖息条件，切断食物来源，可以有效地控制其种群数量。灭鼠工作通常包括器械、药物和生物灭鼠。在居民点使用器械灭鼠较为方便。药物灭鼠是大面积灭鼠的主要方法，但鼠尸残毒会引起其他生物的二次中毒，必须严加管理。生物灭鼠除了要保护鼠类的天敌外，主要是采用病原微生物灭鼠，这也是有待于深入研究的领域。总之，与鼠类做斗争是一项长期和艰巨的工作。

有些兽类在局部地区或某时期内种群密度过高时，也会给人类造成危害。如野猪、豪猪、熊、野兔和獾等破坏和食用山上或田间的农作物。狼往往袭击猪、羊等家畜，是危害家畜的害兽。

18.4.2 哺乳动物资源

1. 珍稀种类

我国的哺乳动物资源比较丰富，共约 600 种，约占世界哺乳动物总数的 12%，其中我国特产种类有 83 种，如白头叶猴、白唇鹿、华南虎、白鱀豚和大熊猫等。此外，有些哺乳类虽然也分布于其他国家，但我国是其最主要的分布区，如毛冠鹿、梅花鹿、林麝、小熊猫等。在哺乳动物中，有国家Ⅰ级重点保护动物 65 种，国家Ⅱ级重点保护动物 75 种，分别占我国哺乳动物总数的 12.7%和 14.7%。

2. 毛皮动物资源

许多哺乳动物的毛皮都能制革或制裘。全世界可以利用的毛皮动物有 1 600 多种，约占哺乳动物总数的 39%。我国经济价值较高的毛皮动物有 80 余种。在毛皮动物资源中，最华丽、最珍贵的是鼬科、犬科和猫科动物的毛皮，为世界毛皮贸易中的主要种类。如狐、貉的毛皮为上等裘皮，貉绒尤为名贵。制革用毛皮动物主要是有蹄类，尤其是偶蹄类。麂皮是制革的上等原料，可用于制作皮夹克、皮鞋、手套等。用麂皮制作的衣服能与呢料媲美，既美观、柔软，又经久耐磨。牛皮、羊皮、猪皮是制作皮衣、皮鞋、皮包等的优质原料。

3. 药用动物资源

哺乳类在中医药中占有十分重要的地位。《本草纲目》记载的药用哺乳类就有 32 种之多。刺猬的皮和胆、鼹鼠类的肉、绝大多数翼手类的粪便(夜明砂)、鼠兔的粪(草灵脂)、鼯鼠的粪(五灵脂)、穿山甲的肉和鳞片、羚羊类的角、鳍脚类的睾丸和阴茎、驴皮熬制的阿胶、虎骨、熊胆、鹿茸、鹿血、牛黄和麝香等均是贵重的中药材。实际上，哺乳动物各个类群中，均有能够入药的种类，有些疗效还非常显著。如河狸香腺分泌物可作为医药中的兴奋剂，有很高的价值。近年开发的鼢鼠骨制成的药酒，对治疗风湿有一定的疗效。

4. 食用动物资源

从营养角度看，绝大多数哺乳动物都有食用的价值，但被人们广泛食用的种类，主要包括偶蹄类、兔类、食肉类和啮齿类中的部分种类。如我国鹿的产量曾年达 90 万头，但因过度猎捕，资源量下降，故大力开展养鹿业是解决资源量不足的有效途径。野猪、黄羊、斑羚等均有很高的食用价值。野兔肉的营养价值也极高，其蛋白质含量达 21.5%，高于鸡肉、牛肉、猪肉的蛋白质含量，可消化率高，是优质的食用动物资源。野兔繁殖快、种群数量大，具较好的开发前景。松鼠肉嫩味鲜，是加工香肠及肉松的上等原料。豪猪、竹鼠、大仓鼠、黄鼠等啮齿类的肉质细嫩，均可食用。

5. 观赏用资源

金丝猴、猕猴、长臂猿、熊、小熊猫、大熊猫、云豹、雪豹、猞猁、豹、虎、梅花鹿等均有很好的观赏价值，是动物园吸引游客的著名观赏种类。有些种类(如大熊猫等)已成为国家之间的友好使者。鹿头(角)、狗头、牛头(角)、羚羊头(角)等都是富有大自然气息的高级装饰品和工艺品。

6. 狩猎与驯化用资源

狩猎必须在保持种群正常增殖前提下进行，狩猎、驯养和自然保护是最大限度地、长期地合理利用野生动物资源的重要内容。我国的狩猎活动多数是为了获取产品，长期无计划地乱捕乱猎，导致动物资源下降，甚至枯竭。在国外，有计划的狩猎已经成为体育和娱乐活动的内容之一。大力开展人工驯养，开展以体育及娱乐活动为目的的狩猎活动，具有广阔的发展前景。

人工驯养是保护和利用哺乳动物资源最有效的手段。在我国，野生动物的驯养历史悠久，各种家畜就是人类经长期驯养并选育而成。畜牧业已成为国民经济的支柱产业之一，为提高人们生活水平发挥了重要作用。

为解决人们对毛皮需要的日益增长和保护野生动物之间的矛盾，人们开始人工驯养野生动物，获得毛皮来源以满足市场需要。我国毛皮动物的规模饲养始于 1956 年，经过几十年的发展，饲养的种类已增至近 20 种，其中包括我国有分布的紫貂、貉、赤狐、黄鼬、水獭、小灵猫、花面狸、猞猁、云豹、河狸等野生资源和从国外引进的水貂、北极狐、银黑狐、海狸鼠、欧洲艾鼬、彩狐等种类。

养鹿业在我国得到了蓬勃发展，主要以养殖梅花鹿和马鹿为主。梅花鹿的饲养量在 35 万头以上，马鹿有 15 万多头。目前我国鹿类的养殖主要用于医药，随着养鹿业的发展，肉用，奶用等均具有广阔的前景。

7. 科学研究用资源

哺乳类实验动物在动物行为学、现代医学、免疫学、药物筛选与检验、肿瘤研究等领域中具有重要的地位。最常用的实验动物包括家兔、大白鼠、小白鼠、犬和猴等。大、小白鼠因其个体小、生活史短、种群数量大、易于室内繁殖等特点，已成为广泛应用的重要实验动物。非人灵长类动物高级神经活动和行为的精细与复杂性，使它们成为研究脑功能和行为的理想模式动物，也是新药临床前实验、安全评价中必须使用的实验动物。

华东师范大学脑功能基因组学研究所的西双版纳灵长类模式动物中心科研小组，成功构建了我国首批“试管猴”，其成果发表于 2008 年 9 月的美国《国家科学院院刊》上。这一重要研究成果将为今后人们在脑科学研究、转基因模式动物构建等方面提供了坚实的基础。

一些哺乳动物的结构、生理特性也是仿生学的研究对象，如蝙蝠和鲸类的回声定位。蝙蝠为黄昏及夜间活动、觅食的动物，能根据从喉发出的回声定位脉冲，在飞行中识别昆虫并测定其方向和距离。鲸类的回声定位脉冲由鼻发出，经头骨的反射和额突的折射形成发射束，回波通过下颌骨传入。其回声定位系统能分辨物体的形状、性质和距离等。科学家根据回声定位原理，发明了军事和民用的雷达以及在潜艇和渔船上使用的“声纳”“鱼探机”等。

本章小结

本纲动物除原兽单孔类卵生外，均为胎生哺乳类。全身被毛，皮厚致密，具爪、乳腺、汗腺等多种皮肤衍生物。骨骼和肌肉十分发达，骨化完全，具适于快速运动的结构特点。出现口腔消化和膈肌等特有的结构，以肺泡呼吸、心脏四腔、完全双循环，后肾排泄。其神经系统、感觉器官和内分泌系统均较发达，有较强的感觉整合和生理功能调节能力。有冬眠、半冬眠及迁徙等习性，以适应生存环境。哺乳类分为原兽亚纲、后兽亚纲和真兽亚纲。

复习思考题

1. 名词术语：

胎生　胎盘　膈肌　反刍　复胃　封闭式骨盆　鼻旁窦　洞角　实角　脑桥

2. 为什么说哺乳类是动物界最高等的类群？结合各个器官系统的结构和功能归纳其进步性特征。

3. 哺乳动物为什么能保持体温恒定？简述恒温和胎生、哺乳的生物学意义。
4. 总结哺乳类动物皮肤的结构特点和衍生物的类型与功能。
5. 哺乳类动物的骨骼和肌肉有哪些特点？简述哺乳动物能在陆上快速运动的原因。
6. 举例说明哺乳类动物子宫和胎盘的类型。
7. 简述保护与持续利用野生动物资源的原则。

第19章　脊椎动物总结

(Summary of Vertebrate)

◈ 内容提要

本章以脊椎动物进化为主线，分别从外部形态和各器官系统的内部解剖结构，以及生理功能等方面，对脊椎动物不同类群间的差异和变化进行比较，并以现存动物、古生物学、比较解剖学、胚胎学及唯物辩证法等为依据，综合阐述和分析脊椎动物的起源与演化。

◈ 教学目的

理解脊椎动物各类群之间形态结构和生理功能的统一性，对环境的适应性特征，以及个体发育和系统发育的统一规律；熟悉脊椎动物各器官系统和各纲的起源和演化。

19.1　脊椎动物躯体结构的形态比较及功能概述

脊椎动物虽然形态结构差异悬殊，但是高度的多样化并不能掩盖它们属于脊索动物的共性，即在胚胎发育早期都要出现脊索、背神经管和咽鳃裂。动物各器官系统的结构是动物有机体适应生活环境和自然选择的结果，其各器官系统和整个动物界都遵循从简单到复杂、从低等到高等逐渐发展的规律不断演化。由于尾索和头索两个亚门动物结构简单，与脊椎动物身体结构相差较大，因此，这里主要阐述脊椎动物。

19.1.1　外部形态

脊椎动物为两侧对称体制。典型脊椎动物的身体分为头、颈、躯干、尾和四肢5部分。

头部明显，具脑、眼、耳、鼻及颌等器官结构，是捕食、避敌和适应环境的中心。不同种类的头部形态、大小不同。

颈部是陆生脊椎动物的特征之一。圆口类、鱼类和次生水生类群(如鲸等)无颈部。两栖类的颈部不明显，仅有1枚颈椎。真正陆栖的爬行类，颈部明显，颈椎多枚。鸟类的颈部长且灵活，弥补前翅特化成翼的不足。哺乳类颈部发达，除极少数(如二、三趾树懒)外，多数颈椎均为7枚。

躯干部是脊椎动物身体中最大的部分，内脏器官全部包在其中。躯干连有成对的附肢(圆口类除外)，鱼类为偶鳍，其他陆生种类为五趾型的四肢，由于次生性地适应于不同外界环境，五趾型四肢发生了很多特化(如蛇的四肢退化；鸟类的前肢特化成翼；鲸的前肢特化成鳍，后肢发生退化；牛、马等演化为蹄等)。

多数脊椎动物的尾连于躯干之后。水生种类的尾部特发达，是重要的运动器官之一(如鱼的尾鳍)。陆生种类尾部一般较明显且细弱，多失去运动功能，有的具一定支撑功能，但在某些种类(如蛙类、类人猿、人等)尾部已完全退化。

19.1.2 皮肤系统

19.1.2.1 皮肤系统的基本结构及其衍生物

脊椎动物的皮肤由表皮和真皮组成。表皮是来自外胚层的复层上皮组织；真皮是来自中胚层的致密结缔组织，内富有血管、神经、感受器、色素细胞及各种皮肤腺。

脊椎动物的皮肤衍生物分为表皮衍生物和真皮衍生物。前者包括角质的鳞、羽、毛、喙、蹄、爪、指甲、角和皮脂腺、黏液腺、汗腺、乳腺、臭腺、香腺等；后者包括骨质的鳞片和鳍条、爬行类的骨板、鹿角等。鱼类的楯鳞和哺乳类的牙齿均由表皮和真皮共同形成。不同的脊椎动物类群在长期进化过程中会演化出不同的皮肤衍生物，以适应不同的生活环境。

1. 圆口类

皮肤裸露无鳞。表皮由多层上皮细胞组成，无角质层，内夹有单细胞腺体。角质齿为表皮衍生物。真皮层较薄，由胶原纤维和弹性纤维构成，内含色素细胞。

2. 鱼类

皮肤黏滑被鳞，其表皮和真皮均含多层细胞。表皮内富含单细胞黏液腺，分泌黏液润滑身体，利于洄游缓冲、避敌、减少阻力和防细菌入侵等，有些种类的腺体特化为毒腺或发光器。真皮较薄，直接与肌肉紧密相接，内有色素细胞。硬骨鱼的硬鳞、骨鳞由真皮形成；软骨鱼的楯鳞由表皮与真皮共同形成。

3. 两栖类

皮肤薄而软，轻微角质化，裸露无鳞(仅无足目的蚓螈保留残余的骨质鳞)。表皮为复层扁平上皮，仅1～2层细胞角质化，但仍具细胞核，角质化程度不深，只能在一定程度上防止体内水分的蒸发。真皮稍厚且致密，富含多细胞黏液腺(有的特化成毒腺)，能保持皮肤湿润。皮下具发达的淋巴间隙。

4. 爬行类

皮肤干燥少腺体，多被角质鳞或骨板。表皮随角质化程度加深而加厚，并特化出角质鳞、盾甲(龟外壳)、指(趾)端的爪等表皮衍生物，能有效地减少水分蒸发，且蜕皮现象明显(如蛇蜕可入药)。真皮较薄，有些种类特化为真皮骨板(如鳖)，并有来源于表皮的色素细胞，能改变皮肤的颜色。

5. 鸟类

鸟类的皮肤与飞翔生活相适应，具有薄、软、松、干的特点，与皮下疏松结缔组织连接，利于羽毛的竖立和伏下。表皮衍生物包括羽毛、喙、距、爪、角质鳞片及尾脂腺等。冠和垂肉为真皮衍生物。

6. 哺乳类

皮肤厚而坚韧，真皮极发达，含大量胶原和弹性纤维，可制皮革。皮下疏松结缔组织发达，有积蓄养料和保温的作用。表皮角质层发达。皮肤衍生物复杂多样，包括兽毛、角质鳞、指(趾)甲、爪、蹄、洞角、多种异常发达的皮肤腺(乳腺、皮脂腺、汗腺、臭腺)等表皮衍生物和真皮衍生物(实角)。

19.1.2.2 皮肤系统的功能

皮肤包被在整个动物体表面，具有保护、防止水分蒸发、感觉、呼吸、运动、排泄、调节体温、贮藏养料、分泌和生殖等多种功能。

19.1.3 骨骼系统

19.1.3.1 骨骼系统的基本结构和组成

脊椎动物骨骼均来源于中胚层，由活细胞组成，被肌肉包裹，是能生长的内骨骼，分软骨和硬骨两种。软骨来源于胚胎期的间充质，是由软骨细胞、软骨基质和埋于基质中的纤维成分构成的半透明弹性结缔组织。硬骨坚硬又具韧性，是由骨细胞、纤维、基质组成，内含大量胶原纤维及钙盐的结缔组织。

低等脊椎动物（如鲟鱼、鲨鱼等）的骨骼全部是软骨。高等脊椎动物的骨骼有的在胚胎和幼体期出现过软骨，随后逐渐发育为硬骨。硬骨的形成有两种方式，一是从结缔组织经过软骨变成的软骨性硬骨，如脊柱、肋骨、四肢骨等；二是结缔组织不经过软骨直接变成的膜性硬骨，如头骨的顶部和底部，前颌骨、上颌骨和齿骨等。

脊椎动物的骨骼系统包括中轴骨和附肢骨两部分，前者包括头骨、脊柱、肋骨和胸骨，后者包括肩带、腰带及四肢骨。脊椎动物亚门各纲动物骨骼系统的主要组成见表 19-1。

1. 头骨

头骨连接于脊柱的前端，包括脑颅、咽颅 2 部分。

圆口类的头骨比较原始，由包围脑的软骨盒和包围感觉器官的软骨囊组成，无头骨顶部。软骨鱼类是完整的软骨脑颅；硬骨鱼类的头骨复杂多样，均为硬骨。无尾两栖类的脑颅扁而阔，平颅型，骨化程度低，骨片少，双枕髁。爬行类的头骨高颅型，骨片少，均为硬骨，单枕髁，出现次生腭、颞窝。鸟类头骨类似于爬行类，高颅型，枕骨大孔移至腹面，单枕髁，气质骨，与飞翔生活相适应，头骨愈合且轻而坚固，喙骨发达。哺乳类头骨最发达，全部骨化，骨块减少并愈合成坚固完整的骨匣，高颅型，出现颜面与脑勺，枕骨大孔移至腹面，下颌仅由单一齿骨构成。

2. 脊柱

除圆口类外，脊椎动物均有脊柱，脊索仅在胚胎期出现。典型的脊椎骨是由椎体、横突、椎棘、前后关节突起等部分构成。

(1)脊椎骨的类型　主要有双凹型、前凹型、后凹型、异凹型和双平型 5 种。

双凹型是脊椎动物中最原始的椎体，两端凹入。相邻两个椎骨以关节突相连，椎骨间的球形腔内有念珠状脊索残留，椎体间活动性有限，包括鱼类、少数有尾两栖类和爬行类动物。

前凹型是前凹后凸类型，椎体相接形成活动关节，脊索残留减少。见于多数无尾两栖类、多数爬行类和鸟类的第一颈椎。

后凹型是前凸后凹类型，椎体间关节活动较灵活，见于多数蝾螈、部分无尾类和少数爬行类。

异凹型是椎骨间的关节面呈马鞍形，仅见于鸟类，椎骨间的关节活动异常灵活。

双平型是前后两端扁平，哺乳类特有的脊椎骨类型。相邻的椎体以宽大的软骨构成的椎间盘相接，以减少或缓冲运动时椎骨间的摩擦，提高脊柱的负重能力。椎间盘内有一髓核，是退化脊索的残余。

表 19-1　脊椎动物骨骼系统主要组成部分

类群	中轴骨				附肢骨			
	头骨	脊柱	椎体类型	胸廓	肩带	腰带	前肢	后肢
圆口类	包脑软骨盒 包感官的软骨囊	脊索发达，终生存在；出现脊椎骨雏形	无椎体出现	无	无	无	无	无
鱼类 软骨鱼	脑颅 咽颅	躯干椎 尾椎	双凹型	无	肩胛部 乌喙部	坐耻骨棒	胸鳍骨	腹鳍骨
鱼类 硬骨鱼					肩胛骨、乌喙骨、中乌喙骨 锁骨、上锁骨、后锁骨	无名骨		
两栖类	平颅型脑颅 咽颅退化	颈椎 躯干椎 荐椎 尾椎	双凹型 后凹型 前凹型	有胸骨 无胸廓	肩胛骨 乌喙骨 锁骨	腰带愈合 髂骨 耻骨 坐骨	肱骨 桡尺骨 腕骨 掌骨 指骨	股骨 胫腓骨 跗骨 跖骨 趾骨
爬行类	高颅型脑颅 无咽颅	颈椎 胸椎 腰椎 荐椎 尾椎	双凹型 前凹型	有胸廓 胸椎 肋骨 胸骨	乌喙骨 前乌喙骨 肩胛骨 上肩胛骨 锁骨 间锁骨	封闭骨盆 髂骨 耻骨 坐骨	肱骨 桡尺骨 腕骨 掌骨 指骨	股骨 胫腓骨 跗骨 跖骨 趾骨
鸟类	高颅型脑颅 无咽颅	颈椎 胸椎 腰椎 荐椎 尾椎	异凹型 （马鞍型）	有胸廓 胸椎 肋骨 胸骨	肩胛骨 乌喙骨 锁骨	开放骨盆 髂骨 耻骨 坐骨	肱骨 桡骨 尺骨 腕掌骨 指骨	股骨 腓骨 胫跗骨 跗跖骨 趾骨
哺乳类	脑颅，下颌为单一齿骨	颈椎 胸椎 腰椎 荐椎 尾椎	双平型椎体间有椎间盘	有胸廓 胸椎 肋骨 胸骨	肩胛骨 乌喙骨 锁骨	封闭骨盆 髂骨 耻骨 坐骨	肱骨 桡骨 尺骨 腕骨 掌骨 指骨	股骨 膝盖骨 胫骨 腓骨 跟骨 距骨 跖骨

(2)各纲脊椎动物脊柱的比较　在脊椎动物进化过程中，脊柱也是从无到有、不断发展而来的。最原始的脊柱未分化或分化少，伴随着进化愈加坚固和灵活。

圆口类尚未形成脊椎骨,仅有软骨弧片,无脊柱,终生保留脊索。

鱼类出现脊柱,仅分化为躯干椎和尾椎 2 部分,以适应水中游泳生活。

两栖类的脊柱分化为颈椎、躯干椎、荐椎和尾椎(或尾杆骨)4 部分,比鱼类多了颈椎和荐椎各 1 枚,致使头能上下活动和后肢承重能力增强。

爬行类的脊柱已分化完善,包括颈椎、胸椎、腰椎、荐椎和尾椎 5 部分,其中颈椎多枚,躯干椎已分化为胸椎和腰椎,荐椎至少 2 枚。头部的活动性和后肢承重能力均较两栖类增强。

鸟类的脊柱高度愈合,形成了特有的愈合荐椎,尾椎减少且有尾综骨,颈椎数目多,且为马鞍形而灵活,以补偿前肢特化为翼和脊柱的其余部分大多愈合带来的不便。

哺乳类的颈椎数目通常为 7 枚(是哺乳类的特征之一),只有少数种类为 6 枚(如海牛)或 8～10 枚(如三趾树懒)。胸椎 9～25 枚,腰椎 4～7 枚,荐椎 2～5 枚,尾椎 3～50 枚。

3. 胸骨、肋骨和胸廓

圆口类无胸骨和肋骨。鱼类无胸骨,出现肋骨,位于躯干椎腹面两侧,并以此区别于尾椎。软骨鱼肋骨细短,硬骨鱼肋骨较发达。两栖类出现胸骨,多数无肋骨或肋骨不发达,和圆口类、鱼类一样均未形成胸廓。爬行类、鸟类及哺乳类动物既具肋骨又有胸骨,并与脊柱共同形成胸廓,为羊膜动物特有,具保护心、肺等内脏器官和加强呼吸等功能。

4. 附肢骨

脊椎动物的附肢骨包括带骨和肢骨,主要组成见表 19-1。

19.1.3.2 骨骼系统的功能

骨骼具支持躯体和保护体内重要器官的功能;供肌肉附着,与肌肉、关节构成杠杆运动装置,在动物体运动中起杠杆作用;许多骨的骨髓是重要的造血器官;还具有维持动物体内钙、磷正常代谢的功能。

19.1.4 肌肉系统

脊椎动物拥有完善的肌肉系统,根据肌肉组织的形态特点,分为骨骼肌、平滑肌和心肌 3 类。骨骼肌又称随意肌,由横纹肌组成,一块骨骼肌的两端借肌腱固着于不同的骨块上,受运动神经支配,产生各种运动。平滑肌是形成内脏器官的肌肉,受植物性神经支配,不能随意运动。心肌由心肌细胞构成,具有自律性、传导性和收缩性,属不随意肌,是心脏活动功能的基础。

19.1.4.1 各类群的肌系统特点

圆口类的肌肉分化程度很低,仍保持原始典型的分节现象,肌节明显呈倒 W 形,顶角朝前。

鱼类肌肉虽仍保持分节现象,但躯干两侧的轴肌发达,被水平分成轴上肌与轴下肌,偶鳍肌不发达。

两栖类的肌肉已开始分化为陆栖脊椎动物肌肉的模式,无尾类分节现象消失,仅在腹直肌上保留原始的分节痕迹。附肢肌发达且为肌肉束,适于陆地爬行或跳跃。鳃节肌演化成喉部肌肉。

爬行类的肌肉分节现象完全消失,肌肉系统进一步分化,躯干肌复杂,出现特有的肋间肌和皮肤肌,皮肤肌已分化出颈阔肌。肋间肌协同腹壁肌肉完成呼吸运动。皮肤肌发达,如蛇的皮肤肌从肋骨连至皮肤并牵引鳞片产生蛇形运动。

鸟类控制双翼的胸大肌、胸小肌极发达,集中在身体中部,后肢肌、皮下肌也较发达。因适应飞翔,脊柱多愈合,故鸟类轴上肌不发达。鸟类具特有的鸣肌和栖树握枝的肌肉。

哺乳类的四肢肌发达,皮肤肌更发达(如灵长类由其分化出若干表情肌),颈阔肌得到极大发展。具强大的咀嚼肌和哺乳类所特有的膈肌。

19.1.4.2 肌肉系统的功能

肌肉组织有收缩特性,是躯体、四肢运动及体内消化、呼吸、循环和排泄等生理过程的动力来源。如动物体完成各种动作、口腔的咀嚼、消化和泄殖管道的蠕动、血液的流动、横膈的升降及动眼、动耳、竖毛等活动,都是肌肉收缩运动的结果。

19.1.5 消化系统

19.1.5.1 消化系统的基本构造

脊椎动物消化系统包括消化道和消化腺 2 部分。消化道一般分为口、咽、食道、胃、小肠(又分十二指肠、空肠和回肠)、大肠(又分盲肠、结肠和直肠)及肛门。消化腺有肝脏、胰脏、唾液腺、胃腺和肠腺等。脊椎动物消化系统结构的详细比较见表 19-2。

19.1.5.2 消化系统的功能

脊椎动物消化系统的功能是取食、贮存、消化、吸收和排出食物残渣。食物经物理(机械)、化学或微生物 3 种消化方式,被分解为能被机体吸收的较简单的物质。蛋白质降解为氨基酸,脂肪分解为脂肪酸和甘油,淀粉降解为葡萄糖。它们由消化管壁吸收入血液和淋巴液,经血液循环运送至身体各部。营养物质被吸收后,剩余的残渣形成粪便排出体外。

19.1.6 呼吸系统

脊椎动物的原生水栖类用鳃呼吸,陆生和次生水栖类用肺呼吸。

19.1.6.1 各类群的呼吸系统

圆口类和鱼类的呼吸器官是鳃。圆口类为囊鳃,内有来源于内胚层的鳃丝。鱼类的鳃位于咽部两侧,硬骨鱼类鳃裂有鳃盖保护,以鳃孔通体外,鳃间隔退化,来源于外胚层的鳃丝长在鳃弓上,代表硬骨鱼的鲤鱼第 5 对鳃弓特化成咽喉齿;软骨鱼类鳃裂直接通体表,鳃间隔发达,鳃丝长在鳃间隔上,代表软骨鱼的鲨鱼第 5 对鳃弓上只有一半鳃丝,第 1 对鳃裂退化为喷水孔。

两栖类幼体和水生有尾类靠鳃呼吸,成体肺呼吸。肺构造简单,仅为 1 对薄壁囊(如蝾螈)或囊内稍有些隔膜(如蟾蜍),口咽式呼吸,气体交换很有限,不足以满足两栖类对氧的需求,还要靠皮肤和口咽腔辅助呼吸,冬眠时完全靠皮肤呼吸。

爬行类的肺囊较两栖类进步,内有复杂的间隔把肺囊分隔成蜂窝状小室,增加了肺呼吸的表面积。爬行类开始出现胸廓,依靠肋间肌的伸缩和肋骨的升降,使胸廓扩大与缩小,从而完成较高效率的胸式呼吸。爬行类的肺结构变异很大,最简单的是 1 个囊(楔齿蜥及蛇);有的呈海绵状(部分蜥蜴、龟和鳄类);有的前部是蜂窝状的呼吸部,后部是平滑薄壁囊的贮气部(避役)。爬行类几乎完全进行肺呼吸,而水生爬行类的咽壁和泄殖腔壁、水栖龟鳖类的副膀胱均可辅助呼吸。

表 19-2 脊椎动物的消化系统构造比较

结构	圆口类	鱼类	两栖类	爬行类	鸟类	哺乳类
消化道	口腔 食道 直肠 肛门 肠内有螺旋瓣	口腔、咽、食道、胃、肠、肛门。鲤鱼无胃，软骨鱼肠内有螺旋瓣，末端通泄殖孔，无独立肛门	口腔、咽、食道、胃、小肠（十二指肠、回肠）、大肠（直肠）、泄殖腔、泄殖孔	口腔、咽、食道、胃、小肠、雏形盲肠（首次出现）、大肠、泄殖腔、泄殖孔	口腔、咽、食道、嗉囊、腺胃、肌胃、小肠（十二指肠、空肠、回肠）、盲肠、直肠（短）、泄殖腔、泄殖孔	口腔、咽、食道、胃、小肠（十二指肠、空肠、回肠）大肠（盲肠、结肠、直肠）、肛门
颌	无颌，有不能启闭的口漏斗	出现上、下颌，能自由关闭	次生颌	次生颌	颌特化成喙	颌具肉质唇，哺乳类特有
舌	有舌，活动有限	舌无内肌，不能活动	肉质舌，能活动	肉质舌，活动性有差异	肉质舌，不活动或可活动	肉质舌，能活动，表面有味蕾
齿	漏斗上布有角质齿	上下颌上有同型齿，鲤鱼无齿	上下颌、犁骨均有同型齿，蟾蜍无齿	同型圆锥齿端、侧、槽生无咀嚼功能	无齿	异型槽生齿，有的能再生
口腺	无	无	有，无消化酶	发达，无消化酶	发达，多无消化酶，仅燕雀类有	唾液腺发达，有口腔消化
肝胰脏，胆囊	具肝脏；无胆囊；无独立胰脏，有胰细胞散布于肠壁上	多具肝脏、胰脏和胆囊；鲤鱼肝、胰合二为一成肝胰脏	具肝脏、胰脏和胆囊	具肝脏、胰脏和胆囊	具肝脏、胰脏，部分无胆囊（如家鸽）	具肝脏和胰脏，部分无胆囊（如大鼠、奇蹄类、鲸类）

鸟类的肺是由各级支气管构成的,呈多分支网状管道系统的实心海绵状体,体积较小,但有与肺相连的特殊的气囊系统,参与呼吸过程,形成了鸟类特有的“双重呼吸”,是脊椎动物中呼吸效率最高的呼吸方式,也是对飞翔生活的适应。

哺乳类的肺是由各级支气管构成的、多分支的支气管树,其最后微支气管的末端膨大成肺泡囊,囊内壁分成许多称肺泡的小室。肺泡的出现大大增加了肺呼吸的总面积。哺乳类出现了特有的横膈肌,依靠膈肌升降和肋间肌伸缩协同完成胸腹式呼吸过程,膈肌的出现使呼吸的机械装备更加完善。

19.1.6.2 呼吸系统的功能

动物体通过呼吸系统从外界环境中吸入氧气,通过呼吸器官进行气体交换,使血液得到 O_2 并排出 CO_2,从而维持动物体的新陈代谢。

19.1.7 循环系统

19.1.7.1 循环系统的基本组成与结构

循环系统包括心脏、血管(动脉系和静脉系)、血液和淋巴系统。

1. 心脏和血液循环

心脏是循环系统中的动力器官,从圆口纲开始出现真正的心脏。脊椎动物的心脏结构和血液循环方式的进化随着水陆生活的转变不断发展而来。脊椎动物各纲的心脏结构和血液循环方式比较见表19-3。

(1)单循环　圆口类和鱼类心脏内的血液全部是缺氧血,心脏将这些缺氧血压送到鳃部进行气体交换后,变成多氧血,由出鳃动脉、背大动脉送至身体各部,交换气体后的缺氧血又回心脏。周而复始,循环途径只有这一条,故称单循环。

(2)不完全双循环　两栖类和爬行类有了肺呼吸,不仅有体循环途径,还有肺循环途径。又因只有1个心室(两栖类)或不完善的2个心室(爬行类),多氧血和缺氧血在心室内混合,体循环和肺循环不能完全分开,故称不完全双循环,是一种效率不高的循环方式。

(3)完全双循环　鸟类和哺乳类的心脏完全分四室:左心房、右心房、左心室和右心室。动脉血和静脉血在心脏内不再混合,体循环和肺循环2条途径已完全分开,故称完全双循环。这种循环方式能更有效地加快血流速度和对全身各部的供氧,提高新陈代谢水平,使得鸟类和哺乳类大大减少了对外界环境的依赖性,从而维持恒温。

表19-3　脊椎动物各纲的心脏和循环方式比较

项目	圆口类	鱼类		两栖类	爬行类	鸟类和哺乳类
		软骨鱼类	硬骨鱼类			
心室	1个	1个	1个	1个	不完善的2个	2个
心房	1个	1个	1个	2个	2个	2个
动脉圆锥	无	有	无,有动脉球	有	无	无
静脉窦	有	有	有	有	退化	并入右心房
循环方式	单循环	单循环	单循环	不完全双循环	不完全双循环	完全双循环

2. 血管

血管是脊椎动物运送血液的管道,根据运输方向分为动脉系和静脉系。动脉系是离心而去的血管总称;静脉系是向心而来的血管总称。动、静脉的分支末端靠微血管连接,也是血液与组织间物质交换的主要场所。动、静脉总管与心脏连通,致使脊椎动物全身的血管构成封闭式管道系统。

(1)动脉系　脊椎动物的主要大动脉基本相同,包括动脉弓、背大动脉和腹大动脉。动脉弓是连接背、腹大动脉的弓形血管而得名的。脊椎动物的原始种类或胚胎中,一般具 6 对动脉弓。脊椎动物各纲的动脉系差异主要体现在动脉弓的变化上(表 19-4)。

表 19-4　脊椎动物动脉弓的演变

胚胎期动脉弓	鱼类		无尾两栖类	爬行类	鸟类	哺乳类
	软骨鱼类	硬骨鱼类				
第 1 对	消失	消失	消失	消失	消失	消失
第 2 对	第 1 对鳃动脉	消失	消失	消失	消失	消失
第 3 对	第 2 对鳃动脉	第 1 对鳃动脉	颈总动脉	颈总动脉	颈总动脉	颈总动脉
第 4 对	第 3 对鳃动脉	第 2 对鳃动脉	体动脉弓	体动脉弓	右体动脉弓	左体动脉弓
第 5 对	第 4 对鳃动脉	第 3 对鳃动脉	消失	消失	消失	消失
第 6 对	第 5 对鳃动脉	第 4 对鳃动脉	肺皮动脉	肺动脉	肺动脉	肺动脉

(2)静脉系　脊椎动物静脉系的演变情况远比动脉系的演变复杂得多,但主要静脉的演化总趋势是趋于简化。鱼类,肠胃等处的缺氧血由肝门静脉送入肝脏,经肝静脉集合入静脉窦;身体后部回流的血,由肾门静脉经肾静脉入后主静脉再与侧腹静脉等会合,并与体前部回流的锁骨下静脉、前主静脉、颈下静脉,一起入总主静脉,最后到静脉窦。无尾两栖类由前腔(大)静脉 1 对、后腔(大)静脉 1 条、腹静脉 1 条分别代替了鱼类的前主静脉、1 对后主静脉和 1 对侧腹静脉。爬行类、鸟类的静脉系均和两栖类相似,前、后大静脉发达,肾门静脉退化。爬行类仍保留 1 对侧腹静脉,鸟类腹静脉消失,而具特有的尾肠系膜静脉和腹壁上静脉。哺乳类仅有单一的前、后腔静脉和多数种类具有的奇静脉与半奇静脉,腹静脉、肾门静脉均消失。

肝门静脉从鱼类到哺乳类始终存在。肾门静脉在鱼类和两栖类发达,在爬行类、鸟类趋于退化,哺乳类完全消失。

3. 淋巴系统

脊椎动物各纲均具有淋巴系统,主要由淋巴管、淋巴液和淋巴器官组成。

淋巴系统包括微淋巴管、淋巴管、淋巴干和淋巴导管。微淋巴管是盲端起始于组织间隙的最小淋巴管,遍布全身各处组织细胞间,渗入管内的组织液是淋巴液,与血浆成分基本相同,但无红血细胞。淋巴器官包括淋巴心、淋巴结、脾脏、胸腺和扁桃体等。

淋巴系统也有一定的循环途径,由微淋巴管逐级会合到较大的淋巴管,再汇入胸导管和右淋巴导管,至颈部的大静脉后注入血液,形成淋巴循环。

淋巴结是一种腺状构造,数量很多,大都集中于颈部、肠系膜、腋窝以及腹股沟等处,与淋巴管联系。

无颌类是否有淋巴系统,仍有很大的争议。大多数鱼类淋巴系统不发达。少数鱼类、两栖类、爬行类和鸟类,有由淋巴管演变而来的能搏动的淋巴心,能促进淋巴循环。两栖类和爬行类淋巴心数目较多,但无淋巴结。部分鸟类和哺乳类有淋巴结或淋巴小结。哺乳类则无淋巴心。

19.1.7.2 循环系统的功能

循环系统是动物体内的物质运输系统,有运输氧气、营养物质、激素和代谢产物、调节机体内环境的稳定(如保持渗透压、氢离子浓度和盐类含量的稳定)、防御和消灭病原微生物及调节体温等功能。

19.1.8 排泄系统

在脊椎动物中,除两栖类和哺乳类的皮肤、陆生类的肺及海产类的肾外排盐结构,参与部分排泄作用外,绝大部分的代谢废物是随血液循环到达肾脏形成尿排出体外。脊椎动物的排泄系统主要包括肾脏、输尿管、膀胱和尿道等。

19.1.8.1 肾脏的演化和结构

脊椎动物的肾脏由中胚层的中节形成的生肾节组成。根据系统发生、个体发育及其在动物体内位置与结构不同,分前肾、中肾和后肾 3 个阶段。无羊膜动物肾脏的发生经过前肾和中肾 2 个阶段;羊膜动物则经历前肾、中肾和后肾 3 个阶段(图 19-1)。

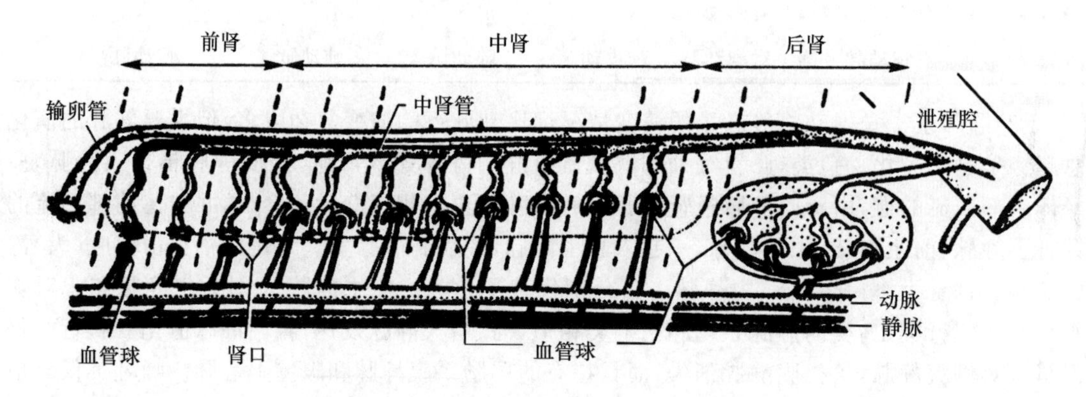

图 19-1 肾脏的演化

1. 前肾

脊椎动物的胚胎期都出现过前肾,但通常仅有无羊膜动物的胚胎或幼体用前肾泌尿,少数的圆口类(盲鳗)和硬骨鱼类终生保留。

前肾位于体前端背中线两侧,由许多前肾小管组成,一端是纤毛漏斗状的肾口,开口于体腔;另一端汇入一总的前肾管,其末端入泄殖腔通体外。在肾口的附近有血管球将血液中的代谢废物排入体腔,通过肾口直接将体腔内废物收集入前肾小管,再经前肾导管由泄殖腔排出体外。

2. 中肾

中肾继前肾之后出现,位于体腔中部,是无羊膜类成体的排泄器官。

当前肾失去功能后,部分肾口开始退化或完全消失,被许多新的中肾小管替代,一端开口于中肾导管,另一端膨大内陷成肾球囊,包裹血管球形成了肾小体。软骨鱼和两栖类变中肾时，原来的前肾导管纵分为二：一是中肾(吴氏)管，雄性输尿兼输精(软骨鱼只输精不输尿，副肾管输尿)；二是牟勒氏(米氏)管，雄性退化，雌性为专门输卵管。其他多数脊椎动物前肾导管不纵分为二，而是由前肾导管转为中肾导管，牟勒氏管则由腹膜内陷形成。

3. 后肾

后肾继中肾之后出现，位于体腔后部，是羊膜动物成体的排泄器官。

后肾小管数量多，不仅比中肾小管长，迂回也较多。后肾小管前端为肾小体，后端通集合管，最后汇集到后肾导管(输尿管)。后肾导管是由中肾导管基部的一对突起向前延伸而成。后肾出现后，中肾(吴氏)管完全成为雄性的输精管，雌性则退化。牟勒氏管成为雌性的输卵管，雄性则退化。

19.1.8.2　输尿管、膀胱和尿道

七鳃鳗的中肾管是输尿管，只输尿，与生殖无关。代表软骨鱼的鲨鱼以副肾管输尿、中肾管输精。代表硬骨鱼的鲤鱼的中肾管只输尿不输精，与生殖系统只是共用泄殖腔和泄殖孔。两栖类的中肾管，在雄性输尿兼输精。羊膜动物的输尿管是后肾管，与生殖无关。

膀胱为薄囊状的贮尿器官，圆口类、软骨鱼和少数硬骨鱼、部分爬行类(蛇、鳄和部分蜥蜴)及鸟类(鸵鸟例外)均无膀胱，其他脊椎动物皆有膀胱。根据其来源不同分3类：一是导管膀胱，由中肾管后端膨大形成，见于硬鳞鱼、大多数硬骨鱼；二是泄殖腔膀胱，由泄殖腔壁突出而成，见于肺鱼、两栖类和单孔哺乳类；三是尿囊膀胱，由胚胎时的尿囊柄基部膨大而成，见于少数爬行类(楔齿蜥、龟鳖、部分蜥蜴类)和哺乳类。

19.1.8.3　排泄系统的功能

排泄系统的功能主要是排出动物体内的尿素、尿酸等含氮代谢废物，且通过排出体内多余的水和离子，或选择性地保留离子，从而维持动物机体内渗透压的平衡和内环境的稳定，保证其正常的生命活动。

19.1.9　生殖系统

脊椎动物的生殖系统基本由生殖腺、生殖导管、副性腺和外生殖器4部分组成。雄性生殖系统包括精巢(睾丸)、输精管、阴茎和雄性副性腺；雌性生殖系统包括卵巢、输卵管、子宫、阴道和雌性副性腺等。除极少数种类(如盲鳗、鮨科鱼类、蝾螈)外，均为雌雄异体。

19.1.9.1　各纲生殖系统的构成

1. 圆口纲

圆口类的生殖系统在脊椎动物中最为原始。无论雄雌都只有单个的精巢或卵巢，无生殖导管，生殖细胞成熟后穿过生殖腺壁均落入体腔内，经生殖孔入泄殖腔、泄殖孔排到体外。成体七鳃鳗雌雄异体；盲鳗雌雄同体，具两性管。均体外受精。

2. 鱼纲

软骨鱼类和硬骨鱼类的生殖系统结构有很大不同。

(1)软骨鱼类(鲨鱼代表)　雄性有精巢1对，精巢前端发出许多输出精管，与中肾管相通，故中肾管专用以输精，也称输精管，副肾管专门输尿，也称输尿管。输精管和输尿管均开口于泄殖腔、泄殖孔。雌性具卵巢1对(但卵胎生种类则只有一侧卵巢有功能，鲨鱼为右侧，鳐为左侧)，输卵管1对，左右两管以一共同的喇叭口开口在体腔前方腹面，其末端开口于泄殖腔、泄

殖孔。软骨鱼类多体外受精,部分种类体内受精。卵生或卵胎生。

(2)硬骨鱼类(鲤鱼代表) 无论雄、雌生殖腺均 1 对,生殖导管都是由生殖腺壁延伸而成。鲤鱼雄性的中肾管只输尿不输精,雌性也无牟勒氏(米氏)管,体外受精,体外发育。

3. 两栖纲

雄性两栖类的精巢形状有卵圆形、短柱状和分叶状多种,其精巢发出许多输出精管,与中肾管相通,中肾管输尿兼输精,其末端通泄殖腔、泄殖孔。有退化的牟勒氏(米氏)管,无交配器。雌性具卵巢 1 对,形状和大小随季节等不同,输卵管 1 对,前端各有喇叭口开口于体腔前部,后端开口于泄殖腔、泄殖孔。大多数体外受精,少数体内受精。

4. 爬行纲

爬行类的雄性具精巢 1 对,输精管 1 对,由中肾管变成且专输精,与输尿的后肾管完全分开。除楔齿蜥外,都有交配器,全为体内受精,是羊膜动物的共同特征。雌性卵巢 1 对,输卵管 1 对,由牟勒氏(米氏)管转变而来,并分化为不同的功能部位,输卵管中部有蛋白腺,下部有壳腺。大多数为卵生,但多数毒蛇和一些蜥蜴类为卵胎生。

5. 鸟纲

鸟类的雄性具 1 对白色卵圆形的精巢,通常左侧稍大。输精管与爬行纲相似,除少数鸟有交配器外,其他均无交配器,输精管末端开口于泄殖腔、泄殖孔,皆为体内受精。雌性仅保留左侧卵巢和输卵管,依据输卵管的功能和结构也分为不同的 5 部分(伞部、蛋白分泌部、峡部、子宫和阴道),其末端开口于泄殖腔、泄殖孔。体内受精,卵生。

6. 哺乳纲

哺乳类的雄性生殖系统包括精巢(睾丸)、附睾、输精管、副性腺及阴茎等结构。精巢的存在方式在各种哺乳动物中不尽相同。但精细胞都是由输精管进入尿道,再经阴茎排出体外,其尿道排尿兼输精。雌性生殖系统包括卵巢、输卵管、子宫、阴道和外生殖器等结构。卵巢 1 对较小。输卵管 1 对,前端有喇叭口,后端为子宫,入阴道通体外。

19.1.9.2 生殖系统的功能

生殖系统的主要功能是产生精子和卵子,繁殖后代,延续种族和生命。其中有些器官还具有内分泌功能,产生性激素,促进性器官的正常发育和第二性征的出现,从而使两性在形态和生理上出现差别。

19.1.10 神经系统和感觉器官

19.1.10.1 神经系统的组成和结构

脊椎动物的神经系统,可以分中枢神经系统、周围神经系统和感觉器官 3 部分。神经系统的基本活动是反射活动,参与反射活动的结构是由感受器、传入神经、中枢神经、传出神经和效应器组成的反射弧。神经系统的形态和机能单位是神经元。

1. 中枢神经系统

脊椎动物的中枢神经系统包括脑(图 19-2,图 19-3)和脊髓两部分。脑在结构上差别很大,但都是由背神经管的前端膨大发展而来。胚胎发育过程中,背神经管前端先膨大成原脑,原脑进一步发育分化为前脑、中脑和菱脑,之后继续发展成端脑、间脑、中脑和菱脑,最后分化成端(大)脑、间脑,中脑、后(小)脑和髓(延)脑。背神经管的腔隙随脑各部的发展而变成许多脑室,大脑的两个半球内分别是第一脑室和第二脑室,间脑腔为第三脑室,延脑腔为第四脑室,中脑内有狭窄的导水管。

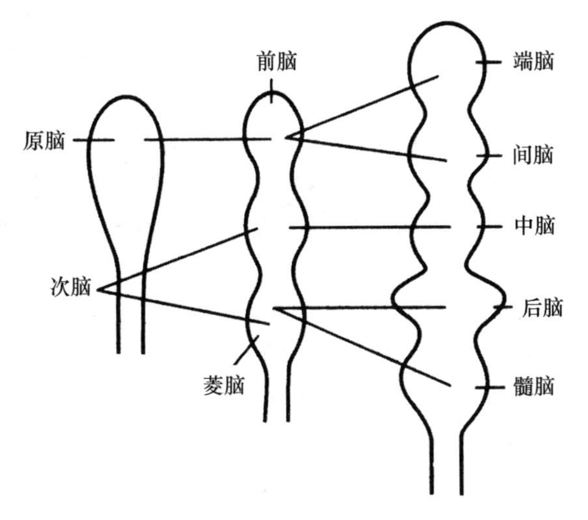

图 19-2 脑的初期分化(引自 Adams)

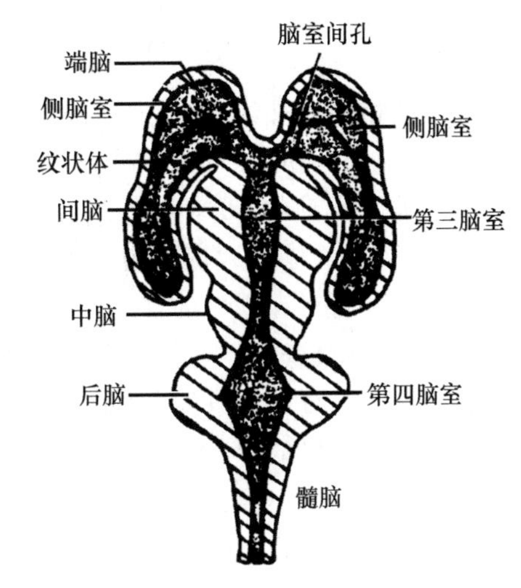

图 19-3 脑室(引自 Adams)

胚胎时期的五部脑一直保留到成体,脊椎动物脑的结构和功能不尽相同。

(1)圆口类的脑仅分大脑、间脑、中脑和菱脑 4 部分。各部脑呈直线排列(鱼类和两栖类也如此),大脑很小,古脑皮,主要为嗅叶,是嗅觉中枢(鱼类、两栖类、直到爬行类均如此)。视叶发达,仅有一个脉络丛位于中脑背面。小脑和延脑未分开,停留在菱脑阶段。

(2)鱼类的大脑两半球未完全分开,硬骨鱼仍是古脑皮,软骨鱼进化为原脑皮。因适应水中游泳,中脑视叶和小脑比较发达,中脑不仅是视觉中枢,更是综合各种感觉的高级中枢;小脑为运动中枢,延脑为平衡中枢。有两个脉络丛分别位于间脑和延脑的背部,这是脊椎动物的共同特点(圆口纲除外)。

(3)两栖类的大脑比鱼类发达,两半球已完全分开,原脑皮,嗅叶和视叶发达,小脑极小。两栖类和低等爬行类的中脑、小脑和延脑的功能和鱼类相似。

(4)爬行类脑的变化较大。爬行类开始出现脑弯曲、颈弯曲和新脑皮,高级中枢从中脑逐渐移向大脑,但中脑仍为高级中枢。水生类小脑较发达,高等爬行类的小脑已出现平衡功能。

(5)鸟类的脑形短宽,嗅叶退化,大脑的上纹状体(有人建议改称上皮层)发达,是鸟类的高级中枢。间脑底部是内分泌、体温调节中枢和植物性神经控制中枢。视叶发达,与视觉敏锐有关。小脑发达,为运动协调和平衡的中枢。延脑短小,是呼吸、心跳等活命中枢。

(6)哺乳类的大脑两半球特大,其间出现胼胝体。新脑皮发达,其表面出现了沟和回,是神经活动的最高中枢。间脑小,其底部不仅是内分泌、体温调节中枢和植物性神经控制中枢,而且是睡眠和性活动的中枢。中脑具四叠体,分别是视觉、听觉反射中枢,底部出现大脑脚。小脑特发达,出现脑桥,是平衡和运动协调中枢。延脑短,是活命中枢。

脊髓位于椎管内,前接延脑,后至骶椎处变细成为终丝。脊髓受脑的控制,也能完成许多反射活动。脊髓分灰质和白质 2 部分。脊椎动物的灰、白质界限清楚(圆口类除外)。圆口类和鱼类的脊髓全长直径完全一致。两栖类、爬行类、鸟类和哺乳类的脊髓全长有两个膨大,分别是颈胸交界处的颈膨大和胸腰处的腰膨大。二者分别是前、后肢脊髓反射的中枢和颈臂神经丛、腰骶神经丛分出的部位。

2. 周围神经系统

周围神经系统是联系中枢神经和身体各部之间的所有神经的总称。包括脑部发出的脑神经、脊髓发出的脊神经、脊柱两侧的交感神经和头、荐部的副交感神经。交感神经和副交感神经共同组成植物性神经系统。

(1)脑神经　脑神经连接着脑的不同部位,由颅底的孔裂出入颅腔。无羊膜类动物具脑神经10对,羊膜类动物12对(蛇、蜥蜴11对)。其中第1、2、8对脑神经为感觉神经,分别主管嗅、视、听觉;第3、4、6对脑神经为运动神经,主管动眼肌肉;第5、7、9、10对脑神经为混合神经,主管颌弓、舌弓和鳃弓的活动。

(2)脊神经　脊神经是从脊髓发出的背根与腹根相结合的混合神经(文昌鱼和七鳃鳗除外),通过椎间孔分布到身体各部。主要支配身体和四肢的感觉、运动和反射。

圆口类脊神经的背、腹根一前一后由脊髓发出,且不合并。鲨鱼的背根和腹根虽然已彼此联合,但交错发出。自硬骨鱼类起,脊神经的背、腹根均在脊髓的同一平面发出,联合成脊神经后由椎间孔穿出椎骨,然后分为背、腹、脏3支,分别分布到背部、腹部及内脏器官。

在四肢着生的部位,脊神经的腹支形成颈臂神经丛和腰荐神经丛,七鳃鳗无脊神经丛,鱼与有尾两栖类有极简单的脊神经丛,四肢发达的动物,臂、腰荐神经丛明显且发达;蛇的四肢退化,神经丛也消失;哺乳类的非常复杂。

(3)植物性神经　不受意识支配,故称自主神经系统,调节动物体内脏活动和生理机能,又称内脏神经,包括交感神经系统和副交感神经系统。交感神经系统由排在脊柱两侧与胸、腰部脊髓相通的交感神经干和许多交感神经节组成,副交感神经系统由脑、脊髓荐部发出的副交感神经及若干副交感神经节组成,并都有神经分布到心脏、血管、肠等内部器官上,两者之间相互拮抗又相互协调。

无羊膜动物植物性神经发育不完善,交感和副交感神经或无或有,羊膜动物开始形成了明显的交感和副交感神经系统。

3. 感觉器官

感觉器官是感受器及其辅助结构的总称。感受器是机体接受内、外环境各种刺激的结构,是神经系统不可缺少的组成部分。脊椎动物的感觉器官主要有皮肤、嗅觉、味觉、视觉和听觉等。

(1)皮肤感受器　脊椎动物普遍存在,由感觉神经末梢分布于表皮是最原始的存在方式;进一步则形成触觉细胞或触觉小体;还有特化的温度、压力、触觉及痛觉等皮肤感受器。侧线器官就是高度特化的具多种功能的皮肤感受器,为圆口类、鱼类、有尾两栖类和无尾两栖类的蝌蚪等所具有。蝮蛇类的颊窝是温度感受器。

(2)嗅觉器官　圆口类是单一鼻孔和嗅囊。鱼类一般是1对外鼻孔和1对嗅囊,除肺鱼、总鳍鱼外均不与口腔相通。两栖类以后的脊椎动物,都有1对内、外鼻孔和二者之间与口腔相通的鼻腔,除有嗅觉外,还能呼吸。

羊膜动物内鼻孔后移,鼻腔扩大,爬行动物首次出现鼻甲骨;多数鸟类鼻腔内有3个鼻甲骨,但嗅觉退化;哺乳动物的嗅觉器官很发达,除有发达的鼻甲骨外,还有鼻旁窦。

(3)味觉器官　脊椎动物的味觉感受器是椭圆形结构的味蕾,构造大体相似,但分布因种而异。如鱼类的味蕾分布较广,口咽黏膜、身体表面等均有分布。两栖类的味蕾分布在口咽腔黏膜、舌、腭前部和体表。爬行类和鸟类的味蕾数较少,只分布于咽、腭和舌部。哺乳类的味蕾仅限于口腔，主要成群地集中于舌，但也有一些分布在咽部和软腭等处。

（4）视觉器官　脊椎动物的视觉器官包括眼及其辅助结构，从鱼类起，眼的构造基本相似，但随动物适应不同的环境而变化。圆口类由于长期适应半寄生或寄生的生活，眼埋于皮下，角膜不发达，无眼睑、晶状体、虹膜、睫状体和眼腺，只能感光不能辨色。鱼类也无眼腺，无眼睑或有不能动的眼睑，有巩膜和不能变形的晶状体。有尾两栖类无眼睑和眼腺，无尾类具眼腺、能动的下眼睑及瞬膜和不能变形的晶状体。无羊膜类视觉调节均为单重调节。

爬行动物开始出现了泪腺，具可动眼睑、可变形的晶状体，视觉调节为双重调节。鸟类的眼大且结构复杂，有发达的眼睑和瞬膜，晶体和角膜均可改变凸度，故视觉调节为三重调节，是脊椎动物中视觉调节能力最强的类群。哺乳类具上、下眼睑，上眼睑比下眼睑更能活动，具眼腺及睫毛，瞬膜不发达，视觉调节和爬行动物一样为双重调节。

（5）听觉器官　脊椎动物的听觉器官包括内耳、中耳和外耳 3 部分。

圆口类和鱼类只有内耳，是主管身体平衡的器官。圆口类的内耳只有 1 个或 2 个半规管，椭圆囊和球囊无明显分化。鱼类的内耳具 3 个半规管，椭圆囊和球囊已分开，瓶状囊有出现迹象。低等两栖类的耳和鱼类相似；高等两栖类不仅具完善的内耳，并出现中耳，外被鼓膜，内有 1 块耳柱骨，鼓膜接受声波，经耳柱骨传到内耳。

高等两栖类和羊膜动物的耳是主管听觉的器官。爬行动物除少数种类外，均首次出现外耳道雏形，鳄类还出现瓶状囊的延长卷曲，即耳蜗管的雏形。鸟类耳的构造与爬行类基本相似，具外耳道、外耳孔和耳羽，无外耳郭，少数夜行性鸟类听觉发达。哺乳类的内耳弯曲成为耳蜗，中耳内出现 3 块听小骨（镫骨、砧骨和锤骨），外耳除具外耳道外，还发展出耳郭，增强了声波的收集能力。

19.1.10.2　神经系统和感觉器官的功能

神经系统和感觉器官在控制动物体的生命活动中起主导作用，它一方面维持动物体各器官系统间的协调统一；另一方面又协调机体与外界环境的统一，使有机体成为一个统一的整体并能适应于外界环境。它是信息的贮存处，是人类思维活动的物质基础。

19.1.11　内分泌系统

19.1.11.1　内分泌系统的组成

脊椎动物的内分泌系统主要由无导管腺体（内分泌腺）和分布于身体许多部位的一些散在的内分泌细胞组成，其分泌物称激素。主要包括脑垂体、甲状腺、甲状旁腺、肾上腺、胰岛、性腺等。

1. 脑垂体

脑垂体位于间脑腹面的卵圆形小体，是动物体内最重要、分泌激素种类最多的内分泌腺，是内分泌腺的中心。

圆口类脑垂体是单叶的。鱼类包括前叶、间叶、过渡叶和神经部，前三者属腺垂体部。两栖类和哺乳类的脑垂体具前、中、后 3 叶，其前、中叶是腺垂体部，后叶是神经垂体部。爬行类脑垂体具前叶和后叶，其中间叶不具结节部。鸟类脑垂体也具有前叶和后叶，且后叶不具中间部，神经叶和前叶被结缔组织形成的隔分开。哺乳动物垂体分前叶和后叶两部分。前叶由外胚叶原始口腔顶部向上突起的颅颊囊发育而成。后叶由与第三脑室底部间脑向下发展的漏斗小泡发育而成。

2. 甲状腺

甲状腺普遍存在于脊椎动物各类群中,是机体内最大的内分泌腺之一,其分泌物称甲状腺素。甲状腺素缺乏时,机体生长发育受阻、皮肤干燥、脱毛。

圆口类的内柱是甲状腺的前身。多数鱼类的甲状腺呈小群分散在腹大动脉和部分入鳃动脉上。两栖类、部分爬行类和鸟类为 2 个位于咽下方的实体腺,但龟、蛇类是单个的甲状腺。哺乳类的甲状腺分为左右两叶状,位于气管前端两侧。

3. 甲状旁腺

甲状旁腺位于甲状腺附近,其分泌物称甲状旁腺素,主要调节血液中的钙、磷代谢。圆口类和鱼类无甲状旁腺。两栖类开始有 2 对真正的甲状旁腺,起源于第 3、4 咽囊,呈椭圆形囊状。羊膜类动物多为 2 对,少数为 1 对。

4. 肾上腺

肾上腺位于肾脏附近,包括表层皮质和内部髓质。皮质能分泌皮质素,调节水分和盐的平衡及糖类的代谢,并促进性腺的发育和第二性征的形成。髓质分泌肾上腺素,引起交感神经的兴奋,从而使心跳加快、血糖和血压升高、内脏平滑肌收缩等。哺乳类的肾上腺最为发达。

5. 胰腺

胰脏是大部分脊椎动物体内的一个重要消化腺,包括外分泌腺和散布在其中的内分泌细胞群(即胰岛)。胰岛含有 α 和 β 细胞,α 细胞分泌胰高血糖素;β 细胞分泌胰岛素。胰岛素分泌不足会出现糖尿病。

6. 性腺

脊椎动物的性腺包括卵巢和精巢,不仅能产生生殖细胞,而且还能分泌性激素,以促进性器官发育、第二性征的形成和调节生殖系统的活动与生殖行为。

此外,内分泌腺还有松果体、胸腺、消化道内分泌腺和前列腺等。

19.1.11.2 内分泌系统的功能

内分泌系统是间接支配和调节动物体各种生命活动的控制系统,中枢神经系统则是直接控制系统。腺体分泌的激素,借体液或血液运送到机体各部,并同神经系统共同协调和支配动物有机体的各种生理过程,特别是新陈代谢、生长和生殖等活动。

19.2 脊椎动物的起源与演化

现存动物只是动物演化史上保留下来的一部分,因此,研究动物的起源和演化仅靠现存动物的有关知识是远远不够的,还必须以古生物学、比较解剖学、胚胎学及唯物辩证法等作为间接证据。目前,有关脊椎动物起源和演化的一些观点尚存在争议,也均有各自的依据。在此着重介绍已被多数学者支持的观点(图 19-4)。

19.2.1 脊椎动物的起源与演化概述

脊索动物是动物界最高等的一个类群,起源于非脊索动物,且由低级向高级演化。但是最低等的海鞘、文昌鱼等脊索动物,由于体内还没有坚硬的骨骼,至今未发现其化石。因此,关于脊索动物的起源只能用比较解剖学和胚胎学方面的材料加以分析和推断,学者们对此提出了

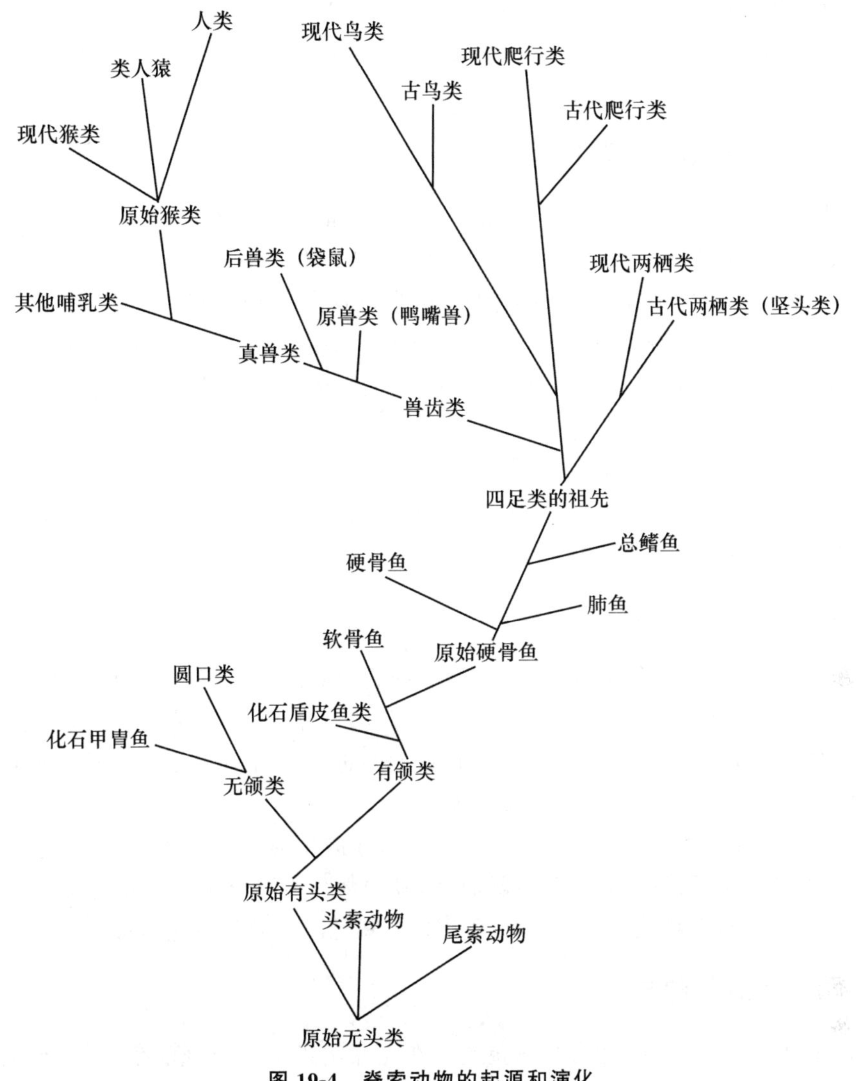

图 19-4　脊索动物的起源和演化

环节动物论和棘皮动物论两个重要的假说。

环节动物论认为：脊索动物和环节动物都有身体分节、两侧对称、体腔发达等特点，若把环节动物背腹倒置，其腹神经索和心脏的位置及血流方向等与脊索动物相似，故脊索动物起源于环节动物，但这一假说的论据远远不足。

棘皮动物论认为：棘皮动物在胚胎发育过程中属后口动物，以体腔囊法形成体腔，和脊索动物相似；另外，棘皮动物和半索动物幼体的形态结构非常近似，肌肉中都同时含有肌酸和精氨酸，由此不仅表明这两类动物亲缘关系较近，也表明它们是处于无脊椎动物（仅具精氨酸）和脊索动物（仅具肌酸）之间的过渡类群。故棘皮动物论认为棘皮动物和脊索动物来自共同的祖先，随后朝各自的方向发展而来。

生物学家推测脊索动物的祖先可能是出现在古生代早期的一种蠕虫状的后口动物，具有脊索动物的三大典型特征，称原始无头类。其一小部分特化成尾索动物和头索动物的分支，而主干则演化出原始有头类，即脊椎动物的祖先。原始有头类继续向两个方向发展：一支进化成无颌类(甲胄鱼和圆口类);另一支进化成有颌类(鱼类祖先)。

脊椎动物的演化通常分3个阶段,一是水中的圆口类、鱼类的演化;二是从水中到陆上的两栖类、爬行类的演化;三是陆上的鸟类和哺乳类的演化。

19.2.2 圆口类的起源与演化

最早的圆口类化石出现于距今约4亿3 000万年前的奥陶纪初期,在分类上另立为甲胄鱼纲,是无上下颌的化石无颌类,也是迄今所知最古老的脊椎动物。

甲胄鱼和圆口类虽然相差4亿多年之久,却有许多共同之处,说明它们是来自共同的无颌类祖先。圆口类是向着半寄生或寄生生活发展的一支;而甲胄鱼是比较特化的类群,依据它们身体腹面扁平、前部覆盖沉重的骨甲、眼睛向上、口向下的特点,可以推测它们是游泳能力不强的底栖动物。

甲胄鱼类到泥盆纪中期开始衰退,随泥盆纪的结束而全部绝灭,这可能与有颌脊椎动物的鱼类兴起有很大关系。而无颌类中的圆口类,则转为半寄生或寄生生活,发展出吸附的口漏斗、锉舌等特化结构,才得以存活到现在,故称之为无颌类的活化石。

19.2.3 鱼类的起源与演化

鱼类的化石虽然已经发现不少,但至今尚未找到鱼类的直接祖先,有颌类化石是最早出现于志留纪后期的盾皮鱼类。盾皮鱼的外形与甲胄鱼类十分相似,不同的是盾皮鱼已具上、下颌和偶鳍及成对的鼻孔,生存能力也比甲胄鱼有较大的进步。目前一般认为盾皮鱼类是有颌类的远祖,现代鱼类都是由盾皮鱼类进化发展而来。

盾皮鱼类在泥盆纪的生存和发展过程中,一部分进化为软骨鱼类,一部分进化为硬骨鱼类,在泥盆纪各种鱼类繁荣昌盛,故称鱼类时代,其中硬骨鱼已分化为古鳕类、肺鱼类和总鳍鱼类三大类群,占现存鱼类总数90%以上的辐鳍鱼类就是由古鳕类演化而来。

19.2.4 两栖类的起源与演化

两栖类起源于泥盆纪末期的古总鳍鱼类。在泥盆纪末期已出现陆生植物,地面上气候潮湿而炎热。大量植物的枝叶和残体落入水中,腐烂后使水域缺氧,或因干旱使水体干涸,导致大量的鱼死亡,而具有"肺"呼吸和偶鳍的古总鳍鱼类,则尝试着从缺氧或干涸的水池爬到另外有水处去生活。并在长期的演变过程中,鳍变成了五趾型四肢,鳃被肺取代,逐渐演化出最早的两栖动物。

最早的两栖类化石发现于北美格陵兰泥盆纪晚期地层里,称鱼头(石)螈,体长约1 m,具鱼类和两栖类的双重特征,与古总鳍鱼类在头骨结构、肢骨等方面均相似(图19-5)。其头部全都被膜性硬骨覆盖,有残余的鳃盖骨,体表有小的鳞片,身体侧扁,有鱼形尾鳍,这些都像古总鳍类。但鱼头螈又有了五趾型四肢,脊椎骨上还长出了前、后关节突,前肢的肩带不与头骨连接,头部已能活动,这些又像两栖类的特征。两栖类到石炭纪得到了大量的发展,直到以后的二叠纪都是两栖类最繁盛的时代,故称石炭纪和二叠纪为两栖类时代。

由鱼头螈分化出来的古两栖类的头部均被膜性硬骨覆盖,故统称坚头类,以后辐射发展形成两栖类的各种类群,主要分为迷齿类和壳椎类两大类。关于现存各目两栖动物和古两栖类的亲缘关系,由于化石证据不足,至今尚未十分明确。

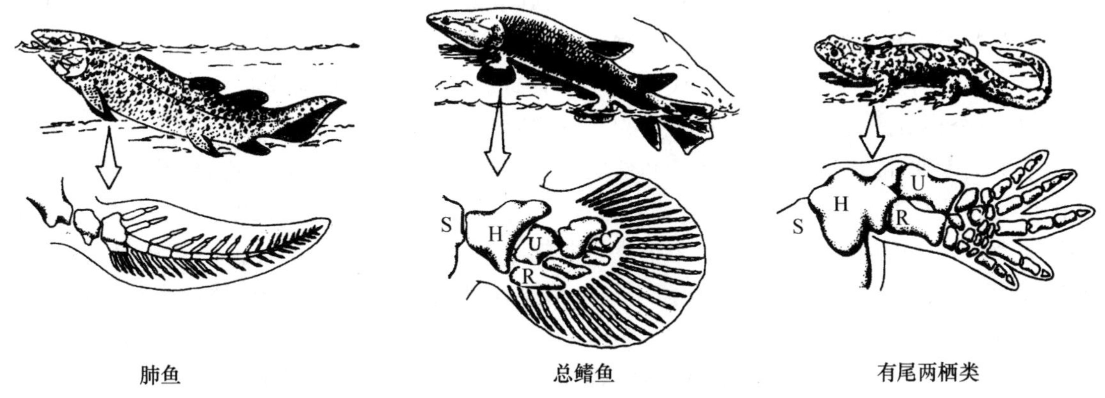

图 19-5　肺鱼、总鳍鱼和有尾两栖类(蝾螈)前肢骨的比较(引自 Mitchell)

S. 肩胛骨　H. 肱骨　U. 尺骨　R. 桡骨

19.2.5　爬行类的起源与演化

爬行类是由石炭纪末期的坚头类(古两栖类)演化而来。石炭纪末期的地球发生造山运动等地壳变动,气候发生剧变,森林、湖泊和沼泽大大减少,原来温暖而潮湿的气候变为干燥的冬寒夏暖的大陆性气候,并出现了成片的沙漠和适应干旱的裸子植物,致使很多古两栖类灭绝或次生性入水。而只有那些长期经受陆地生活锻炼的、产生适应陆生结构(角质化的皮肤、完善的肺呼吸等)以及产羊膜卵的古坚头类,才能生存且进化为最原始的爬行类,并在斗争中不断发展,到中生代几乎遍布全球。

爬行类最古老的化石是蜥螈,又称西蒙龙(图 19-6)。它是一种外形似蜥蜴的半水栖动物,它兼有两栖类与爬行类的双重特征。头骨形态和结构与古坚头类相似,颈部不明显,肩带紧贴头骨,脊柱分区不明显,有明显的耳裂、迷齿和侧线等,这些都与古两栖类相似。但头骨单枕髁,前后肢均五趾且较完善,具 2 枚荐椎,肩带有发达的肩锁骨,腰带髂骨翼宽大,可供后肢发达的肌肉附着,这些又和爬行类的特征一样,表明蜥螈是介于两栖类与爬行类之间的中间类型。

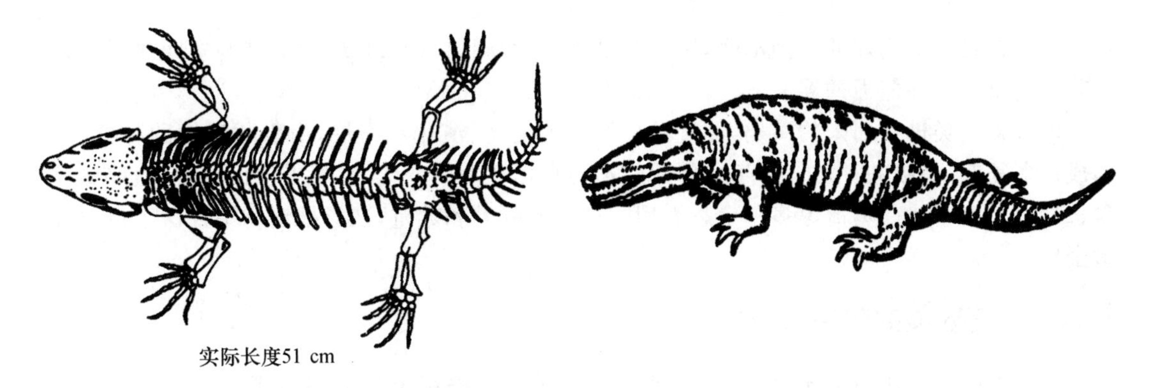

图 19-6　蜥螈骨骼及复原图(引自 Young 和杨安峰)

自爬行类从坚头类演化出来后,很快就开始适应辐射分为杯龙类和盘龙类两大支。杯龙类于石炭纪末出现,二叠纪全盛,三叠纪灭绝,曾和古两栖类共存,是最原始的爬行动物,也是爬行类的基干。通常认为较高等的各类爬行动物(龟鳖、原蜥、假鳄等)都是由杯龙类辐射进化而来。盘龙类也是近似于杯龙类的原始爬行动物,于石炭纪末和二叠纪初出现,三叠纪灭绝。

爬行类最为繁盛的时期是中生代,种类多,分布广,被称为爬行动物时代。而在这庞大的集群中,至今存活的爬行类仅有龟鳖目、鳄目、有鳞目和喙头目。

中生代末期,陆地上的气候、环境和地质等发生巨大改变,气候从热到冷,频繁的地震引起造山运动和地势普遍升高,使得植物类型也发生了改变,所有这些都给食量大却又狭食性的古爬行类带来了严重的生存危机。而中生代初期就已出现的鸟类和哺乳类恒温动物,具有更好的适应能力,使得古爬行类在生存斗争中居于劣势,导致其大量死亡直到灭绝,从而结束了爬行类盛行的黄金时代。

以恐龙为主的各种爬行动物在地球上曾称霸达 1 亿多年,但关于它们为什么突然消失,至今仍然是生物学上一个极大的谜。生物学家对此提出很多假说,如环境变化、基因突变、繁殖障碍、行星撞击地球、地球板块的愈合、海平面的升降、地磁的逆转、太阳黑子爆发等等。在对此绝灭原因的长期探索中,迄今还未能提出一种真正能令所有人信服的假说或实证,仍有待进一步探索。

19.2.6 鸟类的起源与演化

鸟类是从中生代侏罗纪的一种古爬行类进化而来,其直接祖先尚未定论。

古鸟类的脆弱骨骼及飞翔的生活方式,使其形成化石的机会较少。世界著名的始祖鸟化石是爬行类和鸟类的中间过渡类型,它兼有爬行类和鸟类的双重特征。其头骨似蜥蜴,无喙,上、下颌有牙齿;有多枚尾椎构成的长尾,椎体双凹型;骨骼非气质,无龙骨突和肋骨钩状突,具腹壁肋;前肢有 3 枚分离的掌骨,指端具爪等,这些都是与爬行类相似的特征。但又有与鸟类相似的特征,如有羽毛、前肢特化成翼、后肢为三前一后的四趾型、开放式骨盆等。始祖鸟的出现对人类探索鸟类起源有重大作用,是研究生物进化史关键的证据材料,也是科学家破解中生代地球演化的一个突破口。

基于对始祖鸟的研究,更能说明鸟类起源于爬行类。而原始鸟类是如何从陆生祖先发展出飞翔能力的呢?有两种假说。一是奔跑起源说,认为鸟类祖先有长尾,以双足奔跑,用前肢助跑或捕获食物,最后前肢变成飞行器官的翼,长尾变成保持平衡的尾羽;二是树栖起源说,认为鸟类祖先是不能飞翔的树栖动物,用前肢攀缘,过渡到树枝间跳跃,再发展为短距离滑翔,最后前肢变成具飞翔能力的翼。

由古爬行类进化而来的鸟类,经过漫长的历史变迁、演化和发展,由少数低级的种类逐渐形成许多复杂、高级的种类。由于它们适应不同自然环境的变化,发展出现代的游禽、涉禽、陆禽、走禽、猛禽、攀禽、鸣禽等多种生态类型。鸟类的种类和数量,在脊椎动物中仅次于鱼类,遍布全球。

19.2.7 哺乳类的起源与演化

哺乳类的起源比鸟类还早,最早的哺乳动物是从三叠纪末期的兽形爬行动物演化而来。兽形爬行类分两支,一支为原始类型的盘龙类,在三叠纪已灭绝;另一支是从盘龙类进化来的进步类型的兽孔类,其后裔中又进化出兽齿类,它们一直朝着哺乳类的方向发展。对哺乳动物的祖先有种种推测,但比较一致的看法是哺乳动物为多源进化,有的起源于犬齿龙类,也有的起源于其他兽孔类。

最早的哺乳类体型都非常小，数量也少，虽然和中生代占地球统治地位的恐龙类比是渺小的，但它们却有比爬行类更高级的身体结构和功能，进入新生代后，大多数大型的恐龙类爬行动物灭绝，促使哺乳动物迅速分化、辐射，得到了空前发展，故称新生代为哺乳动物时代。

19.2.8 人类的起源与进化

人类同其他生物类群一样，也经历了一个起源、进化发展的过程。人起源于动物，与现代的类人猿（大猩猩、长臂猿等）有更近的亲缘关系，它们有共同的祖先，都是由古代类人猿中的古猿逐步进化而来（图 19-7）。

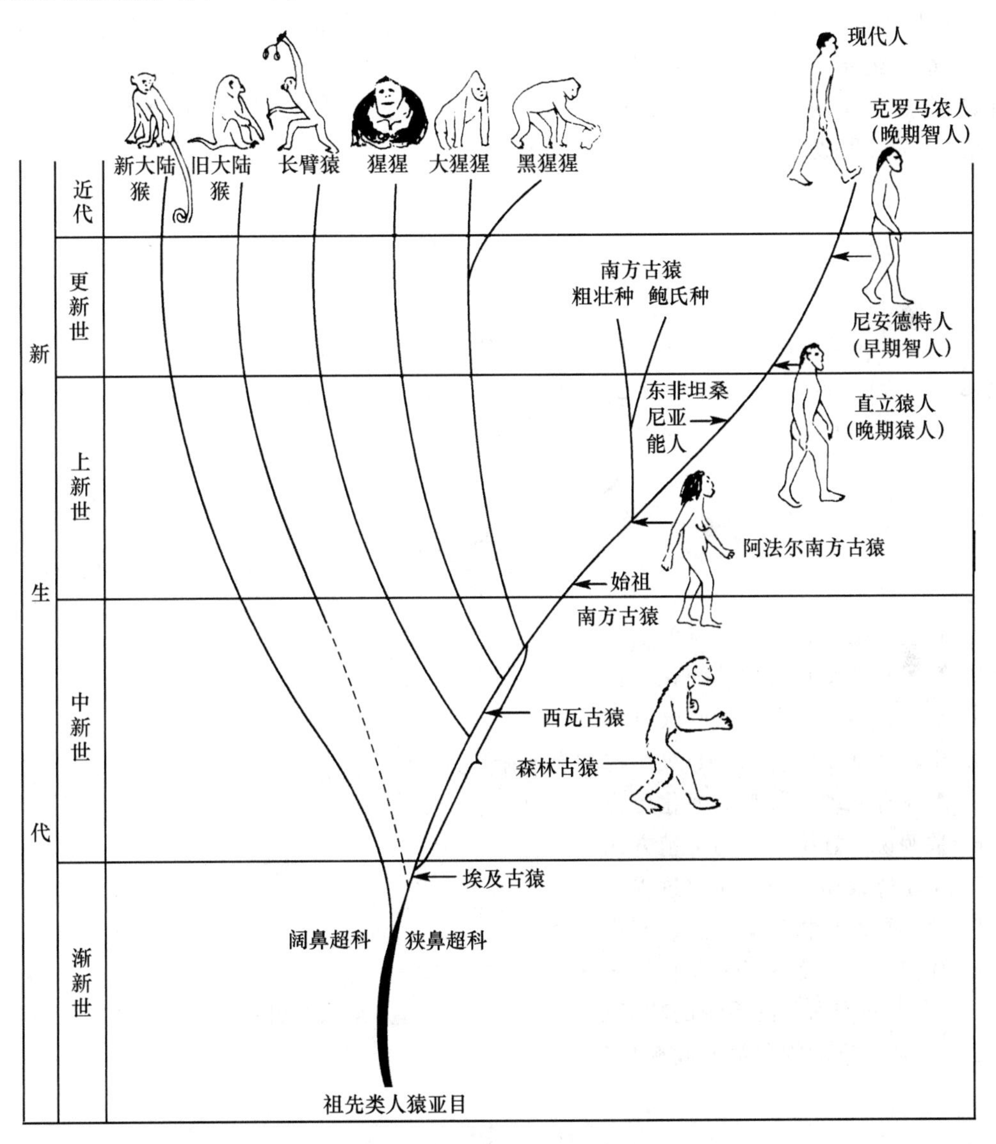

图 19-7 类人猿和人类的进化树（仿自 Mitchell）

19 世纪中叶，达尔文学派根据人类与猿猴在形态学和胚胎学上的相似，间接地推断人类起源于古代非洲的猿类。后来发现了越来越多的人类和猿类化石,人类起源于古猿的理论有了大量直接的证据。虽然至今已发现了许多种古猿化石,但还没有一种可以肯定是人类的直系祖先,不过这些化石不同程度地折射出人类祖先的影子,有助于进一步研究人类起源。

古猿在后来进化中分为两支:一支继续森林生活,发展成现代类人猿;另一支则转移到地面上生活,发展为人类。

20 世纪中叶,人类进化过程曾被划分为猿人、古人和新人三个阶段。实际上在人类进化中,其智力和文化发展发生过非常显著的变化,故三分法不能正确反映这个重要的现象。为了弥补这种不足,吴汝康等在 1978 年将体质进化和文化发展结合起来考虑,提出人类进化经历了早期猿人、晚期猿人(或猿人)、早期智人(或古人)和晚期智人(或新人)4 个阶段。早期猿人已具人的基本特点,脑量 700 mL 左右,能直立行走,制造简单的砾石工具;晚期猿人脑量增加,能制造较进步的旧石器,并开始用自然火;早期智人更接近现代人,能制造不同样式的石器,除用自然火外,还能人工取火;晚期智人的体质特征已与现代人基本相同,他们大约生于 5 万年前,逐渐发展成现代人。

本章小结

本章分别从动物的外部形态和各器官系统的内部解剖结构以及生理功能等方面,按照动物演化的先后顺序比较了脊椎动物各类群之间的差异。并以现生动物、古生物学、比较解剖学及胚胎学等为依据,综述了脊椎动物的起源与演化。

复习思考题

1. 简述脊椎动物皮肤系统的演化历程。
2. 简述脊椎动物脊柱的演化历程。
3. 举例说明脊椎动物的呼吸方式。
4. 比较脊椎动物各纲的心脏结构和血液循环方式。
5. 简述脊椎动物肾脏的演化历程。
6. 举例说明脊椎动物的生殖方式。
7. 简述脊索动物脑的演化过程。
8. 简述脊椎动物听觉器官的演化过程。
9. 脊椎动物有哪些感觉器官?各有什么功能。
10. 脊椎动物内分泌系统的功能是什么?主要的内分泌腺有哪些?
11. 概述脊椎动物各纲的起源与演化。

参考文献

[1]秉志.鲤鱼解剖.北京:科学出版社,1960.

[2]秉志.鲤鱼组织.北京:科学出版社,1983.

[3]曹玉萍.动物学.北京:清华大学出版社,2008.

[4]陈大元.受精生物学——受精机制与生殖工程.北京:科学出版社,2000.

[5]陈品健.动物生物学.北京:科学出版社,2005.

[6]陈小麟.动物生物学.3版.北京:高等教育出版社,2005.

[7]陈阅增.普通生物学——生命科学通论.北京:高等教育出版社,1997.

[8]成庆泰,郑葆珊.中国鱼类系统检索(上册)科学出版社,1987.

[9]大连水产学院.淡水生物学.北京:农业出版社,1982.

[10]丁汉波.脊椎动物学.北京:高等教育出版社,1985.

[11]堵南山.无脊椎动物学.上海:华东师范大学出版社,1989.

[12]房秀,郭自荣.动物学.哈尔滨:黑龙江教育出版社,1998.

[13]费梁,胡淑琴,叶昌媛,等.中国动物志·两栖纲(上卷).北京:科学出版社,2006.

[14]费梁,胡淑琴,叶昌媛,等.中国动物志·两栖纲(下卷).北京:科学出版社,2009.

[15]费梁,胡淑琴,叶昌媛,等.中国动物志·两栖纲(中卷).北京:科学出版社,2009.

[16]顾德兴.普通生物学.北京:高等教育出版社,2002.

[17]顾福康.原生动物学概论.北京:高等教育出版社,1991.

[18]顾宏达.基础动物学.上海:复旦大学出版社,1992.

[19]郝天和.脊椎动物学(下册).北京:人民教育出版社,1964.

[20]侯林,吴孝兵.动物学.2版.北京:科学出版社,2021.

[21]胡玉佳.现代生物学.北京:高等教育出版社,1999.

[22]华中师院,南京师院,湖南师院.动物学(上册).北京:高等教育出版社,1984.

[23]黄诗笺.现代生命科学概论.北京:高等教育出版社,2001.

[24]江静波等.无脊椎动物学.3版.北京:高等教育出版社,1995.

[25]姜乃澄,丁平.动物学.杭州:浙江大学出版社,2007.

[26]姜云垒,冯江.动物学.2版.北京:高等教育出版社,2018.

[27]靳德明.现代生物学基础.北京:高等教育出版社,2000.

[28]克里施纳默西.生物多样性教程.张正旺,主译.北京:化学工业出版社,2006.

[29]孔繁瑶.家畜寄生虫学.2版.北京:中国农业出版社,1997.

[30]李国清,谢明权.高级寄生虫学.北京:高等教育出版社,2007.

[31]李海云,时磊.动物学.2版.北京: 高等教育出版社,2019.

[32]李孟楼.资源昆虫学.北京:中国林业出版社,2004.

[33]李明德.鱼类学.天津:南开大学出版社,1992.

[34]李难.生物进化论.北京:人民教育出版社,1983.
[35]李淑玲.动物学.北京:高等教育出版社,2016.
[36]李雍龙.人体寄生虫学.北京:人民卫生出版社.2008.
[37]刘广发.现代生命科学概论.北京:科学出版社,2002.
[38]刘凌云,郑光美.普通动物学.3版.北京:高等教育出版社,1997.
[39]刘凌云,郑光美.普通动物学.4版.北京:高等教育出版社,2010.
[40]刘明玉,解玉浩,季达明.中国脊椎动物大全.沈阳:辽宁大学出版社,2000.
[41]刘学英,申瑞玲.动物学.太原:山西高教联合出版社,1993.
[42]吕秋凤.动物学.北京:化学工业出版社,2017.
[43]罗默.脊椎动物的身体.杨白仑,译.北京:科学出版社,1985.
[44]孟庆闻,苏锦祥,李婉端.鱼类比较解剖.北京:科学出版社,1987.
[45]南京农学院.生物学基础.北京:农业出版社,1981.
[46]南开大学.昆虫学.北京:高等教育出版社,1984.
[47]聂延秋.中国鸟类识别手册.北京:中国林业出版社,2017.
[48]曲淑蕙,李嘉泳,黄浙.动物胚胎学.北京:人民教育出版社,1980.
[49]任淑仙.无脊椎动物学.2版.北京大学出版社,2007.
[50]赛道建.普通动物学.北京:科学出版社,2008.
[51]沈韫芬.原生动物学.北京:科学出版社.1999.
[52]沈韫芬,章宗涉,龚循矩,等.微型生物监测新技术.北京:中国建筑工业出版社,1990.
[53]盛和林,王培潮,陆厚基,等.哺乳动物学概论.上海:华东师范大学出版社,1985.
[54]宋憬愚.简明动物学.2版.北京:科学出版社,2017.
[55]宋铭忻.兽医寄生虫学.北京:科学出版社,2009.
[56]孙儒泳,李博,诸葛阳,等.普通生态学.北京:高等教育出版社,2001.
[57]王宝青.动物学.2版.北京:中国农业大学出版社,2009.
[58]王慧,崔淑贞.动物学.北京:中国农业大学出版社,2006.
[59]王家楫.中国淡水轮虫志.北京:科学出版社,1961.
[60]吴庆余.基础生命科学.北京:高等教育出版社,2002.
[61]许崇任,程红.动物生物学.2版.北京:高等教育出版社,2008.
[62]杨安峰.脊椎动物学.北京:北京大学出版社,1992.
[63]叶富良.鱼类学.北京:高等教育出版社,1990.
[64]张训蒲,朱伟义.普通动物学.2版.北京:中国农业出版社,2008.
[65]郑光美.鸟类学.北京:北京师范大学出版社,1995.
[66]左仰贤.动物生物学教程.2版.北京:高等教育出版社,2001.
[67]Barnes R D. Invertebrate Zoology. 3rd ed. Tokyo:Company Limited,1974.
[68]Boolootian R A. Zoology:An Introduction to the Study of Animals. New York:Macmillan,1979.
[69]Campbell N A,Reece J B. Biology. 7th ed. San Francisco:Pearson Education,2005.
[70]Hickman C P,Roberts L S,Larson A,Eisenhour D. Integrated Principles of Zoology. 14th ed. New York:McGraw Hill Higher Education,2008.

[71]Kent G C. Comparative anatomy of the vertebrates. 6th ed. St Louis:Times Mirror Mosby College Publishing,1987.
[72]Miller S A,Harley J P. Zoology. 6th ed. New York:McGraw Hill Higher Education,2005.
[73]Miller K,Levine J. Biology. New Jersey:Prentice Hall,2002.
[74]Pechenik J A. Biology of the Invertebrate. 4th ed. Boston:McGraw Hill Higher Education,2000.
[75]Purves W K,Orians G H,Heller H C,et. al. the Science of Biology. 7th ed. Sunderland,Mass:Sinauer Associates,2004.
[76]Richardson M. The fascination of reptiles. New York:Hill & Wang,1974.
[77]Robert D. Barnes. Invertebrate Zoology. 4th ed. Philadelphia:Saunders,1963.
[78]Young J Z. The life of vertebrates. Oxford:Clarendon Press,1981.